高等学校教材·材料科学与工程

材料科学基础

（第 6 版）

刘智恩　主编

西北工业大学出版社

西　安

【内容简介】 本书阐述了与工程材料有关的基本理论及应用,包括工程材料中的原子排列、材料中的相结构、凝固、相图、材料中的扩散、塑性变形、回复与再结晶、固态相变、复合效应与界面等,并在其中融入了材料科学发展的新领域、新思维、新方法和新成果。

本书可作为高等学校材料成型及控制、腐蚀与防护、材料学等专业的教材及考研参考书,也可作为相关工程技术人员的参考书。

图书在版编目(CIP)数据

材料科学基础 / 刘智恩主编. — 6 版. — 西安：西北工业大学出版社，2024.8. — ISBN 978 - 7 - 5612 - 9475 - 8

Ⅰ. TB3

中国国家版本馆 CIP 数据核字第 20242WY965 号

CAILIAO KEXUE JICHU

材 料 科 学 基 础

刘智恩　主编

责任编辑：王玉玲		策划编辑：梁　卫	
责任校对：胡莉巾		装帧设计：李　飞	

出版发行：西北工业大学出版社

通信地址：西安市友谊西路 127 号　　　　邮编：710072

电　　话：(029)88491757，88493844

网　　址：www.nwpup.com

印 刷 者：兴平市博闻印务有限公司

开　　本：787 mm×1 092 mm　　　　1/16

印　　张：22.75

字　　数：597 千字

版　　次：2000 年 8 月第 1 版　2024 年 8 月第 6 版　2024 年 8 月第 1 次印刷

书　　号：ISBN 978 - 7 - 5612 - 9475 - 8

定　　价：56.00 元

前　言

　　《材料科学基础》首版是在"加强基础,面向 21 世纪"的思想指导下,于 1999 年 9 月编写而成的,自出版以来,深受广大读者喜爱,特别是 2004 年西北工业大学同名课程被评为"国家精品课程"以来,本书受到了更大的关注。不少高等院校把本书作为基本教材或者指定为考研参考书。对此,我们感到很欣慰,也由衷地感谢广大读者的厚爱。根据教学需要并结合材料领域的发展形势,我们进行了多次修订再版。

　　"材料科学基础"是材料类专业本科生的一门核心专业基础课。这门课主要介绍与工程材料相关的基本理论和基础知识,包括原子排列(晶体缺陷理论)、固体中的相结构、凝固理论、相图(材料热力学及平衡理论)、固体中的扩散、塑性变形、回复与再结晶(材料强韧化理论)、复合效应与界面、固态相变等。

　　使用本书之前,学生应学习过"物理化学""材料力学"等课程,并初步具有材料生产、加工和使用方面的实践知识。

　　作为教材,本书的主要特点是:难度适中,重点突出;以工程材料为对象,阐述其基本原理及基础知识;强调工程实践,联系生产实际;针对基本知识点,编写了较多的例题,便于自学。

　　为了配合本书的使用,我们制作了《多媒体化材料科学基础》(刘智恩、阴建林等,西北工业大学音像电子出版社,2005 年 3 月)电子课件;编写了《材料科学基础常见题型解析及模拟题》(刘智恩,西北工业大学出版社,2001 年 1 月),后修订再版,并更名为《材料科学基础导教·导学·导考》(刘智恩,西北工业大学出版社,2015 年 6 月)。其中,《材料科学基础导教·导学·导考》包括知识结构、重要公式、精典范例、考研模拟等,并给出了本书中各章的习题、思考题的参考答案,便于学生自学。

　　本书首版出版后,由刘智恩征集各方意见,进行多次修订。在第 2 版中,除对原书中的不妥之处进行更正外,为适合教学需求,在章节层次安排上做了适当调整,如把第 5 章并入第 4 章,全书由 10 章改为 9 章。在随后几版修订时,努力做到与时俱进。根据材料科学的发展,适时增添了一些新内容;考虑到现代科学对物质的研究已进入分子、原子、量子等微级别,出现了很多革命性的材料,也增加了一些有关材料研发和制造的基础知识。

　　在本书首版出版时,全书共分 10 章:第 1～4 章由刘智恩编写,第 5、6 章由吕宝桐编写,第 7、8 章由侯晏红编写,第 9、10 章由乔生儒编写。全书由刘智恩主编,并由西安交通大学周敬恩教授(第 2,6～9 章)、西安交通大学柴东朗教授(第 1,3～5,10 章)担任审稿。

　　在编写过程中,西北工业大学刘正堂教授提供了大量资料,给予了极大的支持和帮助;西安工业学院严文教授审阅了部分初稿;此外,我们还参考了大量图书和文献。在此对刘正堂教授、严文教授以及参考文献的作者一并致谢。

在修订本书的过程中,得到了西北工业大学出版社雷军总编辑的大力支持和热忱帮助,在此也深表感谢。

由于水平所限,书中的不足和疏漏在所难免,希望广大读者批评指正。

编　者

2024 年 1 月

目　　录

第 1 章　工程材料中的原子排列

工程上应用最广泛的材料多为晶体，它们的许多性能都与其内部原子排列有关。因此，作为材料科学工作者，首先要熟悉固体中原子的排列方式和分布规律，其中包括固体中的原子是如何相互作用并结合起来的、晶体的特征及其描述方法、晶体结构的特点、各种晶体间的差异，以及晶体结构中缺陷的类型及性质等。这些都是本章要重点介绍的内容。这些不仅是学习材料科学课程的基础，也是学习其他专业知识（如 X 射线衍射、电子衍射等）必不可少的基础。

1.1　原 子 键 合

在固态下，当原子（离子或分子）聚集为晶体时，原子（离子或分子）之间产生较强的相互作用，这种相互作用力就称为结合力，也称为结合键。由电子运动使原子产生聚集的结合力称为化学键。固体中的结合键主要是化学键，其大小与原子的结构有关。不同类型的原子之间具有不同性质的结合键。固体中的结合键包括金属键、共价键和离子键三种化学键，以及分子键、氢键等物理键。

1.1.1　固体中原子的结合键

1.1.1.1　金属键

金属元素的原子失去最外层价电子后就变成了带正电的离子，被失去的电子则形成围绕离子运动的"电子云"，如图 1-1 所示。脱离原子的价电子已不再与某一特定的正离子相互吸引，而是在电子云中自由运动，成为被若干个正离子吸引的电子。通过正离子与电子之间相互吸引，这些正离子与电子结合起来。这种结合力就是金属键。

当金属发生弯曲等变形时，原子将改变它们彼此之间的位置，但并不破坏键，因此金属具有良好的塑性。在电压作用下，价电子将发生运动，因而金属有良好的导电性。正离子在热的作用下震荡加剧并传递热量，因而金属有良好的导热性。

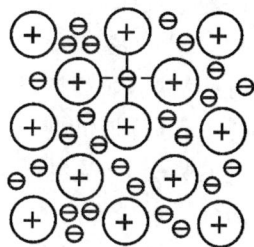

图 1-1　金属原子正常堆积时的金属键及其电子云

1.1.1.2　共价键

一些陶瓷和聚合物是通过共价键使其原子结合在一起的。以硅为例，如图 1-2 所示：1 个 4 价的硅原子，与其周围 4 个硅原子共享最外层的电子，从而使每个硅原子最外层获得 8 个电子。1 个共有电子代表 1 个共价键，所以 1 个硅原子有 4 个共价键与 4 个邻近的硅原子结合。

通常两个相邻原子只能共用一对电子。一个原子的共价键数,即与它共价结合的原子数,最多只能等于 $8-N$(N 表示这个原子最外层的电子数),所以共价键具有明显的饱和性。另外,在共价晶体中,原子以一定的角度相邻接,各键之间有确定的方位,故共价键有着强烈的方向性。

共价键的结合力很大,所以共价晶体具有强度高、硬度大、脆性大、熔点高等性质,结构也比较稳定。受力时要么不变形,要么键被破坏使材料破坏和断裂。

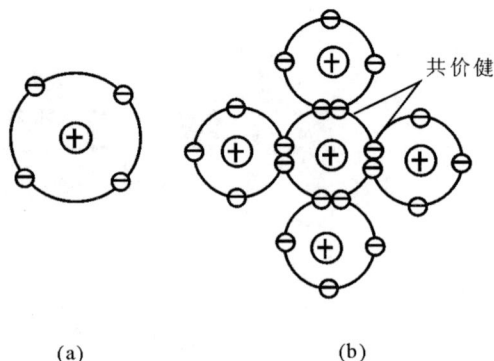

图 1-2 硅的共价键
(a) 硅原子; (b) 硅的 4 个共价键

1.1.1.3 离子键

部分陶瓷材料(如 MgO, Al_2O_3, ZrO_2 等)是依靠离子键将原子堆积排列在一起的。在元素周期表(见表 1-1)中,当相隔较远的一个正电性元素原子和一个负电性元素原子接触时,前者失去最外层价电子变成带正电荷的正离子,后者获得电子变成带负电荷的满壳层负离子。正离子和负离子由于静电引力相互吸引,当它们充分接触时会产生排斥,引力和斥力相等时即形成稳定的离子键。

氯化钠晶体是靠离子键结合的晶体,如图 1-3所示。由图可知:Na 的外层电子贡献给 Cl,Na 变为带正电的离子,而内层电子数为 8,是满层电子数;Cl 接受 1 个电子,变为带负电的离子,并使外层电子数为 8,也是满层电子数。因此,1 个 Na 原子和 1 个 Cl 原子依正负离子间的吸引力而结合在一起。

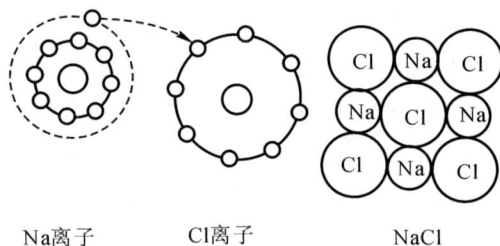

Na离子　　　Cl离子　　　NaCl

图 1-3 NaCl 的离子键

离子键的结合力很大,所以离子晶体的硬度高,强度大,热膨胀系数小,但脆性大。离子键中很难产生可以自由运动的电子,故离子晶体都是良好的绝缘体。

1.1.1.4 分子键(范德瓦耳斯力)

有些物质,如塑料、陶瓷等,它们的分子或原子团往往具有极性,即分子中的一部分带正电,而另一部分带负电。一个分子带正电的部位,同另一个分子带负电的部位之间就存在比较弱的静电吸引力,这种吸引力就称为范德瓦耳斯力。这种存在于中性原子或分子之间的结合力称为分子键。如高分子材料聚氯乙烯,是由 C,H,Cl 构成的大分子,如图 1-4 (a)所示。图中一个大分子链的内部,如 C—C 原子之间,主要由共价键结合,而两侧的 H 原子带正电,也可以是 Cl 原子并带负电。在两个大分子链之间,带正电的 H 原子和带负电的 Cl 原子存在着微弱的静电引力,即为范德瓦耳斯力。

由于范德瓦耳斯力很弱,分子晶体的结合力很小,所以在外力作用下,易产生滑动并造成很大的变形,如图 1-4(b)所示。分子晶体熔点很低,硬度也很低。这种引力在其他化学键晶体中也可以存在,但常忽略不计。

表1-1　元素周期表

图例说明：
元素符号（右上）／元素中文名称／元素英文名称／惯用原子量（标准原子量）

示例：1　H　氢　hydrogen　1.008　[1.0078, 1.0082]

族	元素（原子序数 符号 中文 英文 原子量）
1	1 H 氢 hydrogen 1.008 [1.0078, 1.0082]；3 Li 锂 lithium 6.94 [6.938, 6.997]；11 Na 钠 sodium 22.990；19 K 钾 potassium 39.098；37 Rb 铷 rubidium 85.468；55 Cs 铯 caesium 132.91；87 Fr 钫 francium
2	4 Be 铍 beryllium 9.0122；12 Mg 镁 magnesium 24.305 [24.304, 24.307]；20 Ca 钙 calcium 40.078(4)；38 Sr 锶 strontium 87.62；56 Ba 钡 barium 137.33；88 Ra 镭 radium
3	21 Sc 钪 scandium 44.956；39 Y 钇 yttrium 88.906；57-71 镧系 lanthanoids；89-103 锕系 actinoids
4	22 Ti 钛 titanium 47.867；40 Zr 锆 zirconium 91.224(2)；72 Hf 铪 hafnium 178.49(2)；104 Rf 𬬻 rutherfordium
5	23 V 钒 vanadium 50.942；41 Nb 铌 niobium 92.906；73 Ta 钽 tantalum 180.95；105 Db 𬭊 dubnium
6	24 Cr 铬 chromium 51.996；42 Mo 钼 molybdenum 95.95；74 W 钨 tungsten 183.84；106 Sg 𬭳 seaborgium
7	25 Mn 锰 manganese 54.938；43 Tc 锝 technetium；75 Re 铼 rhenium 186.21；107 Bh 𬭛 bohrium
8	26 Fe 铁 iron 55.845(2)；44 Ru 钌 ruthenium 101.07(2)；76 Os 锇 osmium 190.23(3)；108 Hs 𬭶 hassium
9	27 Co 钴 cobalt 58.933；45 Rh 铑 rhodium 102.91；77 Ir 铱 iridium 192.22；109 Mt 鿏 meitnerium
10	28 Ni 镍 nickel 58.693；46 Pd 钯 palladium 106.42；78 Pt 铂 platinum 195.08；110 Ds 𫟼 darmstadtium
11	29 Cu 铜 copper 63.546(3)；47 Ag 银 silver 107.87；79 Au 金 gold 196.97；111 Rg 𬬭 roentgenium
12	30 Zn 锌 zinc 65.38(2)；48 Cd 镉 cadmium 112.41；80 Hg 汞 mercury 200.59；112 Cn 鿔 copernicium
13	5 B 硼 boron 10.81 [10.806, 10.821]；13 Al 铝 aluminium 26.982；31 Ga 镓 gallium 69.723；49 In 铟 indium 114.82；81 Tl 铊 thallium 204.38 [204.38, 204.39]；113 Nh 鿭 nihonium
14	6 C 碳 carbon 12.011 [12.009, 12.012]；14 Si 硅 silicon 28.085 [28.084, 28.086]；32 Ge 锗 germanium 72.630(8)；50 Sn 锡 tin 118.71；82 Pb 铅 lead 207.2；114 Fl 𫓧 flerovium
15	7 N 氮 nitrogen 14.007 [14.006, 14.008]；15 P 磷 phosphorus 30.974；33 As 砷 arsenic 74.922；51 Sb 锑 antimony 121.76；83 Bi 铋 bismuth 208.98；115 Mc 镆 moscovium
16	8 O 氧 oxygen 15.999 [15.999, 16.000]；16 S 硫 sulfur 32.06 [32.059, 32.076]；34 Se 硒 selenium 78.971(8)；52 Te 碲 tellurium 127.60(3)；84 Po 钋 polonium；116 Lv 𫟷 livermorium
17	9 F 氟 fluorine 18.998；17 Cl 氯 chlorine 35.45 [35.446, 35.457]；35 Br 溴 bromine 79.904 [79.901, 79.907]；53 I 碘 iodine 126.90；85 At 砹 astatine；117 Ts 鿬 tennessine
18	2 He 氦 helium 4.0026；10 Ne 氖 neon 20.180；18 Ar 氩 argon 39.948；36 Kr 氪 krypton 83.798(2)；54 Xe 氙 xenon 131.29；86 Rn 氡 radon；118 Og 鿫 oganesson

镧系 lanthanoids：

| 57 La 镧 lanthanum 138.91 | 58 Ce 铈 cerium 140.12 | 59 Pr 镨 praseodymium 140.91 | 60 Nd 钕 neodymium 144.24 | 61 Pm 钷 promethium | 62 Sm 钐 samarium 150.36(2) | 63 Eu 铕 europium 151.96 | 64 Gd 钆 gadolinium 157.25(3) | 65 Tb 铽 terbium 158.93 | 66 Dy 镝 dysprosium 162.50 | 67 Ho 钬 holmium 164.93 | 68 Er 铒 erbium 167.26 | 69 Tm 铥 thulium 168.93 | 70 Yb 镱 ytterbium 173.05 | 71 Lu 镥 lutetium 174.97 |

锕系 actinoids：

| 89 Ac 锕 actinium | 90 Th 钍 thorium 232.04 | 91 Pa 镤 protactinium 231.04 | 92 U 铀 uranium 238.03 | 93 Np 镎 neptunium | 94 Pu 钚 plutonium | 95 Am 镅 americium | 96 Cm 锔 curium | 97 Bk 锫 berkelium | 98 Cf 锎 californium | 99 Es 锿 einsteinium | 100 Fm 镄 fermium | 101 Md 钔 mendelevium | 102 No 锘 nobelium | 103 Lr 铹 lawrencium |

(a)

(b)

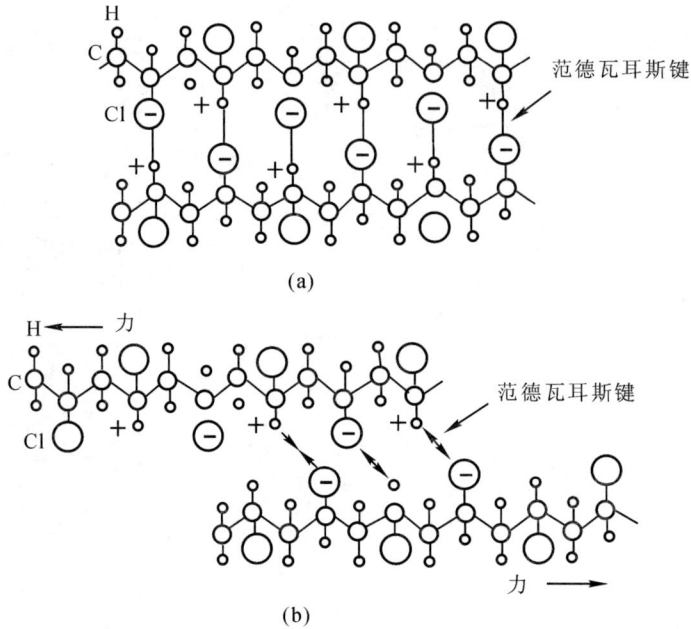

图 1-4 聚氯乙烯中的结合键

(a)聚氯乙烯中的范德瓦耳斯键； (b)聚氯乙烯受力后易变形

1.1.1.5 氢键

在含氢的物质中，分子都是通过极性共价键结合，原子之间则是通过氢键连接的。氢键的产生主要是由于氢原子与某一原子形成共价键时，共有电子向这个原子强烈偏移，使氢原子几乎变成一个半径很小的带正电荷的核，而这个氢原子还可以和另一个原子相吸引，形成附加的键，因此氢键是一种较强的、有方向性的范德瓦耳斯键。氢键的结合力比离子键、共价键等小得多。

以上简单地讨论了结合键的类型及其本质。表 1-2 列出了几种结合键的主要特点及实例。

表 1-2 几种结合键的比较

结合键类型	实例	结合能		主要特征
		kcal*/mol	eV/mol	
离子键	LiCl	199	8.63	非方向键,高配位数,低温不导电,高温离子导电
	NaCl	183	7.94	
	KCl	166	7.20	
	RbCl	159	6.90	
共价键	金刚石	170	1.37	空间方向键,低配位数,纯晶体在低温下电导率很小
	Si	108	1.68	
	Ge	89	3.87	
	Sn	72	3.11	

续表

结合键类型	实 例	结 合 能		主 要 特 征
		kcal*/mol	eV/mol	
金属键	Li	37.7	1.63	非方向键,配位数及密度都极高,电导率高,延性好
	Na	25.7	1.11	
	K	21.5	0.931	
	Rb	19.6	0.852	
分子键	Ne	0.46	0.020	熔点和沸点低,压缩系数大,保留了分子的性质
	Ar	1.79	0.078	
	Kr	2.67	0.116	
	Xe	3.92	0.170	
氢键	H_2O(冰)	12	0.52	结合力高于无氢键的类似分子
	HF	7	0.30	

* 1 kcal＝4.18 kJ。

从以上讨论可以看出,金属键、共价键和离子键都涉及原子外层电子的重新分布,这些电子在键合后不再仅仅属于原来的原子,故这三种键都称为化学键。相反,在形成分子键和氢键时,原子的外层电子分布没有变化或变化极小,它们仍然属于原来的原子,故这两种键称为物理键。一般来说,化学键最强,氢键次之,分子键最弱。

1.1.2　工程材料的分类

固体材料有着多种不同的分类方法。工程上主要根据固体中结合键的特点或性质进行分类。主要用于制作结构、机件和工具等的固体材料称为工程材料,它可分为金属材料、陶瓷材料、高分子材料和复合材料四大类,如表 1－3 所示。

表 1－3　工程材料的分类

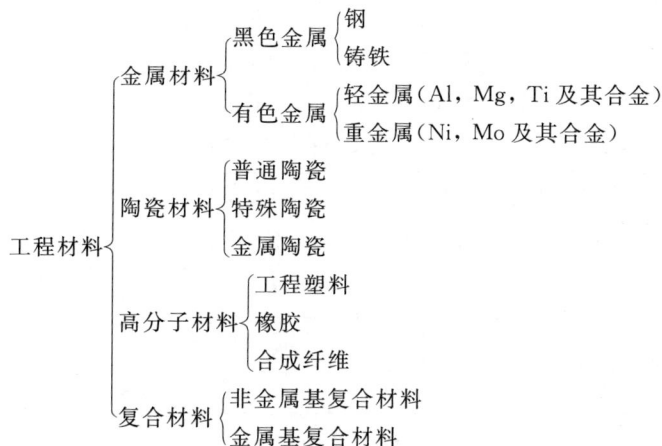

```
                        ┌ 黑色金属 ┌ 钢
              ┌ 金属材料 ┤          └ 铸铁
              │         └ 有色金属 ┌ 轻金属(Al, Mg, Ti 及其合金)
              │                    └ 重金属(Ni, Mo 及其合金)
              │         ┌ 普通陶瓷
              │ 陶瓷材料 ┤ 特殊陶瓷
工程材料 ┤         └ 金属陶瓷
              │         ┌ 工程塑料
              │高分子材料┤ 橡胶
              │         └ 合成纤维
              │         ┌ 非金属基复合材料
              └ 复合材料 ┤
                        └ 金属基复合材料
```

在这四类工程材料中,金属材料应用范围最广、用量最大、承载能力最高。有色金属中的轻合金在航空工业中有着特别重要的意义。

陶瓷材料是指硅酸盐，以及金属与非金属元素的化合物，如氧化物、氮化物等。工业上用的陶瓷材料可分为三类：

(1) 普通陶瓷，即硅、铝的氧化物以及硅酸盐。

(2) 特种陶瓷，是人工氧化物、碳化物、氮化物和硅化物等的烧结材料。

(3) 金属陶瓷，是金属粉末与陶瓷粉末烧结的材料。

陶瓷的最大特点是有高的硬度、高的耐磨性、高的耐蚀性和高的抗氧化能力，其最大弱点是塑性极低、太脆，所以很少在常温下作为受力的结构材料，但作为耐高温材料，陶瓷潜力很大。

高分子材料是由许多相对分子质量很大的大分子组成的。在工程应用中，根据性能和使用状态，高分子材料可分为工程塑料、橡胶和合成纤维。

复合材料就是由两种或两种以上固体物质组成的材料。复合材料的性能是组成它的任何单一材料所不具备的，例如玻璃钢，是由玻璃纤维布与热固性高分子材料复合而成的，而玻璃钢的性能，既不同于玻璃纤维，也不同于组成它的高分子材料。目前作为工程材料使用的复合材料主要有两类，一是树脂基复合材料，二是金属基复合材料。这两类材料在建筑、机械制造、交通和国防等方面有着重要的发展前景。

1.2 原子的规则排列

1.2.1 晶体学基础

1.2.1.1 晶体

自然界中绝大多数固体都是晶体。天然晶体一般具有规则的几何外形，例如食盐（NaCl）结晶成立方体形。所谓晶体，是指原子（分子）在三维空间按一定规律作周期性排列的固体。相反，非晶体（如玻璃、松香）中的原子则是散乱分布或是仅有局部区域为短程规则排列。

晶体与非晶体由于原子排列不同，在性能上表现出较大的差异。例如，晶体具有确定的熔点，它是晶体物质的结晶状态与非结晶状态互相转变的临界温度，而非晶体从液态冷却时尚未来得及变成晶体就凝固了，因此固态下的非晶体具有液态时的原子排列。另外，晶体的某些物理性能和力学性能在不同方向上具有不同的数值，此即晶体的各向异性，而非晶体则是各向同性的。表1-4列出了几种常用金属沿其不同方向测得的力学性能。

表1-4 单晶体的各向异性

类 别	弹性模量/MPa		抗拉强度/MPa		延伸率/(%)	
	最 大	最 小	最 大	最 小	最 大	最 小
Cu	191 000	66 700	346	128	55	10
α-Fe	293 000	125 000	225	158	80	20
Mg	50 600	42 900	840	294	220	20

1.2.1.2 晶体结构与空间点阵

晶体的基本特征是原子排列的规则性。这些由实际原子、离子、分子或各种原子集团按一定几何规律的具体排列称为晶体结构或晶体点阵。

假定理想晶体中的原子都是固定不动的刚球,则晶体可被认为是由这些刚球堆积而成的,如图 1-5(a)所示。为了便于研究,常将构成晶体的实际质点(原子、离子、分子或原子集团)的体积忽略,抽象成为纯粹的几何点,称之为阵点或节点。在"抽象"时,必须使每个阵点周围具有相同的环境。这种由周围环境相同的阵点在空间排列出的三维列阵称为空间点阵。若用平行直线将空间点阵的各阵点连接起来,就构成一个三维的空间格架[见图 1-5(b)]。这种用以描述晶体中原子排列规律的空间格架称为晶格。

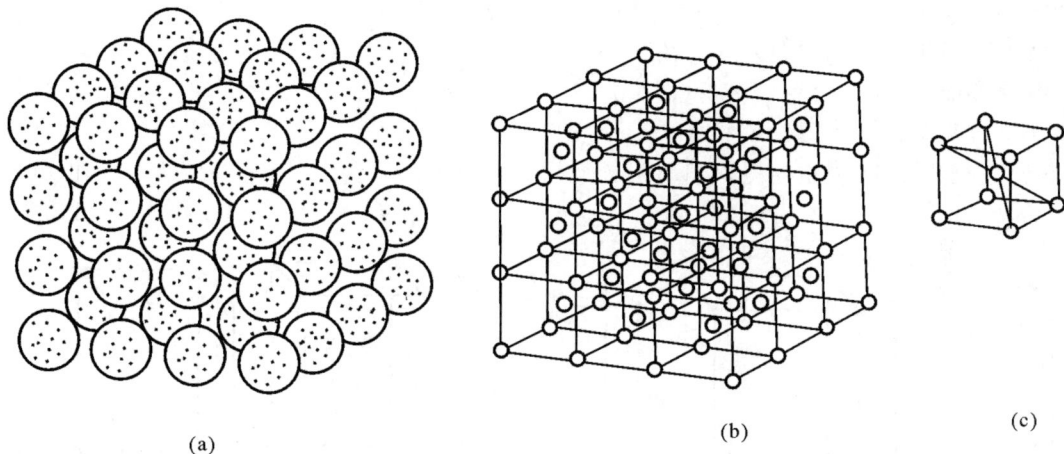

图 1-5　晶体中的原子排列示意图

(a)原子堆垛模型;　(b)晶格;　(c)晶胞

由于晶体中原子排列具有周期性,故可从晶格中选取一个能够完全反映晶格特征的最小几何单元,这个最小的几何单元称为晶胞[见图 1-5(c)]。通常是在晶格中取一个最小的平行六面体作为晶胞(见图 1-6),这种晶胞在空间重复堆垛就得到空间点阵。

为了表示晶胞的形状和大小,可通过晶胞角上的某一阵点,沿其 3 个棱边作坐标轴 x,y,z(称为晶轴),坐标轴的顺序按右手螺旋规则(也可以按左手螺旋规则)确定。晶胞的形状和大小可由其 3 个棱边的长度 a,b,c(称为点阵常数,其单位为 nm)和晶轴之间的夹角 α,β,γ 这 6 个参数表达出来,如图 1-6 所示。

晶胞的选取原则主要有三条:一是能充分反映空间点阵的对称性;二是 α,β,γ 尽可能为直角;三是体积应尽可能小(但不一定是最小)。

如果在点阵晶胞的范围内,标出相应晶体结构中各原子的位置,这部分原子构成了晶体结构中有代表性的部分,含有这一附加信息的晶胞称为结构晶胞。这种晶胞在空间重复堆垛,就得到晶体结构。通常把点阵晶胞与结构晶胞都称为晶胞,但这两者是有区别的。

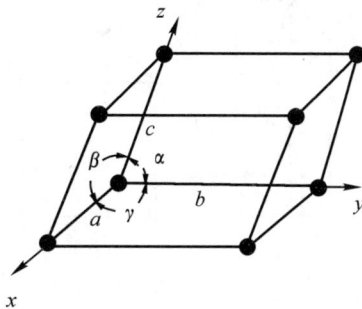

图 1-6　晶胞、晶轴

1.2.1.3　布拉维点阵

自然界中的晶体有成千上万种,它们都有各自的晶体结构。为了研究方便,引入了"空间点阵"的概念。那么,空间点阵有多少种呢? 法国晶体学家布拉维(A. Bravais)于1848年用数学方法证明了空间点阵只能有14种。这14种空间点阵的晶胞如图1-7所示。根据其晶胞外形而不涉及晶胞中原子的具体排列情况,又可把14种空间点阵归纳为7个晶系。

(1) 三斜晶系: $a \neq b \neq c$, $\alpha \neq \beta \neq \gamma \neq 90°$。

(2) 单斜晶系: $a \neq b \neq c$, $\alpha = \gamma = 90° \neq \beta$。

(3) 正交晶系: $a \neq b \neq c$, $\alpha = \beta = \gamma = 90°$。

(4) 六方晶系: $a = b \neq c$, $\alpha = \beta = 90°$, $\gamma = 120°$。

(5) 菱方晶系: $a = b = c$, $\alpha = \beta = \gamma \neq 90°$。

(6) 正方晶系: $a = b \neq c$, $\alpha = \beta = \gamma = 90°$。

(7) 立方晶系: $a = b = c$, $\alpha = \beta = \gamma = 90°$。

表1-5列出了14种空间点阵归属于7个晶系的情况。

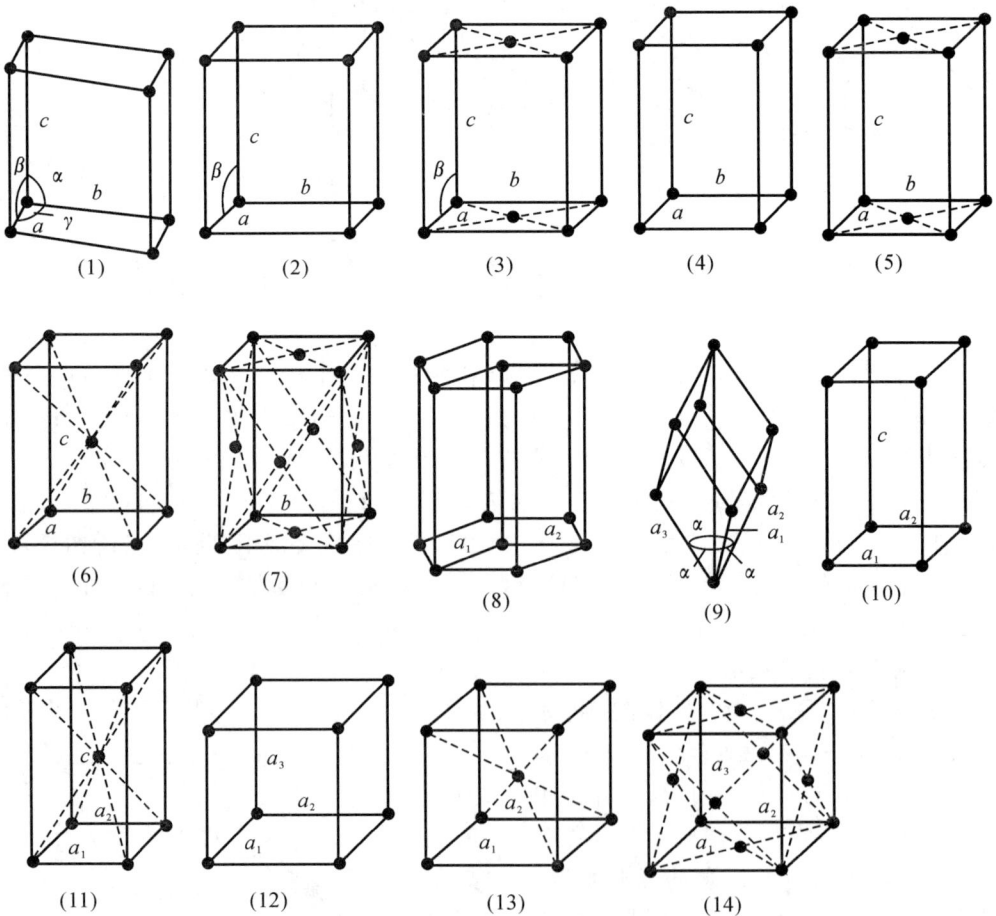

图1-7　14种空间点阵的晶胞

其实,这 14 种空间点阵都可以用简单点阵来描述,如面心立方点阵可以用简单菱方点阵表示,只是这种表示法的对称性较低,为了显示对称性,通常还是选用面心立方点阵。

14 种布拉菲点阵概括了所有晶体结构中原子的排列规律,而且也可把它看成 14 种晶胞。

表 1-5　空间点阵与晶系

晶　系	空间点阵	图 1-7 分图号	晶　系	空间点阵	图 1-7 分图号
三斜	简单三斜	1	六方	简单六方	8
单斜	简单单斜	2	菱方	简单菱方	9
	底心单斜	3	正方	简单正方	10
正交	简单正交	4		体心正方	11
	底心正交	5	立方	简单立方	12
	体心正交	6		体心立方	13
	面心正交	7		面心立方	14

1.2.1.4　晶向指数与晶面指数

在晶格中,穿过两个以上节点的任一直线,都代表晶体中一个原子列在空间的位向,称为晶向;由节点组成的任一平面都代表晶体的原子平面,称为晶面。为了确定晶面、晶向在晶体中的相对取向,就需要一种符号,这种符号称为晶向指数和晶面指数。国际上通用的是米勒(Miller)指数。

(1)晶向指数　晶向指数是按以下几个步骤确定的(见图 1-8):

1)以晶胞的某一阵点为原点,三条棱边为坐标轴 x,y,z,并以晶胞棱边的长度 (a,b,c) 作为坐标轴的单位长度。

2)过原点作一有向直线 OP,使其平行于待标定的晶向 AB。

3)在直线 OP 上选取离原点最近一个节点的坐标 (x,y,z)。

4)将上述坐标的比化为简单整数比,如 $x:y:z=u:v:w$。把所得最小整数加上方括号,$[uvw]$ 即为 AB 晶向的晶向指数。如果其中某一数为负值,则将负号标注在该数的上方。

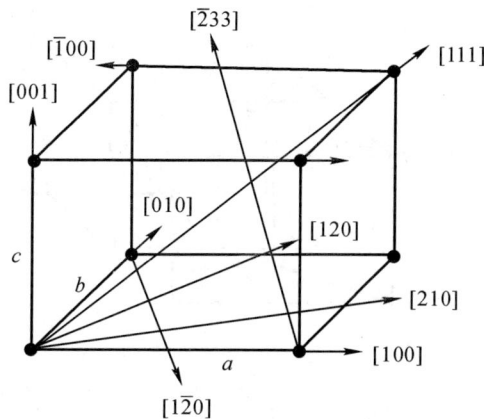

图 1-9 给出了正交点阵中几个晶向的晶向指数。

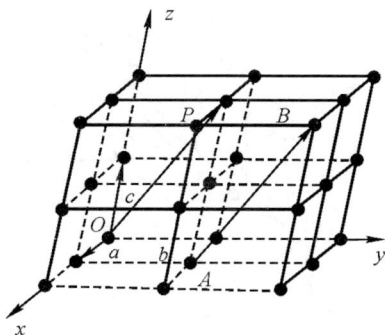

<table>
<tr><td>图 1-8　晶向指数的确定</td><td>图 1-9　正交点阵中几个晶向的晶向指数</td></tr>
</table>

显然，一个晶向指数并不是仅表示一个晶向，而是表示一组互相平行、位向相同的晶向。如果晶向指数相同而正负号相反，则这两组晶向互相平行，但方向相反。

原子排列相同但空间位向不同的所有晶向称为晶向族，以 $\langle uvw \rangle$ 表示。在立方晶系中，$[111],[1\bar{1}\bar{1}],[\bar{1}11],[\bar{1}11]$ 和 $[\bar{1}\bar{1}\bar{1}],[\bar{1}11],[1\bar{1}1],[11\bar{1}]$ 8 个晶向，是指 4 个体对角线的正、反方向，这些晶向上原子排列规律及密度相同，故属于同一晶向族 $\langle 111 \rangle$。

（2）晶面指数　晶面指数确定方法（见图 1-10）如下：

1）建立以晶轴为坐标轴 (x,y,z) 的坐标系，令坐标原点不在待定晶面上，各轴上的坐标单位为晶胞边长 a,b 和 c。

2）找出待定晶面在三坐标轴上的截距 x,y,z。

3）取截距的倒数 $\frac{1}{x},\frac{1}{y},\frac{1}{z}$。

4）将这些倒数化成 3 个互质的整数 h,k,l，使 $\frac{1}{x}:\frac{1}{y}:\frac{1}{z}=h:k:l$。将 h,k,l 置于圆括号内，写成 (hkl)，此即待定晶面的晶面（密勒）指数。

图 1-11 中标出了各种晶面及其晶面指数。

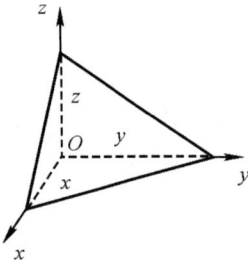

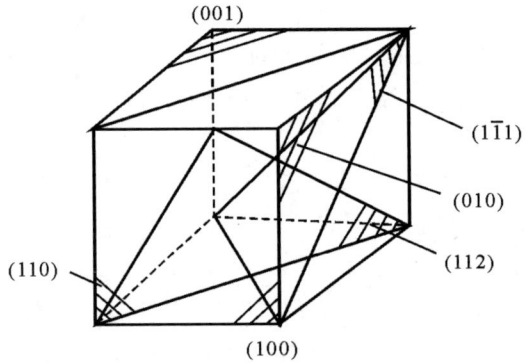

图 1-10　晶面（密勒）指数的确定方法　　图 1-11　晶面（密勒）指数的标注

【例题 1.2.1】　试确定图 1-12 中各晶面的晶面指数。

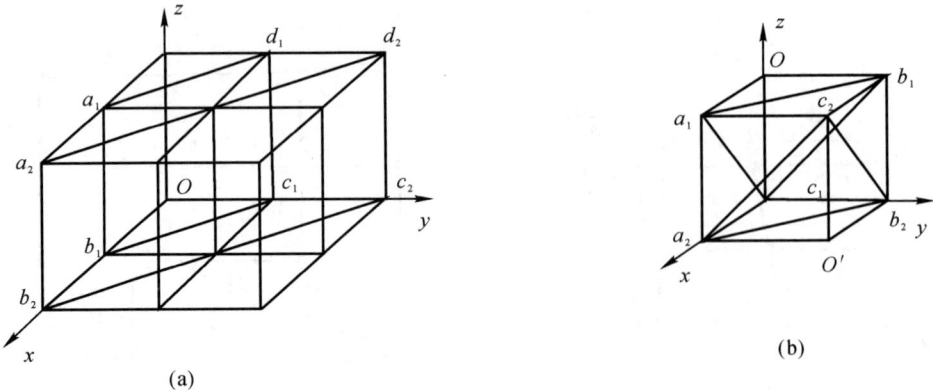

图 1-12　晶面指数的确定

解　图 1-12（a）所示晶面 $a_1b_1c_1d_1$ 及 $a_2b_2c_2d_2$ 为相互平行的两个晶面,在 x,y,z 坐标轴上的截距分别为 $1,1,\infty$ 及 $2,2,\infty$,其倒数分别为 $1,1,0$ 及 $\frac{1}{2},\frac{1}{2},0$,化为最小整数,则两个晶面的晶面指数都是（110）。同理可求得图 1-12（b）中,晶面 $a_1b_1c_1$ 及 $a_2b_2c_2$ 的晶面指数分别是（11$\bar{1}$）及（$\bar{1}\bar{1}$1）。这两个晶面的指数数字相同而符号相反,这是由于原点选取不同造成的,但它们仍然是互相平行的。

【例题 1.2.2】　在立方晶系中,画出（421）晶面。

解　晶面（hkl）并不是仅仅表示一个晶面,而是代表了一组平行的晶面。其中离原点最近的一个晶面就是（$1/h$　$1/k$　$1/l$）。故已知晶面指数画出该晶面时,可视情况画出离原点最近的这个晶面。（421）晶面如图 1-13 所示。

晶体中凡是具有相同的原子排列方式而只是空间位向不同的各组晶面可归并为一个晶面族,用｛hkl｝表示。如在立方晶系中:

｛100｝包括（100）,（010）,（001）;

｛110｝包括（110）,（101）,（011）,（$\bar{1}$10）,（$\bar{1}$01）,（0$\bar{1}$1）;

｛111｝包括（111）,（$\bar{1}$11）,（1$\bar{1}$1）,（11$\bar{1}$）。

上述晶面族如图 1-14 所示。

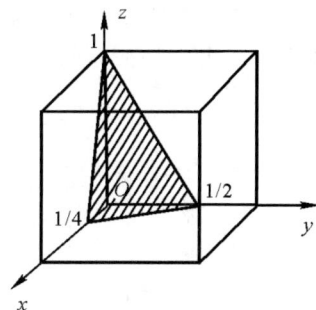

图 1-13　已知晶面指数画晶面

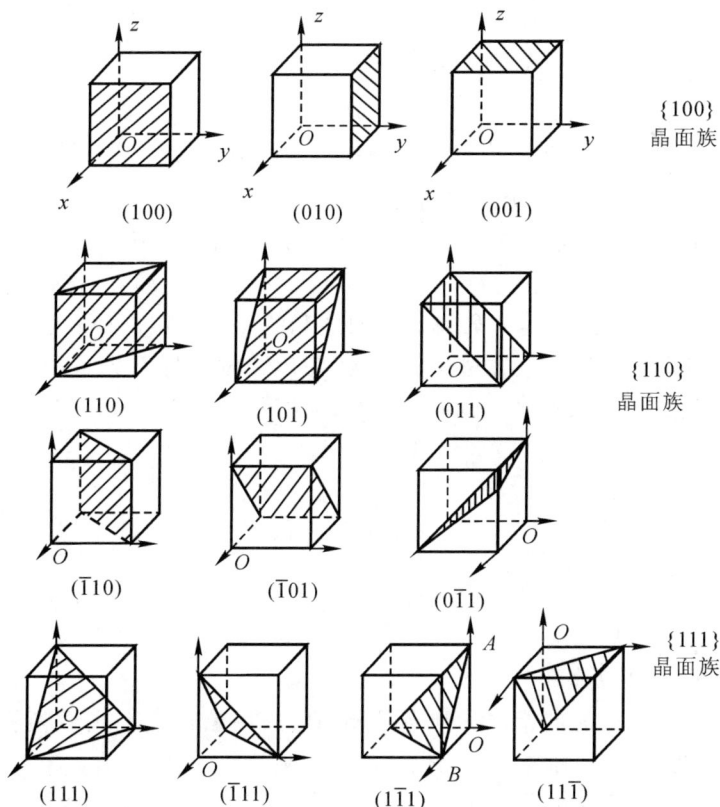

图 1-14　｛100｝,｛110｝,｛111｝晶面族

（3）六方晶系中的晶向、晶面指数　　以上介绍了用 3 个指数表示晶向和晶面。这种三指数表示形式，原则上适用于任意晶系。但是，用三指数表示六方晶系的晶面和晶向有一个很大的缺点，即晶体学上等价的晶面和晶向不具有类似的指数。从图 1-15 中可以看出：六棱柱的两个相邻外表面是晶体学上等价的晶面，但其晶面指数却分别是 $(1\bar{1}0)$ 和 (100)；图中夹角为 $60°$ 的两个密排方向 D_1 和 D_2 是晶体学上的等价方向，但其晶向指数却分别是 $[100]$ 和 $[110]$。由于等价晶面或晶向不具有类似的指数，人们就无法从指数判断其等价性，也无法由晶面族或晶向族指数写出它们所包括的各种等价晶面或晶向，这就给晶体研究带来了很大的不便。为了克服这一缺点，对六方晶系来说一般采用四指数表示。这一方法是以 Oa_1,Oa_2,Oa_3 及 Oc 4 个轴为坐标轴，如图 1-16 所示。晶面指数标定方法与三轴坐标相同，但须用 4 个数字 $(hkil)$ 表示。由于在三维空间中独立的坐标轴不会超过 3 个，故上述方法中位于同一平面上的 h,k,i 中必定有一个不是独立的。可以证明，它们之间存在下列关系：$i=-(h+k)$。

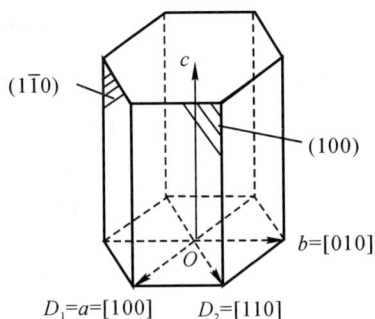

图 1-15　六方晶系的等价晶面和晶向指数

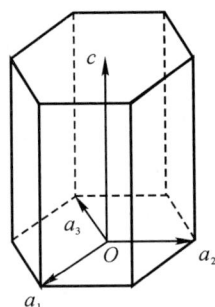

图 1-16　六方晶系的四轴系统

采用四轴系表示法，6 个柱面的指数可写为 $(10\bar{1}0)(01\bar{1}0)(\bar{1}100)(\bar{1}010)(0\bar{1}10)$ 和 $(1\bar{1}00)$，数字全部相同，于是可把它们归并为 $\{10\bar{1}0\}$ 晶面族。

采用四指数表示晶向的方法与三指数法相同，但必须用 4 个数字 $[uvtw]$ 表示。同理，u,v,t 之间也有关系：$t=-(u+v)$。这样，当沿着平行于 a_1,a_2,a_3 轴方向确定坐标值时，必须使沿着 a_3 轴移动的距离等于沿着 a_1,a_2 轴移动距离之和的负数。用这种方法标定一般的晶向指数比较困难。比较可靠的标注指数方法是解析法，即用三轴坐标系先求出待标晶向的 3 个指数 U,V,W，再用下列三轴与四轴坐标系晶向指数的关系

$$\left.\begin{array}{l} u=\dfrac{1}{3}(2U-V) \\[2mm] v=\dfrac{1}{3}(2V-U) \\[2mm] t=-(u+v) \\[1mm] w=W \end{array}\right\} \tag{1-1}$$

换算出四轴坐标系的晶向指数。

上述用解析法求密布氏晶向指数的缺点是要用公式由密氏晶向指数换算得出，但是这个公式不易记住，故还可以用投影法。首先也是求出晶向上任一点在 a_1,a_2,a_3,c 四晶轴上的垂直投影，然后将前三个数值乘以 2/3，再和第四个数值一起化为最小简单整数，即可得出此晶向的密布氏晶向指数。应当指出，以上所说的垂直投影，都以各晶向的点阵常数为度量单位。

以上讨论表明:任何晶面、晶向都可以用"指数"表示。晶面指数并非仅表示某一晶面,而是代表一组平行的晶面;晶向指数亦代表一组平行的位向。在立方晶系中,指数相同的晶向和晶面必然垂直。例如$[111] \perp (111)$。当一晶向$[uvw]$位于或平行某一晶面(hkl)时,则"指数"必须满足$hu + kv + lw = 0$。

1.2.1.5　晶面间距

晶体中不同位向的晶面由于原子排列的差别,相邻两个平行晶面之间的垂直距离(即晶面间距)各不相同。图 1-17 所示为简单立方点阵不同晶面的面间距(二维平面图)。从中可以看出,低指数晶面的面间距较大,而高指数晶面的面间距较小,如图中的{100}面间距最大,而{320}面间距最小。应该指出,对体心立方、面心立方等复合点阵,面间距最大的晶面并非{100},而分别为{110}和{111}。另外,晶面间距越大,则该晶面上原子排列越紧密,即该晶面的原子密度越大。相反,晶面间距越小的晶面,原子排列越稀疏。例如,简单立方点阵中的{100}、体心立方点阵中的{110}及面心立方点阵中的{111},在各自的结构中均具有最大的面间距。同理,原子线密度最大的晶向(密排晶向)晶面间距最大。

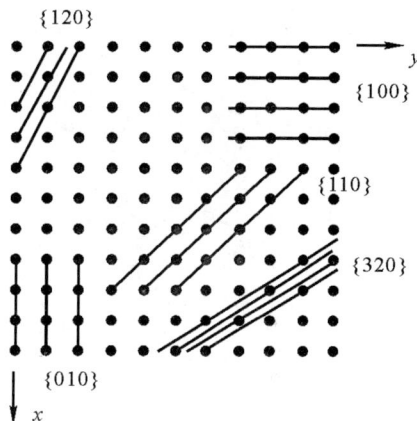

图 1-17　晶面间距

1.2.2　晶体结构及其几何特征

1.2.2.1　金属中常见晶体结构

工业上使用的金属约有 40 种,除少数具有复杂的晶体结构外,大多数金属具有比较简单的高对称性晶体结构,最常见的只有三种,即体心立方(bcc)、面心立方(fcc)及密排六方(hcp)。前两种属于立方晶系,后一种属于六方晶系(分别见图 1-18 ～ 图 1-20)。属于体心立方结构的金属有碱金属、难熔金属(V,Nb,Ta,Cr,Mo,W)、α-Fe 等;属于面心立方结构的金属有 Al,γ-Fe,Ni,Pb,Pd,Pt 及贵金属等;属于密排六方结构的金属有 α-Ti,Be,Zn,Mg,Cd 等。

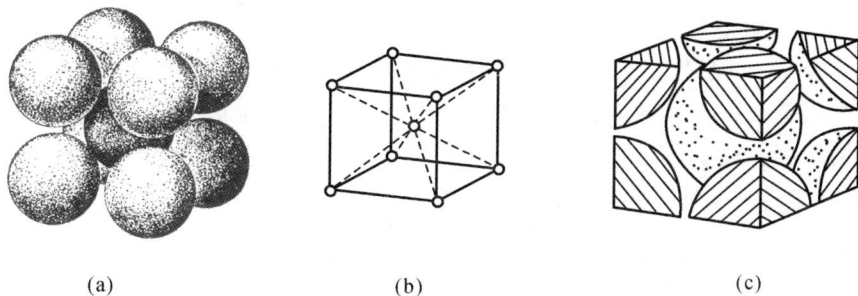

(a)　　　　　　　　(b)　　　　　　　　(c)

图 1-18　体心立方晶胞

(a) 刚球模型;　(b) 质点模型;　(c) 晶胞原子数

下面对金属晶体结构的特征进行简要分析。

(1) 晶胞中的原子数 n　由于晶体是由大量晶胞堆砌而成的,故处于晶胞顶角或周面上的原子就不会为一个晶胞所独有,只有在晶胞体内的原子才为该晶胞独有。在计算晶胞中的原子数时,要注意:对于立方晶体结构,位于晶胞顶点的原子是相邻 8 个晶胞共有的,故属于一个晶胞的原子数是 1/8;位于晶胞棱上的原子是相邻的 4 个晶胞共有的,故属于一个晶胞的原子数是 1/4;位于晶胞外表面($\langle 100 \rangle$)上的原子是两个晶胞共有的,故属于一个晶胞的原子数是 1/2。对于六方晶系的结构,顶角原子应为 6 个晶胞共有,属于一个晶胞的原子数是 1/6。这样,可计算出每种结构中晶胞拥有的原子数目 n,如对于面心立方,$n = 8 \times \dfrac{1}{8} + 6 \times \dfrac{1}{2} = 4$ 个。

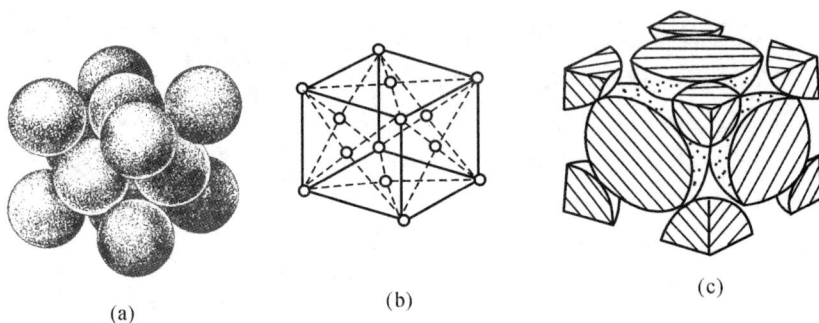

图 1-19　面心立方晶胞
（a）刚球模型；　（b）质点模型；　（c）晶胞原子数

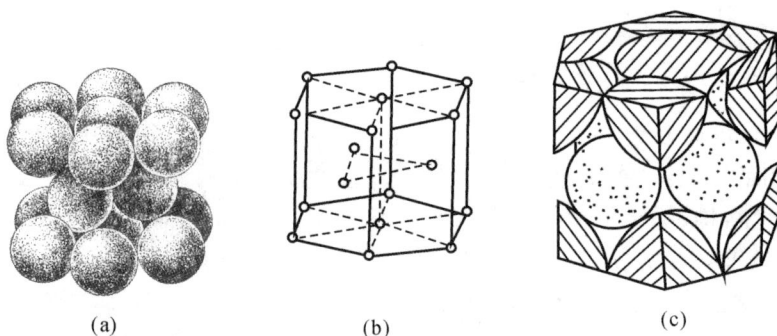

图 1-20　密排六方晶胞
（a）刚球模型；　（b）质点模型；　（c）晶胞原子数

（2）点阵常数　　假设把原子看作半径为 R 大小相同的刚球,由图 1-18 ～ 图 1-20 的图（a）可以看出:面心立方和密排六方结构中每个原子和最邻近的原子都是相接触（即相切）的;而体心立方结构中除位于体心的原子与顶角上的 8 个原子相切外,8 个顶角原子互不相切。因此,可以求出点阵常数与原子半径之间的关系为

体心立方：$\qquad R = \dfrac{\sqrt{3}}{4}a \quad$ 或 $\quad a = \dfrac{4\sqrt{3}}{3}R$

面心立方：$\qquad R = \dfrac{\sqrt{2}}{4}a \quad$ 或 $\quad a = 2\sqrt{2}R$

密排六方：$\qquad R = \dfrac{1}{2}a \quad$ 或 $\quad a = 2R, \quad \dfrac{c}{a} = 1.633$

应该指出,实际密排六方结构金属的 c/a 值均与 1.633 有一定的偏差,这说明金属原子为

等径刚球只是一种近似的假设。

（3）晶体原子排列的紧密程度　　晶体中原子排列的紧密程度，通常有两种表示方法：一是计算每个原子周围最近邻且等距离的原子数目，称为配位数（Coordination Number，CN）n_c。显然，n_c 值越大，晶体排列得越紧密。二是计算单位晶胞中原子所占体积与晶胞体积之比，该比值称为致密度 k。同样，k 值越大，晶体排列得越紧密。下面对 n_c 和 k 值作以具体分析。

1）配位数　　由配位数的定义可知，在体心立方结构中，若以晶胞内的体心原子为基准，则因其 8 个顶角原子是与其最近邻且等距离的原子，故 $n_c = 8$。

面心立方结构的配位数不易从一个晶胞中直接看出，但若在相邻晶胞中观察，如图 1-21 所示，则其 $n_c = 12$。同理，可以看出，密排六方晶胞中的 n_c 也等于 12。应注意，这只是对理想密排六方结构而言，若 $c/a \neq 1.633$，则 $n_c = 6+6$。前边一个"6"表示最近邻原子数，后边一个"6"表示次近邻原子数，因为此时在 c 轴方向的原子到晶胞底面上原子的距离与在底面上原子之间的距离并不相等。

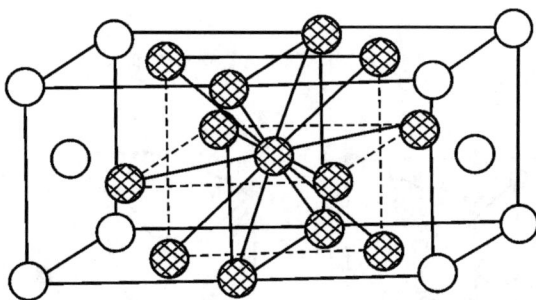

图 1-21　面心立方晶格的配位数

2）致密度　　致密度可表示为

$$k = \frac{nv}{V}$$

式中　　n —— 晶胞中的原子数；

　　　　v —— 一个原子的体积；

　　　　V —— 晶胞体积。

以体心立方晶格为例，$a = \dfrac{4}{\sqrt{3}}R$，$n = 2$，故

$$k = \frac{nv}{V} = \frac{2 \times \frac{4}{3}\pi R^3}{a^3} = 0.68$$

同样，可算出面心立方和理想密排六方结构的致密度 k 均为 0.74。

（4）晶体结构中的间隙　　从对晶体致密度的分析可以看出，晶体中存在许多间隙。如体心立方结构的 k 为 0.68，说明仅有 68% 的体积被原子占据，而 32% 的体积是间隙。图 1-22 ～图 1-24 所示为三种常见晶体结构的间隙位置及形状。实心小球代表金属原子所处的中心位置，空心小球代表间隙的中心位置。由组成看，间隙形状可分为四面体间隙和八面体间隙两种。若金属原子的半径为 r_A，间隙半径为 r_B（r_B 即表示能放入间隙内小球的最大半径，如图 1-25 所示），则由立体几何知识可以求出这三种晶体结构中四面体和八面体间隙的 r_B/r_A 值,如表 1-6 所示。

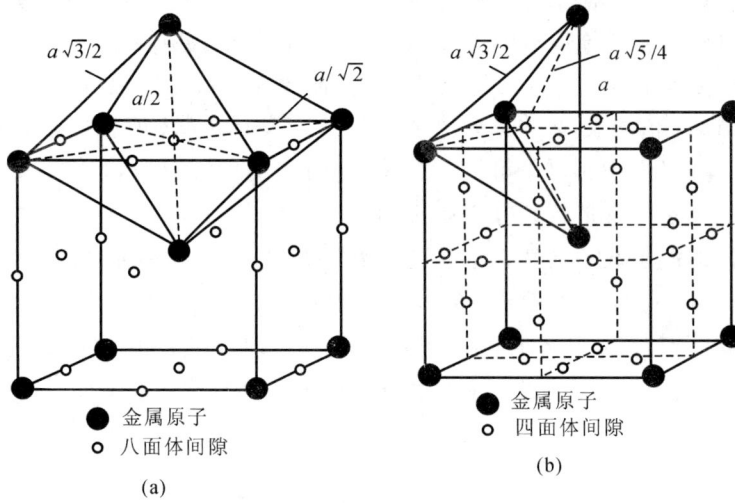

$a\sqrt{3}/2$　$a/\sqrt{2}$　$a/2$

$a\sqrt{3}/2$　$a\sqrt{5}/4$　a

● 金属原子
○ 八面体间隙

(a)

● 金属原子
○ 四面体间隙

(b)

图 1-22　体心立方点阵中的间隙

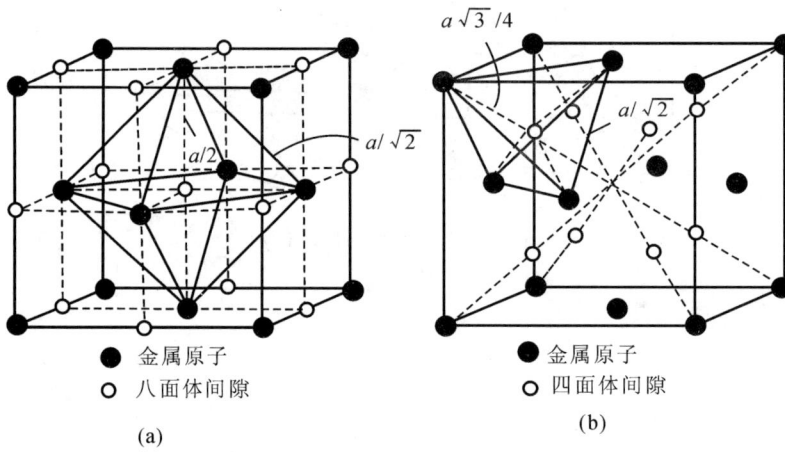

$a/2$　$a/\sqrt{2}$

$a\sqrt{3}/4$　$a/\sqrt{2}$

● 金属原子
○ 八面体间隙

(a)

● 金属原子
○ 四面体间隙

(b)

图 1-23　面心立方点阵中的间隙

表 1-6　三种典型晶体结构中的间隙

晶 体 结 构	间 隙 类 型	r_B/r_A
体心立方结构	四面体间隙	0.29
	八面体间隙	0.15
面心立方结构	四面体间隙	0.225
	八面体间隙	0.414
密排六方结构	四面体间隙	0.225
	八面体间隙	0.414

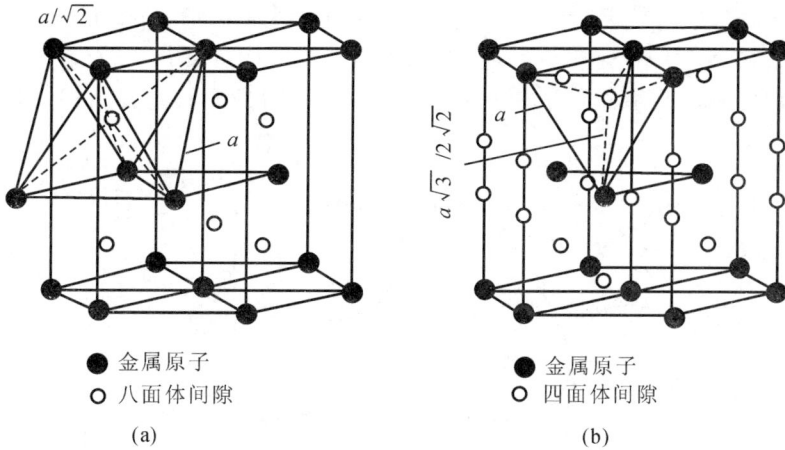

- ● 金属原子
- ○ 八面体间隙
  (a)

- ● 金属原子
- ○ 四面体间隙
  (b)

图 1-24 密排六方点阵中的间隙

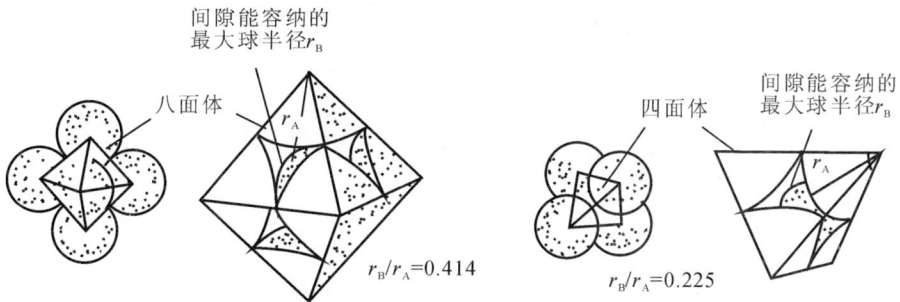

图 1-25 面心立方点阵中间隙的刚球模型

由以上图表可见,面心立方结构中的八面体间隙及四面体间隙与密排六方结构中的同类间隙的形状相似,都是正八面体和正四面体。当原子半径相同时,两种结构的同类间隙大小也相等,且八面体间隙大于四面体间隙。而体心立方结构中的八面体间隙却比四面体间隙小,且两者的形状都是不对称的,其棱边长度不全相等。

晶体结构中的间隙对金属的性能和合金的晶体结构及金属在固态下的扩散、相变等过程都有重要影响。

(5)晶体中原子的堆垛方式 从前面讨论中发现,面心立方和密排六方结构具有相同的配位数及致密度,然而却有着不同的晶体结构。为了弄清这个问题,就必须对晶体中原子的堆垛方式进行分析。

密堆积结构可以看成是由二维的密排原子面以最密排的方式堆积而成的,不同的堆积方式可得到不同的晶体结构。图 1-26 所示为大小相同的圆球(代表原子)在二维的最密排方式。每个球的周围有 6 个球与其相切,每个球的周围有 6 个间隙,每个间隙周围有 3 个球。这种密排原子面又称六方最密排面,因为由每个球周围 6 个球的中心可连成一个正六边形。

由六方最密排面堆积,在三维获得密堆积结构的条件是每个球都与另外 12 个球相切,因为密堆积结构的配位数是 12。在图 1-26 中,第一层密排面(A 层)由中心在 A 的原子构成。第二层密排面的原子中心可以都放在间隙 B 之上,也可以都放在间隙 C 之上,由于空间的限制,只能取一种方案,其结构都是一样的。如果第二层原子中心都在 B 之上,第三层正好在 A 之上,其余类推,这就是 $ABAB\cdots$ 堆垛顺序,即为密排六方结构,如图 1-27(a) 所示;若第三层正好在 C 之上,其余类推,则堆垛顺序为 $ABCABC\cdots$,就会得到面心立方结构,如图 1-27(b) 所示。

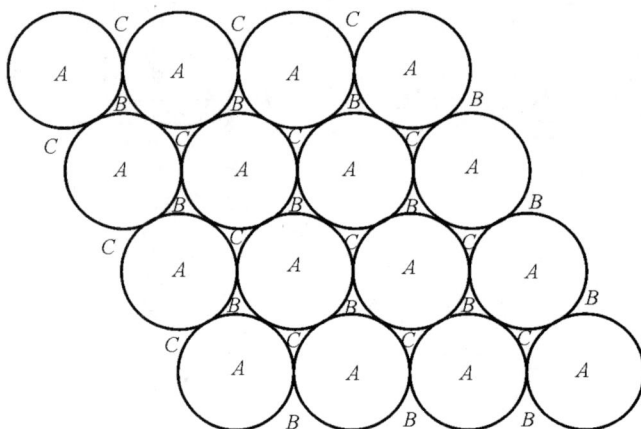

图 1-26　二维密排原子面及其堆积方式

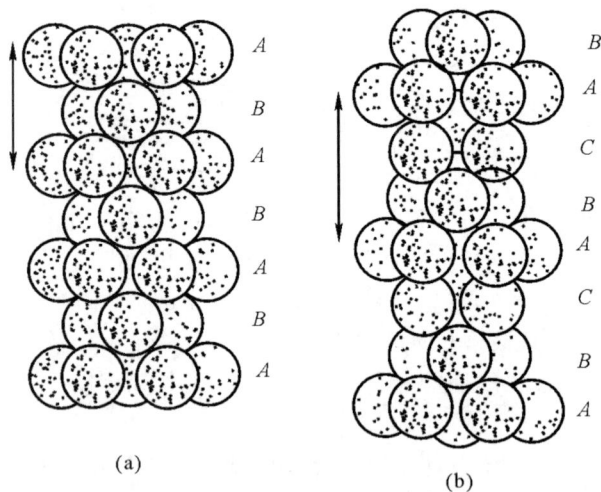

(a)　　　　　　　　(b)

图 1-27　密排面的不同堆积方式

(a) 密排六方结构;　(b) 面心立方结构

　　(6) 晶体结构的多晶型性　　有些金属(如 Fe,Mn,Ti,Co,Sn,Zr 等)固态下在不同温度或不同压力范围内具有不同的晶体结构,这种性质称为晶体的多晶型性。例如,常压下铁在 912 ℃ 以下为体心立方结构,称为 α-Fe;在 912～1 394 ℃ 间具有面心方立结构,称为 γ-Fe;在 1 394℃ 至熔点之间又成为体心立方结构,但与 α-Fe 的晶格常数不同,故称 δ-Fe。具有多晶型的金属在温度或压力变化时,由一种结构转变为另一种结构的过程称为多晶型性转变,也称同素异构转变。当发生同素异构转变时,金属的许多性能将发生突变。同素异构转变对金属能否通过热处理来改变其性能具有重要意义。

1.2.2.2　陶瓷的晶体结构

陶瓷的晶体结构与金属有较大的不同。陶瓷的晶体结构复杂,原子排列不紧密,配位数较低。其结构可分为两类:一类是按离子键结合的陶瓷,如 MgO,CaO,ZrO_2,Al_2O_3 等金属氧化物;一类是按共价键结合的陶瓷,如 SiC,Si_3N_4 及纯 SiO_2 等。下边分别介绍其晶体结构的特点。

(1) 离子键晶体陶瓷的结构　　离子键晶体陶瓷的结构很多,最常见的几种类型如图 1-28 所示。有几百种化合物都属于 NaCl 型结构,如 MgO,NiO,FeO 及 MnO 等。NaCl 型结构可以看成是由两个面心立方点阵穿插而成的超点阵。如果把一个钠离子和一个氯离子看作是一个集合体,当作一个节点,则这种结构就属于面心立方点阵。单胞的离子数为 8,即 4 个 Na^+ 和 4 个 Cl^-。

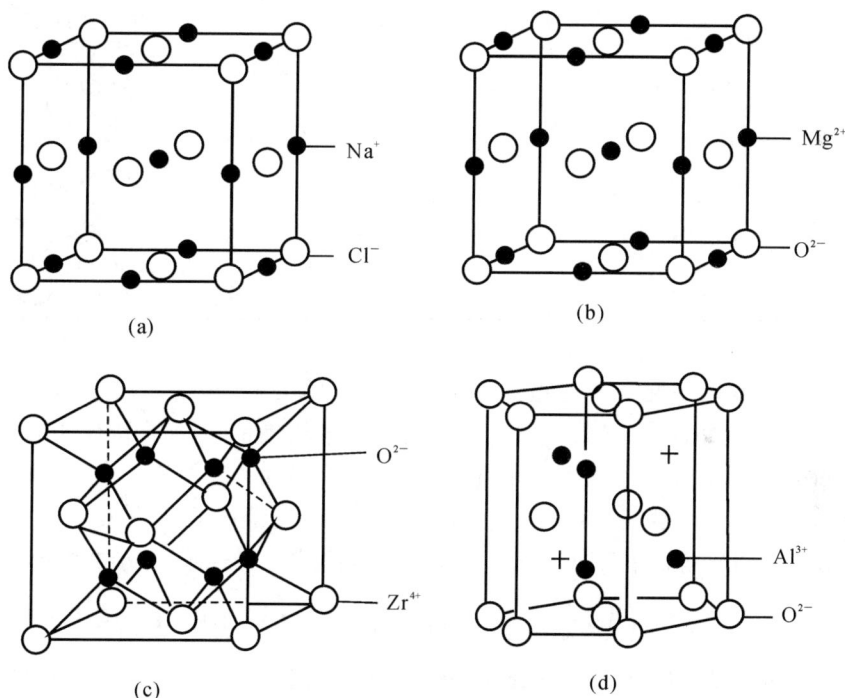

图 1-28　离子键晶体陶瓷结构

(a) NaCl 型;　(b) MgO 型;　(c) ZrO_2 型;　(d) Al_2O_3 型

在离子晶体里,一个正离子周围的最近邻负离子数称为配位数。因此,一个最稳定的结构应当有尽可能大的配位数,而这个配位数又取决于正、负离子半径的比值。配位数的大小直接影响着晶体结构,这一关系示于表 1-7 中。通常正离子因失去电子,半径较小,负离子则半径较大。例如 MgO 晶体中,离子半径分别为

$$r_{Mg^{2+}} = 0.078 \text{ nm}, \quad r_{O^{2-}} = 0.132 \text{ nm}$$

$$\frac{r_{Mg^{2+}}}{r_{O^{2-}}} = \frac{0.078 \text{ nm}}{0.132 \text{ nm}} = 0.59$$

由表 1 - 7 可知,其配位数为 6。

表 1 - 7　配位数与晶体结构的关系

配位数	间隙位置	半径比	示意图
2	线性	$0 \sim 0.155$	
3	三角形间隙	$0.155 \sim 0.225$	
4	四面体间隙	$0.225 \sim 0.414$	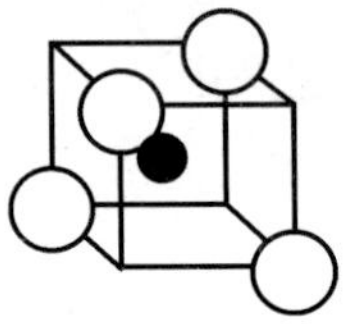
6	四面体间隙	$0.414 \sim 0.732$	
8	立方体间隙	$0.732 \sim 0.000$	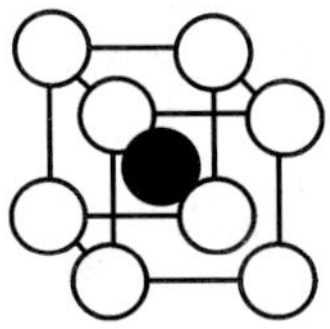

应该指出,离子晶体中配位数与正负离子半径之比的关系,是从几何学的角度考虑的,对于多数离子晶体是有效的;当正离子具有高电荷,或者其周围的负离子具有高的原子序数、尺寸大且易变形时,上述对应关系就不一定存在了。

ZrO_2 是重要的工业陶瓷,其结构如图 1 - 28 (c)所示,属于 CaF_2 型结构。与其类似的结构还有 UO_2,ThO_2,CeO_2 等。在 ZrO_2 结构里,Zr^{4+} 占据着正常面心立方结构的节点位置,而 O^{2-} 处于四面体间隙中心,即 $\left(\frac{1}{4},\frac{1}{4},\frac{1}{4}\right)$ 位置。在面心立方晶胞中每一原子平均可有一个八面体间隙,两个四面体间隙。由图 1 - 28 (c)可知,四面体间隙全归 O^{2-} 占据,单胞中离子数为 $4Zr^{4+} + 8O^{2-}$,故其仍属面心立方,只是每个阵点包含 3 个离子。

Al_2O_3 是制作陶瓷刀具、砂轮的原料,又称为刚玉,其晶体结构如图 1 - 28 (d)所示。O^{2-} 处于密排六方结构中的节点上,Al^{3+} 位于八面体间隙,为维持电荷平衡,只有 2/3 的八面体间隙位置被占据,还有 1/3 间隙位置空着。属于这种结构类型的还有 Cr_2O_3,$\alpha - Fe_2O_3$,Ti_2O_3,V_2O_3 等。

(2)共价键晶体陶瓷的结构　共价键晶体陶瓷多属金刚石型结构。金刚石型结构如图 1 - 29 (a)所示。碳原子除位于面心立方结构的节点上外,还有 4 个碳原子位于四面体间隙,每个单胞中共 8 个原子,每一阵点包含两个原子,属于面心立方结构。金刚石型结构虽属面心立方点阵,但其配位数仅为 4,和面心立方金属配位数相比相差很大,故它不是密堆积结构。

SiC 的晶体结构和金刚石相似,如图 1 - 29 (b)所示。图 1 - 29 (c)所示是 SiO_2 高温时的一种晶型。它也是面心立方点阵,单胞中每一硅原子被 4 个氧原子所包围,而每个氧原子则介于 2 个硅原子之间,起着连接两个四面体的作用。图 1 - 30 所示为 SiO_2 在空间形成的网络结构。这个单胞共有 24 个原子($8Si^{4+}+16O^{2-}$),简化成面心立方点阵时每一阵点包含 6 个原子($4O^{2-}+2Si^{4+}$)。

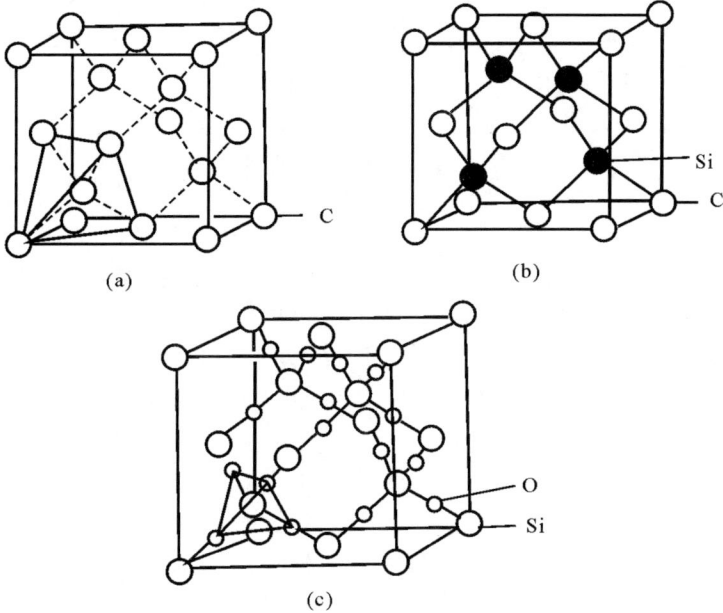

图 1 - 29　共价键晶体陶瓷结构

（a）金刚石；　（b）SiC；　（c）高温 SiO_2

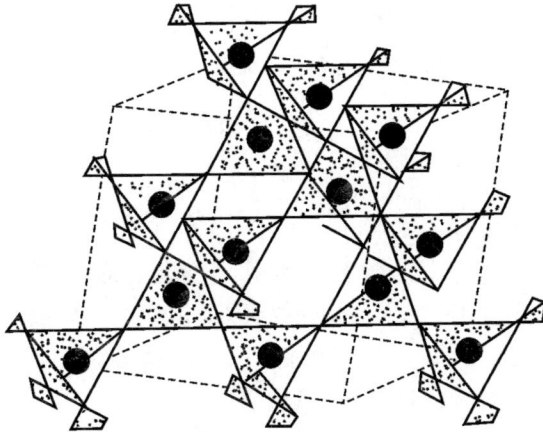

图 1 - 30　SiO_2 空间网络结构（单胞 24 个原子 $8Si^{4+}+16O^{2-}$）

【例题 1.2.3】　铜具有面心立方结构,其原子半径为 0.127 8 nm,试计算其密度。（Cu 的相对原子质量为 63.5。）

解　因为

$$r=\frac{\sqrt{2}}{4}a$$

所以
$$a = \frac{4}{\sqrt{2}}r = 0.361\ 5\ \text{nm}$$

$$\rho = \frac{质量}{体积} = \frac{4 \times [63.5/(6.02 \times 10^{23})]}{(0.361\ 5 \times 10^{-9})^3} = 8.93\ \text{Mg/m}^3 = 8.93\ \text{g/cm}^3$$

【例题 1.2.4】 在固态锶里，$1\ \text{mm}^3$ 中有多少原子？其原子的堆积密度为多少？它属于立方晶系，其晶体结构为何？已知 Sr 的相对原子质量为 87.62，原子半径为 0.215 nm，离子半径为 0.127 nm，密度为 $2.6\ \text{Mg/m}^3$。

解 （1）1 mm 固态锶里的原子数为

$$n_{\text{Sr}} = \frac{2.6 \times 10^{-3}\ \text{g/mm}^3}{87.62\ \text{g}/(6.02 \times 10^{23})} = 1.78 \times 10^{19}\ 个\ /\text{mm}^3$$

（2）$\rho_{堆积密度} = \frac{4}{3}\pi(0.215 \times 10^{-6})^3 \times 1.78 \times 10^{19} = 0.74$。

（3）因为堆积密度为 0.74，故该晶体为面心立方结构。

【例题 1.2.5】 FeO 具有 NaCl 型结构。假设 Fe 与 O 的原子数目相等，试计算其密度。铁的离子半径 $r_{\text{Fe}^{2+}} = 0.074\ \text{nm}$，氧的离子半径 $r_{\text{O}^{2-}} = 0.140\ \text{nm}$。

解 每单位晶胞中有 4 个 Fe^{2+} 和 4 个 O^{2-}，则
$$V = a^3 = [2 \times (0.074 + 0.140) \times 10^{-9}\ \text{m}]^3 = 7.84 \times 10^{-29}\ \text{m}^3$$
$$m = 4 \times (55.8 + 16.0)/(6.02 \times 10^{23}) = 4.79 \times 10^{-22}\ \text{g}$$

所以 $\quad \rho = m/V = 4.79 \times 10^{-22}\ \text{g}/(7.84 \times 10^{-29}\ \text{m}^3) = 6.1 \times 10^6\ \text{g/m}^3 = 6.1\ \text{g/cm}^3$

【例题 1.2.6】 在立方晶体中，$[111]$ 和 $[001]$，$[111]$ 和 $[1\bar{1}1]$ 方向之夹角为何？

解 立方晶系两晶向间的夹角公式为

$$\cos\varphi = \frac{h_1 h_2 + k_1 k_2 + l_1 l_2}{\sqrt{(h_1^2 + k_1^2 + l_1^2)(h_2^2 + k_2^2 + l_2^2)}}$$

假设 $[111]$ 和 $[001]$，$[111]$ 和 $[1\bar{1}1]$ 方向之夹角分别为 α, β，则

$$\cos\alpha = \frac{1}{\sqrt{3}}, \quad \cos\beta = \frac{1}{3}$$

所以 $\quad\quad\quad\quad\quad\quad \alpha = 54.75°, \quad \beta = 70.5°$

1.2.2.3 碳的晶体结构与石墨烯

（1）碳的晶体结构 自然界中的碳有多晶型性，重要的存在形式有两种，即石墨和金刚石。其晶体结构不同，性能差别很大。石墨的晶体结构如图 1-31 所示，属六方晶系，是典型的层状结构。碳原子成层排列，每个碳与相邻碳原子之间等距相连，呈六方环状排列；上下相邻层面通过平行网面方向相互位移后形成层状结构。上下两层的碳原子之间距离比同一层内碳原子之间的距离大得多。

在石墨晶体中，层面上的碳原子之间为 sp^2 杂化的共价键结合，很牢固；而层面之间为范德瓦耳斯力连接，很脆弱。

金刚石是目前已知的自然界中最硬的物质。天然金刚石很少，主要用作装饰品，工业上用的都是人工合成的。金刚石的晶体结构如图 1-32 所示。碳原子除了位于面心立方结构的节点上外，还有 4 个碳原子位于四面体的间隙中，每个晶胞含有 8 个碳原子。金刚石中的 C—C 键很强，所有的价电子都参与了共价键的形成。碳原子以 sp^3 方式杂化，原子之间以 σ 键共价

结合,故硬度很高。

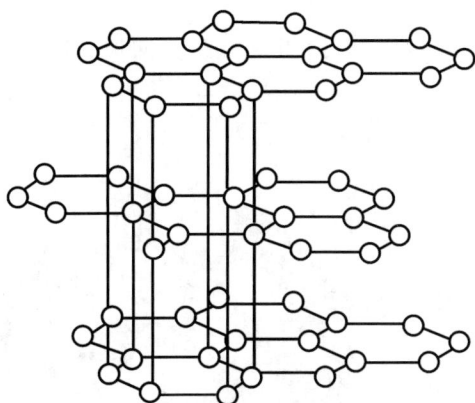

図 1 - 31　石墨的晶体结构

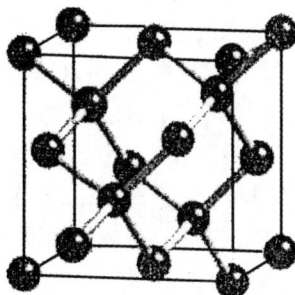

図 1 - 32　金刚石的晶体结构

(2)石墨烯　石墨烯是一种从石墨材料中剥离出的单层碳原子面材料,是碳的二维结构。这种石墨晶体薄膜的厚度只有 0. 34 nm,如图 1 - 33 所示。2004 年,石墨烯由英国曼彻斯特大学的安德烈·盖姆(Andre Geim)和康斯坦丁·诺沃肖洛夫(Konstantin Novoselov)首先发现。它是已知材料中最薄的一种,且非常牢固。

石墨烯内部碳原子的排列方式与石墨单原子层一样,以 sp^2 杂化轨道成键,组成六角形呈蜂巢晶格的平面膜,是只有一个碳原子厚度的一种二维材料。

石墨烯结构非常稳定。这种稳定的晶格结构使石墨烯具有独特性能:非常薄,透明度高,耐腐蚀,强度高,韧性好,电阻率低,是导电性最好的材料,被称为超强导体。正因为如此,石墨烯的问世引起了全世界的关注。

石墨烯可分为单层、双层、少层及多层石墨烯等。

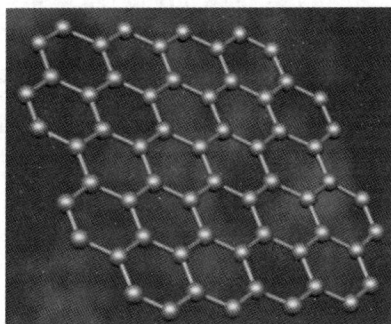

図 1 - 33　石墨烯的结构

单层石墨烯,是指由一层以苯环结构(即六角形蜂巢结构)周期性紧密堆积的碳原子构成的一种二维碳材料。

双层石墨烯,是指由两层以苯环结构周期性紧密堆积的碳原子以不同堆垛方式(包括 AB,AA 堆垛等)堆垛构成的一种二维碳材料。

少层石墨烯,是指 3～10 层以苯环结构周期性紧密堆垛的碳原子以不同堆垛方式(包括 ABC,ABA 堆垛等)堆垛构成的一种二维碳材料。

多层石墨烯,是指 10 层以上、厚度在 10 nm 以下苯环结构周期性紧密堆垛的碳原子以不同堆垛方式(包括 ABC,ABA 堆垛等)堆垛构成的一种二维碳材料。

石墨烯广泛应用于电子信息、新能源、航空航天及柔性电子等领域,目前最有潜力成为硅的替代品之一,可用来制造超微型晶体管器件,及生产未来的超级计算机。

(3)富勒烯　富勒烯是单质碳的第三种同素异形体。任何由碳一种元素组成,以球状、椭圆状、管状结构存在的物质,都可称为富勒烯。1985 年英国化学家哈罗德·沃特尔·克罗托博士和美国科学家理查德·斯莫利等人在氦气流中以激光汽化蒸发石墨实验中首次制成富勒烯 C_{60}。

数学上可以证明富勒烯的结构都是以五边形和六边形面组成的凸多面体,最小的富勒烯是 C_{20},其有正十二面体的构造。除了没有 22 个顶点的富勒烯,之后 C_{2n} 的富勒烯都存在,$n=12,13,14,\cdots$,所有富勒烯结构的五边形个数为 12 个,六边形个数为 $n-10$。

质谱及 X 射线分析证明,C_{60} 的分子结构为球形 32 面体,如图 1-34 所示。它是由 60 个碳原子通过 20 个 6 元环和 12 个 5 元环连接而成的具有 30 个碳-碳双键的空心球对称分子。因为这个分子的球形结构使碳原子高度棱锥体化,故形成完整的富勒烯碳。五边形的边长为 0.146 nm,六边形的边长为 0.14 nm。富勒烯分子中相邻碳原子之间以 sp^2 杂化共价键的方式连接,整个分子中的碳原子又同时参与到共价 π 键的结合中。

合成 C_{60} 的主要方法有石墨汽化法(激光、电弧)及纯碳燃烧法。

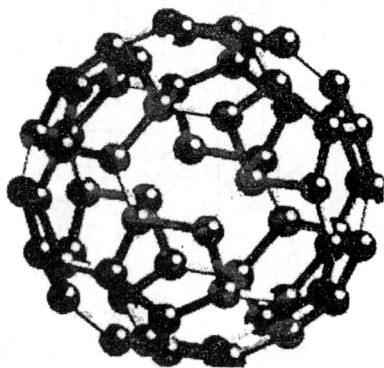

图 1-34　C_{60} 结构图

C_{60} 的润滑性使其可能成为超级润滑剂;金属掺杂的 C_{60} 有超导性,是很有发展前途的超导材料之一;C_{60} 还可能在半导体、催化剂、蓄电池材料和药物等许多领域得到应用。

富勒烯由于其独特的结构和化学物理性质,已对化学、物理、材料科学产生了深远的影响,在应用方面显示了诱人的前景。随着研究的不断深入,以 C_{60} 为代表的碳原子簇(由碳原子组成的簇状结构)将给人类带来巨大财富。

1.3　原子的不规则排列

晶体中的原子在三维空间呈周期性的规则排列,这仅仅是一种理想情况。在实际晶体中,由于晶体的生长条件、原子的热运动及材料加工过程中各种因素的影响,原子排列不可能那样规则和完善,往往存在着偏离理想结构的区域。通常把晶体中原子偏离其平衡位置而出现不完整性的区域称为晶体缺陷。

由对晶体缺陷的大量研究得知,虽然缺陷处的某些原子失去了正常的相邻关系,但仍受到原子键力的约束,排列并不是杂乱无章的。因此,晶体缺陷以一定的形态存在,按一定的规律产生、发展、运动和交互作用,并且对晶体的性能和物理化学变化有重要的影响。研究晶体缺陷是材料科学的重要内容之一。

根据晶体缺陷的几何特征,可将它们分为三类。

(1)点缺陷　其特点是在空间三维方向的尺寸很小,相当于原子数量级,如空位、间隙原子等。

(2)线缺陷　其特点是在两个方向上的尺寸很小,在另一个方向上的尺寸很大,如各种类型的位错。

(3)面缺陷　其特点是一个方向上的尺寸很小,在另外两个方向上的尺寸很大,如晶界、相界等。

应该指出,虽然金属晶体中存在着缺陷,但从总体上看,偏离平衡位置的原子很少,整体上还是较完整的。正因为如此,晶体具有一系列与非晶体不同的特性。

1.3.1　点缺陷

1.3.1.1　点缺陷的形成、结构和能量

在晶体中,原子热振动的能量是温度的函数。但这只意味着在一定温度下,热振动的平均能量是一定的,至于各个原子在同一瞬间或同一原子在不同瞬间的振动能量并不相同,即存在着能量起伏。当某些原子的能量起伏高于势垒时,就可以摆脱周围原子的约束而跳离平衡位置,于是在原节点上形成一个晶格"空位",如图 1-35 所示。显然,温度越高,原子跳离平衡位置的概率越大。如果离位原子迁移到晶体的外表面或内界面(如晶界处),则这种空位称为肖特基(Schottky)空位;如果原子跳入点阵的间隙中,则形成的空位称为弗兰克尔(Frankel)空位。

进入点阵间隙中的原子称为间隙原子。间隙原子可以由同类原子形成,称为自间隙原子,也可以由外来杂质原子形成,即为异类间隙原子(见图 1-35)。如果异类原子占据原来基体原子的平衡位置,则称为置换原子。置换原子的半径与基体原子半径总有差异,因此会引起晶格的畸变。

图 1-35　晶体中的各种点缺陷
1— 空位;　2— 自间隙原子;
3— 异类间隙原子;　4,5— 置换原子

点缺陷使周围原子间的作用力失去平衡,因而原子需要重新调整位置。如空位周围的原子要向空位处偏移,而间隙原子周围的原子则反之。于是点阵产生弹性畸变,形成应力场。

点阵畸变,意味着原子离开了平衡位置,故晶体内能必然升高。通常把这部分增加的能量称为点缺陷形成能。常见金属中,间隙原子形成能比空位形成能大几倍。

1.3.1.2　点缺陷的平衡浓度

热力学分析表明,在绝对零度以上的任何温度下,晶体最稳定的状态是含有一定浓度的点缺陷的状态。这个浓度就称为在该温度下晶体中点缺陷的平衡浓度,用 c_V 表示。可以计算,在一定温度下

$$c_V = \frac{n_e}{N} = \exp\left[-\frac{\Delta E_V}{kT} + \frac{\Delta S_V}{k}\right] \tag{1-2}$$

式中　n_e —— 平衡空位的数目;

　　　N —— 阵点总数;

　　ΔE_V —— 每增加一个空位的能量变化(形成能);

　　ΔS_V —— 相应的振动熵变化;

　　k —— 玻尔兹曼常数。

在应用上述公式时,可简写为

$$c_V = \exp\left(\frac{\Delta S_V}{k}\right)\exp\left(-\frac{\Delta E_V}{kT}\right) = A\exp\left(-\frac{\Delta E_V}{kT}\right)$$

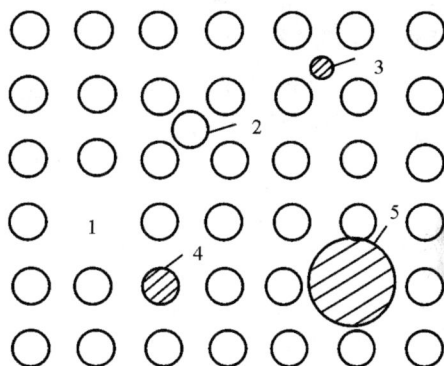

式中　　A—— 振动熵决定的系数,其值为 $1 \sim 10$。为了方便,计算时可取 $A = 1$。

由上式可知,空位的平衡浓度与温度和形成能之间成指数关系。温度越高,空位平衡浓度越大。例如,纯铜在 $1\,000\,℃$ 时,$c_V = 5 \times 10^{24}$ 个 $/m^3$,而在室温（$22\,℃$）时,$c_V = 2 \times 10^9$ 个 $/m^3$,相差竟达 15 个数量级。

1.3.1.3　点缺陷对晶体性能的影响

一般情形下,点缺陷主要影响晶体的物理性质,如比体积、比热容、电阻率等,主要表现为引起电阻增加,这是因为点缺陷区对传导电子产生强烈散射,导致晶体电阻率增大,使晶体的体积膨胀,密度减小,而且过饱和点缺陷（即超过平衡浓度）还会提高金属的屈服强度。

此外,点缺陷还影响晶体的其他物理性质,如扩散系数、内耗、介电常数等。

【例题 1.3.1】　在金属中形成一个空位所需要的激活能为 $2.0\,eV(0.32 \times 10^{-18}\,J)$。在 $800\,℃$ 时,1×10^4 个原子中有一个空位,在何种温度时,$1\,000$ 个原子中含有 1 个空位?

解
$$\ln \frac{n_e}{N} = \frac{\Delta S_V}{k} - \frac{\Delta E_V}{kT}$$
$$T = 800 + 273 = 1\,073\,K$$
$$\ln 10^{-4} = \frac{\Delta S_V}{k} - \frac{0.32 \times 10^{-18}\,J/个}{[13.8 \times 10^{-24}\,J/(个 \cdot K)] \times 1\,073K}$$
$$\frac{\Delta S_V}{k} = 12.4$$

所以
$$\ln 10^{-3} = 12.4 - \frac{0.32 \times 10^{-18}\,J/个}{[13.8 \times 10^{-24}\,J/(个 \cdot K)]T}$$
$$T = 1\,201\,K = 928\,℃$$

【例题 1.3.2】　已知 Al 晶体在 $550\,℃$ 时的空位浓度为 2×10^{-6},计算这些空位均匀分布在晶体中的平均间距。（已知 Al 的原子直径为 $0.287\,nm$）

解　Al 晶体为面心立方点阵,设点阵常数为 a,原子直径为 d,则有
$$a = \sqrt{2}\,d$$
设单位体积内的点阵数目为 N,则有
$$N = \frac{4}{a^3} = \frac{\sqrt{2}}{d^3}$$
所以,单位体积内的空位数为
$$n_V = Nc_空 = \frac{\sqrt{2}}{d^3} \times 2 \times 10^{-6}$$
假设所有空位在晶体内是均匀分布的,其平均间距为 L,则有
$$L = \sqrt[3]{\frac{1}{n_V}} = \sqrt[3]{\frac{1}{2\sqrt{2} \times 10^{-6}}d^3} = 20.3\,nm$$

1.3.2　线缺陷

晶体中的线缺陷指各种类型的位错,它是晶体中某处一列或若干列原子发生了有规律的错排现象,错排区是细长的管状畸变区域,长度可达几百至几万个原子间距,宽度仅几个原子间距。位错概念是 1934 年出现的,直到 1956 年利用电子显微镜薄膜透射法观察到位错后,才完全为人们所接受。目前,已提出许多较为合理的位错模型,其中最基本、最简单的模型有两

种：一种是刃型位错,另一种是螺型位错。

位错是一类极为重要的晶体缺陷,它对材料的塑性变形、强度、断裂等起着决定性的作用,对扩散、相变等过程也有较大影响。本节主要介绍位错的原子组态、几何特征和各种属性,以及位错的运动、增殖和交割等。

1.3.2.1　位错的基本类型

(1) 刃型位错　设有一简单立方晶体,其上半部分相对于下半部分沿着 $ABCD$ 面局部滑移了一个原子间距,如图 1-36 (a) 所示,结果在滑移面的上半部分出现了多余的半排原子面 $EFGH$,此半原子面中断于 $ABCD$ 面上的 EF 处,它好像一把刀插入晶体,并终止在 $ABCD$ 面上。沿着半原子面的"刃边"EF,晶格发生了畸变,我们把 EF 称作刃型位错线,它与滑移方向垂直,其原子排列模型如图 1-36 (b) 所示。

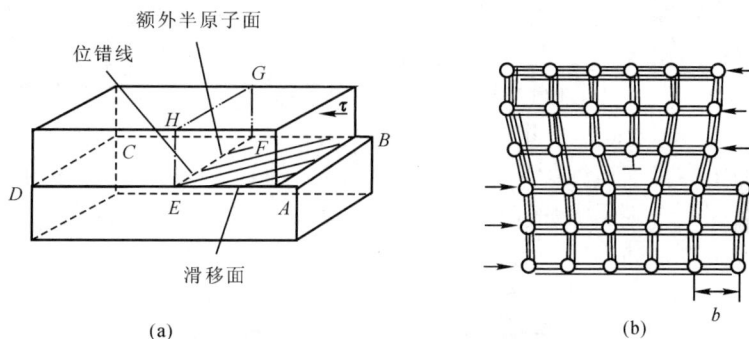

图 1-36　晶体局部滑移造成的刃型位错

由图 1-36 可见,位错线实际上是晶体中已滑移区 ($ABEF$ 部分)与未滑移区 ($EFCD$ 部分)在滑移面 ($ABCD$)上的"交线"。此交线不可能是一条几何上的"线",因为"交线"处原子的相对位移不可能从 1 个原子间距突变为零,故它是一个过渡区。在此区域,原子的相对位移从 1 个原子间距逐渐减至零。

刃型位错周围的点阵畸变相对于多余半排原子面是左右对称的。含有多余半原子面的那部分晶体受压应力,原子间距减小;不含半原子面的那部分晶体受拉应力,原子间距增大。点阵畸变的程度随距位错线距离增大而逐渐减小,严重点阵畸变的范围为几个原子间距。

为讨论方便,引入了正、负刃型位错的概念。通常把多余半原子面位于晶体上半部的位错线称为正刃型位错,用符号"⊥"表示;把多余半原子面位于晶体下半部分的位错称为负刃型位错,用符号"⊤"表示,如图 1-37 所示。应指出,刃型位错的正、负只是相对而言,但在讨论位错性质时有用。另外,多余半原子面的周界并不要求一定是直线,故刃型位错线也并非一定为直线。图 1-38 给出了几种不同形状的位错线。

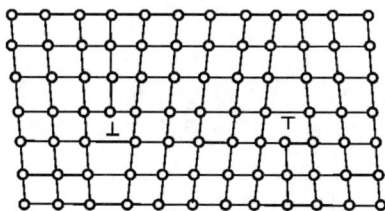

图 1-37　正、负刃型位错示意图

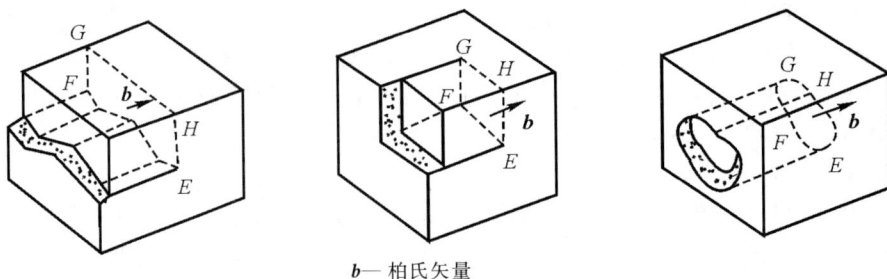

b — 柏氏矢量

图1-38　几种形状的刃型位错线

（2）螺型位错　螺型位错的模型如图1-39所示。设想在简单立方晶体的右端施加一切应力 τ，使其右端上下两部分晶体沿滑移面 ABCD 发生一个原子间距的局部滑移，此时左半部分晶体仍未产生滑移，出现了已滑移区和未滑移区的边界线 bb'，这就是一个位错线，它平行于滑移方向。图1-39（b）给出了位错线 bb' 附近的原子排列，显然，晶体中大部分原子仍保持正常位置，但在 bb' 和 aa' 之间出现了一个几个原子间距宽，上、下层原子不吻合的过渡区，在此过渡区中，原子的正常排列遭到破坏。如果以 bb' 线为轴，从 a 点开始，依次连接过渡区内的各原子，则其走向与一个右旋螺纹的前进方向一样〔见图1-39（c）〕，这说明位错线附近的原子是按螺旋形排列的，故称其为螺型位错。

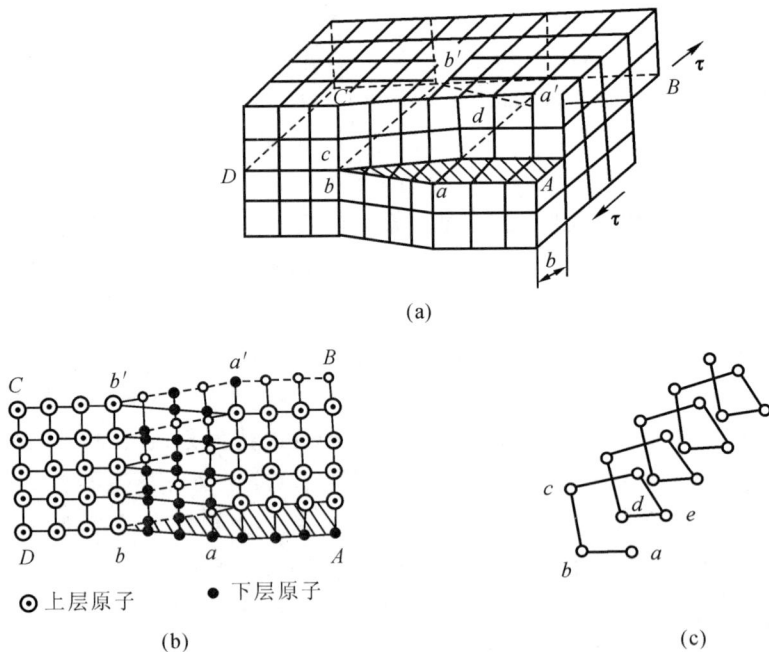

图1-39　螺型位错

按照原子排成的螺线旋转方向不同，螺型位错可分为"左螺"和"右螺"两种位错。通常用拇指代表螺旋的前进方向，而以其余四指代表旋转方向，凡符合右手法则的称为右螺型位错，符合左手法则的则称为左螺型位错。

应该指出，左螺型位错和右螺型位错有着本质差别，无论将晶体如何放置也不可能改变其原本的左、右性质。

（3）混合型位错　　当位错线与滑移方向既不平行又不垂直,而是成任意角度 α 时,这种位错称为混合型位错。图 1-40 给出了形成混合型位错的晶体局部滑移的情况,图 1-41 给出了混合位错线上原子的排列。可见,混合位错线 AC 是一条曲线。混合型位错可以分解为刃型分量和螺型分量,它们分别具有刃型位错和螺型位错的特征。

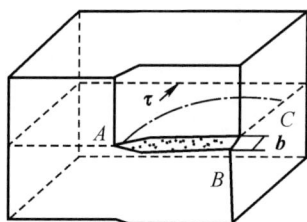

图 1-40　晶体的局部滑移
　　　　　形成混合位错

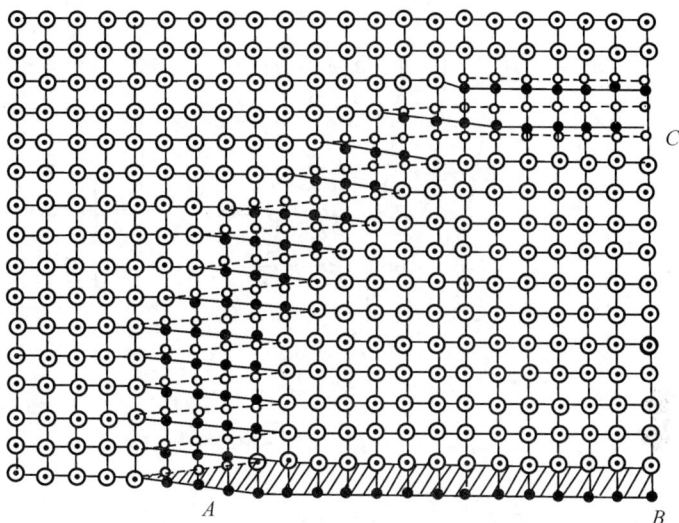

图 1-41　混合位错附近原子组态的俯视图

上述讨论表明,位错是晶体中已滑移区与未滑移区的边界线,因而可以得到任意形状的位错,因为我们可以让任何区域发生局部滑移。例如,在一个圆形区域内部发生滑移,外部不滑移,就会得到封闭的圆周边界。这种封闭位错称为位错环,如图 1-42 所示。可以判断,除 B,D 点是两个异号的纯刃型位错,A,C 点是两个异号的纯螺型位错以外,其他各处都是混合位错。

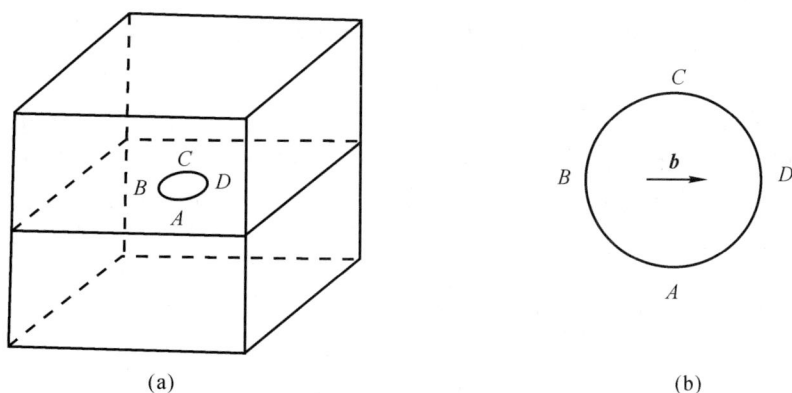

(a)

(b)

图 1-42　晶体中的位错环
(a) 立体图;　(b) 俯视图

1.3.2.2　柏氏矢量

从介绍基本类型位错的模型可知,在位错线附近的一定区域内,均发生了晶格畸变。位错类型不同,晶格畸变的大小和方向也不相同。于是人们设想,最好能有一个矢量,用以表示位错的性质,从而摆脱位错区域原子排列的具体细节的约束。1939 年,柏格斯(J. M. Burgers)提出了一个可以揭示位错本质并能描述位错行为的矢量,以后被称为柏氏矢量,并以 $\boldsymbol{b}$ 表示。

(1) 柏氏矢量的确定   现以简单立方晶体中的刃型位错为例,介绍柏氏矢量的确定方法(见图 1-43)。

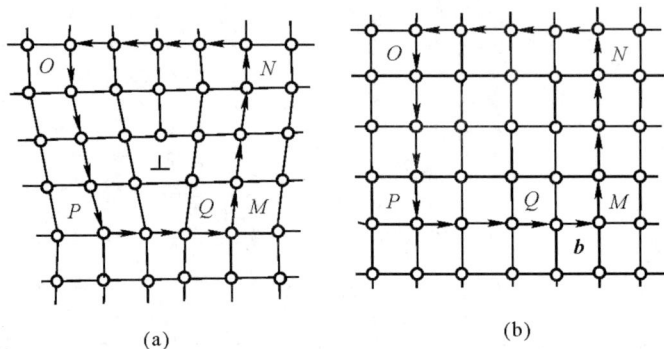

图 1-43   刃型位错柏氏矢量的确定
(a) 实际晶体的柏氏回路; (b) 完整晶体的相应回路

1) 人为规定图 1-43 (a) 中所示位错线的正方向,一般假设从纸面出来的方向为正方向。

2) 在实际晶体中,作柏氏回路,以位错线的正向为轴,从远离位错的任一原子 M 出发,围绕位错作一个右螺旋的闭合回路,称为柏氏回路,回路中的每一步都是相邻节点的连线。

3) 在完整晶体中〔见图 1-43 (b)〕,按同样的方向和每一方向上同样的步数作一个对比回路。此回路的终点和始点必不重合,从终点 Q 到始点 M 连接起来的矢量 $\boldsymbol{b}$ 就是该位错的柏氏矢量。

显然,对刃型位错,柏氏矢量与位错线互相垂直,这是刃型位错的一个重要特征。

螺型位错的柏氏矢量也可按上述方法来确定。图 1-44 给出了一个求螺型位错柏氏矢量的实例。可见,螺型位错的柏氏矢量与其位错线互相平行,这一点是螺型位错与刃型位错的重大区别。

(2) 柏氏矢量的表示方法   柏氏矢量的方向可用晶向指数表示,柏氏矢量的大小称为位错强度,可用其模表示。柏氏矢量的模表示了该晶向上原子间的距离。如果柏氏矢量的模等于该晶向上原子的间距,则此位错称为全位错或单位位错;如果柏氏矢量的模小于该晶向上原子的间距,则称为不全位错。所以,立方晶系中的柏氏矢量可记为

$$\boldsymbol{b} = \frac{a}{n} [uvw]$$

该柏氏矢量的模为

$$| \boldsymbol{b} | = \frac{a}{n} \sqrt{u^2 + v^2 + w^2}$$

例如,面心立方晶体中常见的全位错的柏氏矢量为

$$\boldsymbol{b} = \frac{a}{2} [110]$$

其模则为

$$| \boldsymbol{b} | = \frac{a}{2} \sqrt{1^2 + 1^2 + 0^2} = \frac{\sqrt{2}}{2} a$$

面心立方晶体中常见的不全位错的柏氏矢量为

$$\boldsymbol{b} = \frac{a}{6} [112]$$

其模为

$$| \boldsymbol{b} | = \frac{a}{6} \sqrt{1^2 + 1^2 + 2^2} = \frac{\sqrt{6}}{6} a$$

柏氏矢量可以用矢量加法进行运算。如 $\boldsymbol{b}_1 = \frac{a}{3} [11\bar{1}]$，$\boldsymbol{b}_2 = \frac{a}{6} [112]$，则

$$\boldsymbol{b} = \boldsymbol{b}_1 + \boldsymbol{b}_2 = \frac{a}{2} [110]$$

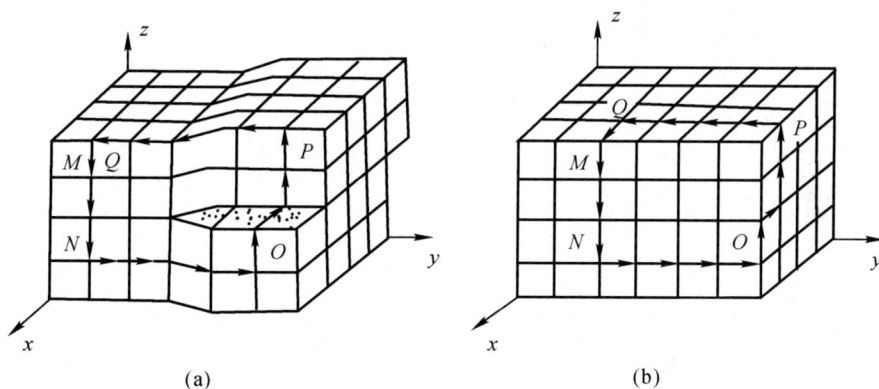

图 1-44 螺型位错柏氏矢量的确定
(a) 实际晶体的柏氏回路； (b) 完整晶体的相应回路

（3）柏氏矢量的特性 如前所述,柏氏矢量是完整晶体中对应回路的不封闭段,所以 $\boldsymbol{b}$ 是位错周围晶体弹性变形（弹性位移）的叠加。$\boldsymbol{b}$ 越大,弹性性能越强。

对可滑移的位错,$\boldsymbol{b}$ 总是平行于滑移方向,故可根据 $\boldsymbol{b}$ 与位错线的关系确定位错的类型,如图 1-45 所示。当 $\boldsymbol{b}$ 垂直于位错线时,是刃型位错；当 $\boldsymbol{b}$ 平行于位错线时,是螺型位错；当 $\boldsymbol{b}$ 和位错线成任意角度时,是混合型位错。

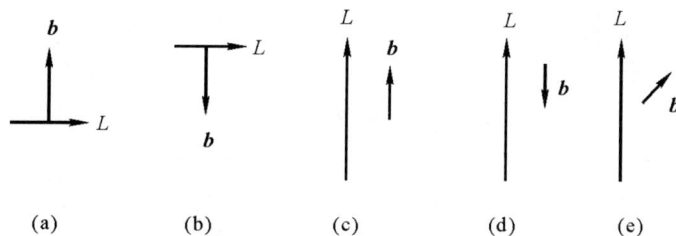

图 1-45 位错类型的确定
(a) 正刃型； (b) 负刃型； (c) 右旋螺型； (d) 左旋螺型； (e) 混合型

关于刃型位错正、负的确定，可以有两种方法。一是右手法则（见图1-46），即用右手拇指、食指和中指构成三维直角坐标，以食指指向位错线的正向，中指指向柏氏矢量的方向，则拇指代表了多余半原子面所在位置。通常规定，拇指向上者为正刃型位错，反之则为负刃型位错。二是旋转法，即把柏氏矢量 b 顺时针旋转90°，若 b 的方向与位错线的正方向一致，则为正刃型位错，反之，则为负刃型位错。

在确定柏氏矢量时，只是规定柏氏回路必须在无畸变区内选取，而对回路的形状和大小并未作任何限制。这意味着不论回路怎样扩大、缩小或任意移动，由此定出的柏氏矢量都是唯一的，此即柏氏矢量的守恒性。由此可得到两个推论：

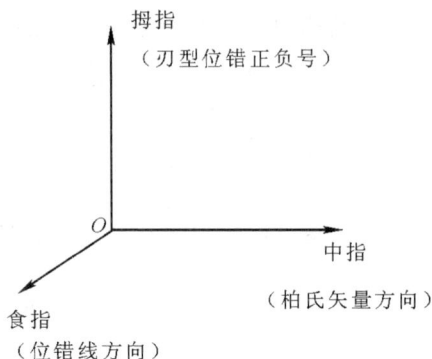

拇指
（刃型位错正负号）

中指
（柏氏矢量方向）

食指
（位错线方向）

图1-46　刃型位错的正、负，柏氏矢量与位错线方向之间的关系

第一，若有一个柏氏矢量为 b 的位错，其一端分支形成柏氏矢量分别为 b_1，b_2，…，b_n 的 n 个位错，则各分支位错柏氏矢量的和恒等于原位错的柏氏矢量，即

$$b = \sum_{i=1}^{n} b_i$$

第二，一条位错线具有唯一的一个柏氏矢量，不论此位错线各处的形状和位错类型如何，其各部分的柏氏矢量都是相同的。

1.3.2.3　位错密度

位错密度是单位体积晶体中所含的位错线的总长度或晶体中穿过单位截面面积的位错线数目。其表达式为

$$\rho = \frac{L}{V} \tag{1-3}$$

式中　　L —— 位错线的总长度；

V —— 晶体体积。

或

$$\rho = \frac{n}{A} \tag{1-4}$$

式中　　A —— 晶体的截面面积；

n —— 过 A 面积的位错线数目。

位错密度的单位为 m^{-2}。一般经过充分退火的金属中位错密度为 $10^{10} \sim 10^{12}$ m^{-2} 量级，而经剧烈冷变形的金属中位错密度可高达 $10^{15} \sim 10^{16}$ m^{-2} 量级以上。大量实验和理论研究表明，晶体的强度与位错密度有密切的关系，可用图1-47示意说明。由图可见，当位错密度较低时，晶体的强度 τ_c 随着位错密度 ρ 的增大而减小；当位错密度较高时则相反，即 τ_c 随 ρ 的增大而增大。曲线的极小值对应于金属退火后的 τ_c 和 ρ 值，因此，要提高工程材料的强度，可以采取两条相反的途径：要么尽量减小位错密度，要么尽量增大位错密度。前者的实例是晶须（丝状单晶体），后者的实例是非晶态材料。

1.3.2.4　作用在位错上的力及位错的运动

（1）作用在位错上的力　　晶体中的位错在外加应力或其他内应力的作用下将会发生运动或有运动的趋势。为了描述位错的运动，我们假定在位错上作用了一个力 F，此力驱使位错运动。按照这个假定，F 必垂直于位错线。为了求出外力场对位错产生的这个假想的作用力，可以利用虚功原理进行计算。

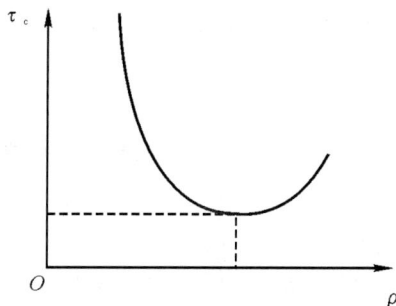

图 1-47　晶体强度 τ_c 与位错
密度 ρ 的关系

假设晶体内［见图 1-48（a）］在滑移面上有一柏氏矢量为 b，长度为 L 的刃型位错，在外加切应力 τ 的作用下，沿滑移面移动了 ds 的距离。此时，已滑移区域的面积为 Lds，作用在该区域上的外力为 $\tau L ds$，该区域滑移的量为 b，则滑移所消耗的功为

$$W_1 = (\tau L ds)b$$

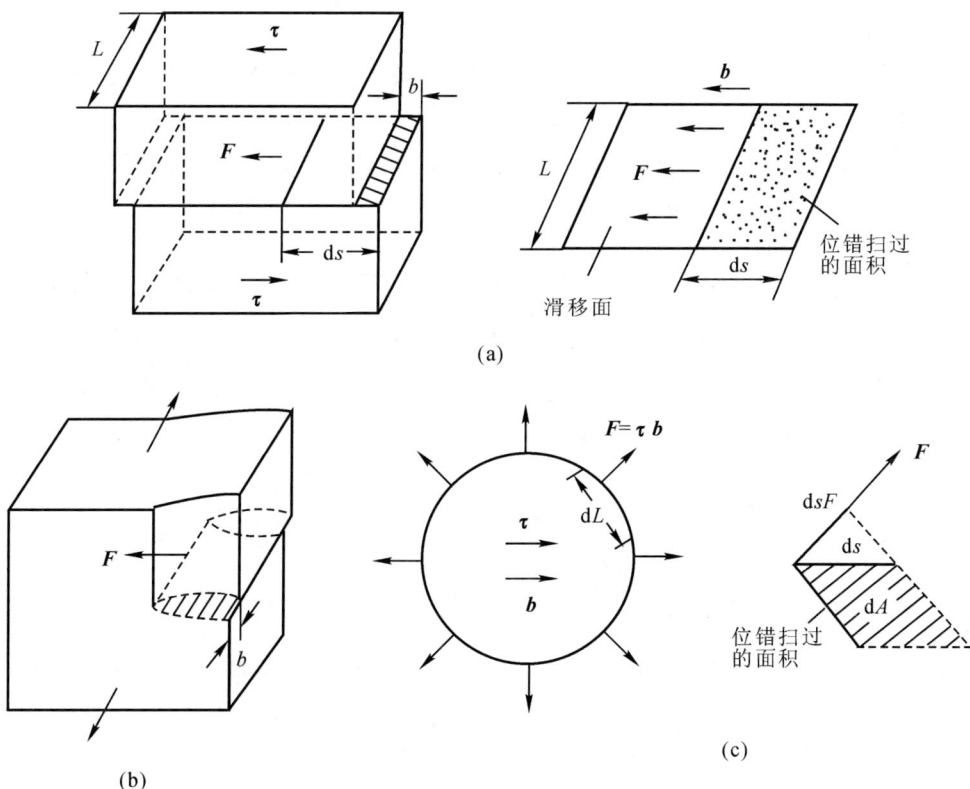

图 1-48　位错运动的作用力
（a）刃型位错运动的作用力；　（b）螺型位错运动的作用力；　（c）任意位错运动的作用力

另外，设作用在位错线上的力为 F，则使位错线移动 ds 所做的功为

$$W_2 = F ds$$

因为 $W_1 = W_2$，即

$$F ds = (\tau L ds)b$$

故有
$$F = \tau bL$$
则作用于单位长度位错线上的力为

$$F = \tau b \qquad (1-5)$$

式(1-5)表明，F 与切应力分量 τ 和柏氏矢量的大小成正比。由于同一位错线上各点的 b 相同，只要切应力均匀地作用在晶体上，则位错线上各处 F 力的大小也相同。

F 的方向永远垂直于位错线，并且指向滑移面上的未滑移区。显然，刃型位错上的力 F 与外加切应力 τ 的方向一致，而作用在螺型位错上的力 F 则与 τ 垂直〔见图 1-48 (b)〕。这个事实说明，力 F 并不是 τ 的分力，τ 是位错附近原子实际受到的力，F 只是作用在位错这种特殊组态上的假想力。

同理可证，任意形状的位错线，其单位长度所受的力仍为 τb，力的方向为位错线上各点的法线方向〔见图 1-48 (c)〕。

(2) 位错的运动　位错的运动方式有两种，即滑移和攀移。所谓滑移是指位错线沿滑移面的移动，任何类型的位错均可进行滑移；所谓攀移是指位错垂直于滑移面的移动，只有刃型位错才能进行攀移。

1) 位错的滑移　图 1-49 所示是刃型位错沿滑移面的移动情况。当位错线沿滑移面滑过整个晶体时，就会在晶体表面沿柏氏矢量方向产生一个滑移台阶，其宽度等于柏氏矢量 b 的大小。在滑移时，刃型位错的滑移方向垂直于位错线而与柏氏矢量平行。刃型位错的滑移面就是由位错线与柏氏矢量所构成的平面，故刃型位错有一个确定的滑移面。

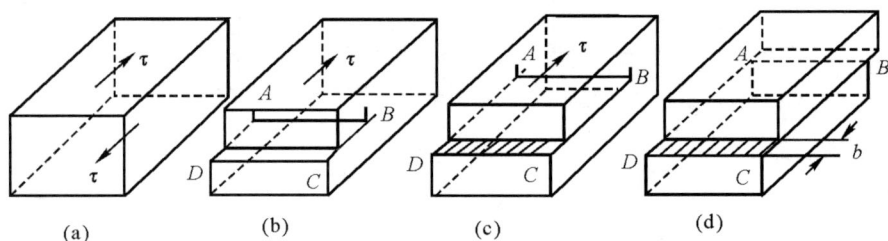

图 1-49　刃型位错的滑移过程
(a) 原始状态的晶体；　(b)(c) 位错滑移中间阶段；　(d) 位错移出晶体表面，形成一个台阶

图 1-50 所示是螺型位错沿滑移面的移动情况。当位错线沿滑移面扫过整个晶体时，同样会在晶体表面沿柏氏矢量方向产生宽度为一个柏氏矢量 b 大小的台阶。在滑移时，螺型位错的移动方向与位错线垂直，也与柏氏矢量垂直。由于螺型位错线与柏氏矢量平行，因此螺型位错的滑移面不是单一的。

图 1-51 所示是混合型位错沿滑移面的移动情况。位错环上的 A、B 两处与柏氏矢量 b 垂直，是刃型位错；C、D 两处与柏氏矢量 b 平行，是螺型位错；其余部分均是混合型位错。

位错环在切应力 τ 作用下沿其法线方向在滑移面上向外扩展，如图 1-51(a) 箭头所示。当位错环沿滑移面扫过整个晶体时就会在晶体表面沿柏氏矢量 b 的方向产生宽度为 b 的滑移台阶，如图 1-51(b) 所示。应该注意，在滑移时，混合型位错的移动方向也是与位错线垂直，而与柏氏矢量 b 既不平行也不垂直，而成任意角度。

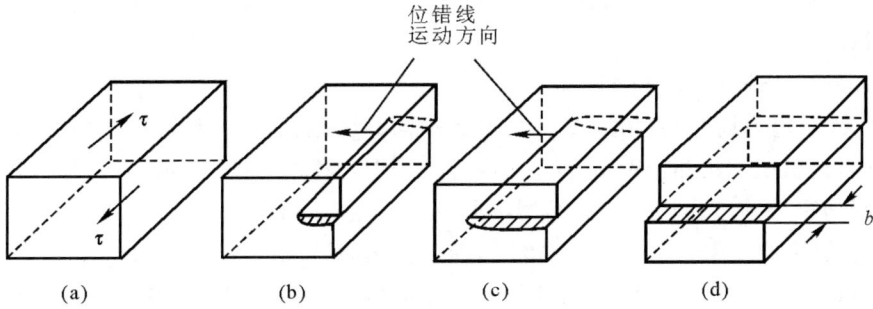

图 1-50　螺型位错的滑移过程

（a）原始状态的晶体；　（b）(c) 滑移的中间阶段；　（d）位错移出晶体表面，形成一个台阶

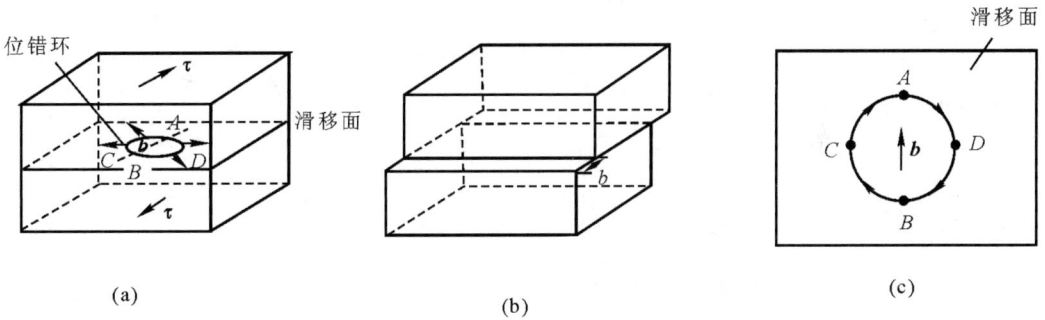

图 1-51　位错环的滑移

（a）位错环；　（b）位错环运动后产生的滑移；　（c）位错环顶视图

2）位错的攀移　刃型位错除了可以在滑移面上滑移外，在满足某些条件时还可以在垂直于滑移面的方向上运动，即发生攀移。通常把多余半原子面向上移动称为正攀移，向下运动称为负攀移，如图 1-52 所示。可见，位错发生正攀移时需要失去半原子面最下排的原子，这可通过空位扩散到半原子面下端或半原子面下端原子扩散到别处来实现；与此相反的过程可产生负攀移。

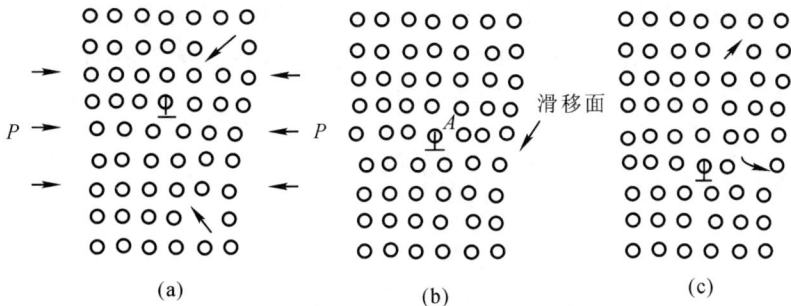

图 1-52　刃型位错的攀移

（a）正攀移；　（b）未攀移时的位错；　（c）负攀移

位错攀移时伴随着物质的迁移，这需要扩散才能实现。因此，位错攀移在低温下较难进

行,即在高温下容易进行。另外,作用于半原子面的正应力以及晶体中的过饱和空位均有利于攀移的进行。

1.3.2.5　位错的应力场与应变能

(1) 位错的应力场　　位错周围的原子都不同程度地偏离了其原来的平衡位置而处于弹性应变状态,这就引起能量升高并产生内应力。若把这些原子所受的应力合起来,便可形成一个以位错线为中心的应力场。位错类型不同,应力场也不相同。

1) 螺型位错的应力场　　螺型位错应力场分析模型如图1-53所示。设想有一个很长的厚壁圆筒沿径向平面切开一半,然后使两个切开面沿 z 方向作相对位移,位移量为一个柏氏矢量大小 b;再把这两个面黏结起来,这就相当于制造了一个螺型位错,位错线即为圆筒的中心轴线,位错的中心区就相当于圆筒的空心部分,而圆筒实心部分的应力分布就反映了螺型位错周围的应力分布。

从模型中可以看出,圆柱体产生的切应变为

$$\varepsilon_{\theta z} = \frac{b}{2\pi r} \qquad (1-6)$$

其相应的切应力为

$$\tau_{z\theta} = \tau_{\theta z} = \frac{Gb}{2\pi r} \qquad (1-7)$$

若采用直角坐标系,则应力分量为

$$\left.\begin{array}{l} \tau_{yz} = \tau_{zy} = \dfrac{Gb}{2\pi}\dfrac{x}{x^2+y^2} \\[3mm] \tau_{zx} = \tau_{xz} = -\dfrac{Gb}{2\pi}\dfrac{y}{x^2+y^2} \\[3mm] \sigma_{xx} = \sigma_{yy} = \sigma_{zz} = \tau_{xy} = \tau_{yx} = 0 \end{array}\right\} \qquad (1-8)$$

式中　　G——切变模量;

　　　　b——柏氏矢量的模。

图 1-53　螺型位错的连续介质模型

从上述公式可以看出,螺型位错的应力场有两个特点:一是没有正应力分量;二是切应力对称分布,即在同一半径 r 上,无论 θ 角大小如何,切应力都相等。

2) 刃型位错的应力场　　刃型位错的应力场也可采用上述方法来分析。将一个很长的厚壁圆筒沿径向平面切开一半,并让切面两边沿径向相对滑移一个原子间距 b,然后再将切面两边黏结起来,如图1-54所示。这样就相当于形成了一个刃型位错。按弹性理论可求得刃型位错周围的应力场,在直角坐标系中的应力分量为

$$\left.\begin{array}{l} \sigma_{xx} = -A\dfrac{y(3x^2+y^2)}{(x^2+y^2)^2} \\[3mm] \sigma_{yy} = A\dfrac{y(x^2-y^2)}{(x^2+y^2)^2} \\[3mm] \sigma_{zz} = \nu(\sigma_{xx}+\sigma_{yy}) \\[3mm] \tau_{xy} = \tau_{yx} = A\dfrac{x(x^2-y^2)}{(x^2+y^2)^2} \\[3mm] \tau_{xz} = \tau_{zx} = \tau_{yz} = \tau_{zy} = 0 \end{array}\right\} \qquad (1-9)$$

式中　　$A = \dfrac{Gb}{2\pi(1-\nu)}$;

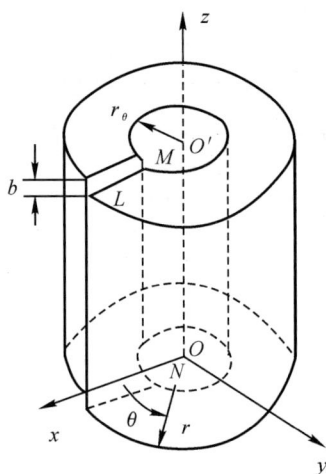

ν —— 泊松比；

b —— 柏氏矢量的模。

由式(1-9)可以看出刃型位错应力场有以下特点：

（ⅰ）正应力分量与切应力分量同时存在。

（ⅱ）在应力场中任意一点位置，$|\sigma_{xx}|>|\sigma_{yy}|$。

（ⅲ）当 $y>0$ 时（即滑移面以上区域），$\sigma_{xx}<0$（压应力）；当 $y<0$ 时（即滑移面以下区域），$\sigma_{xx}>0$（张应力）；当 $y=0$ 时（即在滑移面上），$\sigma_{xx}=\sigma_{yy}=0$，即滑移面上没有正应力，只有切应力。刃型位错周围的应力场分布如图 1-55 所示。显然，如同螺型位错一样，式(1-9)也不能用于刃型位错中心区。

（2）位错的应变能　　晶体中位错的存在引起点阵畸变，导致能量增大，此增量称为位错的应变能，或称为位错的能量。位错应变能包括位错中心部分的能量和位错周围的弹性能。由于位错中心区点阵严重畸变，已不能作为弹性连续介质，故其能量难以计算，但因该区域很小，这部分能量在总能量中所占份额不大，常被忽略掉。通常所说的位错能量就是指位错的弹性能。

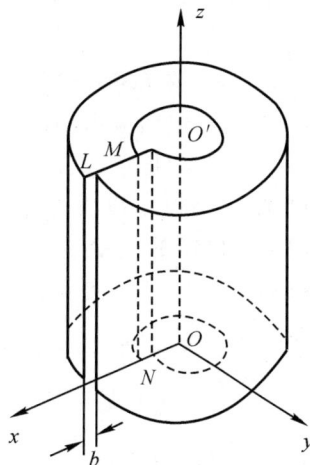

图 1-54　刃型位错连续介质模型

根据弹性理论，圆柱坐标系中单位体积内的应变能表示为

$$\frac{W}{V}=\frac{1}{2}(\sigma_{rr}\varepsilon_{rr}+\sigma_{\theta\theta}\varepsilon_{\theta\theta}+\sigma_{zz}\varepsilon_{zz}+\sigma_{r\theta}\varepsilon_{r\theta}+\sigma_{\theta z}\varepsilon_{\theta z}+\sigma_{zr}\varepsilon_{zr}) \tag{1-10}$$

对于螺型位错，只有切应力分量和切应变分量，由式(1-10)可得到

$$dW=\frac{1}{2}\sigma_{\theta z}\varepsilon_{\theta z}dV \tag{1-11}$$

而

$$dV=2\pi r dr L$$

式中　L—— 位错线长度。

把式(1-6)、式(1-7)代入式(1-11)，可得

$$dW=\frac{Gb^2}{4\pi}\frac{dr}{r}L$$

$$\frac{dW}{L}=\frac{Gb^2}{4\pi}\frac{dr}{r}$$

设位错中心区的半径为 r_0，位错应力场作用半径为 R，则单位长度螺型位错的弹性应变能为

$$W_s=\int_0^{W/L}\left(\frac{dW}{L}\right)=\int_{r_0}^{R}\frac{Gb^2}{4\pi}\frac{dr}{r}=\frac{Gb^2}{4\pi}\ln\frac{R}{r_0}$$

$$\tag{1-12}$$

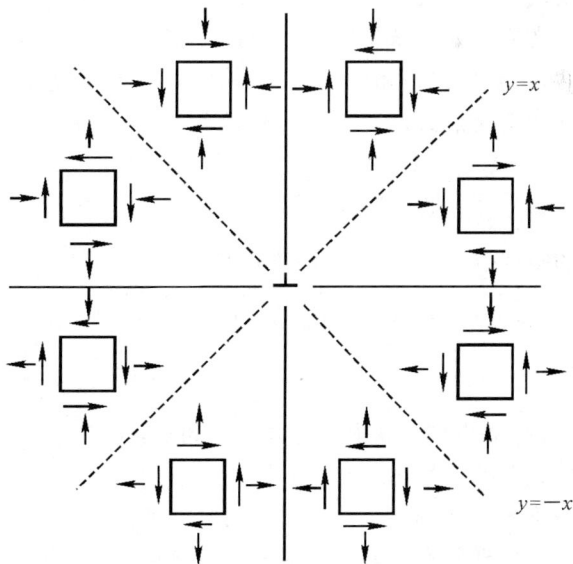

图 1-55　刃型位错的应力场

同理，可求出单位长度刃型位错的弹性应变能为

$$W_e = \frac{Gb^2}{4\pi(1-\nu)} \ln \frac{R}{r_0} \qquad (1-13)$$

式中　r_0——位错中心区的半径,一般取 $r_0 \approx b \approx 2.5 \times 10^{-10}$ m;

　　　R——位错应力场最大作用半径,一般取 $R = 1 \times 10^{-6}$ m;

　　　ν——泊松比,其值为 $0.3 \sim 0.4$。

可见,刃型位错弹性应变能约为螺型位错的 1.5 倍。

混合型位错的应变能可以通过将其分解为螺型位错分量和刃型位错分量,然后按式(1-12)和式(1-13)进行计算。设混合型位错柏氏矢量 $\boldsymbol{b}$ 与位错线成 φ 角,则单位长度混合型位错应变能为

$$W_m = W_s + W_e = \frac{Gb^2 \cos^2\varphi}{4\pi} \ln \frac{R}{r_0} + \frac{Gb^2 \sin^2\varphi}{4\pi(1-\nu)} \ln \frac{R}{r_0} =$$

$$\frac{Gb^2}{4\pi k} \ln \frac{R}{r_0} \qquad (1-14)$$

式中　$k = \dfrac{1-\nu}{1-\nu\cos^2\varphi}$,其值为 $0.75 \sim 1$。

以上分析表明,单位长度位错的能量与其柏氏矢量的模的二次方成正比,即 $W = \alpha Gb^2$。α 是与位错类型有关的系数,为 $0.5 \sim 1$。b 越小,其能量越低,越稳定。

1.3.2.6　位错之间的交互作用

晶体中含有许多位错,任一位错在其相邻位错应力场作用下都会受到作用力。例如,同一滑移面上两条平行的同号刃型位错,当它们相距很远时,产生的总应变能为两者之和,即一条位错线的 2 倍;但相距很近时,就可以近似地看成是一个柏氏矢量为 $2b$ 的大位错,于是产生的总应变能将为一条位错线能量的 4 倍,因而这两个同号位错必然相互排斥以降低总能量。相反,两个异号位错相距很近时,柏氏矢量为零,总应变能降低,所以这两个位错必然互相吸引,直到相遇而消失。可见,位错之间相互作用而产生的作用力对位错的分布和运动有很大影响。

（1）两个平行螺型位错间的作用力　在图 1-56 中,坐标原点和 (r,θ) 处有两个平行于 z 轴的螺型位错 S_1,S_2,其柏氏矢量分别为 $\boldsymbol{b}_1$,$\boldsymbol{b}_2$。位错 S_1 在 (r,θ) 处的应力场为 $\tau_{\theta z} = \dfrac{Gb_1}{2\pi r}$,位错 S_2 在此应力场中受到的力为

$$f_\tau = \tau_{\theta z} b_2 = \frac{Gb_1 b_2}{2\pi r} \qquad (1-15)$$

式中,$\boldsymbol{f}_\tau$ 的方向为矢径 r 的方向。同理,位错 S_1 在 S_2 的应力场作用下也将受到一个大小相等、方向相反的作用力。

当 $\boldsymbol{b}_1$ 与 $\boldsymbol{b}_2$ 同向,即为同号螺型位错时,$f_\tau > 0$,为斥力;若 $\boldsymbol{b}_1$ 与 $\boldsymbol{b}_2$ 反向,则 $f_\tau < 0$,为吸力。

（2）两个平行刃型位错之间的作用力　图 1-57 表示位于坐标原点及 (x,y) 处两个平行于 z 轴的同号刃型位错,其柏氏矢量 $\boldsymbol{b}_1$ 和 $\boldsymbol{b}_2$ 都与 x 轴同向。由于两个位错位于平行的滑移面上,所以在 $\boldsymbol{b}_1$ 位错的应力场中,只有 τ_{yx} 和 $\boldsymbol{\sigma}_{xx}$ 两个应力分量对 $\boldsymbol{b}_2$ 位错有作用。前者使 $\boldsymbol{b}_2$ 位错受到沿 x 轴方向的滑移力,即

$$f_x = \tau_{yx} b_2 = \frac{Gb_1 b_2}{2\pi(1-\nu)} \frac{x(x^2 - y^2)}{(x^2 + y^2)^2} \qquad (1-16)$$

后者使 b_2 位错受到沿 y 轴方向的攀移力,即

$$f_y = -\sigma_{xx} b_2 = \frac{G b_1 b_2}{2\pi(1-\nu)} \frac{y(3x^2 + y^2)}{(x^2 + y^2)^2} \tag{1-17}$$

式中,f_x,f_y 均以指向坐标轴正向时为正。

f_x 是引起滑移的作用力。它的变化比较复杂,随 b_2 位错所处位置的不同而改变。

f_y 是使 b_2 位错沿 y 轴攀移的力。当两个位错同号时,若 b_2 位错在 b_1 位错的滑移面以上,即 $y > 0$,则 $f_y > 0$,b_2 位错向上攀移;反之,$y < 0$,则向下攀移。可见,两个同号位错沿 y 轴方向互相排斥;而异号位错间的 f_y 与 y 符号相反,所以沿 y 轴方向互相吸引。

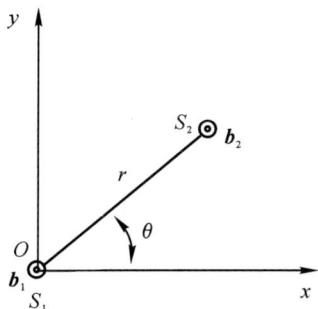

图 1-56　螺型位错间的交互作用　　　图 1-57　刃型位错间的交互作用

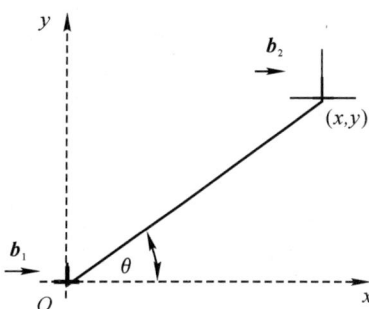

1.3.2.7　位错的增殖、塞积与交割

(1) 位错的增殖　前已指出,经过剧烈冷变形的金属中位错密度比经过充分退火的金属要高出 $4 \sim 5$ 个数量级。这个事实说明,变形过程中位错肯定是以某种方式不断增殖,而能增殖位错的地方称为位错源。

位错增殖的机制有多种,其中最重要的是弗兰克(Frank)和瑞德(Read)在 1950 年提出并已被实验所证实的弗兰克-瑞德(Frank - Read)源,简称 F - R 源。

图 1-58 (a) 中所示的 CD 是滑移面上的一段刃型位错,其两端与 AC,BD 位错相连。假设 AC,BD 两个位错不在滑移面上,即不能运动,则 C,D 就是被钉住的固定节点。当外加切应力 τ 作用时,CDP 将受到驱动力 $F = \tau b$ 的作用,但因两端固定而只能向前弯曲〔见图 1-58(b)(c)〕。图 1-59 表明 CD 上一小段位错的受力情况。当 F 力使位错弯曲时,位错两端的线张力 T 将产生一个指向曲率中心的恢复力。若位错弯曲后的长度为 ds,曲率半径为 r,ds 所对的圆心角为 $d\theta$,则位错要保持这一弯曲状态不变,F 力就必须与恢复力平衡,即

$$F ds = 2T \sin \frac{d\theta}{2}$$

由于 $d\theta$ 很小时,$\sin \dfrac{d\theta}{2} \approx \dfrac{d\theta}{2}$,且 $ds = r d\theta$,因而单位长度位错上所受的力为

$$F = \frac{T}{r} \tag{1-18}$$

由于线张力 T 在数值上应等于单位长度位错的应变能,即

$$T = \alpha G b^2 \qquad \left(\text{对于弯曲位错},\alpha = \frac{1}{2}\right)$$

故在切应力 τ 的作用下,位错线的平衡半径 $r=\dfrac{T}{\tau b}$,或使位错弯曲到半径为 r 所需要的切应力为

$$\tau=\frac{T}{br}=\frac{\dfrac{1}{2}Gb^2}{br}=\frac{Gb}{2r}$$

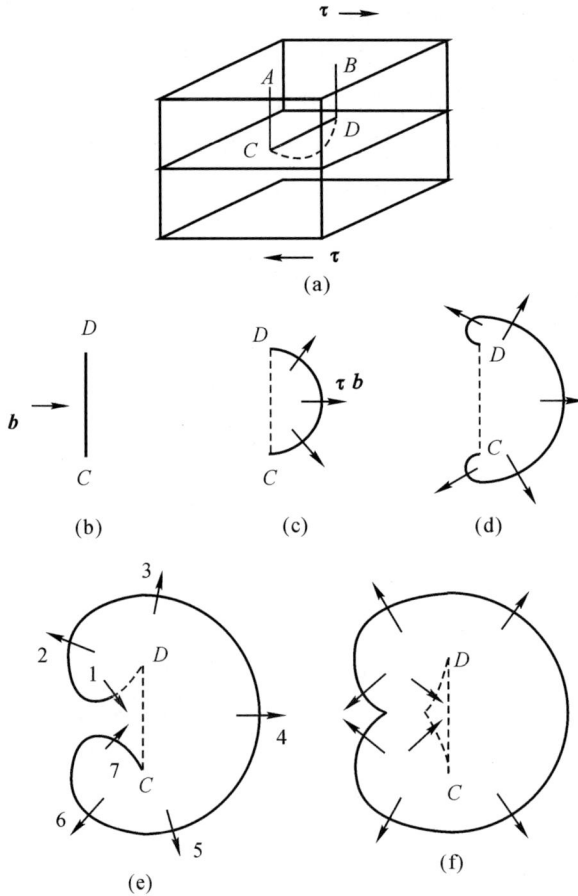

图 1-58 弗兰克-瑞德源的增殖过程

(a) 晶体中两端固定的位错; (b)~(f) 位错的增殖过程

从图 1-58(c)不难看出,当位错线弯曲成半圆时,$r=r_{\min}=\dfrac{l}{2}$(即等于 CD 间距的一半时具有最小曲率半径),为了维持平衡所需要的切应力为

$$\tau=\tau_{\max}=\frac{T}{br_{\min}}=\frac{Gb}{2r_{\min}} \tag{1-19}$$

$\tau_{\max}$ 就是使 F-R 源起动所需要的切应力。因为当 $\tau\leqslant\tau_{\max}$ 时,位错线处于稳定状态,而当 $\tau>\tau_{\max}$ 时,位错线就不再保持稳定的平衡状态,它会在恒定的切应力 τ 的作用下不断地扩展。当位错线沿法线方向向外扩展时,其各点移动的线速度相同,而角速度不同。距离 C,D 越近的地方,角速度越大。所以当位错线弯曲成半圆以后,两端将围绕 C,D 两点发生卷曲,如图 1-58(d)所示。

在位错线弯曲和扩展的过程中,由柏氏矢量和位错线的关系可知,位错线上各点的性质发

生了变化。如图 1-58 (e) 所示，若 2,6 两点
为负刃型位错，则 4 点为正刃型位错；而 1,5
两点为左螺型位错，3,7 两点为右螺型位
错。在切应力的作用下，位错圈不断扩大。
在 1,7 两个异号位错相遇以后，彼此就会抵
消。这样，原来整根的位错线便断成两部分：
外面是一个封闭的位错环，里面是一段连接
C,D 的位错线，如图 1-58 (f) 所示。位错环
在切应力的作用下继续扩展，直到走出滑移
面以后，晶体便产生一个大小为 b 的滑移量；
而环内的 CD 位错线在滑移力和线张力的共
同作用下，则逐渐变直并回到原始状态。之
后，在切应力的继续作用下，CD 不断重复上
述过程，结果便放出大量位错环，造成位错的
增殖。

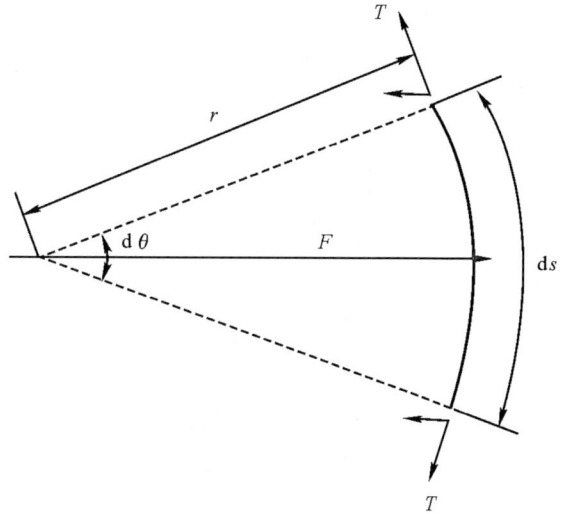

图 1-59　弯曲位错线上的力

　　除上述 F-R 源或称双轴位错增殖机制外，还有单边 F-R 源（或称 L 型位错增殖机制）、
双交滑移增殖等机制。

　　(2) 位错的塞积　　在切应力的作用下，位错源所产生的大量位错沿滑移面运动时，如果
遇上障碍物（如固定位错、杂质粒子、晶界等），领先位错会在障碍物前被阻止，后续位错被堵
塞起来，形成位错的塞积，如图 1-60 所示。这类塞积的位错群体就称为位错的塞积群，最靠近
障碍物的位错称为领先位错。

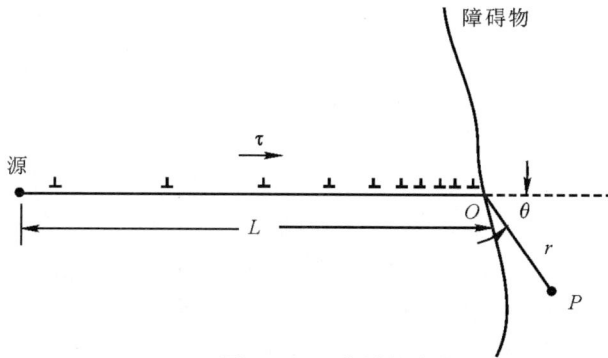

图 1-60　位错的塞积

　　塞积群中位错所受的力比较复杂：它们都受到外加切应力产生的滑移力 τb，这个力促使
位错运动，并尽量靠拢；其次是位错之间产生的排斥力，这个力使位错在滑移面上尽量散开；再
次是障碍物的阻力，这是一个短程力，它只作用在领先位错上。显然，塞积群中的每一个位错
都处在作用力平衡的位置上。

　　塞积群的领先位错除受到外加切应力的作用外，还受到其他所有位错的挤压，故在领先位
错与障碍物之间存在着很大的局部应力，即障碍物对领先位错有一个反作用力 τ_0。如果位错塞
积群是由 n 个柏氏矢量均为 b 的位错组成的，那么这个塞积群（作为一个整体）的平衡条件为

$$n\tau b = \tau_0 b$$

由此得到障碍物对领先位错的反作用力

$$\tau_0 = n\tau \qquad\qquad (1-20)$$

可见，n 个位错塞积，头部的应力集中是外加切应力的 n 倍。这种应力集中在材料加工硬化、脆性断裂中有重要的作用。

位错塞积群会对位错源产生反作用力。当这种反作用力与外加切应力平衡时，位错源就会关闭，停止产生位错。只有进一步增加外力，位错源才会重新开动，这说明对位错运动的阻碍能提高材料的强度。

（3）位错的交割　在晶体变形过程中，任意一条位错线的运动，除了受与其相连接的位错线牵制外，还会遇到具有不同方向和不同滑移面上的其他位错线，这就出现了位错线的相互交割。图 1-61 所示是位错交割的简单例子。设图中一位错线已沿其滑移面 ABCD 移出晶体，则晶体上、下两部分产生了相当于 b 的切变。在滑移前，有另一个垂直于滑移面的位错环与滑移面相交于两点，为了方便，设位错环线的垂直部分为刃型位错。当晶体上、下两部分发生相对滑移时，必然也会使这两段垂直位错线沿滑移面产生相当于 b 的

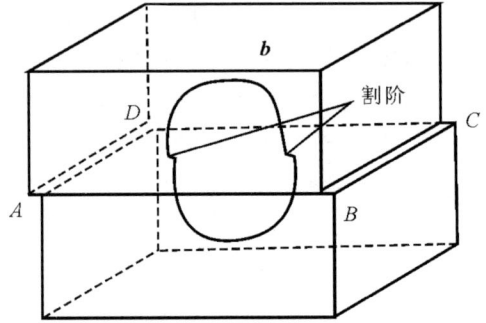

图 1-61　位错交割形成割阶示意图

相对切变。由于位错线不能中断，故出现了图中所示的小台阶，它相当于一小段螺型位错线，称为位错割阶。位错的交割会影响到位错的运动，进而影响到滑移过程。以下具体说明发生交割的过程。

图 1-62 所示是两个相互垂直的刃型位错的交割。位错 AB 位于 P_a 滑移面上，位错 CD 位于与 P_a 垂直的 P_b 滑移面上，它们的柏氏矢量分别为 b_1 与 b_2。假定位错 CD 不动，当位错 AB 自右向左运动时，在位错扫过的区域内，晶体上、下两部分产生了相当于 b_1 的位移，当通过两滑移面的交线时，与位错 CD 发生交割。这时，位错 CD 也随晶体一起被切成两段（Cm 和 nD），并相对位移 mn 整个位错线变成一条折线 CmnD。因为 mn 不在原位错线的滑移面 P_b 上，故称之为割阶。显然，mn 是一段新的位错，其柏氏矢量仍为 b_2。由于 b_2 与 mn 垂直，故 mn 也是刃型位错，它的滑移面为 mn 与 b_2 所决定的平面，即 P_a 面。这种割阶的形成，增加了位错线的长度，需要消耗一定的能量，因此交割过程对位错运动来说实际上是一种阻碍。此外，尚有刃型位错与螺型位错的交割、螺型位错与螺型位错的交割等。交割的结果都要形成割阶，这一方面增加了位错线的长度，另一方面还可能形成一种难以运动的固定割阶，成为后续位错运动的障碍。这些都将使位错运动的阻力增加、变形更加困难，因此而产生了应变硬化。

1.3.2.8　实际晶体中的位错

前面以简单立方晶体为例，介绍了位错的基本特性。实际晶体具有不同的结构，因而它们中的位错还有一些特性。

（1）常见金属晶体中的位错　常见金属晶体中的位错有全位错和不全位错两种。

1）全位错和不全位错　实际晶体中，位错的柏氏矢量不能是任意的，它应符合晶体的结构条件和能量条件。所谓晶体结构条件是指柏氏矢量必须连接晶体中一个原子平衡位置到另一个平衡位置；而能量条件是指柏氏矢量必须使位错处于最低能量。在某种晶体结构中，如从

结构条件看柏氏矢量可取很多，但从能量条件看，能量越低，位错越稳定，故柏氏矢量越小越好，因此实际晶体中存在的位错其柏氏矢量只有少数几个。表 1-7 列出了三种常见金属晶体中全位错和不全位错的柏氏矢量。由表 1-7 可见，全位错柏氏矢量的模等于同晶向上原子间距，不全位错柏氏矢量的模小于同晶向上的原子间距。

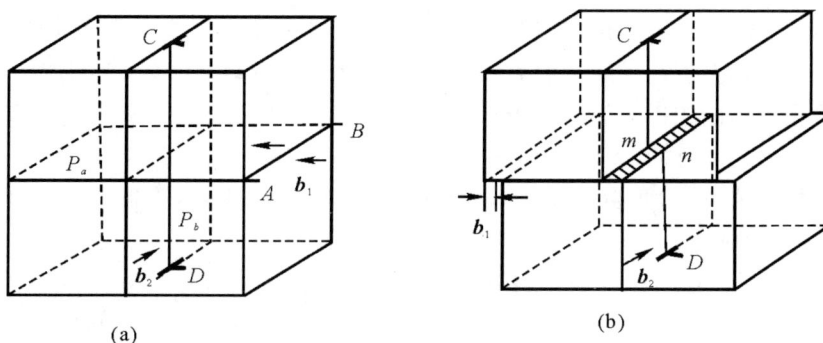

图 1-62 两个相互垂直的刃型位错的交割
（a）交割前； （b）交割后

表 1-7 典型金属晶体结构中位错的柏氏矢量

晶 体 结 构	位 错 类 型	柏 氏 矢 量
体心立方	全位错	$\frac{a}{2}\langle 111\rangle, a\langle 100\rangle$
	不全位错	$\frac{a}{3}\langle 111\rangle, \frac{a}{6}\langle 111\rangle, \frac{a}{8}\langle 110\rangle, \frac{a}{3}\langle 112\rangle$
面心立方	全位错	$\frac{a}{2}\langle 110\rangle$
	不全位错	$\frac{a}{6}\langle 112\rangle, \frac{a}{3}\langle 111\rangle, \frac{a}{3}\langle 110\rangle, \frac{a}{6}\langle 110\rangle,$ $\frac{a}{6}\langle 103\rangle, \frac{a}{3}\langle 100\rangle$
密排六方	全位错	$\frac{a}{3}\langle 11\bar{2}0\rangle, \frac{a}{3}\langle 11\bar{2}3\rangle, c\langle 0001\rangle$
	不全位错	$\frac{c}{2}\langle 0001\rangle, \frac{a}{6}\langle 20\bar{2}3\rangle, \frac{a}{3}\langle 10\bar{1}0\rangle$

下面对面心立方晶体中的不全位错进行讨论。

（ⅰ）堆垛层错 面心立方结构是由密排面 {111} 堆积而成的，其堆垛顺序为 $ABCABC\cdots$。为了简便，常用符号"△"表示 AB, BC, CA 的堆垛顺序，而用符号"▽"表示 BA, CB, AC 的堆垛顺序。故上述结构的堆垛顺序可表示为 △△△△…。

如果面心立方结构中某个区域的 {111} 面堆垛顺序出现了差错，成为

A　　B　　C　　B　　C　　A　　……

△　　　△　　　▽　　　△　　　△　　　……

则在"▽"处少了一层 A，形成了晶面错排的面缺陷，这种缺陷称为堆垛层错。层错也可能出现在其他晶体中。层错是一种晶格缺陷，它破坏了晶体的周期完整性，引起能量升高。通常把产生单位面积层错所需要的能量称为层错能。层错出现时仅表现在改变了原子的次近邻关系，几乎不产生点阵畸变，所以，层错能相对于晶界能而言是比较小的。层错能越小的金属，则层错出现的概率越大。

（ⅱ）不全位错　　当层错只在某些晶面的局部区域内发生并不贯穿整个晶体时，层错区与完整晶体之间就存在着边界线。边界线处原子的最近邻关系被破坏，排列产生畸变，因而形成了位错。这种位错的柏氏矢量 $\boldsymbol{b}$ 小于点阵矢量，故为不全位错。不全位错引起的能量变化介于全位错和堆垛层错之间。

根据层错的形成方式，面心立方晶体中有两种不全位错：肖克莱（Shockley）不全位错和弗兰克（Frank）不全位错。

肖克莱不全位错。图 1-63 所示是肖克莱不全位错的模型。图中纸面代表 $(10\bar{1})$ 面，面上的"○"代表前一个面上的原子，"•"代表后一个面上的原子。图中每一横排原子是一层垂直于纸面的 (111) 面，这些面沿 $[111]$ 晶向的正常堆垛顺序为 $ABCABC\cdots$。如果使晶体的左上部相对于其他部分产生 $\dfrac{a}{6}[1\bar{2}1]$ 的滑移，则原来的 A 层原子移到 B 层原子的位置，A 以上的各层原子也依次移到 $C,A,B,\cdots$ 层原子的位置。这样堆垛顺序变成 $ABCBCAB\cdots$，即形成层错，而晶体右半部仍按正常顺序堆垛，这样层错区与完整晶体区的交线 M（垂直于纸面）即为肖克莱不全位错。由图可以看出，该位错与其柏氏矢量 $\dfrac{a}{6}[11\bar{2}]$ 相垂直，属于刃型肖克莱不全位错。

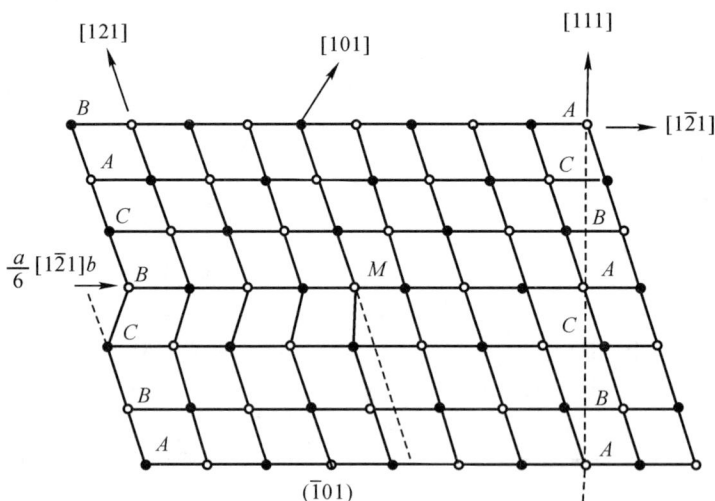

图 1-63　肖克莱不全位错

这种不全位错具有一定的宽度，其位错线可以是 $\{111\}$ 面上的直线或曲线，因此也可能出现螺型或混合型的肖克莱不全位错。与全位错不同的是，这种位错的四周不全是原来的晶体结构。另外，由于层错是沿平面发生的，故其位错线不可能是空间曲线。

弗兰克不全位错。图 1-64 所示为弗兰克不全位错。在完整晶体的左半部抽去半层密排

面的 B 原子,则这部分晶体的堆垛顺序变为 $ABCACABC\cdots$,在第五层产生了堆垛层错,层错区与右半部完整晶体之间的边界(垂直于纸面)就是弗兰克不全位错。其特征是柏氏矢量与层错面{111}相垂直,柏氏矢量为 $\frac{a}{3}[111]$。由于柏氏矢量不在层错面上,所以它不能滑移,是一种不动位错。不过,这种位错可以通过吸收或放出点缺陷而在层错面上攀移,攀移的结果可使层错面扩大或缩小。

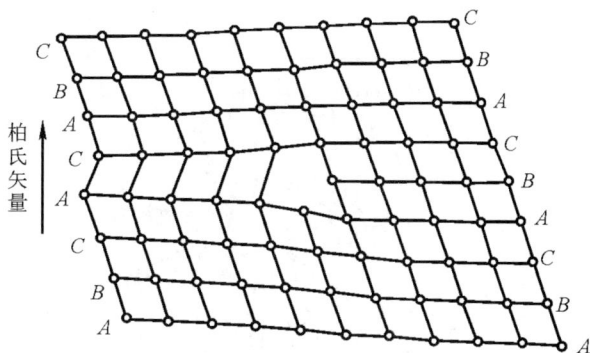

图 1-64　抽去一层密排面形成的弗兰克不全位错

2) 位错反应　由几个位错合成为一个新位错或由一个位错分解为几个新位错的过程称为位错反应。

位错反应能否进行,取决于以下条件。

(ⅰ)几何条件,即反应前各位错的柏氏矢量之和应等于反应后的柏氏矢量之和。例如面心立方晶体中,能量最低的全位错 $\frac{a}{2}[\bar{1}10]$ 可以在(111)面上分解为两个肖克莱位错,即

$$\frac{a}{2}[\bar{1}10] \rightarrow \frac{a}{6}[\bar{2}11] + \frac{a}{6}[\bar{1}2\bar{1}] \qquad (1-21)$$

这个反应完全满足几何条件。但是,如果由式(1-21)右边的两个不全位错合成左边的全位错,在几何上也符合要求,那么,位错究竟以哪种形式存在呢? 这还需要从能量上作进一步判定。

(ⅱ)能量条件,即反应后各位错的总能量小于反应前的总能量。由于位错的能量正比于柏氏矢量模的二次方,故此条件可写为

$$\sum |\boldsymbol{b}_{前}|^2 > \sum |\boldsymbol{b}_{后}|^2 \qquad (1-22)$$

据此式可以判断位错反应进行的方向。如式(1-21)反应前后的能量关系为

$$\frac{a^2}{2} > \frac{a^2}{6} + \frac{a^2}{6}$$

因此,全位错 $\frac{a}{2}[\bar{1}10]$ 不稳定,可以自发分解为不全位错。

以上两条是位错反应的必要和充分条件。前者可用来判断位错反应的可能性,后者则可确定位错反应进行的方向。

(2)离子晶体中的位错　图 1-65 所示为 NaCl 晶体中的刃型位错。图示为滑移面$(1\bar{1}0)$,$\boldsymbol{b}=\frac{1}{2}[110]$ 的纯刃型位错在(001)面上的原子组态。其中图(a)和图(b)的图面分别是垂直于位错线的两个相邻的(001)面。图中显示,位错露头处具有有效电荷[图 1-65(a)所示为负电荷,图 1-65(b)所示为正电荷]。

从图 1-65 可以看出离子晶体中的位错有下述特点:

1) 滑移面不一定是最密排面,但柏氏矢量仍为最短的点阵矢量。例如,NaCl 的主滑移面

是$\{110\}$,其次是$\{100\}$,偶尔也有$\{111\}\{112\}$等滑移面,但柏氏矢量均为$\frac{1}{2}\langle110\rangle$。

2)刃型位错的附加半原子面就是包括两个互补的附加半原子面。

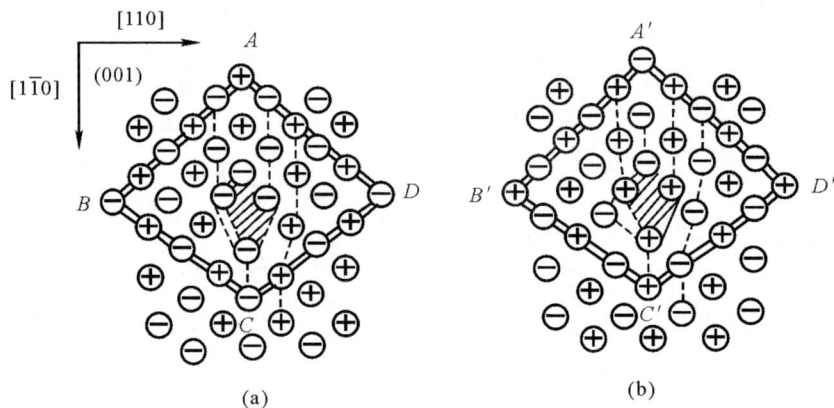

图 1-65　NaCl 中的刃型位错
（Na$^+$ 和 Cl$^-$ 离子分别用 ⊕ 和 ⊖ 表示）
(a) 初始的表面离子组态；　(b) 去掉表面层后下一层（次表面层）的离子组态

3)刃型位错在滑移面上滑移时,沿着位错线没有离子和电荷的移动,因而位错露头处的有效电荷不改变符号。

（3）共价晶体中的位错　　共价键具有明显的方向性和饱和性,因而使晶体的微观对称性下降,这对于位错的特性有较大影响。例如,具有 fcc 的金属,$\{111\}$ 面的堆垛顺序为 $ABCABC\cdots$ 且柏氏矢量为 $\frac{a}{2}\langle\bar{1}10\rangle$ 的全位错可以位于任意一层(111)面上,其性质都相同。

但是,对于具有同样点阵的金刚石来说,虽然滑移系统也是$\{111\}\langle110\rangle$,全位错的柏氏矢量也是$\frac{a}{2}\langle\bar{1}10\rangle$,但位错的特性却与它的滑移面位置有关。这一点可以用图 1-66 来说明。图 1-66 所示是原子在$(1\bar{1}0)$面上的投影。可以看出,(111)面的堆垛顺序是 $AaBbCcAa\cdots$,其中同名字母所表示的 (111) 面的面间距为 $\sqrt{3}a/4$,异名字母的相邻 (111) 面间距为 $\sqrt{3}a/3-\sqrt{3}a/4\approx0.144a$。容易出现的滑移面应位于异名字母的相邻(111)面之间。有时人们称易滑的位错为滑动型位错,称难滑的位错为拖动型位错。

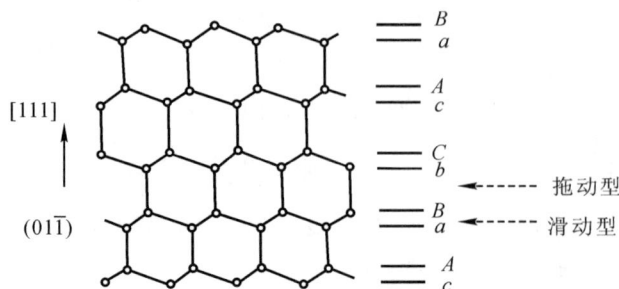

图 1-66　金刚石的原子在$(01\bar{1})$面上的投影

　　总之,共价晶体和离子晶体中都含有位错。与金属相比,共价晶体和离子晶体中固有的位错,特别是可动的位错很少;另外,金属在变形时可大量增殖位错,而共价晶体和离子晶体由于结合力很强,位错运动时点阵阻力大,这些都导致其变形比金属困难。

　　【例题 1.3.3】　某单晶体受到一均匀切应力 τ 的作用,其滑移面上有一柏氏矢量为 b 的位错环,如图 1-67 所示。(假设位错环线的方向为 $ABCD$)

　　(1)分析该位错环中各段位错的类型。

　　(2)指出刃型位错半原子面的位置。

　　(3)求各段位错线所受力的大小及方向。

　　(4)在切应力 τ 的作用下,该位错环将如何运动? 其运动结果如何?

　　解　(1)由位错线与柏氏矢量之间的关系可以判断:A,C 点为纯刃型位错,B,D 点为纯螺型位错,其余为混合位错。

　　(2)A 处的半原子面在滑移面的上方,C 处的半原子面在滑移面的下方。

　　(3)位错线上各点均受到 $F=\tau b$ 的力,其方向为各点处的法线方向,并指向未滑移区。

　　(4)在切应力 τ 的作用下,若位错环能够运动,该位错环将扩大。当位错环移出晶体时,上、下两部分晶体将产生大小为 b 的宏观位移量。

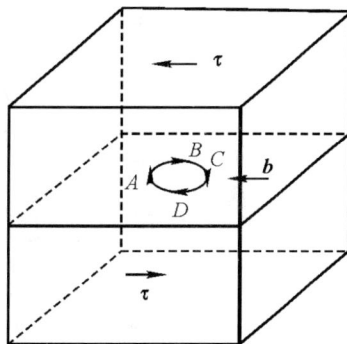

图 1-67　位错环及其柏氏矢量

　　【例题 1.3.4】　在单晶铝的(111)面上,有一柏氏矢量为 $\frac{a}{2}[10\bar{1}]$ 的位错,在 $(11\bar{1})$ 面上有一柏氏矢量为 $\frac{a}{2}[011]$ 的位错,两位错发生反应。试说明两位错反应后形成的新位错的性质。

　　解　根据位错反应,新位错为 $b=\frac{a}{2}[110]$,它是面心立方点阵中的单位位错。其位错线为(111)与 $(11\bar{1})$ 两晶面的交线,即 $[\bar{1}10]$。故新位错为刃型位错,其滑移面为(001)。而面心立方点阵的(001)不是滑移面,所以新位错不能滑移,为一固定位错。

　　【例题 1.3.5】　试问在下述情况下,空位片的周界线是否能形成位错线? ① 面心立方晶体的(111)上有一个空位片;② 如果该空位片以上的整半个晶体均下落 $\frac{1}{3}[\bar{1}\bar{1}\bar{1}]$。

　　解　位错是指晶体中已滑移区与未滑移区的边界线,故 ① 中空位片的周界不是位错线;而 ② 中空位片的周界是位错线,该位错线为弗兰克不全位错。

1.3.3　面缺陷

　　晶体的面缺陷包括两类:一是晶体的外表面;二是晶体的内界面。其中内界面又包括晶界、亚晶界、孪晶界、相界、堆垛层错等。面缺陷对金属的物理性能、化学性能和力学性能都有着重要影响。这里仅就几类重要的面缺陷加以介绍。

1.3.3.1　晶界

　　多晶体都由许多晶粒组成,每个晶粒就是一个小单晶体。相邻晶粒之间的界面称为晶界。根据相邻晶粒位向差的大小,可把晶界分为小角晶界和大角晶界两种类型。

(1) 小角晶界 两个相邻晶粒位向差小于 10° 的晶界称为小角晶界。小角晶界又可分为下列几种。

1) 对称倾侧晶界 图 1-68 所示为一简单的对称倾侧晶界的模型。由于相邻两晶粒的位向差 θ 角很小,故其晶界可看成是由一列相隔距离一定的刃型位错组成的。由于晶界平面是两个相邻晶粒的对称平面,故称为对称倾侧晶界,θ 称为倾侧角。

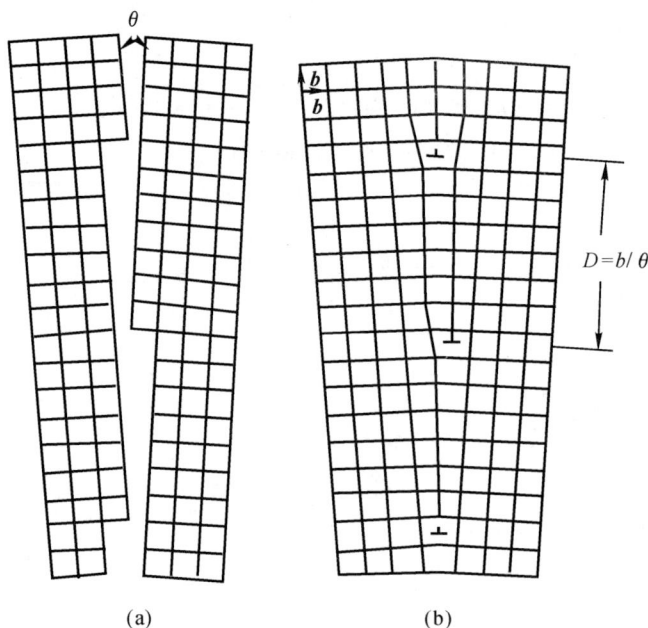

图 1-68 对称倾侧晶界

(a) θ 角的形成; (b) 晶界的位错模型

如果位错墙中相邻位错的距离为 D,则 D 与柏氏矢量 $\boldsymbol{b}$ 之间的关系为

$$\frac{b}{D} = 2\sin\frac{\theta}{2}$$

式中 b——柏氏矢量的模。

当 θ 很小时,$\sin\frac{\theta}{2} \approx \frac{\theta}{2}$,故上式为

$$D = \frac{b}{\theta} \tag{1-23}$$

可见,随着取向差 θ 的增大,位错间距将要减小。当 θ > 10° 时,D 只有 5~6 个原子间距,此时位错密度太大,该模型就不适用了。

2) 扭转晶界 小角扭转晶界形成模型如图 1-69 所示。其中 1-69 (a) 表示将一块晶体沿横断面切开,并使右半部晶体绕 y 轴转动 θ 角,再与左半部晶体黏结在一起,便形成了图 1-69 (b) 所示的扭转晶界。该晶界上的原子排列如图 1-70 所示。由图中可知,扭转晶界是由两组螺型位错交叉成网络构成的,晶界两侧的原子位置在位错处不吻合,而其余处是吻合的。

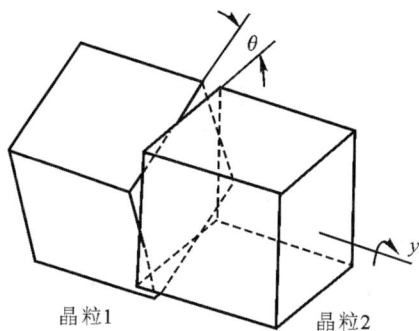

(a)

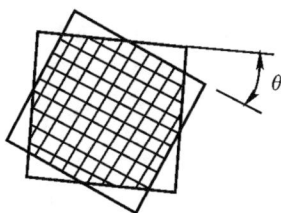

(b)

图 1-69　扭转晶界形成模型

（a）晶粒 2 相对晶粒 1 绕 y 轴转 θ 角；

（b）晶粒 1,2 之间的螺型位错交叉网络

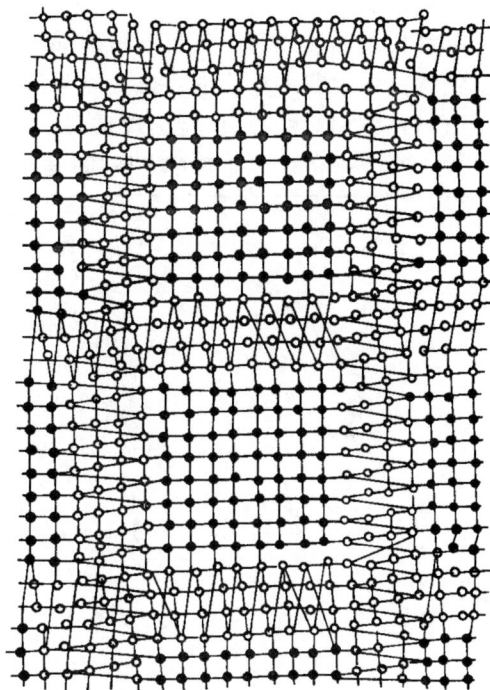

图 1-70　扭转晶界结构

图面为(100)面，[100]旋转轴；

小黑点代表晶界面下的原子；

小圆圈代表晶界面上的原子

　　上述两种晶界都是小角度晶界的特殊形式。对于一般的小角晶界，其旋转轴与界面之间可以保持任意的取向关系，故这种界面具有由刃型和螺型位错组成的更复杂的结构。

　　（2）大角晶界　　在小角晶界上，相邻晶粒的错配集中于位错附近，而位错以外的其他地方，原子匹配得较好。但是当晶粒之间的取向差增大，界面处因位错核心连在一起产生很大的畸变时，再把晶界看成是由独立位错组成就不合适了。

　　近年来有人应用场离子显微镜研究晶界，提出了晶界的重合位置点阵模型。什么叫"重合位置点阵"？设想把两个相邻晶粒的阵点向晶界以外无限延伸，再经过微小的位置调整（如绕某一轴旋转一定角度）后，必有一部分阵点重合（见图 1-71）。由这些重合阵点构成的新点阵称为"重合位置点阵"。

　　图 1-71 表示体心立方晶体绕公共的[110]轴旋转 50.5° 后，两晶粒的原子排列模型。该图中重合位置的原子为晶体原子的 1/11，即每 11 个原子中有一个重合位置。重合位置的原子占晶体原子的比例，称为重合位置密度。按照这种模型，界面上包含的重合位置密度越高，两晶粒在界面上的配合越好，晶界能就越低。因此，两个相邻晶粒一方面力求保持特殊的取向差，以便形成密度较大的重合位置点阵；另一方面晶界趋向与重合位置点阵中的密排面重合，以便减少晶界能。这样，晶界便进行小面化，即把大部分面积分段与密排面重合，而各段之间则以台阶相连（见图 1-71 中的 BC）。虽然台阶处的原子错排比较严重，但因面积不大，所以

总能量还是比较低的。

不同结构的晶体相对于各自的特殊晶轴旋转一定角度后均能出现重合点阵。表1-8列出了不同结构晶体中获得重要重合位置点阵的旋转轴、旋转角度及重合位置密度。实际上对很多晶轴旋转都有相应的数值,能出现重合位置点阵的位向很多。

表1-8 不同结构晶体中的重合位置点阵

晶 体 结 构	旋 转 轴	旋 转 角 度	重合位置密度 $1/\Sigma$
体心立方	[100]	36.9°	1/5
	[110]	70.5°	1/3
	[110]	38.9°	1/9
	[110]	50.5°	1/11
	[111]	60.0°	1/3
	[111]	38.2°	1/7
面心立方	[100]	36.9°	1/5
	[110]	38.9°	1/9
	[111]	60.0°	1/7
	[111]	38.2°	1/7
密排六方	[001]	21.8°	1/7
	[210]	78.5°	1/10
	[001]	86.6°	1/17
	[001]	27.8°	1/13

应该指出,重合位置点阵毕竟是在某些特殊取向差下实现的,不能包括两晶粒的任意位向。作为一个大角晶界结构的模型,还需要进行补充和修正,以便把重合位置点阵的概念用到更宽广的范围。

(3)界面能 由于晶界上原子排列不规则,产生点阵畸变,引起能量升高,这部分能量称为界面能。界面能用单位面积的能量 ν 表示,类似于表面张力,其单位为 J/m^2。

小角度界面能与相邻两晶粒之间的位向差 θ 有关,其关系式为

$$\nu = r_0\theta(B - \ln\theta) \qquad (1-24)$$

式中 $r_0 = \dfrac{Gb}{4\pi(1-\nu)}$ 为常数,其值取决于材料的切变模量 G 和位错的柏氏矢量 b;

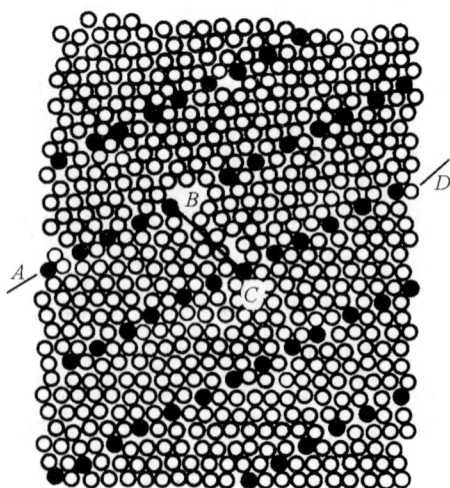

图1-71 体心立方晶体中的
重合位置点阵

B——积分常数,其值取决于位错中心原子错排能。

可见,小角晶界界面能随位向差 θ 的增大而增大。

大角晶界界面能基本是一恒定值($0.25 \sim 1.0 \text{ J/m}^2$),与位向差 θ 无关,且比小角晶界界面能大很多。图 $1-72$ 所示为铜的不同类型界面下的界面能。

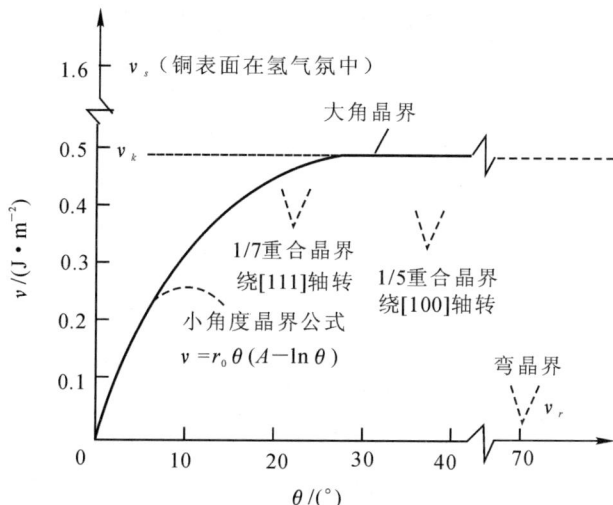

图 $1-72$　铜的不同类型界面的界面能

1.3.3.2　亚晶界

在多晶体中,即使一个晶粒内,原子排列也并不是十分规整,其中会出现位向差很小(通常小于 $1°$)的亚结构,如图 $1-73$ 所示。各亚结构之间的交界称为亚晶界。显然,亚晶界属于小角晶界。金属材料中经常会出现亚结构,主要是在凝固、变形、回复、再结晶以及固态相变等过程中形成。

1.3.3.3　孪晶界和相界

(1)孪晶界　孪晶是指相邻两个晶粒或一个晶粒内的相邻两部分的原子相对于一个公共晶面呈镜面对称排列,此公共晶面称为孪晶面 [见图 $1-74$ (a)]。在孪晶面上的原子为孪晶两部分晶体所共有,同时位于两部分晶体点阵的节点上,这种形式的界面称为共格界面。孪晶之间的界面称为孪晶界。如果孪晶界与孪晶面一致,称为共格孪晶界;如果孪晶界与孪晶面不一致,称为非共格孪晶界 [见图 $1-74$ (b)]。

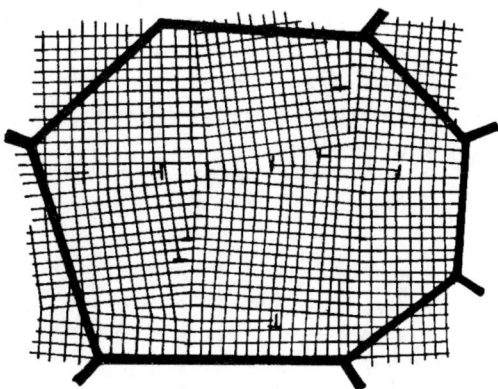

图 $1-73$　金属晶粒内的亚结构示意图

(2)相界　合金一般是由两个或两个以上的相组成的。相邻两个相之间的界面称为相界。

相界可以是共格、半共格和非共格的。共格相界的特征是界面两侧的"相"保持一定的位向关系,沿着界面,两相具有相同或近似的原子排列,故两相在交界面上原子匹配得较好。图 $1-75$(a)是一种具有完善共格关系的相界,在相界上的原子匹配很好,几乎没有畸变。这种相界的能量特别低,但较为少见。比较常见的是共格面两侧晶体的原子面间略有差别。这样就会在相界附近引起一定的弹性畸变,如图 1−75(b) 所示,这时相界的能量比前一种高。在某些情况下,当相界的畸变能高至不能维持共格关系时,共格关系将被破坏而变为一种非共格相界 [见图 1−75(d)]。非共格相界的畸变能虽然减小,但又出现了表面能,其界面能较图 1−75(b) 中所示的共格相界的畸变能高。

另一种能量较低的相界是图 1−75(c) 所示的半共格相界。其特征是沿相界面每隔一定距离产生一个刃型位错,除刃型位错线上的原子外,相界上其余的原子都是共格的。这种界面是由共格区和非共格区相间组成的,两相的原子在界面上只是部分匹配,故称之为半共格界面。

各种界面能,都可通过实验方法(如界面张力平衡法或动力学方法等)进行测量。

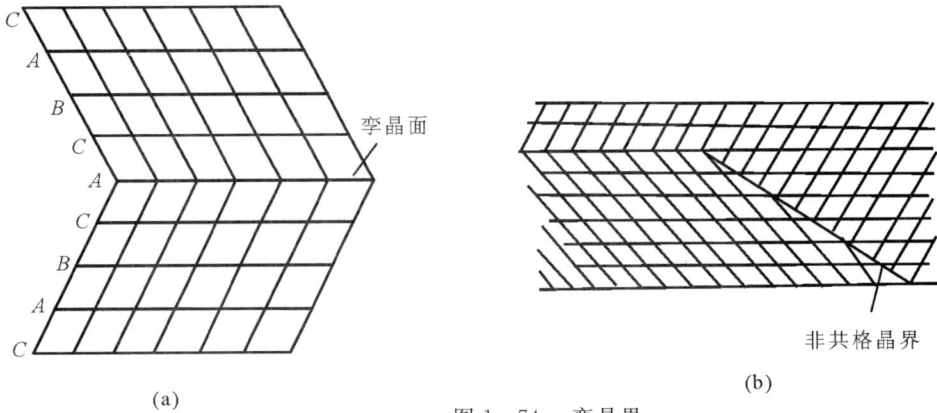

(a)

(b)

图 1−74 孪晶界

(a) 共格孪晶界; (b) 非共格孪晶界

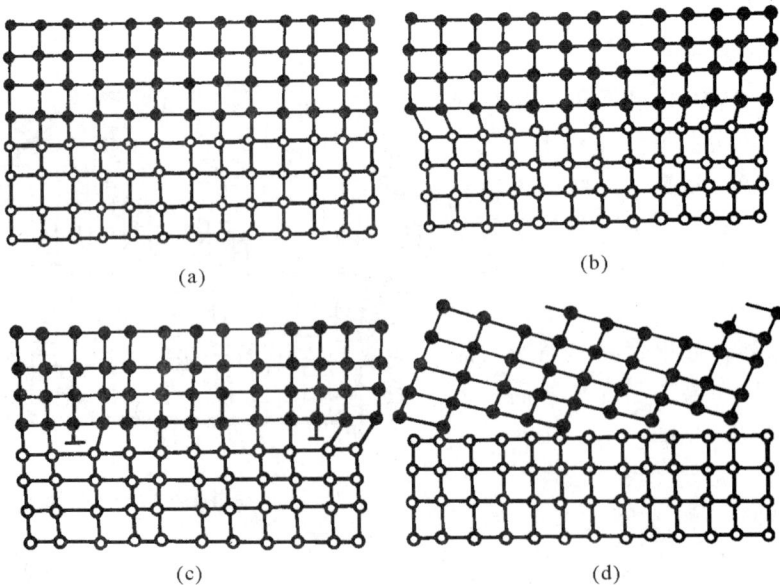

(a)

(b)

(c)

(d)

图 1−75 各种形式的相界

(a) 具有完善共格关系的相界; (b) 具有弹性畸变的共格相界;

(c) 半共格相界; (d) 非共格相界

1.4　准　晶　体

20 世纪 80 年代以前,科学界对固态物质的认识仅限于晶体与非晶体,而随着以色列化学家丹尼尔·舍特曼的一次偶然发现,固体物质中一种"反常"的原子排列方式进入了科学家的视野。这种徘徊在晶体与非晶体之间的"另类"物质被命名为准晶体。

什么是准晶体? 准晶体是一种介于晶体和非晶体之间的固体,在原子排列上是长程有序的,与晶体相似;但是准晶体不具备平移对称性,这一点又与晶体不同。

根据晶体局限定理(crystallographic restriction theorem),普通晶体具有的是二次、三次、四次或六次旋转对称性,但是准晶体的布拉格衍射图具有其他的对称性,例如五次对称性或者更高的六次以上对称性。

关于这种长程有序的结构,数学家在 20 世纪 60 年代就推测出了其对称模型,但是直到 20 年后这种理论上的结构才和准晶体的研究联系起来。施特曼(Shechtman)是第一个正式报道发现了准晶体的人。1984 年他和同事们在快速冷却的 Al-Mn 合金中发现了一种新的金属相,

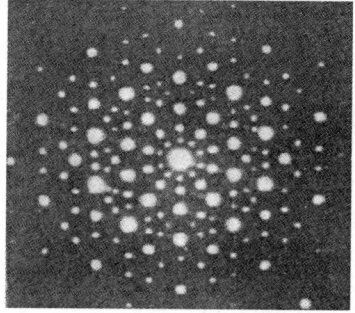

图 1-76　Al-Mn 合金的电子衍射图

其电子衍射斑具有明显的五次对称性,如图 1-76 所示。2009 年,矿物学上的一个发现为准晶是否能在自然条件下形成提供了证据:在俄罗斯的一块铝锌铜矿上发现了由 $Al_{63}Cu_{24}Fe_{13}$ 组成的准晶颗粒,和实验室中合成的一样,这些颗粒的结晶程度都非常好。

可以认为,准晶体具有完全有序的结构,而又不具有晶体所应有的空间周期性;与非晶体的区别在于其内部质点在三维空间的排布是有规则的。目前,关于准晶体的组成与结构规律尚处于研究之中。由于它不能通过平移实现周期性,故不能像晶体那样取一个晶胞代表其结构。目前较常用的是以拼砌花砖方式的模型来表征准晶结构,如图 1-77(a) 所示,它表示了五次对称的准周期结构。它由两种单元构成:一种是宽的棱方形,其角度为 70°和 108°;另一种是窄的棱方形,其角度为 36°和 144°。它们的边长均为 a,如图 1-77(b) 所示,把它们按一定规则使两种单元配合拼砌成具有周期性和五次对称性。这种拼砌模型是一种二维图形,可据此作出三维的拼砌单元,如图 1-78 所示。可以认为,它们是构成准晶体(二十面体对称的准晶体)的准点阵。

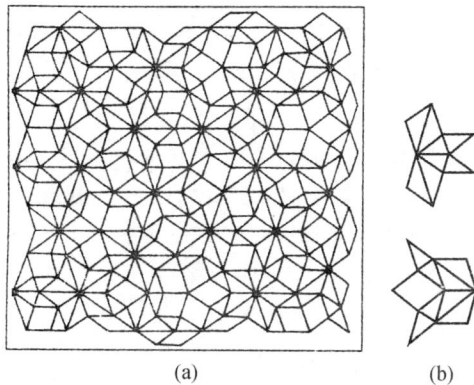

(a)　　　　　　　　(b)

图 1-77　准晶结构

(a) 准晶结构的单元拼砌模型;　(b) 缩比单元与原单元的缩比关系

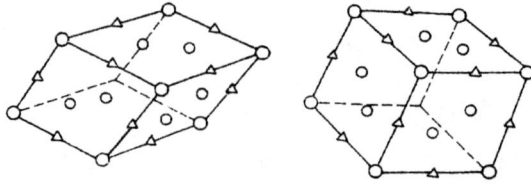

图 1-78　拼砌单元的三维模型

准晶体除少数为稳态外,大多数为亚稳态产物,它们主要通过快冷方法形成。此外,经离子注入或气相沉积等也能形成准晶体。

准晶体具有独特的属性,其坚硬又有弹性,非常平滑;而且,与大多数金属不同的是其导电性、电热性很差。准晶体具有密度小、耐蚀和耐氧化的优点及特殊的光学性能,故在很多领域受到广泛关注。

已知的准晶体都是金属化合物,如 $Al_{65}Cu_{23}Fe_{12}$,$Al_{70}Pd_{21}Mn_9$,$Cd_{57}Yb_{10}$ 等。

习　　题

1. 作图表示立方晶系中的 $(123)(01\bar{2})(421)$ 晶面和 $[\bar{1}02][\bar{2}11][346]$ 晶向。

2. 分别计算面心立方结构与体心立方结构的 $\{100\}\{110\}$ 和 $\{111\}$ 晶面族的面间距,并指出面间距最大的晶面(设两种结构的点阵常数均为 a)。

3. 分别计算 fcc 和 bcc 中的 $\{100\}\{110\}\{111\}$ 晶面族的原子面密度和 $\langle100\rangle\langle110\rangle\langle111\rangle$ 晶向族的原子线密度,并指出两种结构的差别。(提示:晶面原子密度为单位面积中的原子数,晶向原子密度为单位长度上的原子数)

4. 在 $(0\bar{1}10)$ 面上绘出 $[2\bar{1}\bar{1}3]$ 晶向。

5. 在六方晶系中画出以下常见晶向:$[0001][2\bar{1}\bar{1}0][10\bar{1}0][11\bar{2}0][\bar{1}2\bar{1}0]$ 等。

6. 若将一块铁进行加热至 850 ℃,然后快速冷却到 20 ℃ 的热处理,试计算处理前后空位数应增加多少倍。设铁中形成 1 mol 空位所需的能量为 104 600 J。

7. 在一个简单立方二维晶体中,画出一个正刃型位错和一个负刃型位错。试求:

(1) 用柏氏回路求出正、负刃型位错的柏氏矢量。

(2) 若使正、负刃型位错反向时,说明其柏氏矢量是否也随之反向。

(3) 具体写出该柏氏矢量的方向和大小。

(4) 求出此两位错的柏氏矢量和。

8. 设图 1-79 所示立方晶体的滑移面 $ABCD$ 平行于晶体的上、下底面,该滑移面上有一正方形位错环。如果位错环的各段分别与滑移面各边平行,其柏氏矢量 $b // AB$,试解答:

(1) 有人认为"此位错环运动离开晶体后,滑移面上产生的滑移台阶应为 $4b$",这种看法是否正确? 为什么?

(2) 指出位错环上各段位错线的类型,并画出位错移出晶体后晶体的外型、滑移方向及滑移量。(设位错环线的方向为顺时针方向)

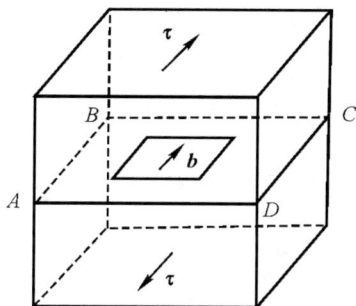

图 1-79　滑移面上的正方形位错环

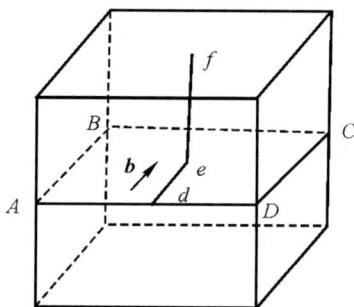

图 1-80　立方晶体中的位错线 fed

9. 设图 1-80 所示立方晶体中的滑移面 ABCD 平行于晶体的上、下底面,晶体中有一位错线 fed,de 段在滑移面上并平行于 AB,ef 段垂直于滑移面,位错的柏氏矢量 **b** 与 de 平行而与 ef 垂直。

(1) 欲使 de 段位错线在 ABCD 滑移面上运动而 ef 不动,应对晶体施加怎样的应力?

(2) 在上述应力作用下,de 段位错线如何运动? 晶体外形如何变化?

10. 设面心立方晶体中的 $(11\bar{1})$ 为滑移面,位错滑移后的滑移矢量为 $\dfrac{a}{2}[\bar{1}10]$。

(1) 在晶胞中画出柏氏矢量 **b** 的方向并计算出其大小。

(2) 在晶胞中画出引起该滑移的刃型位错和螺型位错的位错线方向,并写出此二位错线的晶向指数。

11. 判断下列位错反应能否进行:

$$\frac{a}{2}[10\bar{1}] + \frac{a}{6}[\bar{1}21] \rightarrow \frac{a}{3}[11\bar{1}]$$

$$a[100] \rightarrow \frac{a}{2}[101] + \frac{a}{2}[10\bar{1}]$$

$$\frac{a}{3}[112] + \frac{a}{2}[111] \rightarrow \frac{a}{6}[11\bar{1}]$$

$$a[100] \rightarrow \frac{a}{2}[111] + \frac{a}{2}[1\bar{1}\bar{1}]$$

12. 若面心立方晶体中有 $\boldsymbol{b} = \dfrac{a}{2}[\bar{1}01]$ 的单位位错及 $\boldsymbol{b} = \dfrac{a}{6}[12\bar{1}]$ 的不全位错,此二位错相遇后产生位错反应。

(1) 此反应能否进行? 为什么?

(2) 写出合成位错的柏氏矢量,并说明合成位错的性质。

13. 已知 Al 晶体的点阵常数 $a = 2.8 \times 10^{-10}$ m,一个晶粒内部的单位位错的密度为 2×10^{12} m^{-2}。如果这些位错全部集中在亚晶界上,相邻亚晶粒间的角度为 5°,每个亚晶粒形状均为正六边形。试估算亚晶界上的位错密度和亚晶粒的平均尺寸。

14. 已知柏氏矢量的大小 $b = 0.25$ nm,如果对称倾侧晶界的位向差 θ 为 1° 和 10°,求晶界上位错之间的距离。从计算结果可得到什么结论？

复习思考题

1. 空间点阵与晶体点阵有何区别？

2. 密排六方点阵是不是一种空间点阵？为什么？

3. 用作图法说明一个面心立方结构相当于一个体心正方结构，也可相当于一个菱方结构。

4. 1 g铁在室温和1 000 ℃时各含有多少个晶胞？

5. 晶体中有一平面位错环。试问它的各部分是否都是刃型位错或各部分都是螺型位错？为什么？

6. 碳可以溶入铁中而形成间隙固溶体。试分析是 α-Fe还是 γ-Fe能溶入较多的碳。

7. 试证明理想密排六方结构的轴比 $c/a = 1.633$。

8. 与密堆积结构相比较，体心立方结构的间隙有何特点？

9. 用作图法证明柏氏矢量的确定与回路起点的选择、回路的途径无关。

10. 为什么在无外力的情况下，位错线总有自发变为直线的倾向？

11. 在晶体中插入附加的柱状半原子面能否形成位错环？

12. "小角晶界都是由刃型位错排成墙而构成的"这种说法对不对？

13. 晶界与亚晶界有哪些异同？

第 2 章　　材料中的相结构

　　无论是金属材料还是陶瓷材料和高分子材料,都是由不同结构的各种相组成的。所谓相是指在任一给定的物质系统中,具有同一化学成分、同一原子聚集状态和性质的均匀连续组成部分。不同相之间由界面分开。固态物质可以是单相,也可以是多相,例如固体纯金属、聚乙烯等是单相物质;当由金属和其他一种或多种元素通过化学键合而形成合金材料时,一定成分的合金可以由若干不同的相组成,例如钢由 α-Fe 和 Fe_3C 两相组成,普通陶瓷则由晶相、玻璃相和气相组成。

　　虽然固体中有各种不同的相,但从结构上可将其分为固溶体、金属间化合物、陶瓷晶体相、玻璃相及分子相等五类。本章将讨论各类相的组成、结构类型、形成规律及性能特点等。

2.1　固　溶　体

2.1.1　什么是固溶体?

　　固溶体是固态下一种组元(溶质)溶解在另一种组元(溶剂)中而形成的新相,其特点是固溶体具有溶剂组元的点阵类型。晶格与固溶体相同的组元称为溶剂,其他组元称为溶质。

　　溶质原子在溶剂中的最大含量(即极限溶解度)称为固溶度(摩尔分数)。

　　固溶体可以从不同角度进行分类。按照溶质原子在溶剂点阵中所占据的位置不同,可分为置换固溶体和间隙固溶体,如图 2-1 所示;按溶解度大小又可分为无限固溶体和有限固溶体;按各组元原子在点阵中排列的秩序性又可分为无序固溶体和有序固溶体。

2.1.2　置换固溶体

　　不少金属元素彼此之间都能形成置换固溶体,并且具有或大或小的固溶度(摩尔分数),但不同元素的固溶度(摩尔分数)差别很大。欲利用固溶方法改善金属材料的性能,就必须了解各种元素在金属中的固溶度(摩尔分数)范围。哪些因素影响元素的固溶度(摩尔分数)呢? Hume-Rothery 通过大量实验首先提出了固溶度的三大经验规律:

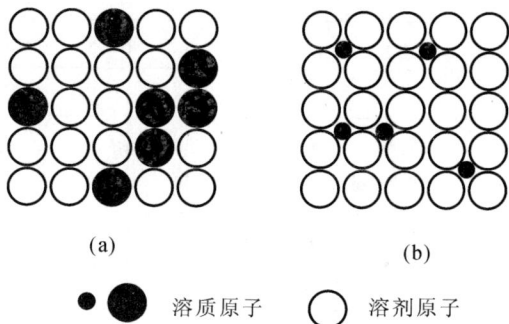

(a)　　　　　　　　　　(b)

● ⬤ 溶质原子　　○ 溶剂原子

图 2-1　固溶体的两种类型
(a) 置换固溶体; (b) 间隙固溶体

1）如果形成合金的元素其原子半径之差与溶剂原子半径的比（取绝对值）超过 14％～15％，则固溶度（摩尔分数）极为有限；

2）溶剂和溶质的电化学性质相近；

3）两个给定元素的相互固溶度（摩尔分数）与它们各自的原子价有关。

这里，仅第一条是定量的规律，后两条只能定性地说明，且第三条只适用于一价贵金属与大于一价的 A 主族元素形成合金时的情况。后来，人们又做了大量研究工作，发现不同元素间的原子尺寸、晶体结构、化学亲和力（电负性）和电子浓度等因素对固溶度（摩尔分数）均有明显的规律性的影响。

2.1.2.1 原子尺寸因素

一般来说，溶质和溶剂的原子尺寸差别越小，越容易形成置换固溶体，并且所形成固溶体的溶解度（质量分数）越大。这是由于两组元的原子尺寸差别愈大，畸变能的增加也愈大。在畸变能增加到一定程度后，晶体就变得不稳定了，于是溶解度（质量分数）就不能再增大了。Hume-Rothery 提出有利于大量固溶的原子尺寸条件为两组元的原子半径差与溶剂原子半径的比不超过 15％。表 2-1 列出了合金元素在铁中的溶解度（质量分数）。若参照合金元素的原子直径数值，可以看出，凡是与铁的原子直径差与铁原子直径的比在 15％ 以上者在铁中的溶解度（质量分数）均很小，如镁、钙、锶等，而能与铁形成无限固溶体的元素，如镍、钴、铬、钒等，与铁的原子直径差与铁原子直径的比不超过 10％。

表 2-1 合金元素在铁中的溶解度（质量分数）

元素	结构类型	在 γ-Fe 中的最大溶解度（质量分数）/10^{-2}	在 α-Fe 中的最大溶解度（质量分数）/10^{-2}	室温在 α-Fe 中的溶解度（质量分数）/10^{-2}
C	六方 金刚石型	2.11	0.0218	0.008（600 ℃）
N	简单立方	2.8	0.1	0.001（100 ℃）
B	正交	0.018～0.026	≈0.008	<0.001
H	六方	0.0008	0.003	≈0.0001
P	正交	0.3	2.55	≈1.2
Al	面心立方	0.625	≈36	35
Ti	β-Ti 体心立方（>882 ℃） α-Ti 密排六方（<882 ℃）	0.63	7～9	≈2.5（600 ℃）
Zr	β-Zr 体心立方（>862 ℃） α-Zr 密排六方（<862 ℃）	0.7	≈0.3	0.3（385 ℃）
V	体心立方	1.4	100	100
Nb	体心立方	2.0	α-Fe 1.8（989 ℃） δ-Fe 4.5（1360 ℃）	0.1～0.2
Mo	体心立方	≈3	37.5	1.4

续　　表

元素	结构类型	在 γ-Fe 中的最大溶解度(质量分数)/10⁻²	在 α-Fe 中的最大溶解度(质量分数)/10⁻²	室温在 α-Fe 中的溶解度(质量分数)/10⁻²
W	体心立方	≈3.2	35.5	4.5(700 ℃)
Cr	体心立方	12.8	100	100
Mn	δ-Mn 体心立方(>1 133 ℃) γ-Mn 面心立方(1 053～1 133 ℃) α,β-Mn 复杂立方(<1 095 ℃)	100	≈3	≈3
Co	β-Co 面心立方(>450 ℃) α-Co 密排六方(<450 ℃)	100	76	76
Ni	面心立方	100	≈10	≈10
Cu	面心立方	≈8	2.13	0.2
Si	金刚石型	2.15	18.5	1.5

2.1.2.2　晶体结构因素

对于置换固溶体,溶质与溶剂的晶体结构类型相同是它们能够形成无限固溶体的必要条件。只有满足这个条件,溶质原子才有可能连续不断地置换溶剂晶格中的原子,而仍能保持固溶体原来的晶格类型。对于间隙固溶体,由于溶剂晶格类型不同,晶格中间隙的形状和大小也不相同,因而溶解度(质量分数)也有差异。一般来说,同一种间隙原子在面心立方结构中的溶解度(质量分数)大于在体心立方结构中的溶解度(质量分数)。

2.1.2.3　电负性因素(化学亲和力)

元素的电负性是指从其他原子夺取电子而变为负离子的能力。如果溶质原子与溶剂原子的电负性相差很大,即两者之间化学亲和力很大,则它们往往容易形成比较稳定的化合物;如果电负性差值不大,随电负性差值增加,异种原子间的亲和力加强,则有利于增大固溶度(摩尔分数)。

2.1.2.4　电子浓度因素

在合金中,两个组元的价电子总数(e)和两组元的原子总数(a)之比称为电子浓度,即

$$c = \frac{e}{a} = xu + (1-x)v \tag{2-1}$$

式中　v 和 u ——溶剂和溶质的原子价;

　　　　x ——溶质的摩尔分数。

实验发现,以一价贵金属铜、金、银作溶剂,加入不同原子价的溶质元素时,在原子尺寸因素同样有利的条件下,溶质元素的原子价愈高,则形成固溶体的极限固溶度愈小。表 2-2 和图 2-2(a)表示出以铜为溶剂的几种不同原子价元素的极限固溶度(摩尔分数)。分析可知,溶质原子价的影响实质上是由电子浓度决定的。如果用电子浓度为坐标表示 Zn 和 Ga 在铜

中的固溶度（摩尔分数），则两者的固溶度（摩尔分数）变得几乎一样［见图 2 - 2（b）］。

表 2 - 2 Ⅱ～Ⅴ族元素在铜中的极限固溶度（摩尔分数）及其对应的电子浓度

合 金 系	溶质元素原子价	原子直径差与大直径的比/10^{-2}	实验得出的极限固溶度（摩尔分数）/10^{-2}	理论的极限固溶度（摩尔分数）/10^{-2}	电子浓度（价电子数/原子数）（实验数据）
Cu - Zn	2	7.2	38.8	36	1.388
Cu - Ga	3	6.6	20.0	18	1.400
Cu - Ge	4	8.5	12.0	12	1.360
Cu - Sn	4	19.5	9.2	12	1.276
Cu - As	5	6.0	6.2	9	1.258

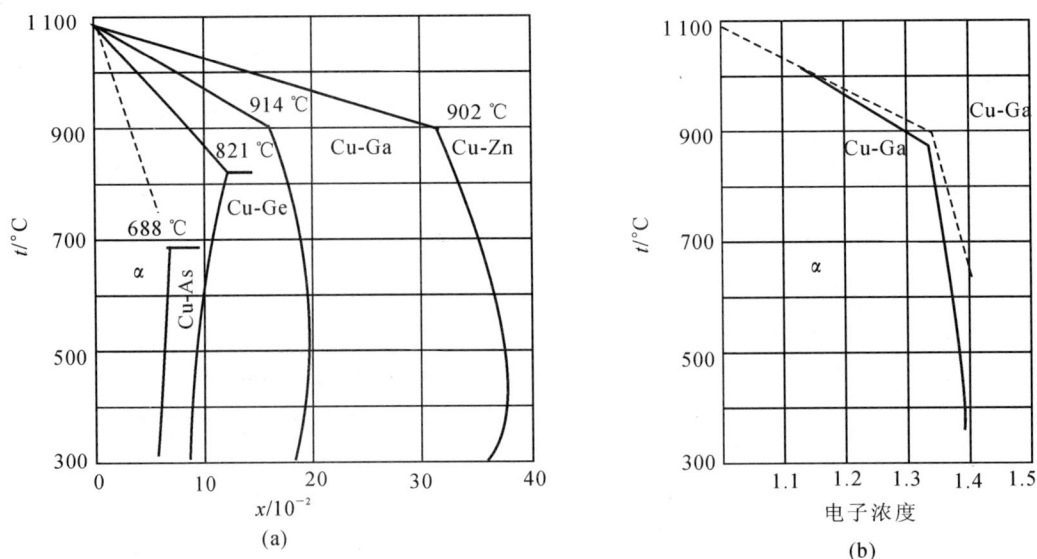

图 2 - 2 Zn，Ga，Ge 和 As 在 Cu 中的固溶度

(a)摩尔分数； (b)电子浓度

由表 2 - 2 和图 2 - 2（b）可见，当溶剂为一价面心立方金属时，不同溶质元素的最大固溶度（摩尔分数）所对应的电子浓度具有一定的极限值，超过此极限值后，就不能再溶解了，将会形成另一种具有更高电子浓度的新相。因此，溶质元素的原子价愈高，同样数量的溶质原子溶解时，其电子浓度增加愈快，故其固溶度（摩尔分数）就愈小。

2.1.3 间隙固溶体

间隙固溶体是由那些原子半径小于 0.1 nm 的非金属元素，如氢（0.046 nm）、氮（0.071 nm）、碳（0.077 nm）、硼（0.097 nm）及氧（0.060 nm）溶入到溶剂金属晶体点阵的间隙中所形成的固溶体。由于它们只能填在晶格的间隙位置，故只能形成有限固溶体。

碳和氮在铁中形成的间隙固溶体具有重要的实际意义。在面心立方结构的 γ - Fe 中，最大间隙是八面体中心,间隙半径为 $0.414R$（R 为铁原子半径）,相当于半径为 0.052 nm 的球空间。因碳原子半径稍大,当填入时,必然会引起点阵畸变,所以碳原子不能把所有间隙填满。实际上碳在 γ-Fe 中的最大溶解度（质量分数）仅为 0.0211。体心立方的致密度虽然低于面心立方,但因为它的间隙数量多,因此单个间隙半径反而比面心立方的要小。若以同样大小的间隙原子填入,将产生较大的畸变。这就是碳在 γ-Fe 中的固溶度（摩尔分数）比在 α-Fe 中大的原因。

2.1.4　有序固溶体

过去人们曾认为原子在固溶体中的分布是统计的、均匀的和无序的排列,如图 2-3（a）所示。但是近年来的研究表明,所谓无序固溶体只是宏观上的一种近似说法。从微观尺度看,它们并不均匀,可能出现偏聚、部分有序和完全有序,如图 2-3（b）～（d）所示。究竟取哪一种分布状态主要取决于同类原子（A—A）或异类原子（A—B）间结合能的相对大小。

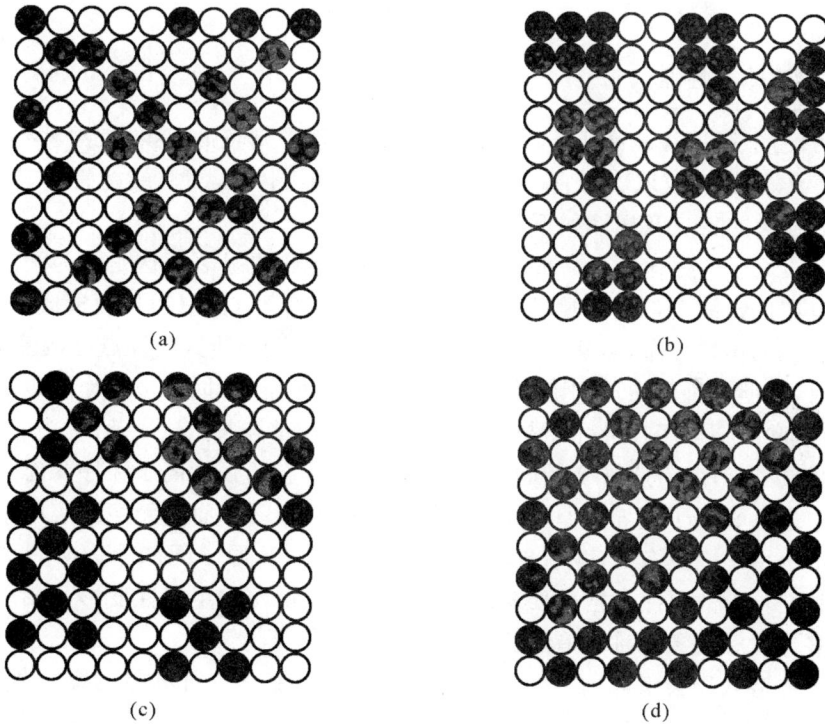

图 2-3　固溶体中溶质原子分布示意图
(a) 完全无序；　(b) 偏聚；　(c) 部分有序；　(d) 完全有序

当同类原子间的结合能小于异类原子间的结合能时,就会呈现图 2-3（c）所示的原子分布。此时,若原子达到一定的原子分数,则会呈完全有序分布,即形成有序固溶体［见图 2-3(d)］。可见有序固溶体有确定的化学成分,可以用化学式表示。例如,在 Cu-Au 合金中,当其原子数之比等于 1：1 或 3：1 时,可分别形成 CuAu 和 Cu_3Au 两种有序固溶体。前者铜和金原子分层排列于(001)晶面上；后者铜原子位于晶胞面心位置,金原子则占据顶角位置,如图 2-4 所示。

当有序固溶体加热至某一临界温度时,将转变为无序固溶体;而在缓慢冷却至这一温度时,又可转变为有序固溶体。这一转变过程称为有序化,临界转变温度称为有序化温度。

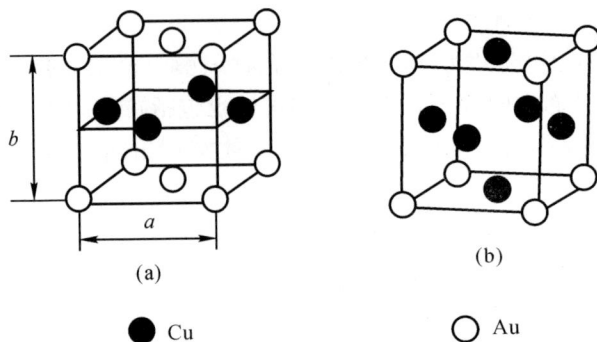

● Cu   ○ Au

图 2-4 有序固溶体的晶体结构
(a) CuAu; (b) Cu₃Au

2.1.5 固溶体的性能

固溶体的硬度、强度往往高于组成它的各组元,而塑性则较低,这种现象就称为固溶强化。强化的程度(或效果)不仅取决于它的成分,还取决于固溶体的类型、结构特点、固溶度等一系列因素。固溶强化的特点及规律如下:

间隙式溶质原子的强化效果一般要比置换式溶质原子更显著。这是因为间隙式溶质原子往往择优分布在位错线上,形成间隙原子"气团",将位错牢牢钉扎住,从而造成强化。相反,置换式溶质原子往往均匀分布,虽然由于溶质和溶剂原子尺寸不同,造成点阵畸变,从而增加了位错运动的阻力,但这种阻力比间隙原子气团的钉扎力小得多,因而强化作用也小得多。

显然,溶质和溶剂原子尺寸相差越大或固溶度越小,固溶强化越显著。

对于某些具有无序-有序转变的固溶体而言,有序状态的强度高于无序状态。这是因为在有序固溶体中最近邻原子是异类原子,所以结合键是 A—B 键,而在无序固溶体中结合键是平均原子间的键。由于在具有无序-有序转变的合金中 A—B 原子间的引力必然大于 A—A 或 B—B 原子间的引力,故有序固溶体要破坏大量的 A—B 键而发生塑性变形和断裂就比无序固溶体困难得多。这种现象也称为有序强化。

溶质原子的溶入还会引起固溶体某些物理性能发生变化。对电阻的影响规律是,随溶质原子的增多,电阻升高,且电阻值与温度关系不大。工程上一些高电阻材料(如 Fe-Cr-Al 和 Cr-Ni 电阻丝等)多为固溶体合金。

【例题 2.1.1】 在 1 000 ℃时,有 w_C 为 1.7% 的碳溶于 fcc 铁的固溶体。问 100 个单位晶胞中有多少个碳原子?(已知 Fe 的相对原子质量为 55.85,C 的相对原子质量为 12.01。)

解 因为 100 个单位晶胞中,有 400 个铁原子,共占 98.3% 的质量。

固溶体的总质量 $m_总$ 为

$$m_总 = (400 \times 55.85)/0.983 = 22\ 726$$

碳原子数 n_C 为

$$n_C = (22\ 726 \times 0.017)/12.01 = 32$$

大约每 1/3 个单位晶胞中才有 1 个碳原子。

2.2　金属间化合物

　　金属与金属,或金属与类金属之间所形成的化合物统称为金属间化合物。由于它们常处在相图的中间位置上,故又称中间相。长程有序固溶体也包括在中间相之中,但它与金属间化合物有区别。前者的晶体结构与以纯金属为基的固溶体结构相同,而后者则与其各组元的结构不同。

　　影响金属间化合物的形成及其结构的主要因素和固溶体一样,也包括电负性、电子浓度和原子尺寸。每一种主要影响因素对应一类化合物,如正常价化合物、电子化合物和间隙化合物等。下面对这三类金属间化合物的形成规律及特点分别进行讨论。

2.2.1　正常价化合物

　　正常价化合物就是符合原子价规则的化合物。在这种化合物 A_mB_n 中,正离子的价电子数正好能使负离子具有稳定的电子层结构,即

$$me_c = n(8 - e_A) \tag{2-2}$$

式中　e_c, e_A——在非电离状态下正离子及负离子中的价电子数。

　　金属元素与周期表中 IV A,V A,VI A 族元素形成正常价化合物。化合物的稳定性与两组元的电负性差值大小有关。电负性差值愈大,稳定性愈高,愈接近于盐类的离子化合物。电负性差值较小的 Mg_2Pb 显示典型的金属性质;电负性差值较大的 Mg_2Sn 则显示半导体性质,主要为共价键结合;电负性差值更大的 MgS 则为典型的离子化合物。

　　正常价化合物具有比较简单的、不同于其组成元素的晶体结构,其分子式一般有 AB,A_2B (AB_2)两种类型。图 2-5 给出了几种常见正常价化合物的结构类型。

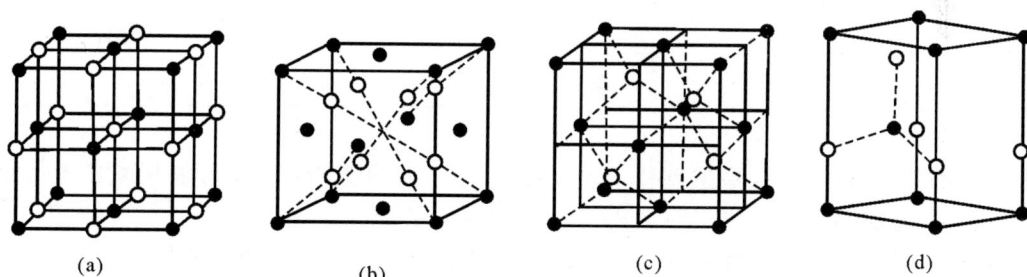

图 2-5　几种正常价化合物的晶胞

(a) NaCl;　(b) CaF_2;　(c) 闪锌矿;　(d) 硫锌矿

　　NaCl 结构是典型的离子结构,每种离子沿立方体的棱边交替排列,这种结构可视为由两种离子的面心立方结构彼此穿插而成。在 ZnS（闪锌矿）立方结构中,每个原子具有 4 个相邻的异类原子,它亦是由两种原子各自的面心立方点阵穿插而成。若晶胞由同类原子组成,则具有金刚石结构。六方 ZnS（硫锌矿）结构中,每个原子也具有 4 个相邻的异类原子,如图 2-5 (d)所示(图中只画出了六方晶胞的1/3)。两种原子各自组成密排六方结构,但彼此沿 c 轴方向错开一个距离。在 CaF_2 结构中,Ca^{2+} 离子构成面心立方结构,而 8 个 F^- 离子位于该面心立方晶胞内 8 个四面体间隙的中心,因此晶胞中 Ca^{2+} 与 F^- 离子数的比值为 4:8,即

1∶2。所谓反 CaF_2 结构就是两种原子调换所得的结果。

这类化合物的熔点、硬度及脆性均较高。

2.2.2 电子化合物（电子相）

电子化合物是由 IB 族或过渡族金属元素与 IIB，IIIA，IVA 族金属元素形成的金属化合物。它不遵守化合价规律，而是按照一定电子浓度值形成化合物。电子浓度不同，所形成化合物的晶格类型也不同。对大多数电子化合物来说，其晶体结构与电子浓度都有如下的对应关系：电子浓度为 3/2 时，呈体心立方结构，称为 β 相；电子浓度为 21/13 时，具有复杂立方晶格，称为 γ 相；电子浓度为 7/4 时，则为密排六方晶格，称为 ε 相。表 2-3 列出了一些典型的电子化合物。对含有过渡族元素的电子化合物，计算电子浓度时，过渡族元素的价电子数常视为零。

表 2-3 电子化合物中的电子浓度与晶体结构

电子浓度＝3/2			电子浓度＝21/13	电子浓度＝7/4
体心立方结构（β 相）	复杂立方结构（β-Mn 结构）	密排六方结构	复杂立方结构（γ 黄铜结构）	密排六方结构（ε 相）
CuZn			Cu_5Zn_8	$CuZn_3$
Cu_3Ga（中、高温）		Cu_3Ga（低温）	Cu_9Ga_4	
Cu_5Sn			$Cu_{31}Sn_8$	Cu_3Sn
Cu_5Si	Cu_5Si	Cu_5Ge	$Cu_{31}Si_8$	Cu_3Si
Ag_3Al（高温）	Ag_3Al（低温）	Ag_3Al（中温）		Ag_5Al_3
AgZn		AgZn	Ag_5Zn_8	$AgZn_3$
AgCd		AgCd	Ag_5Cd_8	$AgCd_3$
AuZn			Au_5Zn_8	$AuZn_3$
FeAl			Ni_5Zn_{21}	

电子浓度为 3/2 的 β 相，除呈现体心立方结构外，在不同条件下还可能呈复杂立方的β-Mn 结构（μ 相）或密排六方结构（ε 相）。这是因为除了受电子浓度影响外，其还受原子尺寸、溶质原子价和温度等的影响。一般来说，B 族元素的价越高、尺寸因素越小、温度越低等，均不利于形成 β 相，而有利于 μ 相或 ε 相的形成。

电子化合物虽然可用化学式表示，但其成分可在一定范围内变化，故可以认为电子化合物是以化合物为基的固溶体。

电子化合物以金属键为主，故有明显的金属特性。

2.2.3 间隙化合物

间隙化合物主要受组元的原子尺寸因素控制。间隙化合物通常是由过渡族金属与原子半径很小的非金属元素组成的，后者处于化合物晶格的间隙中。

根据非金属原子（X）与过渡族金属原子（M）半径的比值（R_X/R_M）对这类化合物进行分类：当 $R_X/R_M<0.59$ 时，化合物具有比较简单的结构，称为简单间隙化合物（又称间隙相）；

当 $R_X/R_M > 0.59$ 时,须要求 $\Delta R\left(\dfrac{R_M - R_X}{R_M} \times 100\%\right) < 30\%$,形成的化合物具有非常复杂的晶格类型,称为复杂间隙化合物。

2.2.3.1　简单间隙化合物

形成简单间隙化合物时,金属原子形成与其本身晶格类型不同的一种新结构,非金属原子处于该晶格的间隙之中。例如,钒为体心立方晶格,但它与碳组成碳化钒(VC)时,钒原子却构成面心立方晶格,碳原子占据了该面心立方晶格的所有八面体间隙位置,构成了 NaCl 型晶体结构,如图 2-6 所示。

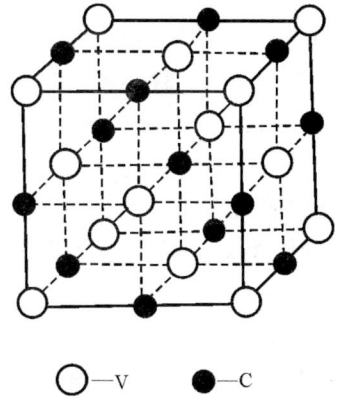

图 2-6　VC 晶体结构

简单间隙化合物的分子式通常为 MX, M_2X, MX_2, M_4X 等,但实际组成常常在一定范围内,这与间隙的填充程序有关。有些结构简单的间隙化合物甚至可以互相溶解,形成连续固溶体,如 TiC - ZrC,TiC - VC,TiC - NbC 等。但是当两种间隙相中金属原子的半径差不小于 15% 时,即使两者结构相同,相互的溶解度(质量分数)也很小。钢中常见的间隙相列于表 2-4。

表 2-4　钢中常见的间隙相

间隙相的化学式	钢中的间隙相	结 构 类 型
M_4X	Fe_4N, Mo_4N	面心立方
M_2X	$Ti_2H, Zr_2H, Fe_2N, Cr_2N, V_2N, Mn_2C, W_2C, Mo_2C$	密排六方
MX	$TaC, TiC, ZrC, VC, ZrN, VN, TiN, CrN, ZrH, TiH$	面心立方
	TaH, NbH	体心立方
	WC, MoN	简单立方
MX_2	TiH_2, ThH_2, ZnH_2	面心立方

2.2.3.2　复杂间隙化合物

复杂间隙化合物主要是铬、锰、铁、钴的碳化物以及铁的硼化物等。在合金钢中常见的有 M_3C 型(如 Fe_3C)、M_7C_3 型(如 Cr_7C_3)、$M_{23}C_6$ 型(如 $Cr_{23}C_6$)和 M_6C 型(如 Fe_3W_3C)等。在这些化合物中,金属原子常常可以被另一种金属原子所置换。

复杂间隙化合物的晶体结构都很复杂,有的一个晶胞中就含有几十到上百个原子。

Fe_3C 是钢中很重要的一种复杂间隙相,通常称为渗碳体,它属于正交晶系。

2.2.4　金属化合物的特性

虽然金属化合物种类繁多,晶体结构十分复杂,但它们都有共同的特性:具有极高的硬度、较高的熔点,而塑性很差。这是因为金属化合物中含有较多的离子键及共价键的成分。根据这一特性,绝大多数的工程材料将金属化合物作为强化合金的第二相来使用。例如,一些正常价化合物和多数电子化合物可作为有色金属的强化相。简单间隙化合物在合金钢及硬质合金中得到广泛应用。复杂间隙化合物同样是合金钢及高温合金中的重要强化相。

此外,有些金属间化合物具有许多特殊的物理化学性质,诸如电学性质、磁学性质、声学性质、电子发射性质、催化性质以及化学稳定性、热稳定性和高温强度等,其中有不少金属间化合物作为新的功能材料和耐热材料正在被开发和应用,对现代科学技术的进步起着巨大的推动作用。例如,砷化镓具有更为优异的半导体性能,它在信息技术领域的应用已引起世界的广泛关注。有一些金属化合物,如 $TiAl$,Ti_3Al,Ni_3Al 等,具有随温度升高强度也升高的反常特性,若能克服其脆性较大的缺点,就可能用作耐热材料。

【例题 2.2.1】 氧化铁的晶体结构与 NaCl 相同。若氧化铁中氧的摩尔分数 $x_O = 0.52$,其晶格常数为 0.429 nm,试求其密度。已知 Fe 的相对原子质量为 55.8,O 的相对原子质量为 16。

解 可选择一个基准——100 个原子(52 个氧离子＋48 个铁离子)。由晶体结构可知,52 个氧离子需要 13 个单位晶胞,但是只有 48 个铁离子,故还有 4 个空位。

$$\rho = \frac{[(48 \times 55.8 \text{ g}) + (52 \times 16 \text{ g})]/13}{(6.02 \times 10^{23}) \times (0.429 \times 10^{-9} \text{ m})^3} = 5.7 \text{ Mg/m}^3 = 5.7 \text{ g/cm}^3$$

2.3 陶瓷晶体相

晶体相是组成陶瓷的基本相,也称主晶相,它往往决定着陶瓷的力学、物理、化学性能。例如由离子键结合的氧化铝晶体组成的刚玉陶瓷,具有机械强度高、耐高温及抗腐蚀等优良性能。

陶瓷和金属类似,具有晶体构造,但与金属不同的是其结构中并没有大量的自由电子。这是因为陶瓷是以离子键或共价键为主的离子晶体(如 MgO,Al_2O_3 等)或共价晶体(如 SiC,Si_3N_4 等)。氧化物结构和硅酸盐结构是陶瓷晶体中最重要的两类结构,它们的共同特点如下:

1)结合键主要是离子键,或含有一定比例的共价键。

2)有确定的成分,可以用准确的分子式表示。

3)具有典型的非金属性质等。

下面就这两类结构进行讨论。

2.3.1 氧化物结构

陶瓷氧化物都具有典型离子化合物的结构,根据结构特点,可以分为以下几类。

2.3.1.1 AB 型化合物的结构

这种类型的陶瓷材料,多具有 NaCl 型结构[见图 2-5(a)]、闪锌矿(立方 ZnS)结构[见图 2-5(c)]、硫锌矿(立方 ZnS)结构[见图 2-5(d)]。

2.3.1.2 AB₂ 型化合物的结构

这类化合物以萤石(CaF_2)为代表,具有面心立方结构[见图 2-5(b)]。属于此类型的化合物有 ThO_2,UO_2,CeO_2,BaF_2,PbF_2,CrF_2 等。

CaF_2 熔点低,在陶瓷材料中用作助熔剂,优质的萤石单晶能透过红外线。UO_2 是重要的核材料。

此外,还有金红石型结构,它也是陶瓷材料中比较重要的一种结构。

2.3.1.3　A_2B_3 型化合物的结构

刚玉（α - Al_2O_3）是 A_2B_3 型化合物的典型代表,它具有简单六方点阵,其结构晶胞如图 2-7 所示。图中氧离子构成密排六方结构,其密排面（0001）的堆垛次序是 $ABAB\cdots$,而 Al^{3+} 离子位于该结构的八面体间隙中。

除了 α - Al_2O_3 外,属于刚玉型结构的 A_2B_3 化合物还有 Cr_2O_3,α - Fe_2O_3,Ti_2O_3,V_2O_3 等。

α - Al_2O_3 是极重要的陶瓷材料,它是刚玉-莫莱石瓷及氧化铝瓷中的主晶相,纯度在 99% 以上的半透明氧化铝瓷可以作高压钠灯的内管及微波窗口。掺入不同的微量杂质元素可使 Al_2O_3 着色,如掺铬的氧化铝单晶即成红宝石,可作仪表、钟表轴承等。

2.3.1.4　ABO_3 型化合物的结构

以钙钛矿（$CaTiO_3$）作为 ABO_3 型化合物的例子。图 2-8 所示是钙钛矿结构胞的可能结构。从图可见,其结构为简单立方点阵,也可以看成是由两个简单立方点阵穿插而成。其中一个被 O^{2-} 离子占据,另一个被 Ca^{2+} 离子占据,而较小的 Ti^{4+} 离子则位于八面体间隙中。

钙钛矿型结构在电子陶瓷材料和钙钛矿光伏电池中都十分重要,许多具有铁电性质的晶体（如 $BaTiO_3$,$PbTiO_3$ 等）都具有这种结构。

2.3.1.5　AB_2O_4 型化合物的结构

这类化合物中最重要的一种结构就是尖晶石（$MgAl_2O_4$）,图 2-9 所示是尖晶石的结构胞,它具有面心立方点阵,其结构特点如下:

1）Mg^{2+} 离子形成金刚石结构。

2）在每个四面体间隙中有 4 个密堆的氧离子,形成四面体,其中心即为四面体间隙的中心,各四面体的位向都相同。

3）在中心没有 Mg^{2+} 离子的氧离子四面体的其余 4 个顶点上分布有 Al^{3+} 离子。这样,在一个结构胞中 Mg^{2+} 离子总数为 $8\times\frac{1}{8}+6\times\frac{1}{2}+4=8$ 个,O^{2-} 离子总数为 $4\times8=32$ 个,Al^{3+} 离子总数为 $4\times4=16$ 个,故化学式符合 $MgAl_2O_4$。

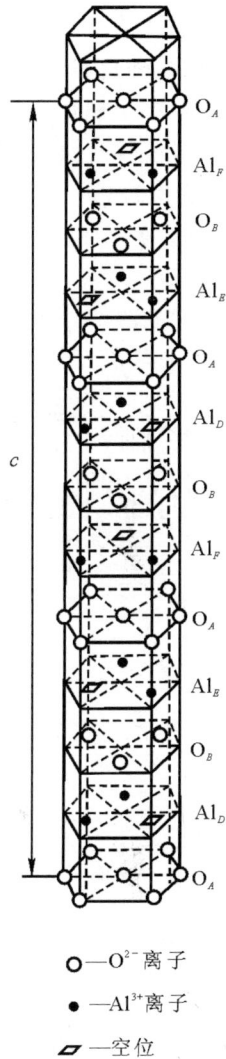

○—O^{2-} 离子

●—Al^{3+} 离子

▱—空位

图 2-7　刚玉的结构

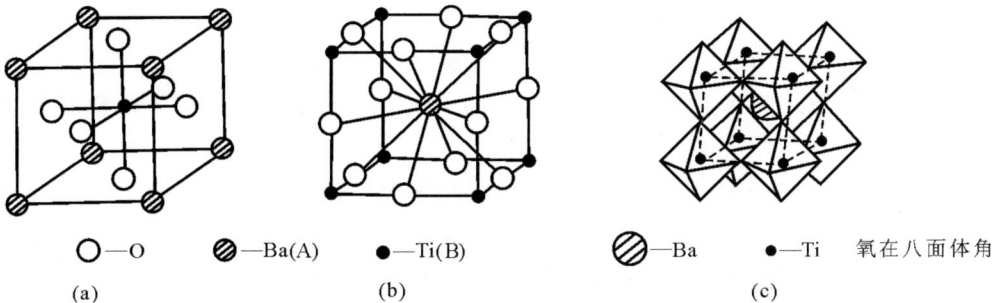

○—O　　▨—Ba(A)　　●—Ti(B)

(a)　　　　　　　　(b)

▨—Ba　　●—Ti　　氧在八面体角

(c)

图 2-8　钙钛矿结构胞的可能结构

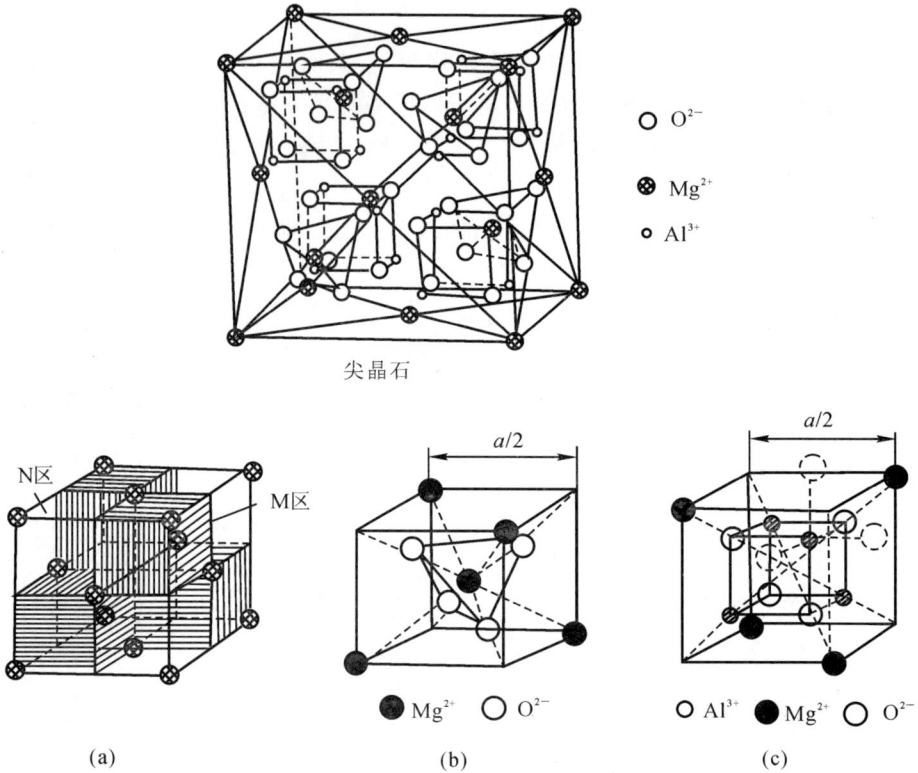

图 2-9 尖晶石的结构胞

(a) 结构胞； (b) M 区； (c) N 区

2.3.2 硅酸盐结构的特点及分类

硅酸盐是一种廉价的陶瓷材料。普通水泥是人们最熟悉的一种硅酸盐。许多陶瓷材料，如砖、瓦、玻璃、搪瓷等都是由硅酸盐制成的。用于制造陶瓷材料的主要硅酸盐矿物有长石、高岭土、滑石、镁橄榄石等。

硅酸盐的成分和结构都比较复杂，但在所有的硅酸盐结构中起决定作用的是硅-氧间的结合，而硅-氧结合比较单纯且有规律，它是我们理解各种硅酸盐结构的基础。

2.3.2.1 硅酸盐结构的特点

硅酸盐的基本结构单元是 SiO_4 四面体，如图 2-10（a）所示。硅原子位于氧原子四面体的间隙中。硅-氧之间的平均距离为 0.160 nm，此值小于硅、氧离子半径之和，说明硅-氧之间的结合不只是离子键，还有一定的共价键成分，因此，SiO_4 四面体的结合很牢固。不论是离子键还是共价键，每个四面体的氧原子外层只有 7 个电子，故为 -1 价，还能和其他金属离子键合。

此外，每一个氧原子最多只能被两个 SiO_4 四面体所共有，此时该氧原子的外层电子数恰好达到 8。

SiO_4 四面体可以是互相孤立地在结构中存在，也可以通过共顶点互相连接，此时会形成多重的四面体配位群，如图 2-10（b）所示。中心的氧原子被每一个四面体单元所共用，因此变成了一个氧桥。硅酸盐结构中的铝离子与氧离子既可以形成铝氧四面体,又可形成铝氧八面体。

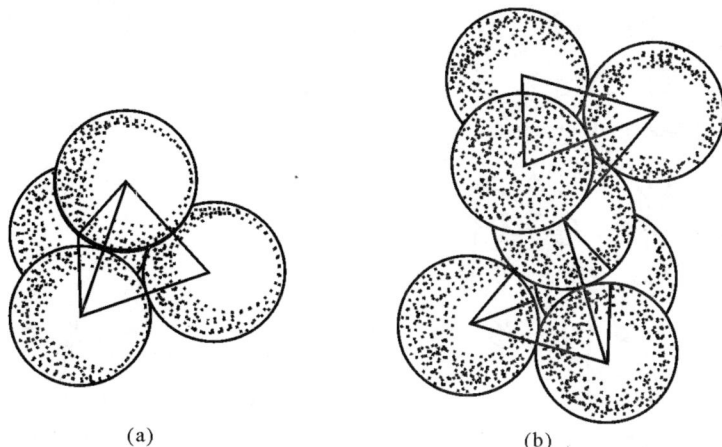

(a)　　　　　　　　(b)

图 2-10　硅酸盐的基本结构单元

(a) SiO_4 的四面体排列;　(b) 双重的四面体单元 $(Si_2O_7)^{6-}$

2.3.2.2　硅酸盐结构分类

按照硅氧四面体在空间的组合情况,可将硅酸盐分成岛状、链状、层状、骨架状四类。下面分别讨论各类硅酸盐。

(1) 含有有限硅氧团的硅酸盐(也称岛状硅酸盐)。

1) 含孤立有限硅氧团的硅酸盐　在硅氧四面体中氧为 -1 价,因而单个硅氧四面体为 -4 价。这样硅氧四面体有可能和其他正离子(如金属离子)键合而使化合价达到饱和,从而形成由孤立硅氧四面体构成的稳定结构。这里所讲的孤立硅氧四面体是指四面体之间不通过离子键或共价键结合。

含孤立有限硅氧团的典型硅酸盐有镁橄榄石 (Mg_2SiO_4)、锆石英 $(ZrSiO_4)$ 等。

镁橄榄石是镁橄榄石瓷中的主晶相。这种瓷料的电学性能很好,但膨胀系数高,抗热冲击性也差。镁橄榄石中的镁离子 Mg^{2+} 的离子半径和 Fe^{2+} 及 Mn^{2+} 相近,因而这些离子可以相互置换而形成固溶体。

图 2-11 画出了镁橄榄石的理想结构。图中显示,氧离子接近密排六方结构,图面即为密排面 (0001),其堆垛次序为 $ABAB\cdots$, Si^{4+} 离子位于 hcp 的四面体间隙中, Mg^{2+} 则位于八面体间隙中。硅氧四面体都是孤立的。每个四面体都有一个面(底面)平行于图面,亦即有 3 个氧离子要么在 A 层,要么在 B 层,而第 4 个氧离子或在图面以上,或在图面以下,总共有 4 种不同位向的四面体,如图 2-11 所示。在每个硅氧四面体近邻,对称分布着 3 个镁离子。这 3 个镁离子位于同一层(A 层或 B 层)。由于每个镁离子同时属于 3 个氧离子,其中 2 个氧离子在所讨论四面体的顶点,故属于该四面体的镁离子数为 $3 \times \dfrac{2}{3} = 2$ 个,故这个结构单元的分子式为 Mg_2SiO_4。从图中虚线可见,其布拉菲点阵是简单正交点阵。

2) 含成对有限硅氧团和环状有限硅氧团的硅酸盐　除上述孤立有限硅氧团外,硅氧四面体还可以成对地连接,或连成封闭环。图 2-12 所示对几种硅氧团示意地进行了比较。其中

图 2-12（c）表示 3 节单环,图 2-12（d）表示 4 节单环,图 2-12（e）表示 6 节单环。

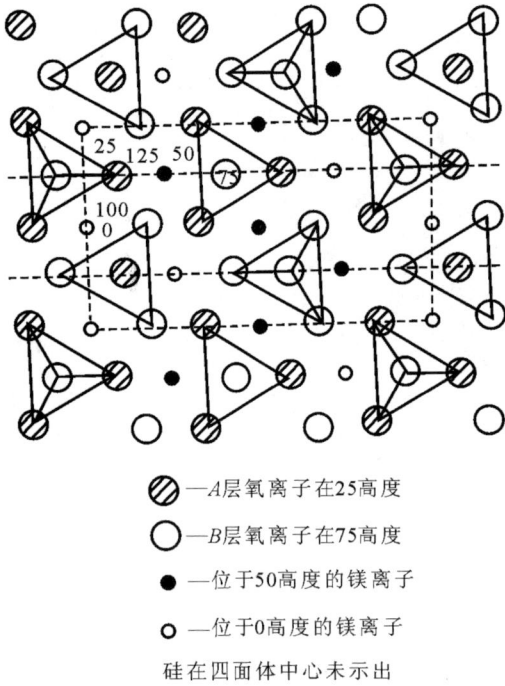

—A 层氧离子在 25 高度

◯—B 层氧离子在 75 高度

●—位于 50 高度的镁离子

○—位于 0 高度的镁离子

硅在四面体中心未示出

图 2-11　镁橄榄石的理想结构

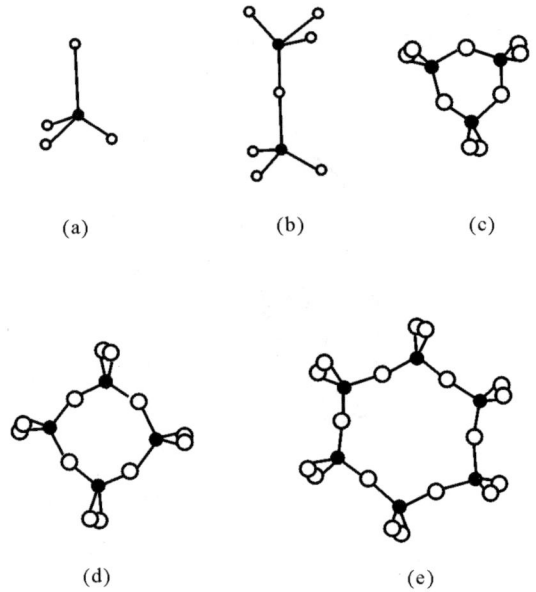

图 2-12　几种硅氧团

（a）单一硅氧团；　（b）成对的硅氧团；

（c）（d）（e）3,4,6 节环状硅氧团

在单一硅氧团的硅酸盐中,氧硅比（个数比）为 4;在含成对硅氧团的硅酸盐中,氧硅比为 3.5（如硅钙石 $Ca_3[Si_2O_7]$）;在环状有限硅氧团中,其氧硅比为 3（如绿柱石 $Be_3Al_2[Si_6O_{18}]$）。

表 2-5 列举了一些有代表性的含有限硅氧团的硅酸盐。

表 2-5　一些有代表性的有限硅氧团和链状硅酸盐矿物

硅酸盐类型		矿物名称	分子式	晶系	密度 $g \cdot cm^{-3}$	近似折射率	线膨胀系数 $10^6℃^{-1}$
有限硅氧团	单一四面体	镁橄榄石	$Mg_2[SiO_4]$	正交	3.21	1.65	11
		铁橄榄石	$Fe_2[SiO_4]$	正交	4.35	1.85	
		锆英石	$Zr[SiO_4]$	正交	4.60	1.97	4.5
	成对四面体	硅钙石	$Ca_3[Si_2O_7]$	正交		1.65	
	6 节单环	绿柱石	$Be_3Al_2[Si_6O_{18}]$	六方	2.71	—	
		堇青石	$Mg_2Al_3[Si_5AlO_{18}]$	正交	2.60	1.54	1

续　表

硅酸盐类型	矿物名称	分子式	晶系	密度 $g \cdot cm^{-3}$	近似折射率	线膨胀系数 $10^6 ℃^{-1}$
链状硅酸盐	顽火辉石	$Mg_2[Si_2O_6]$	正交	3.18	1.65	
	原顽火辉石	$Mg_2[Si_2O_6]$	正交	3.10		11
	斜顽火辉石	$Mg_2[SiO_6]$	单斜	3.18	1.6	8.9
	硅灰石	$Ca_3[Si_3O_9]$	三斜	2.92	1.63	12
	硅线石	$Al[AlSiO_5]$	正交	3.25	1.66	4.6
	红柱石	$Al_2[O/SiO_4]$	正交	3.14	1.64	10.6
	蓝晶石	$Al_2[O/SiO_4]$	三斜	3.67	1.72	9.2
	3：2 莫莱石	$Al[Al_{1.25}Si_{0.75}O_{4.875}]$	正交	3.16	1.65	4.5
	2：1 莫莱石	$Al[Al_{1.4}Si_{0.6}O_{4.8}]$	正交	3.17	1.66	

（2）链状硅酸盐　链状硅酸盐是由大量硅氧四面体通过共顶连接而形成的一维结构。它有两种形式，即单链结构和双链结构，如图 2-13 所示。由图可见：单链结构的基本单元就是一个硅氧四面体，其分子式为 $[SiO_3]^{2-}$；双链结构的基本单元是 4 个硅氧团 $\left(2+4\times\dfrac{1}{2}=4\right)$，其中 Si^{4+} 排成六角形，Si^{4+} 离子数为 4，O^{2-} 离子数为 $2\times4+4\times\left(\dfrac{1}{2}+\dfrac{1}{4}\right)=11$，因而分子式为 $[Si_4O_{11}]^{6-}$。

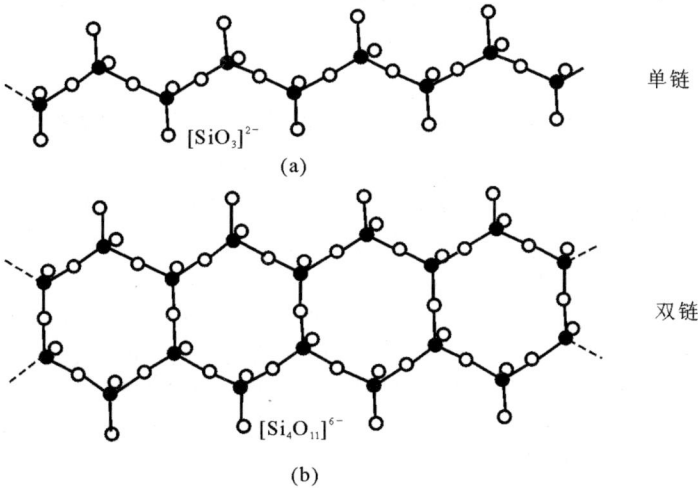

单链

$[SiO_3]^{2-}$

(a)

双链

$[Si_4O_{11}]^{6-}$

(b)

图 2-13　链状硅氧四面体
(a) 单链；　(b) 双链

单链结构又可按一维方向的周期性而分成 1 节链、2 节链、3 节链、4 节链、5 节链和 7 节链，如图 2-14 所示。

一些有代表性的链状硅酸盐矿物见表 2-5。

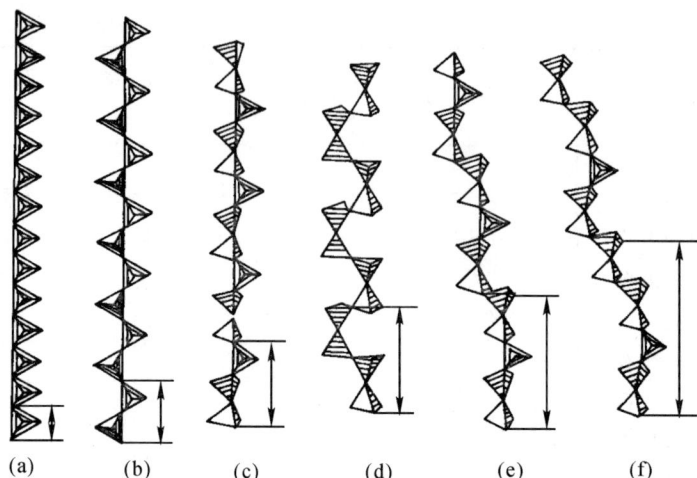

图 2-14 单链结构类型

(a) 1 节链； (b) 2 节链； (c) 3 节链； (d) 4 节链； (e) 5 节链； (f) 7 节链

（3）层状硅酸盐　层状硅酸盐是由大量的、底面在同一平面上的硅氧四面体通过在该平面上共顶连接而形成的具有六角对称的二维结构，如图 2-15 所示。该图表明，这种结构的基本单元是虚线所示的区域，其分子式为 $[Si_4 O_{10}]^{4-}$，因而整个这一层四面体可表示为 $[Si_4 O_{10}]_n^{4n-1}$。单元长度为 $a \approx 0.520 \text{ nm}, b \approx 0.90 \text{ nm}$，这也是大多数层状硅酸盐结构的点阵常数范围。一些有代表性的层状硅酸盐见表 2-6。

表 2-6　一些有代表性的层状硅酸盐

层状结构中的层数	矿石名称	理想的化学式	层状结构中的层数	矿石名称	理想的化学式
2	高岭土 地开石 珍珠陶土 叙永石 叶蛇纹石	$Al_2[(OH)_4/Si_2 O_5]$ $Al_2[(OH)_4/Si_2 O_5]$ $Al_2[(OH)_4/Si_2 O_5]$ $Al_2[(OH)_4/Si_2 O_5] \cdot nH_2O$ $Mg_3[(OH)_4/Si_2 O_5]$	3	皂石 白云母 金云母 伊利石 蛭石	$Mg_3[(OH)_2/Si_4 O_{10}] \cdot nH_2O$ $KAl_2[(OH)_2/AlSi_3 O_{10}]$ $KMg_3[(OH)_2/AlSi_3 O_{10}]$ $(K, H)Al_2[(OH)_2/AlSi_3 O_{10}]$ $Mg_{0.33}(Mg_1 Al)_3[(OH)_2/AlSi_3 O_{10}] \cdot nH_2O$
3	叶蜡石 蒙脱石 滑石	$Al_2[(OH)_2/Si_4 O_{10}]$ $Al_2[(OH)_2/Si_4 O_{10}] \cdot nH_2O$ $Mg_3[(OH)_2/Si_4 O_{10}]$	4	绿泥石	$3Mg(OH)_2 \cdot Mg_3[(OH)_2/Si_4 O_{10}]$

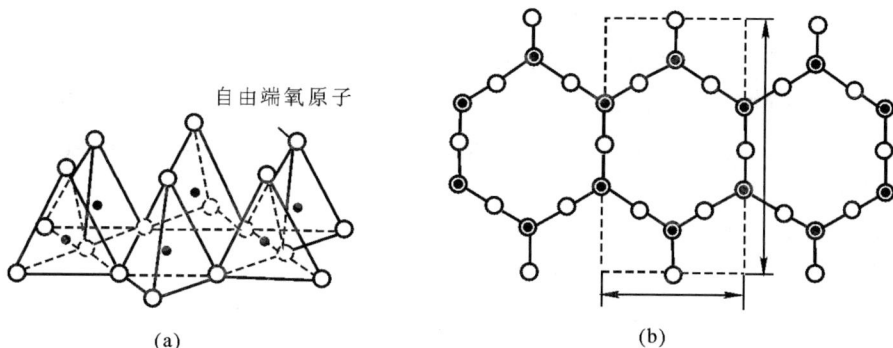

图 2-15　层状硅酸盐中的硅氧四面体

(a)立体图；　(b)在层面上的投影图

（4）骨架状硅酸盐　骨架状硅酸盐也称为网络状硅酸盐，它是由硅氧四面体在空间组成的三维网络结构。

硅石（SiO_2）即为这类硅酸盐的典型代表。硅石有三种同素异构体，即石英、鳞石英和方石英。其稳定存在的温度范围为

$$石英 \xrightarrow{870℃} 鳞石英 \xrightarrow{1\,470℃} 方石英 \longrightarrow 熔融态$$

方石英的晶体结构如图 2-16 所示。从图可见，Si^{4+} 排成金刚石结构，O^{2-} 离子则位于沿⟨111⟩方向的一对 Si^{4+} 离子之间。位于四面体间隙的 4 个 Si^{4+} 离子就是 4 个硅氧四面体的中心，这些硅氧四面体通过氧离子彼此相连，形成空间网络（或骨架）。

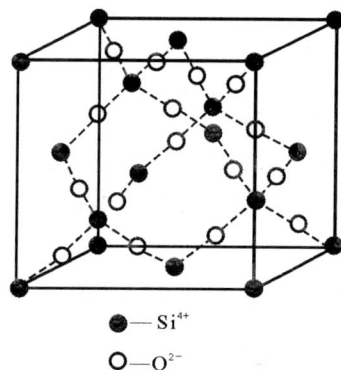

●—Si^{4+}

○—O^{2-}

图 2-16　方石英的晶体结构

熔融的硅石通过快冷即得到石英玻璃。这种玻璃很硬，热膨胀系数小，黏度高。为了得到特定性能（如成型性、折射率、色散等）的玻璃，往往在石英玻璃中加入各种正离子氧化物，如 Na_2O，CaO，Al_2O_3 等。表 2-7 列举了某些普通工业玻璃的类型和特点。

表 2-7　普通工业玻璃的类型和特点

	主要组元的质量分数/10^{-2}						备　注
	SiO_2	Na_2O	CaO	Al_2O_3	B_2O_3	MgO	
窗	72	14	10	1		2	寿命长
板（建筑）	73	13	13	1			寿命长
容器	74	15	5	1		4	易加工，耐化学腐蚀
灯泡	74	16	5	1		2	易加工
纤维（电）	54		16	14	10	4	低碱
耐热玻璃	81	4		2	12		小的热膨胀，低离子交换
石英玻璃	99						极小的热膨胀

除硅石外，长石也是陶瓷中常用的一种骨架状硅酸盐，它是由硅氧四面体及铝氧八面体联合组成的空间网络结构。

【例题 2.3.1】 石英(SiO_2)的密度为 2.65 Mg/m^3。

(1) 1 m^3 中有多少个 Si 原子与 O 原子？

(2) 当 Si 与 O 的半径分别为 0.038 nm 与 0.114 nm 时,其堆积密度 $\rho_{堆积}$ 为多少？

解 (1) 1 mol 的 SiO_2 有 60.1 g。因此,可计算在 1 m^3 中 SiO_2 单元的数目,此数目 n 也将是 1 m^3 中硅原子的数目。

故 Si 的原子数目为

$$n_{Si} = \frac{2.65 \times 10^6 \text{ g}}{(28.1 + 32.0)\text{g}/(6.02 \times 10^{23})} = 2.645 \times 10^{28} \text{个}$$

O 的原子数目为

$$n_O = 2 \times 2.645 \times 10^{28} = 5.29 \times 10^{28} \text{个}$$

(2) 计算 n 个 Si 及 $2n$ 个 O 原子的体积(假设原子是球形的)。

$$V_{Si} = (2.645 \times 10^{28}) \times \frac{4\pi}{3} \times (0.038 \times 10^{-9} \text{ m})^3 = 0.006 \text{ m}^3$$

$$V_O = (5.29 \times 10^{28}) \times \frac{4\pi}{3} \times (0.114 \times 10^{-9} \text{ m})^3 = 0.328 \text{ m}^3$$

故 $\rho_{堆积}$ 为 0.33。

【例题 2.3.2】 为了使 MgF_2 能溶入 LiF 中,则必须向 MgF_2 中引入何种形式的空位、阴离子或阳离子？ 相反,欲使 LiF 溶入 MgF_2 中,则须向 LiF 中引入何种形式的空位、阴离子或阳离子？

解 MgF_2 若要溶入 LiF,由 Mg^{2+} 取代 Li^{+1},则须引入阳离子空位。因为被取代的离子和新加入的离子,其价电荷必须相等。

相反,欲使 LiF 溶入 MgF_2(因 $r_{Li^{+1}} \approx r_{Mg^{2+}}$,故 Li^+ 可取代 Mg^{2+}),由 Li^+ 取代 Mg^{2+},则须引入阴离子空位,使电荷平衡且不破坏原来的 MgF_2 结构。

【例题 2.3.3】 设 Fe_2O_3 固溶于 NiO 中,其固溶度为 $w_{Fe_2O_3} = 10/10^{-2}$。此时,有 3Ni^{2+} 被 [2Fe^{3+} + □(□代表空位)] 取代以维持电荷平衡。求 1 m^3 中有多少个阳离子空位数。已知 $r_{O^2} = 0.140$ nm, $r_{Ni^{2+}} = 0.069$ nm, $r_{Fe^{3+}} = 0.064$ nm。

解 设有 100 g 此种固溶体,则 Fe_2O_3 有 10 g,NiO 有 90 g。

$$n_{Fe^{3+}} = \frac{10 \text{ g}}{(55.85 \times 2 + 16 \times 3)\text{g/mol}} \times 2 = 0.125 \text{ mol}$$

$$n_{Ni^{2+}} = \frac{90 \text{ g}}{(58.71 + 16)\text{g/mol}} = 1.205 \text{ mol}$$

$$n_{O^{2-}} = \frac{10 \text{ g}}{(55.85 \times 2 + 16 \times 3)\text{g/mol}} \times 3 + \frac{90 \text{ g}}{(58.71 + 16)\text{g/mol}} = 1.393 \text{ mol}$$

因为 NiO 具有 NaCl 型结构,$CN = 6$,$r_{Ni^{2+}} \approx r_{Fe^{3+}}$,故可设 NaCl 型的结构不变(主体仍为 NiO)所以,点阵常数

$$a = 2(r_{O^{2-}} + r_{Ni^{2+}}) = 2 \times (0.140 \text{ nm} + 0.069 \text{ nm}) = 0.418 \text{ nm}$$

平均每单位晶胞中有 4 个 Ni^{2+} 及 4 个 O^{2-}(当 Fe^{3+} 不存在时),故 1 m^3 中有

$$\frac{4 \text{个氧离子}}{(0.418 \times 10^{-9})^3 \text{m}^3} = 5.48 \times 10^{28} \text{个氧离子/m}^3$$

1.393 mol 的氧离子中有 0.125 mol 的 Fe^{3+}，即含有 0.125/2 mol 的阳离子空位数（因为有 2 个 Fe^{3+} 时就会有 1 个阳离子空位），所以阳离子空位数为

$$5.48\times10^{28}\times\frac{0.125/2}{1.393}=2.46\times10^{27} \text{个/m}^3$$

2.4 玻 璃 相

玻璃一般是指从液态凝固下来的结构与液态连续的非晶态固体。在陶瓷中就有玻璃相。形成玻璃的内部条件是黏度，外部条件是冷却速度。

如果材料熔融态时黏度很大，即流体层间的内摩擦力很大，冷却时原子迁移比较困难，则组成晶体的过程很难进行，于是形成过冷液体。随着温度的继续下降，过冷液体的黏度急剧增大，达到一定温度时，即固化成玻璃。表 2-8 为几种物质在熔点附近时的黏度。表中左半部分物质的黏度很小，很难凝成玻璃；右半部分物质的黏度很大，容易凝成玻璃体。

表 2-8 几种物质在熔点附近的黏度

液　体	熔点/℃	黏度/(Pa·s)	液　体	熔点/℃	黏度/(Pa·s)
H_2O	0	0.02	As_2O_3	309	10^7
LiCl	613	0.02	B_2O_3	450	10^6
$CdBr_2$	567	0.03	GeO_2	1 115	10^8
Na	98	0.01	SiO_2	1 710	10^8
Zn	420	0.03	BeF_2	540	$>10^7$
Fe	1 535	0.07			

对于黏度较小的物质，当冷却速度很快时也可以得到非晶态结构。研究表明，当冷却速度达 $10^5\sim10^{10}$ K/s 时，能使一些很难得到非晶态结构的材料玻璃化。例如，铁基非晶磁性材料就是这样获得的。这类非晶态合金也称金属玻璃。

关于玻璃的结构，说法不一。无规网络学说认为，物质的玻璃态结构与晶体结构相似，是由离子多面体组成的空间网络。但在玻璃态的网络结构中，多面体的排列无规律。图 2-17(a)(b) 分别表示硅氧四面体组成的石英晶体结构和石英玻璃结构。

玻璃的结构特点是：组成物质的原子、分子的空间排列不呈现周期性和平移对称性，只存在小区间内的短程有序；其衍射花

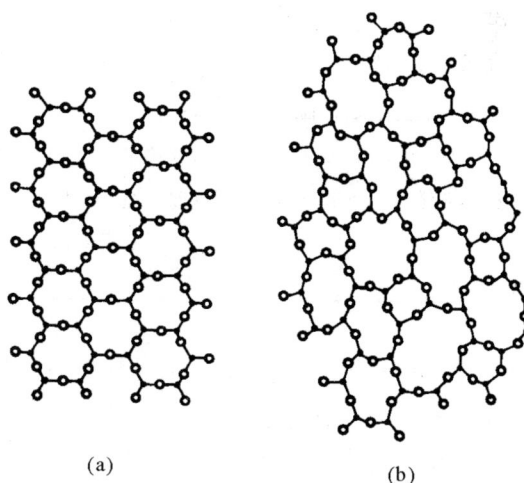

(a)　　　　　　　　(b)

图 2-17 SiO_2 的结构

(a) 石英晶体结构； (b) 石英玻璃无规网络结构

样由较宽的晕和弥散的环组成，没有表征结晶态的任何斑点和条纹。当温度连续升高时，在某个很窄的温度区会发生明显的结构相变，是一类亚稳定材料。

2.5 分 子 相

所谓分子相,是指固体中分子的聚集状态,它决定了分子固体的微观结构。近几年来高分子材料迅猛发展,正在越来越多地应用于各类工程中。高分子是相对分子质量特别大的有机化合物的总称,也称为聚合物或高聚物。聚合物从不同角度可以分成不同的类型。例如,从聚合物分子结构上,可分为线型聚合物和三维网型聚合物;从聚合物受热时的行为上,可分为热塑性聚合物和热固性聚合物。作为工程技术人员,最关心的是分子相的本质与特性,因为它决定了高分子材料的性能。

2.5.1 大分子及其构成

2.5.1.1 巨大分子及相对分子质量

通常,相对分子质量小于500的称为低分子物质,相对分子质量大于5 000的称为高分子物质,如表2-9所示。

表 2-9　一些物质的相对分子质量

化　合　物			相对分子质量
低 分 子	无 机	铁	55.8(相对原子质量)
		水	18
		石英	60
	有 机	甲烷	16
		苯	78
		三硬脂酸甘油酯	890
高 分 子	天 然	天然纤维素	≈570 000
		丝蛋白	≈150 000
		天然橡胶	200 000~500 000
	合 成	聚氯乙烯	12 000~160 000
		聚甲基丙烯酸甲酯	50 000~140 000
		尼龙66	20 000~25 000

高分子物质相对分子质量很大,结构复杂,但组成高分子物质的每一个大分子都是由一种或几种简单的低分子物质重复连接而成(就像晶体中具有单位晶胞一样)的,具有链状结构。能组成高分子化合物的低分子化合物称为单体。例如,聚乙烯是由低分子乙烯(CH_2=CH_2)单体组成的(见表2-10)。单体是高分子化合物的合成原料。

高分子化合物的分子很大,主要呈长链形,故常称大分子链或分子链。大分子链极长,其长度可达几百纳米以上,而截面直径一般不超过1 nm。它是由许多结构相同的基本单元重复连接构成的。组成大分子链的这种特定结构单元称为链节。例如,聚乙烯大分子链的结构式为

$$----CH_2---CH_2---|---CH_2---CH_2---|---CH_2---\cdots$$

可简写为 $\left\{CH_2---CH_2\right\}_n$ 。这个结构单元就是聚乙烯的链节。

链节的结构和成分代表高分子化合物的结构和成分。当高分子化合物只由一种单体组成时,单体的结构即为链节的结构,也就是整个高分子化合物的结构(见表 2 - 10)。

表 2 - 10　几种高分子材料的单体和链节

材　料　名　称	原料(单体)	重复结构单元(链节)
聚乙烯	乙烯 $CH_2{=}CH_2$	$---CH_2---CH_2---$
聚四氟乙烯	四氟乙烯 $CF_2{=}CF_2$	$---CF_2---CF_2---$
顺丁橡胶	丁二烯 $CH_2{=}CH---CH{=}CH_2$	$---CH_2---CH{=}CH---CH_2---$

氯丁橡胶	氯丁二烯 $CH_2{=}C---CH{=}CH_2$
	    $\vert$
	    Cl
		$---CH_2---C{=}CH---CH_2---$
		    $\vert$
		    Cl

腈　纶 (聚丙烯腈)	丙烯腈 $CH_2{=}CH$
	    $\vert$
	    CN
		$---CH_2---CH---$
		     $\vert$
		     CN

涤　纶 (聚对苯二甲酸乙二酯)	乙二醇 $HOCH_2CH_2OH$ $+$ 对苯二甲酸  $HOOC{-}\langle\bigcirc\rangle{-}COOH$	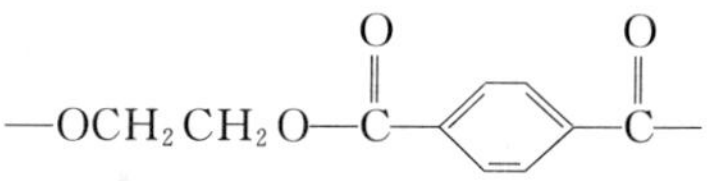 $---OCH_2CH_2O---\overset{\displaystyle O}{\overset{\displaystyle \|}{C}}---\langle\bigcirc\rangle---\overset{\displaystyle O}{\overset{\displaystyle \|}{C}}---$

高分子化合物的大分子链由链节连成,链节的重复次数称为聚合度。所以,一个大分子链的相对分子质量 M,应该是它的链节的相对分子质量 m 和聚合度 n 的乘积,即 $M=n\times m$。聚合度反映了大分子链的长短和相对分子质量的大小。应该指出,高分子化合物中各个大分子链的链节数并不相同,长短不一,因而相对分子质量不相等。一般多采用平均相对分子质量来表达,即按大分子的质量分布求出其统计平均相对分子质量。

高分子化合物的性能及使用时的稳定性是随着分子大小不同而变化的。图 2 - 18 表明聚乙烯的抗拉强度随着平均分子中的聚合度变化的情况。

2.5.1.2　高分子的合成

高分子化合物的合成就是把单体聚合起来形成高分子化合物的过程,其所进行的反应为聚合反应。最常用的聚合反应为加成聚合反应(简称加聚反应)和缩合聚合反应(简称缩聚反应)两种。

(1)加聚反应　加聚反应是指一种或多种单体相互加成而连接成聚合物的反应。这种反应没有其他副产物,故生成的聚合物与单体成分相同。

加聚反应的单体必须具有不饱和键,以便在外界条件(加热、光照、化学引发剂等)作用下,形成两个或两个以上的新键,使单体通过单键一个一个地连接起来,成为一条大分子链。

如果形成的新键只有一个,则单体不能加聚成高聚物,而只能形成低聚物。

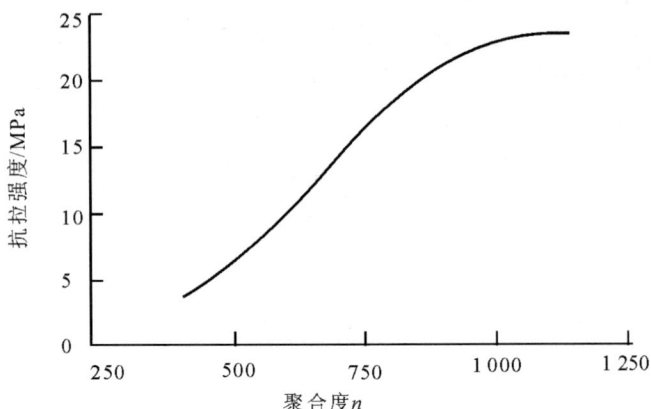

图 2-18 聚乙烯抗拉强度与聚合度的关系

乙烯单体$CH_2=CH_2$在一定条件($101.3\ MPa$和$200\ ℃$)下,双键打开,进行加聚反应:

$$nCH_2=CH_2 \xrightarrow{\text{加聚}} \{CH_2-CH_2\}_n$$

乙烯　　　　　　　　聚乙烯

生成聚乙烯。

加聚反应的单体可以是一种,这时的反应称均加聚反应,简称均聚,所得产品称为均聚物。加聚反应的单体是两种或多种时,则反应称共加聚反应,简称共聚,所得产品称为共聚物。

(2)缩聚反应　缩聚反应是指一种或多种单体相互混合而连接成聚合物,同时缩去其他低分子物质(如水、氨、醇、卤化氢等)的反应。其生成的聚合物称为缩聚物,而成分则与单体不同。

缩聚反应的单体应该是具有两个或两个以上反应基团的低分子化合物。反应基团一般为官能团(如 $—OH$,$C=O$,$—COOH$,$—CHO$,$—NH_2$,$—NO_2$ 等),也可以是离子、游离基、络合基团等。根据参加反应的单体情况,缩聚反应分均缩聚和共缩聚两种。

所谓均缩聚,是指含有两种或两种以上相同或不同的反应基团的同一种单体所进行的缩聚,其产物称为均缩聚物。所谓共缩聚,则是指含有不同反应基团的两种或两种以上的单体所进行的缩聚,其产物为共缩聚物。

缩聚反应是制取聚合物的主要方法之一。例如,尼龙 66 就是由乙二胺和乙二酸缩聚合成的,即

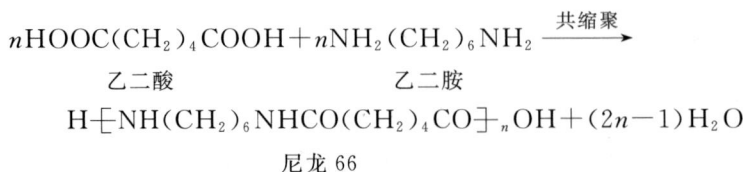

$$nHOOC(CH_2)_4COOH + nNH_2(CH_2)_6NH_2 \xrightarrow{\text{共缩聚}}$$

乙二酸　　　　　　　　　乙二胺

$$H\{NH(CH_2)_6NHCO(CH_2)_4CO\}_nOH + (2n-1)H_2O$$

尼龙 66

而尼龙 6 是由氨基己酸或己内酰胺经缩聚反应生成的,即

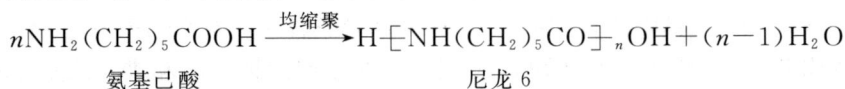

$$nNH_2(CH_2)_5COOH \xrightarrow{\text{均缩聚}} H\{NH(CH_2)_5CO\}_nOH + (n-1)H_2O$$

氨基己酸　　　　　　　　　　　尼龙 6

【例题 2.5.1】 假设聚乙烯的聚合度 $n=100\,000$，求：

（1）聚乙烯的相对分子质量；

（2）一个分子伸直后的近似链长（若 C—C 距离为 0.154 nm）。

解　从聚乙烯的分子式

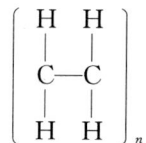

$$\left[\begin{array}{c} \overset{\displaystyle H}{\underset{\displaystyle H}{\overset{\textstyle |}{\underset{\textstyle |}{C}}}} - \overset{\displaystyle H}{\underset{\displaystyle H}{\overset{\textstyle |}{\underset{\textstyle |}{C}}}} \end{array}\right]_n$$

可知其重复单元为

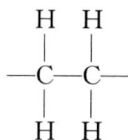

$$-\overset{\displaystyle H}{\underset{\displaystyle H}{\overset{\textstyle |}{\underset{\textstyle |}{C}}}} - \overset{\displaystyle H}{\underset{\displaystyle H}{\overset{\textstyle |}{\underset{\textstyle |}{C}}}} -$$

故　（1）其相对分子质量为

$$(12\times2+1\times4)\times100\,000=2.8\times10^{6}$$

（2）一个分子伸直后的链长为

$$0.154\times10^{-9}\times100\,000=1.54\times10^{-5}\ \text{m}$$

【例题 2.5.2】 聚丙烯（ $H_2C—CHCH$ ）$_n$ 是一种乙烯聚合物，乙烯聚合体结构中的 R 为 —CH$_3$ 。试求在聚合时，1 g 产品中有多少能量被释出。已知乙烯基在聚合时会放出 60 kJ/mol 的能量；每摩尔 C=C 键有 680 kJ 的能量，而每摩尔 C—C 键有 370 kJ 的能量。

解　每一个 $\overset{\displaystyle H}{\underset{\displaystyle H}{\overset{\textstyle |}{\underset{\textstyle |}{C}}}} = \overset{\displaystyle H}{\underset{\displaystyle CH_3}{\overset{\textstyle |}{\underset{\textstyle |}{C}}}}$ 被加入正在伸长的链上时，会失去一个双键，但产生两个单键。

$$\left[\begin{array}{c} \overset{\displaystyle H}{\underset{\displaystyle H}{\overset{\textstyle |}{\underset{\textstyle |}{C}}}} - \overset{\displaystyle H}{\underset{\displaystyle H}{\overset{\textstyle |}{\underset{\textstyle |}{C}}}} \end{array}\right]_n \overset{\displaystyle H}{\underset{\displaystyle H}{\overset{\textstyle |}{\underset{\textstyle |}{C}}}} - \overset{\displaystyle H}{\underset{\displaystyle \ }{\overset{\textstyle |}{\underset{\textstyle |}{C}}}}$$

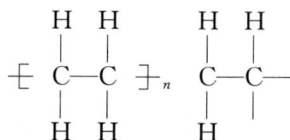

乙烯聚合体的摩尔质量为

$$M_{(H_3C-CHCH)_n}=[2\times12+3\times1+(12+3)]\ \text{g/mol}=42\ \text{g/mol}$$

1 g 产品需要的能量为

$$Q_{需要}=680\,000\ \text{J}$$

1 g 产品放出的能量为

$$Q_{放出}=-2\times(370\,000)\ \text{J}=-740\,000\ \text{J}$$

1 g 产品释出的能量为

$$Q_{释出}=(680\,000\ \text{J}-740\,000\ \text{J})/42=-1\,430\ \text{J}$$

2.5.2　高聚物的结构

高聚物的结构主要包括两方面：一是大分子链的结构，包括单个结构单元的化学组成、链接方式和立体构型等；二是高分子聚集态的结构，即分子间的结构形式，包括晶态、非晶态等。

2.5.2.1　结构单元的化学组成

高聚物分子链的结构首先决定于其结构单元的化学组成。化学组成不同,则主价力不同。另外,主链侧基的有无和大小、性质等也影响分子间力的大小和分子排列的规整程度,因此,化学组成是高聚物结构的基础。表 2-11 给出了几种高聚物的化学结构式。

表 2-11　几种高聚物的化学结构式

高聚物名称	化　学　结　构　式
聚乙烯	—…—CH_2—CH_2—CH_2—CH_2—CH_2—CH_2—…—
聚氯乙烯	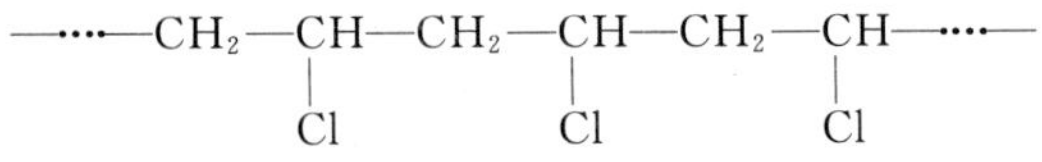 —…—CH_2—CH—CH_2—CH—CH_2—CH—…—　（各CH下接Cl）
聚丙烯腈	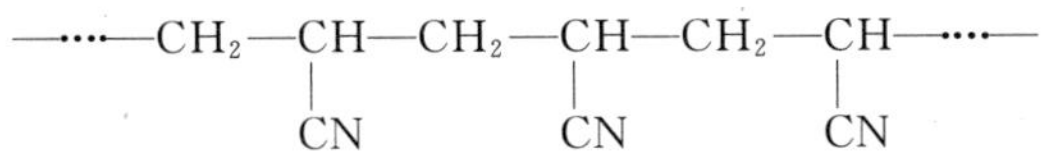 —…—CH_2—CH—CH_2—CH—CH_2—CH—…—　（各CH下接CN）
聚四氟乙烯	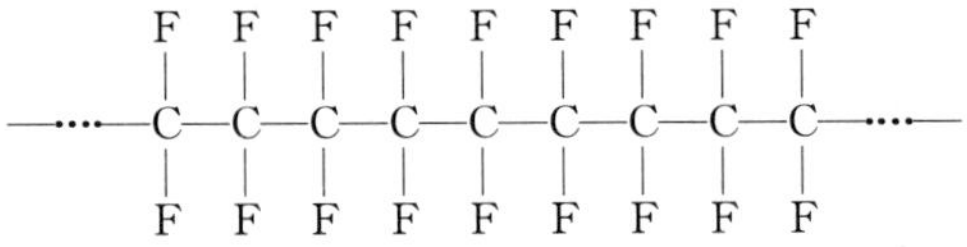 —…—C—C—C—C—C—C—C—C—…—　（各C上下接F）
氯化聚醚	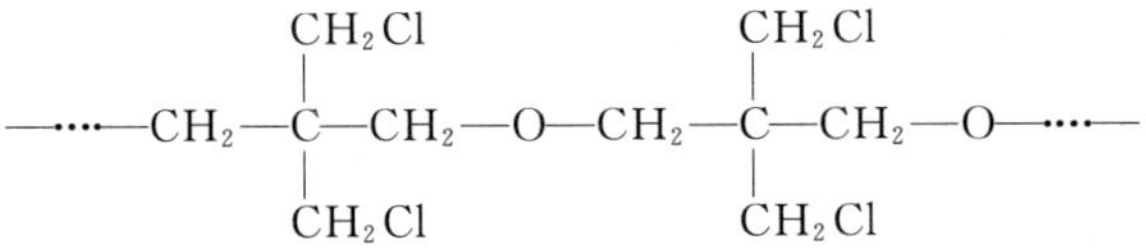 —…—CH_2—C—CH_2—O—CH_2—C—CH_2—O—…—　（各C上下接CH_2Cl）
聚酰亚胺	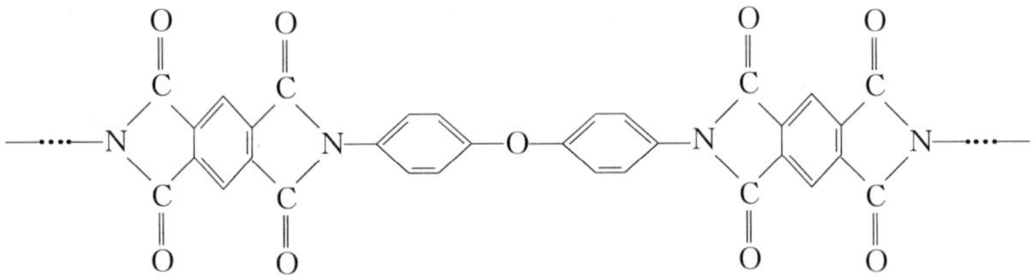
聚二甲基硅氧烷	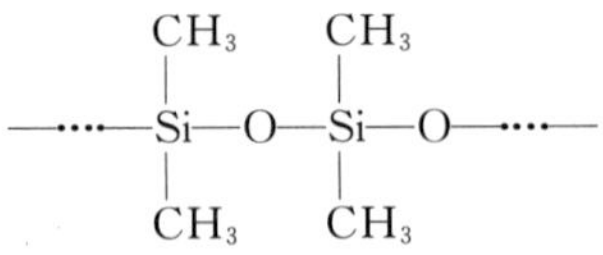 —…—Si—O—Si—O—…—　（各Si上下接CH_3）

2.5.2.2　结构单元的连接方式和构型

结构单元在链中的连接方式和顺序决定于单体及合成反应的性质。缩聚反应的产物变化较少,结构比较规整;加聚反应则不然,当链节中有不对称原子或原子团时,单体的加成可以有不同的形式,结构的规整程度也不同。

在两种以上单体的共聚物中,连接的方式更为多样。工业生产中较普通的是无规共聚结构。这是改进高分子材料性能的重要途径。

大分子中结构单元由化学键所构成的空间排列称为分子链的构型。大分子往往含有不同的取代基,例如乙烯类 $\left[CH_2\text{—}CH_2 \right]_n$ 高聚物中的取代基 R,可以有三种不同的排列方式。
（主链上带有 R）

当取代基 R 全部分布在主链的一侧时,就构成全同立构;当取代基 R 相间地分布在主链两侧时,就构成间同立构;当取代基 R 无规则地分布在主链两侧时,就构成无规立构。全同立构和间同立构的高聚物容易结晶,是很好的纤维材料和定向聚合材料,无规立构的高聚物很难结晶,缺乏实用价值。

2.5.2.3　大分子链的几何形状

大分子链的形状主要有线型、支化型和体型（网状）等三类,如图 2-19 所示。

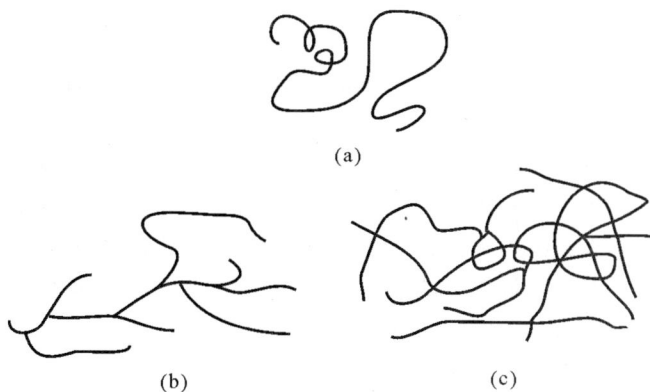

图 2-19　大分子的形状示意图
(a) 线型; (b) 支化型; (c) 体型

（1）线型高分子　线型高分子的结构是整个分子呈细长线条状,好似一根线,但是以碳原子为主杆的 C—C 键,由于 C—C 原子间为共价键,键角为 109°,故聚合物链通常卷曲成不规则的线团,如图 2-19（a）所示。乙烯类高聚物如聚乙烯、聚氯乙烯、聚苯乙烯等,未硫化的橡胶及合成纤维等,均具有线型结构。这类大分子的特点是:分子链间没有化学键,能相对移动;在加热时经过软化过程而熔化,故易于加工,并具有良好的弹性和塑性。

（2）支化型高分子　支化型高分子的结构如图 2-19（b）所示,整个分子呈枝状。具有这类结构的高分子有高压聚乙烯、ABS 树脂和耐冲击型聚苯乙烯等。由于分子不易规整排列,分子间作用力较弱,故对溶液的性质（如黏度、强度、耐热性等）都有一定的影响。所以,支化一般对高聚物的性能不利,支链越复杂和支化程度越高,影响越大。

（3）体型高分子　体型高分子的结构是大分子链之间通过支链或化学键连接在一起的所谓交联结构,在空间呈网状,如图 2-19（c）所示。热固性塑料、硫化橡胶等为交联结构。由于整个高聚物就是一个由化学键结合起来的不规则网状大分子,故非常稳定,具有较好的耐热性、难熔性、尺寸稳定性和机械强度;但塑性低、脆性大,故不能塑性加工,成型加工只能在网状结构形成之前进行。

2.5.2.4　大分子链的构象

高聚物有极好的弹性。其原因:一是分子链很长,易任意卷曲成无规线团;二是分子链的键可以自由旋转。

大部分高聚物的主链完全由 C—C 单键组成。每个单键都有一定的键长和键角,并且能在保持键长和键角不变的情况下任意旋转。这就是单键的内旋,即每一个单键可以围绕其相邻单键按一定角度进行内旋。图 2-20 为 C—C 单键的内旋示意图。例如,C_2—C_3 单键能在保持键角 $109°28'$ 不变的情况下,绕 C_1—C_2 键自由旋转,此时 C_3 原子可出现在以 C_2 为顶点,C_2—C_3 为边长,外锥角为 $109°28'$ 的圆锥体的底边的任一位置上。同样,C_4 原子能处于以 C_3 为顶点,绕 C_2—C_3 轴旋转的圆锥体的底边上,等等,依次类推。

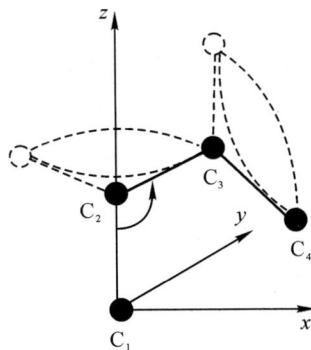

图 2-20 单键内旋示意图

原子围绕单键内旋的结果,导致原子排列方式的不断变换。这样,必然造成大分子形态的瞬息万变,因而分子链会出现许多不同的形象。这种由于单键内旋引起的原子在空间居不同位置所构成的分子链的各种形象,称为大分子链的构象。

大分子链的空间构象多,可以扩张伸长,可以卷曲收缩,但主要呈无规线团状,如同一条长长卷曲的钢切屑。这种状态,对外力有很大的适应性,能呈不同程度的卷曲状态,表现出范围很广的伸缩能力。大分子这种由构象变化获得不同卷曲程度的特性称为大分子链的柔顺性。它是高聚物许多基本性能不同于低分子物质、也不同于其他固体材料的根本原因。

2.5.2.5　大分子的聚集态结构

固体高聚物的结构分无定形和晶态两种。

(1)无定形高聚物的结构　线型大分子链很长,当其固化时,由于黏度增大,很难进行有规则的排列,多呈混乱无序的分布,组成无定形结构。实验表明,高聚物的无定形结构和低分子物质的非晶态结构类似,都属于“远程无序,近程有序”结构。

体型高分子聚合物由于分子链间存在大量交联,分子链不可能作有序排列,故都具有无定形结构。

(2)晶态高聚物的结构　线型、支化型和交联少的网型高分子聚合物固化时可以结晶,但由于分子链运动困难,不可能进行完全的结晶。结晶高聚物如聚乙烯、聚四氟乙烯等,一般也只有 $50\%\sim80\%$ 的结晶度。所以,晶态高聚物实际为两相结构,形成晶区和非晶区。晶区所占的质量分数即为结晶度。

应该指出,聚合物是否结晶,与分子链的结构及冷却速度有关。当分子链的侧基分子团较小,没有或很少有支化链产生,全同立构或间同立构及只有一种单体时,分子链容易产生结晶;反之则易形成非晶区。由液态到固态的冷却速度越小,越容易结晶。

2.6　人工结构

“超材料”(metamaterials)是指一些具有天然材料所不具备的超常物理性质的人工结构或复合材料。图 2-21 所示是美国科学家制造出的超材料。

迄今发展出来的超材料包括“左手材料”(对电磁波的传播形成负的折射率)、“光子晶体”、“超磁性材料”等,其特征如下:

(1)通常具有新奇的人工结构。

（2）具有超常的物理性质（是自然界中材料所不具备的）。

（3）其性质取决于其中的人工结构。

超材料最初由苏联物理学家 Weselago 在 1968 年最先提出。他从麦克斯韦方程出发，分析了电磁波在拥有负磁导率和负介电常数材料中传播的情况，对电磁波在其中传输时表现出来的电磁特性进行了阐述，认为 E, H, K [分别为电场（矢量）、磁场（矢量）、电磁波传播波矢]三矢量之间呈现出左手螺旋法则，与电磁波在传统

图 2-21　美国科学家制造的超材料

材料中传播的情况正好相反，他定义该种材料为 LHM（左手材料）。此后，众多突破性成果不断涌现。1999 年，英国帝国理工大学的 John Pendry 教授采用由两个开口的薄铜环内外相套而成的人工结构胞元，设计出一种具有磁响应的周期结构，即开口谐振环结构。2001 年，美国加州大学的 Shelby 等人将铜线与开口铜环两种人工结构胞元组合在一起，并通过结构尺寸上的设计保证介电常数和磁导率出现负值的频段相同，首次将介电常数和磁导率同时表现负值的材料展现在人们面前，验证了"左手材料"的存在。美国加州大学圣地亚哥分校的 D. R. Smith 等人首次人工制成了微波频段的 LHM 材料，如图 2-22 所示。随后，这一领域便活跃起来。值得指出的是，中国的刘若鹏博士及其团队在超材料（"隐形衣"等）的研究和产业化方面已处在世界领先地位。

(a)　　　　　　　　　　　(b)

图 2-22　世界上首个人工 LHM 材料

(a)—维；　(b)二维

超材料是由周期性或非周期性人工结构排列而成的人工复合材料。现在，人们已经研发出数百万计的人工结构。利用材料科学的原理，把各种"人工结构"引入"超材料"系统，就有可能获得人们想要的、具有新功能的超材料或器件。与传统材料按"成分—结构—性能—运用"的研究思路和方法完全不同，超材料是逆向设计的，即想要什么样的材料性能，都可以通过定制设计（人工结构）而实现，这就为材料领域带来了革命性的变革。

超材料本质上是一种功能复合材料。所谓功能复合材料，是指除机械性能以外而提供其他物理性能（如导电、超导、半导、磁性、压电、阻尼、吸波、透波、摩擦、屏蔽、阻燃、防热、吸声、隔热等），凸显某一功能的复合材料。功能复合材料主要由功能体、增强体和基体组成。功能体可由一种或一种以上人工结构组成。多元功能体的复合材料可以具有多种功能，它是复合材料发展的方向。发展功能复合材料的关键，是设计、制造出具有奇特功能的人工结构。

习　　题

1. 固溶体和金属间化合物在成分、结构、性能等方面有什么差异?

2. 已知 Cd,In,Sn,Sb 等元素在 Ag 中的固溶度（摩尔分数）极限 x_{Cd},x_{In},x_{Sn},x_{Sb} 分别为 0.435,0.210,0.130,0.078；它们的原子直径分别为 0.304 2 nm, 0.314 nm, 0.316 nm, 0.322 8 nm；Ag 的原子直径为 0.288 3 nm。试分析其固溶度极限差异的原因,并计算它们在固溶度极限时的电子浓度。

3. 试求出 Cu_3Al,$NiAl$,Fe_5Zn_{21},Cu_3Sn,$MgZn_2$ 各相的电子浓度,并指出其晶体结构类型。它们各属何类化合物?

4. 碳和氮在 γ-Fe 中的最大固溶度 w_C 和 w_N 分别为 0.021 1 和 0.028。已知碳、氮原子均位于八面体间隙,试分别计算八面体间隙被碳、氮原子占据的百分数。

5. Ag 和 Al 都具有面心立方点阵,且原子尺寸很接近,但它们在固态下却不能无限互溶,试解释其原因。

6. 金属间化合物 AlNi 具有 CsCl 型结构（见图 2-23）,其 $a=0.288\ 1$ nm,试计算其密度。

7. ZnS 的密度为 4.1 Mg/m^3,由此计算两离子的中心距离。

8. 一聚合物以 $C_2H_2Cl_2$ 为单体。其分子平均摩尔质量为60 000 g/mol,试求其单体的质量及其聚合度。

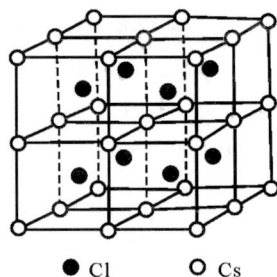

● Cl　　○ Cs

图 2-23　氯化铯结构

复习思考题

1. 碳可以溶入铁中而形成间隙固溶体,试分析是 α-Fe 还是 γ-Fe 能溶入较多的碳。

2. 说明间隙固溶体和间隙化合物的异同点。

3. 有序合金的原子排列有何特点? 这种排列和结合键有什么关系? 为什么许多有序合金会在高温下变成无序合金?

4. 为什么只有置换固溶体的两个组元之间才能无限互溶,而间隙固溶体则不能?

5. 陶瓷材料中的主要结合键是什么? 从结合键的角度解释陶瓷材料所具有的特殊性能。

6. 为什么外界温度的急剧变化可以使许多陶瓷器件开裂或破碎?

7. 试述硅酸盐结构的基本特点和类型。

8. 何谓加聚反应? 何谓缩聚反应? 两者有什么不同?

9. 单体和链节有何异同?

10. 何谓全同立构、间同立构和无规立构? 其对结晶度和性能有何影响?

第3章 凝　固

物质从液态冷却转变为固态的过程称为凝固。凝固后的物质可以是晶体,也可以是非晶体。若凝固后的物质为晶体,则这种凝固称为结晶。

凝固后是否形成晶体,主要由液态物质的黏度和冷却速度决定。一般来说,黏度大的物质易形成非晶体,而黏度小的物质易形成晶体;冷却速度也有直接的影响,当冷却速度大于 $10^7℃/s$ 时,金属也能获得非晶态。

通常在凝固条件下,金属及其合金凝固后都是晶体,故也称其为结晶。金属制品,在其加工制造的最初阶段,一般都要在熔炼后铸造,使其成为铸锭或铸件。铸锭(件)及焊接件的组织和性能与其凝固过程有密切的关系。因此,研究结晶过程已成为提高金属机械性能和工艺性能的主要手段之一,这也为研究固态金属中的相变奠定了基础。本章主要阐述纯金属在凝固过程中的基本规律及如何利用它来控制金属的组织。

3.1　金属结晶的基本规律

3.1.1　金属结晶的微观现象

金属铸件一般由不同位向的晶粒构成。那么晶粒是如何形成的呢？金属溶液并不透明,它的结晶过程不能直接观察,但是可以通过无机物(如氯化铵饱和水溶液)的结晶,类似地描述金属结晶的一般过程。图3-1是表示结晶过程的示意图。将液态金属冷却到熔点以下某个温度等温停留,液态金属并不立即开始结晶[见图3-1(a)],而是经过一段孕育时期后才出现第一批晶核[见图3-1(b)]。晶核形成后便不断长大,同时又有新的晶核形成和长大[见图3-1(c)]。就这样不断形核,不断长大[见图3-1(c)(d)],使液态金属越来越少。正在长大的晶体彼此相遇时,长大便停止。直到所有晶体都彼此相遇时,液态金属便耗尽,结晶过程即完成[见图3-1(e)]。

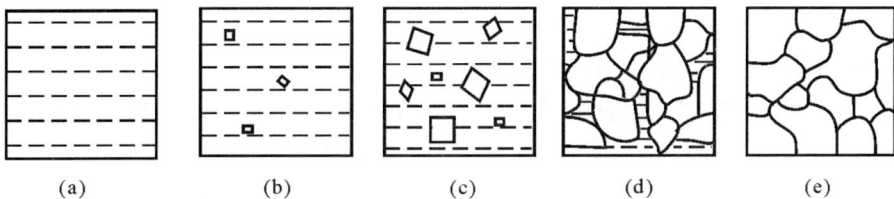

(a)　　　　　(b)　　　　　(c)　　　　　(d)　　　　　(e)

图3-1　结晶过程示意图

以上对结晶过程的描述揭示了一个十分重要的规律。金属的结晶与其他晶体一样,都是形核与长大的过程,而且两者交错重叠进行。结晶终止获得多晶粒的组织,其中一个晶粒是由一颗晶核形成的。由于各个晶核随机生成,所以各个晶粒的位向并不相同。如果在结晶过程中只有一颗晶核并长大,而不出现第二颗晶核,那么由这一颗晶核长大的金属,就是一块金属单晶体。

3.1.2　金属结晶的宏观现象

虽然人们还无法直接看到金属结晶的微观过程,但金属结晶时伴随产生的某些热学性质的变化,如结晶潜热的释放、熔化熵的变化等宏观特征已成为研究金属结晶过程的重要手段。

3.1.2.1　冷却曲线与金属结晶温度

利用图 3-2 所示的装置,将金属加热熔化成液态,然后缓慢冷却。在冷却过程中每隔一定时间记录一次温度,最后将实验结果绘制成温度-时间关系曲线,如图 3-3 所示。这条曲线称为冷却曲线,这种测定冷却曲线的方法称为热分析法。

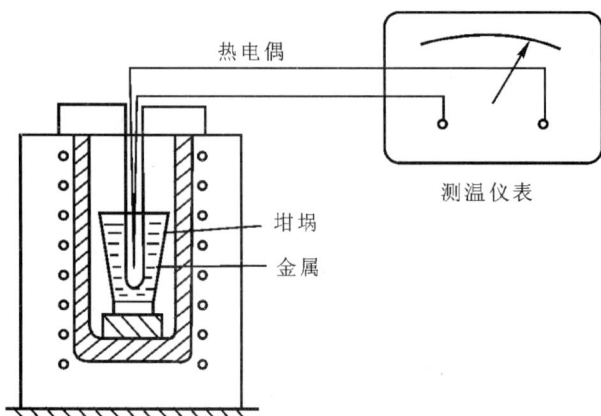

图 3-2　热分析装置示意图　　　　　　　图 3-3　纯金属的冷却曲线

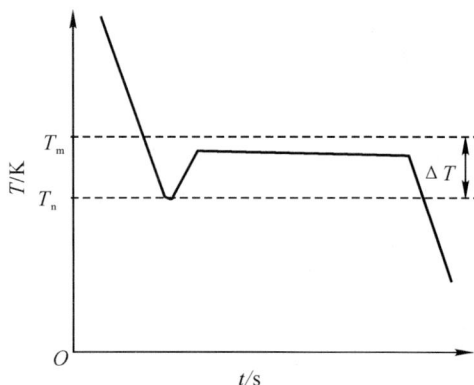

由图 3-3 可见:当液体金属缓慢冷却至理论凝固温度 T_m(即金属的熔点)时,并未开始凝固,当温度降至熔点以下某一个温度 T_n 时开始结晶,这个温度 T_n 称为金属的实际开始结晶温度;随后温度迅速回升,一直回升至接近熔点,温度不再上升,也不下降,出现恒温结晶阶段,即曲线上出现了“平台”;结晶终止后,温度继续均匀下降。

分析这条冷却曲线,可以提出以下问题:

其一,为什么在纯金属的冷却曲线上出现“平台”? 从物理概念理解,由于液态金属转变为固态金属时要释放出结晶潜热,当释放的结晶潜热与冷却过程中金属向外界散发的热量相等时,则结晶过程在恒温下进行。若从热力学考虑,根据相律 $F=C-P+1=1-2+1=0$,故纯金属结晶必然在恒温的条件下进行。

其二,“平台”的温度是否就是熔点? 从物理化学中知道,金属的熔点就是理论结晶温度,即液、固两相平衡存在时的温度。因此,“平台”温度要比熔点略低一些。由于在非常缓慢冷却的条件下,两者相差甚微(0.01～0.05 ℃),故一般可以忽略这个差异,把“平台”温度看作理论结晶温度。

3.1.2.2 过冷现象与过冷度

纯金属的实际开始结晶温度总是低于理论结晶温度,这种现象称为过冷。实际开始结晶温度 T_n 与理论结晶温度 T_m 之间的温度差 $\Delta T = T_m - T_n$,称为过冷度。过冷度越大,则实际开始结晶的温度越低。

金属的过冷度并不是一个恒定值,而是受金属中的杂质和冷却速度的影响。金属愈纯,过冷度愈大;冷却速度愈快,过冷度也愈大。

过冷是金属结晶的重要宏观现象。金属要结晶,必须过冷,不过冷就不能结晶。所以过冷是结晶的必要条件。以下几节将要讨论,过冷度越大,形核数目越多,结晶后的晶粒就越细小,铸件的机械性能也就越高。因此,通过改变过冷度以控制铸件的晶粒大小,已经成为生产上一种重要的工艺措施。

3.2 金属结晶的基本条件

3.2.1 金属结晶的热力学条件

金属结晶为什么必须在过冷的条件下进行呢?这是由热力学条件决定的。热力学第二定律告诉我们:在等温等压的条件下,物质系统总是自发地从自由能高的状态向自由能较低的状态转变。就是说,只有伴随着自由能降低的过程才能自发地进行。

金属各相的状态都有其相应的自由能。相态的自由能 G 可表示为

$$G = H - TS \qquad (3-1)$$

式中　H——焓(热函);

　　　　T——绝对温度;

　　　　S——熵。

式(3-1)的微分式为

$$dG = dH - SdT - TdS \qquad (3-2)$$

由焓的定义 $H = u + pV$ 可得

$$dH = du + pdV + Vdp \qquad (3-3)$$

式中　u——内能;

　　　　p——压力;

　　　　V——体积。

而由热力学第一定律可知

$$du = TdS - pdV \qquad (3-4)$$

把式(3-3)、式(3-4)代入式(3-2)可得

$$dG = -SdT + Vdp$$

在常规冶金系统中,压力可视为常数,即 $dp = 0$,所以上式可写为

$$\left(\frac{dG}{dT}\right)_p = -S \qquad (3-5)$$

熵是表征系统中原子排列有序度的参数,恒为正值。温度升高,原子的活动能力增加,故其排列的有序度降低,即熵值增加,所以相的自由能随温度的升高而降低。图3-4所示为液态

和固态金属的自由能随温度而变化的曲线。由于液态原子的有序度远比固态为低，故液态的熵值远大于固态，并且随温度的变化也较大。所以，液态的自由能-温度曲线的坡度较固态大，因而两条曲线必然相交。在交点温度（T_m）时，两相的自由能相等，即 $G_L = G_S$，所以两相可以平衡共存，这就是金属理论上的熔点（即平衡凝固温度）。

图 3-4 中，G_L，G_S

当温度高于 T_m 时，因为液态的自由能低于固态的自由能，所以固态将自动熔化成液态，因为只有这样才是自由能降低的过程。

图 3-4　液、固态金属自由能-温度曲线

当温度低于 T_m 时，液态的自由能（G_L）高于固态的自由能（G_S），由液态变成固态时，将释放高出的那部分能量（$G_L - G_S$），而使系统自由能降低，所以过程能够自动进行。

现在分析从液态向固态转变时，其单位体积自由能的变化（ΔG_B）与过冷度（ΔT）的关系。因为 $\Delta G_B = G_L - G_S$，由式（3-1）可知

$$\Delta G_B = (H_L - H_S) - T(S_L - S_S)$$

式中　$H_L - H_S = L_m$（L_m 为熔化潜热）。

当 $T = T_m$ 时，$\Delta G_B = 0$，故

$$S_L - S_S = \frac{L_m}{T_m}$$

当 $T < T_m$ 时，因为 $S_L - S_S$ 的变化很小，可视为常数，所以

$$\Delta G_B = L_m\left(1 - \frac{T}{T_m}\right) = \frac{L_m}{T_m}\Delta T \tag{3-6}$$

由此可见，ΔG_B 随过冷度 ΔT 的增大而呈直线增加。当 $\Delta T = 0$ 时，ΔG_B 也等于零。

两相的自由能差值是两相间发生相转变的驱动力。没有这个自由能差值，就没有相变驱动力，相变就不可能发生。因此，凝固过程一定要在低于熔点温度时才能进行。过冷度越大，液态和固态的自由能差值愈大，即相变驱动力愈大，所以凝固速度愈快。这就从本质上说明了液态金属凝固时一定需要过冷的原因。

3.2.2　金属结晶的结构条件

金属结晶是晶核形成与长大的过程。那么，晶核从何而来呢？这是一个和液态金属结构有关的问题。因此，必须了解一下液态金属的某些结构特征。

通常认为，金属的液态结构介乎固态与气态之间，它不像晶体中原子那样作规则的三维排列，但也不像气体原子那样任意地分布。对液态金属的 X 射线衍射研究指出，液态金属具有与固态金属相似的结构，在配位数及原子间距等方面相差无几，如表 3-1 所示。然而，关于液态结构的具体模型却难以确定，现在还仅有一些假想的模型。较为流行的两种结构模型是微晶无序模型和拓扑无序模型，如图 3-5 所示。微晶无序模型认为液态结构近程有序，与晶态相似，类似微晶，微晶之间的原子则是完全无序排列[见图 3-5(a)]；拓扑无序模型是由一些基本

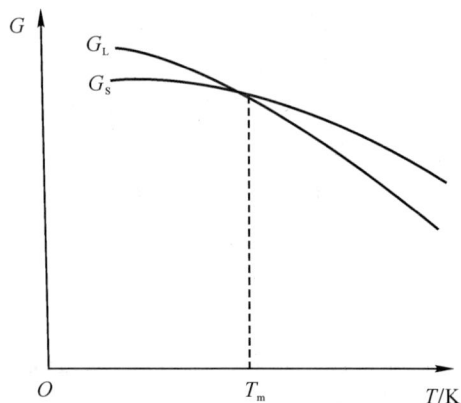

的几何单元[见图3-5(c)]所组成的,近程有序,最小的单元是四面体,这些单元不规则地连续排列。后者又称密集无序堆垛模型,后来发展为随机密堆垛模型,即把原子当作刚性小球,在一不规则容器中随机密堆。这样堆垛的结果,其配位数和径向密度函数与液态的实验结果相符。

　　一般结构模型都是表示静态的结构,实际液体中的原子是在不停地热运动着的。无论是近程有序或无序的区域,都在不停地变换着。液体中这些不断变换着的近程有序原子集团与那些无序原子形成动态平衡。高温下原子热运动较为剧烈,近程有序原子团只能维持短暂时间(约10^{-11} s)即消散,而新的原子集团又同时出现,时聚时散,此起彼伏。这种结构的不稳定现象称为结构起伏或相起伏。相起伏现象是液态金属结构的重要特征之一,它是产生晶核的基础。

表 3-1　用 X 射线衍射法测得的金属液态和固态的结构数据的比较

金　　属	液　　态		固　　态	
	原子间距 /nm	配位数	原子间距 /nm	配位数
Al	0.296	10～11	0.286	12
Zn	0.294	11	0.265,0.294	6+6
Cd	0.306	8	0.297,0.330	6+6
Au	0.286	11	0.288	12
Bi	0.332	7～8	0.309,0.346	3+3

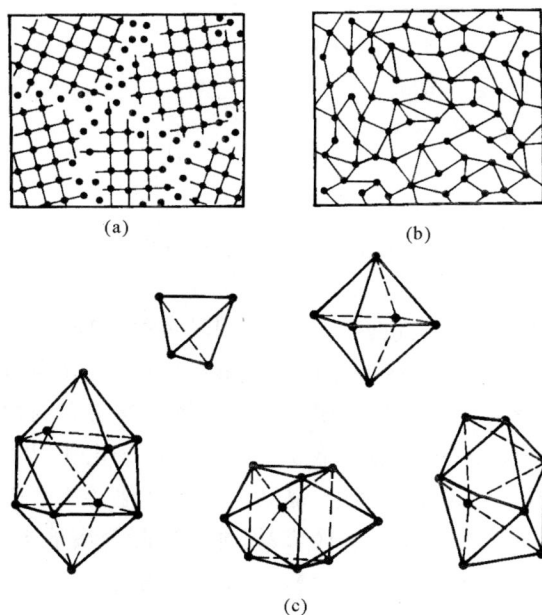

图 3-5　无序结构模型示意图

(a) 微晶无序模型;　(b) 拓扑无序模型;　(c) 拓扑无序模型的几何单元结构

　　结构起伏的尺寸大小与温度有关。在一定的温度下,出现大小不同的短程规则排列结构的概率是不同的,如图 3-6 所示,尺寸小或大时出现的概率都小。根据热力学判断,在过冷的液态金属中,短程规则排列结构越大,则越稳定,那些尺寸比较大的短程规则排列结构才有可能成为晶核。因此,我们把过冷液体中尺寸较大的短程规则排列结构称为晶胚。一定温度下,最大的晶胚尺寸有一个极限值 r_{max},而且,液态金属的过冷度越大,实际可能出现的最大晶胚尺寸也越大,如图 3-7 所示。

综上所述,过冷是金属结晶的必要条件,因为只有过冷才能造成固态金属自由能低于液态自由能的条件,也只有过冷才能使液态金属中短程规则排列结构成为晶胚。

【例题 3.2.1】 如果纯镍凝固时的最大过冷度与其熔点($T_m = 1\ 453\ ℃$)的比值为 0.18,试求其凝固驱动力。($\Delta H = -18\ 075\ J/mol$)

解 由式(3-6)可得

$$\Delta G = \frac{L_m}{T_m}\Delta T = \frac{-18\ 075 \times 0.18 \times (1\ 453 + 273)}{1\ 453 + 273}\ J/mol = -3\ 253.5\ J/mol$$

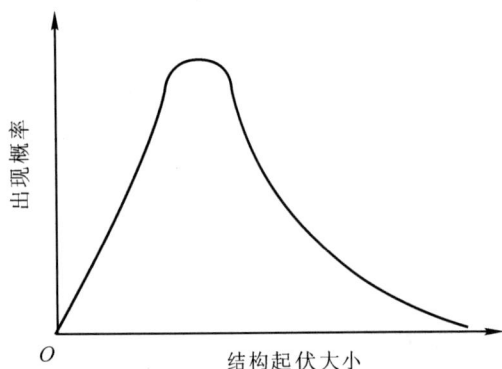

图 3-6　液态金属中不同尺寸的短程规则
　　　　排列结构出现的概率

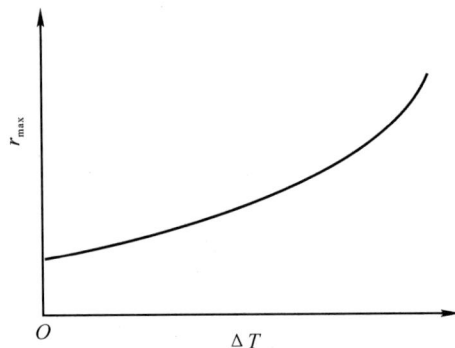

图 3-7　最大晶胚尺寸与过冷度的关系

3.3　晶核的形成

在母相中形成等于或大于一定临界大小的新相晶核的过程称为"形核"。如当天空中云的温度低于 0℃ 时,变为过冷的云,而冰晶体在云中形核,并依靠消耗小水滴而长大。当冰晶体足够大时,便下降为雪或冰雹。在液体金属中形成固体晶核时有两种方式,即均匀形核与非均匀形核。在过冷的液态金属中,依靠液态金属本身的能量变化获得驱动力,由晶胚直接成核的过程,称为均匀成核;而在过冷液态金属中,晶胚依附在其他物质表面上成核的过程,称为非均匀形核。两者比较起来,前者较难而后者较容易,加之实际金属液中不可避免地总是存在杂质和外表面,因此其凝固形核主要是非均匀形核。因为非均匀形核的原理是建立在均匀形核的基础上的,所以我们先讨论均匀形核。

3.3.1　均匀形核

过冷液态金属中的短程规则排列结构就是晶胚。那么,过冷液态金属中涌现出来的晶胚是否都是晶核呢?这个问题涉及结晶过程中能量的变化规律。

3.3.1.1 晶胚形成时能量的变化

当过冷液态金属中涌现出一个晶胚时,一部分液态原子转移为晶胚内部的原子,由于这些原子处于平衡位置上,其自由能比过冷的液相原子低,这部分降低的自由能称为体积自由能;而另一部分液态原子转移至晶胚表面,这些原子由于受力不对称,偏离平衡位置,其自由能反而比过冷液相原子高,这部分增高的自由能称为表面自由能。因此,当过冷液相中形成一个晶胚时,其相邻原子的微小体积中的自由能降低,这部分体积自由能的降低是结晶的动力;而晶胚表面层原子自由能提高,所以表面自由能的提高是结晶的阻力。

一个晶胚出现,自身就包含着一对矛盾。晶胚内部原子所带来的体积自由能的降低,会促使晶胚存在和长大;而晶胚表面原子所带来的表面自由能增高,则将促使晶胚熔化和消失。所以,晶胚形成时总的自由能变化将决定着晶胚能不能长大。

假设晶胚为球形,半径为 r,表面积为 S,体积为 V。当过冷液体中出现一个晶胚时,总的自由能变化为

$$\Delta G = -\Delta G_V + \Delta G_S \tag{3-7}$$

式中　　ΔG_V —— 体系中液、固两相体积自由能之差;

ΔG_S —— 体系中的表面自由能。

若 ΔG_B 为单位体积自由能之差,σ 为单位面积自由能,即比表面能,那么

$$\Delta G = -V\Delta G_B + \sigma S \tag{3-8}$$

即

$$\Delta G = -\frac{4}{3}\pi r^3 \Delta G_B + 4\pi r^2 \sigma \tag{3-9}$$

由式(3-9)可知,体积自由能的降低与 r^3 成正比,而表面自由能的增加与 r^2 成正比。因此,随着晶胚半径 r 的增大,ΔG_V 要比 ΔG_S 变化得更快。总的自由能与晶胚半径 r 的变化关系如图3-8所示。从这一条曲线可以清楚看出晶胚成核的基本规律:当晶胚较小时,总的自由能随着晶胚半径的增大而增加。显然,这种晶胚不能长大,形成后又立即消失。当晶胚尺寸超过半径 r_k 时,总的自由能不再增加,却伴随着晶胚的长大而降低,因此,这种晶胚是稳定的,是可以长大的。

3.3.1.2 临界晶核

根据自由能与晶胚半径 r 的变化关系,可以知道半径 $r < r_k$ 的晶胚不能成核;$r > r_k$ 的晶胚才能成核;而 $r = r_k$ 的晶胚既可能消失,又可

图3-8 自由能与晶胚半径的变化关系

能稳定长大成核。因此,把半径为 r_k 的晶胚称为临界晶核,其半径 r_k 称为临界晶核半径。金属凝固时,形成的晶核必须等于或大于临界晶核。

临界晶核半径不仅取决于金属本性,还取决于过冷度。r_k 的大小可由式(3-9)计算,令

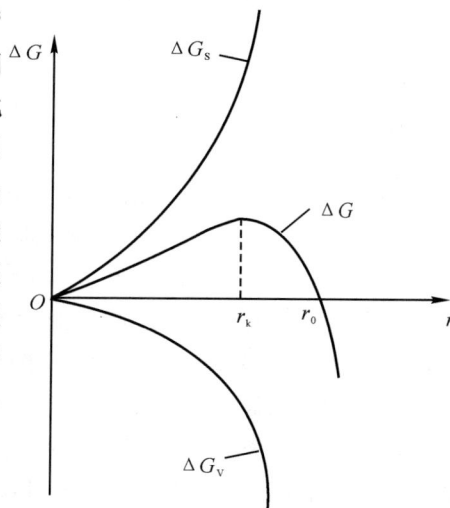

$$\frac{\partial \Delta G}{\partial r} = 0$$

则求得

$$r_k = \frac{2\sigma}{\Delta G_B} \tag{3-10}$$

由式(3-10)可知,临界晶核半径与形核时单位面积表面自由能 σ 成正比,与单位体积自由能的变化 ΔG_B 成反比。因此,通过减小 σ 或增大 ΔG_B,都能使临界晶核半径变小。

将式(3-6)代入式(3-10),可得

$$r_k = \frac{2\sigma T_m}{L_m} \frac{1}{\Delta T} \tag{3-11}$$

式(3-11)表明,临界晶核半径与过冷度成反比。过冷度越大,临界晶核半径越小。这一规律在生产实践中有很重要的意义。在铸造生产中,往往通过增大过冷度减小临界晶核半径,从而提高单位体积内晶胚成核率,达到细化晶粒的目的。

【例题 3.3.1】 已知 Cu 的熔点 $T_m = 1\,083\ ℃$,熔化潜热 $L_m = 1.88 \times 10^3\ J/cm^3$,比表面能 $\sigma = 1.44 \times 10^5\ J/cm^2$。

(1) 试计算 Cu 在 853 ℃ 均匀形核时的临界晶核半径;

(2) 已知 Cu 的相对原子质量为 63.5,密度为 8.9 g/cm³,求临界晶核中的原子数。

解 (1) 由式(3-11)得

$$r_k = \frac{2 \times 1.44 \times 10^{-5} \times 1\,356}{1.88 \times 10^3 \times 230}\ m = 9.03 \times 10^{-10}\ m$$

(2) 假设均匀形核时,临界晶核为球形,临界晶核中的原子数为 n,则

$$n = n_0 \frac{\rho V}{A} = \frac{6.02 \times 10^{23} \times 8.9 \times \frac{4}{3}\pi \times (9.03 \times 10^{-8})^3}{63.5} \approx 261\ 个$$

3.3.1.3 形核功

综上所述,过冷液态金属中,晶胚成核的条件,就是晶胚尺寸必须大于临界晶核半径 r_k。在结晶过程中,当晶胚半径处于 $r_k \sim r_0$ 之间时,虽然它的长大会使系统自由能降低,但它毕竟是在 $\Delta G > 0$ 的条件下形成的,即形成临界晶核时,体积自由能的降低还不能完全补偿表面自由能的增加,还有一部分表面自由能必须由外界(即周围的液体)对这一形核区做功来供给。这一部分由外界提供的能量,称为形核功。形核功是过冷液体金属开始形核时的主要障碍,过冷液体迟迟不能凝固,而需要一段孕育期,道理正在于此。那么形核功从何而来呢? 在没有外部供给能量的条件下,形核功依靠液体本身存在的"能量起伏"来供给。因为一般所指系统的自由能,是指宏观的平均能量。在一定温度下,有一定的自由能值与之相对应。但是,若取系统中各个微小区域在某一瞬间的自由能值,则在各个区域或一个区域的每个瞬间互不相同,有高有低,呈统计分布规律。液体金属中微观区域自由能的变化也和其中的结构起伏类似,处于能量起伏的动态平衡中。当高能原子附上低能晶胚时,将释放一部分能量,这就是形核时所需能量的来源。

在过冷液态金属中,形成具有 $r_k \sim r_0$ 范围内的晶胚所需要的形核功是不同的,其中以临界晶核尺寸的晶胚形核功最大,称为临界形核功。临界形核功 A 的大小可将式(3-10)代入式(3-9)求得,即

$$A = \Delta G_{\max} = -\frac{4}{3}\pi r_k^3 \frac{2\sigma}{r_k} + 4\pi r_k^2 \sigma$$

化简后得

$$A = \frac{1}{3}\sigma S \tag{3-12}$$

式(3-12)说明了一个很重要的规律,即临界形核功的大小恰好等于形成临界晶核时表面能的 1/3。这就是说,形成临界晶核时,体积自由能的降低只能补偿表面自由能增高的 2/3,还有 1/3 的表面自由能必须从"能量起伏"中获得,如图 3-9 所示。当然,大于临界晶核的晶胚形成时,所需要提供的形核功都小于临界形核功。若将式(3-11)代入式(3-9),还可以求得

$$A = \Delta G_{\max} = \frac{16\pi\sigma^3 T_m^2}{3 L_m^2} \frac{1}{\Delta T^2} \tag{3-13}$$

该式表明,对于一定的金属,临界形核功主要取决于过冷度。过冷度越大,临界形核功越小,即形成临界晶核时所需要的能量起伏越小,晶胚成核率增加。

综上所述,均匀形核是在过冷液态金属中,依靠结构起伏形成大于临界晶核的晶胚,同时必须从能量起伏中获得形核功,才能形成稳定的晶核。结构起伏与能量起伏是均匀成核的必要条件;同时,均匀形核还必须在一定的过冷条件下进行。这是由于在一定的过冷度下,才有相当于临界晶核大小的晶胚涌现。而晶胚的最大尺寸也与过冷度有关,它随过冷度的增大而增大,如图 3-10 所示。图中两条曲线的交点即为均匀形核的临界过冷度 ΔT^*。显然,当实际过冷度 $\Delta T < \Delta T^*$ 时,最大晶胚的尺寸都小于临界晶核半径,故难以成核;只有当 $\Delta T > \Delta T^*$ 时,不仅最大尺寸的晶胚,还有部分较小尺寸的晶胚也超过了 r_k,这种晶胚才能稳定成核。

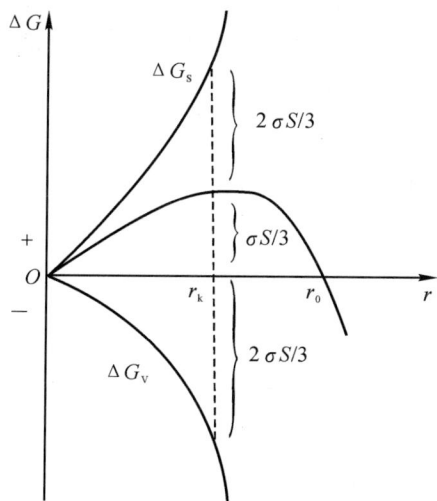

图 3-9 临界形核功与表面自由能的关系

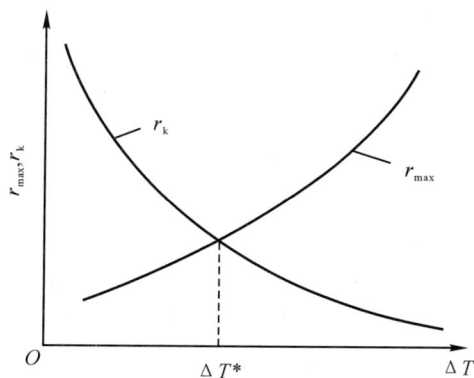

图 3-10 最大晶胚尺寸 $r_{\max}$ 和临界晶核半径随过冷度的变化关系

3.3.1.4 形核率

形核率(N)是指单位时间、单位体积内所形成的晶核数目。

形核率受两个因素所控制。一方面随着过冷度增大,临界晶核半径及形核功均减小,故需要的能量起伏小,稳定晶核易于形成。系统中具有能量起伏超过形核功 A 的微小体积的概率与 $\exp(-A/kT)$ 成正比,故随着过冷度增大,$\exp(-A/kT)$ 数值也增大,形核率就增大,如

图 3-11 所示。另一方面,随着过冷度的增大,原子扩散速度要减慢。晶胚的形成是原子的扩散过程,而原子的扩散需要克服一定的能全 Q,因此,液态金属中涌现出大于临界晶核的晶胚概率与exp$(-Q/kT)$成正比。其中 Q 值随温度改变很小,可近似地看成一个常数,故随着过冷度的增大,形核率将减小。综合上述两个因素,总的形核率 N 可以用下列数学式表示,即

$$N = C\exp(-A/kT)\exp(-Q/kT)$$

$$(3-14)$$

式中　　C —— 常数;

A —— 形核功;

Q —— 原子越过液、固相界面的扩散激活能,也就是原子由液相转入固相时所需要的能量;

k —— 玻耳兹曼常数;

T —— 绝对温度。

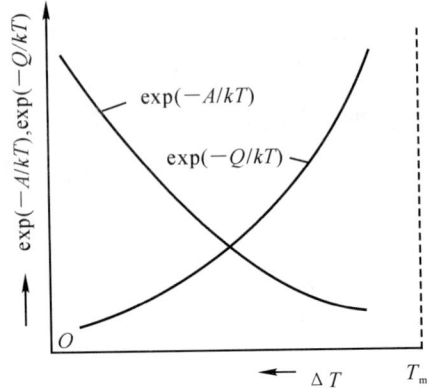

图 3-11　过冷度与 exp$(-A/kT)$ 及
exp$(-Q/kT)$ 因子的变化关系

形核率与过冷度的关系也可以用图 3-12 表示。从图中可以看出,当过冷度较小时,形核率主要受能量起伏的概率因子 exp$(-A/kT)$ 的控制,随着过冷度的增加,形核率急剧增加;但当过冷度很大时,矛盾发生转化,形核率主要受原子扩散的概率因子 exp$(-Q/kT)$ 所控制,故随着过冷度的增加,形核率反而下降。由曲线可见,形核率随过冷度的变化有一极大值,超过极大值后,形核率又随着过冷度的进一步增大而减小。

对于金属晶体,其均匀形核率与过冷度的关系如图 3-13 所示。图 3-13 表明,在到达某一过冷度前,液态金属中基本不形核;而当温度降至某一过冷度时,形核率骤然增大,此时的过冷度称为有效过冷度 ΔT_p。金属的晶体结构简单,凝固倾向极大,在达到很大的过冷度前,液态金属已经凝固完毕,因此不存在曲线的下降部分。

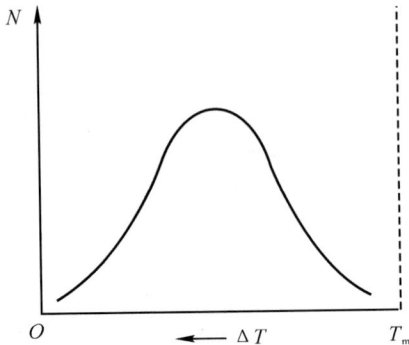

图 3-12　形核率与过冷度的关系

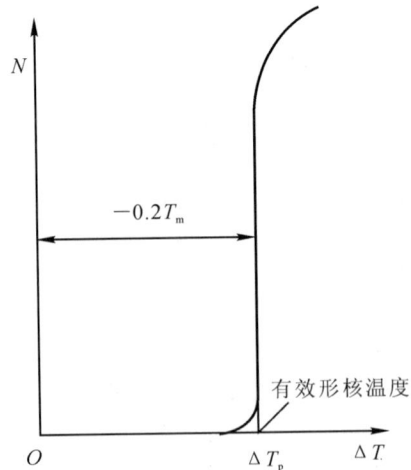

图 3-13　金属的形核率与过冷度的关系

一般液态金属总存在着杂质,同时凝固总是从"模壁"开始,因此实现均匀形核是十分困难的,必须采用特殊的实验方法。这种方法就是将液态金属碎裂成直径为 $10 \sim 50 \ \mu m$ 的小液

滴,这种微滴的凝固一般按均匀形核的方式进行。大量实验结果表明,纯金属均匀形核的有效过冷度为 $\Delta T_p \approx 0.2T_m$(绝对温度)。近年来有人求出式(3-14)的解,也获得了相近似的结果。一些常见金属液滴均匀形核的有效过冷度见表 3-2。

应该指出,对于均匀形核所需要的过冷度大小,不同研究者有不同的数值。这是因为人们对获得均匀形核的微滴技术不断改进。佩雷派茨柯(Perepezko)等人认为,根据目前的实验结果,均匀形核的最大过冷度应由 $0.2T_m$ 提高到 $0.33T_m$ 左右,但这是不是均匀形核过程仍需要进一步的工作来证实。

表 3-2　常见金属液滴均匀成核的有效过冷度

金属	熔点 T_m/K	过冷度 $\Delta T/K$	$\Delta T/T_m$	金属	熔点 T_m/K	过冷度 $\Delta T/K$	$\Delta T/T_m$
Hg	234.2	58	0.248	Ag	1 233.7	227	0.184
Ca	303	76	0.250	Au	1 336	230	0.172
Sn	505.7	105	0.208	Cu	1 356	236	0.174
Bi	544	90	0.166	Mn	1 493	308	0.206
Pb	600.7	80	0.133	Ni	1 725	319	0.185
Sb	903	135	0.150	Co	1 763	330	0.187
Al	931.7	130	0.140	Fe	1 803	295	0.164
Ga	1 231.7	227	0.184	Pt	2 043	370	0.181

【例题 3.3.2】　已知液态纯镍在 1.013×10^5 Pa(1 atm),过冷度为 319 K 时发生均匀形核。设临界晶核半径为 1 nm,纯镍的熔点为 1 726 K,熔化热 $\Delta H_m = 18\,075$ J/mol,摩尔体积 $V_S = 6.6$ cm^3/mol,计算纯镍的液-固界面能和临界形核功。

解　因为

$$r = \frac{2\sigma}{\Delta G_B}$$

$$\Delta G_B = \frac{L_m \Delta T}{T_m V_S} = \frac{\Delta H_m \Delta T}{T_m V_S}$$

则有

$$\sigma = \frac{r\Delta G_B}{2} = \frac{r\Delta H_m \Delta T}{2T_m V_S} =$$

$$\frac{1 \times 10^{-7} \times 18\,075 \times 319}{2 \times 1\,726 \times 6.6} \text{ J/cm}^2 = 2.53 \times 10^{-5} \text{ J/cm}^2$$

$$A = \Delta G V_S = \frac{16\pi\sigma^3 V_S}{3\Delta G_B^2} = \frac{16\pi\sigma^3 T_m^2 V_S}{3\Delta H_m^2 \Delta T^2} =$$

$$\frac{16 \times 3.14 \times (2.53 \times 10^{-5})^3 \times 1\,726^2 \times 6.6}{3 \times 18\,075^2 \times 319^2} \text{ J} =$$

$$1.60 \times 10^{-19} \text{ J}$$

【例题 3.3.3】　在均匀形核时,形核率方程为 $N = C\exp\left(-\dfrac{A}{kT}\right)\exp\left(\dfrac{-Q}{kT}\right)$。

(1) 讨论 A 和 Q 的意义、单位和计算公式。

(2) 讨论比例常数 C 的意义、单位和计算公式。

讨论

(1) 式中 A 为临界晶核的形成功,计算单位为 J/个(原子);Q 为原子越过液、固界面的扩散激活能,计算单位为 J/个(原子)。

对于金属，Q 的数值随温度变化不大，当 $A \gg Q$ 时，可将 $\exp\left(\dfrac{-Q}{kT}\right)$ 近似地看作常数。所以

$$A = \frac{16\pi}{3} \frac{\sigma^3 T_m^2}{(L_m \Delta T)^2}$$

（2）C 是比例常数，计算单位与 N 相同，即为 $(\text{s} \cdot \text{cm}^3)^{-1}$。

$$C = n\nu = n\frac{kT}{h}$$

式中　　n —— 单位体积中的原子总数；

ν —— 液相原子振动频率；

h —— 普朗克常数。

3.3.2　非均匀形核

如前所述，液态金属均匀形核所需要的过冷度很大，例如纯铝为 130 ℃，纯铁达 295 ℃。然而，在实际生产中却不是这样，所需要的过冷度一般不超过 20 ℃。那么，为什么金属实际凝固的过冷度远远低于均匀形核的过冷度呢？这就是由于非均匀形核的缘故。

3.3.2.1　非均匀形核的形核功

和讨论均匀形核时一样，首先分析形核时的自由能变化。图 3 - 14 为非均匀形核示意图，表示在 W 相基底上形成球冠状的 S 晶核，其曲率半径为 r，晶核表面与 W 基底面的接触角为 θ（或称润湿角）。σ_{LW}，σ_{SW} 和 σ_{SL} 分别表示液体与基底 W、晶胚 S 与 W 和 S 与液相 L 间的界面能。在纯金属中，表面能可用表面张力表示。当晶核稳定存在时，在晶核、液相和基底的交角处，三种表面张力之间存在如下平衡关系：

$$\sigma_{LW} = \sigma_{SW} + \sigma_{SL}\cos\theta \tag{3-15}$$

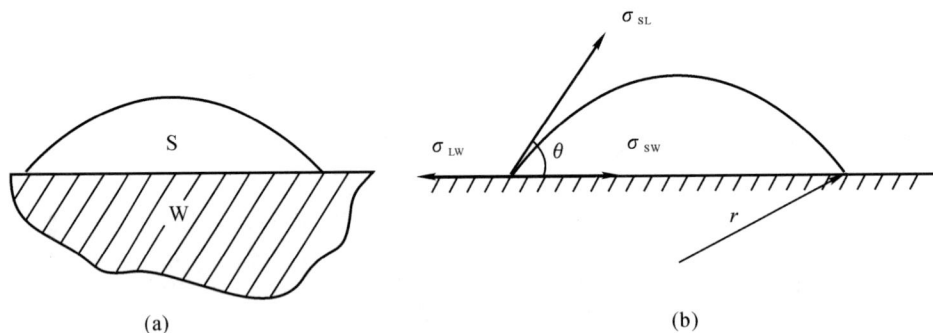

图 3 - 14　非均匀成核示意图

形成一个晶核时，总的自由能变化仍为

$$\Delta G' = -\Delta G_B V + \sum \sigma A_i \tag{3-16}$$

根据几何学得知，晶核的体积为

$$V_S = \frac{1}{3}\pi r^3 (2 - 3\cos\theta + \cos^3\theta) \tag{3-17}$$

晶核的界面面积为

$$A_1 = 2\pi r^2 (1 - \cos\theta) \tag{3-18}$$

$$A_2 = \pi r^2(1 - \cos^2\theta) \tag{3-19}$$

把式(3-17) ～ 式(3-19) 代入式(3-16),整理后得

$$\Delta G' = \left(-\frac{4}{3}\pi r^3 \Delta G_B + 4\pi r^2 \sigma_{SL}\right)\left(\frac{2 - 3\cos\theta + \cos^3\theta}{4}\right) \tag{3-20}$$

将式(3-9) 与式(3-20) 比较可知,两者仅差一项系数 $\left(\dfrac{2 - 3\cos\theta + \cos^3\theta}{4}\right)$。按处理均匀形核同样的方法,可求出非均匀形核时的临界晶核半径 r'_k 和形核功 $\Delta G'_k$ 为

$$r'_k = \frac{2\sigma_{SL}}{\Delta G_B} \tag{3-21}$$

$$\Delta G'_k = \Delta G_k\left(\frac{2 - 3\cos\theta + \cos^3\theta}{4}\right) \tag{3-22}$$

比较非均匀形核与均匀形核的临界形核功,得

$$\frac{\Delta G'_k}{\Delta G_k} = \frac{2 - 3\cos\theta + \cos^3\theta}{4} \tag{3-23}$$

从式(3-23)可以看出,当 $\theta = 0°$ 时,$\Delta G'_k = 0$,说明固体杂质相当于现成的晶核,而不需要形核功,如图 3-15(a) 所示。当 $\theta = 180°$ 时,$\Delta G'_k = \Delta G_k$,说明固体杂质表面不起促进晶胚成核的作用,如图 3-15(c) 所示。一般情况下,θ 在 $0° \sim 180°$ 之间变化,所以

$$\Delta G'_k < \Delta G_k$$

即非均匀形核较均匀形核所需要的形核功小,且随着 θ 角的减小而减小。

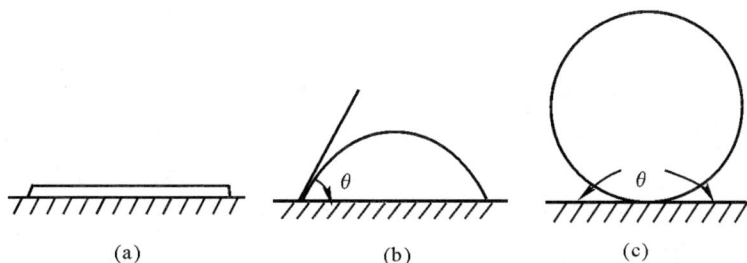

图 3-15　不同润湿角的晶胚形状

3.3.2.2　非均匀形核的形核率

非均匀形核的形核率,除主要受过冷度的影响外,还受液体内悬浮着的固体质点的性质、数量、形貌及其他物理因素的影响。

(1) 过冷度的影响　由于非均匀形核的形核功小于均匀形核的形核功,即非均匀形核所需要的能量起伏比均匀形核小得多,故其凝固所需的过冷度远低于均匀形核时所需的过冷度。非均匀形核时形核率的表达式与均匀形核率相似,但是与过冷度的关系还有其自身特点,如图3-16所示。图 3-16 表明,非均匀形核时,其过冷度较低,并且形核率通过最大值后,还要下降一段然后中断。这是由于晶核沿基底很快铺展时,使得可提供形核的基底面积减小,以至完全消失。对于达到最大形核率所需的过冷度,非均匀形核比均匀形核要小得多,一般要低于其 1/10。

生产上往往通过改变冷却条件来控制过冷度,增大形核率,达到改善晶粒度的目的。例如,工艺上采用降低铸型温度,采用蓄热多、散热快的金属铸型,局部加冷铁以及使用水冷铸型等

方法。应该指出,工艺上采用增大过冷度的方法只对小件或薄件有效,而对较大的或厚壁铸件并不适用。

（2）固体杂质结构的影响 对比均匀形核与非均匀形核时的临界晶核半径表达式（3-10）与式（3-21）可以看出,在相同的过冷度下,非均匀形核的临界曲率半径与均匀形核的临界晶核半径完全相同。但是,在曲率半径相等的条件下,非均匀形核时所需要的晶胚体积与表面积要小得多,并且随着 θ 角的减小而减小,如图3-15所示。θ 角越小,晶胚成核的体积便越小,这样就能使液体中有更多的小尺寸

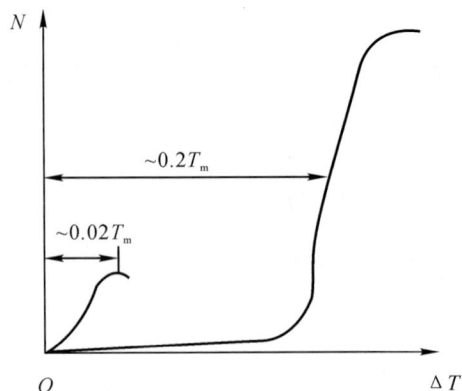

图 3-16 非均匀成核与均匀成核的形核率随过冷度变化的关系

晶胚变成晶核,从而大大提高了形核率。因此,润湿角 θ 是判断固体杂质或其他界面是否能促进晶胚成核及确定其促进程度的一个参量。

那么,θ 角的大小取决于什么呢? 由式（3-15）可以知道,θ 角的大小取决于液体、晶核及固体杂质三者之间比表面能的相对大小,在液态金属确定后,σ_{SL} 便固定不变,θ 角将取决于 $\sigma_{LW} - \sigma_{SW}$ 的差值。为了获得小的 θ 角,使 $\cos\theta$ 趋近于1,就必须使固体杂质与晶核之间的比表面能 σ_{SW} 大大地小于固体杂质与液体的表面能 σ_{LW}。而 σ_{SW} 值要小,就必须使晶核与固体杂质的结构很接近,即它们之间符合点阵匹配原则"结构相似,（原子间距）大小相当"。其"相似"和"相当"程度越大,促进形核的作用便越显著。工业生产中往往在浇铸前加入形核剂,从而提高非均匀形核的形核率,以达到细化晶粒的目的。例如锆能促进镁的非均匀形核作用,就是因为两者都具有密排六方的晶体结构,而原子间距也很相近,镁的点阵常数 $a = 0.320\ 2$ nm,$c = 0.519\ 9$ nm,锆的点阵常数 $a = 0.322$ nm,$c = 0.512\ 3$ nm。又如碳化钨能大大促进金的非均匀形核,可是金具有面心立方晶格,而碳化钨具有扁六方晶格,两者晶格截然不同。但是,面心立方晶格的 {111} 面与六方晶格的 {0001} 面都是最密排面,原子排列完全相同,而且该面上的原子间距也非常相近,故其之间表面张力较小,这就有利于促成形核。应该指出,目前生产上有许多形核剂并不完全符合点阵匹配原则,在形核剂的选用上主要还是靠实践效果来决定。

（3）固体杂质表面形貌的影响 固体杂质表面的形貌各种各样,有的呈凸曲面,有的呈凹曲面,有的为深孔等。因此,在这些基面上形核具有不同的形核率。假设有三种不同形状的固体杂质,如图3-17所示。形成三个晶胚（图中加点部分）,并具有相同的曲率半径 r 和润湿角 θ。从图中可以发现,三个晶胚的体积都不相同。凹曲面上的晶胚[见图3-17（a）]体积最小,凸曲面上的晶胚[见图3-17（c）]体积最大。显然,凹曲面上形成较小的晶胚便可达到临界曲率,在这种曲面上的晶胚易于成核,故形核率高;相反,在凸面上的晶胚难于成核,故形核率较低。因此,对于相同的固体杂质,在凹曲面上形核所需要的过冷度比在平面或凸曲面上形核的过冷度都要小。应该指出,固体杂质表面（或模壁）上的微裂缝相当于深孔,在此形成晶胚,相当于凹曲面的一种特殊情况。在这种微裂缝上形核是最容易的,可以在很小过冷度下首先形核。另外,模壁的光滑程度对形核率也有影响。粗糙模壁相当于存在无数的"台阶",在"台阶"处形核时的形核功最小,可以提高晶胚的成核率。

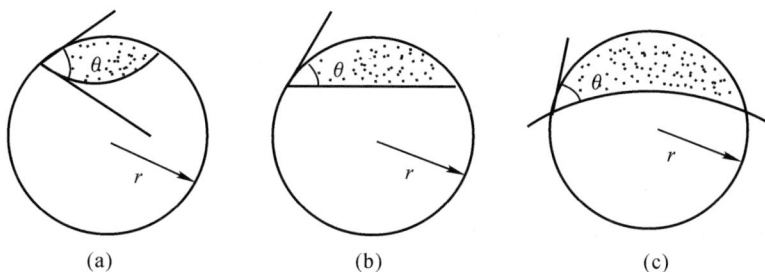

图 3 - 17　不同形状的固体杂质表面形核的晶胚大小

（4）物理因素的影响　　非均匀形核的形核率还受其他一系列物理因素的影响。液相宏观流动会增大形核率，施加强电场或强磁场也能增大形核率。这是因为液体金属中已凝固的核心（小晶体）由于受到冲击振动而碎裂成几个核心，或者是打碎了生长着的晶体枝芽，或是模壁附近产生的晶核被冲刷走，此效果称为晶核的机械增殖。另一种增核机制即所谓动力学成核，它是指过冷的液态金属在核心出现之前，由于受到机械作用的影响，而使核心提前形成。现在对动力学成核机制尚不清楚，其可能是与液相中形成的空腔有关。

生产上采用的提高形核率的方法很多。例如，用机械的方法振动或转动铸型，使金属液体流经振动的浇铸槽，超声波处理，用旋转磁场造成晶体与液体相对运动等来提高形核率，都能获得细晶粒的组织。

【例题 3.3.4】　　如果其他条件相同，试比较不同铸造条件下铸锭晶粒的大小：

（1）金属模铸造与砂模铸造；

（2）高温浇铸与低温浇铸；

（3）铸成薄件与铸成厚件；

（4）浇铸时采用振动与不采用振动。

讨论　　对于（1），金属模的导热能力比砂模好。浇铸时液体在金属模中的过冷度大，因而形核率较大，铸锭组织较砂模铸造细小。

对于（2），高温浇铸时会使铸模温度更高，使液体的过冷度降低，形核数目减少；而低温浇铸会造成形核率增大，铸锭组织较高温浇铸细小。

对于（3），薄件的热容量小，导热条件好，散热速度快，铸锭组织较铸成厚件时细小。

对于（4），采用振动可增加结晶核心，因而晶粒细小。

【例题 3.3.5】　　试证明金属凝固时，结晶潜热 L_m 即为体系热熵的变化（ΔH）。

证明　　由热力学第一定律得

$$\Delta U = Q - W$$

对凝聚系统可写为

$$\Delta U = Q_p - p\Delta V$$

即

$$Q_p = \Delta U - p\Delta V = (U_S - U_L) + P(V_S - V_L) =$$
$$(U_S + pV_S) - (U_L + pV_L) = H_S - H_L = \Delta H$$

式中的 Q_p 为恒压过程中体系所放出的热量 L_m，故

$$L_m = \Delta H$$

3.4　晶体的长大

在过冷液态金属中，一旦出现的晶胚成核后，便立即开始长大。晶核或晶体的长大主要与液-固界面的结构及液-固界面前沿液相中的温度分布等有关。金属制件凝固后的组织取决于形核与核长大的两个过程，形核主要影响晶粒的大小，而核长大主要影响长大的方式和组织形态。

3.4.1　晶体长大的条件

根据热力学条件，金属结晶必须在过冷的条件下进行，对于形核是如此，对于晶核长大也是如此。晶胚成核有一个临界过冷度，那么晶核长大是否也有一个临界过冷度呢？它们有何区别？

晶体长大的过程就是液体中原子迁移到晶体表面，即液-固界面向液体中推移的过程。现在分析一下液-固界面处的原子迁移，如图 3-18 所示。假设该液-固界面不移动，即处于平衡状态，这时液-固界面固体一侧的原子迁移到液体中（熔化）的速度$(dN/dT)_M$与液-固界面液体一侧的原子迁移到固体上（凝固）的速度$(dN/dT)_F$相等。图 3-19 表示不同温度下的熔化与凝固速度的关系。图中 T_m 为金属的熔点，若界面的温度 T_i 等于 T_m，则晶核不能长大；若晶核要长大，则界面温度 T_i 必须在 T_m 以下的某一温度，以满足$(dN/dT)_F > (dN/dT)_M$的条件。因此，液-固界面要继续向液体中移动，就必须在液-固界面前沿液体中有一定的过冷，这种过冷度称为动态过冷度 ΔT_k。实验表明，晶体长大所需要的动态过冷度远小于形核所需要的临界过冷度，对于一般金属为 $0.01 \sim 0.05\ ℃$。

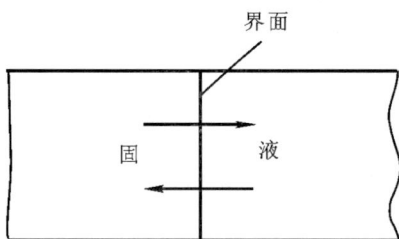

图 3-18　液-固界面处的原子迁移　　　　图 3-19　温度对熔化和凝固速度的影响

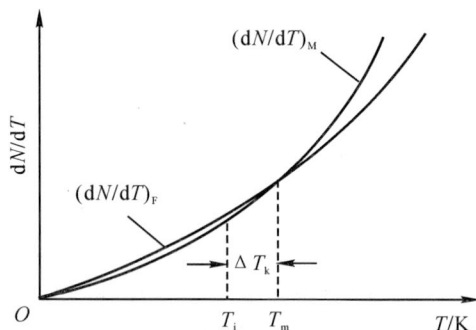

3.4.2　液-固界面的微观结构

晶体长大过程中，要使液-固界面稳定迁移，就必须使界面能量始终保持最低的状态。那么，什么样的界面结构才具有最低的能量呢？实验表明，有两种界面结构能量最低，即光滑界面和粗糙界面。所谓光滑界面，如图 3-20(a) 所示，是指在液-固界面上的原子排列比较规则，界面处两相截然分开，所以从微观来看，界面是光滑的，但是宏观上它往往是由若干小平面所组成的，如图 3-21(a) 所示，故也称为小平面界面，或称为结晶学界面。属于光滑界面结构的物质主要是无机化合物和亚金属，如 Bi，Ga，As，Sb，Si，Ge 等。

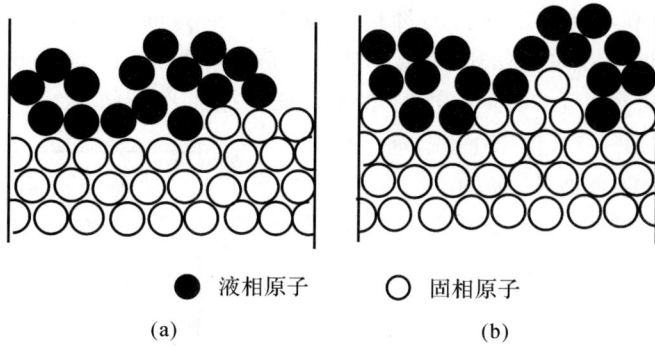

● 液相原子　　○ 固相原子

(a)　　　　　　　　　(b)

图 3-20　液-固界面的微观结构

(a) 光滑界面中原子的堆放；　(b) 粗糙界面中原子的堆放

　　所谓粗糙界面,如图 3-20(b) 所示。在液-固界面上的原子排列比较混乱,原子分布高高低低不平整,仅在几个原子厚度的界面上液、固两相原子应各占位置的一半。但是从宏观来看界面反而较为平直,不出现曲折的小平面,故也称为非小平面界面,或称为非结晶学界面,如图 3-21(b) 所示。常用的金属元素均属于粗糙界面,如 Fe,Al,Cu,Ag 等。

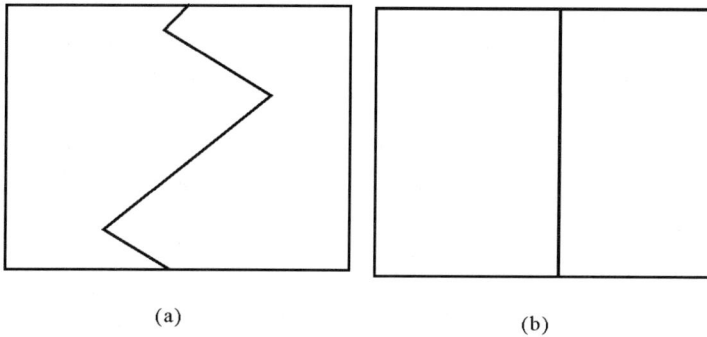

(a)　　　　　　　　　(b)

图 3-21　液-固界面的宏观结构(实例)

(a) 光滑界面；　(b) 粗糙界面

　　K. A. Jackson 从理论上证明了这两种界面的存在。Jackson 等人分析了在平衡熔点时光滑界面上叠放不同数量的原子后界面自由能的变化。他认为界面的平衡结构应当是界面能最低的结构,而且在光滑界面上随机地添加原子(即界面粗糙化时),其界面自由能的相对变化 ΔG_s 可表示为

$$\Delta G_s/(NkT_m) = \alpha x(1-x) + x\ln x + (1-x)\ln(1-x) \qquad (3-24)$$

式中　　N —— 界面上可能具有的原子位置数目；

　　　　k —— 玻耳兹曼常数；

　　　　T_m —— 熔点,K；

　　　　x —— 界面上被固相原子占据位置的分数($0 \sim 1.0$)；

　　　　α —— 系数,有

$$\alpha = \xi L_m/(kT_m) \qquad (3-25)$$

它决定于材料的种类和晶体由之成长的母相的性质。ξ 为界面的晶体学因子,相当于界面原子的最近邻原子数与该晶体内部的原子配位数之比值,例如,{111} 面为 6/12。晶体的最密排面的 ξ 值最高,处于 $0.5 \sim 1.0$ 之间。原子密度较低的晶面,ξ 值较小。

基于式（3 - 24），对不同的 α 值作 $\Delta G_S/(NkT_m)$ 与 x 的关系曲线,如图 3 - 22 所示。从图中可得出两类固-液界面的结论:当 $\alpha \leqslant 2$ 时,在 $x = 0.5$ 处,界面能处于最小值,即相当于固相界面上的一半原子位置空着时最稳定,这样的界面就是对应于粗糙型界面;当 $\alpha \geqslant 5$ 时,在 x 靠近 0 和 1 处,界面能最小,即相当于固相界面上的原子位置仅有极少量空着或极大量空着时最稳定,这样的界面正是对应于平滑型界面。应该指出,这里所讨论的仅限于自由能随界面上原子位置占有率而变化的情况,没有考虑动力学因素、晶体长大的异向性以及凝固条件等的影响。尽管如此,上述理论还是很有价值的,与许多实际情况大体相符。

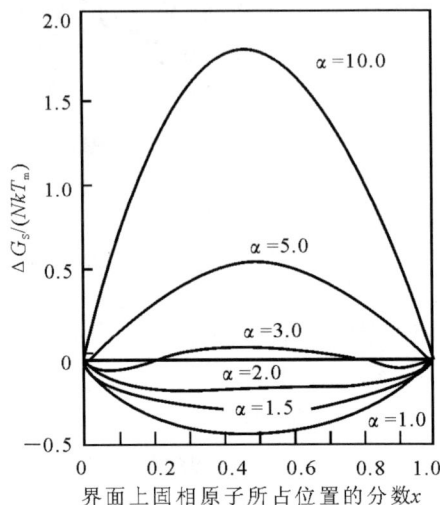

图 3 - 22　取不同的 α 值时,$\Delta G_S/(NkT_m)$ 与 x 的关系曲线图

3.4.3　晶体长大的机制

当晶体成长时,液态原子以什么方式添加到固相上去,与其固-液界面的微观结构有关。固-液界面的微观结构不同,晶体长大的机制也不同。一般认为晶体的生长是通过单个或若干个原子同时依附到晶体表面上,并按晶格排列规则与晶体连接起来的。

3.4.3.1　垂直长大方式

这种长大方式是针对粗糙界面结构提出来的。因为在几个原子厚度的界面上,约有一半席位是空着的,正在虚位以待,所以从液相扩散过来的原子很容易填入空位中与晶体连接起来,如图 3-23 所示,使晶体连续地垂直于界面的方向生长。研究指出,这种长大方式在垂直于界面方向的长大速度相当快。例如,一般金属定向凝固的长大速率约为 10^{-2} cm/s。因此,按这种方式成长,需要的动态过冷度很小,$\Delta T_k \approx 0.01 \sim 0.05$ ℃,这种成长机理适用于大多数金属。当然,成长速度还与过冷度和热量的传导速率有关,过冷度愈大,散热速率愈快,成长速度愈快。

3.4.3.2　横向长大方式

这种长大方式是针对光滑界面结构提出来的。这种界面结构由于界面上空位数目与占位数目的比例要么较小,要么很大,由液相扩散来的单个原子不易与晶体牢固连接。如在光滑界面上有一个原子 a,如图 3-24 所示,由于相邻原子极少而难以稳定结合,随时可能返回液相中,故平滑界面很难以垂直生长机制进行推移。若液态原子扩散至相邻原子较多的台阶 j 处,则结合较为稳定。故平滑界面主要依靠小台阶接纳液态原子的横向生长方式向前推移,称为横向生长机制或台阶生长机制。其中有代表性的模型如下:

（1）二维晶核台阶生长机制　这是认为其生长主要是利用系统中的能量起伏,使液态原子首先在界面上通过均匀形核形成一个具有单原子厚度的二维薄层状稳定的原子集团[见图 3 - 25(a)]，然后依靠其周围台阶按上述机制扩展，直至覆盖整个表面。晶体的进一步长大，必须在新的界面上重新形成二维晶核，如此反复进行。

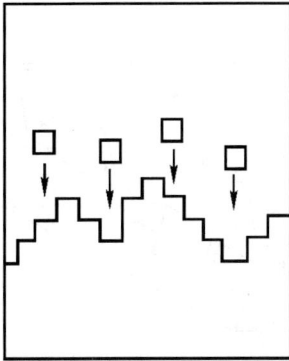

图 3 - 23　晶体垂直长大方式示意图

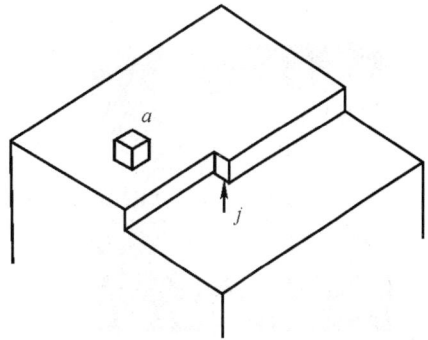

图 3 - 24　光滑界面上的一个台阶 j 及吸附原子 a

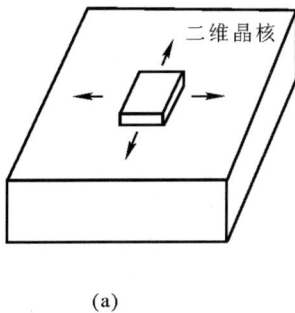

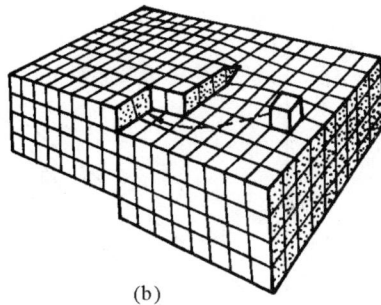

(a)

(b)

图 3 - 25　光滑界面的两种生长方式示意图
(a) 二维晶核机制；　(b) 螺型位错机制

　　由于形成二维晶核需要较大的形核功，而在二维晶核的侧面成长时较容易，故成长不能连续地进行。晶体按照这种方式成长速度很慢，在金属凝固中尚未发现这种成长方式。

　　(2) **晶体缺陷台阶生长机制**　　这是指在结晶过程中，由于平滑界面出现的某些原子排列不规则而引起台阶方式的生长。人们对 Si, Ge, Bi 等具有平滑固-液界面的晶体成长进行实际观察，发现它们的台阶式成长是连续地进行的，如图 3 - 26 所示，存在着永不消失的台阶。这种永不消失台阶的形成方式有两种：一是晶体内存在螺型位错时，晶体成长只在台阶侧边进行，如图 3 - 25(b) 所示，在台阶围绕整个台面转一圈之后，又出现高一层的台阶，如此反复，总是沿着台阶螺旋生长；另一种是晶体中存在孪晶时，孪晶的两个晶面成一凹角交截于孪晶面，而构成一个永不消失的沟槽，如图 3 - 27 所示，沟槽就相当于台阶，成长就在沟槽两边进行。

　　按照这种成长机理，由于晶体的成长只限于侧面，其成长速度仍较慢。平滑界面成长需要的动态过冷度比前一种要大，为 $1 \sim 2$ ℃。

上述简要地讨论了几种晶体长大的方式,都是从不同界面结构分别进行讨论的。若从整个结晶过程中的宏观界面考虑,在不同晶粒之间,或一个晶粒的不同界面上,尽管以某一种方式长大为主,但是也还存在着其他方式的长大。因此,一个晶粒各个界面的长大速率不会一致,有的相差很大。通常以宏观的界面推移速度平均值来表示晶体长大的速率,它与过冷度的关系与形核率很相似,如图3-28所示。

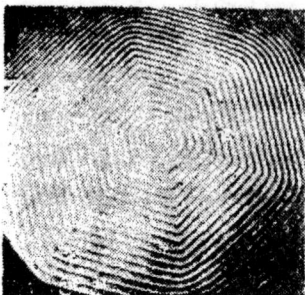

图3-26　SiC晶体的螺旋成长蜷线

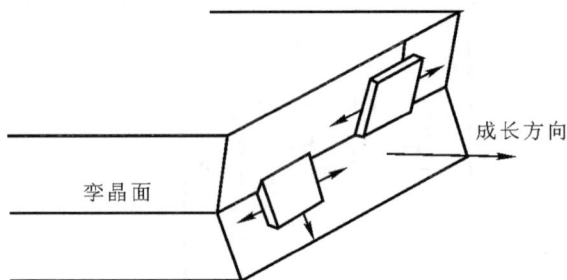

图3-27　孪晶沟槽的成长方式示意图

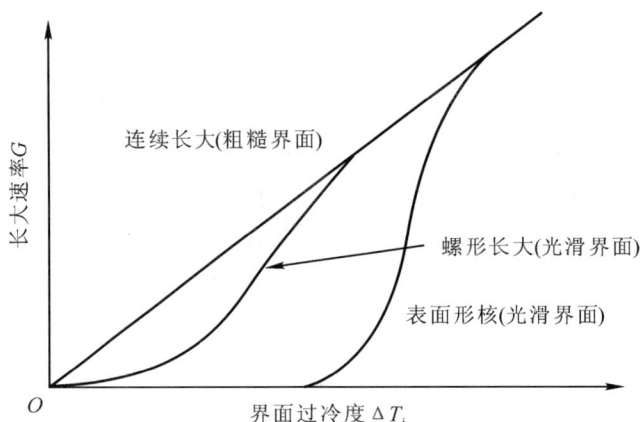

图3-28　界面过冷度(ΔT_i)对原子级粗糙和光滑界面长大速率的影响

3.4.4　晶体长大的形态

晶体凝固时的长大形态,是指长大过程中液-固界面的形态。研究表明,其主要有两种类型,即平面状长大和树枝状长大。这两种长大形态主要取决于液-固界面结构的类型和界面前沿液相中温度分布的特征。

3.4.4.1　液-固界面前沿液相中的温度梯度

一般情况下,液态金属在铸型中凝固时,型壁附近散热快,温度最低,首先凝固;而越靠近型腔中心,温度越高。这就造成液-固界面前沿液相中的温度随着离开界面距离的增加而升高,如图3-29(a)所示,这样的温度分布称为正温度梯度。从图中影线部分可知,过冷度随着离界面距离的增加而减小。

在某些情况下,结晶不是从型壁开始,而是在型腔内,在达到一定的过冷度后,开始凝固。

此时,在界面上产生的潜热既可以通过固相也可以通过液相而逸散,这样,在液-固界面前沿液相的温度随离开界面距离的增加而降低,如图 3-29(b) 所示。这样的温度分布称为负温度梯度。从图中可知,过冷度随着离界面距离的增加而增大。为了便于理解,我们举一个特殊的例子:将纯锡熔化,注入模中,令其缓慢而均匀地冷却,使整个液体过冷至其熔点以下约 288 K,如图 3-30(a) 中的曲线 1,当在模壁上开始形核并向液体中成长时,由于释放凝固潜热,固-液界面的温度升高并保持在 $(T_m - \Delta T_k)$ 温度。因为锡界面的动态过冷度 ΔT_k 一般小于 274 K,所以界面前沿的温度分布如曲线 2 所示。当界面向中心移动时,界面前沿液体就呈现负温度梯度,如图 3-30(b) 所示。

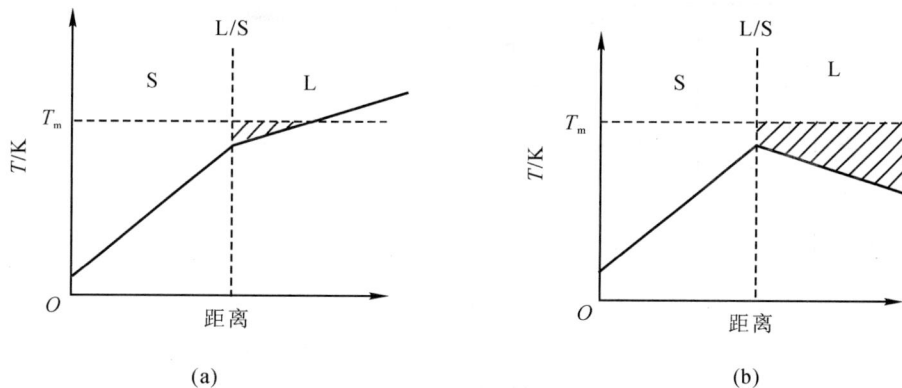

图 3-29　两种温度分布方式
(a) 正温度梯度;　(b) 负温度梯度

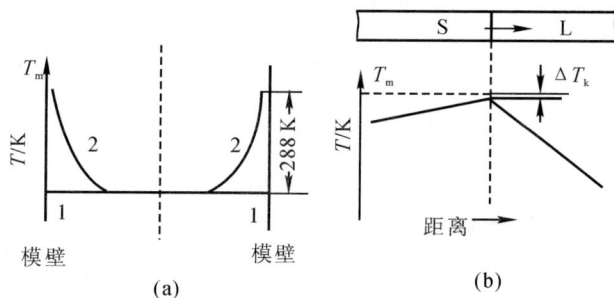

图 3-30　固-液界面前沿液体中的负温度梯度

3.4.4.2　平面状长大形态

所谓平面状长大,就是液-固界面始终保持平直的表面向液相中长大,长大中的晶体也一直保持规则的形态。在正温度梯度条件下,具有粗糙界面结构的晶体都具有这种平面状长大形态。

造成平面状长大形态的主要原因是粗糙界面上空位较多,界面的推进也没有择优取向,其界面与熔点 T_m 等温线平行,如图 3-31(b) 所示。在正温度梯度条件下,当界面上局部微小区域有偶然冒出而伸入到过冷度较小的液体中时,它的长大就会减慢甚至停下来,周围的部分就会赶上去,冒出部分便消失,并保持等温,故液-固界面始终保持平面的稳定状态。

在正温度梯度下,对于光滑界面结构的晶体,液-固界面则呈台阶状(锯齿状)。这种台阶平面是固态晶体的一定晶面,与 T_m 等温线成一定角度相交,如图3-31(a)所示。尽管如此,这种台阶也不能过多地凸向液体中。从宏观来看,液-固界面与 T_m 等温线仍保持平行,所以这种界面的特征也类似于平面状形态的特征。

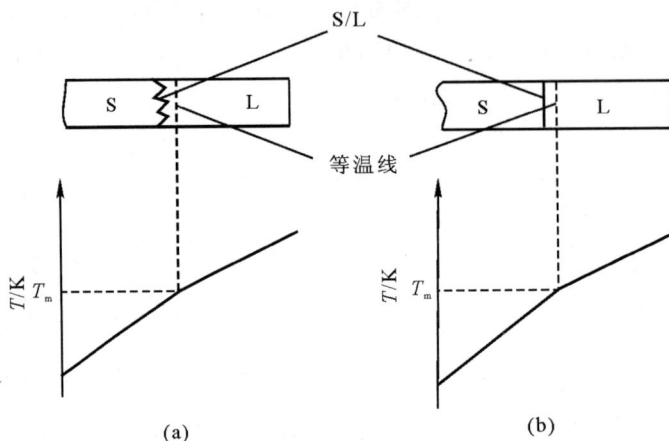

图 3-31 正温度梯度条件下的界面形态

(a) 光滑界面;　(b) 粗糙界面

3.4.4.3　树枝状长大形态

树枝状长大就是液-固界面始终像树枝那样向液相中长大,并不断地分枝发展,如图3-32所示。在负温度梯度条件下,一般具有粗糙界面的晶体都具有这种树枝状长大形态。

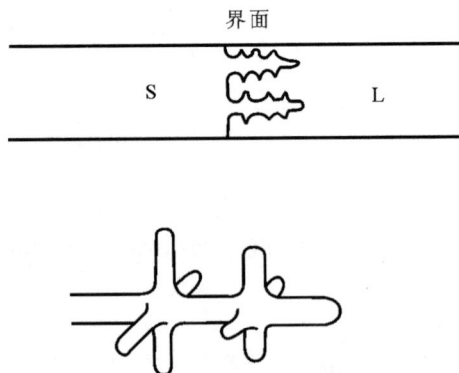

图 3-32 树枝状长大示意图

造成树枝状长大形态的主要原因是,在负温度梯度下,液-固界面不再保持稳定状态。当界面上微小区域有偶然凸起而伸入过冷液体中时,由于 $\dfrac{dT}{dx} < 0$,对生长有利,长大速率越来越大;而它本身生长时又要放出结晶潜热,不利于其近旁的晶体生长,只能在较远处形成另一凸

起。通常把首先长出的晶枝称为一次轴(或晶轴),在一次轴成长变粗的同时,由于释放潜热使晶枝侧旁液体中也呈现负温度梯度,于是在一次轴上又会长出小枝来,称为二次轴,在二次轴上再长出三次轴 …… 由此而形成树枝状骨架,故称为树枝晶(简称枝晶)。每一个枝晶长成一个晶粒。如果是高纯金属,结晶完毕后,枝与枝之间的接触面上全被金属所填满,整个连接在一起而分不出枝状了,只看到几个晶粒的边界(晶界)。如果金属不纯,则在枝与枝之间最后凝固的地方留存较多杂质,其树枝状轮廓显然可见。图3-33所示为在树枝状结晶过程中倒掉剩余液态金属后所观察到的纯铅树枝状形状。

应该指出,对于具有粗糙界面结构的金属,其树枝状长大形态最为显著,而对于具有光滑界面的晶体来说,尽管其也出现树枝状长大的倾向,但是一般不甚明显。如纯锑出现较大带有小平面的树枝状长大形态,如图3-34所示;铋是长针状树枝长大形态。而一些熔化熵较高的晶体仍保持台阶状长大形态。

图 3-33 纯铅的树枝状态

图 3-34 锑锭表面的树枝状

树枝状长大具有特定的方向性,它主要取决于晶体结构。面心立方和体心立方结构的物质,其长大方向均为$\langle 100 \rangle$;体心四方结构,其长大方向为$\langle 110 \rangle$;而密排六方结构的长大方向为$\langle 10\bar{1}0 \rangle$。这是因为从热力学原理讲,开始形核时的相界面应为能量最低的晶面露在表面。例如在面心立方结构中,开始形成的晶核为具有$\{111\}$的八面体,这样就显示出互相垂直的$\langle 100 \rangle$方向的六个尖端。由于界面处液体中呈负温度梯度,尖端处的过冷度较大,成长速度较快,故很快从$\langle 100 \rangle$方向长出一次轴来。

枝晶分枝多少和枝的粗细,通常用枝臂间距大小来描述,具体量度是邻近的两根二次轴中心线之间的距离。枝臂间距大小对材料的机械性能影响很大,因为它关系着溶质和杂质的分布以及亚晶粒的粗细。影响枝臂间距大小的主要因素是冷却速度,冷却速度愈大,分枝愈多,枝臂间距愈小。表3-3列出了铸造铝合金($w_{Si}=0.07,w_{Mg}=0.005,w_{Ti}=0.002$)的枝臂间距与机械性能之间的关系。试样离模壁愈远,冷却速度愈慢,枝臂间距愈大,强度极限和伸长率也愈低。

表 3-3 铸造铝合金枝臂间距与机械性能的关系

试样离模壁距离 cm	枝臂间距 μm	强度极限 MN·m^{-2}	屈服极限 MN·m^{-2}	伸长率 %
20.32	100	323.4	295.3	1
↑	↑	↑	↑	↑
2.54	35	365.6	295.3	11

3.5　陶瓷、聚合物的凝固

　　陶瓷的凝固过程比金属材料的凝固过程复杂,但其结晶的基本规律与金属相同。结晶时要有一定的过冷度,也是晶核形成与晶体长大的过程。结晶过程中组织的变化规律与合金相似,也要用相图来说明(详见第 4 章)。

　　聚合物从液态转变为固态的过程,主要由其大分子链结构所决定。一个巨形分子的运动不像金属的原子那样可单独行动,因为它牵涉到几百个原子,如图 3-35 所示,而且分子内结合键在液体和固体中都是特定的,这就使得液体分子不易组合成晶体的排列。熔融液的凝固过程,即使是在最有利的情况下,也是很缓慢的。只有在结构上是规则的分子,才能形成晶体。无序的分子、具有边块(如聚苯乙烯

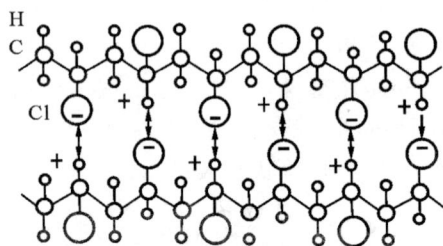

图 3-35　聚氯乙烯大分子链

中的苯环) 的分子及链分枝的分子[见图 3-36(a) 中的聚乙烯]、具有弧形基体的分子[见图 3-36(b) 中的异戊二烯]结晶的可能性都很低。任何液体,其原子或分子的重排皆为连续的。因此,在剪应力作用下液体会流动,在分子间因这种流动性所引起的自由空间会使堆积密度降低。当液体的温度降低时,热扰动减小,原子的自由空间及振幅亦降低。这种结果导致体积连续减小到凝固点以下,液体进入过冷液体的范围(见图 3-37),但仍维持着液体的结构。在较高温度下,液体可以流动;当温度降低时,由于黏度增加,且分子与分子之间自由空间减少,所以流动变得不容易。

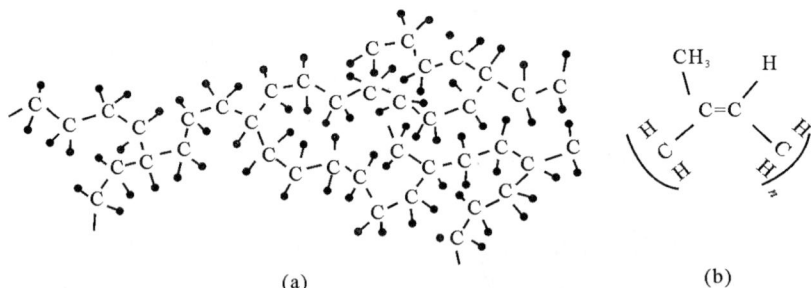

图 3-36　链分支及具有弧形基体的分子

(a) 链分支(聚乙烯);　(b) 聚合的异戊二烯(天然橡胶)

　　经冷却而不结晶的聚合物,最后会达到一温度点 T_g,此时,聚合体会变得相当硬而脆。在比体积-温度曲线(见图 3-37)上,曲线斜率会出现不连续性。此斜率改变的点 T_g 称为玻璃点,或玻璃化转变温度,这是所有玻璃的典型特征。在低于 T_g 时,非结晶态的聚合物为一玻璃态,变得很坚硬,其他性质也有明显改变。

　　T_g 对聚合物而言,尤其重要。如聚苯乙烯的 T_g 大约是 100 ℃,故在室温时,它呈玻璃状且很脆;而橡胶的 T_g 为 -73 ℃,故在最严寒的冬天,其仍是柔软且易变形的。几种聚合物的玻璃化转变温度如表 3-4 所示。

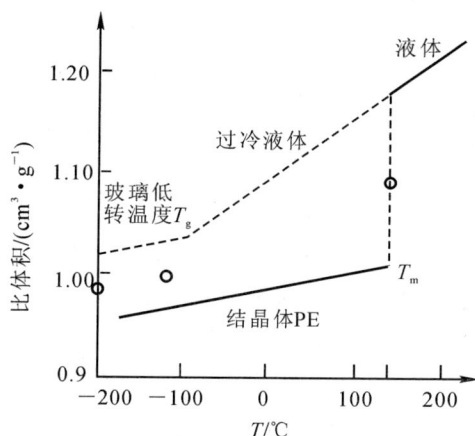

图 3 - 37　聚乙烯体积随温度的变化

表 3 - 4　　线性聚合物的玻璃化转变温度

聚合物	$T_g/℃$　（非晶性的）	$T_m/℃$　（如果结晶时）
聚乙烯	−120	140
聚丁二烯	−70	*
聚丙烯	−15	175
尼龙 6/6	50	265
聚氯乙烯	85	210*
聚苯乙烯	100	240*

* 表示极不易结晶。

对于完全没有结晶能力的聚合物，从液态冷至 T_g 后，就凝固成非晶态固体，其玻璃化温度随冷却速度的增大而降低。

对于易结晶的聚合物，从液态冷至 T_m 和 T_g 之间的任一温度都可结晶，其结晶过程也是晶核形成与长大的过程。晶核形成也分为均匀形核和非均匀形核。均匀形核是由液体中大分子链段经热运动而形成有序排列的链束；非均匀形核是外来杂质、容器壁等吸附液体中大分子链段作有序排列而形成晶核。晶核形成与长大速率也随温度的降低而增大，并分别在某一温度时出现最大值。

【例题 3.5.1】　已知完全结晶的聚乙烯（PE）的密度为 1.01 g/cm³，低密度聚乙烯（LDPE）的密度为 0.92 g/cm³，而高密度乙烯（HDPE）的密度为 0.96 g/cm³。试计算在 LDPE 及 HDPE 中自由空间的大小。

解　完全结晶的 PE 每克的体积为

$$V_{PE} = \frac{1}{1.01} \text{ cm}^3/\text{g}$$

LDPE 每克的体积为

$$V_{LDPE} = \frac{1}{0.92} \text{ cm}^3/\text{g}$$

HDPE 每克的体积为

$$V_{HDPE} = \frac{1}{0.96} \text{ cm}^3/\text{g}$$

LDPE 的自由空间为

$$V_{LDPE的自由空间} = \frac{1 \text{ cm}^3}{0.92 \text{ g}} - \frac{1 \text{ cm}^3}{1.01 \text{ g}} = 0.097 \text{ cm}^3/\text{g}$$

HDPE 的自由空间为

$$V_{HDPE的自由空间} = \frac{1 \text{ cm}^3}{0.96 \text{ g}} - \frac{1 \text{ cm}^3}{1.01 \text{ g}} = 0.052 \text{ cm}^3/\text{g}$$

【例题 3.5.2】 毫无结晶迹象的聚乙烯的密度为 0.9 g/cm³。试估计低密度聚乙烯和高密度聚乙烯中结晶的体积分数(结晶度)。

解 由例题 3.5.1 可知,完全结晶时聚乙烯的密度为 1.01 g/cm³,其密度差为

$$\Delta\rho' = \rho_{PE} - \rho_{无} = 1.01 - 0.9 = 0.11 \text{ g/cm}^3$$

$$\Delta\rho'' = \rho_{PE} - \rho_{LDPE} = 1.01 - 0.92 = 0.09 \text{ g/cm}^3$$

$$\Delta\rho''' = \rho_{PE} - \rho_{HDPE} = 1.01 - 0.96 = 0.05 \text{ g/cm}^3$$

故低密度聚乙烯的结晶度为

$$\eta_{低} = \frac{\rho_{LDPE} - \rho_{无}}{\Delta\rho'} = \frac{0.92 - 0.9}{0.11} = 18\%$$

高密度聚乙烯的结晶度为

$$\eta_{高} = \frac{\rho_{HDPE} - \rho_{无}}{\Delta\rho'} = \frac{0.96 - 0.9}{0.11} = 55\%$$

3.6 凝固理论的应用

3.6.1 铸态晶粒的控制

通常采用晶粒的平均面积或平均直径来表示晶粒度。目前工业生产中大都采用晶粒度等级来表示晶粒的大小。标准晶粒度共分八级:一级晶粒度最粗,平均直径为 0.25 mm;八级晶粒度最细,平均直径为 0.02 mm。通常是在放大 100 倍的金相显微镜下,用标准晶粒度等级进行比较评级。有时为了某种需要,晶粒度等级还可以向八级两端延伸。

金属凝固后的晶粒大小对铸锭(件)的性能有显著影响。在室温条件下,对一般金属材料而言,晶粒越细小,其强度、硬度、塑性及韧性都可能越高(参阅第 7 章)。因此,控制铸件的晶粒大小具有重要的实际意义。

由前述结晶理论可知,如果金属结晶时单位体积中的晶粒数为 Z_V,则 Z_V 取决于两个重要的因素,即形核率 N 和长大速度 v_g。计算得出,它们之间有如下关系,即

$$Z_V = 0.9 \left(\frac{N}{v_g}\right)^{3/4} \tag{3-26}$$

而单位面积中的晶粒数目 Z_S 为

$$Z_S = 1.1 \left(\frac{N}{v_g}\right)^{1/2} \tag{3-27}$$

因此,控制晶粒度主要从控制 N 和 v_g 着手。金属结晶时的 N 和 v_g 值均随着过冷度的增加而增大,且 N 的增长率大于 v_g 的增长率,所以增加过冷度就会提高 N/v_g 的值,使 Z_V 值增

大,从而细化晶粒。在实际生产上增加过冷度的工艺措施主要有降低溶液的浇铸温度、选择吸热能力和导热性较好的铸模材料。

由于用增加冷却速度来细化晶粒的方法只适用于小制件,而对于大制件往往仍采用加形核剂的办法,以增大 N 值。选择形核剂,一般要求符合点阵匹配原则。表 3 - 5 中列出了一些物质对纯铝形核作用的比较,从中可以看出,这些化合物的实际形核效果与点阵匹配原则基本一致。但是,正如前面提到的,这个原则还不具有普遍性。另外,晶粒度还可以采用机械振动、超声波振动和电磁搅拌等措施来进行细化。

表 3 - 5　加入不同物质对纯铝形核效果的比较

化合物	晶体结构	密排面之间的 δ 值	形核效果	化合物	晶体结构	密排面之间的 δ 值	形核效果
VC	立方	0.014	强	NbC	立方	0.086	强
TiC	立方	0.060	强	W_2C	立方	0.035	强
TiB_2	六方	0.048	强	Cr_3C_2	复杂		弱或无
AlB_2	六方	0.038	强	Mn_3C	复杂		弱或无
ZrC	立方	0.145	强	Fe_3C	复杂		弱或无

3.6.2　超声凝固

超声技术是 20 世纪发展起来的高新技术,是一种新兴的、多学科交叉的边缘科学。超声技术的工作原理是使机械振动通过一定纵波方式在弹性介质里传播。超声波的特点是频率高、滤长短、定向性较好等。超声波能够在不同介质中传播,如气体、液体、固体等,且传播距离较远。

超声凝固细晶技术是在金属凝固过程中引入适当强度的超声振动,使组织细化的一种新型技术。它使凝固铸锭晶粒细化、组织均匀,去除气孔,铸件的宏观及微观偏析得到改善。与传统的细晶技术相比,超声凝固技术减少了对环境和材料本身的污染,提高了材料的可回收性,目前受到了世界各国的广泛关注与高度重视。

众多学者对超声细化的机理进行了探讨,提出了超声破碎理论和过冷形核理论:超声破碎理论认为,高能超声形成的大量空化气泡在超过一定阈值的声压下发生崩溃并产生激波,将已结晶长大的晶粒打碎,使晶粒得到细化;过冷形核理论认为,超声波产生的空化气泡的增大和内部液体的蒸发会降低空化气泡的温度,这将导致空化气泡表面的金属溶液温度降低,因此在空化气泡的附近就可能形成晶核,使晶粒得到细化。总之,其核心是空化现象。

进入 21 世纪后,物理、材料和电子等领域科学技术的发展,使大功率超声设备和耐高温变幅杆的生产成为可能,特别是非接触式电磁超声波的诞生为超声技术在金属制备中的应用开辟了更广阔的空间,而输出峰值高、负荷小的电磁脉冲超声波将会成为超声凝固细晶技术的新亮点。

3.6.3　单晶体及制备原理

单晶体就是只由一个晶粒构成的晶体。单晶体不仅在研究工作中十分需要,而且在工业生产中的应用也日益广泛。单晶硅和单晶锗是电子元件和激光元件的主要原料,在航空喷气发动机叶片等特殊零件上也开始应用金属的单晶体。因此,单晶体制备是一项十分重要的新技术。其制备的基本原理就是使液体结晶时只形成一个晶核,再由这个晶核长成一整块晶体。为此,材料必须非常纯净,工艺上必须控制结晶速度十分缓慢以避免非均匀形核。下边介绍几种制备单晶体的方法。

3.6.3.1 从熔体中生长单晶体

这是最早的一种研究方法。从熔体中生长单晶体的最大优点是其生长速率大多快于在溶液中的生长速率。有代表性的是提拉法和区域熔化法。

(1)提拉法 提拉法是将构成晶体的原料放在坩埚中加热熔化,在熔体表面接籽晶并提拉熔体。在受控条件下,使籽晶和熔体的交界面上不断进行原子或分子的重新排列,随着降温逐渐凝固而生长出单晶体。图3-38(a)所示是用提拉法制备单晶体。这是制备大单晶体的主要方法。该方法是先将坩埚中原料加热熔化并使其温度保持在稍高于熔点,将籽晶夹在籽晶杆上并使其与液面接触,然后缓慢降低温度,同时使籽晶杆一边旋转一边上升,这样就以籽晶为晶核不断长大而形成单晶体。

图3-38(b)绘制出用尖端形核法制备单晶体的示意图。图中采用高频式电阻加热的方法,将材料装入一个带尖头的容器中熔化,然后将容器从炉中缓慢拉出,窗口的尖头首先移出炉外缓慢冷却,于是尖头部分产生一个晶核。在窗口继续向外移动时,便由这个晶核长成一块单晶体。

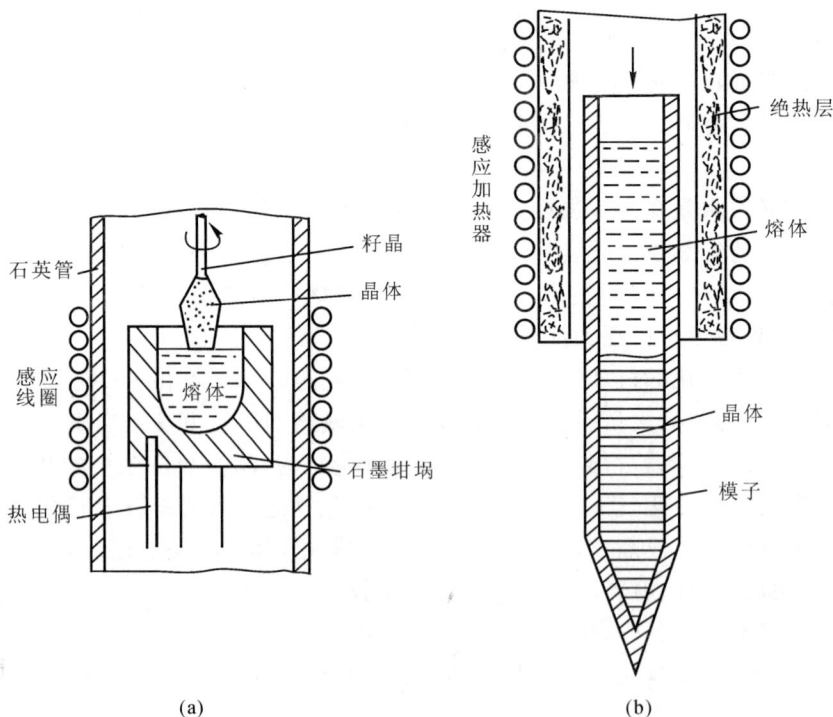

图3-38 单晶制备原理图
(a)提拉法; (b)尖端形核法

(2)区域熔化法 区域熔化法的原理是通过在生长界面附近产生一个温度梯度,控制或重新分配原材料的可熔性杂质或相。区域熔化法通常分为水平区域熔化和垂直区域熔化两种。

图 3-39(a)表示水平区域熔化。熔区可以从左边开始,要制备单晶体,可将籽晶放在料的左边,籽晶首先需要部分熔化,以提供一个清洁的生长表面,然后区域向右边移动。

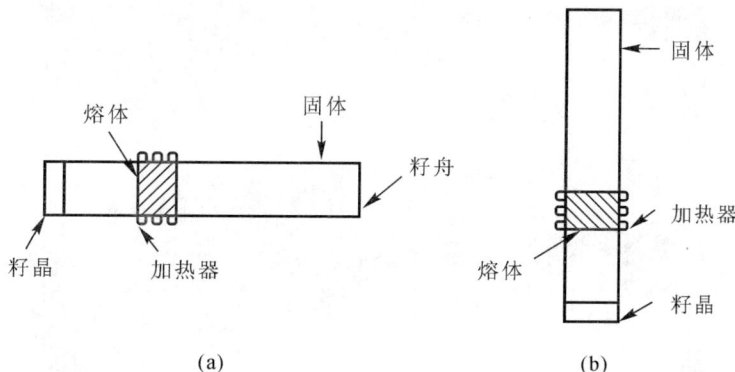

图 3-39　水平和垂直区域熔化
(a)水平区域熔化；　(b)垂直区域熔化

图 3-39(b)表示垂直区域熔化。由于可借助表面张力支持试样的熔化区域,试样轴是垂直的,因而这种技术不需要容器,可很好地保证单晶体的高纯度,且可以消除器壁的形核倾向,提高单晶体质量。

3.6.3.2　从液体中生长单晶体

合成晶体所采用的溶液包括低温溶液(水溶液、有机溶液、凝胶溶液等),高温溶液(即熔盐)与热液等。从溶液中生长晶体的方法主要有溶胶-凝胶法和水热法。其中,溶胶-凝胶法的基本原理如下:所使用的起始原料(前驱物)一般为金属醇盐,其主要反应步骤都是前驱物溶于溶剂中形成均匀溶液,溶质与溶剂产生水解或醇解反应,反应生成物聚集成 1 nm 左右的粒子前组成溶胶,溶胶经蒸发干燥转变为凝胶。

3.6.3.3　从气相中生长单晶体

从气相中生长单晶体可以分为单组分气相生长和多组分气相生长两种。单组分气相生长要求气相具备足够高的蒸气压,利用"在高温区汽化升华,在低温区凝结生长"的原理进行生长;多组分气相生长一般多用于外延薄膜生长,外延生长是一种晶体浮生在另一种晶体上。后者主要用于电子仪器、集成光学等方面的工作元件制造上。

3.6.4　定向凝固技术

定向凝固是指利用合金凝固时晶粒沿热流相反方向生长的原理,控制热流方向,使铸件沿规定方向结晶的技术。定向凝固需要两个条件:首先,热流向单一方向流动并垂直于生长中的固-液界面;其次,晶体生长前方的溶液中没有稳定的结晶核心。为此,在工艺上必须采取措施,避免侧向散热,同时在靠近固-液界面的溶液中应造成较大的温度梯度。目前已用这种定向凝固法生产出整个制件都是由同一方向的柱状晶构成的零件,如涡轮叶片等。图 3-40(a)所示为涡轮叶片的定向凝固组织。由于沿柱状晶轴向的性能比其他方向性能好,而叶片工作条件恰好要求沿这个方向受最大的负荷,因此,这样的叶片具有良好的使用性能。定向凝固装置示意图如图 3-41 所示,图中表示了快速逐步凝固法实现定向凝固的原理:金属液体注入铸型后,保持数分钟以达到热稳定,在这段时间内沿铸件轴向造成一定的温度梯度,在用水激冷的铜板表面开始凝固,然后把水冷铜板连同铸型以一定的速度从加热区退出,直至铸件完全凝固为止。用这种方法获得的柱状晶组织比较细小,性能优良。

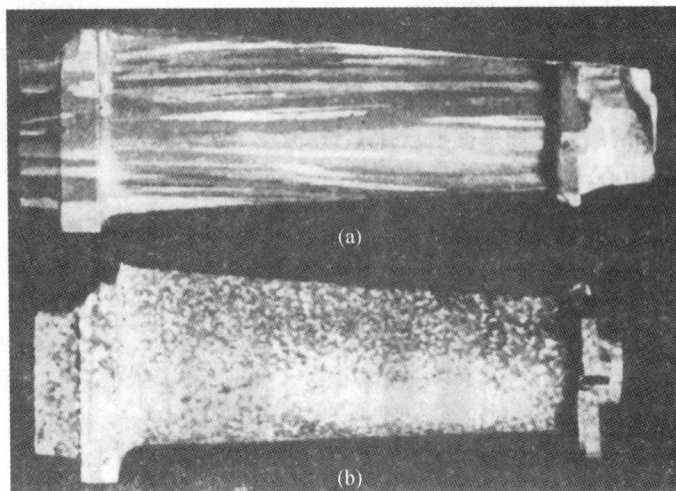

图 3-40 涡轮叶片的凝固组织

(a) 定向凝固; (b) 非定向凝固

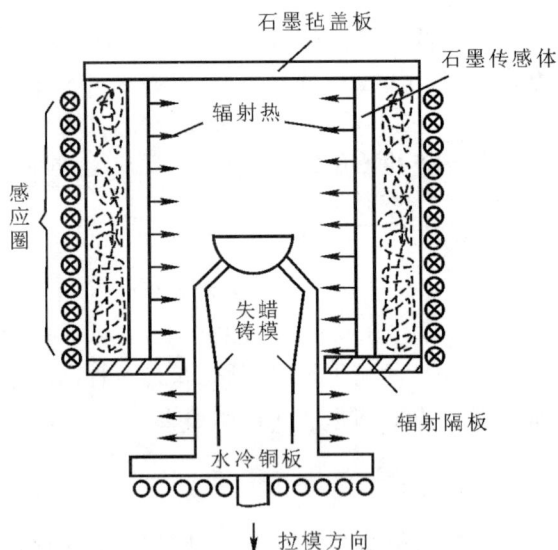

图 3-41 定向凝固装置示意图

3.6.5 非晶态金属

非晶态金属是近些年发展起来的一种新型金属材料。它因具有强度高、韧性大、耐腐蚀、导磁性强等优良性能而引起了人们极大的兴趣和重视,是一种很有前途的金属材料。

非晶态金属又名金属玻璃,它是在特殊冷却条件下,把液态金属的原子排列固定到固态。当液态金属冷却时,随着温度降低,结晶速度显著增加,但有一极大值,如图3-42所示,而超过极大值后,结晶速度又显著降低。在过冷到低于玻璃化转变温度后,已完全不能结晶,而"冻结"为非晶态金属。因此,只要在 T_m 到 T_g 温度区间加快冷却速度,使液态金属不能发生结晶,则可获得非晶态金属。事实上,当冷却速度超过 10^6 K/s 时,许多共晶系合金都能获得非晶态。

将非晶态金属在低于 T_g 温度退火,并不发生结晶,而要加热到 T_c 温度以上,才能进行结晶。T_c 称为非晶态的晶化温度。在一般情况下,T_c 高于 T_g 而不超过 323 K。非晶态的形成倾向和稳定性,一般可以用 $\Delta T_g = T_m - T_g$ 衡量。ΔT_g 越小,越容易获得非晶态。因此,任何引起 T_g 升高或 T_m 降低的因素都能促进非晶态的形成。如纯钯的 $T_m = 1\,825$ K, $T_g = 550$ K, $\Delta T_g = 1\,275$ K,故不易形成非晶态;如果钯中添加硅($x_{Si} = 0.20$)后,$T_m \approx 1\,100$ K,$T_g \approx 700$ K,$\Delta T_g = 400$ K,在急冷时易形成非晶态。

目前,液态急冷的方法主要有离心急冷法和轧制急冷法等。前者是把液态金属连续喷射到高速旋转的冷却圆筒壁上,使之被迅速冷却而形成非晶态金属;后者是使液态金属连续流入冷轧辊之间而被急冷,如图 3-43 所示。这些方法已能制成宽为若干毫米的薄带非晶态金属材料。我国"七五"期间已建成百吨级非晶带材生产线,带材宽度达 100 mm。

非晶态材料应用十分广泛,如非晶铁合金作为良好的电磁吸波剂,用于隐身技术的研究领域,非晶硅和非晶半导体材料在太阳能电池和光电器件方面被广泛应用。非晶态材料除金属玻璃外,还包括传统的氧化物玻璃、非晶态高聚合物、迅速发展中的非晶态半导体以及非晶态电介质、离子半导体、超导体等。

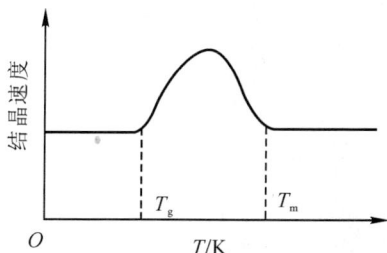

图 3-42　结晶速度与温度的关系

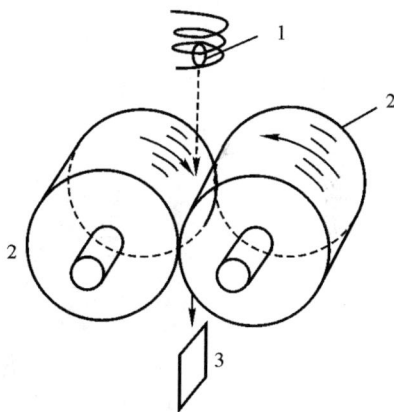

图 3-43　压延急冷法装置示意图
1— 金属熔体;2— 轧辊;3— 非晶态片

3.6.6　微晶钢与纳米结构

急冷凝固技术是设法将熔体分割成尺寸很小的部分,增大熔体的散热面积,再进行高强度冷却,使熔体在短时间内凝固以获得与模铸材料结构、组织性能显著不同的新材料的凝固方法。利用急冷凝固技术可以获得晶粒尺寸达微米(μm)或纳米(nm)级的超细晶粒合金材料,通常称之为微晶合金或纳晶合金。

作为结构用的微晶合金,都是由急冷凝固产品通过冷热挤压、冲击波压实等方法来制取。

微晶结构材料因晶粒细小，成分均匀，空位、位错等密度大，形成新的亚稳相等因素而具有高强度、高硬度、良好的韧性、较高的耐磨性和耐蚀性、较好的抗辐射稳定性等优良性能。如 Fe-Ni 微晶合金的硬度为 700HV，而同成分的一般合金淬火后硬度仅为 250HV；Al-Cu 的微晶合金（$w_{Cu}=0.17$）具有超塑性，$\delta=600\%$。因此，微晶合金的开发日益受到重视。目前在新材料研发中微晶钢与纳米结构是重要方面。

3.6.6.1 微晶钢

微晶钢（超级钢）是指具有其他任何钢材都不具有的优异性能——超强度的韧性钢材。微晶钢的开发和应用已经成为国际上钢铁领域令人瞩目的研究热点之一。中国是世界上最早实现微晶钢工业化生产的国家。

微晶钢是通过各种工艺方法将普通的碳素结构钢的铁素体晶粒细化，进而使其强度大幅提高的钢材。如在压轧时把压力增加到通常的 5 倍，并且在提高冷却速度和严格控制温度的条件下，使其晶粒直径仅有 1 μm（为一般钢材的 1/20～1/10），则这种微晶钢组织细密、强度高，韧性也大。

可以断言，微晶钢在汽车行业中将得到广泛应用。

3.6.6.2 纳米晶结构

纳米晶是指固体中晶粒尺寸（至少在一个方向上）在纳米（nm）级的超细晶粒。图 3-44 表示纳米晶材料的二维硬球模型。不同取向的纳米晶由晶界连接在一起。由于晶粒极小，晶界所占的比例相应地增大；而晶界处由于原子的不规则排列，其原子密度及配位数远远偏离完整的晶体结构。因此，纳米晶材料是一种非平衡态的结构，存在大量的晶体缺陷。另外，如果材料中存在杂质原子或溶质原子，则会因这些原子的偏聚作用，使晶界区域的化学成分不同于晶内成分。由于在结构上和化学成分上偏离正常的多晶结构，纳米晶材料所表现的各种性能也明显与通常的多晶材料不同。

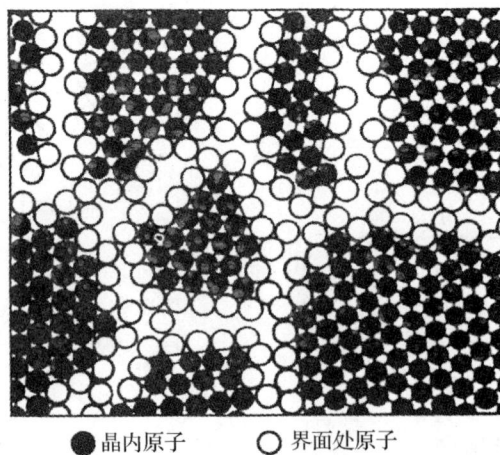

● 晶内原子　　○ 界面处原子

图 3-44　纳米晶材料的二维模型

纳米晶材料也可由非晶物质组成，例如半晶态高分子聚合物是由厚度为纳米级的晶态层和非晶态层相间地构成的，呈二维层状纳米结构材料。

纳米晶材料可由多种途径形成：

（1）以非晶态（金属玻璃或溶胶）为起始相，可使其在晶化过程中大量形核，生长成为纳米晶材料。

（2）若是粗晶材料，可通过剧烈塑性变形使之产生高密度缺陷，转变形成纳米晶。

（3）通过蒸发、溅射等途径，如物理气相沉积（PVD）、化学气相沉积（CVD）等，生成纳米微粒然后固化，或在基底材料上形成纳米晶薄膜材料。

（4）用溶胶-凝胶法、热处理时效沉淀等，析出纳米微粒。

纳米结构材料因其超细的晶粒尺寸和高体积分数的晶界而呈现特殊的物理、化学和力学性能。

3.6.7　气凝胶

3.6.7.1　气凝胶及结构特征

气凝胶是一种固体物质形态。无论采用何种干燥方法，只要是将湿凝胶中的液体用气体所取代，同时凝胶的网络结构基本保留不变，这样所得到的材料都称为气凝胶。

气凝胶最早由美国科学家 Samuel Stephens Kistlev 在 1931 年首先合成。图 3 - 45 是 SiO_2 气凝胶的典型结构。它的密度为 $0.01 \ g/cm^3$，比表面积达 $500\sim1\ 000 \ m^2/g$，孔隙尺寸约为 15 nm，对应的胶质粒子线度为 $1\sim5 \ nm$。可见，气凝胶是一种纳米多孔网络结构。

气凝胶里面的颗粒非常小（纳米量级），体积的 80% 以上是空气，故密度极低。目前最轻的硅气凝胶密度仅为 $0.16 \ mg/cm^3$。气凝胶非常坚固，它可以承受相当于自身质量几千倍的压力；其在温度达到 $1\ 200 \ ℃$ 时才会熔化；它的导热性和折射率也很低；其绝缘能力比最好的玻璃纤维强 39 倍。由于具备这些特性，它便成为航天探测中不可替代的材料，在防弹、生态保护方面也有应用。

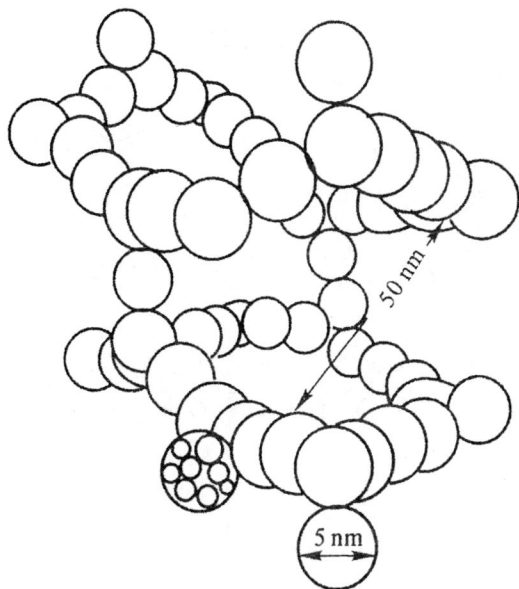

图 3 - 45　SiO_2 气凝胶的典型结构

3.6.7.2　气凝胶的制备原理

气凝胶的制备通常由溶胶-凝胶法和超临界干燥处理构成。在溶胶-凝胶过程中,在溶体内形成不同结构的纳米团簇,团簇之间互相粘连形成凝胶体,而在凝胶体的固态骨架周围则充满化学反应后剩余的液态试剂。为了防止凝胶干燥过程中微孔洞内的表面张力导致材料结构的破坏,采用超临界干燥工艺处理,把凝胶置于压力容器中加温升压,使凝胶内的液体发生相变成为超临界态的流体,气-液界面消失,表面张力不复存在。此时,将这种超临界流体从压力窗口中释放,即可得到具有纳米量级、连续网络结构、高孔隙率的气凝胶材料。

3.6.7.3　气凝胶材料的分类

气凝胶的种类很多,迄今为止已经研制出的气凝胶有数十种。

按气凝胶组成物的性质可分为无机、有机、无机-有机系列的气凝胶和碳气凝胶。有机气凝胶和碳气凝胶的制备与应用是近年来的主要研究方向。

按气凝胶中的氧化物数量气凝胶可分为:

(1)单元氧化物气凝胶,如 SiO_2,Al_2O_3,TiO_2,B_2O,MgO,ZrO_2,Cr_2O_3 等;

(2)金属-氧化物气凝胶混合材料,如 $Cu-Al_2O_3$,$Pd-Al_2O_3$ 等;

(3)双元氧化物气凝胶,如 $Al_2O_3-SiO_2$,$Na_2O_5-SiO_2$,$CuO-Al_2O_3$ 等;

(4)三元氧化物气凝胶,如 $CuO-ZnO-ZrO_3$,$CuO-ZnO-Al_2O_3$ 等。

3.7　气-固相变

自然界中的物质,绝大多数都是以固、液、气三种聚集态存在着,如图3-46所示。从气态转变为固态,称为气-固相变。图中 O_1Z 线为气-固相平衡线。当处于 A 状态的气相在恒压下冷却到达 B 点时,因冷凝过程开始出现固相。若系统在等温、等压的封闭容器中,因蒸发过程使气相浓度增加,而凝聚过程又使气相冷凝成固相,当这两个过程以同样速率进行时,系统处于气、固两相动态平衡,蒸气浓度维持定值。这种动态平衡时的蒸气压称为饱和蒸气压,用 p_e 表示。

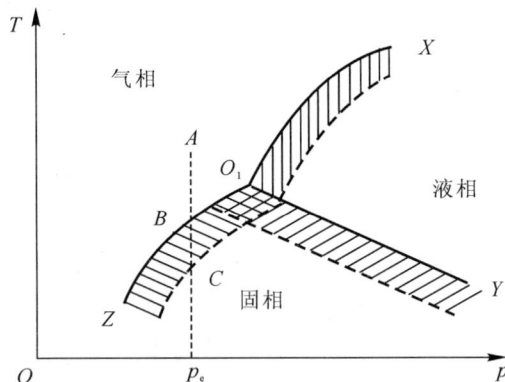

图3-46　单元系统中的气-固相变

随着气相沉积技术在各种功能性薄膜材料制造中的应用,气-固相变也日益显示其重要性。本节结合气相沉积中的气-固相变,阐述气-固相变非催化反应过程中相变的热力学条件及形核与长大。

3.7.1　相变热力学条件

3.7.1.1　相变过程的温度条件

由热力学可知,在等温等压条件下

$$\Delta G = \Delta H - T \cdot \Delta S$$

在平衡条件下，$\Delta G = 0$，则有

$$\Delta H - T_0 \Delta S = 0$$
$$\Delta S = \Delta H / T_0$$

式中　T_0—— 相变的平衡温度；

$\quad\Delta G$—— 自由能；

$\quad\Delta H$—— 相变热。

在任意温度 T 的不平衡条件下，则有

$$\Delta G = \Delta H - T \cdot \Delta S \neq 0$$

若 ΔH 与 ΔS 不随温度而变化，将 $\Delta S = \Delta H / T_0$ 代入上式，得

$$\Delta G = \Delta H - T \Delta H / T_0 = \Delta H \Delta T / T_0 \tag{3-28}$$

从式（3-28）可见，相变过程要自发进行，必须有 $\Delta G < 0$，则 $\Delta H \Delta T < 0$。若相变过程放热（如凝聚过程），因 $\Delta H < 0$，要使 $\Delta G < 0$，则必须有 $\Delta T > 0$，即 $T_0 > T$，这表明在该过程中系统必须"过冷"，才能使相变过程自发进行；相反，若相变过程吸热（如蒸发），$\Delta H > 0$，要满足 $\Delta G < 0$，则必须有 $\Delta T < 0$，即 $T_0 < T$，这表明系统要发生相变必须"过热"。

由此得出结论，相平衡温度与实际温度之差，即为该相变过程的驱动力。

3.7.1.2　相变过程的压力条件

若把金属气相近似地认为是理想气体，从热力学可知，在恒温可逆不做有用功时，有

$$\Delta G = \int_{p_e}^{p} V \mathrm{d}p$$

式中　p_e—— 饱和蒸气压；

$\quad p$—— 实际压强。

对于理想气体

$$pV = nRT$$

所以

$$\Delta G = \int_{p_e}^{p} \frac{nRT}{p} \mathrm{d}p = nRT \ln \frac{p}{p_e} \tag{3-29}$$

可见，当 $p < p_e$ 时，$\Delta G < 0$，蒸发过程可以进行；当 $p > p_e$ 时，则凝聚过程可以进行。由于蒸发源处的材料在高温加热时蒸气压很高，真空容器中的气压远小于该材料的蒸气压，因此满足蒸发条件；当该材料的蒸发气体原子碰到低温的基片时，材料在基片上的蒸气压很低，真空容器中的气压远大于该材料的蒸气压，因此满足凝聚条件。

3.7.2　形核与长大

当气相沉积时，高温蒸发的原子飞向未加热的基片（室温），由于原子接触基片后温度急剧降低，以致真空罩中的气压远高于蒸发材料的蒸气压，气体原子将凝聚。当气体原子凝聚到某晶粒临界尺寸时，原子就可以不断依附于其表面生长。

气相凝聚的晶核，其临界尺寸 r_c 可与液相凝固时同样处理。当晶核为球形时，有

$$r_c = \frac{2\sigma}{\Delta G_r} \tag{3-30}$$

式中　σ—— 表面能；

$\quad\Delta G_r$—— 单位体积自由能。

需要指出的是:由于气相沉积的冷速很大,过冷度比凝固时大很多,故气相沉积的临界尺寸很小;同时气体源的热能在大的基片上快速散发,故晶粒不易长大。室温沉积(即基片未加热)的晶粒大多为纳米级,甚至为非晶。基片加热时沉积,晶粒才能显著长大。

气相沉积的形核率也与凝固时类似,有

$$J = wn^*$$

（3-31）

式中　w——每秒钟添加到临界晶核的原子数。

　　　n^*——临界晶核的平衡浓度,即

$$n^* = \eta \exp\left(\frac{-\Delta G_k}{KT}\right)$$

其中　η——气相中原子的浓度。

它受形核功因子和原子扩散概率因子共同影响。由于气相沉积过冷度很大,因此,形核率主要受形核功因子的影响,尤其是当基片未加热时容易得到细晶。

图3-47为Ag的蒸发沉积电镜照片。该图清楚地显示出随蒸发时间的增长,晶粒的形成、长大与连续薄膜形成的过程:图3-47(a)中一些气态原子(分子)附着并凝聚到基片表面,形成一些均匀、细小且可以运动的原子团,这些原子团被称为"岛";这些小岛不断接受新的沉积原子,并与其他小岛合并而逐渐长大,如图3-47(b)所示;随着时间的延长,只留下一些孤立的孔洞和沟道,如图3-47(c)所示;当这些沟道不断被填充时,就形成了覆盖完整的初期薄膜,如图3-47(d)所示。薄膜厚度达到数十纳米时,就开始薄膜的生长。

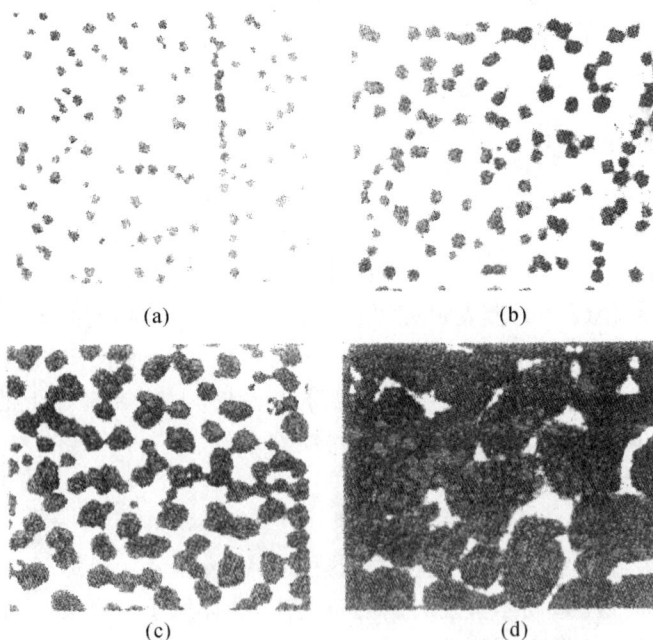

图3-47　NaCl基片上沉积Ag膜的电子显微照片

研究表明,当浸润性好、晶格错配度很小时,薄膜将以层状模式生长,即沉积原子以共格/半共格形式在基片表面堆叠,薄膜始终以二维扩展的模式沿基片铺开,没有明确的形核阶段。当浸润性较好,但错配度较大时,薄膜将以层状-岛状模式生长。

习　　题

1. 比较说明过冷度、动态过冷度及临界过冷度等概念的区别。

2. 分析纯金属生长形态与温度梯度的关系。

3. 什么叫临界晶核？它的物理意义及与过冷度的定量关系如何？

4. 试分析单晶体形成的基本条件。

5. 在液体中形成一个半径为 r 的球形晶核时，证明临界形核功 ΔG 与临界晶核体积 V 间的关系为 $\Delta G = \dfrac{1}{2} V \Delta G_{\mathrm{B}}$。

6. 简述纯金属晶体长大的机制及其与固-液界面微观结构的关系。

复习思考题

指出下列各题错误之处，并更正。

1. 所谓过冷度，是指金属结晶时，在冷却曲线上出现平台的温度与熔点之差；而动态过冷度是指结晶过程中，实际液相温度与熔点之差。

2. 金属结晶时，原子从液相无序排列到固相有序排列，使体系熵值减小，因此是一个自发过程。

3. 在任何温度下，液态金属中出现的最大结构起伏都是晶胚。

4. 在任何温度下，液相中出现的最大结构起伏都是晶核。

5. 所谓临界晶核，就是体系自由能的减少完全补偿表面自由能增加时的晶胚大小。

6. 在液态金属中，凡是出现小于临界晶核半径的晶胚都不能成核，但是只要有足够的能量起伏提供形核功，还是可以成核的。

7. 测定某纯金属铸件结晶时的最大过冷度，其实测值与用公式 $\Delta T = 0.2 T_{\mathrm{m}}$ 计算的值基本一致。

8. 某些金属铸件结晶时，由于冷速较快，均匀形核率 N_1 较高，非均匀形核率 N_2 也较高，那么总的形核率 $N = N_1 + N_2$。

9. 若在过冷液体中，外加 10 000 颗形核剂，则结晶后就可以形成 10 000 颗晶粒。

10. 从非均匀形核功的计算公式 $A_{\text{非}} = A_{\text{均}} \dfrac{2 - 3\cos\theta + \cos^2\theta}{4}$ 中可以看出，当润湿角为 $0°$ 时，非均匀形核的形核功最大。

11. 为了生产一批厚薄悬殊的砂型铸件，且要求均匀的晶粒度，则只要在工艺上采取加形核剂的方法就可以满足。

12. 非均匀形核总是比均匀形核容易，因为前者是以外加质点为结晶核心，不像后者那样形成界面，而引起自由能的增加。

13. 在研究某金属细化晶粒工艺时，主要寻找那些熔点低，且与该金属晶格常数相近的形核剂，其形核的催化效能最高。

14. 纯金属生长时，无论液-固界面呈粗糙型还是光滑型，其液相原子都是一个一个地沿着固相面的垂直方向连接上去。

15. 无论温度分布如何,常用纯金属生长都是呈树枝状界面。

16. 氯化铵饱和水溶液与纯金属结晶终了时的组织形态一样,前者呈树枝晶,后者也呈树枝晶。

17. 人们无法观察到极纯金属的树枝状生长过程,所以关于树枝状的生长形态仅仅是一种推理。

18. 液态纯金属中加入形核剂,其生长形态总是呈树枝状。

19. 纯金属结晶时若呈垂直方式生长,其界面时而光滑,时而粗糙,交替生长。

20. 从宏观上观察,若液-固界面是平直的,称为光滑界面结构,若是呈金属锯齿形的,称为粗糙界面结构。

21. 纯金属结晶以树枝状形态生长或以平面状形态生长,与该金属的熔化熵无关。

22. 实际金属结晶时,形核率随着过冷度的增加而增加,超过某一值后,出现相反的变化。

23. 纯金属结晶时,晶体长大所需要的动态过冷度有时比形核所需要的临界过冷度还大。

第4章 相 图

二组元物系,简称二元系,常见于冶金学和金属学所讨论的领域之中。例如炉渣中虽含有多种组元,但其主要成分是 CaO 和 SiO_2,故可用 $CaO-SiO_2$ 的二元相图来讨论和解决问题。同样,钢铁中的平衡问题也是借助于铁-碳二元相图进行分析和研究。相图又称为状态图或平衡图。它是表示材料系统中相的状态与温度及成分之间关系的一种图形。

由相图可以知道材料的凝固或熔化温度及系统中可能发生的固态相变或其他转变;材料的性能与相图有一定的关系,如果掌握了有关相图的知识,就可以通过相图预测材料的某些性能。

虽然任何实际系统中进行的过程都在不同程度上偏离了平衡状态,但是掌握平衡状态下的规律也是认识大多数过程的出发点,因此相图对于生产过程也有重要的指导作用。对材料工作者来说,相图是一种不可缺少的重要工具,必须很好地掌握。

4.1 相、相平衡及相图制作

4.1.1 相

在热力学中,我们将所研究的原子、分子等集体称为系统,又称为体系。例如我们要研究的是铜与镍组成的合金,则把铜和镍作为系统。

在一个系统中,具有同一聚集状态的均匀部分称为相,不同相之间有明显的界面分开。例如由盐的水溶液组成的系统只有一个相,如果使此溶液的浓度超过饱和溶解度,就会出现未溶解的盐,这时系统就有两个相。这是物理化学中对相所下的定义。但在材料学中,还有某些特殊情况:即使是单相固溶体,其中各微区的成分并不完全均匀,而存在成分偏聚现象,所以各处的性质也就不完全相同;另外,同一相的不同晶粒之间也存在着界面,所以有界面分开的并不一定都是两种相。材料中的相,"均匀"是指成分、结构及性质要么宏观上完全相同,要么呈现连续变化而没有突变现象。

4.1.2 相平衡与相律

在某一温度下,系统中各个相经过很长时间也不互相转变,处于平衡状态,这种平衡称为相平衡。相平衡的热力学条件要求每个组元在各相中的化学位(μ)必须相等。因此,相平衡时系统内部不存在原子的迁移。但是,由动力学规律可以认为,这种相平衡是一种动态平衡,即在相界两侧附近原子仍在不停地转移,只不过在同一时间内相之间原子转移速度相等而已。

从相平衡条件可知,处于平衡状态的多元系中可能存在的相数将有一定的限制。这种限制可用吉布斯相律表示:

$$F = C - P + 2 \qquad (4-1)$$

在恒压条件下,其数学表达式为

$$F = C - P + 1 \qquad (4-2)$$

式中　　F——自由度数;

　　　　C——组成材料系统的组元数;

　　　　P——平衡相的数目。

自由度是指系统中在保持平衡相数不变的条件下独立可变因素(如温度、压力、浓度等)的数目,恒不为负。

相律可以用来确定系统处于平衡时可能存在的最多平衡相的数目,也可以用来判断测绘的相图是否正确。

4.1.3　相图的表示与测定

4.1.3.1　单元系相图

单元系相图可用几何图形描述。以 H_2O 为例说明单元系相图的表示和测定方法。H_2O 可以以气态、液态、固态的形式存在。要绘制 H_2O 的相图,首先在不同温度和压力下,测出水-气、冰-气和水-冰两相平衡时相应的温度和压力;然后以温度为横坐标、压力为纵坐标作图,在图上标出这些实验点,再把这些点连接起来,就可得到图 4-1(a) 所示的 H_2O 的相图。根据相律 $F = C - P + 2 = 3 - P$,由于 $F \geqslant 0$,所以 $P \leqslant 3$,故在温度和压力这两个外界条件变化时,单元系中最多只能有三相平衡。

图 4-1(a) 中有 3 个单相区:水、气、冰;有 3 个两相区:O_1A,O_1B,O_1C,分别表示水+冰、冰+气、气+水两相共存;3 个两相区交于 O_1 点,它是气、水、冰三相平衡点,也是一个三相区,根据相律,此时 $F = 0$,因此要维持三相共存,温度和压力都不能改变。

如果外界压力保持恒定,那么单元系相图只要一个温度轴来表示,如 H_2O 的相图可表示为图 4-1(b)。由相律可知,气、水、冰的各单相区($F = 1$)内,温度可在一定范围变动,在 T_m(熔点)和 T_b(沸点)处,两相共存($F = 0$),故温度不能改变,即相变为恒温过程。

对于有同素异构转变的金属,例如纯铁,其相图如图 4-2 所示。其中 $\delta - Fe$ 和 $\alpha - Fe$ 是体心立方结构,两者点阵常数略有不同,而 $\gamma - Fe$ 是面心立方结构。图中三个固相之间有两条晶型转变线把它们分开。

在某些化合物中也存在同分异构转变或多晶型转变,如在硅酸盐材料中,用途最广、用量最大的 SiO_2 在不同温度和压力下可有 4 种晶体结构的出现,即 α-石英、β-石英、β_2-鳞石英、β-方石英,如图 4-3 所示。

上述相图中的曲线所表示的两相平衡时温度和压力之间的定量关系,可由克劳修斯(Clausius)-克拉珀龙(Clapeyron)方程决定,即

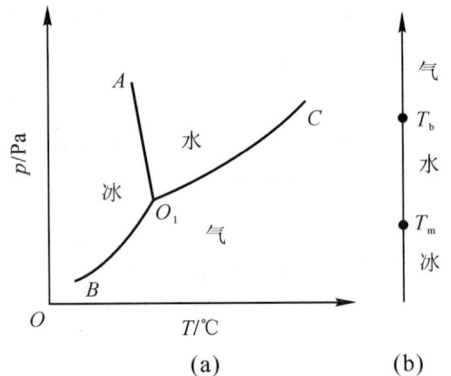

图 4-1　H_2O 的相图

(a) 温度与压力都能变动的情况;

(b) 只有温度能变动的情况

$$\frac{\mathrm{d}p}{\mathrm{d}T} = \frac{\Delta H}{T \Delta V_m} \qquad (4-3)$$

式中　ΔH——相变潜热；

　　　ΔV_m——摩尔体积变化；

　　　T——两相平衡温度。

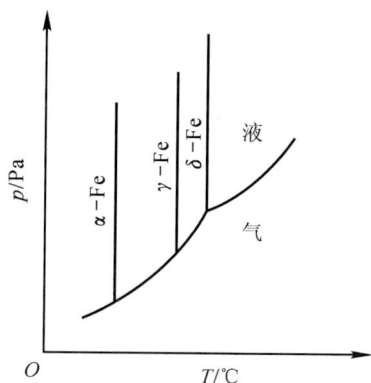

图 4-2　纯铁的相图

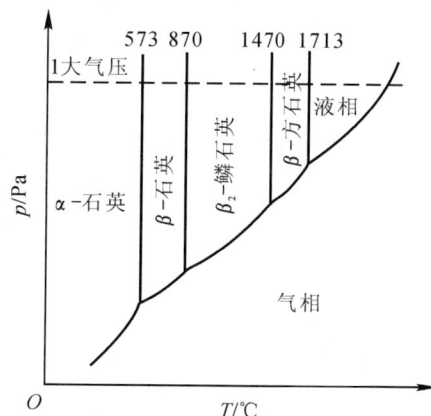

图 4-3　SiO_2 相平衡图

4.1.3.2　二元系相图

二元系中相的平衡状态与温度、成分的关系可用平面图形来表示，如图 4-4(b) 所示。纵坐标表示温度，横坐标表示成分。如果由 A,B 两个组元组成了一个合金系，则该系中任何一个合金都可以在横坐标上找到相应的一点。合金的成分可以用质量分数表示，也可以用摩尔分数表示。如果 w_A, w_B 分别代表 A,B 组元的质量分数，x_A, x_B 分别代表 A,B 组元的摩尔分数，则

$$\left. \begin{array}{l} w_A = m_A/(m_A + m_B) \\ x_B = n_B/(n_A + n_B) \end{array} \right\} \qquad (4-4)$$

式中　m_A, m_B——A,B 组元的质量；

　　　n_A, n_B——A,B 组元的物质的量。

到目前为止，实际金属材料或陶瓷材料相图的建立主要是依靠实验的方法。当系统中发生相变时，各种性质的变化或多或少带有突变性，这样就可以通过测量材料的性质来确定其相变临界点。这也是用实验方法测定临界点并构成相图的依据。

测定相图常用的物理方法有热分析法、金相组织法、X 射线分析法、硬度法、电阻法、热膨胀法、磁性法等。精确地测定一个相图，通常都是各种方法配合使用，以充分利用每一种方法的优点。以下以热分析法为例说明如何测绘 Cu-Ni 相图。

热分析法就是测定合金的冷却（或加热）曲线的方法。首先配制几种有代表性的合金，如图 4-4(a) 所示；测定每种合金从液态冷却到室温的冷却曲线，并求得各相变点；最后将这些相变点描绘在温度与成分的坐标图纸上，把意义相同的各点连接起来，即可绘出 Cu-Ni 相图，如图 4-4(b) 所示。

应该指出，随着电子计算机技术的发展，人们根据热力学的原理及有关的热力学数据，开始了通过计算求出有关数据，然后直接作出相图的工作。从长远发展看，相图的计算确定是有很大潜力的。

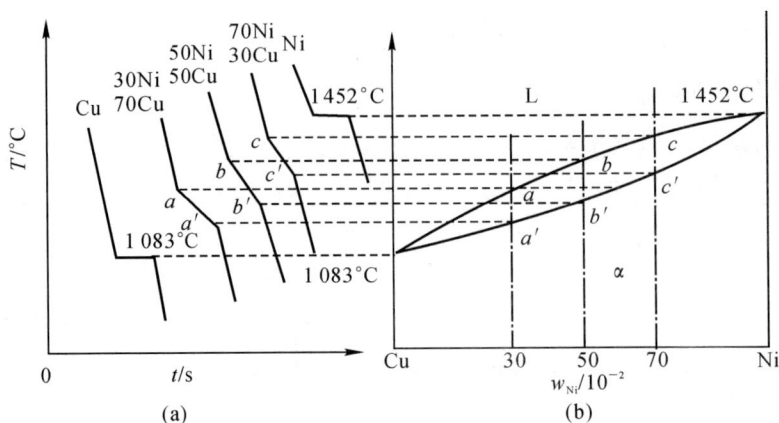

图 4-4　用热分析法建立 Cu-Ni 相图

（a）冷却曲线；（b）相图

【例题 4.1.1】　有一焊剂，$w_{Sn}=0.60$，$w_{Pb}=0.40$。试求每一种元素的摩尔分数。

解　选原子质量单位为基准计算每一种元素的原子数目，相对原子质量可视为已知。

$$100 \text{ 个原子质量的合金} = 60 \text{ 个原子质量的 Sn} + 40 \text{ 个原子质量的 Pb}$$

Sn 的相对原子质量为 118.69，Pb 的相对原子质量为 207.19。

$$60/118.69 = 0.5 \text{ 个}$$
$$40/207.19 = 0.19 \text{ 个}$$

焊剂中 Sn 的摩尔分数为

$$x_{Sn} = \frac{0.5}{0.5+0.19} = 72\%$$

焊剂中 Pb 的摩尔分数为

$$x_{Pb} = \frac{0.19}{0.5+0.19} = 28\%$$

【例题 4.1.2】　在 Al-Mg 合金中，Mg 的摩尔分数 x_{Mg} 为 0.05，计算 Mg 的质量分数。已知 Mg 的相对原子质量为 24.31，Al 的相对原子质量为 26.98。

解　合金中组元 i 的摩尔分数 x_i 和质量分数 w_i 之间的关系为

$$w_i = \frac{M_i x_i}{\sum_{j=1}^{n} M_j x_j}$$

式中，M_j 表示 j 组元的摩尔质量。

$$w_{Mg} = \frac{24.31 \times 0.05}{24.31 \times 0.05 + 26.98 \times 0.95} = 0.045$$

$$w_{Al} = \frac{26.98 \times 0.95}{24.31 \times 0.05 + 26.98 \times 0.95} = 0.955$$

4.2　二元匀晶相图

由液相直接结晶出单相固溶体的过程，称为匀晶转变。完全具有匀晶转变的相图，称为匀晶相图。Cu-Ni 二元相图就是一个实例。应该指出，几乎所有二元相图都包含匀晶转变部分,因此这一类相图是学习二元合金的基础。

4.2.1　相图分析

Cu-Ni 相图如图 4-4(b) 所示。它由一条液相线和一条固相线组成。在液相线以上区域,合金处于液态(用 L 表示);在固相线以下区域,合金处于固态(用 α 表示),在液相线与固相线之间,合金处于液、固两相平衡状态。由相律可知,当系统处于两相平衡时,其自由度数为1。这说明温度可以作为独立的变量在一定的范围内任意变动,而仍保持两相平衡状态。但是,在任一给定温度下,处于平衡的两个相的成分都已完全确定,不能任意地改变。此时,液相和固相的成分应当分别是在此温度刚要开始凝固和开始熔化的成分。

4.2.2　固溶体的平衡凝固

4.2.2.1　固溶体平衡凝固过程及组织

平衡凝固是指合金从液态无限缓慢地冷却,原子扩散非常充分,时时达到相平衡条件的一种凝固方式。现以图 4-5(a) 中所示 Cu-Ni 合金($w_{Cu}=0.40$)结晶过程为例进行说明。当合金冷至略低于液相线温度 T_1 时,开始凝固出 α_1 成分的固相。由于 α_1 中含 Ni 量比原合金高,故 α_1 近旁液体中的含 Ni 量必然降低,通过扩散达到平衡后的液体成分为 L_1,此时凝固的量很少。继续冷却至 T_2 温度时,凝固出来的固相成分沿固相线变至 α_2,与之平衡的液相成分则沿液相线变至 L_2。若在 T_2 温度保温,两相内部均分别达到平衡成分 L_2 和 α_2。建立稳定平衡后,T_2 温度下的凝固过程就停止了。欲使凝固过程继续进行,必须再降低温度。在温度下降至 T_4,遇到固相线后,凝固才完毕。凝固完毕后的固相成分为 α_4,相当于原合金成分。凝固过程中的组织变化如图 4-5(c) 所示。

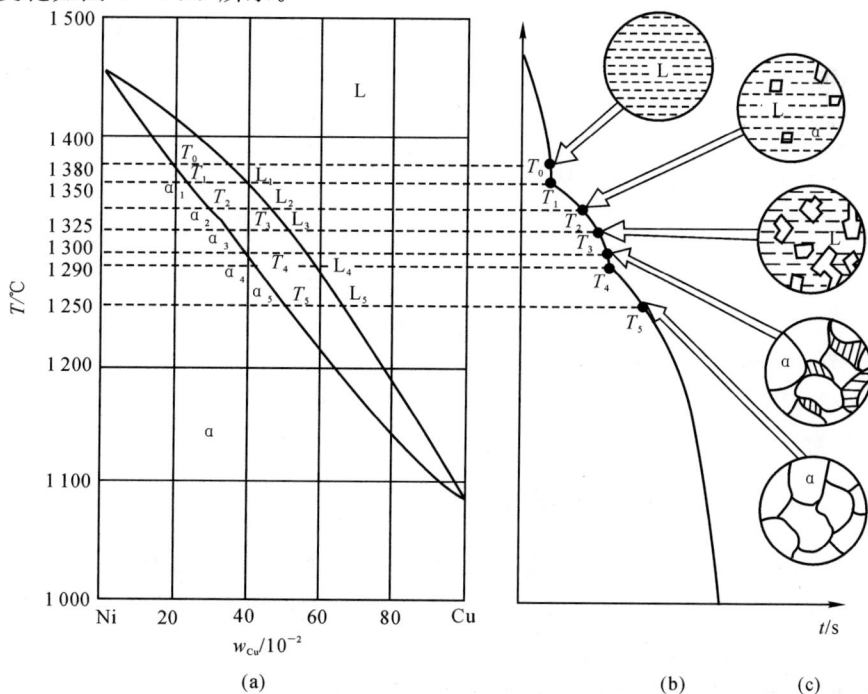

图 4-5　固溶体的平衡结晶

(a) 结晶过程；　(b) 冷却曲线；　(c) 组织变化

由上述内容可见,固溶体的凝固过程与纯金属凝固相比较有着明显的特点:

(1) 固溶体合金凝固时结晶出来的固相成分与原液相成分不同,所以固溶体凝固形核时,除了需要能量起伏和结构起伏外,还需要成分起伏,因而固溶体凝固形核比纯金属困难。

(2) 固溶体凝固需要一定的温度范围,在此温度范围的每一温度下,只能凝固出来一定数量的固相,即固溶体凝固必须依赖于异类原子的互相扩散,这就需要时间,所以凝固速率比纯金属慢。

4.2.2.2 杠杆定律

从固溶体平衡凝固过程中[见图4-5(a)]可以发现,当温度降低时,平衡两相中溶质原子都在不断地增加。那么,溶质原子从何而来呢?原来是结晶过程中液、固两相相对量发生了变化。

固溶体合金平衡凝固过程中,液、固两相相对量的变化可用杠杆定律来计算。图4-6表示成分为 X 的合金自液相冷却至 T_1 温度,此时合金处于液、固两相共存状态。平衡两相的成分点分别为 a,b 两点对应的横坐标值 X_L,X_α。两相的相对质量各是多少呢?

设合金的总质量为 W_0,液相的质量为 W_L,固相的质量为 W_α,则有

$$W_L + W_\alpha = W_0 \qquad (4-5)$$

另外,合金中含 Ni 的总质量应等于液、固两相中所含 Ni 的质量之和,即

$$W_L X_L + W_\alpha X_\alpha = W_0 X \qquad (4-6)$$

图 4-6 杠杆定律的证明

由以上两式可得

$$\left. \begin{array}{l} \dfrac{W_L}{W_0} = \dfrac{X_\alpha - X}{X_\alpha - X_L} = \dfrac{rb}{ab} \\[3mm] \dfrac{W_\alpha}{W_0} = \dfrac{X - X_L}{X_\alpha - X_L} = \dfrac{ar}{ab} \end{array} \right\} \qquad (4-7)$$

或

$$\frac{W_L}{W_\alpha} = \frac{rb}{ar}$$

此式与力学中的杠杆平衡关系颇为相似,故称为杠杆定律。杠杆定律可以用来计算二元合金系中任何两平衡相的相对质量。

4.2.3 固溶体的非平衡凝固与微观偏析

实际生产中,液态金属浇铸(铸锭或铸件)后、焊缝的凝固等,冷却较快,一般是几分钟、几小时就已经凝固完毕,不可能达到平衡凝固。因此,研究非平衡凝固的规律,对于分析各种热加工过程的质量及服役零件的失效很有意义。

不平衡结晶过程可以借助平衡相图作定性说明。如图4-7所示,X合金在温度降至 T_1 时开始凝固,首先结晶出的固相成分为 α_1,液相成分变为 L_1。当温度降至 T_2 时,在 α_1 的表面上

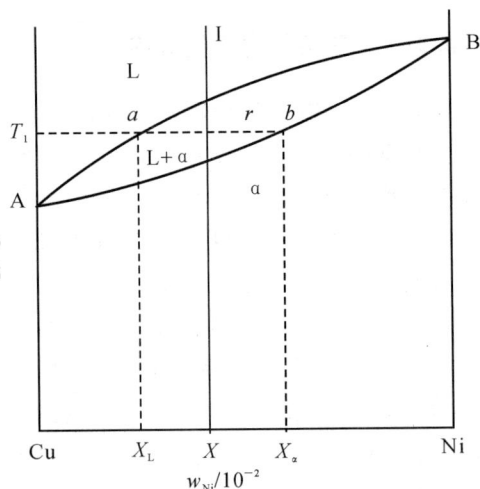

结晶出一层 α_2,由于时间短,晶体内外的成分不可能扩散均匀,故晶体的平均成分为 α_2',介于 α_1 和 α_2 之间,而液相的平均成分介于 L_1 与 L_2 之间,为 L_2'。当温度继续降至 T_3 时,固溶体表面又长出了一层,其界面成分为 α_3。此时,固溶体的平均成分为 α_1,α_2,α_3 的平均值 α_3',而液相的平均成分为 L_1,L_2,L_3 的平均值 L_3'。依次类推。将由各个温度下的平均成分点 α_1',α_2',… 连成的虚线,称为固相平均成分线;而由 L_1',L_2',… 连成的虚线,称为液相平均成分线。它们都不是平衡的相成分变化线,并与固相线及液相线偏离一定距离。其偏离程度主要取决于冷却速度,冷速越快,偏离程度越大。由于液体中原子易于扩散,故偏离程度甚小。应该指出,根据平衡凝固规律,当温度降至 T_3 时,固溶体的成分变至 α_3,剩余液体成分为 L_3,此时 X 合金应该结晶完毕。但是在非平衡凝固条件下,在温度 T_3 时固溶体的平均成分为 α_3',结晶过程尚未结束。可见,在不平衡结晶条件下,结晶的终止温度低于平衡结晶时的终止温度。

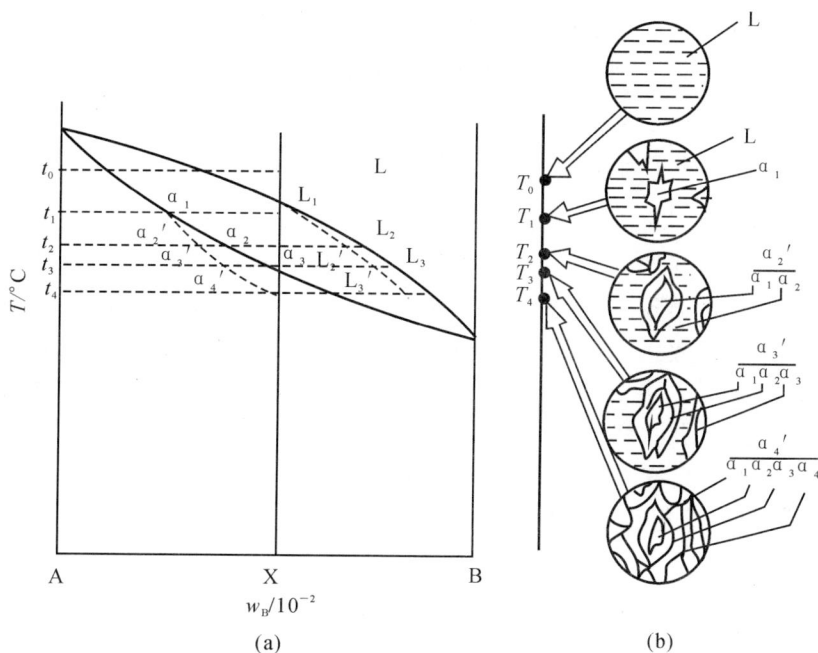

图 4 - 7　不平衡结晶过程各相成分的变化及组织变化示意图

(a) 成分变化;　(b) 组织变化

固溶体不平衡结晶时,由于从液体中先后结晶出来的固相成分不同,结果使得一个晶粒内部化学成分不均匀,这种现象称为晶内偏析。由于固溶体一般都以树枝状方式结晶,树枝的晶轴含高熔点组元较多,而晶枝间含低熔点组元较多,故又把晶内偏析称为枝晶偏析。图 4 - 8(a) 所示为铸态 Cu - Ni 合金的显微组织。由图可见,枝晶偏析的特征十分清晰。

具有枝晶偏析的合金,会导致合金塑性、韧性下降,易于引起晶内腐蚀,降低合金的抗蚀性能,特别是给合金的热加工带来困难。因此,生产上要注意避免产生枝晶偏析。为了消除枝晶偏析,可以将铸态合金加热至略低于固相线的温度进行长时间的均匀化退火,使异类原子互相充分扩散均匀。图 4 - 8(b) 所示为铸态的 Cu - Ni 合金经均匀化退火后的组织,其组织与平衡状态下的显微组织基本相同。

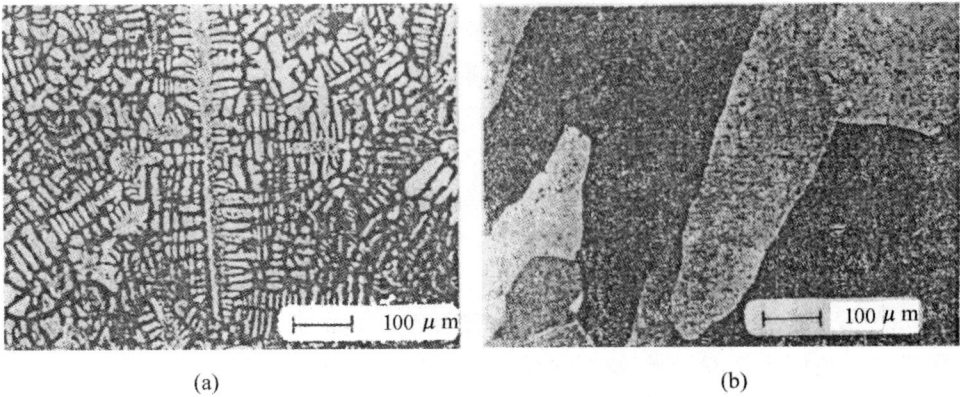

(a)　　　　　　　　　　　(b)

图 4-8　Cu-Ni 合金的显微组织

（a）铸造组织；　（b）退火组织

4.2.4　固溶体的非平衡结晶与宏观偏析

固溶体不平衡结晶所形成的微观偏析,是指一个晶粒内部成分的不均匀现象;而固溶体的宏观偏析是指沿一定方向结晶过程中,在一个区域范围内,由于结晶先后不同而出现的成分差异。固溶体宏观偏析的出现,是由于凝固时液-固界面向液体中推进,在液相与固相内溶质原子重新分布造成的。它直接影响合金材料的热加工工艺及产品质量。因此,必须重视对固溶体不平衡结晶过程中宏观偏析形成规律的学习。在讨论之前,先介绍溶质平衡分配系数 k_0。平衡分配系数 k_0 定义为在一定的温度下,液、固两平衡相中溶质浓度之比值,即

$$k_0 = c_S/c_L \tag{4-8}$$

式中　　c_S,c_L—— 固、液相的平衡浓度。

假定液相线与固相线为直线,则 k_0 为常数,如图 4-9 所示。

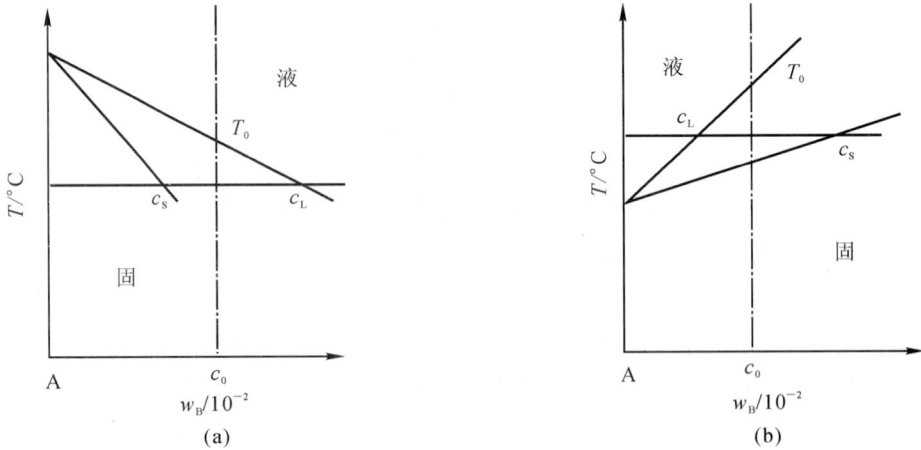

(a)　　　　　　　　　　　(b)

图 4-9　两种 k_0 情况

（a）$k_0 < 1$；　（b）$k_0 > 1$

　　为了便于研究,取一成分为 c_0 的固溶体合金圆棒,假定:合金圆棒自左端向右逐渐凝固;固-液界面保持平直;在所研究的成分范围之内,固、液相线均可看成是直线。如果冷却达到平衡状态,即液、固相内的溶质都能完全混合,虽然刚开始结晶出来的固体成分浓度是 c_0k_0,但是到凝固结束时,各部分固体的浓度都变为 c_0,不产生成分偏析,如图 4-10 中的 a 所示。实际上,平衡凝固难以达到,尤其是没有足够的时间使固相成分扩散均匀。一般金属稍低于熔点时,溶质原子在液体中扩散系数为 5×10^{-5} cm²/s,而在固体中的扩散系数为 10^{-8} cm²/s。因此,在分析实际凝固问题时,不考虑固相内部的原子扩散,而仅讨论液体中由于扩散、对流或进行搅拌所造成的溶质混合现象。通常称这样的凝固过程为正常凝固过程。

　　查尔默斯(Chalmers)等人研究了在固溶体合金定向凝固过程中,溶质原子的重新分布。他们认为固溶体合金的正常凝固大致归为以下三种情况。

4.2.4.1　液相内溶质完全混合

　　在缓慢结晶条件下,液相内溶质原子的混合除了依靠扩散外,还借助于对流及搅拌的方式,以达到溶质原子的完全混合。设合金的溶质含量为 c_0,合金棒全长为 L,已凝固部分的长度为 z(见图 4-11),当凝固分数为 f_S($f_S = z/L$)时,固、液相界面处固相和液相的成分分别为 c_S 和 c_L,$c_S = k_0 c_L$。如果此时再凝固 $\mathrm{d}f_S$,则排出的溶质为

$$(c_L - c_S)\mathrm{d}f_S = c_L(1 - k_0)\mathrm{d}f_S \qquad (4-9)$$

这部分溶质将均匀分布在液相中,因此液相中溶质的增量 Δ_c 为

$$\Delta_c = (1 - f_S)\mathrm{d}c_L \qquad (4-10)$$

以上两式应相等,经整理后可得

$$\mathrm{d}c_L/c_L = (1 - k_0)\mathrm{d}f_S/(1 - f_S) \qquad (4-11)$$

式(4-11)积分后,根据边界条件($f_S = 0$ 时,$c_L = c_0$)得

$$c_S = k_0 c_0 (1 - z/L)^{k_0 - 1} \qquad (4-12)$$

此式即为该结晶条件下,合金圆棒结晶完毕时,其成分的分布方程。合金凝固后的溶质分布曲线见图 4-10 中的曲线 b。

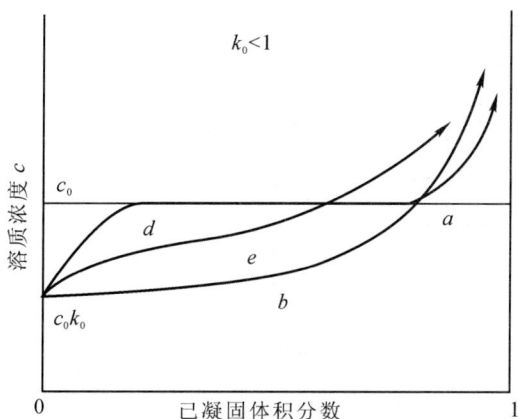

图 4-10　原始浓度为 c_0($k_0 < 1$)的合金溶液
　　　　在凝固后得到的溶质分布曲线
　　　a— 平衡凝固;　b— 溶液中溶质完全混合;
　　　d— 溶液中溶质只借扩散而混合;
　　　e— 溶液中溶质部分地混合

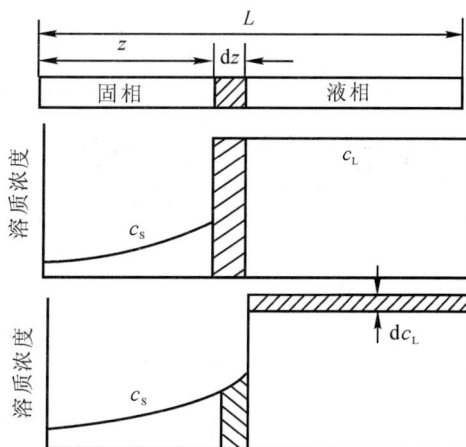

图 4-11　液相成分保持均匀时
　　　　固相成分的分布

图 4-10 中的曲线 b 表明：在缓慢结晶条件下，圆棒开始结晶的左端，溶质原子浓度低于合金的平均成分 c_0；而圆棒结晶终了的右端，溶质原子却严重偏聚，远高于合金的平均成分。这种沿长度方向上存在的溶质偏析现象，称为宏观偏析。应该指出，这种宏观偏析是合金圆棒顺序缓慢结晶形成的，它和快速结晶时形成的枝晶偏析是两个不同的概念。

4.2.4.2　液相内溶质原子部分混合

在较快结晶条件下，液相中溶质原子只能部分混合。这是由于凝固时，液体黏度低，密度大，总会有一定的自然对流促使溶质混合。但是当液体在管子中流动时有一个基本特性：管子中心部分液体流速很大，但靠近管壁处流速却几乎为零，即在管壁处有一层无流动的边界层。这种边界层在凝固时液-固界面处的液体中也同样存在着。在界面的法线方向不可能有原子的对流传输，在边界层中，溶质只能通过扩散传输到边界层外面的对流液体中去。而扩散往往不能把凝固时所排出的溶质原子同时都输送到对流的液体中，结果在边界层造成了原子的聚集。

在上述结晶条件下，液-固界面处的液相与固相内溶质原子的分布如图 4-12 所示。从图中可见，在液-固界面移动的开始阶段，液相内溶质原子富集浓度迅速上升，相应的界面上固相的浓度也必然迅速上升 $[(c_S)_i = k_0(c_L)_i]$。在边界层中溶质原子富集到一定程度后，溶质原子从界面固体一侧向边界层内流入的速率，与从边界层向液体中流出去的速率相等时，边界层溶质富集的程度不再上升，达到稳定阶段，即 $(c_L)_i/(c_L)_B$ 为常数。达到稳定状态后的凝固过程，称为稳态凝固过程。我们把从凝固开始直到这种溶质富集区稳定建立为止的这段长度，称为初始过渡区。在稳态凝固过程中，常用到有效分配系数 k_e，它被定义为

$$k_e = (c_S)_i/(c_L)_B \tag{4-13}$$

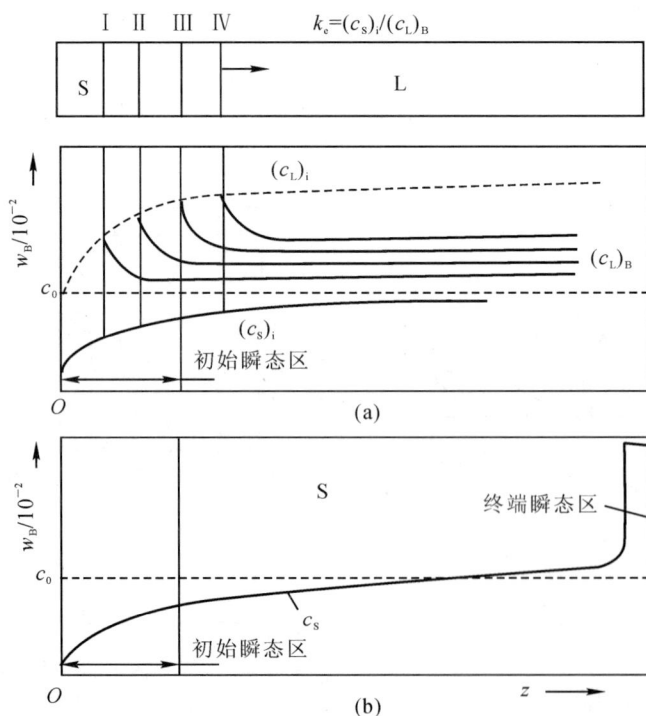

图 4-12　液相内溶质部分混合
（a）结晶时，液、固相内的成分分布；　（b）结晶后，整个圆棒内的成分分布

在液相内溶质原子部分混合条件下,固溶体中溶质浓度分布为

$$c_S = k_e c_0 (1 - z/L)^{k_e - 1} \qquad (4-14)$$

凝固后溶质分布曲线如图 4-10 中的曲线 e 所示。比较曲线 e 与 b,可以看出,边界层溶质原子的富集使宏观偏析程度减小。

4.2.4.3　液相内的溶质仅通过扩散混合

在很快结晶条件下,由于液-固界面推进很快,边界层溶质的富集浓度迅速上升。当液相一方浓度达到 c_0/k_0 时,固相的溶质浓度提高到 c_0,而又不足以将边界层以外液相成分 $(c_L)_B$ 提高到合金的平均成分以上。所以当初始过渡区形成以后,边界层溶质浓度一直保持不变[见图 4-13(a)],新形成的固相成分保持为 c_0,即达到了稳态,直到凝固接近末端时,液相扩散受阻,界面处液相的成分再次迅速增加,其溶质分布如图 4-13(b) 所示。这种结晶条件相当于有效分配系数 $k_e = 1$ 的情况,故 $c_S = 1 \times c_0 [1 - (z/L)]^{k_e - 1} = c_0$。此式表明,在很快结晶条件下,圆棒上的宏观偏析很少,甚至于无偏析。仅在凝固终了后,最后剩余的少量液体由于扩散受阻,浓度迅速升高,形成一个终端瞬态区,其长度也只有几厘米。

综上所述,固溶体合金棒凝固速度不同,溶质的混合情况不同,可以形成不同的宏观偏析。在实际生产中,只有在很快结晶

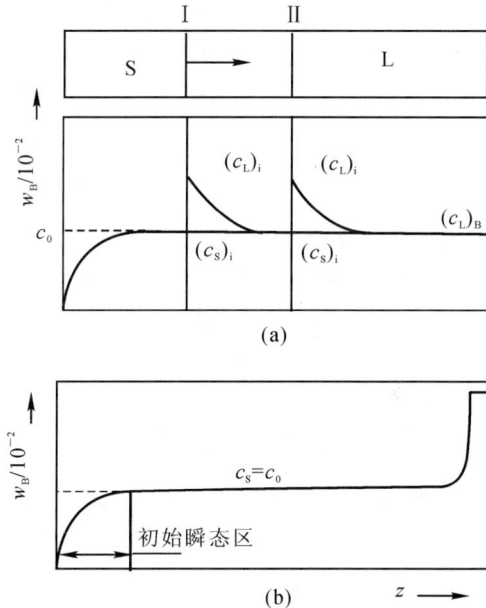

图 4-13　液相内溶质原子很少或无混合
(a) 结晶时,液、固相内的成分分布;
(b) 结晶后,整个圆棒内的成分分布

条件下才发生很小的宏观偏析甚至没有;在缓慢结晶条件下,固溶体合金棒的宏观偏析最严重;在较快结晶条件下,宏观偏析程度介于前两种情况之间。

4.2.4.4　区域熔炼

上述指出,正常凝固可使固溶体合金棒开始凝固部分获得提纯效果。20 世纪 50 年代初期,人们就利用这一原理通过区域熔炼提纯金属。区域熔炼不是一次把金属棒全部熔化,而是沿棒的长度方向逐渐从一端向另一端顺序地进行局部熔化,如图 4-14 所示。区域熔炼一次,就会使圆棒中的杂质从一端向另一端富集。如果反复进行多次,就可使金属材料获得高度的提纯。例如,对 $k_0 < 0.1$ 的合金圆棒,只需反复进行五次区域熔炼,即可将圆棒的前半部分中的杂质平均含量降低至千分之几。这种方法已广泛用于需要高纯度的半导体材料、金属及金属化合物等的提纯。

4.2.5　成分过冷与固溶体的组织

纯金属结晶时熔点不变,液体的过冷度完全取决于实际温度的分布,这种过冷称为热温过冷。查尔默斯等人研究发现,固溶体合金结晶时,在一定条件下,溶质原子在液-固界面前沿液相内的分布会发生变化,液相的熔点也随着改变,并使过冷度深入液相内部。这种由于液相成

分改变而形成的过冷,称为成分过冷。

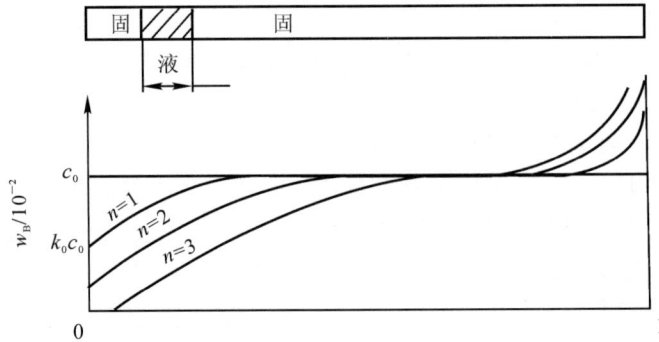

图 4-14 由区域熔炼而得到的沿金属棒的成分变化(n 为区域熔炼次数)

4.2.5.1 成分过冷的形成

假设具有 c_0 成分的合金定向凝固时,平衡分配系数为 k_0,溶质仅靠扩散混合而达到稳态凝固时,液-固界面前沿液相中溶质的分布如图 4-15(a) 中的曲线所示。为了便于研究,找出 4 个点(代表微区)1,2,3,4,它们表示离界面不同距离处液相的溶质浓度。根据这 4 个点的浓度大小,可以找到它们在相应的二元相图中的位置,如图 4-15(b) 所示,进而确定其平衡凝固温度(亦即熔点)。将平衡凝固温度描绘在温度与距离的坐标上,如图 4-15(c) 所示。该图说明界面处的熔点最低,随着离界面距离的增加,熔点不断升高,达到一定距离后,保持原始成分的熔点。

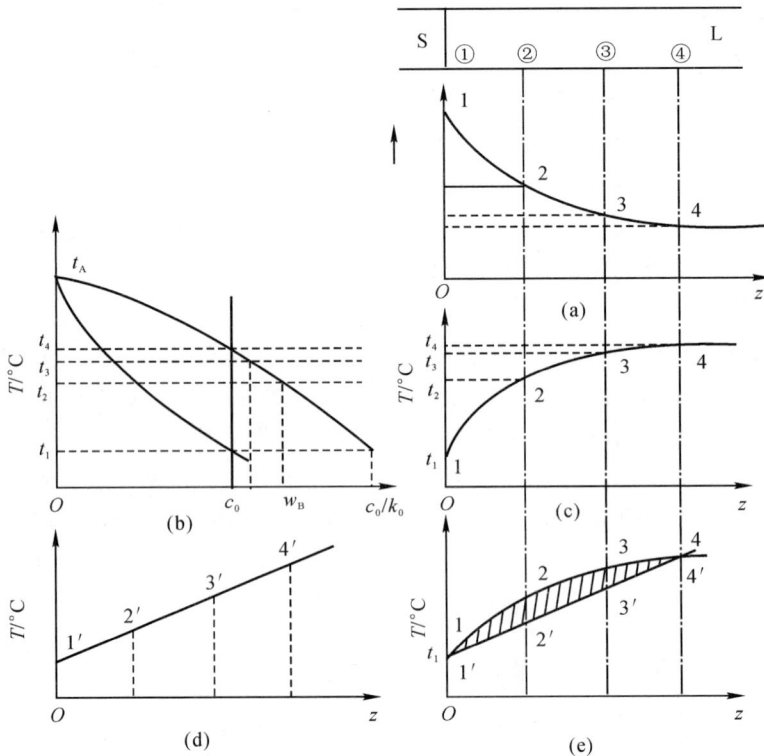

图 4-15 成分过冷形成示意图
(a) 溶质分布曲线; (b) A-B 匀晶相图; (c) 熔点分布曲线; (d) 实际温度分布曲线; (e) 成分过冷

液-固界面前沿的液相通常具有正的温度梯度,如图 4-15(d) 所示。图中 1′,2′,3′,4′ 表示离界面不同距离的实际温度。如果把图 4-15(c) 与图 4-15(d) 绘在同一坐标系中,即得图 4-15(e)。该图中各微区熔点的连线与实际温度分布曲线之间所包围的区域就是成分过冷区(阴影线部分)。

成分过冷区是两端小而中间大。其垂直方向表示过冷度的大小,水平方向表示成分过冷区的宽度。由于晶体长大时液-固界面前沿所需要的动态过冷度很小,故成分过冷度的大小实际意义不大,但成分过冷区的宽度却十分重要,它将决定固溶体凝固时的组织形态。

4.2.5.2 成分过冷的控制

由成分过冷的图解[见图 4-15(e)]可以看出,成分过冷区由两条曲线围成:一条是液-固界面前沿液相中不同溶质含量的液相开始凝固温度的连线,一条是界面前沿液相中的实际温度分布曲线。如果用数学方程表示出这两条曲线,并让方程中的实际温度低于熔点,经过计算,便可得出产生成分过冷的条件为

$$\frac{G}{R} < \frac{mc_0}{D} \frac{1-k_0}{k_0} \qquad (4-15)$$

式中 G —— 温度梯度(指液-固界面前沿液相中的实际温度分布);

R —— 结晶速度;

m —— 相图上液相线的斜率;

D —— 液相中溶质的扩散系数;

k_0 —— 平衡分配系数。

式(4-15)表明,影响成分过冷倾向大小的因素可分为两类:一类是实验可控制的参数 G 和 R,当 G 值较小或 R 值较大时,都容易产生成分过冷;另一类是合金固有的参数 m 和 k_0,当液相线较陡,平衡分配系数较小($k_0 < 1$)时,也容易产生成分过冷。

4.2.5.3 成分过冷对固溶体生长形态及组织的影响

固溶体合金凝固时,在正温度梯度下,由于固-液界面前沿液相中存在成分过冷,并随着成分过冷度从小变大,其界面生长形态将从平直界面向胞状和树枝状发展,如图 4-16 所示。

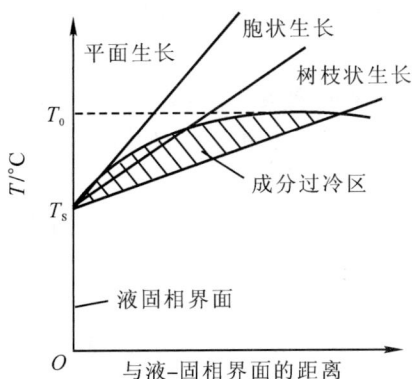

图 4-16 成分过冷对组织形态的影响   图 4-17 固溶体胞状生长与溶质原子的扩散

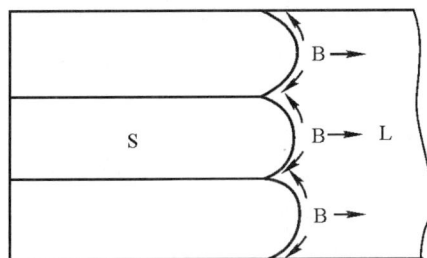

假设液-固界面前沿不产生成分过冷,固溶体结晶时完全依靠热温过冷,则界面生长呈平面状,凝固后的组织是一个一个的晶粒。如果液-固界面前沿液相内有较小的成分过冷区,那

么平面状生长就不稳定了。当液-固界面上形成某些突起部位并首先伸向成分过冷区内时,如图 4-17 所示,突起部位的前沿液相内溶质大量富集。这样,溶质原子既向前扩散,也向两边凹陷处扩散。由于凹处浓度增高,熔点必然降低,过冷度减小,其生长速度变慢;而凸起尖端将伸入成分过冷区,故加速凸起超前生长。超前生长的最大距离不能超过成分过冷区(一般为 $0.1 \sim 1.0$ mm)。这样便形成一个较稳定的凹处界面,它与突起界面平行向液相中发展,形成胞状组织。

固溶体的胞状组织如图 4-18 所示。其组织由互相平行的棒状晶体组成[见图 4-18(b)],棒状晶体的横向呈六角形[见图 4-18(a)]。如果在生长过程中,成分过冷区稍有增大,则会形成典型的胞状树枝晶组织。

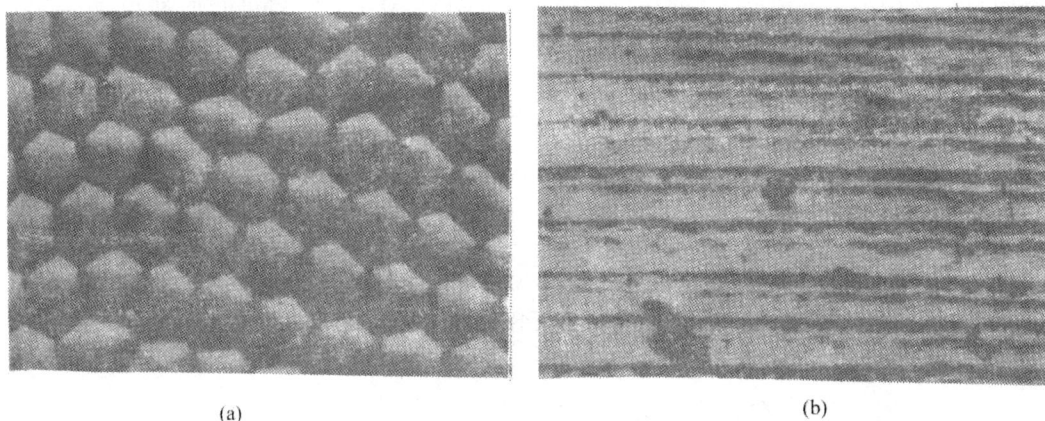

(a)

(b)

图 4-18　规则的胞状组织(未抛光,未浸蚀)　×150

(a) 横向;　(b) 纵向

如果成分过冷区较大,则胞状生长变得不规则,并逐渐过渡到树枝状方式生长。这时一旦在液-固界面上生成一个凸起,它就一直伸到液相深处形成树枝的主干。在主干生长过程中,它的侧面由于液-固界面前沿液相中溶质原子富集,也会出现成分过冷。一旦形成突起,就会长成分支,形成树枝状组织,如图 4-19(c)(d) 所示。

应该指出,在实际生产中,这些组织形态主要受温度梯度与结晶速度控制,如图 4-19 所示。因为呈平直界面生长,需要的温度梯度很大,一般很难达到。固溶体合金凝固通常是形成胞状树枝晶或树枝晶。

【例题 4.2.1】　今有两个形状、尺寸相同的铜镍合金铸件,一个成分为 $w_{Ni} = 0.90$,一个成分为 $w_{Ni} = 0.50$,铸造后自然冷却。

(1) 凝固后哪个铸件中的微观偏析较为严重?

(2) 哪种合金成分过冷倾向较大?

(3) 室温下哪个铸件的硬度较高?

解　(1) 铸件的偏析程度与合金相图有关。一般液相线与固相线之间的垂直距离较大,说明合金的结晶温度范围大;液相线与固相线之间的水平距离越大,结晶时两相成分的差别就越大,偏析越严重。所以在 $w_{Ni} = 0.50$ 的合金铸件中,微观偏析严重。

(2) $w_{Ni} = 0.50$ 的合金,成分过冷倾向大。因为出现成分过冷的条件为 $\dfrac{G}{R} < \dfrac{mc_0}{D} \dfrac{1 - k_0}{k_0}$,

所以当其他结晶条件相同时，c_0 越大，就越容易产生成分过冷。

（3）固溶体的硬度一般是随着溶质含量的增加而增大，所以 $w_{Ni} = 0.50$ 的铸件硬度略高。

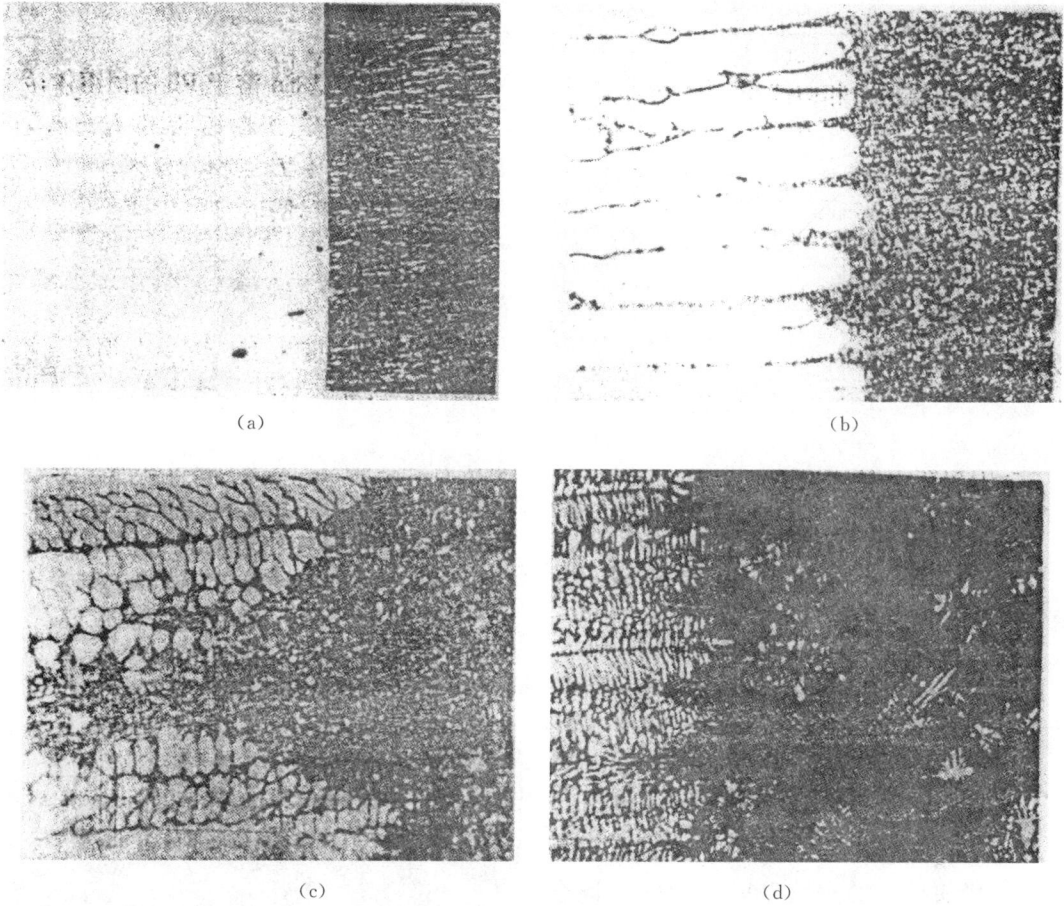

图 4-19 Cu-Al 合金（$w_{Cu} = 0.045$）定向结晶生长形态 ×45

(a) 平面状：$G = 135\ ℃/cm, R = 1.19\ \mu m/s$； (b) 胞状：$G = 128\ ℃/cm, R = 7.3\ \mu m/s$；

(c) 柱状树枝：$G = 36.2\ ℃/cm, R = 57.4\ \mu m/s$； (d) 等轴树枝：$G = 21.7\ ℃/cm, R = 257\ \mu m/s$

4.3　二元共晶相图

大多数二元合金在固态并不能完全互溶，而只能部分互溶，形成有限固溶体，并具有共晶转变。这类相图出现在 Pb-Sn，Al-Si，Al-Cu，Mg-Si，Al-Mg 等合金中。在科研与生产中二元共晶相图的应用十分普遍。现以 Pb-Sn 相图为例进行讨论，说明如何分析和应用二元共晶相图。

4.3.1　相图分析

一般的二元共晶相图如图 4-20 所示。相图中有三个基本相，即固溶体相 α、β 及液相 L。α 相是 Sn 溶于 Pb 中形成的固溶体，β 相是 Pb 溶于 Sn 中形成的固溶体，液相 L 是 Sn 和 Pb 在高温下互相溶解形成的液溶体。在相图上与之相对应的有三个单相区;各个单相区之间有一个两相区,故有三个两相区,即 L+α,L+β,α+β;三个两相区中间有一个三相区。相图中的水平线 MN 即为 α+β+L 三相共存区。

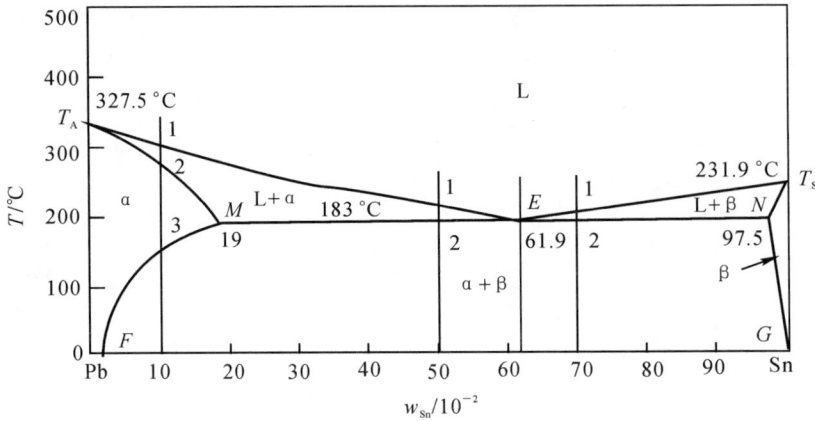

图 4-20 Pb-Sn 二元相图

所谓共晶转变,是指具有 E 点成分的液相,当冷至 T_E 温度时,将同时结晶出两个成分不同的固相(如 M 点成分的 α 相与 N 点成分的 β 相)。其共晶反应式为

$$L_E \xrightleftharpoons{T_E} \alpha_M + \beta_N$$

发生共晶反应的温度 T_E 称为共晶温度。由于成分在 MN 范围内的合金冷却到 T_E 温度时都会发生共晶反应,故把 MN 线称为共晶线。发生共晶转变的液相成分点 E,称为共晶点或共晶成分。共晶反应的产物是两个固相的混合物,称为共晶体或共晶组织。Pb-Sn 系共晶组织如图 4-21 所示。

相图中对应于共晶点成分的合金,称为共晶合金;成分位于共晶点以左和 M 点以右的合金,称为亚共晶合金;成分位于共晶点以右和 N 点以左的合金,称为过共晶合金;成分位于 M 点以左和 N 点以右的合金,称为端部固溶体合金。

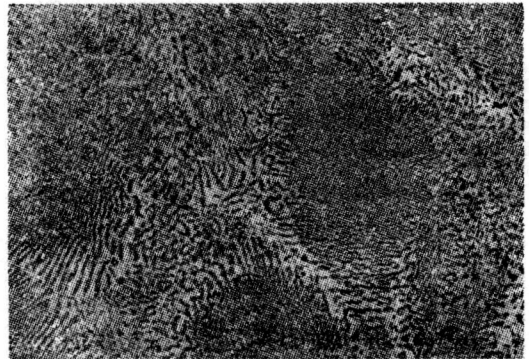

图 4-21 Pb-Sn 二元共晶组织

相图中的 M 点和 N 点分别表示 α,β 相的最大溶解度极限。随着温度的降低,α,β 相的溶解度将分别沿着曲线 MF 和 NG 变化,故称这两条曲线为固溶线。

4.3.2 共晶系合金的平衡凝固和组织

按照相变特点和组织特征,可将共晶系合金的平衡凝固分为端部固溶体合金、亚共晶合金、共晶合金、过共晶合金四类合金的凝固。只要掌握了这四类合金的凝固过程,就会对该系中任意一个合金的平衡凝固过程进行分析了。现举例说明各类合金的凝固过程和组织特征。

4.3.2.1 端部固溶体合金

以 Sn - Pb 合金($w_{Sn}=0.10$)为例。首先画出该合金的冷却曲线,如图 4 - 22(b)所示。当该合金冷却至 T_1 温度时,从液相中开始结晶出 α 固溶体,冷至 T_2 温度时,结晶完毕,为单相固溶体晶粒。这一凝固过程与前述匀晶转变过程完全一样。在 $T_2 \sim T_3$ 温度区间冷却时,没有相变发生,组织没有变化。冷至 T_3 温度遇到固溶线,在随后冷却时 Sn 在 α 中的溶解度将不断减小,多余的 Sn 就以 β 固溶体的形式从 α 中析出。在从 T_3 冷至 T_4 温度时,α 和 β 相的平衡成分分别沿着 MF 线与 NG 线(见图 4 - 20)变化。这种由过饱和固溶体分离出另一种相的过程,称为脱溶转变(反应)。脱溶相一般称为次生相,如前述次生相 β,并以 $β_{II}$ 表示。

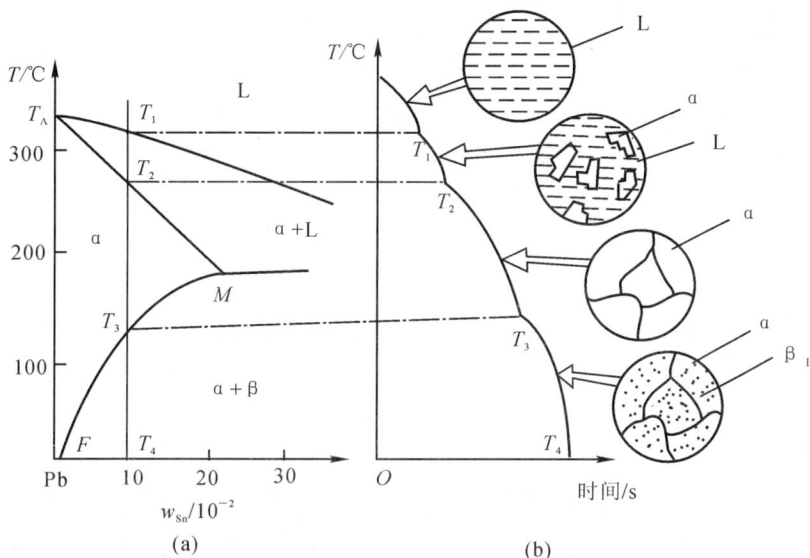

图 4 - 22 Sn - Pb 合金($w_{Sn} = 0.10$)的结晶

(a) 结晶过程; (b) 冷却曲线及组织变化示意图

该合金的室温组织为 α + $β_{II}$。$β_{II}$ 一般分布在原 α 晶界上,有时在晶内也析出。次生相是从固相中析出,所以相界圆滑,呈细小颗粒状,如图 4 - 23 所示。

合金中第二相的存在会影响合金的性能。如果第二相硬度较高,并且呈弥散状分布时,则会使合金强化;若第二相沿晶界呈网状分布,则会降低合金的塑性。第二相的形态和分布可以通过热处理来控制。

4.3.2.2 共晶合金($w_{Sn} = 0.619$)

Sn - Pb 合金($w_{Sn} = 0.619$)属于共晶合金。当冷至共晶温度时,发生共晶转变:

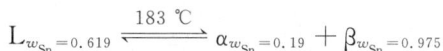

$$L_{w_{Sn}=0.619} \xrightleftharpoons{183\ ℃} α_{w_{Sn}=0.19} + β_{w_{Sn}=0.975}$$

图 4 - 23 Sn - Pb 合金($w_{Sn} = 0.1$)
平衡结晶后的组织

全部凝固成共晶组织,也称共晶体,以($α + β$)$_{共}$ 表示。显然,共晶体是由两个相组成。两个相的相对量可由杠杆定律计算的:

$$W_{aM} = \frac{EN}{MN} \times 100\% = \frac{0.975 - 0.619}{0.975 - 0.19} \times 100\% = 45.4\%$$

$$W_{\beta N} = \frac{ME}{MN} \times 100\% = \frac{0.619 - 0.19}{0.975 - 0.19} \times 100\% = 54.6\%$$

共晶转变完成后继续冷却时,共晶体中的 α 与 β 相都要发生脱溶转变,分别析出 β_{II} 和 α_{II}。由于共晶体中的次生相常依附共晶体中的同类相析出,所以在显微镜下难以辨别。共晶合金在室温下的组织如图 4 - 21 所示。图中黑色为 α 相,白色为 β 相,两相呈片层交替分布。

4.3.2.3　亚共晶合金($w_{Sn} = 0.50$)

成分位于 M,E 之间的 Pb - Sn 合金都属于亚共晶合金,它们的凝固过程及其组织极为类似。下面以 Sn - Pb($w_{Sn} = 0.50$) 合金为例来说明。

作该合金的冷却曲线,如图 4 - 24(b) 所示。当合金从高温液体冷至 T_1 温度时,开始结晶出 α 相,随着温度降低,结晶出的 α 相增多,L 和 α 的成分分别沿 $T_A E$ 和 $T_A M$ 线变化。当冷至 T_2 温度时,α 相的成分变至 M 点,L 相的成分变至 E 点。此时,剩余的液相发生共晶转变,并在冷却曲线上形成"平台",直至液相全部消失为止。凝固后的组织为 $\alpha_{初} + (\alpha + \beta)_{共晶}$($\alpha_{初}$ 是指从液体中直接结晶出来的固溶体)。

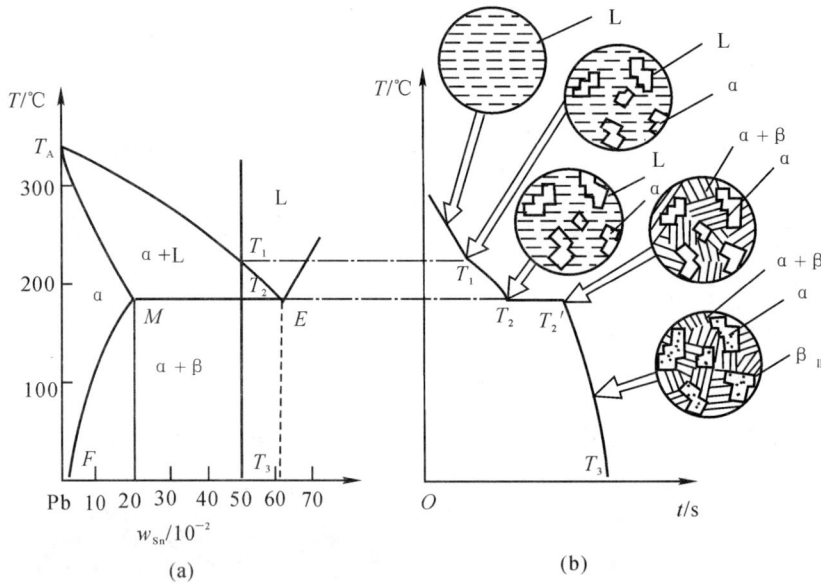

图 4 - 24　Sn - Pb 合金($w_{Sn} = 0.50$) 的结晶

(a) 结晶过程;　(b) 冷却曲线及组织变化示意图

凝固后继续冷却,α 和 β 相都要发生脱溶转变。因此,室温下合金的组织为 $\alpha_{初} + \beta_{II} + (\alpha + \beta)_{共晶}$。这里共晶体中析出的次生相在显微镜下不能辨认,故不必标出。该合金的显微组织如图 4 - 25 所示。图中黑色树枝晶为初生 α 固溶体,由于从液体中直接结晶生成,故比较粗大;分布在树枝间隙中黑白相间的组织为($\alpha + \beta$) 共晶体。从相图上看,该合金室温下仍处在 $\alpha + \beta$ 两相区内,所以它由 α 和 β 两个相所组成。

在分析显微组织时,应该注意组织组成物与相组成物的区别。组织组成物是在结晶过程中形成的、有清晰轮廓的独立组成部分。如上述组织中的 $\alpha_{初}$,β_{II},($\alpha + \beta$)$_{共晶}$ 等都是组织组成物；而相组成物是指组成显微组织的基本相，它有确定的成分及结构，但没有形态的概念。上述组织中的 α 相、β 相等即为该合金的相组成物。

对于合金中组织组成物的相对量可以根据相平衡的概念，利用杠杆定律间接地计算。例如对于 Sn - Pb 合金($w_{Sn} = 0.50$)，室温下组织组成物的相对量为

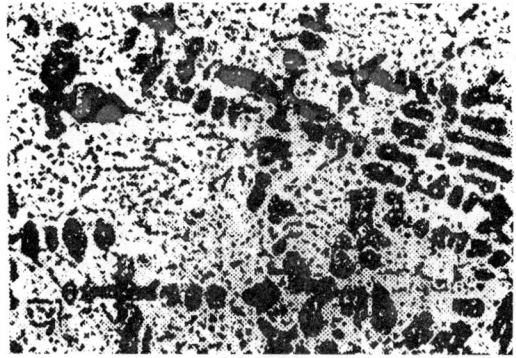

图 4 - 25　亚共晶合金($w_{Sn} = 0.50$) 的组织

$$W_{(\alpha+\beta)_{共晶}} = \frac{MT_2}{ME} \times 100\% =$$

$$\frac{0.50 - 0.19}{0.619 - 0.19} \times 100\% =$$

$$72.26\%$$

$$W_{\beta_{\mathrm{II}}} = \frac{T_2 E}{ME} \times \frac{FM}{FG} \times 100\% =$$

$$\frac{0.619 - 0.50}{0.619 - 0.19} \times \frac{0.19 - 0.02}{0.985 - 0.02} \times 100\% = 4.87\%$$

$$W_{\alpha_{初}} = \frac{t_2 E}{ME} \times 100\% - W_{\beta_{\mathrm{II}}} = 22.87\%$$

4.3.2.4　过共晶合金($w_{Sn} = 0.70$)

过共晶合金凝固过程和组织特征与亚共晶合金相类似，也是先析出初晶，然后再结晶出共晶体，最后是脱溶转变。图 4 - 26 所示为 Sn - Pb 合金($w_{Sn} = 0.70$)的结晶过程。其室温下的组织为 $\beta_{初} + \alpha_{\mathrm{II}} + (\alpha + \beta)_{共晶}$，如图 4 - 27 所示。图中 $\beta_{初}$ 呈白色椭圆形，有树枝晶特征；α_{II} 数量很少，呈黑色点状；$(\alpha + \beta)_{共晶}$ 呈黑、白相间，分布于 $\beta_{初}$ 之间。

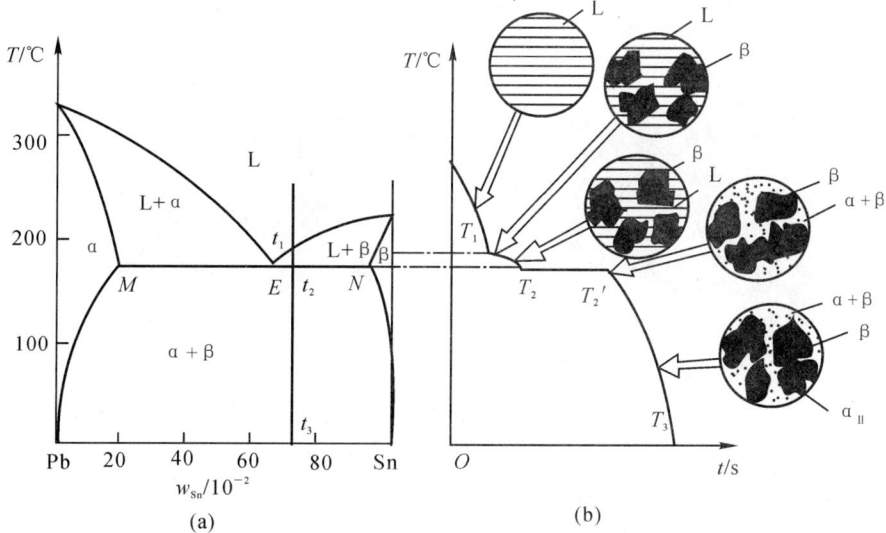

(a)

(b)

图 4 - 26　Sn - Pb 过共晶合金($w_{Sn} = 0.70$) 的结晶

(a)结晶过程；　(b)冷却曲线及组织变化示意图

综上所述,共晶系合金的平衡凝固可分为两种类型:固溶体合金和共晶型合金。固溶体合金的凝固过程主要为匀晶转变＋脱溶转变,室温下的组织为初生固溶体＋次生组织;位于 MEN 线范围内的合金,都属于共晶型合金。其凝固时均有共晶转变发生,形成共晶体。对于亚共晶和过共晶合金,共晶转变前都有先共晶初生相的结晶,因而室温组织中除了共晶体外,还有初晶及次生组织存在。

图 4-27 Sn-Pb 过共晶合金($w_{Sn} = 0.70$)的显微组织

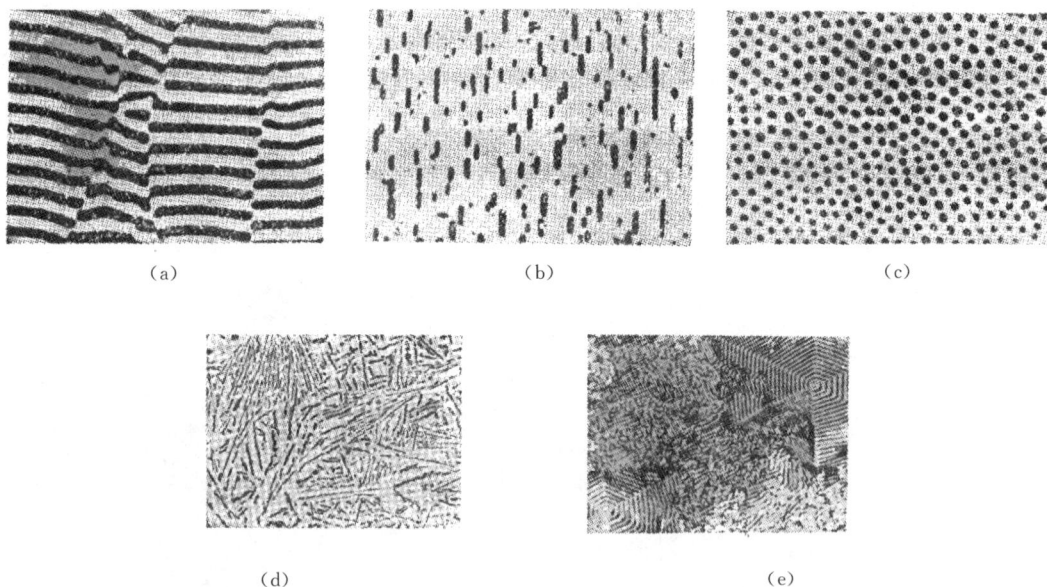

4.3.3 共晶组织及其形成机理

共晶组织的基本特征是两相交替排列,但两相的形态却差异较大,如图 4-28 所示,有层片状、棒状、球状、针状、螺旋状等等。为什么共晶组织会呈现各种不同的形态? 它们的形成有没有规律? 尽管不少人曾试图对各种共晶体组织作出简单的分类,但是没有一种是完全成功的。目前认为比较合理的分类方法是根据共晶体中各相的凝固行为进行分类,即把共晶体的形貌与两个相各自的熔化熵联系起来。从这一观点出发,可以把共晶组织分成三类。

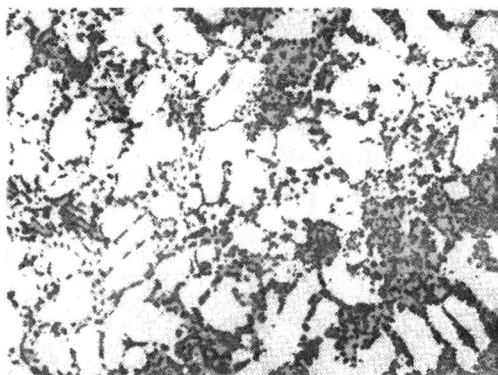

(a)   (b)   (c)

(d)   (e)

图 4-28 典型的共晶组织形态
(a) 层片状; (b) 棒状(条状或纤维状); (c) 球状(短棒状); (d) 针状; (e) 螺旋状

4.3.3.1 粗糙-粗糙界面(即金属-金属型)共晶

这类共晶包括金属-金属共晶及金属-金属间化合物共晶。它们往往呈现简单规则的组织形态,如图 4-28(a)(c) 所示。要了解这种组织的形成,必须从共晶体的形核和核长大两方面来讨论。

共晶合金的形核也需要一定的过冷,设过冷至 T_2 温度(见图 4-29)。这时过冷的液相将

同时为 α,β 所饱和,力求形核析出。一般情况下,总有一相领先析出,称为领先相。现假设领先相是 α,则 α 的成分为 h 点,由于 $α_h$ 中含 B 组元少于原液相 L 中 B 组元的含量,故形成 $α_h$ 时会排出 B 组元,使界面近旁液相中的 B 组元增加,变为 L_k,这就增大了 β 相的过饱和度,于是促进 β 相在 α 相上形核长大。β 相的成分为 i 点,而 β 相界面液体中的成分变为含 A 组元更高的 j 点。含 A 组元较高的 L_j 又有利于析出 α 相,故 α 相又在 β 相近旁形核。这样反复地互相促进,交替形核成长,结果就形成了 α 和 β 相间排列的晶体。

共晶成长时,原子扩散是靠两相不断长大来维持的。因此,每一相成长都受另一相的影响,只有两相同时存在共同成长才称为共晶凝固。共晶凝固所构成的共晶领域,称为共晶晶团或晶区。

共晶组织的粗细以共晶体中的片层厚度(相邻两相单片厚度之和)表示。实验证明,共晶的片层厚度 λ 与其成长速率 R 的二次方根成反比,即

$$\lambda = kR^{-1/2} \tag{4-16}$$

式中,k 为常数。R 取决于液-固界面处的过冷度。过冷度越大,晶体成长速率越快,共晶体片层越薄。究竟呈片状还是呈棒状生长,主要取决于两个因素:共晶中两相的体积分数及其相界面的比界面能。

从热力学分析,共晶中两相的形态和分布,应尽量使其界面面积最小、界面能最低。由数学推导可知:当共晶中一个相的体积分数小于 30% 时,在相同的凝固条件下,形成棒状组织的总界面能比形成层状较低,故有利于形成棒状共晶;当一个相的体积分数为 30% ～ 50% 时,有利于形成层片状。

系统总的界面能不只取决于总的界面面积,而且还取决于比界面能,即共晶形态的确定不仅与不同形态下界面面积的变化有关,而且因不同形态下比界面能的变化而异。当具有较低的比界面能时,尽管一组成相的体积比低于 30%,仍可形成层片状共晶,而不形成棒状共晶。

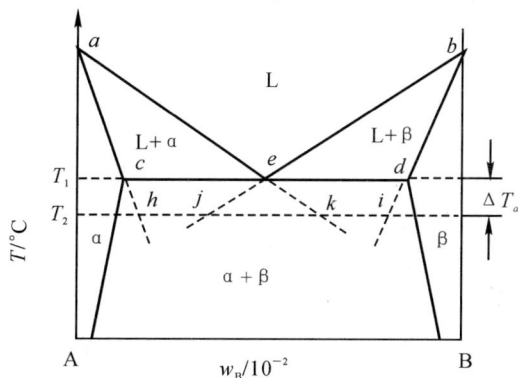

图 4-29　共晶凝固时的固-液界面的
平衡相浓度

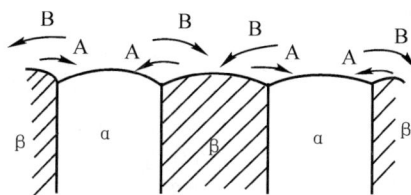

图 4-30　层状共晶成长时界面前沿的
横向原子扩散

4.3.3.2　粗糙-平滑界面(即金属-非金属型)共晶

这类共晶具有不规则的组织形状,如 Fe-C 系和 Al-Si 系中的共晶,如图 4-28(d)所示。导致共晶组织呈不规则形态的主要原因是非金属相晶体结构上的特性不同,具有较高的熔化熵和长大时明显的各向异性。比较两类共晶定向凝固的特性时,会发现其液-固界面的形态差别较大:第一类共晶呈等温界面,两相排列整齐(见图 4-30),凝固后的组织是完全规则的,其

层片厚度仅受成长速度的影响;第二类共晶则呈非等温界面,不但两相排列参差不齐(见图 4-31),非金属相本身的位向也不相同,且组织粗大。由于 Si 相成长时的各向异性,就出现了分枝长大,呈现出不规则的组织形态。

4.3.3.3　平滑-平滑界面(非金属-非金属型)共晶

这类共晶体中,两个相均为平滑界面型。对于这类共晶体的凝固特点,目前研究较少,有人认为它的显微组织很不规则。

4.3.4　共晶系合金的非平衡凝固和组织

在实际生产中,往往冷却速度较快,合金凝固时的原子扩散不能充分进行,致使其凝固过程和显微组织与平衡状态发生某些偏离。不了解这些情况就会对实际生产产生误导。

4.3.4.1　伪共晶组织

在平衡凝固条件下,只有共晶成分的合金才能获得百分之百的共晶组织;而在不平衡凝固时,成分在共晶点附近的合金也可能获得全部共晶组织,这种由非共晶成分的合金所得到的共晶组织称为伪共晶。

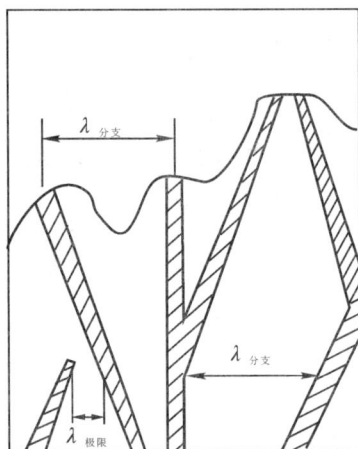

图 4-31　Al-Si 共晶成长形貌示意图　　　　图 4-32　伪共晶的形成

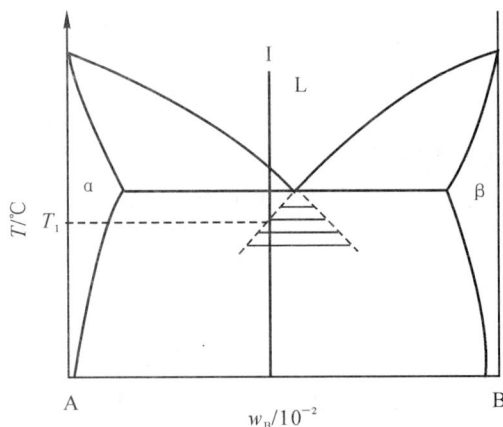

伪共晶的形成可用图 4-32 来说明。位于共晶点附近的 I 合金,如果快冷到 T_1 温度才开始结晶,则形成 $\alpha_{初}$ 的过程被抑制。此时过冷液体既在结晶出 α 相的液相线之下,也位于结晶出 β 相的液相线之下,故同时被 α 和 β 所饱和,发生共晶转变,形成的伪共晶。形成伪共晶区域是有限的(见图 4-32 中的阴影区),因为过冷度不可能很大。

应该指出,上述由液相线所包围的伪共晶区具有对称性。这种对称性的伪共晶区只适合部分共晶合金,还有些合金的伪共晶区并不是对称分布的,而是偏向某一方,如图 4-33 所示。研究表明,伪共晶区的位置与共晶两相的结晶速度有关。那么什么因素影响相的结晶速度呢?主要是相本身的晶体结构及其固-液界面的形态。一般来说,具有粗糙界面的金属基相,其生长速率随过冷度增大而明显提高,具有平滑界面的非金属相其生长速率随过冷度的变化较小,所以伪共晶区往往偏向晶体结构复杂及具有平滑界面的相的一边。

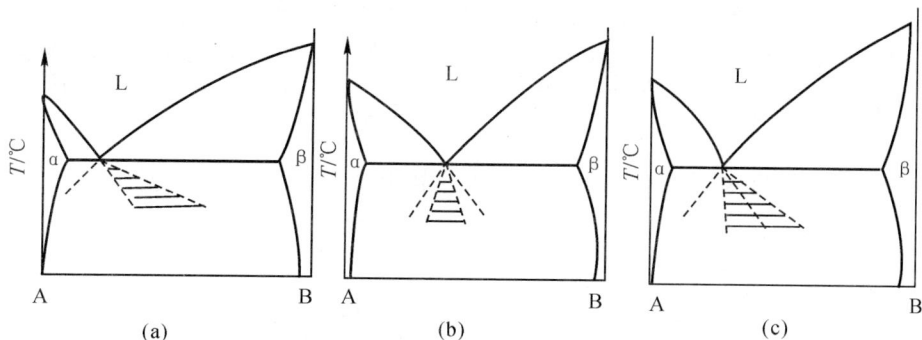

图 4-33 伪共晶的位置

伪共晶区在相图中的位置,对说明合金中出现的不平衡组织有一定的帮助。例如在 Al-Si 系中,共晶成分的 Al-Si 合金在铸造状态下的组织为 $\alpha_{初}$ + $(\alpha+Si)_{共晶}$,而不是单纯的共晶体。这种现象可以从图 4-34 所示的 Al-Si 合金的伪共晶区发生偏移来说明:由于伪共晶区偏向 Si 一边,共晶成分的过冷液体不会落在伪共晶区内,故先结晶出 α 而使液相成分右移至 b 点,再发生共晶转变,因而 Al-Si 共晶合金铸造后得到了亚共晶组织。

4.3.4.2 离异共晶

对于某些成分远离共晶点的亚共晶与过共晶合金,由于初晶的量很多,而共晶体的量很少,在共晶转变中,若晶体中与初晶相同的那个相依附在初晶上生长,则剩下的另一相单独存在于初晶晶粒的晶界处,从而使共晶组织特征消失。这种两相分离的共晶称为离异共晶。钢中常见的 Fe-FeS 共晶,即为离异共晶。图 4-35 所示为 Cu-Al 合金($w_{Cu}=0.04$)中出现的离异共晶,在 α 固溶体之间分布着共晶体($\alpha+CuAl_2$)中的 $CuAl_2$ 相。

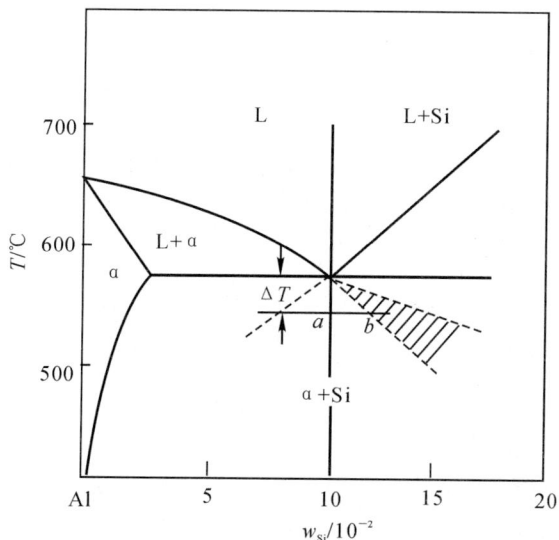

图 4-34 Al-Si 合金的伪共晶区

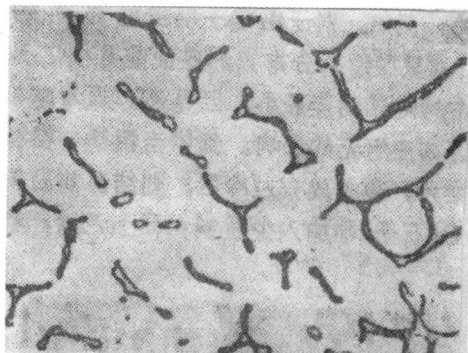

图 4-35 Cu-Al 合金($w_{Cu}=0.04$)
离异共晶组织

上述表明,合金中初晶的相对量很多,而共晶体的相对量很少时,就会形成离异共晶。因此,离异共晶可以在平衡条件下获得,也可以在非平衡条件下获得。

在进行金相分析时,要特别留意离异共晶的组织形态。如果把枝晶间的共晶体误认为是次生相,就可能对合金的工艺状态作出错误的判断,或者将端部固溶体合金误认为亚共晶合金。

【例题 4.3.1】 按下列数据作出 A-B 二元共晶相图。

(1) $T_A > T_B$(T_A,T_B 分别为 A,B 组元的熔点)。

(2) $L_{w_B=0.60} \xrightleftharpoons{T_E} \alpha_{w_B=0.10} + \beta_{w_B=0.95}$。

(3) B 在 A 中的溶解度随温度的下降而减小,室温时为 $w_B=0.03$;A 在 B 中的溶解度不随温度变化。

解 由题意可作出 A-B 二元共晶相图,如图 4-36 所示。

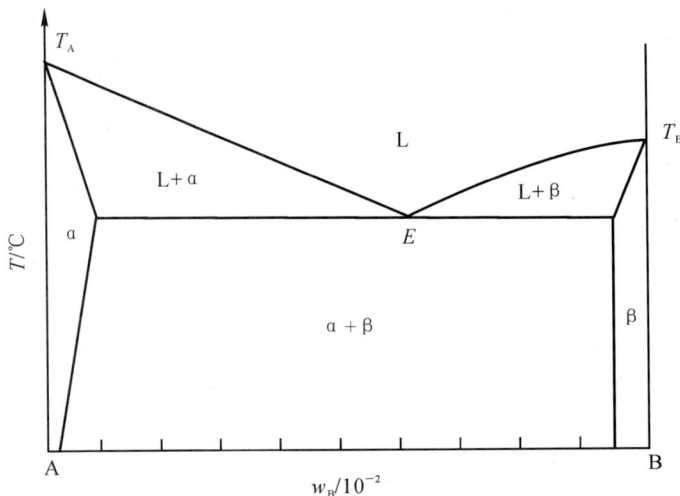

图 4-36 A-B 二元共晶相图示意图

【例题 4.3.2】 一个二元共晶反应如下:$L_{w_B=0.75} \xrightleftharpoons{} \alpha_{w_B=0.15} + \beta_{w_B=0.95}$。求:

(1) $w_B=0.50$ 的合金凝固后,$\alpha_{初}$ 与共晶体 $(\alpha+\beta)_{共晶}$ 的相对量;α 相与 β 相的相对量。

(2) 若共晶反应后 $\beta_{初}$ 和 $(\alpha+\beta)_{共晶}$ 各占一半,问该合金成分如何?

解 (1)组织组成物的相对量为

$$W_{\alpha_{初}} = \frac{0.75-0.50}{0.75-0.15} \times 100\% \approx 42\%$$

$$W_{(\alpha+\beta)_{共晶}} = \frac{0.50-0.15}{0.75-0.15} \times 100\% \approx 58\%$$

相组成物的相对量为

$$W_{\alpha} = \frac{0.95-0.50}{0.95-0.15} \times 100\% \approx 56\%$$

$$W_{\beta} = \frac{0.50-0.15}{0.95-0.15} \times 100\% \approx 44\%$$

(2)设该合金成分为 $w_B=x$,由杠杆定律知:

$$W_{\beta_{初}} = \frac{x-0.75}{0.95-0.75} \times 100\% \approx 50\%$$

$$x = 0.85$$

该合金的成分为 $w_A = 0.15, w_B = 0.85$。

【例题 4.3.3】 图 4-37 中，$w_B = 0.40$ 的合金进行定向凝固，液-固相界面保持平直，液相成分始终保持均匀，固相中的扩散忽略不计。

(1) 求凝固后的金属棒中共晶体的相对量。

(2) 求此合金"平衡"凝固后共晶体的相对量。

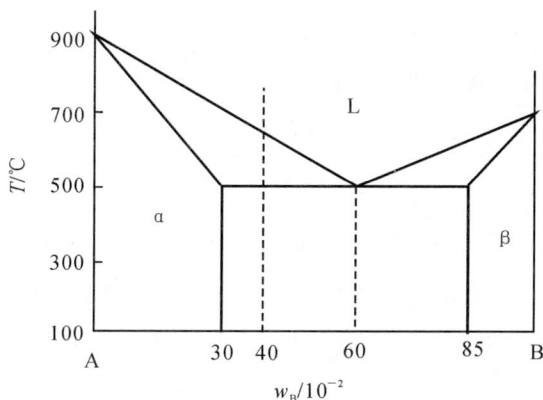

图 4-37 A-B 二元共晶相图

解 (1) 该合金的凝固属于正常凝固过程。由相图可知 $k_0 = \dfrac{0.30}{0.60} = 0.50$，凝固后的合金棒中 $c_S < w_B = 0.30$ 的部分都是从液相中直接凝固的 α 固溶体。当到达共晶温度时，液-固相界面上液相的成分 $w_B = 0.60$，故剩余液相将发生共晶反应，并结束其凝固过程。

由公式

$$c_S = k_0 c_0 \left(1 - \frac{z}{L}\right)^{k_0 - 1}$$

可得

$$0.30 = 0.5 \times 0.40 \times \left(1 - \frac{z}{L}\right)^{0.5-1}$$

$$\lg(1 - z/L) = -0.352\,2$$

$$z/L = 0.555\,6$$

金属棒中共晶体的相对量为

$$W_{(\alpha+\beta)_{共晶}} = 1 - 0.555\,6 = 44.44\%$$

(2) 平衡凝固条件下，共晶体的相对量可按杠杆定律计算，即

$$W_{(\alpha+\beta)'_{共晶}} = \frac{0.40 - 0.30}{0.60 - 0.30} \times 100\% = 33.33\%$$

【例题 4.3.4】 黄铜是 Cu-Zn 合金。若想用 85-15 黄铜及锌得到 100 g 的 65-35 黄铜，请问在坩埚内熔化前两者的比例各是多少？

解 每 100 g 65-35 黄铜中含有 65 g 的 Cu 及 35 g 的 Zn，为使 85-15 黄铜含有 65 g 的 Cu，设其需要量为 x，则

$$x \times 85\% = 65 \text{ g}$$

所以

$$x = 76.5 \text{ g}$$

依据要求,设需要加入的 Zn 为 y,则

$$y = 100 \text{ g} - 76.5 \text{ g} = 23.5 \text{ g}$$

故需 85 - 15 黄铜 76.5 g,锌 23.5 g。

4.4 二元包晶相图

当有些合金凝固到达一定温度时,已结晶出来的一定成分的固相与剩余的液相(有确定的成分)发生反应生成另一种固相,这种转变称为包晶转变。两组元在液态无限溶解,固态下有限互溶并具有包晶转变的相图称为二元包晶相图。这种相图在 Cu-Sn,Cu-Zn,Ag-Sn,F-C 等合金系中出现。下面以 Pt-Ag 系为例进行分析。

4.4.1 相图分析

Pt-Ag 相图如图 4-38 所示。由图可知:两组元在液态能无限互溶,在固态只能部分互溶,形成有限固溶体,并具有三相平衡包晶转变。相图中各条相变线的含义与共晶相图中的相变线类似,唯独水平线 CDP 有着本质的差异。该水平线温度以上只有一个固相,而在此温度线上,两个固相都可以分别与液相平衡。所以凡位于此线范围内的合金冷却到包晶温度时,都发生二元包晶反应:$L_P + \alpha_C \xrightleftharpoons{1\ 186\ ℃} \beta_D$。水平线 CDP 称为包晶线,P 点称为包晶点。

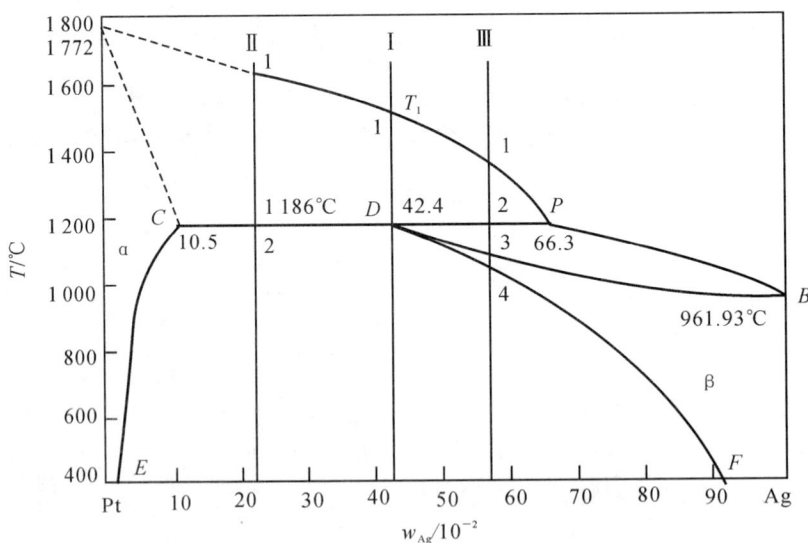

图 4-38 Pt-Ag 合金相图

包晶线与共晶线的不同之处在于:共晶线为固相线,线上的合金在共晶温度全部凝固完毕,其组织均为两相混合物;而包晶线仅有 CD 线为固相线,而 DP 线为非固相线,成分位于 CD 线内的合金包晶转变后,其组织为两相混合物;而成分位于 DP 线内的合金包晶转变后,还有过剩的液相,它将在继续冷却时凝固成单相 β。知道了这些区别,在学习共晶合金凝固的基础上,就可以借助相图分析包晶合金的平衡凝固和组织了。

4.4.2 包晶合金的平衡凝固和组织

所有位于 C 点以左及 P 点以右的合金都属于固溶体合金,其凝固过程与匀晶相图中合金的凝固一样;包晶反应结束后继续冷却时的相转变与共晶合金类似,故不赘述;这里着重讨论具有包晶转变合金的凝固特点。

4.4.2.1 $w_{Ag}=0.424$ 的 Pt—Ag 合金

由图 4-38 可以看出,该合金 I 自液态冷却到 T_1 温度时,开始从液相中结晶出 α。在继续冷却过程中,α 相数量不断增多,液相不断减少。

温度降至 1 186 ℃ 时,α 相的成分达到 C 点,液相 L 的成分达到 P 点,此时发生包晶转变:

$$L_P + \alpha_C \rightleftharpoons \beta_D$$

该合金包晶转变结束时,液相和 α 相正好全部转变为固溶体 β。继续冷却时,β 中将析出 α_{II}。室温下合金的组织为 $\beta + \alpha_{II}$,如图 4-39 所示。

在进行包晶转变时,β 相依附于 α 相的表面形核,并消耗 L 相和 α 相而生长。显然,包晶转变也是新相 β 的形核和核长大的过程。当温度略低于包晶温度 T_P 时,开始从 L_P 中结晶出 β_D,β 将在 α 的表面形核并长大。当在 α 表面形成一层 β 时,α 的成分为 α_C,β 的成分为 β_D,液相的成分为 L_P。这样,各相界面都存在浓度梯度,促使 Ag 原子从液相经 β 相向 α 中扩散,而 Pt 原子从 α 相经 β 相向液相中扩散。扩散的结果,破坏了原来的相界平衡。为了维持原来的相界平衡,就必须有相界移动,即 L/β 界面向 L 中移动,以提高界面前沿液相中 Ag 的浓度;β/α 界面向 α 中移动,以提高界面前沿 α 中 Pt 的浓度。相界移动的结果,使相界处两相的平衡恢复。相界平衡,又引起原子在相间的浓度差,促使原子扩散,扩散的结果破坏了相界平衡,引起相界移动,达到新的平衡 …… 因此,β 相的长大是相界扩散移动的过程。此即包晶转变的机理。

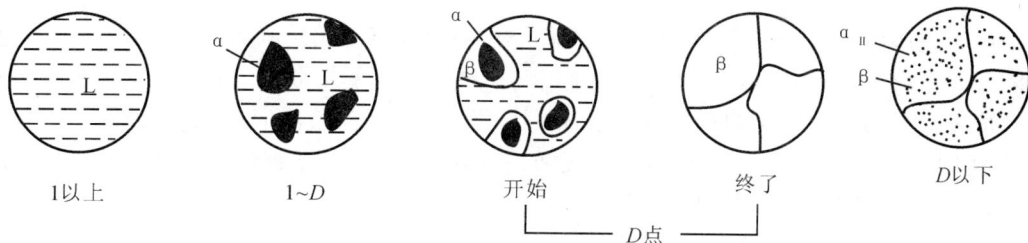

图 4-39 合金 I 的平衡凝固示意图

D 点成分的合金,包晶转变开始前为 L_P 与 α_C 两相平衡,其平衡相的相对量为

$$W_L = \frac{0.424-0.105}{0.663-0.105} \times 100\% \approx 57.2\%$$

$$W_\alpha = \frac{0.663-0.424}{0.663-0.105} \times 100\% \approx 42.8\%$$

两个相的相对量之比为 $W_L/W_\alpha \approx 1.33$。这样的合金包晶反应后全部转变为 β,无 L 和 α 相剩余。可以推断,包晶转变开始前两个平衡相的相对量之比如果不是 1.33,那么,包晶转变后要么是 L 相剩余,要么是 α 相剩余。

4.4.2.2 其他包晶合金的平衡凝固

除 D 点成分的合金外,包晶线上其他合金的凝固可分为两种类型:在图 4-38 所示中,位

于 CD 线内的合金(如 Ⅱ 合金)及位于 DP 线内的合金(如 Ⅲ 合金)。它们的凝固过程与 D 点成分的合金相类似,其区别在于:CD 线内的合金,包晶转变后有 α 相剩余,室温下合金的组织为 $\alpha + \beta + \alpha_Ⅱ + \beta_Ⅱ$(见图 4-40);位于 DP 线内的合金,包晶转变后有液相 L 剩余,此剩余液相随温度降低将直接结晶为 β 相。室温下合金的组织为 $\beta + \alpha_Ⅱ$(见图 4-41)。

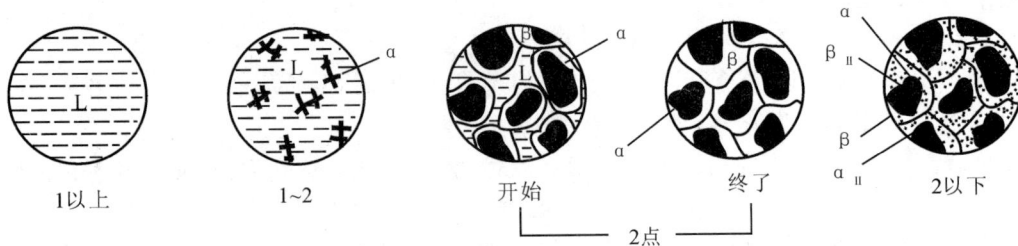

图 4-40　合金 Ⅱ 的平衡凝固示意图

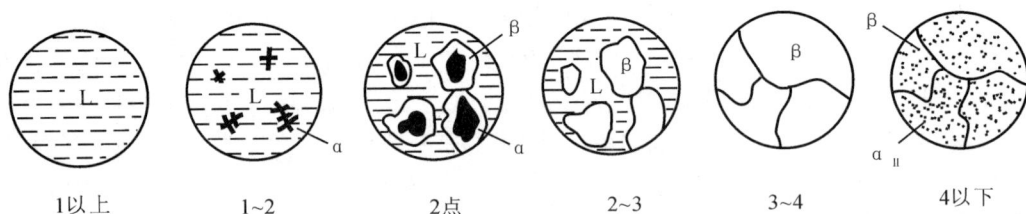

图 4-41　合金 Ⅲ 的平衡凝固示意图

4.4.3　包晶合金的非平衡凝固和组织

由于包晶转变时,β 相依附在 α 相表面形成,并很快将 α 相包围起来,从而使 α 相和液相被分隔开。欲继续进行包晶转变,则必须通过 β 相层进行原子扩散,液相才能和 α 相继续相互作用形成 β 相。固相中原子的扩散比液相中困难得多,所以包晶反应速度非常缓慢。如果合金冷却速度较快,包晶转变就将被抑制,剩余的液体在冷却至包晶温度以下时,将直接结晶为 β 相,未转变的 α 相就保留在 β 相中间。

图 4-42(a)所示为富 Sn 端的 Cu-Sn 相图。对于 Cu-Sn 合金($x_{Sn} = 0.65$),若平衡凝固,室温下的组织为 $\varepsilon_初 + (\eta + Sn)_{共晶}$。当冷却较快时,将得到图 4-42(b)所示的组织。对于这种组织,可以借助相图 4-42(a)作以说明:当 Cu-Sn 合金($x_{Sn} = 0.65$)冷至液相线温度以下时,开始结晶出树枝状的 $\varepsilon_初$,随着温度的降低,$\varepsilon_初$ 的数量不断增加。当冷至 415 ℃ 时将发生包晶转变 $L + \varepsilon_初 \xrightarrow{415\ ℃} \eta$。显然,此反应不能完全进行。当温度降至 415 ℃ 以下时,将由剩余的液体直接结晶出 η,并依附在由于包晶反应不完全而剩余的 $\varepsilon_初$ 上进行长大。当温度降至 227 ℃ 时,剩余的液相将以共晶反应 $L \xrightarrow{227\ ℃} (\eta + Sn)_{共晶}$ 而告终。综上所述,该合金非平衡凝固后的组织为 $\varepsilon_初 + \eta + (\eta + Sn)_{共晶}$,如图 4-42(b)所示。白色为 ε,白色中间的灰色组织为 $\varepsilon_初$,白色外面的基体为 $(\eta + Sn)_{共晶}$。

这种由于包晶转变不完全而产生的组织变化与成分偏析现象,称为包晶偏析。包晶偏析在一些包晶转变温度较低的合金中最易出现。它也可以用扩散退火来减少或消除。

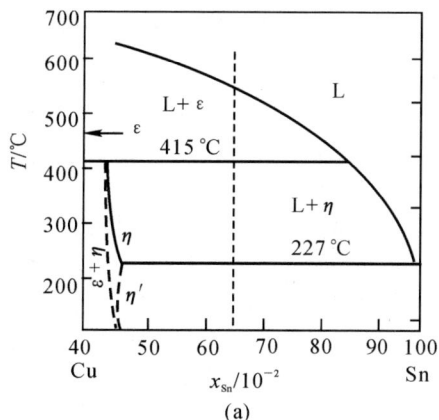

(a)

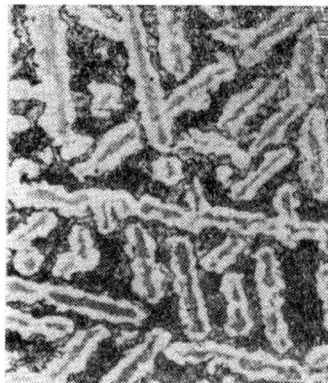

(b)

图 4-42 Cu-Sn 相图以及 Cu-Sn 合金($x_{Sn}=0.65$)的非平衡组织

【例题 4.4.1】 一种由 $w_{SiO_2}=0.90$ 与 $w_{Al_2O_3}=0.10$ 所组成的物质,从 1 800 ℃ 以极缓慢的速率冷却至 1 400 ℃。请问在冷却过程中共有哪几种相出现?

解 $SiO_2-Al_2O_3$ 相图如图 4-43 所示。

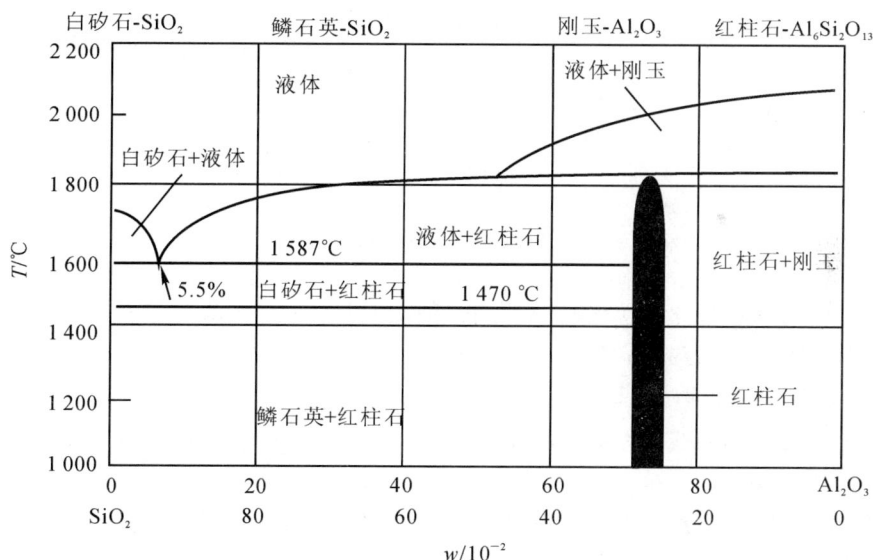

图 4-43 $SiO_2-Al_2O_3$ 相图

非金属类相图的使用方式与金属的相同。唯一的差异是前者建立平衡所需的时间较长。

1 800 ~ 1 700 ℃	只有液相
1 700 ~ 1 587 ℃	液相＋红柱石($Al_6Si_2O_{13}$)
1 587 ℃	液相＋红柱石＋白矽石(SiO_2)
1 587 ~ 1 470 ℃	红柱石＋白矽石
1 470 ℃	红柱石＋白矽石＋鳞石英
＜1 470 ℃	红柱石＋鳞石英(SiO_2)

注:纯矽石有三种常见的同素异形体,在高温时为白矽石和鳞石英,在低温时则为石英。

【例题 4.4.2】 在图 4-44 所示的相图中,请指出:

(1) 水平线上反应的性质;

(2) 各区域的组织组成物;

(3) 分析合金 Ⅰ,Ⅱ 的冷却过程;

(4) 合金 Ⅰ,Ⅱ 室温时组织组成物的相对质量表达式。

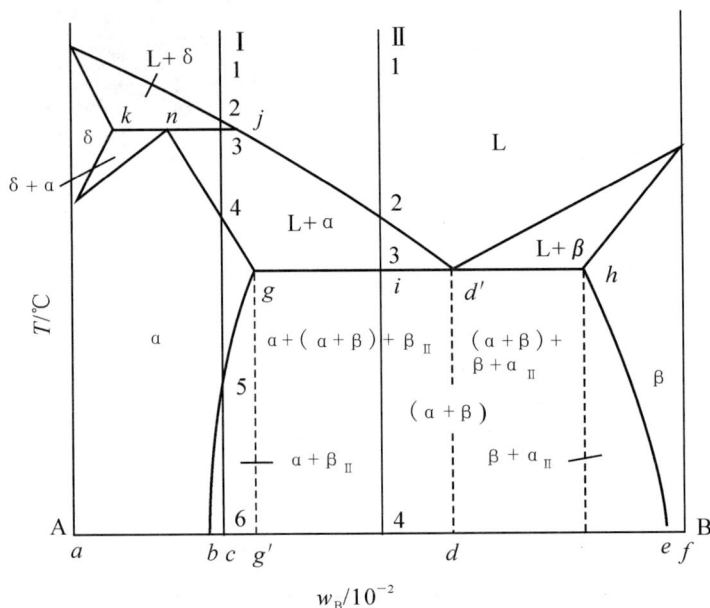

图 4-44　A-B 二元相图

解 (1) 高温区水平线 knj 为包晶线,包晶反应:$L_j + \delta_k \rightarrow \alpha_n$。

中温区水平线 $gd'h$ 为共晶线,共晶反应:$L_{d'} \rightarrow \alpha_g + \beta_h$。

(2) 各区域组织组成物如图 4-44 所示。

(3) Ⅰ 合金的冷却曲线和结晶过程如图 4-45 所示。

1—2,均匀的液相 L。

2—3,匀晶转变,$L \rightarrow \delta$,不断结晶出相。

3—3′,发生包晶反应 $L + \delta \rightarrow \alpha$。

3′—4,剩余液相继续结晶为 α。

4,凝固完成,全部为 α。

4—5,为单一 α 相,无变化。

5—6,发生脱溶转变,$\alpha \rightarrow \beta_{\mathrm{II}}$。室温下的组织为 $\alpha + \beta_{\mathrm{II}}$。

Ⅱ 合金的冷却曲线和结晶过程如图 4-46 所示。

1—2,均匀的液相 L。

2—3,结晶出 $\alpha_{初}$,随温度下降,α 相不断析出,液相不断减少。

3—3′,剩余液相发生共晶转变 $L \rightarrow \alpha + \beta$。

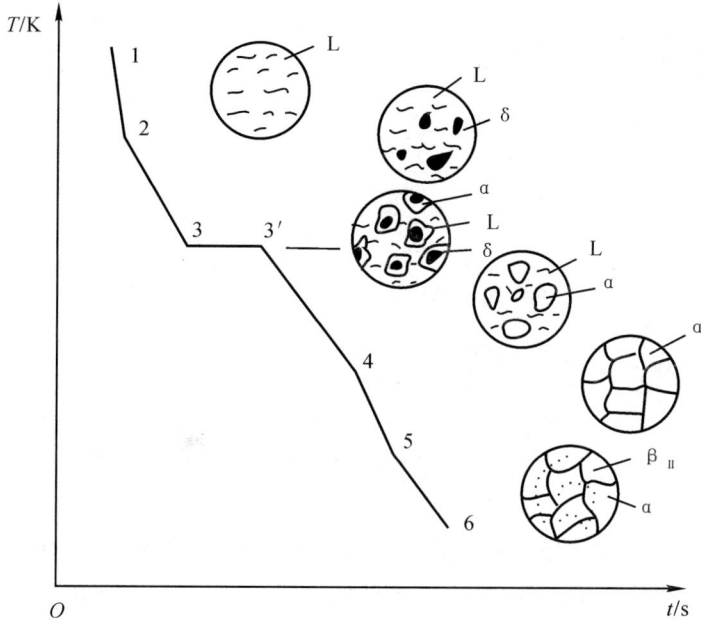

图 4-45　Ⅰ合金的冷却曲线

$3—4$，$\alpha \to \beta_{\text{II}}$，$\beta \to \alpha_{\text{II}}$，室温下的组织为 $\alpha_{\text{初}} + (\alpha + \beta)_{\text{共}} + \beta_{\text{II}}$。

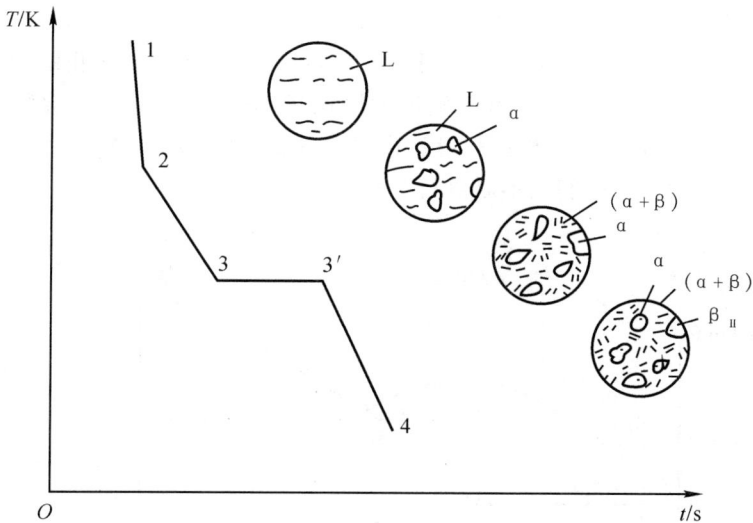

图 4-46　Ⅱ合金的冷却曲线

（4）室温时，合金Ⅰ，Ⅱ组织组成物的相对量可由杠杆定律求得。

合金Ⅰ：

$$W_\alpha = \frac{ec}{eb} \times 100\%$$

$$W_{\beta_{I}} = \frac{cb}{eb} \times 100\%$$

合金 Ⅱ：

$$W_\alpha = \frac{d'i}{d'g} \times 100\% - \beta_{I}$$

$$W_{(\alpha+\beta)_{\text{共}}} = \frac{ig}{d'g} \times 100\%$$

$$W_{\beta_{I}} = \frac{bg'}{be} \times \frac{d'i}{d'g} \times 100\%$$

4.5　其他二元相图

除以上讨论的匀晶、共晶、包晶等三种基本二元相图外，还有其他类型的二元相图。这些相图要么是由基本相图派生出来的，要么只要稍加说明，就可掌握和运用。

4.5.1　形成化合物的二元相图

两组元间形成化合物时，可根据其稳定性分为稳定化合物和不稳定化合物两种。所谓稳定化合物是指具有固定的熔点，在熔点以下保持固有的结构而不发生分解；而不稳定化合物加热至一定温度时，不是发生本身的熔化，而是分解为两个相。两种化合物在相图中有着不同的特征。

图 4-47 所示为 Mg-Si 相图。Mg 和 Si 可形成稳定化合物 Mg_2Si，在相图中表示为一条垂直线，说明该化合物的成分是固定的，且有确定的熔点（1 087 ℃）。这种化合物在相图上可以看作一个独立组元。这样，Mg-Si 相图就可看作是由 Mg-Mg_2Si 及 Mg_2Si-Si 所组成的相图，对于这两个简单的共晶相图我们是不难进行分析的。

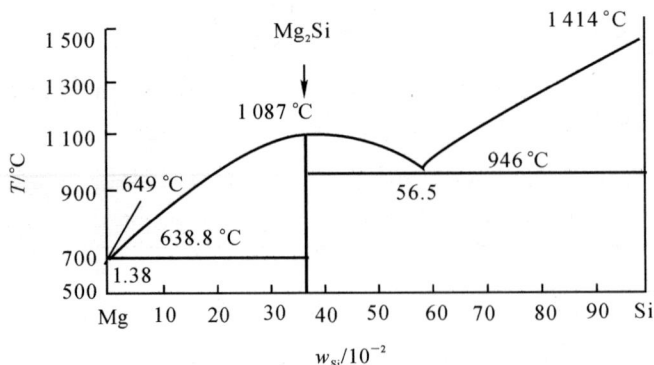

图 4-47　Mg-Si 相图

图 4-48 所示为 Cu-Zn 相图。Cu 和 Zn 可以形成一系列不稳定化合物 β,γ,δ,ε 等。这些不稳定化合物都是由包晶转变形成的。可以认为，所有由包晶转变形成的中间相均属于不稳

定化合物。不能视不稳定化合物为独立组元而把相图划分为简单相图。相图中许多不稳定化合物可以溶解组成它的组元,因而表现为一定的成分范围;如果不溶解组成它的组元,则在相图中为一条垂直线。

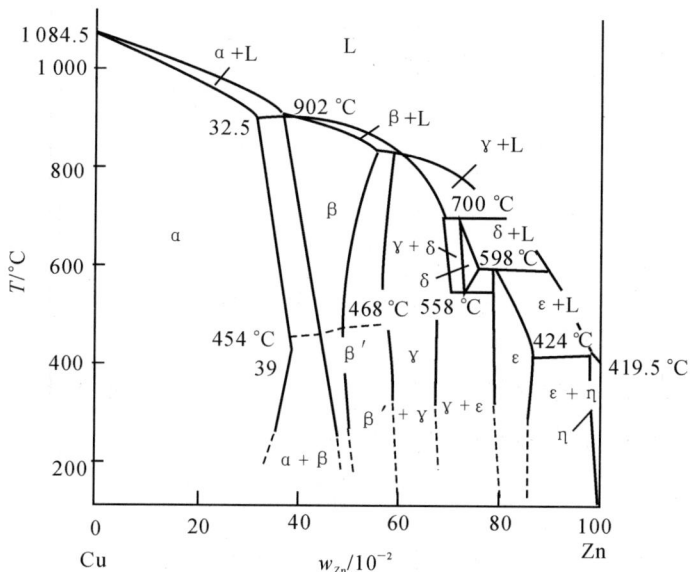

图 4-48 Cu-Zn 相图

4.5.2 具有三相平衡恒温转变的其他二元相图

二元系中的恒温反应可归纳为两种基本类型:分解型和合成型。前面学习过的共晶转变即为分解型,而包晶转变即为合成型。此外,还有一些常见的图形类型。

4.5.2.1 分解型恒温转变相图

(1) 具有共析转变的相图 后面图 4-55 所示为 Fe-Fe$_3$C 相图。图中 PSK 水平线即为共析线,S 点为共析点。共析转变式可写为 $\gamma_S \xrightleftharpoons[]{727\ ℃} \alpha_P + Fe_3C$。其与共晶转变的区别在于,它是由一个固相在恒温下转变为另外两个固相。由于是固态转变,其原子扩散比共晶转变时困难,因而需要较大的过冷度。共析转变的组织也为两相交替排列的混合物,但比共晶组织细密。共析转变对合金的热处理强化有重大意义,特别是钢及钛合金中的马氏体相变就是以共析转变为基础的。

(2) 偏晶相图 图 4-49 所示为具有偏晶转变的相图。其特点是在一定的成分和温度范围内,两组元在液态下也只能有限溶解,存在两种浓度不同的液相 L$_1$ 和 L$_2$。

在一定温度下从 L$_1$ 中同时分解出一个固相与另一种成分的液相 L$_2$,且固相的相对量总是偏多,故称为偏晶转变。Cu-Pb 相图中 955 ℃ 发生偏晶转变:$L_1 \xrightleftharpoons[]{955\ ℃} L_2 + Cu$。具有偏晶转变的二元系还有 Cu-O,Mn-Pb,Cu-S 系等。

(3) 溶晶相图 某些合金结晶过程中,当到达一定温度时会从一个固相分解成一个液相和另一个固相,即发生固相的再溶现象。这种转变称为溶晶转变。图 4-50 所示为含微量硼的 Fe-B 合金在 1 381 ℃ 时发生的溶晶转变 $\delta \underset{\longleftarrow}{\overset{1\,381\,℃}{\rightleftharpoons}} \gamma + L$。此外如 Fe-S,Cu-Sb 等合金系中也存在溶晶转变。

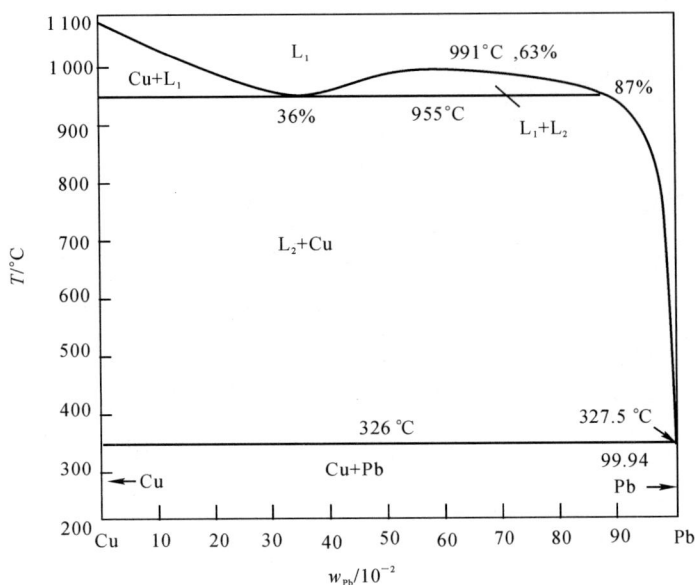

图 4-49 Cu-Pb 二元相图

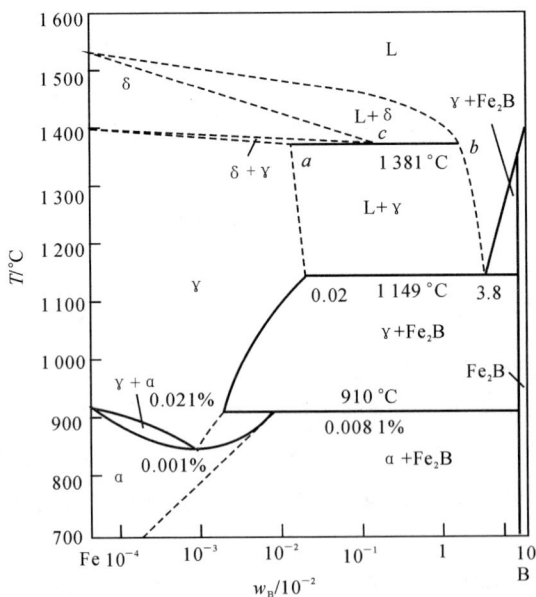

图 4-50 Fe-B 二元相图富 Fe 部分

4.5.2.2 合成型恒温转变相图

(1) 具有包析转变的相图 包析转变在图式上与包晶转变类似,所不同的就是包析转变前是一个固相与另一个固相作用,如图 4-50 所示。当 $w_B = 0.008\,1\%$ 时,便发生包析转变,

$\gamma + Fe_2B \xrightleftharpoons[\text{}]{910\ ℃} \alpha$。　具有包析转变的二元系还有 Fe-Sn,Cu-Si 及 Al-Cu 等。

（2）合晶相图　　二组元在液态有限溶解,存在不溶合线,不溶合线以下的两个液相 L_1 和 L_2 在恒定温度下互相作用形成一个固相的转变,称为合晶转变。具有合晶转变的相图如图 4-51 所示。

图 4-51 表明 Na-Zn 系合金在 557 ℃ 发生合晶转变:

$$L_1 + L_2 \xrightleftharpoons[\text{}]{557\ ℃} \beta$$

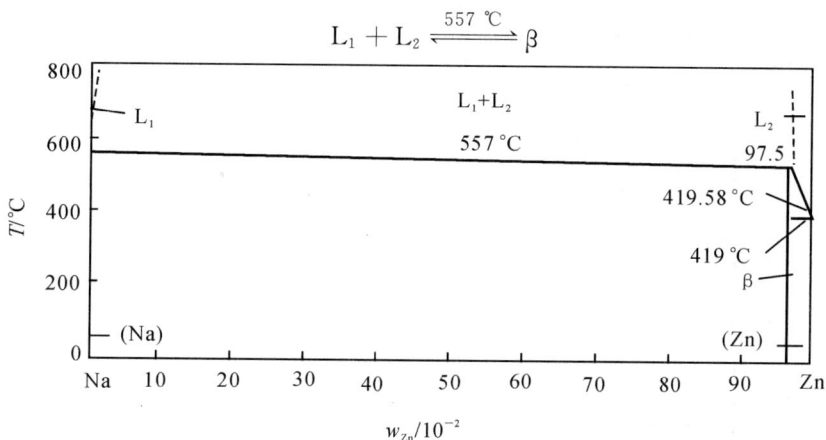

图 4-51　Na-Zn 相图

4.5.3　具有无序-有序转变的相图

有些二元系合金在一定成分和一定温度范围会发生有序化转变,形成有序固溶体。图 4-52 所示 Cu-Au 相图就具有无序-有序转变。图中的 $\alpha'(AuCu_3)$,$\alpha_1''(AuCu\ I)$,$\alpha_2''(AuCu\ II)$ 和 $\alpha'''(Au_3Cu)$ 均为有序固溶体,α 则为无序固溶体。需要注意,有些相图上的无序-有序转变是用虚线表示,如图 4-48 中 β 相无序-有序转变温度就是用虚线表示(有的也用细直线表示)。

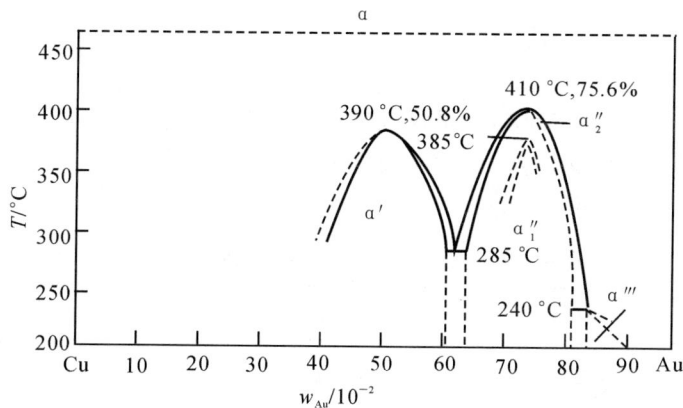

图 4-52　Cu-Au 二元相图

4.5.4 具有同素异晶转变的相图

当组元具有同素异构转变时,形成的固溶体也常有异晶转变。图 4-53 所示为 Fe-Ti 相图。Fe 和 Ti 在固态均发生同素异构转变,故形成相图时在近 Fe 的一边有 δ ⇌ γ ⇌ α 的固溶体异晶转变;在近钛的一边有 β ⇌ α 的固溶体异晶转变。具有固溶体异晶转变的二元系相图还有 Fe-C,Fe-Cr 及 Fe-Ni 等。

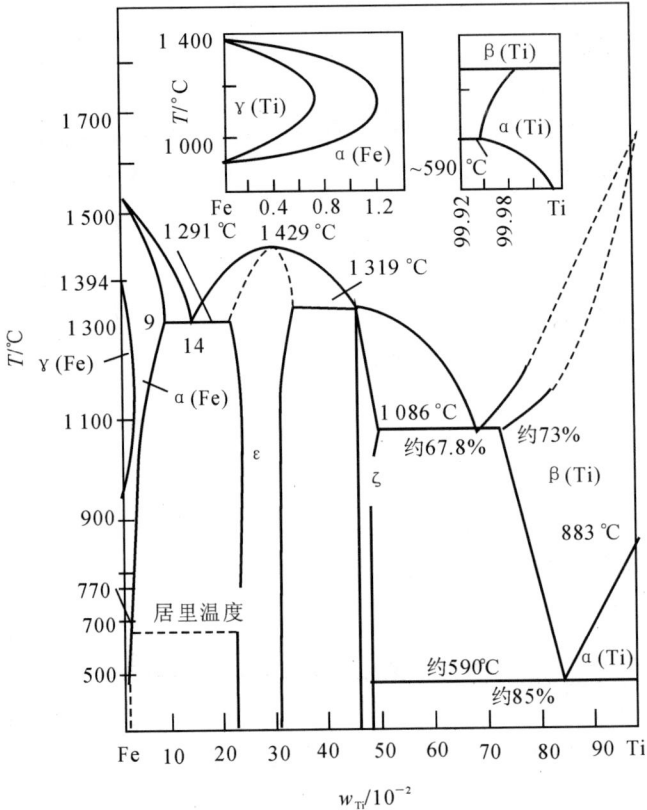

图 4-53 Fe-Ti 二元相图

综上所述,二元相图的图式很繁杂,这里仅就常见的重要图式做了简单介绍,还有一些如具有磁性转变、中间相转变等的相图,请读者参阅有关书籍,这里不赘述。

二元相图的基本形式和反应特点如表 4-1 所示。

表 4-1 二元相图的基本形式

序号	名称	图形特点	反应特点	合金实例
1	匀晶		$L \rightarrow \alpha$	Cu-Ni
2	共晶		$L \rightarrow \alpha + \beta$	Pb-Sn

续　表

序号	名称	图形特点	反应特点	合金实例
3	包晶	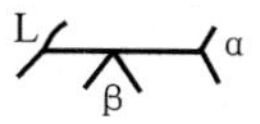 L　α　β	$L + \alpha \rightarrow \beta$	Cu - Zn
4	共析	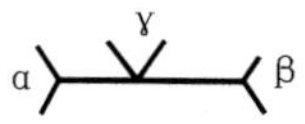 α　γ　β	$\gamma \rightarrow \alpha + \beta$	Cu - Al
5	包析	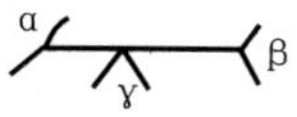 α　β　γ	$\alpha + \beta \rightarrow \gamma$	Fe - W
6	偏晶	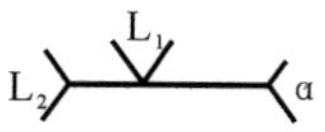 L_2　L_1　α	$L_1 \rightarrow L_2 + \alpha$	Cu - Pb
7	合晶	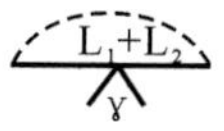 $L_1 + L_2$　γ	$L_1 + L_2 \rightarrow \gamma$	Fe - Sn
8	溶晶	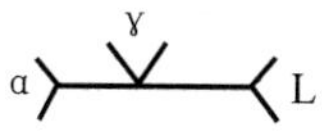 α　γ　L	$\gamma \rightarrow \alpha + L$	Fe - S
9	单析	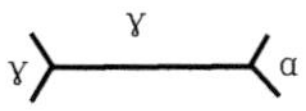 γ′　γ　α	$\gamma \rightarrow \gamma + \alpha$	Al - Zn
10	化合物 （a）稳定 （b）不稳定	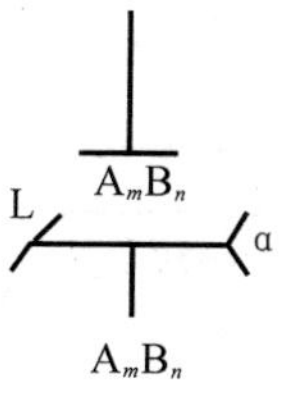 L　A_mB_n　α　A_mB_n	$L \rightarrow A_mB_n$ $L + \alpha \rightarrow A_mB_n$	

注:其中,2,4,6,8,9 为共晶型;3,5,7,10(b) 为包晶型。

【例题 4.5.1】　分析 Cu - Sn 合金($w_{Sn} = 0.20$)[见图 4-54(a)]的平衡结晶过程,并说明室温下该合金的相组成物及组织。

解　该合金的平衡结晶过程如图 4-54(b)所示,从平衡结晶过程可得出该合金室温下相组成为 α 及 ε 相,组织为 $\alpha_{初} + \varepsilon_{II} + (\alpha + \varepsilon)_{共析}$。

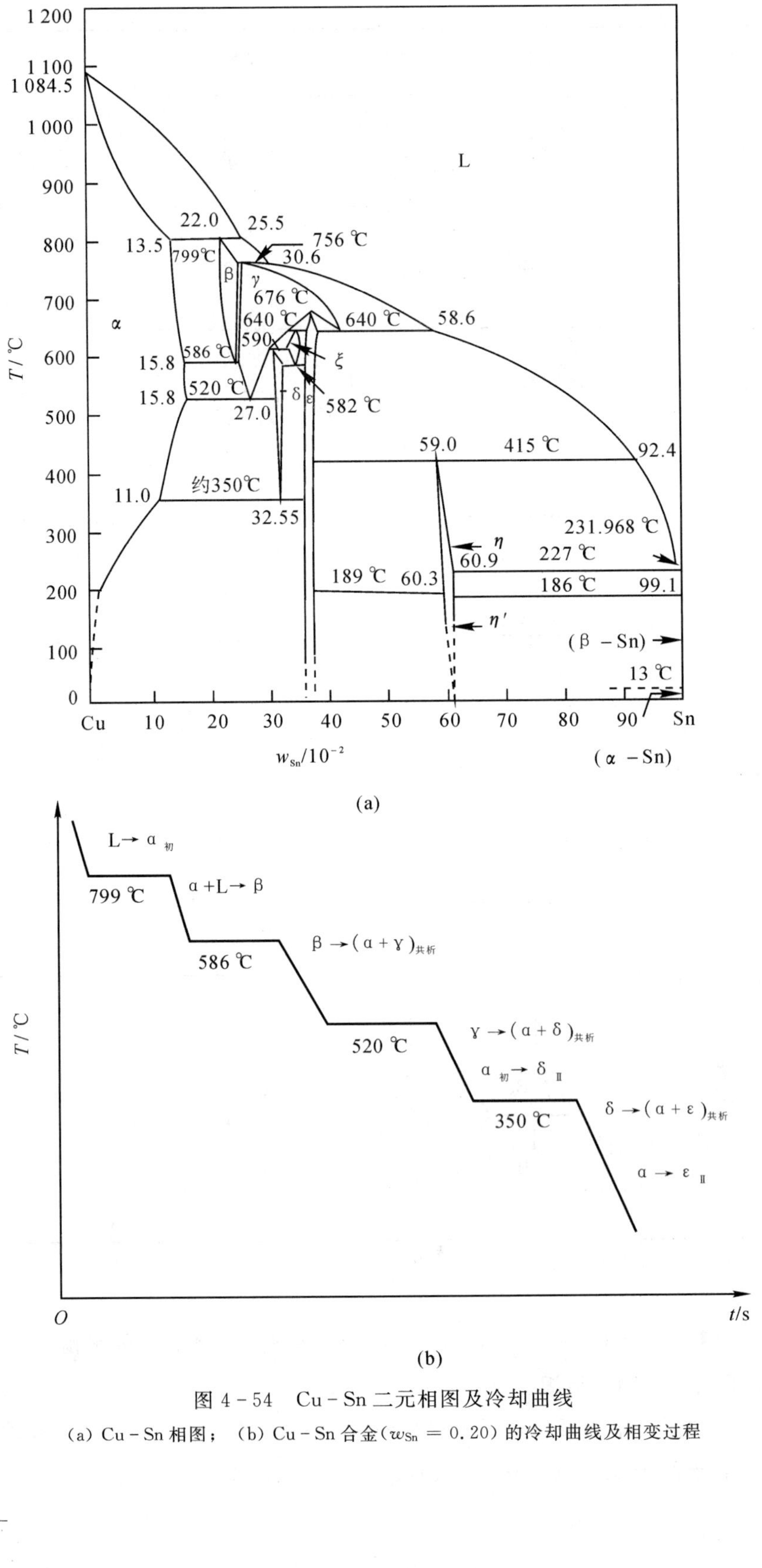

图 4-54 Cu-Sn 二元相图及冷却曲线

(a) Cu-Sn 相图; (b) Cu-Sn 合金($w_{Sn} = 0.20$) 的冷却曲线及相变过程

4.6　二元相图的分析方法

二元相图中有许多相图线条,初看起来很复杂,难以分析。其实,这些复杂相图都是由前述各类基本相图组合而成的。只要掌握了基本相图的特点和规律,就能化繁为简,对任何复杂相图进行分析和应用。

4.6.1　复杂二元相图的分析方法

在分析比较复杂的二元相图时,可参考以下步骤和方法进行。

(1)首先看相图中是否存在化合物,如有稳定化合物,可视其为组元,把相图分成几个区域。

(2)确定单相区。单相区代表一种具有独特结构和性质的相的成分和温度范围,若单相区为一根垂直线,则表示该相成分不变。

(3)根据邻区原则确定两相区。邻区原则:含有 P 个相的相区的邻区,只能含有 $P\pm 1$ 个相。违背了这条原则,便无法满足相律的要求。两相区中的平衡相之间都有互溶度,只是互溶度有大有小而已。不同温度下两相的成分将分别沿其相界线变化。

(4)找出所有的三相水平线,根据与水平线相连的三个单相区的类别和分布特点确定三相平衡的类型。

认识了相图中的相、相区及相变线的特点之后,就可分析具体合金随温度改变而发生的相变及组织变化,并能预测合金的性能了。

4.6.2　二元相图分析实例

铁碳系是一个很重要的合金系,它是碳钢、低合金钢及铸铁的基础。在研究和使用钢铁材料时,铁碳相图是一个重要的工具。因此,必须理解、会用铁碳相图。

4.6.2.1　相图中的相

铁碳相图主要部分是 $Fe-Fe_3C$ 相图,如图 4-55 所示。相图中有以下几个固相(高温下均为液相 L)。

(1)铁素体,即碳在 $\alpha-Fe$ 中形成的间隙固溶体,通常用符号 α 或 F 表示。碳原子溶于 $\alpha-Fe$ 的八面体间隙,最大固溶度(质量分数)只有 $0.021\ 8\%$。

在 $\delta-Fe$ 中的间隙固溶体也称为铁素体,或称为高温铁素体,通常用符号 δ 表示。δ 的最大固溶度(质量分数)为 0.09%。

(2)奥氏体,即碳溶入 $\gamma-Fe$ 中形成的间隙固溶体,通常用符号 γ 或 A 表示。碳原子溶于 $\gamma-Fe$ 的八面体间隙,最大固溶度(质量分数)为 2.11%。铁素体与奥氏体的力学性能相近,都是软而韧。另外,奥氏体是顺磁相而铁素体是铁磁相,但在居里点 770 ℃ 以上仍是顺磁相,如图 4-52 中的 MO 所示。科研上经常应用这一物理特性来研究钢中的各种相变。

(3)渗碳体,即 Fe_3C,是一种间隙化合物,属于正交晶系(见图 4-56)。点阵常数:$a=0.452\ 4$ nm,$b=0.508\ 9$ nm,$c=0.674\ 3$ nm。 渗碳体晶体结构的立体图十分复杂,

图 4 - 56(a) 所示是 Fe_3C 晶胞在 xOy 平面上的投影。图例中的数字分别代表 Fe 原子和 C 原子的 z 坐标。可以看出,一个晶胞内共有 12 个 Fe 原子(即图中 1 ~ 12 号原子)和 4 个 C 原子(即图中的 $a \sim d$ 号原子)。在图 4 - 56(b) 中将邻近的 6 个 Fe 原子连成三棱柱,中间包含 1 个 C 原子,这可以看成是 Fe_3C 的结构单元。这个结构单元也可以看成是由 6 个 Fe 原子和 1 个 C 原子组成的两个共顶四面体(C 原子是公共顶点),如图 4 - 56(c) 所示。从图 4 - 56(c) 看出,每个 C 原子有 6 个邻近的 Fe 原子。因此,每个三角棱柱有三个 Fe 原子和一个 C 原子,构成 Fe_3C 分子式。渗碳体的熔点为 1 227 ℃(计算值),在 230 ℃ 以下具有铁磁性,通常用 A_0 表示这个临界点。渗碳体的性能为硬而脆,硬度约为 800HB,塑性很差,延伸率接近于零。

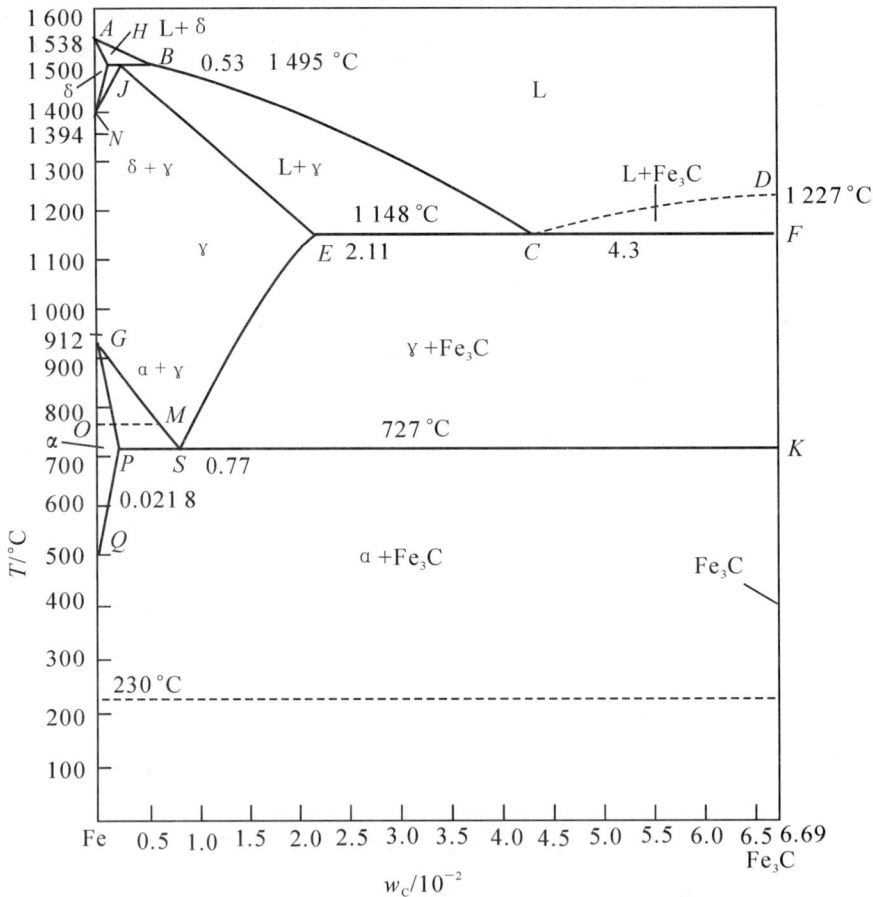

图 4 - 55 Fe - Fe₃C 相图

渗碳体是一个亚稳定相,如果在高温长时间加热,就会发生分解,形成石墨:

$$Fe_3C \longrightarrow 3Fe + C(石墨)$$

可见,铁碳相图具有双重性,即一个是 Fe - Fe₃C 亚稳系相图,另一个是 Fe - C(石墨)稳定系相图,两种相图各有不同的适用范围。

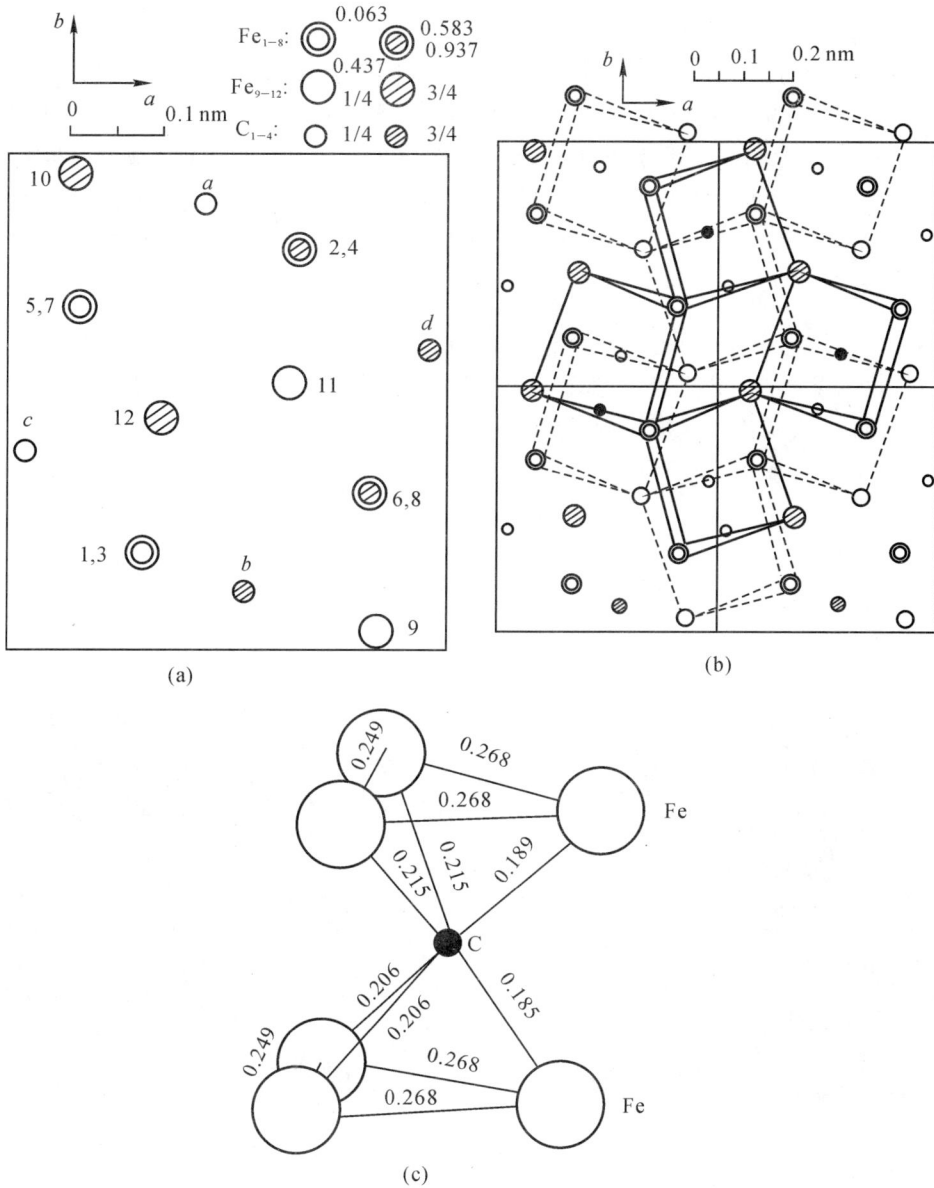

图 4-56　Fe₃C 的结构胞(单位:mm)

(a) 在 xOy 面[即(001)面]上的投影;

(b) 4 个相邻的晶胞在 xOy 面上的投影及其所构成的三棱柱(实三棱柱在上层,虚三棱柱在下层);

(c) 共顶四面体结构单元

4.6.2.2　相图中重要的点和线

Fe-Fe₃C 相图比较复杂,但围绕三条水平线可将相图分解成 3 个基本相图,在了解一些重要的点和线的意义后分析起来就容易多了。

(1) 3 个主要转变。

1) 包晶转变　如图 4-55 所示,Fe-Fe₃C 相图上 HJB 线为三相平衡包晶转变线,其反应式为

$$L_B + \delta_H \xrightleftharpoons{1\,495\,℃} \gamma_j$$

凡是 w_C 在 $0.09\% \sim 0.53\%$ 范围内的合金遇到 HJB 线时都要进行这个转变,转变后获得奥氏体组织。

2)共晶转变　如图 $4-55$ 所示,$Fe-Fe_3C$ 相图上的 ECF 线为三相平衡共晶转变线,其反应式为

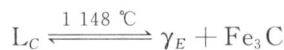

$$L_C \xrightleftharpoons{1\,148\,℃} \gamma_E + Fe_3C$$

凡是 w_C 在 $2.11\% \sim 6.69\%$ 范围的合金遇到 ECF 线时都要进行共晶转变,共晶转变的产物 $(\gamma + Fe_3C)$ 称为莱氏体,用符号 L_d 表示。此组织冷却至室温时,则称为低温莱氏体,并用符号 L'_d 表示,其组织形态如图 $4-57$ 所示。

3)共析转变　如图 $4-55$ 所示,$Fe-Fe_3C$ 相图上的 PSK 线为三相平衡共析转变线,其反应式为

$$\gamma_S \xrightleftharpoons{727\,℃} \alpha_P + Fe_3C$$

凡是 w_C 在 $0.021\,8\% \sim 6.69\%$ 范围的合金遇到 PSK 线时都要进行共析转变,共析转变的产物 $(\alpha + Fe_3C)$ 称为珠光体,用符号 P 表示,其组织形态如图 $4-58$ 所示。

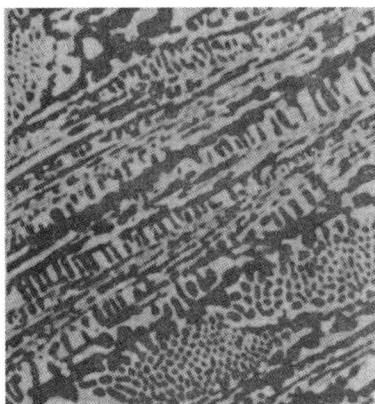

图 4-57　莱氏体组织形态

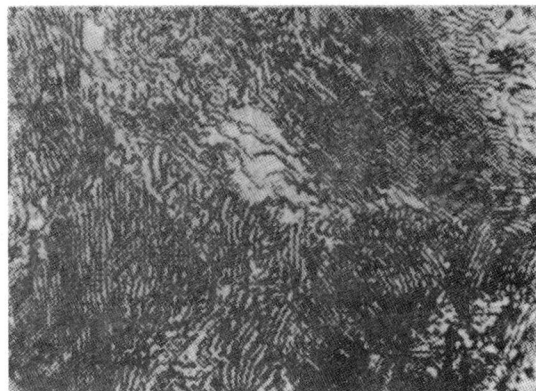

图 4-58　珠光体组织形态

(2)三条特性曲线。

1)GS 线　这是一条从奥氏体中开始析出铁素体的转变曲线。由于这条曲线在共析线以上,故又称为先共析铁素体开始析出线。习惯上称其为 A_3 线,或称为 A_3 温度。

2)ES 线　这是碳在奥氏体中的溶解度曲线。当温度低于此曲线时,要从奥氏体中析出次生渗碳体,所以这条曲线也称为次生渗碳体开始析出线。习惯上称其为 A_{cm} 线,或称为 A_{cm} 温度。

3)PQ 线　这是碳在铁素体中的溶解度曲线。当温度低于此曲线时,要从铁素体中析出三次渗碳体,所以这条线又称三次渗碳体开始析出线。

(3)特性点　相图上每个特性点的温度、碳浓度及意义见表 $4-2$。

相图中的 MO 线($770\,℃$)表示铁素体的磁性转变温度,常称为 A_2 温度。$230\,℃$ 水平线表

示渗碳体的磁性转变温度。

表 4 – 2 Fe – Fe₃C 相图中的特性点

特性点	$T/℃$	$w_C/10^{-2}$	意 义
A	1 538	0	纯铁的熔点
B	1 495	0.53	包晶转变时液相的成分
C	1 148	4.30	共晶点
D	1 227	6.69	渗碳体的熔点
E	1 148	2.11	碳在奥氏体中的最大溶解度(质量分数)
F	1 148	6.69	共晶渗碳体的成分点
G	912	0	α – Fe $\Longleftrightarrow$ γ – Fe 同素异构转变点
H	1 495	0.09	碳在 δ 固溶体中的最大溶解度(质量分数)
J	1 495	0.17	包晶产物的成分点
K	727	6.69	共析渗碳体的成分点
N	1 394	0	γ – Fe $\Longleftrightarrow$ δ – Fe 同素异构转变点
P	727	0.021 8	碳在铁素体中的最大溶解度(质量分数)
S	727	0.77	共析点
Q	600	0.008	碳在铁素体中的溶解度(质量分数)

4.6.2.3 铁碳合金结晶过程分析

工业上应用最广泛的铁碳合金均可以近似地用 Fe – Fe₃C 相图来分析。按照 w_C 的大小,铁碳合金可分为工业纯铁($w_C < 0.000\ 218$)、碳钢($w_C = 0.000\ 218 \sim 0.021\ 1$)、铸铁($w_C > 0.021\ 1$);根据相变和组织特征可将碳钢区分为共析钢($w_C = 0.007\ 7$)、亚共析钢($w_C = 0.000\ 218 \sim 0.007\ 7$)和过共析钢($w_C = 0.007\ 7 \sim 0.021\ 1$)。同样,铸铁也可以分为共晶铸铁($w_C = 0.043$)、亚共晶铸铁($w_C = 0.011 \sim 0.043$)和过共晶铸铁($w_C = 0.043 \sim 0.066\ 9$)。根据碳的存在状态又将铸铁区分为白口铸铁和灰口铸铁两种。全部碳都以 Fe₃C 形态存在时称为白口铸铁,部分或全部碳以石墨形态存在时称为灰口铸铁。Fe – Fe₃C 相图中,碳是以 Fe₃C 形态存在的,故为白口铸铁。现在结合 Fe – Fe₃C 相图(见图 4 – 59)分析铁碳合金室温下的组织及组织形成过程。

(1) 工业纯铁($w_C = 0.000\ 01$ 的合金 ①) 从高温冷却时,在各个温度区间的相变过程及室温下的组织:1—2,合金按匀晶转变方式结晶出 δ 固溶体;2—3,δ 保持不变;从 3 开始,发生 $\delta \rightarrow \gamma$ 转变;至 4 时,全部转变成 γ;4—5,γ 不变化;5—6,发生 $\gamma \rightarrow \alpha$ 转变;至 6 时,全部转变为 α;7 以下,将发生脱溶转变,析出 Fe₃C。这种从铁素体中析出的 Fe₃C 称为三次渗碳体(Fe₃C_Ⅲ)。室温下的组织为 F + Fe₃C_Ⅲ,如图 4 – 60 所示。由于铁素体中溶碳量极少,故析出的三次渗碳体的量也很少。

(2) 共析钢($w_C = 0.007\ 7$ 的合金 ②) 从高温液态冷却时:1—2,凝固为 γ。2—3,γ 不发生变化。到达 3 时,发生共析转变,形成珠光体 P(α + Fe₃C),它是铁素体和渗碳体两相交替排列的细层片状组织,如图 4 – 58 所示。

(3) 亚共析钢($w_C = 0.004$ 的合金 ③) 1—2,L → δ。至 2 时,发生包晶转变形成 A。由于

包晶转变后有液相剩余,在 2—3 将直接结晶为 A。3—4,A 不发生变化。4—5,优先从 A 晶界析出先共析铁素体 A → F,A 和 F 的成分分别沿 GS 和 GP 线变化。到达 5 时,剩余 A 发生共析转变,形成 P。5 以下,从 F 中析出 Fe_3C_{III},但由于析出量很少,不影响组织形态,故可以忽略。最后的组织为 F + P,如图 4-61 所示。

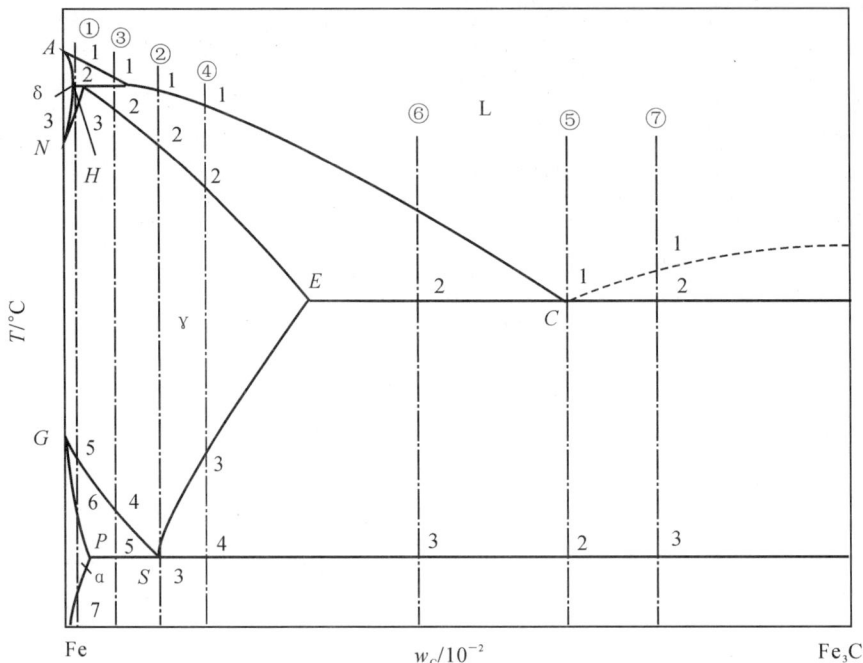

图 4-59 典型铁碳合金冷却时的组织转变过程分析

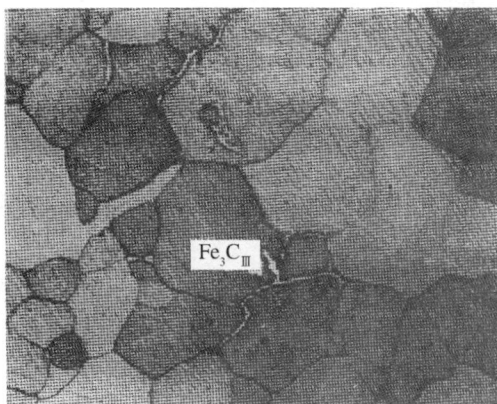

图 4-60 工业纯铁的显微组织

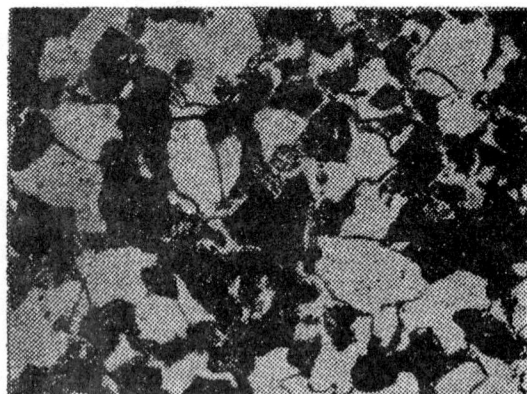

图 4-61 亚共析钢($w_C = 0.004$)显微组织

(4) 过共析钢($w_C = 0.012$ 的合金 ④) 1—3 的相变过程和合金 ② 一样。3—4,从 A 的晶界上优先析出先共析渗碳体 Fe_3C_{II},呈网状分布,A 的成分沿 ES 线变化。到 4 时,剩余 A 发生共析转变,形成珠光体 P。最后获得的组织为 P + Fe_3C_{II},如图 4-62 所示。

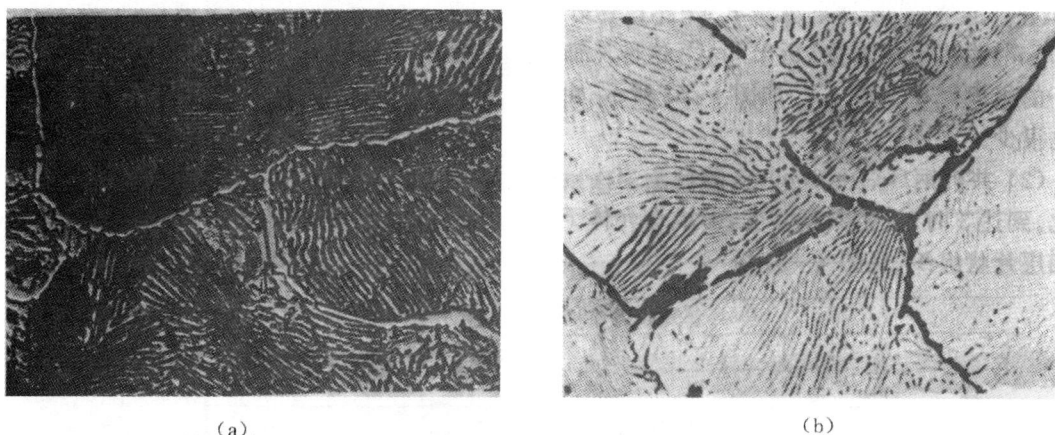

（a）　　　　　　　　　　　　　　（b）

图 4-62　过共析钢（$w_c = 0.012$）的显微组织

(a)硝酸酒精溶液侵蚀；　(b)苦味酸钠溶液侵蚀

（5）亚共晶白口铸铁（合金 ⑥）　1—2，从液相中直接结晶出 A，呈树枝状，且比较粗大，称初生 A（$A_{初}$），L 和 A 的成分分别沿 BC 和 JE 线变化。至 2 时，剩余液相发生共晶转变，形成莱氏体（L_d）。2—3，从 A 中析出 Fe_3C_{II}，而莱氏体中（的奥氏体）析出的 Fe_3C_{II} 将依附在共晶渗碳体上生长，对显微组织影响不大；从 $A_{初}$ 中析出的 Fe_3C_{II} 在其晶粒周边有较宽的区域，显微镜下清晰可见。到 3 时，A 发生共析转变，形成珠光体 P。最后的显微组织为 $P+Fe_3C_{II}+L'_d$，如图 4-63 所示。

对于共晶白口铸铁（合金 ⑤），其显微组织将全部为 L'_d，如图 4-57 所示。

对于过共晶白口铸铁（合金 ⑦），其相变过程与亚共晶白口铸铁类似，区别就是初晶为一次渗碳体 Fe_3C_I，呈长条状。其显微组织为 $Fe_3C_I+L'_d$，如图 4-64 所示。

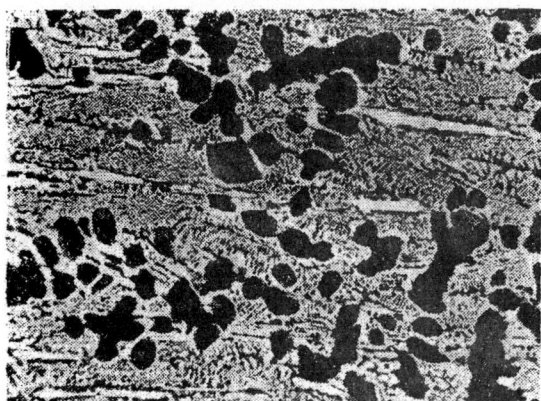

图 4-63　亚共晶白口铸铁在室温下的组织
（黑色的树枝状组成物是珠光体，
其余为莱氏体）　×80

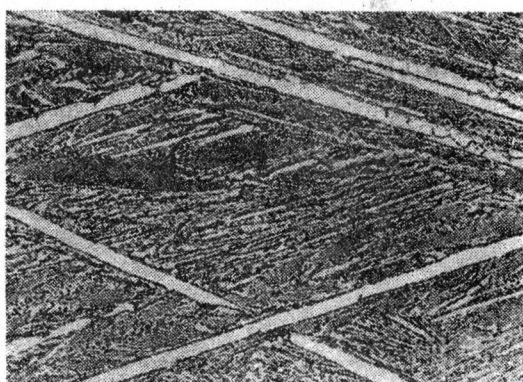

图 4-64　过共晶白口铸铁冷却到室温后的组织
（白色条片是一次渗碳体，其余为莱氏
体）　×250

根据以上对典型铁碳合金相转变及组织转变的分析，可将 Fe-Fe_3C 相图改写为组织图，如图 4-65 所示，以便更直观地认识铁碳合金的组织。

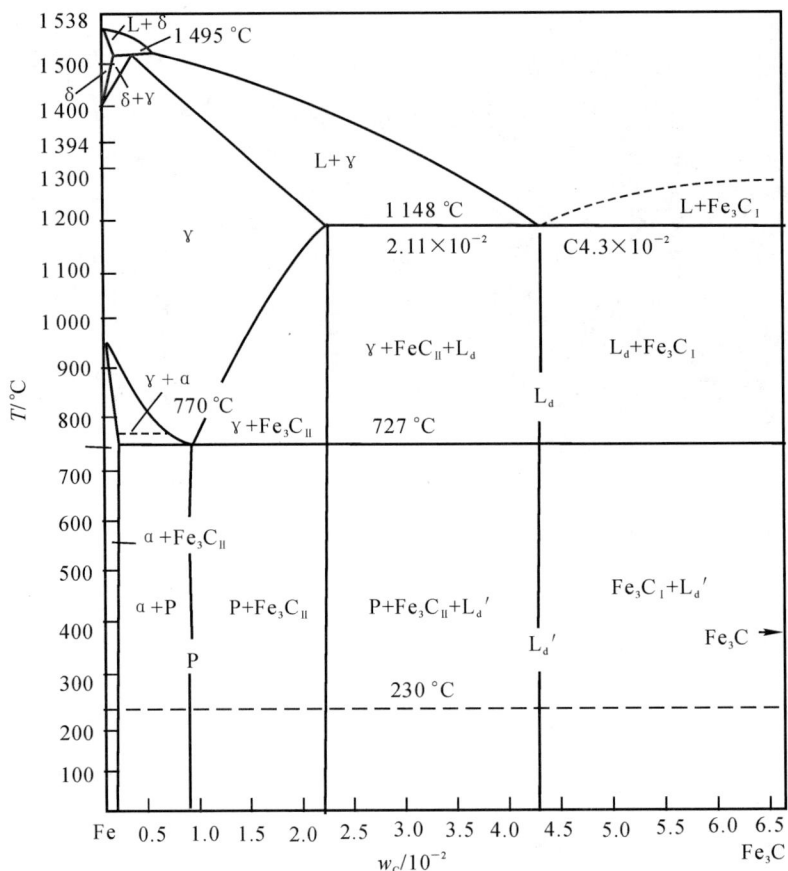

图 4 - 65　Fe - Fe₃C 相图各区域的组织组成物

4.6.2.4　铁碳合金的组织与力学性能

如前所述,所有的铁碳合金都是由铁素体和渗碳体两个相组成的,两个相的相对量可由杠杆定律确定。随着 w_C 的增加,铁碳合金中的铁素体逐渐减少,渗碳体不断增加,其变化呈线性关系。由于铁素体是软韧相,渗碳体是硬脆相,故铁碳合金的力学性能取决于铁素体与渗碳体两相的相对量及它们的相互分布特征。

图 4 - 66 为碳钢缓冷状态的力学性能。从图中可以看出,工业纯铁由单相铁素体组成,故塑性很好,$\delta = 40\%$,$\varphi = 80\%$;而硬度和强度很低,硬度为 $80HB$,$\sigma_b = 245\ MPa$。钢的硬度与钢中含碳量的关系几乎呈直线变化。这是由于 w_C 增加时,渗碳体的相对量也增加,故硬度提高,而组织形态对硬度值影响不大。

钢的强度是一种对组织形态很敏感的性能。在亚共析钢范围内,组织为铁素体和珠光体的混合物。铁素体强度较低,珠光体的强度较高,所以 w_C 的增加使合金的强度提高。w_C 超过 0.007 7 后,铁素体消失而硬脆的二次渗碳体出现,合金强度的增加变缓。在 w_C 达到 0.009 时,由于沿晶界形成的二次渗碳体开始呈网状分布,强度迅速下降。当达到 $w_C = 0.021\ 1$ 时,组织中出现莱氏体,强度降到很低的值。

钢的塑性完全由铁素体来提供,所以,w_C 增加而铁素体减少时,合金的塑性不断降低,在基体变为渗碳体后,塑性就接近于零值了。为了保证工业用钢具有足够的强度和适当的塑性、韧性,其 w_C 一般不超过 $0.013 \sim 0.014$。

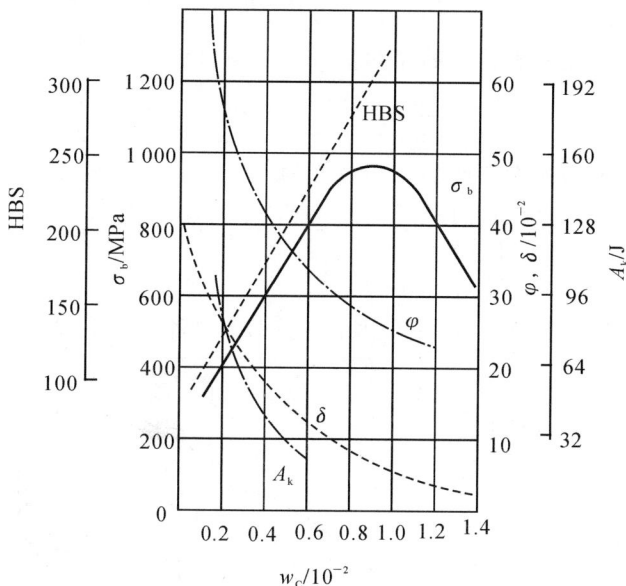

图 4 - 66　w_C 对缓冷碳钢力学性能的影响

对于白口铸铁,由于组织中存在着莱氏体,而莱氏体是以渗碳体为基的硬脆组织,因此,白口铸铁具有很大的脆性。正是由于有大量渗碳体存在,铸铁的硬度和耐磨性很高,对于某些表面要求高硬度和耐磨的零件,如犁铧、冷铸轧棍等,常用白口铸铁制造。

【例题 4.6.1】　有一 Cu - Sn 青铜($w_{Sn} = 0.10$),请问 ① 300 ℃ 时有哪几种相存在? 它们的化学成分如何? 各个相的相对量如何? ② 在 600 ℃ 时重做①。③ 请问分别在哪个温度下有 1/3 液体和 2/3 液体?

解　Cu - Sn 相图如图 4 - 54(a) 所示。

(1) α 相　成分为 0.93 Cu + 0.07 Sn

相对量为 $W_\alpha = (0.37 - 0.10)/(0.37 - 0.07) = 90\%$

ε 相　成分为 0.63 Cu + 0.37 Sn

相对量为 $W_\varepsilon = (0.10 - 0.07)/(0.37 - 0.07) = 10\%$

(2) α 相　成分为 0.90 Cu + 0.10 Sn

相对量为 $W_\alpha = 100\%$

(3) 由杠杆定律知,在 900 ℃ 时,有 1/3 液体;在 965 ℃ 时,有 2/3 液体。

【例题 4.6.2】　试计算 Fe - Fe₃C 合金($w_C = 0.004$)室温下相组成物的相对量,组织组成物的相对量。

解　相组成物的相对量为

$$W_\alpha = \frac{0.066\,9 - 0.004}{0.066\,9 - 0.000\,01} \times 100\% = 94\%$$

$$W_{Fe_3C} = \frac{0.4 - 0.000\,01}{0.066\,9 - 0.000\,01} \times 100\% = 6\%$$

组织组成物中先共析铁素体的相对量为

$$W_F = \frac{0.007\ 7 - 0.004}{0.007\ 7 - 0.000\ 218} \times 100\% = 49.5\%$$

珠光体的量就是共析转变前奥氏体的相对量，即

$$W_P = \frac{0.004 - 0.000\ 218}{0.007\ 7 - 0.000\ 218} \times 100\% = 50.5\%$$

从先共析铁素体中析出的三次渗碳体的相对量为

$$W_{Fe_3C_{III}} = \frac{0.000\ 218 - 0.000\ 01}{0.066\ 9 - 0.000\ 01} \times 49.5\% = 0.15\%$$

显然，三次渗碳体相对量极少，故通常忽略不计。

【例题 4.6.3】 试写出 Al-Mn 系相图（见图 4-67）中各条水平线上所进行的反应式。

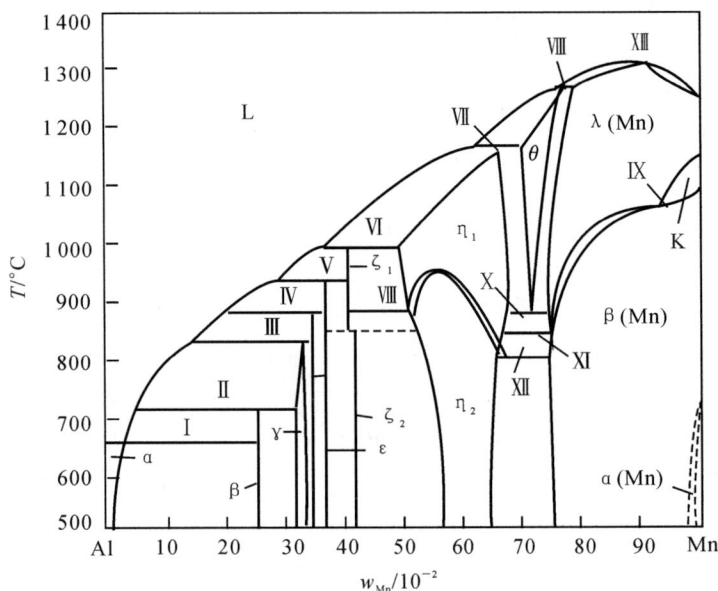

图 4-67　Al-Mn 相图

解 图中有 13 条水平线，其反应如下：

Ⅰ 共晶反应：$L \rightleftharpoons \alpha + \beta$

Ⅱ 包晶反应：$L + \gamma \rightleftharpoons \beta$

Ⅲ 包晶反应：$L + \delta \rightleftharpoons \gamma$

Ⅳ 包晶反应：$L + \varepsilon \rightleftharpoons \delta$

Ⅴ 包晶反应：$L + \xi \rightleftharpoons \varepsilon$

Ⅵ 包晶反应：$L + \eta_1 \rightleftharpoons \xi_1$

Ⅶ 包晶反应：$L + \theta \rightleftharpoons \eta_2$

Ⅷ 包晶反应：$L + \lambda \rightleftharpoons \theta$

Ⅸ 共析反应：$K \rightleftharpoons \lambda + \beta(Mn)$

Ⅹ 共析反应：$\theta \rightleftharpoons \eta_2 + \lambda(Mn)$

Ⅺ 共析反应：$\lambda(Mn) \rightleftharpoons \eta_1 + \beta(Mn)$

Ⅻ 共析反应：$\eta_1 \rightleftharpoons \eta_2 + \beta(Mn)$

ⅩⅢ 共析反应：$\eta_1 \rightleftharpoons \xi_1 + \eta_2$

4.6.3 相图与合金的性能

合金的性能取决于合金的组织,而合金的组织与相图有关,所以根据相图可以预测合金平衡状态下的一些性能。

纯金属一般较软,强度低,但塑性好,易于进行不同形式的变形加工。以纯金属为溶剂的固溶体,虽然也是单相组织,但由于第二组元的加入而产生固溶强化,使其具有较高的强度及硬度,且保持良好的塑性,如图 4-68 所示。单相固溶体是理想的变形合金。有些在室温具有两相组织的合金,尽管其冷变形加工性较差,但由于在加热到较高温度时,第二相能全部或基本上溶入固溶体中,因而具有良好的热变形加工性,这种合金也可用作变形合金。

形成两相机械混合物的合金,其性能是组成相性能的平均值,即性能与成分呈线性关系,如图 4-69 所示。应该指出,这种线性变化关系仅适用于两相大小和分布都比较均匀的情况,在不平衡状态下,其性能将发生较大的变化。例如,在很快结晶条件下形成细密的伪共晶组织时,其强度与硬度都将偏离直线关系而出现峰值,如图 4-69(a) 中点画线所示。

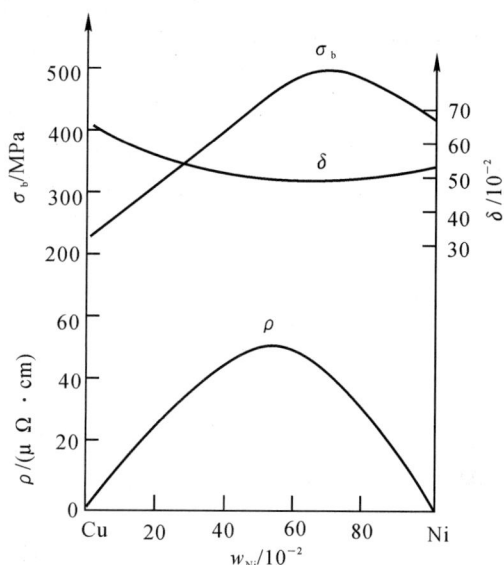

图 4-68 铜镍系合金的某些性质与其质量分数的关系

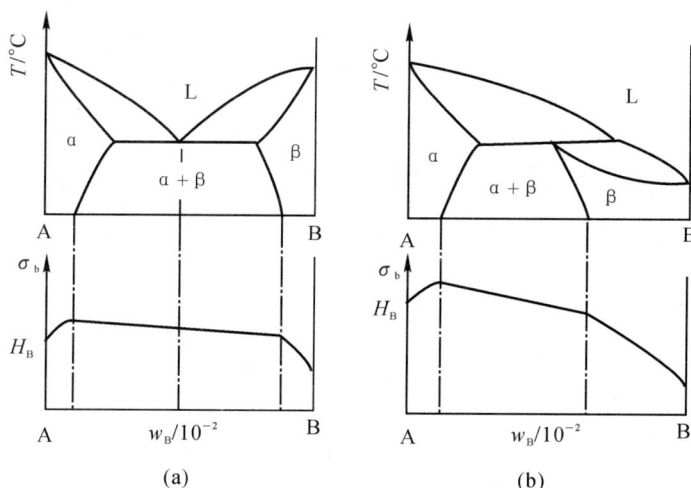

图 4-69 两相混合物的机械性能
(a) 共晶转变; (b) 包晶转变

从铸造工艺性能看,流动性应是一个重要指标。流动性是指液态金属填充铸模的能力。影响流动性的因素很多,但是从合金成分来看,共晶合金具有最好的流动性,其次是纯金属。

一般来说，固溶体合金的流动性较差，特别是液相线与固相线间隔越大，形成枝晶偏析倾向越大，其流动性也越差，分散缩孔多。合金的流动性、缩孔性质与相图的关系如图4-70所示。

合金的切削加工性能也与其组织有关。塑性好的材料进行切削加工时，切屑不易断开，容易缠绕在刀具上。这样不但增加了零件表面的粗糙度，也难以进行高速切削。因此，固溶体型合金切削加工性能不够好。具有两相组织的合金，其切削加工性能一般比较好。这是由于两相中一般总有一个相比较脆，切屑易于脱落，从而便于进行高速切削，加工出表面质量高的零件。为了提高钢的切削加工性能，还可以在冶炼时特意加入一定量的铅、铋等元素，而获得易切削钢，适用于切削加工。

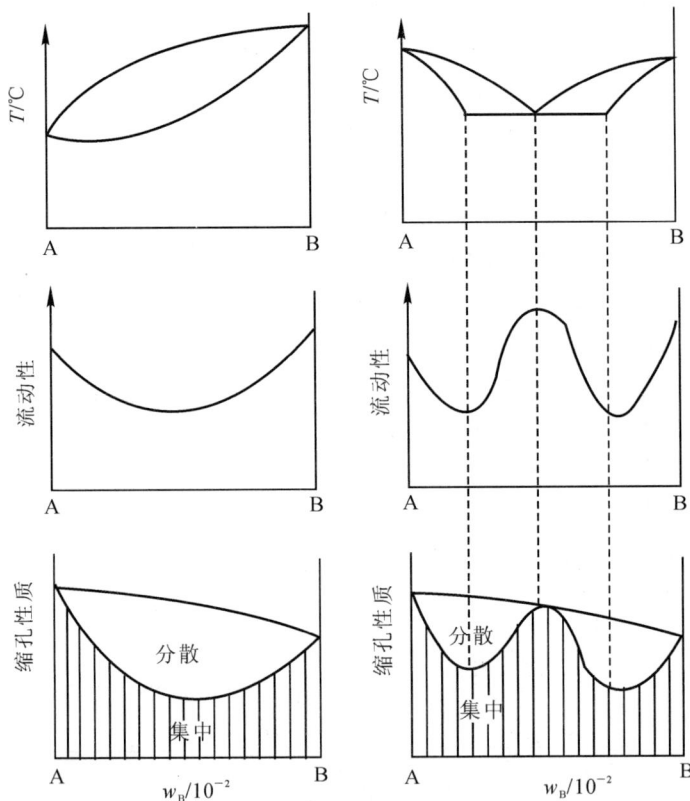

图4-70　合金的流动性、缩孔性质与相图之间的关系

【例题4.6.4】　同样形状和大小的两块铁碳合金，其中一块是低碳钢，一块是白口铸铁。试问用什么简便方法可将它们区分开来？

解　由于它们含碳量不同，所以具有不同的特性。最显著的是硬度不同，前者硬度低、韧性好，后者硬度高、脆性大。若从这方面考虑，可以有多种方法，如：① 用钢锉试锉，硬者为白口铸铁，易锉者应为低碳钢；② 用榔头敲砸，易破断者为白口铸铁，砸不断者为低碳钢；等等。

【例题4.6.5】　试比较45号，T8，T12钢的硬度、强度和塑性有何不同。

解　由含碳量对碳钢性能的影响（见图4-66）可知，随着钢中碳质量分数的增加，钢中的渗碳体增多，硬度也随之升高，基本上呈直线上升。当$w_C < 0.008$时，强度也呈直线上升。当

$w_C = 0.008$ 时,组织全为珠光体,强度最高;但在 $w_C > 0.008$ 以后,随碳质量分数的增加,组织中将会出现网状渗碳体,致使强度很快下降;在 $w_C \geqslant 0.0211$ 后,组织中出现共晶莱氏体,强度将很低。塑性则是随碳质量分数增加而单调下降,在出现莱氏体后,塑性将几乎降为零。

综上所述,T12 钢硬度最高,45 号钢的硬度最低;T12 钢的塑性最差,45 号钢塑性最好;T8 钢的硬度、塑性均居中,而 T8 钢的强度最高。

4.7 相图的热力学解释

尽管相图都是由实验测绘的,但是其理论基础却是热力学。因此,了解一些热力学的基本原理,对于正确测绘相图、正确理解和应用相图均有重要意义。目前,对于一些简单相图已能利用组元的热力学参数进行理论计算。对于一些实验测绘有困难的领域,如超高温、高压和低温等条件下的相图绘制,理论计算尤显重要。

4.7.1 溶体的自由能-成分曲线

溶体是指两种以上组元形成的均匀单相物质,如液溶体和固溶体。等压下,设在某温度 T 时,B 原子已溶入 A 原子中形成固溶体,其吉布斯自由能 G 的一般表达式为

$$G = H - TS \tag{4-17}$$

式中　　H —— 焓;

　　　　S —— 熵;

　　　　T —— 绝对温度。

在 B 原子未溶入 A 原子形成固溶体之前,物系的总自由能为

$$G_0 = H_0 - TS_0$$

那么,A,B 组元混合形成固溶体时的自由能变化值为

$$\Delta G = G - G_0 = H - H_0 - T(S - S_0) = \Delta H_m - T\Delta S_m$$

式中　　ΔH_m —— 混合热焓;

　　　　ΔS_m —— 混合熵。

所以

$$G = G_0 + \Delta H_m - T\Delta S_m \tag{4-18}$$

式中各项都和成分有关。设固溶体中,A,B 原子的摩尔分数分别为 x_A, x_B;A,B 两组元的克分子自由能(即化学位)分别为 μ_A, μ_B;A,B 纯组元在 0 K 时的热焓分别为 H_A, H_B。则

$$G_0 = x_A\mu_A + x_B\mu_B$$

$$H_0 = x_A H_A + x_B H_B \tag{4-19}$$

$$H = x_A H_A + x_B H_B + \Omega x_A x_B$$

所以

$$\Delta H_m = \Omega x_A x_B \tag{4-20}$$

式中　　Ω ——A,B 原子间相互作用参数,与原子间的结合能有关;

　　　　$\Omega x_A x_B$ ——A,B 组元相互作用引起的热焓。

根据对系统内能的计算,有

$$\Omega_{AB} = NZ\left(V_{AB} - \frac{V_{AA} + V_{BB}}{2}\right)$$

式中　　N——原子总数$(N_A + N_B)$;

　　　　Z——配位数(计算时只考虑最近邻的原子);

　　　　V——原子对间的结合能。

Ω 值的正负,会影响到 A,B 两组元混合后存在的状态。其物理意义如下:

(1) 当 $\Omega_{AB} = 0$ 时,即 $V_{AB} = (V_{AA} + V_{BB})/2$。说明 A-B 原子对的键能与 A-A 和 B-B 原子对的平均键能相等,A,B 两种原子作任意排列,其能量不变,易形成无序固溶体。

(2) 当 $\Omega_{AB} > 0$ 时,即 $V_{AB} > (V_{AA} + V_{BB})/2$,说明 A-B 原子对的键能比 A-A 和 B-B 原子对的平均键能高,所以 A-B 对不稳定,易发生同类原子的偏聚,有分解成两种固溶体的倾向。

(3) 当 $\Omega_{AB} < 0$ 时,即 $V_{AB} < (V_{AA} + V_{BB})/2$,说明 A-B 原子对的能量比 A-A 和 B-B 原子对的平均能量低,所以固溶体中倾向于异类原子互相吸引,易于形成短程有序甚至长程有序的固溶体。

关于固溶体混合熵 ΔS_m 的近似求法,由统计热力学可推导出

$$\Delta S_m = -R(x_A \ln x_A + x_B \ln x_B) \tag{4-21}$$

式中　　R——气体常数。

由于 x_A 和 x_B 恒小于1,其对数值为负,故 ΔS_m 恒为正值。固溶体混合熵与成分的关系如图 4-71 所示。当 $x_B = 0.5$ 时,ΔS_m 具有最大值。由图可知,在 $x_B \approx 0$ 或 $x_B \approx 1$ 时,曲线的斜率很大,说明在纯组元中掺入极少量的其他组元时,将使固溶体的混合熵增加很多。因此,要获得极纯金属是不容易的。

把式(4-19)~式(4-21)代入式(4-18)得

$$G = x_A \mu_A + x_B \mu_B + \Omega x_A x_B + RT(x_A \ln x_A + x_B \ln x_B) = f(x_A, x_B) \tag{4-22}$$

式(4-22)表明,在一定温度下固溶体的自由能是成分的函数。据此式可绘制固溶体自由能 G 与成分的关系曲线,如图 4-72 所示。图中,G° 为 A,B 两组元在 0 K 时呈机械混合时的自由能,ΔH_m 为 A 和 B 形成固溶体时的超额焓,$-T\Delta S$ 为 T 时的混合熵。

固溶体的成分与自由能的关系曲线,其形状与 Ω 有关。当 $\Omega \leqslant 0$ 时,曲线呈简单"U"形,如图 4-72 所示;当 $\Omega > 0$ 时,曲线呈波浪形。

4.7.2　异相平衡的条件

二元系中的自由能-成分曲线,不仅可以表示各种相态存在的稳定性,而且当形成多相平衡时,还可以利用这些曲线来确定各种相态存在的成分范围以及多相平衡时各相的成分等。当固溶体的成分-自由能曲线如图 4-73 所示时,合金 C 应当处于单相还是两相状态呢? 如果合金 C 由纯组元 A,B 两个相组成,其自由能应当为 G_1;如果合金 C 由成分为 A_1 和 B_1 的两种固溶体相组成,其自由能应当为 G_2。显然,A_1 与 B_1 的成分越接近,合金 C 的自由能越低。到了极限情况,即合金 C 为均匀的单相固溶体时,其自由能 G_3 达到最低点,这就是合金的稳定状态。在这种"U"形曲线中,曲线上任何两点的连线都高于这两点之间的曲线,因此,单相状态是该系统中不同成分合金的稳定状态。

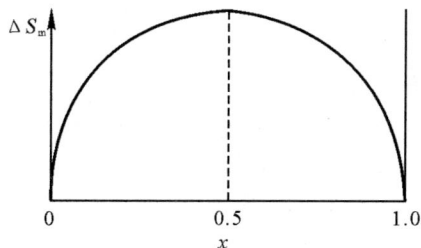

图 4-71 固溶体的混合熵与成分的关系

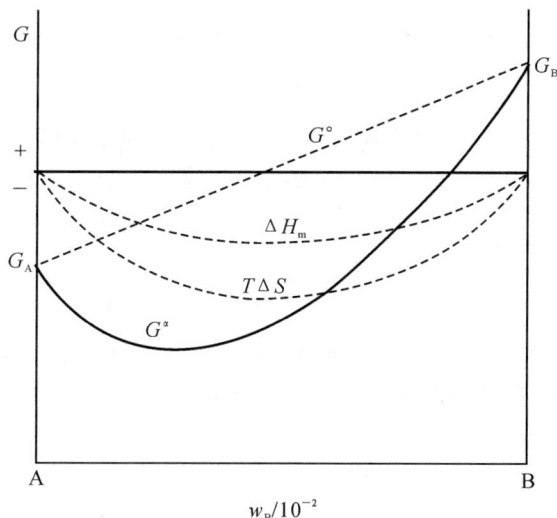

图 4-72 理想固溶体的自由能曲线

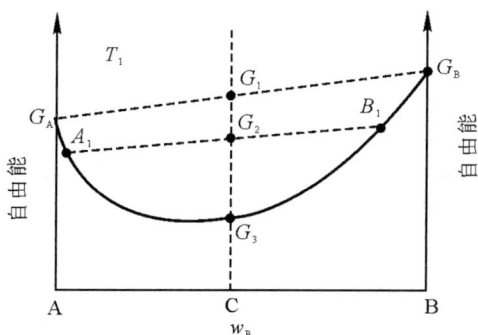

图 4-73 固溶体的成分-自由能曲线

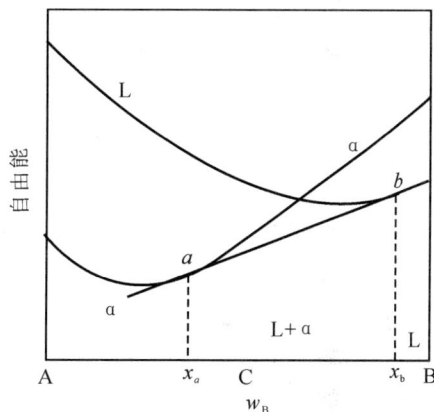

图 4-74 两相平衡的自由能曲线

图 4-74 所示为某温度下液相 L 和固相 α 的成分-自由能曲线。那么,具有两相平衡时平衡相的成分点怎样确定呢?根据相平衡的热力学条件可以证明:两相平衡时,其自由能曲线在平衡成分处的斜率应相等,即有公切线。对两相的自由能曲线作公切线求取两相平衡的成分范围和平衡两相成分点的方法,称为公切线法则。图 4-74 中,ab 直线为两相自由能曲线的公切线,其切点分别为 a 和 b 点。可以判断,在某温度 T 下,x_a 以左的合金均以单相 α 存在;在 x_b 以右的合金,均以单相 L 存在;在 $x_a \sim x_b$ 范围内的合金均为 L+α 两相共存,而且两平衡相的成分点只能是 a,b 两点所对应的成分,不能有任何其他成分的两相平衡共存,因为任何其他成分的两相综合自由能均较高。

如果二元系在恒温下具有三相平衡,则此三相的自由能曲线也必然有一公切线,如图 4-75 所示。其公切线的三个切点 a,b,c 即三个相的成分点。只有位于 $a \sim c$ 之间的合金在此温度才发生三相平衡,位于 a 点以左和 c 点以右的合金则分别以 α 和 β 单相存在。

如果有化合物形成时,同样可引用公切线法则求取平衡相及其成分点。

4.7.3　由二元系各相的自由能曲线绘制相图

恒温恒压条件下,若已知二元系各相的自由能-成分曲线,就可以采用公切线法则确定该系所有的稳定相态、平衡相的成分及各种相区的边界。分析一系列温度下的自由能-成分曲线,就可以绘出一个完整的二元相图。下面举例说明如何从自由能曲线绘制相图。

图 4-76 表示匀晶系在各温度下液相和固相的自由能曲线与相图的关系。T_1 温度,$G_S > G_L$,液相稳定;T_5 温度,$G_L > G_S$,α 相稳定;$T_2 \sim T_4$ 温度,两条自由能曲线相交,交点两旁可以绘出公切线,两切点间的合金均为 $L+\alpha$ 两相平衡。如果将各温度下的公切线切点分别绘于相应的成分-温度坐标中,再分别连接各液相点和固相点,即得匀晶相图[见图 4-76(f)]。

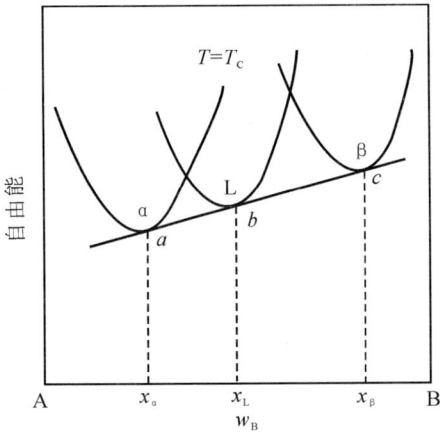

图 4-75　三相平衡的公切线法则图示

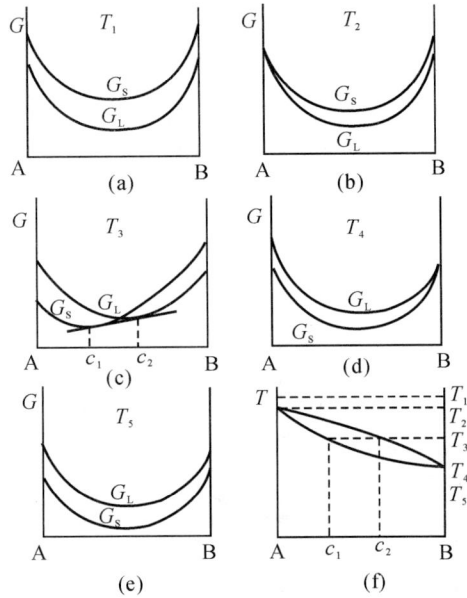

图 4-76　匀晶系的自由能曲线与相图的关系

共晶系不同温度下的自由能曲线与相图的关系如图 4-77 所示。T_1 时,液相自由能低于固相自由能,故合金均为 L;T_2 时,富 A 端固相自由能低于液相自由能,故在富 A 端有一个 α_1 单相区及一个 $L+\alpha_1$ 两相区,两相区的范围由两条曲线的公切线切点确定;T_3 时,富 B 端固相自由能低于液相自由能,故也有一个 α_2 的单相区及一个 $L+\alpha_2$ 的两相区,两相区的范围同样可用公切线法求得;T_4 时,以上两条公切线重合,即此时液相同时与 α_1 及 α_2 相平衡,这就是共晶反应;T_5 时,液相自由能曲线升高,系统只有一个两相平衡区($\alpha_1 \rightleftharpoons \alpha_2$)。综合上述图示,便可得出这个系统的共晶相图[见图 4-77(f)]。

图 4-78 表明包晶系不同温度下自由能曲线与相图间的关系。T_1 时,固相自由能曲线在富 A 端低于液相自由能曲线,因而有一个 α_1 单相区及一个 $L+\alpha_1$ 两相区。T_P 时[见图 4-78(b)],固相自由能曲线对应的 α_2 正好与 α_1 和 L 的公切线相切。T_2 时[见图 4-78(c)],过自由能曲线可作两条公切线,其切点可以分别确定 $\alpha_1+\alpha_2$ 和 α_2+L 两相平衡的范围。T_3 时[见图 4-78(d)],液相自由能曲线升高,系统只有一个两相平衡区($\alpha_1 \rightleftharpoons \alpha_2$)。把上述各图的结果综合在一起,便可得到这个系统的相图[见图 4-78(e)]。

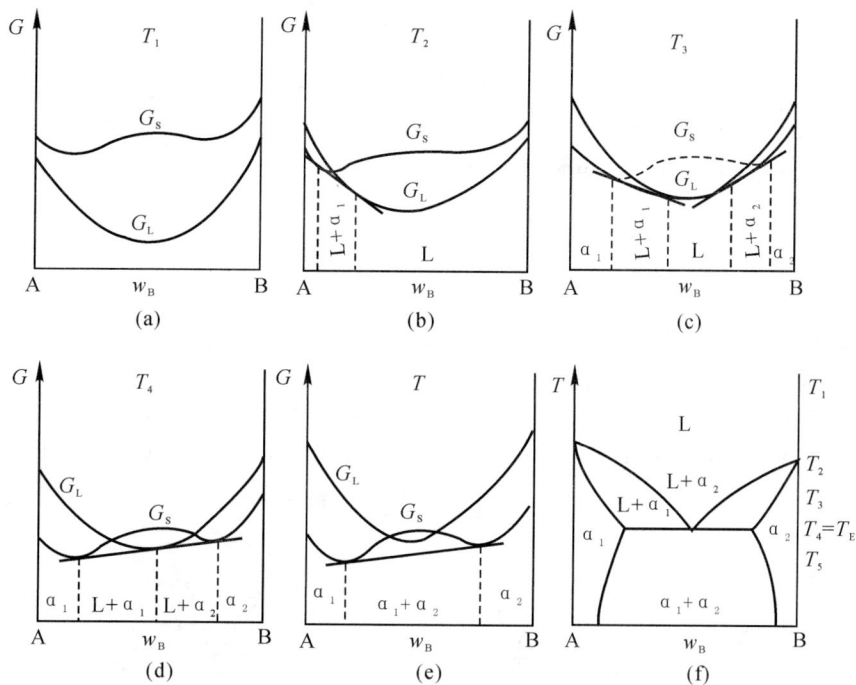

图 4 - 77 共晶系的自由能曲线与相图的关系

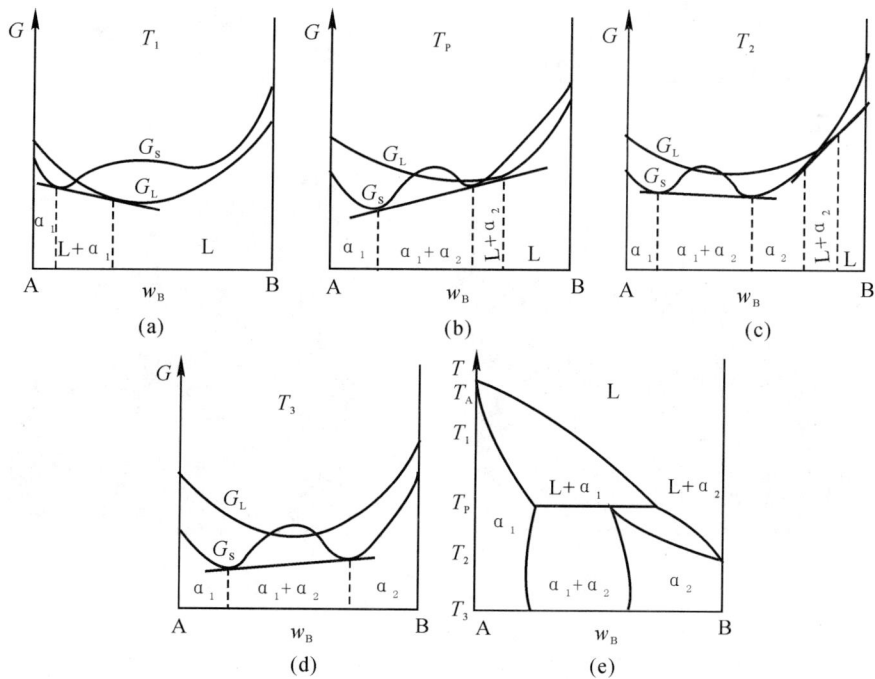

图 4 - 78 包晶系的自由能曲线与相图的关系

4.8　铸锭(件) 的组织与偏析

铸锭是金属材料最原始的坯料,它将直接影响后序热加工的工艺质量以及最后制件的机械性能。因此,研究铸锭的组织及其形成,不仅有助于提高铸锭(件) 的质量、控制其组织,而且能为原材料的冶金质量分析奠定基础。

4.8.1　铸锭(件) 的组织

金属凝固后的晶粒一般比较粗大,往往用宏观方法就可以显示出它的组织。图 4 - 79(a) 为典型的铸锭横剖面宏观组织示意图。铸锭的晶粒组织通常由三个区域组成:最外层由非常细小的等轴晶粒组成,称为细晶粒区;接着生长的是垂直于模壁、长而粗的柱状晶粒区;中心部分也由等轴晶粒组成,但是比表层的晶粒大,称为等轴晶粒区。细晶粒区总是很薄的一层,对性能的影响不大。图 4 - 79(b) 为实际金属铸锭横截面的宏观组织。

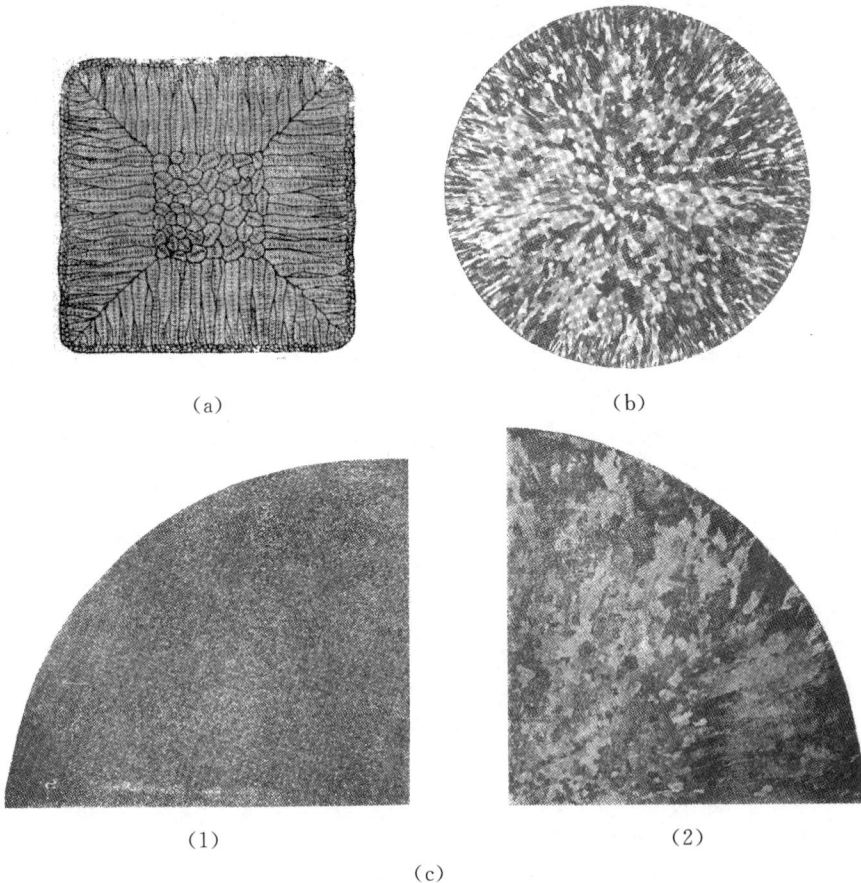

(a)　　　　　　　　　　　　(b)

(1)　　　　　　　　　　　　(2)

(c)

图 4 - 79　铸锭的组织

(a) 典型的铸锭横剖面宏观组织;(b) 金属铸锭横截面的宏观组织　×1;

(c) 钛对铝合金(LF21) 晶粒大小的影响　×1

[(1) 加入了 $w_{Ti} = 0.000\,9$ 的 Ti,晶粒细化;(2) 未加 Ti,晶粒粗大]

铸锭中为什么会形成不同的晶粒区呢？根据凝固理论可作如下解释：当液态金属浇入温度远低于其熔点的铸模时，与模壁接触的一层液体中产生极大的过冷度，因而可以大量地形核，并迅速长大成为表层的细晶粒区。此时，模壁温度也迅速升高，散热变慢，细晶粒区前沿液体中的过冷度减小，不足以独立形核。凝固的继续进行，就依靠细晶粒区中那些长大速率较快且方向与铸锭散热方向平行的晶粒的生长，结果便形成了比较粗大的柱状晶粒。铸锭的散热方向垂直模壁，因此柱状晶粒将沿着垂直于模壁的方向长大，柱状晶粒之间的取向几乎是一致的，这一现象称为择优取向。由于柱状晶粒彼此界面平直，界面上可能存在不溶杂质，因而晶粒之间的结合力较弱，特别是那些互相垂直生长的两组柱状晶的交界面成为脆弱面，轧制时，易沿着这些面开裂。对塑性较差的合金（钢铁及镍合金）应力求避免形成柱状晶；对塑性较好的有色金属，有时要求获得柱状晶。当柱状晶生长时，使液-固界面前沿液体中的溶质富集，产生成分过冷。当四周柱状晶发展到一定程度时，中心部分的液体都将处于成分过冷状态，故液体中开始形核。这些晶核在液体中自由成长，故长成等轴晶。除此之外，还可能是铸锭表面形成的小晶体下沉，或者在柱状树枝晶生长过程中，枝晶重溶漂移等原因形成籽晶而发展成等轴晶粒。等轴晶的性质与柱状晶相反，它没有明显的脆弱面，其晶界处犬牙交错，枝叉之间扣搭牢固，故不易裂开，所以一般都要求获得等轴晶组织。

应该指出，铸锭中的晶粒形态，由于受凝固条件及其他因素的影响，不一定都有这三层晶粒区，有时只能见到一种或两种晶粒区。

4.8.2 铸锭(件)组织的控制

由三晶区组成的铸锭(件)组织，主要体现为柱状晶区与等轴晶区的分布情况及晶粒的大小。所谓铸锭组织的控制，主要是对柱状晶区和等轴晶区的控制。一般认为，铸模的冷却能力越强，越有利于在结晶过程中保持较大的温度梯度，从而有利于柱状晶区的发展。生产上经常采用导热性较好与热容量较大的铸模材料，并增大铸模的厚度以及降低预热温度等，这些都可以增大柱状晶区。但是，对于较小尺寸的铸件，如果铸模的冷却能力很强，整个铸件都可以在很大的过冷度下结晶，则不但能抑制柱状晶的生长，而且能促进等轴晶区的发展。如连续浇铸时，采用水冷结晶器，就可以使铸锭全部获得细小的等轴晶粒。另外，熔化温度与浇铸温度也影响铸锭的组织。熔化温度越高，液态金属的过热度越大，非金属夹杂物溶解越多，则非均匀形核率越低，有利于柱状晶区的发展。相反，熔化温度和浇铸温度都低，则有利于中心等轴晶区的发展。

实际生产中，对于大型铸件，欲获得细小等轴晶粒，仅仅依靠增加过冷度是不可能的，因为金属的过冷能力有限，若采用变质处理将会有很好的效果。图 4-79(c) 显示了钛对铝合金晶粒大小的影响。

4.8.3 铸锭(件)中的偏析

偏析程度是评定金属材料冶金质量的重要指标之一。铸锭中的偏析分为宏观偏析和显微偏析，这里仅讨论铸锭的宏观偏析。

4.8.3.1 正偏析

在讨论固溶体合金凝固时曾指出，对于 $k_0 < 1$ 的合金，先结晶的区域溶质浓度较低，而后结晶的区域溶质浓度较高。铸锭凝固时，液-固界面由型壁向型腔中心移动，也有类似的情况，即先凝固的外层溶质含量低于后凝固的内层，这种偏析称为正偏析。严重的正偏析对铸件机

械性能的均匀性有一定的影响,并且这种偏析很难完全避免,浇铸时采用适当的工艺措施可使偏析程度减轻。

4.8.3.2 反偏析

对于 $k_0 < 1$ 的合金铸锭,在其表层的一定范围内,先凝固的外层溶质含量反而比后凝固的内层高,这种偏析称为反偏析,如图 4-80(a) 所示。一般认为,反偏析形成的原因是某些合金柱状晶沿其树枝主干方向长大较快,容易孤立地向液体纵深延伸,如图 4-80(b) 所示。当其横向长大时,一方面造成柱状晶之间的溶质原子富集,另一方面由于已凝固部分的收缩,在柱状晶之间形成空隙,产生负压。因此,柱状晶之间富集溶质的溶液被吸至铸锭外层,凝固后形成反偏析。通常相图上液相线和固相线间隔大,凝固时收缩较大的铝、镁、铜等合金容易产生反偏析。

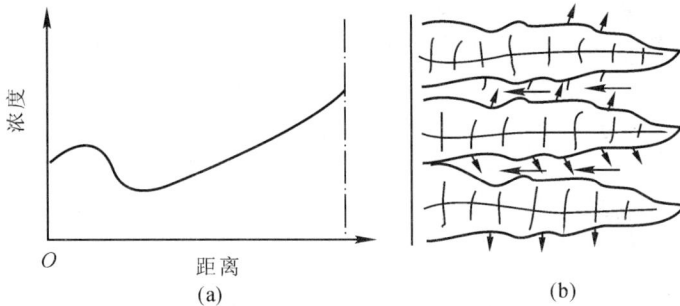

图 4-80 铸锭反偏析示意图
(a) 浓度变化; (b) 反偏析的形成

4.8.3.3 密度偏析

铸锭上、下区域之间存在的成分差别,称为密度偏析。它的形成和开始结晶时固相的密度有关。如果先凝固的固相比溶液密度大,则固相下沉,反之,则固相上浮。例如 Cu-Pb 合金,在 955 ℃ 发生偏晶转变 $L_{w_{Pb}=0.36} \xrightarrow{955\ ℃} L_{w_{Pb}=0.87} + Cu$,生成的 Cu 晶体,由于密度较小,故上浮;而生成的 $L_{w_{Pb}=0.87}$ 含 Pb 量较高,密度大,故下沉。凝固后的铸锭上部分含 Cu 多,下部分含 Cu 少,形成密度偏析,如图 4-81 所示。图中大块铅晶体在下层先析出(见图中黑色区域),而上层则为 α 铜(见图中白色区域)及铅。上层的 w_{Pb} 较平均含量为低。改善密度偏析的措施除了增大结晶速度,使先结晶相来不及上浮或下沉外,还可以加入其他元素形成熔点较高、与液相密度接近的树枝状化合物作骨架,悬浮在液体中,阻碍偏析相的上浮或下沉。例如在 Pb-Sb 过共晶合金中加入少量的 Cu,凝固时先形成 Cu_3Sb 针片阻止初生晶 β(Sb) 上浮。

图 4-81 铜铅轴承合金中的密度
偏析(未侵蚀) ×100

【例题 4.8.1】 若需要用 Cu-0.30Zn 及 Cu-0.10Sn 两种合金来制造铸件,问:

(1) 哪种合金的疏松倾向较严重?

(2) 哪种合金含有第二相的可能性大?

（3）哪种合金的反偏析倾向大？

解 对比 Cu-Zn 及 Cu-Sn 相图，可以看出：

（1）合金 Cu-0.30Zn 的凝固温度范围达 30 ℃，而 Cu-0.10Sn 的凝固温度范围达 175 ℃，故后者严重。

（2）由于平衡凝固时不存在第二相，所以，第二相的出现是因为显微偏析引起的，而显微偏析主要取决于 k_0。后者由于 k_0 大，显微偏析倾向大，形成第二相的可能性就大。

（3）反偏析是凝固时合金中产生体积收缩，迫使固相前沿被溶质富集的液相倒流到表层所致。后者枝晶长，液相倒流到表层的通道长，故反偏析倾向大。

4.9　三 元 相 图

4.9.1　三元相图的几何特性

三元系比二元系多了一个成分变量。根据相律，在恒压下的三元相图是以温度变量为纵坐标、两个成分变量为横坐标的三维空间图形。一系列曲面及平面将三元相图分割成许多相空间。实际的三元相图比较复杂，实验测定时工作量很大，加之应用立体图形并不方便，因此在研究和分析材料时，往往只考虑那些有实用价值的液相投影图、等温截面图、垂直截面图等。本节较详细地分析三元相图的立体图，目的是能更好地理解和使用三元相图的投影图和各种截面图。

4.9.1.1　三元相图的成分表示方法

三元系的成分一般用两个成分变量坐标构成的三角形表示。此三角形称作浓度三角形或成分三角形。常用的浓度三角形的形式有等边浓度三角形、等腰浓度三角形和直角浓度三角形。

（1）等边浓度三角形　等边浓度三角形 ABC 如图 4-82 所示。三个顶点表示纯组元 A，B，C。三条边分别用质量分数表示三个二元系（A-B 系、B-C 系、C-A 系）的成分。等边浓度三角形中任意一点 O 表示一个确定的三元合金成分。通过成分点 O，分别作各边的平行线，顺序在三条边点上取截矩 a,b,c，它们依次表示了合金 O 中三个组元 A，B，C 的质量分数。

等边浓度三角形中有两种具有特定意义的直线：

1）平行于等边浓度三角形某一边的直线。对于所有成分位于此线上的合金，其所含与此边相对应顶点所代表的组元质量分数或浓度均相等。如图 4-83 所示，成分位于 ab 线上的合金中组元 B 的质量分数或浓度均相同，其数值由 AB 边上的 Aa 表示。

2）通过等边浓度三角形某一顶点的直线。凡成分位于此线上的合金，所含另外两顶点所代表的组元质量分数比或浓度比为恒定值。如图 4-83 所示，成分位于 BD 线上的合金中，组元 A，C 的质量分数比均为 CD/AD。如果 D 点恰好正是 A-C 二元系中一个具有恒定化学计量比的稳定化合物 A_mC_n 的成分点，A_mC_n 可看作一个单一组元；BD 连线上的所有合金组成的相图就像一个由 B 和 A_mC_n 组成的二元系，称为伪二元系。一般陶瓷二元相图都是伪二元系，例如 SiO_2-Al_2O_3 相图可以看成是 Si-Al-O 三元系的一个垂直截面。如果 A_mC_n 不是一个具有恒定化学计量比的稳定化合物，则一般不能将其作为单一组元处理。

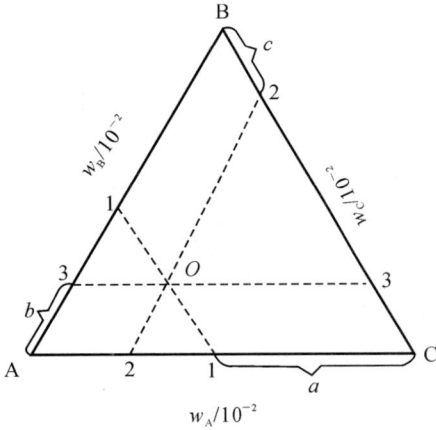

图 4-82　三元系的等边浓度三角形

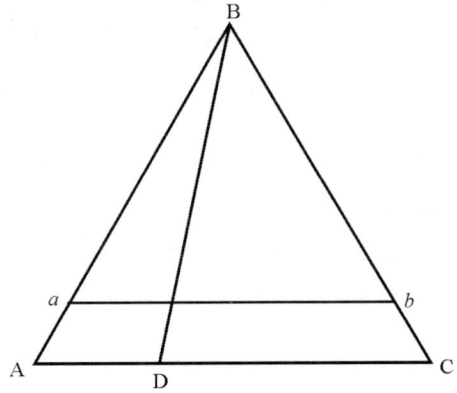

图 4-83　等边浓度三角形中具有特定意义的直线

（2）等腰浓度三角形　　如果待分析的三元系中某一组元（如 B）含量很少，则合金成分点必然都落在先靠近浓度三角形 AC 边附近的狭长地带内。为了将这部分相图更清楚地表示出来，可将 AB 和 BC 边按比例放大，使浓度三角形变成了等腰三角形。应用时只需取其靠近 AC 边的部分，如图 4-84 所示。读合金成分时，过成分点 O 分别作平行于两腰的平行线，使其交于 a, c 点，合金 O 的 A, C 组元浓度可依次用 Ca 和 Ac 表示。等腰浓度三角形适用于研究微量第三组元的影响。

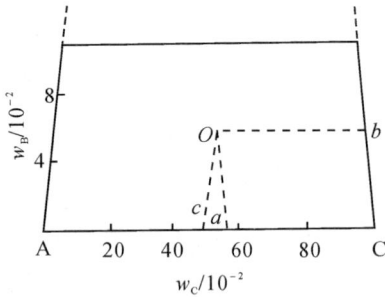

图 4-84　等腰浓度三角形及其成分表示法

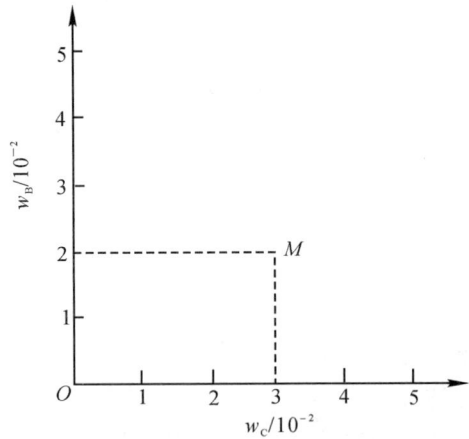

图 4-85　直角浓度三角形及其成分表示法

（3）直角浓度三角形　　若研究对象以 A 组元（B, C 亦然）为主，其余两组元含量很少，则其成分点集中在浓度三角形 A 角的附近区域内。为清楚地表示这部分相图，可采用直角浓度三角形，如图 4-85 所示，合金 M 的 B 组元 w_B 为 0.02，C 组元 w_C 为 0.03，A 组元 w_A 为 0.95。

4.9.1.2　直线法则与杠杆定理

三元系的直线法则：若将成分分别为 α 和 β 的三元合金（也可以是相或混合物）混合熔化后形成的新合金（或混合而成的混合物）R，其成分点必然在 α 和 β 的成分点连线上，如图 4-86 所示。直线法则的证明如下：

按照成分表示方法，合金 R, α, β 中组元 A 浓度依次为 fC, eC 和 gC。设合金 R, α, β 的质量为

W_R, W_α, W_β,则它们所含 A 组元的量依次为 $W_R f C, W_\alpha eC,$
$W_\beta gC$。根据质量守恒定律,混合前后 A 组元的总量不变,
因而

$$W_R \cdot fC = (W_\alpha + W_\beta) f \cdot C = W_\alpha \cdot eC + W_\beta \cdot gC$$

$$(4-23)$$

稍加整理得

$$W_\alpha \cdot (eC - fC) = W_\beta \cdot (fC - gC) \quad (4-24)$$

根据图 4-86,则有

$$eC - fC = ef, \quad fC - gC = fg$$

因而可得

$$\frac{W_\alpha}{W_\beta} = \frac{fg}{ef} \quad (4-25)$$

同理可证

$$\frac{W_\alpha}{W_\beta} = \frac{f'g'}{e'f'} \quad (4-26)$$

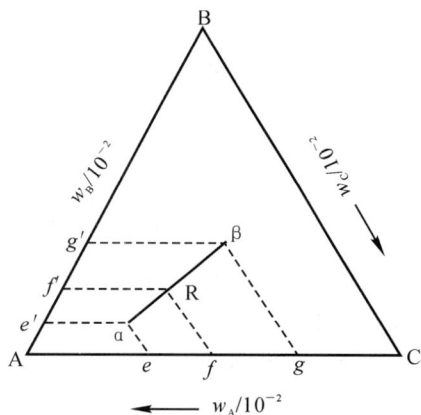

图 4-86　直线法则示意图

　　显然,合金 R 的成分点必然是过 f 点平行于 BC 边的直线与过 f' 点平行于 AC 边的直线的
交点。利用图 4-83 中所示的平面几何的相似三角形关系可很容易地证明,合金 R 的成分必然
落在成分点 α 和 β 的连线上,并且形成合金 R 所需的 α 和 β 的相对量关系服从杠杆定理,即

$$\frac{f'g'}{e'f'} = \frac{fg}{ef} = \frac{R\beta}{\alpha R} = \frac{W_\alpha}{W_\beta} \quad (4-27)$$

　　上述分析说明在三元相图中直线法则与杠杆定理是等价的。显然上述分析也适用于某一
合金分解成两个不同的相的情况。根据直线法则,给定合金在某一温度下处于两相平衡时,合
金成分点与两个平衡相成分点必然落在同一条直线上。

4.9.1.3　重心法则

　　应用杠杆定理可直接证明,如果三元合金 R 分解成 α,β 和 γ 三相(或由此三相组成),且三
相质量依次为 $W_\alpha, W_\beta, W_\gamma$,则合金 R 的成分点必然落在 $\triangle \alpha\beta\gamma$ 的重心处(见图 4-87),即合金
R 的质量 W_R 与此三相的质量有如下关系:

$$
\left.
\begin{array}{ll}
W_R \cdot Rd = W_\alpha \cdot \alpha d, & w_\alpha = \dfrac{W_\alpha}{W_R} = \dfrac{Rd}{\alpha d} \times 100\% \\[2mm]
W_R \cdot Re = W_\beta \cdot \beta e, & w_\beta = \dfrac{W_\beta}{W_R} = \dfrac{Re}{\beta e} \times 100\% \\[2mm]
W_R \cdot Rf = W_\gamma \cdot \gamma f, & w_\gamma = \dfrac{W_\gamma}{W_R} = \dfrac{Rf}{\gamma f} \times 100\%
\end{array}
\right\}
$$

$$(4-28)$$

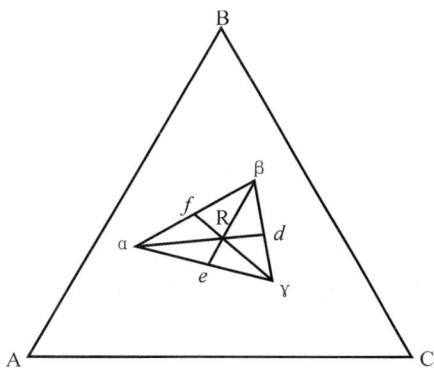

图 4-87　重心法则示意图

这就是三元相图的重心法则。$w_\alpha, w_\beta, w_\gamma$ 依次表示合
金 R 中 α,β 和 γ 相的质量分数。

4.9.1.4　相区相邻规则

　　相图的相邻相区中相的数目差等于 1。这是通用的相区相邻规则。对于三元相图,相邻
相 A 区是指在立体相图中彼此以面为界的相区。在等温截面图和垂直截面图上这些相区彼

此以线为界。

【例题 4.9.1】　在浓度三角形(见图 4−88)中:

(1) 定出 P,R,S 三点的成分。若有 P,R,S 三点合金的质量分别为 2 kg,4 kg,7 kg,将其混合构成新合金,求混合后该合金的成分。

(2) 定出 $w_C = 0.80$, w_A/w_B 等于 S 中 w_A/w_B 时的合金成分。

(3) 若有 4 kg 成分为 P 点的合金,欲配成 10 kg 成分为 R 点的合金,求需要加入的合金成分。

解　(1) 三点的合金成分为

P 点合金成分: $w_A = 0.20$, $w_B = 0.10$, $w_C = 0.70$。

R 点合金成分: $w_A = 0.10$, $w_B = 0.60$, $w_C = 0.30$。

S 点合金成分: $w_A = 0.40$, $w_B = 0.50$, $w_C = 0.10$。

设混合后合金质量为 Q,由题意得

$$Q = (2 + 4 + 7) \text{ kg} = 13 \text{ kg}$$

则混合后合金成分为

$$w_A = \frac{2 \times 0.20 + 4 \times 0.10 + 7 \times 0.40}{13} \approx 0.277$$

$$w_B = \frac{2 \times 0.10 + 4 \times 0.60 + 7 \times 0.50}{13} \approx 0.469$$

$$w_C = 1 - w_A - w_B \approx 0.254$$

(2) 由于 $w_C = 0.80$,因而

$$w_{(A+B)} = 0.20 \qquad \text{①}$$

由图可知:在 S 点的合金中

$$w_A/w_B = 4/5 = 0.8 \qquad \text{②}$$

联立式 ①②,解得

$$w_A \approx 0.09$$
$$w_B \approx 0.11$$

故所求合金的成分为

$$w_A = 0.09, \quad w_B = 0.11, \quad w_C = 0.80$$

(3) 设需加的合金成分为 w_A, w_B, w_C,由题意可得

$$4 \times 0.20 + 6 \times w_A = 10 \times 0.10$$
$$4 \times 0.10 + 6 \times w_B = 10 \times 0.60$$
$$4 \times 0.70 + 6 \times w_C = 10 \times 0.30$$

解得
$$w_A \approx 0.033$$
$$w_B \approx 0.093\ 4$$
$$w_C \approx 0.033$$

4.9.2　三元匀晶相图

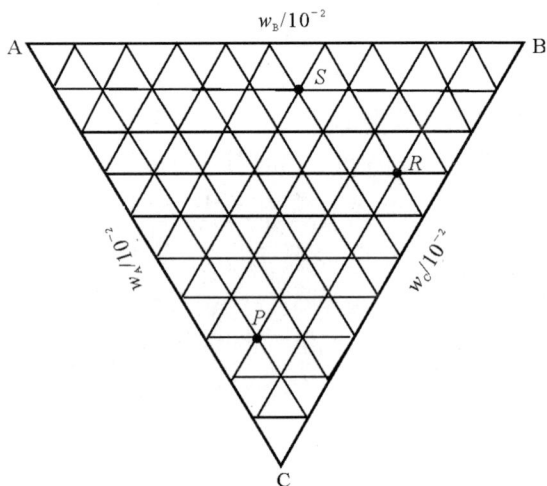

图 4−88　浓度三角形

4.9.2.1　相图及其投影图

若三元系中每对组元在液态和固态均能完全互溶,那么它们组成的三元系也会具有同样的特征,这样的三元系相图称三元匀晶相图。如图 4−89 所示,立体图的三个侧面均为二元匀晶

相图。分别以三个二元匀晶相图的液相线和固相线为边缘,构成液相面和固相面。液相面以上为液相区,固相面以下为单一的 α 固溶体相区,液相面与固相面之间为两相平衡区,液相面与固相面为一对共轭曲面,即由液相和 α 固溶体达到平衡时——一对应的成分点共同组成的曲面。

三元匀晶相图的液固相面上无任何点与线,其在浓度三角形上的投影就是浓度三角形本身。因此,有实用价值的是等温线投影图,即一系列等温截面与某一特定相界面(液相面或固相面)的交线投影到浓度三角形上,并在每条线上标明相应的温度。等温线投影图可用于分析给定相界面在相空间中的变化趋势以及特定合金进入或离开特定相区的大致温度。如图 4-90 所示,合金 O 在稍高于 T_2 的温度开始凝固,在稍低于 T_3 的温度凝固完成。

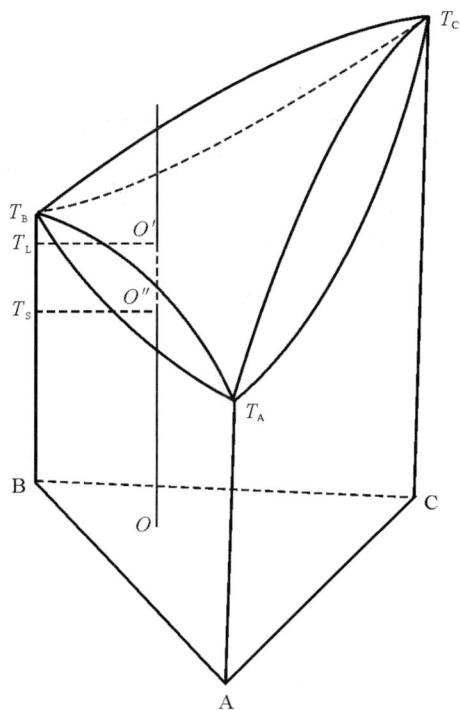

图 4-89 三元匀晶相图

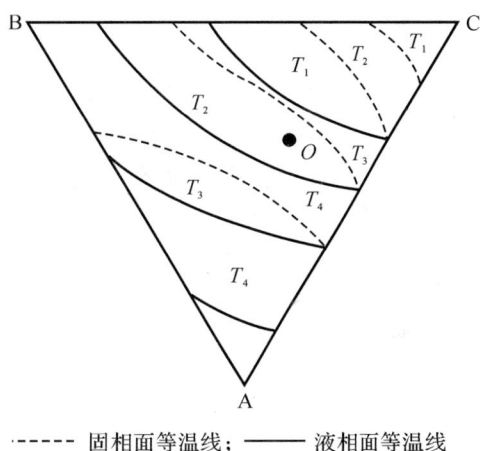

----- 固相面等温线; —— 液相面等温线

图 4-90 三元匀晶相图的等温线投影图

4.9.2.2 固溶体的结晶过程

合金 O 从液态缓冷的过程如图 4-91(a)所示。当熔体冷却至液相面 O' 温度时,成分为 O 的液相中开始结晶出成分为 s 的 α 固溶体,随温度下降,液相的量不断减少,α 相的量不断增多。在结晶过程中,液相成分沿液相面变化,其轨迹为 $O'l_1l_2\cdots l$;α 固溶体成分沿固相面变化,其轨迹为 $ss_1s_2\cdots O'$。根据直线法则,平衡相 L,α 的成分点和点 O 始终处于一条直线上。相图中平衡相成分点的连接线称作共轭线。当温度降至固相面 O' 温度时,结晶过程结束。共轭线随温度下降的变化顺序为 $sO',s_1Ol_1,s_2Ol_2,\cdots,O'l$,它们在浓度三角形上的投影形成一个蝴蝶形图形,如图 4-91(b)所示。

4.9.2.3 等温截面图

等温截面图就是以一定温度所作的平面与三元相图立体图相截后所截的平面在浓度三角形上的投影。它表示给定温度下的相平衡关系,用系列等温截面图也可分析给定合金的相转变。应用 $T = T'$ 的等温截面切截相图时分别与液相面和固相面交于曲线 $l'_1 l'_2$ 和 $s'_1 s'_2$ [见图 $4-92$(a)],将其投影到浓度三角形上即获得 T' 的等温截面图[见图 $4-92$(b)]。$l_1 l_2$ 和 $s_1 s_2$ 是 $l_1' l_2'$ 和 $s_1' s_2'$ 在浓度三角形上的投影,因此 $l_1 l_2$ 和 $s_1 s_2$ 为一对共轭曲线。根据相律,三元系在恒温下两相平衡时的自由度为 1。两相区中有一个相的成分可独立变化。因此,等温截面图上两相区中的共轭线不能仅靠几何方法求得。如果有一个平衡相成分确定,则另一相成分即被唯一地确定。图 $4-92$(b) 同时表示了温度 T' 下的一系列共轭线。如果合金 O 的成分点所在共轭线 mn 已经确定,则可利用杠杆定理计算两相的相对量。

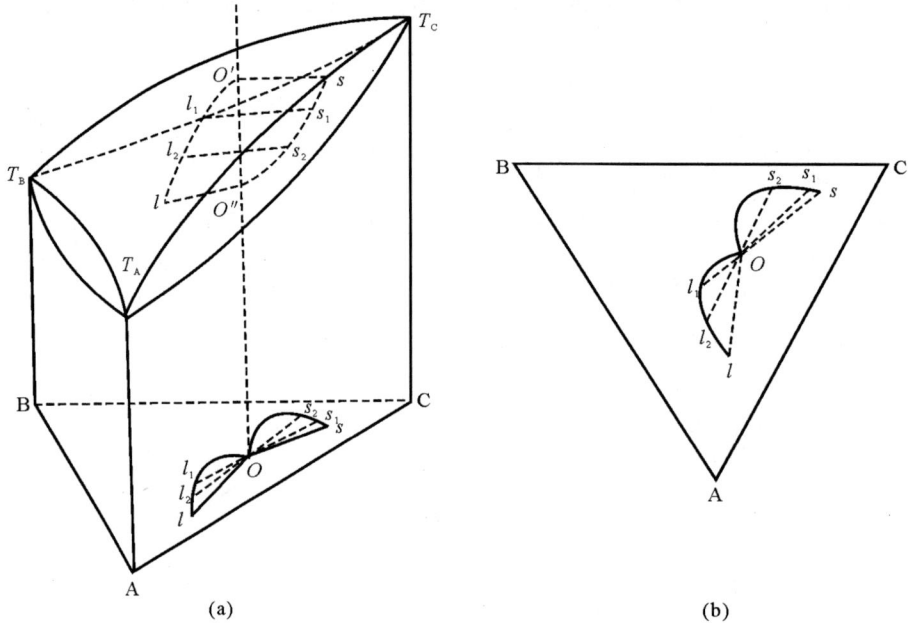

(a)　　　　　　　　　　　(b)

图 $4-91$　三元匀晶相图等温截面图及共轭线示例(一)

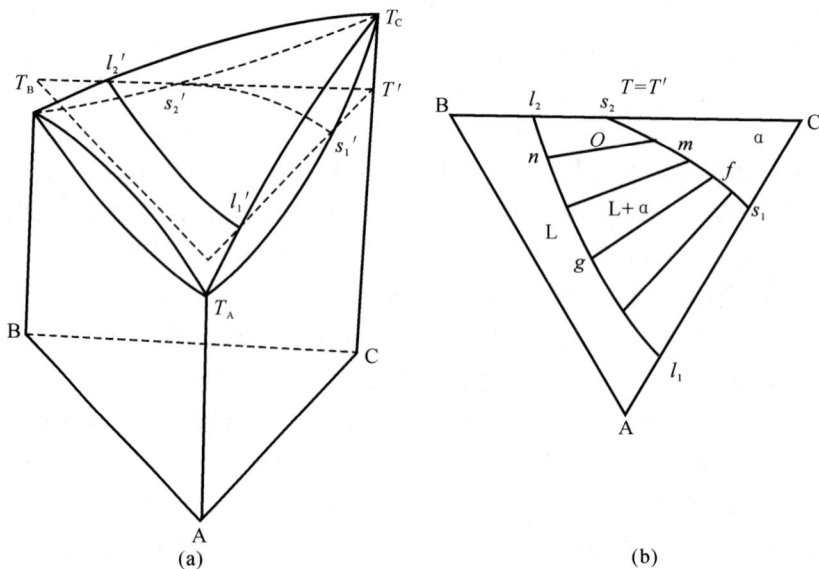

(a)　　　　　　　　　　　(b)

图 $4-92$　三元匀晶相图等温截面图及共轭线示例(二)

4.9.2.4 垂直截面图

垂直截面图是以垂直于浓度三角形的平面与立体相图相截所得的截面图。实际中多选用通过浓度三角形顶点或平行于浓度三角形某一边的垂直截面。垂直截面图主要用于分析合金发生的相转变及其温度范围。图 4-93 同时给出了过顶点 B 和平行 AC 边的垂直截面图。垂直截面图上有与二元匀晶相图相似的液相线和固相线,因此可很方便地在垂直截面图上确定合金的结晶开始温度 T_L 和结晶终了温度 T_S。但垂直截面图上的液相线和固相线实际上只是垂直截面与液相面及固相面的交截线,而不是一对共轭曲线,它们之间不存在相平衡关系。因此,不能应用杠杆定理在垂直截面图上确定两个平衡相的相对含量和成分。

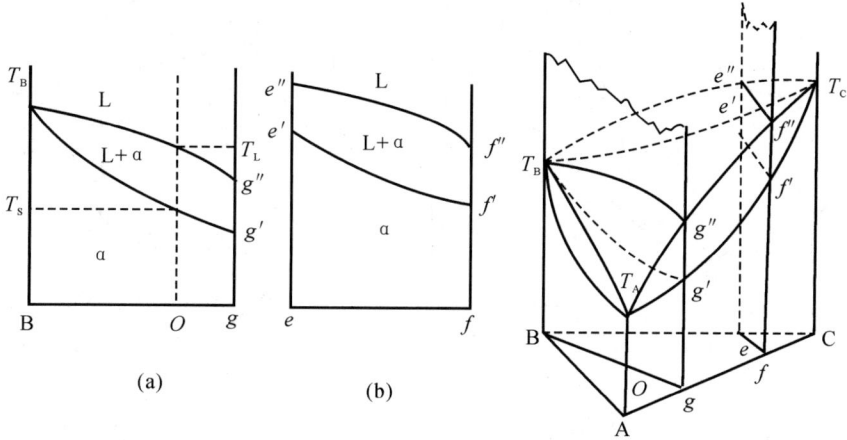

图 4-93 三元匀晶相图的垂直截面图示例

4.9.3 三元共晶相图

4.9.3.1 组元在液态完全互溶、固态完全不溶、具有共晶转变的三元相图

(1) 相图分析 图 4-94 所示即为此类相图的立体图形。相图的三个侧面为三个固态完全不溶的二元共晶相图,分别具有共晶转变 $L_{E_1} \rightleftarrows (A+B)_{共晶}$,$L_{E_2} \rightleftarrows (B+C)_{共晶}$,$L_{E_3} \rightleftarrows (C+A)_{共晶}$。由于第三组元的加入,两相共晶转变可在一定温度范围内连续进行,其共晶成分也随温度而变,这样,三个共晶点变成三条两相共晶转变线 E_1E,E_2E,E_3E。它们交汇于 E 点,即三相共晶点,成分为 E 的液体在温度 T_E 下发生三相共晶转变 $L_E \rightleftarrows (A+B+C)_{共晶}$。此时,四相处于平衡状态,自由度 $f=0$;温度及各平衡相成分均为定值,所以过 E 点的等温平面是四相平衡面(三相共晶平面),此面也是相图固相图。

由 A-B 系和 C-A 系的液相线和两相共晶线 E_1E 和 E_3E 围成析出初晶 A 的液相面 $T_AE_3EE_1T_A$,同样,$T_BE_1EE_2T_B$ 和 $T_CE_3EE_2T_C$ 分别为析出初晶 B 和初晶 C 的液相面。在液相面以下,固相面以上还有 6 个两相共晶曲面(两相平衡曲面)$A_1A_3E_1EA_1$,$B_1B_3E_1EB_1$,$A_1A_2E_3EA_1$,$C_1C_3E_3EC_1$,$B_1B_2E_2EB_1$,$C_1C_2E_2EC_1$。两相共晶曲面由一系列水平直线组成。这些水平直线实质上都是共轭线,其一端在纯组元温度轴上,另一端在两相共晶线上,如图 4-95 所示。 两相共晶曲面 $A_1A_3E_1EA_1$,$B_1B_3E_1EB_1$ 和 A-B 系二元相图形成的侧面 $A_3A_1B_1B_3A_3$ 围成的不规则三棱柱体构成了 L+B+A 的三相平衡区,在三相区中发生两相共晶转变 $L \rightleftarrows (B+A)_{共晶}$。这个三相区起始于 B-A 二元系的共晶线 $A_3E_1B_3$,终止于三相共晶平

面 $\triangle A_1EB_1$。E_1E,A_3A_1,B_3B_1 分别代表了 3 个平衡相的成分随温度的变化规律,因此称为单变量线。另外 4 个两相共晶曲面与相应的相图侧面也围成了另两个三相平衡区:L＋A＋C,L＋B＋C。两相共晶曲面与液相面之间的相空间分别为三个两相平衡区:L＋A,L＋B,L＋C。图 4－96 是 L＋A 两相区的形状。

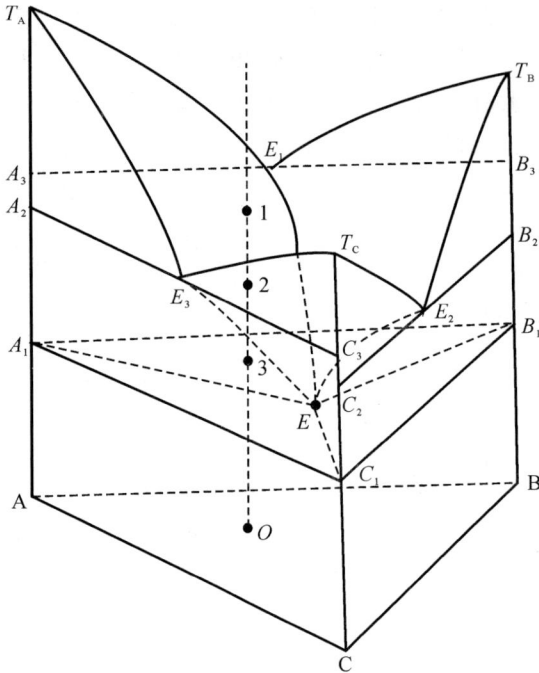

图 4－94　三元共晶相图

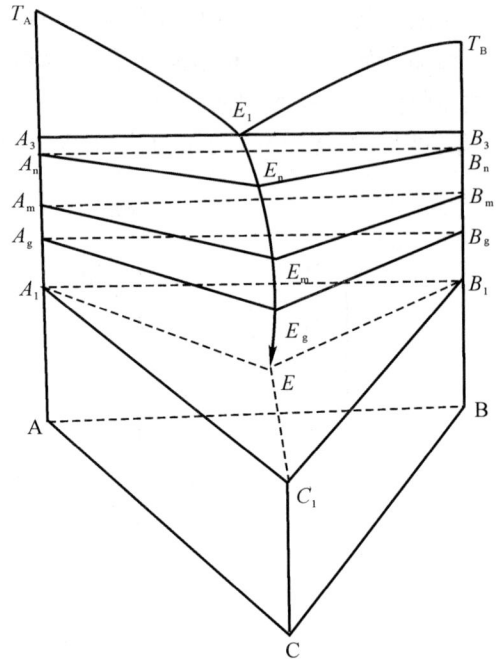

图 4－95　三相平衡区与两相平衡面

（2）等温截面图　相图(见图 4－94)在几个典型温度下的等温截面图,如图 4－97 所示。由于三相平衡区是以三条单变量线组成的三棱柱体,其等温截面必然是三角形,如图 4－97(b)所示。其顶点代表该温度下 3 个平衡相成分点,其 3 个组成相两两处于平衡状态,三角形的边即是它们的共轭线。这样的三角形反映了一定温度下 3 个平衡相成分的对应关系,所以也称为共轭三角形(或连接线三角形)。对于成分点位于共轭三角形中的合金,可利用重心法则计算 3 个平衡相的相对量。利用系列等温截面图可分析合金在不同温度下的相平衡状态及冷却时的相转变过程。

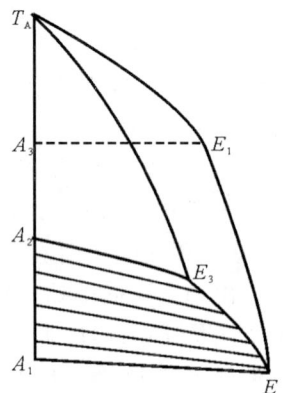

图 4－96　L＋A 两相
平衡区

【例题 4.9.2】　分析图 4－97 所示合金 O 在冷却时的相转变过程。

解　冷却过程中合金 O 先由液相中析出初晶 B;进入三相平衡区后,发生两相共晶转变 L→(B＋A)$_{共晶}$;当温度降至 T_E 时,发生三相共晶转变 L→(A＋B＋C)$_{共晶}$,三相共晶转变完成后进入三相平衡区。因此,合金 O 在室温下的组织为 B$_{初晶}$＋(B＋A)$_{共晶}$＋(A＋B＋C)$_{共晶}$。

（3）垂直截面　沿图 4－98(a)所示过顶点 A 的 At 线和平行 AB 边的 rs 线的垂直截面图

如图 4-98(c)(b) 所示,利用其可分析合金的结晶过程。合金 O 的成分点位于 At 线与 rs 线交点处,当合金 O 由液态缓冷至温度 1 时开始析出初晶 A,继续冷至温度 2,进入三相平衡区,开始发生两相共晶转变 L→(A+C)$_{共晶}$,当冷至温度 3(即 T_E)时即达到四相平衡,发生三相共晶转变 L→(A+B+C)$_{共晶}$。继续冷却则进入固态三相平衡区。在垂直截面图中可见发生两相共晶转变的三相区为尖点向上的曲边三角形,且向上的顶点与反应相 L 相区相接,在下方的另两个顶点与生成相的相区相接,这是两相共晶转变三相区的基本特征之一。

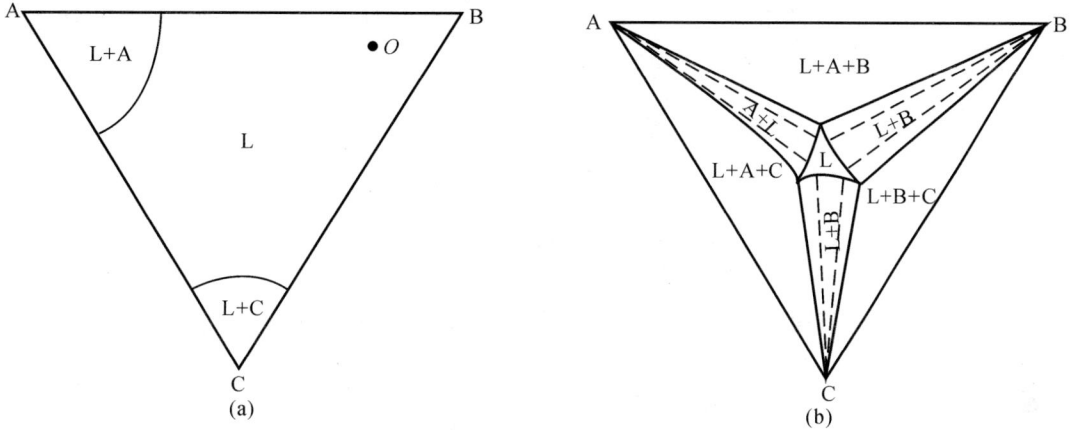

图 4-97　在固态完全不溶的三元共晶相图等温截面图
(a) $T_B > T > T_C$；　(b) $T_{E2} > T > T_E$

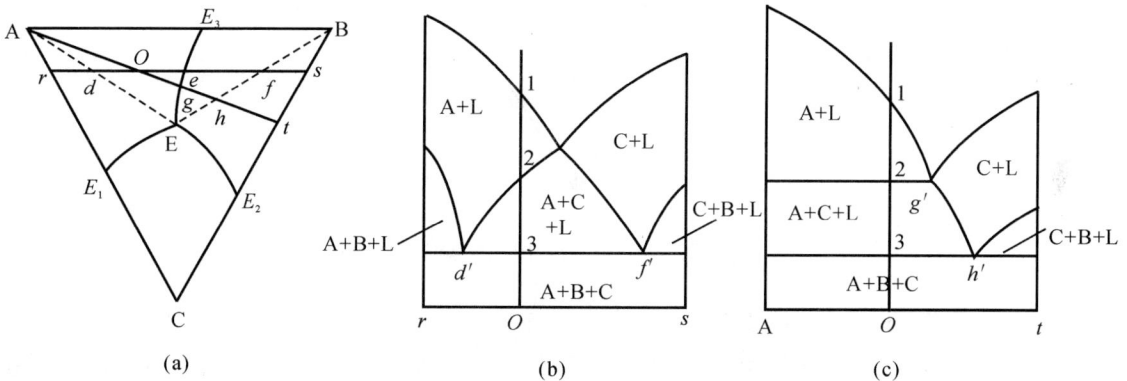

图 4-98　在固态完全不溶的三元共晶相图垂直截面图
(a) 浓度三角形；　(b) rs 截面；　(c) At 截面

（4）投影图　图 4-99 表示将所分析相图的相区交线和等温线一起投影到浓度三角形上。其中 E_1E, E_2E, E_3E 分别为三条两相共晶线的投影。根据投影图可很方便地分析合金的相转变特点。

【例题 4.9.3】　利用投影图 4-99 分析合金 O 的相转变特点及室温组织组成物。

解　当熔体被缓冷至 T_3（即图 4-98 中的 1 点）,液相开始析出初晶 A。随温度降低,液体中的组元 A 含量不断减少,根据直线法则,液相成分将沿 AOq 线由 $O→q$ 点逐渐变化。当冷却至 T_5（即图 4-98 中的 2 点）,液相成分点位于两相共晶线 q 点处,液相开始发生两相共晶转变 L→(A+C)$_{共晶}$。此后随温度下降,液相中不断析出(A+C)$_{共晶}$,而其自身成分沿 qE 线变化。在 $T_5 \sim T_E$ 的温度范围内,某一温度下析出的 $(A+C)_{共晶}$ 成分可根据液相单变量线 qE 上液相成分点的切线与 CA 边的交点确定。如图 4-99 中的 d 点是液相成分在 q 点刚开始发生两相共晶转变时析出的 $(A+C)_{共晶}$ 成分;g 点则为液相成分在 δ 点时析出的 $(A+C)_{共晶}$ 成分。当温度降至四相平衡点 T_E 点时,液相成分点为 E,此时两相共晶转变停止;开始发生三相共晶转变 $L \to (A+B+C)_{共晶}$。这时均匀的 $(A+C)_{共晶}$ 成分点在图 4-99 的 f 处。f 点可利用直线法则确定。只有在剩余液相完全转变为 $(A+B+C)_{共晶}$ 后,温度才会继续下降进入固态三相平衡区。故室温下合金 O 的组织为 $A_{初晶} + (A+C)_{共晶} + (A+B+C)_{共晶}$。我们同样可利用杠杆定律或重心法则计算室温组织组成物的质量分数,即

$$w_{A初晶} = \frac{Oq}{Aq} \times 100\%$$

$$w_{(A+C)共晶} = \frac{qE}{Ef} \frac{AO}{Aq} \times 100\%$$

$$w_{(A+B+C)共晶} = \frac{qf}{Ef} \frac{AO}{Aq} \times 100\%$$

用同样方法可分析图 4-99 所示其他区域中合金的凝固过程和室温组织物。

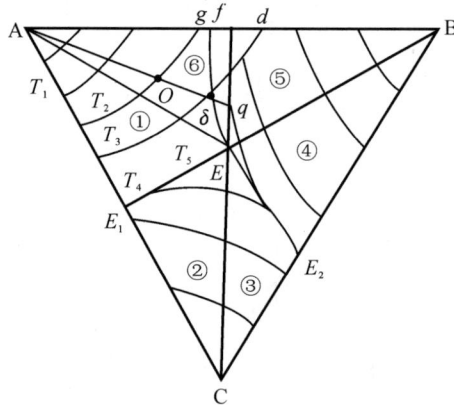

图 4-99 三元在固态完全不溶的共晶相图投影图

4.9.3.2 固态有限溶解具有共晶转变的三元相图

(1) 相图分析 这类相图的空间图形如图 4-100 所示,它与图 4-94 所示固态完全不溶的三元共晶相图的主要差别在于,3 个组元相互有限固溶形成 α,β,γ 固溶体。由 3 个固溶体凝固完成面($T_A a' a a'' T_A$,$T_B b' b b'' T_B$,$T_C c' c c'' T_C$)和 6 个固溶体单析溶解度曲面($a' a a_0 a'_0 a'$,$a'' a a_0 a''_0 a''$,$b' b b_0 b'_0 b'$,$b'' b b_0 b''_0 b''$,$c' c c_0 c'_0 c'$,$c'' c c_0 c''_0 c''$)在纯组元棱角附近分别围成了 α,β,γ 3 个单相区(图 4-101 显示了 β 单相区的空间图形)。由三对共轭的固溶体单析溶解度曲面($a' a a_0 a'_0 a'$ 和 $b'' b b_0 b''_0 b''$,$b' b b_0 b'_0 b'$ 和 $c'' c c_0 c''_0 c''$,$c' c c_0 c'_0 c'$ 和 $a'' a a_0 a''_0 a''$)、固溶体双析溶解度曲面($a a_0 b_0 b a$,$b b_0 c_0 c b$,$c c_0 a_0 a c$)和两相共晶完成面($a a' b'' b a$,$b b' c'' c b$,$c c' a'' a c$)分别围成 $\alpha+\beta$,$\beta+\gamma$,$\beta+\gamma$ 3 个两相区[图4-102(a) 显示了 $\beta+\gamma$ 两相区的空间图形]。相图4-100 的其余部分与固态完全不溶的三元共晶相图 4-94 相似,有 3 个液相面($T_A E_1 E E_3 T_A$,$T_B E_2 E E_1 T_B$,$T_C E_3 E E_2 T_C$)、6 个两相共晶面($a' a E E_1 a'$,$b'' b E E_1 b''$,$b' b E E_2 b'$,$c'' c E E_2 c''$,$c' c E E_3 c'$,$a'' a E E_3 a''$)、一个三相共晶面 $\triangle abc$、3 条两相共晶线($E_1 E$,$E_2 E$,$E_3 E$,E 为三相共晶点)。3 个液相面、3 个固溶体凝固完成面和 6 个两相共晶面分别围成 $L+\alpha$,$L+\beta$,$L+\gamma$ 3 个两相区[图

4 - 102(b) 中显示了 L＋β 两相区的空间图形]。由 6 个两相共晶面和 3 个两相共晶完成面分别围成 3 个三相区：L＋α＋β[见图 4 - 103(a)]，L＋β＋γ，L＋γ＋α。由 3 个固溶体双析溶解度曲面围成 α＋β＋γ 三相区[见图 4 - 103(b)]。

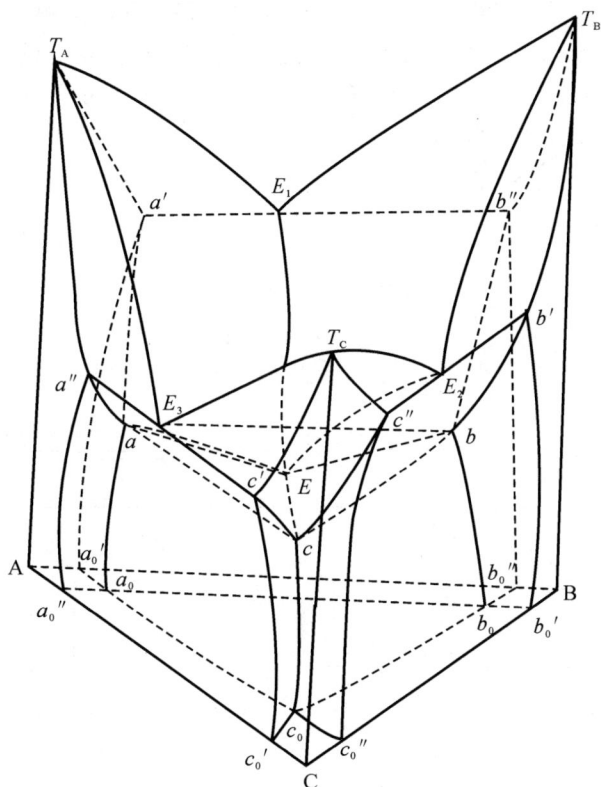

图 4 - 100　固态有限互溶的三元共晶相图

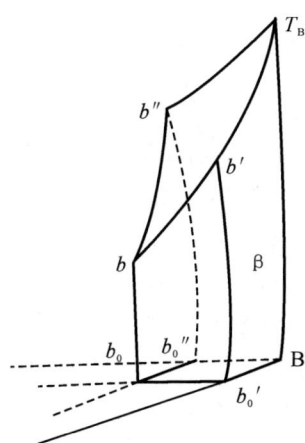

图 4 - 101　三元共晶相图的单相区

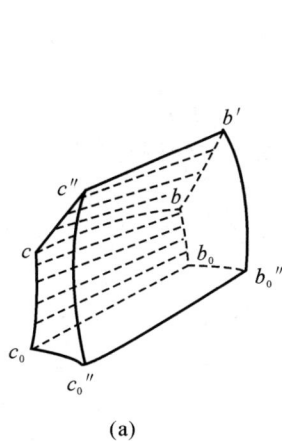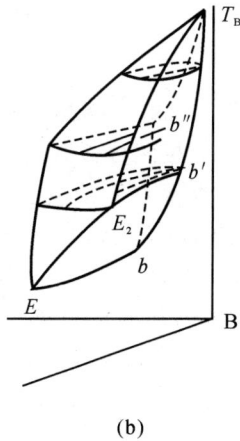

图 4 - 102　三元共晶相图的两相区

(a) β＋γ 相区；　(b) L＋β 相区

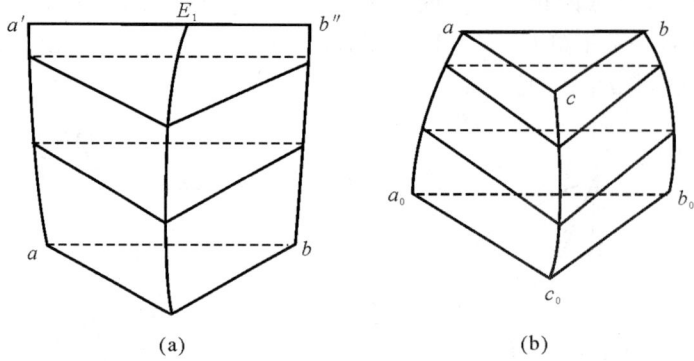

图 4-103　三元共晶相图的三相区

(a) L+α+β 相区；　(b) α+β+γ 相区

（2）等温截面图　　图 4-104 为不同温度下的等温截面图，它显示了三元共晶相图等温截面图的某些共同特点。

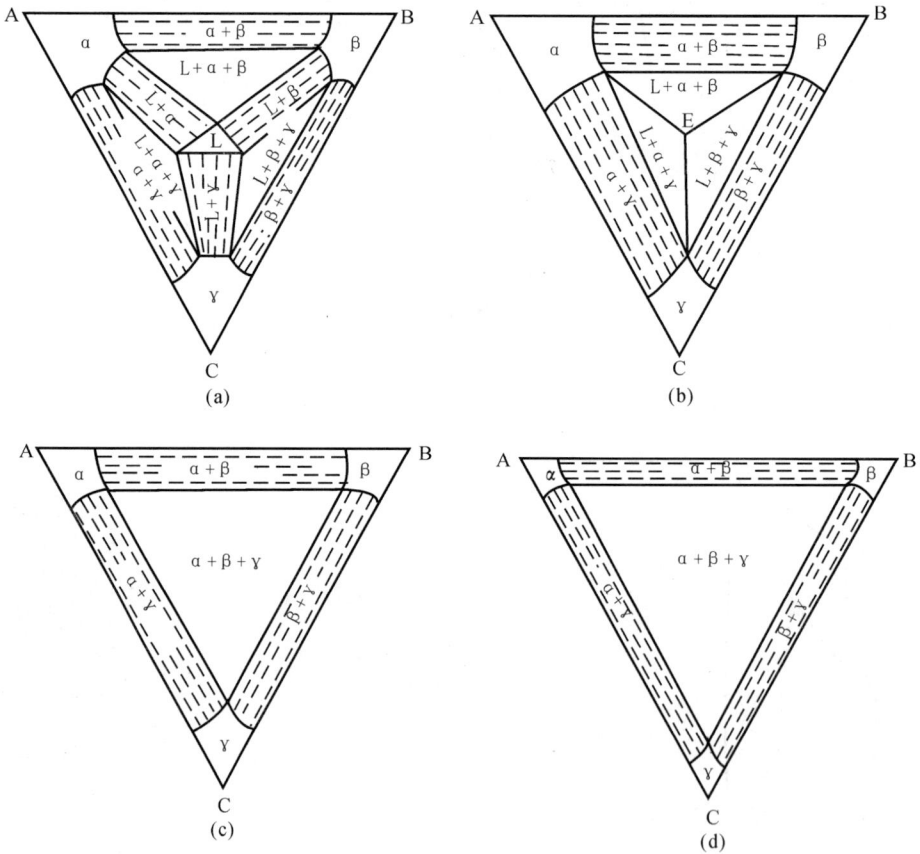

图 4-104　三元共晶相图的等温截面图

(a) $T_{E_1} > E > T_E$；　(b) $T = T_E$；　(c) $T < T_E$；　(d) 室温

1）三相平衡区均为共轭三角形，其 3 个顶点与单相区接触，并且是该温度下 3 个平衡相的成分点；三条边是相邻的 3 个两相区的共轭线。

2) 两相区的边界一般是一对共轭曲线或两条直线。在特殊情况下，边界可退化成一条直线或一个点。两相区与其两个组成相的单相区的相界面是成对的共轭曲线，其余三相区的边界则为直线。

3) 单相区的形状不规则。

此外，随温度下降，3 个含有 L 相的三相区位置均沿反应相 L 的平衡成分点所指方向发生移动[见图 4 - 104(a)(b)]。这是三元系中发生两相共晶转变的三相区又一基本特征。

（3）投影图　图 4 - 105 是图 4 - 100 的投影图，图中 AE_1EE_3A，BE_2EE_1B，CE_3EE_2C 分别为 α，β，γ 相的液相面投影，3 个相的固相面投影依次为 $Aa'aa''A$，$Bb'bb''B$，$Cc'cc''C$。开始进入三相平衡区的 6 个两相共晶面投影为

L＋α＋β 相区　　　　　$a'E_1Eaa'$ 和 $b''E_1Ebb''$

L＋β＋γ 相区　　　　　$b'E_2Ebb'$ 和 $c''E_2Ecc''$

L＋γ＋α 相区　　　　　$a''E_3Eaa''$ 和 $c'E_3Ecc'$

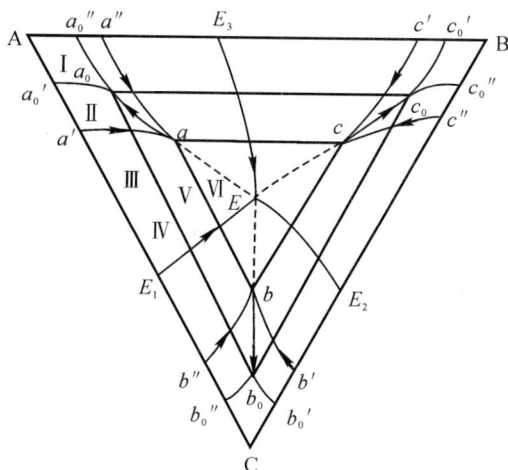

图 4 - 105　三元共晶相图的投影图

固溶体双析溶解度曲面投影为

α＋β 相区　　　$a'aa_0a'_0a'$ 和 $b''bb_0b''_0b''$

β＋γ 相区　　　$b'bb_0b'_0b'$ 和 $c''cc_0c''_0c''$

γ＋α 相区　　　$a''aa_0a''_0a''$ 和 $c'cc_0c'_0c'$

$\triangle abc$ 为四相平衡三元共晶面投影。图中有箭头的线表示三相平衡时的 3 个平衡相单变量线，箭头指向降温方向。E 点处 3 个单变量线箭头汇于一处，这是三相共晶转变的又一基本特征。利用与例题 4.9.3 相同的方法根据投影图可分析各种成分的合金的凝固过程和组织组成物。图 4 - 106 表示了 A 角各区的室温组织组成物。

【例题 4.9.4】　分析图 4 - 105 中所示位于四相平衡共晶转变三角形内的合金 O 在结晶过程中的组织变化。

解　图 4 - 107 和图 4 - 108 分别表示合金 O 的结晶过程及冷却曲线。合金 O 位于液相面 AEE_3 的投影内，因此当温度降至 T_1 时，从液相中首先结晶出初生相 α，随着温度降低，两相成分点的变化轨迹呈"蝴蝶形"，其中 α 相成分沿着初生 α 相的结晶终了面上的空间曲线的投影

pq 变化,相应的液相成分沿着液面上的空间曲线投影 Or 变化。这种成分变化规律只能通过实验测定。当温度降至三相平衡转变开始点 T_2 时,两条曲线分别与 α 相最大溶解度曲线 $a''a$ 交于 q 点,与三相平衡共晶转变曲线 E_3E 交于 r 点。此时,初生 α 相停止析出,开始发生两相平衡共晶转变,即 $L \rightarrow (\alpha+\beta)_{共晶}$。随着温度的降低和液相中不断析出两相共晶体 $(\alpha+\gamma)_{共晶}$,三相平衡浓度分别沿着曲线 rE,qa 及 sc 变化,并始终保持平衡三角形的关系。如图中虚线三角形 qrs 及 acE 所示。当合金 O 冷却到四相平衡点温度 T_E 时,液相成分到达 E 点,已结晶的固相平均成分在 ac 线上的 u 点处。u 点的位置可用直线法则确定。此时三相平衡转变停止,开始进行四相平衡转变,即 $L \rightarrow (\alpha+\beta+\gamma)_{共晶}$,合金在恒温 T_E 下直至液相全部转变成三相共晶体。因此,在凝固终了时,合金的组织为 $\alpha_{初晶}+(\alpha+\gamma)_{共晶}+(\alpha+\beta+\gamma)_{共晶}$,它们的质量分数可以根据杠杆定律计算,即

$$w_{\alpha_{初晶}} = \frac{Or}{qr} \times 100\%$$

$$w_{(\alpha+\gamma)_{共晶}} = \left(\frac{OE}{uE} - \frac{Or}{qr}\right) \times 100\%$$

$$w_{(\alpha+\beta+\gamma)_{共晶}} = \frac{uO}{uE} \times 100\%$$

在合金 O 全部凝固后,再继续冷却时,各相的浓度分别沿着共析线 aa_0,bb_0,cc_0 变化,进行共析转变,分别析出两个次生相:

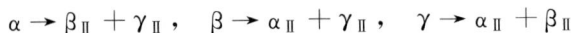

$$\alpha \rightarrow \beta_{II} + \gamma_{II}, \quad \beta \rightarrow \alpha_{II} + \gamma_{II}, \quad \gamma \rightarrow \alpha_{II} + \beta_{II}$$

因此,合金 O 的室温组织组成物为 $\alpha_{初晶}+(\alpha+\gamma)_{共晶}+(\alpha+\beta+\gamma)_{共晶}+\beta_{II}+\gamma_{II}$,而相组成物为 $\alpha+\beta+\gamma$,它们的相成分在 a_0,b_0,c_0 点。

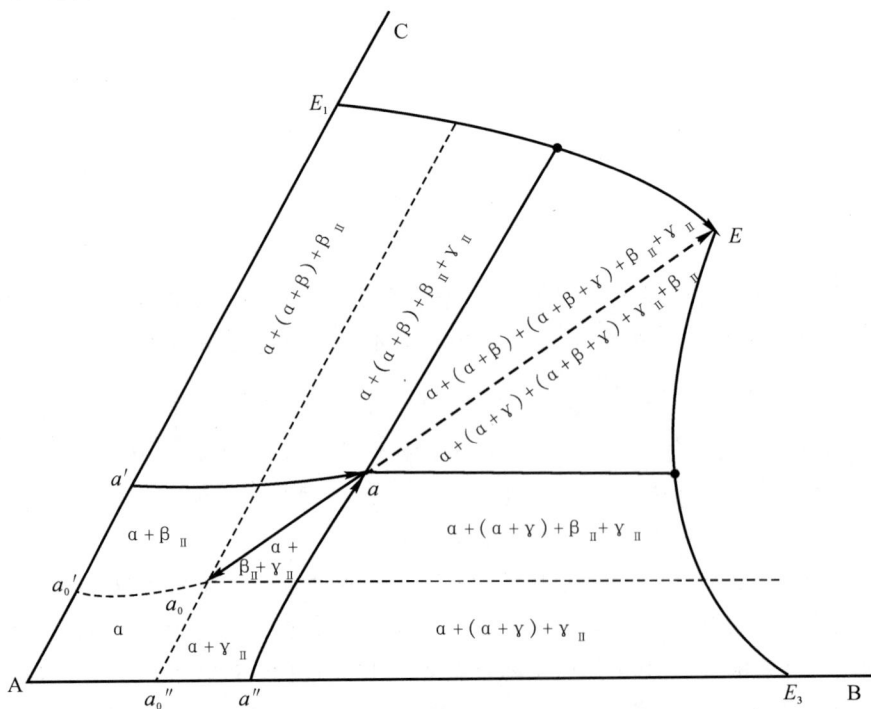

图 4-106　三元共晶相图投影图的一角

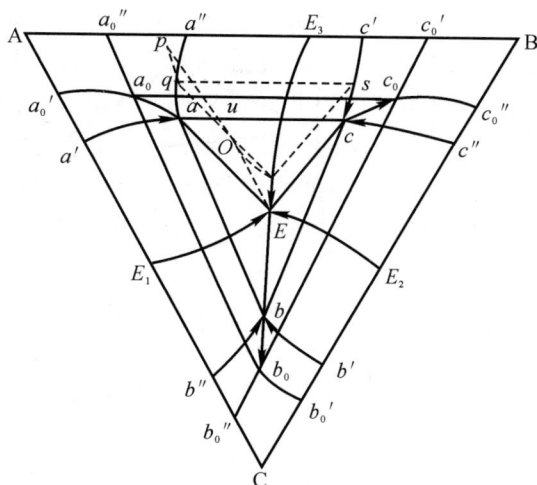

图 4 - 107　合金 O 的结晶过程

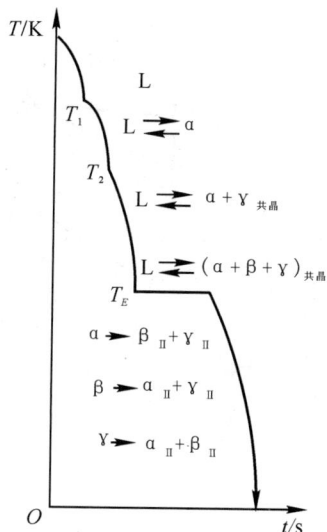

图 4 - 108　合金 O 的冷却曲线

4.9.4　三元相图中的相平衡特征

根据相律,三元系的平衡相数可以是 $1 \sim 4$。下面介绍相平衡状态在相图中的特征。

4.9.4.1　单相状态

自由度 $F = 3$。单相区空间形状不受温度与成分对应关系的限制,其截面可以是任何形状。

4.9.4.2　两相平衡

自由度 $F = 2$。两相平衡空间以一对共轭曲面与其两个组成相的单相区相接,在垂直或等温截面图上,都有一对曲线作为两相区与这两个单相区的分界线。两相区与三相区边界由两相平衡的共轭线组成,因此在等温截面上,两相区与三相区边界必为一条直线。

4.9.4.3　三相平衡

三元系的三相平衡空间是以组成相的三条单变量线为棱边构成的不规则三棱柱体。它的棱与 3 个组成相的单相区相接,柱面与组成相两两组成的两相区相连。三棱柱体的起始处和终止处可以是二元系的三相平衡线,也可以是四相平衡的等温平面(见图 4 - 95)。

任何三相平衡空间的等温截面都是一个共轭三角形,其顶点触及 3 个组成相的单相区,其边是三相区与两相区边界线(见图 4 - 104)。三相平衡空间的垂直截面一般为一个曲边三角形[见图 4 - 98(b)]。

三元系三相平衡的反应相可以是液相,也可以全部是固相。三相平衡空间的反应相的单变量线的位置在生成相的单变量线上方(见图 4 - 95)。因此,三相区在等温截面上随温度下降时的移动方向始终指向反应相平衡成分点(见图 4 - 109);三相区在垂直截面上,始终是反应相位于三相区上方,生成相位于三相区下方,如图 4 - 110 所示(图例中液相为一个反应相)。

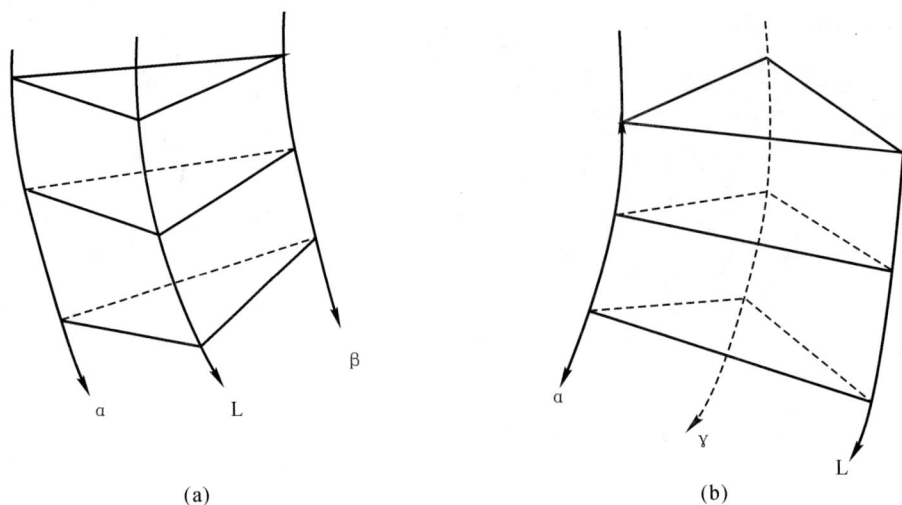

(a)   (b)

图 4-109   在不同温度下两种三相空间的等温截面示例

(a) $L \rightleftharpoons \alpha + \beta$；   (b) $L + \alpha \rightleftharpoons \beta$

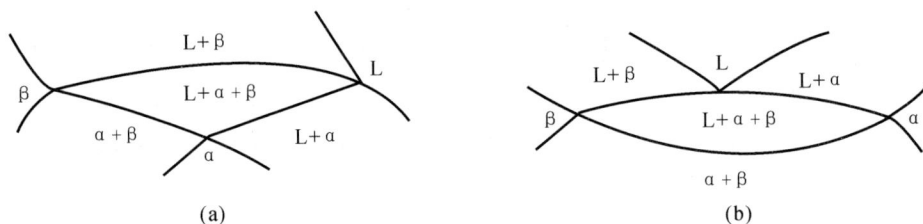

(a)   (b)

图 4-110   两种三相空间的垂直截面图示例

(a) $L + \beta \rightleftharpoons \alpha$；   (b) $L \rightleftharpoons \alpha + \beta$

4.9.4.4　四相平衡

三元系在四相平衡时自由度为零,即平衡相的成分和相平衡温度都是恒定的。四相平衡为一个等温平面,在垂直截面图中为一条水平线。

四相平衡平面在 4 个平衡相的成分点处分别触及 4 个平衡相区;两个平衡相的共轭线是其与两相区的边界,与四相平衡平面相接的两相区共有 6 个;四相平衡平面同时又是 4 个三相区的起始处或终止处。

三元系中有三类四相平衡转变。反应相和生成相可以有液相,也可以全部是固相。有液相参加的三种四相平衡区空间结构如图 4-111 所示。除了可利用相图结构可判定相转变类型外,还可以利用四相平衡转变中单变量线走向准确判定相转变类型。图 4-112 表明了不同四相平衡转变的单变量线走向的特点。如果反应相与生成相均为固相,图 4-112 所示的三种转变称为三相共晶转变、包共晶转变和双包晶转变。

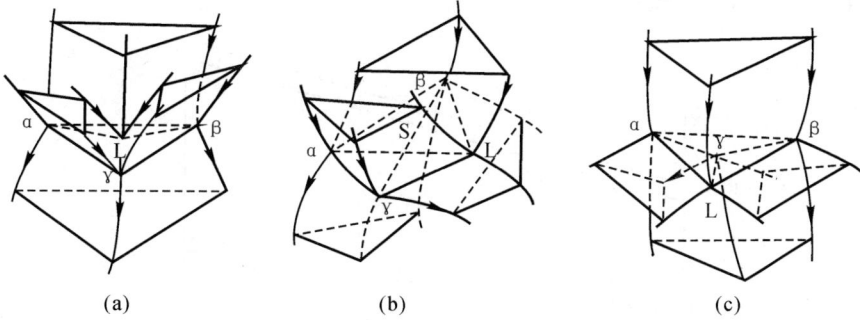

图 4-111 三种四相平衡区的空间结构示例

(a) 三相共晶转变, $L \rightleftharpoons \alpha + \beta + \gamma$; (b) 包共晶转变, $L + \alpha \rightleftharpoons \beta + \gamma$; (c) 双包晶转变, $L + \alpha + \beta \rightleftharpoons \gamma$

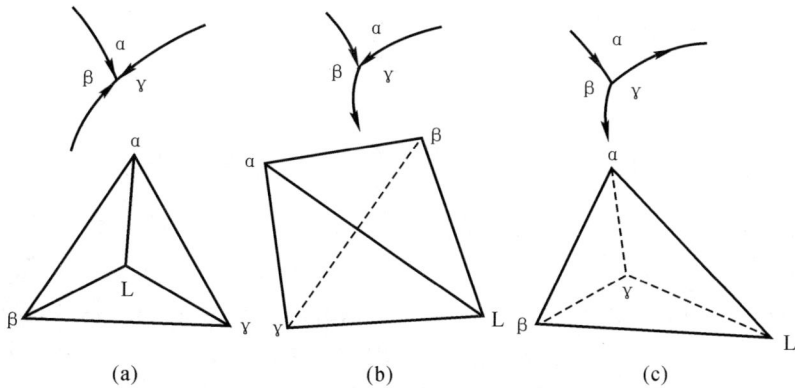

图 4-112 三种四相平衡转变的液相面交线投影及相转变平面的特点

(a) 三相共晶转变, $L \rightleftharpoons \alpha + \beta + \gamma$; (b) 包共晶转变, $L + \alpha \rightleftharpoons \beta + \gamma$; (c) 双包晶转变, $L + \alpha + \beta \rightleftharpoons \gamma$

4.9.5 实用三元相图举例

4.9.5.1 Fe-Cr-C 系相图

(1) 液相面投影图 图 4-113 为 Fe-Cr-C 三元系富 Fe 角的液相面投影图。每块液相面都对应一个初晶相, 因而共有 5 个初晶相 α, γ, $C_1(M_3C)$, $C_2(M_7C_3)$, $C_3(M_{23}C_6)$。图中共有 7 条液相面单变线, 它们分别对应的三相平衡转变如下:

1) 共晶转变 $L \rightleftharpoons C_1 + \gamma$;

2) 包共晶转变 $L + \alpha \rightleftharpoons \gamma$;

3) 共晶转变 $L \rightleftharpoons \gamma + C_2$;

4) 共晶转变 $L \rightleftharpoons \alpha + C_2$;

5) 共晶转变 $L \rightleftharpoons \alpha + C_3$;

6) 包共晶转变 $L + C_2 \rightleftharpoons C_3$;

7) 共晶转变 $L \rightleftharpoons C_1 + C_2$。

三条三相平衡转变线的交汇点表示 3 个四相平衡转变, 即

A 包共晶转变 $L + C_3 \rightleftharpoons C_2 + \alpha$。

B 包共晶转变 $L + \alpha \rightleftharpoons \gamma + C_2$。

C 共晶转变　　L⇌γ + C₁ + C₂。

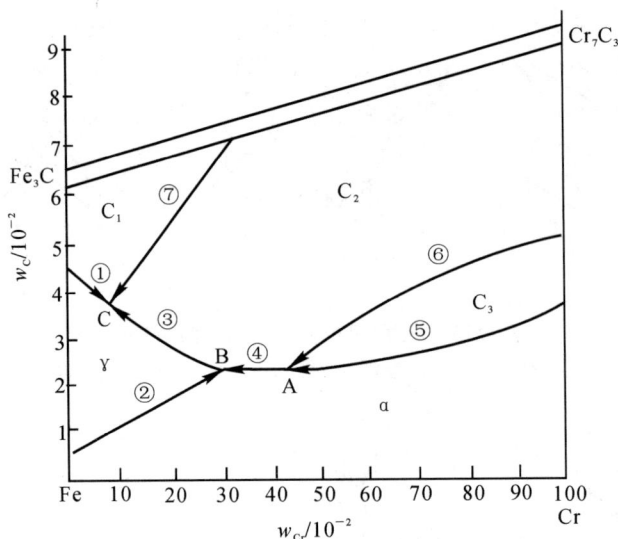

图 4-113　Fe-Cr-C 系富 Fe 角液相面投影图

（2）Fe-Cr-C 系($w_{Cr} = 0.13$）的垂直截面　　在垂直截面图（见图 4-114）中可见 3 个单相区、8 个两相区、8 个三相区、3 个四相区，根据相区相邻的关系，对相区形状及转变可能性进行判断。例如 $\alpha + \gamma + C_2$ 三相区，其上邻为 $\gamma + C_2$ 相区，下邻为 $\alpha + C_2$ 相区，说明在冷却过程中 γ 相消失，α 相生成。此外，碳在 γ（奥氏体）相中的溶解度大于其在 α（铁素体）相中的溶解度，发生 γ → α 转变时必有碳化物析出，因而可判断 C₂ 为析出相。由此可断定，在此三相区内发生二元共析转变 $\gamma \rightleftharpoons \alpha + C_2$。其余 7 个三相区的转变为 $L + \alpha \rightleftharpoons \gamma$，$L \rightleftharpoons \gamma + C_1$，$\gamma \rightleftharpoons \alpha + C_3$，$\gamma + C_2 \rightleftharpoons C_3$，$\gamma + C_2 \rightleftharpoons C_1$，$\alpha \rightleftharpoons C_1 + C_3$，$\alpha \rightleftharpoons C_2 + C_1$。

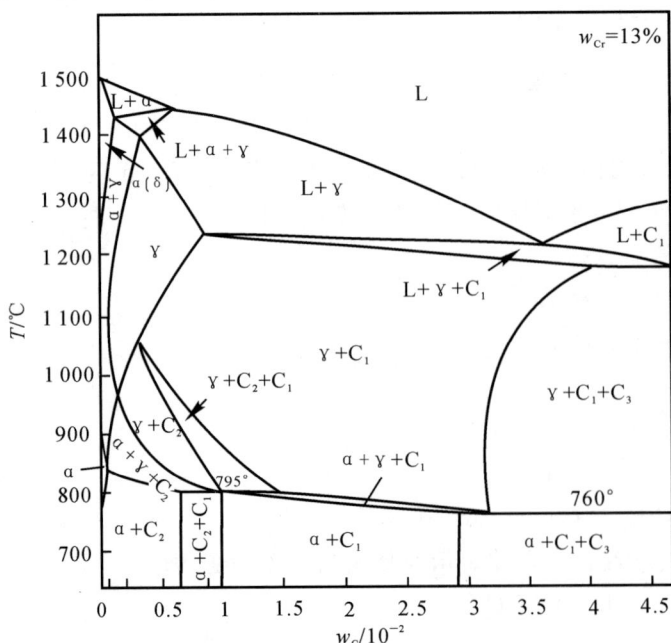

图 4-114　Fe-Cr-C 系 $w_{Cr} = 0.13$ 垂直截面图

四相平衡转变平面在三元相图垂直截面图必为一条水平直线,可根据四相平衡转变线上下相接的三相区判断其转变类型。如 795 ℃ 水平线处 α,γ,C_2 和 C_1 四相处于平衡状态。该线左上邻为 α+γ+C_2 三相区,左下邻为 α+C_2+C_1 三相区,说明随温度下降 γ 相消失,C_1 相生成。水平线右上邻为 γ+C_2+C_1,右下邻为 α+γ+C_1,说明随温度下降 C_2 相消失,α 相生成。因此,在 795 ℃ 发生包共晶转变 γ+C_2 $\rightleftharpoons$ C_1+α。如果垂直截面图未截到所有与四相区相邻的 4 个三相区,则靠一个垂直截面图无法判定四相转变类型。图 4-114 中所示其余两个四相平衡转变为 L+C_2 $\xrightleftharpoons{1\ 175\ ℃}$ γ+C_3 和 γ+C_1 $\xrightleftharpoons{760\ ℃}$ α+C_3。利用图 4-114 可分析 Cr13 型不锈钢和 Cr12 型模具钢的相转变特征。

【例题 4.9.5】 分析 Cr13 不锈钢(w_{Cr} 为 0.13,w_C 为 0.000 5)的相转变特征。

解 首先由液相中析出 α 相,进入 L+α 两相区,直至全部转变为 α 相。单相 α 在冷却过程中进入 γ+α 两相区,在 1 100 ℃ 以上的转变为 α → γ,在 1 100 ℃ 以下为 γ → α,在随后继续冷却过程中由于 α 相的溶解度下降,从 α 相中析出弥散的 C_2。其室温组织为 α+$C_{2\text{II}}$。

(3) Fe-Cr-C 系的等温截面图 比较富 Fe 角在 1 150 ℃ 和 850 ℃ 下的等温截面图(见图 4-115),可判别相图中三相区转变类型。如 γ+C_3+C_2 三相区随温度下降以 γ-C_2 边领先向前移动,说明该相区内发生两相包共晶转变 γ+C_2 → C_1。根据图 4-115 可计算相应温度下合金中各相的质量分数。

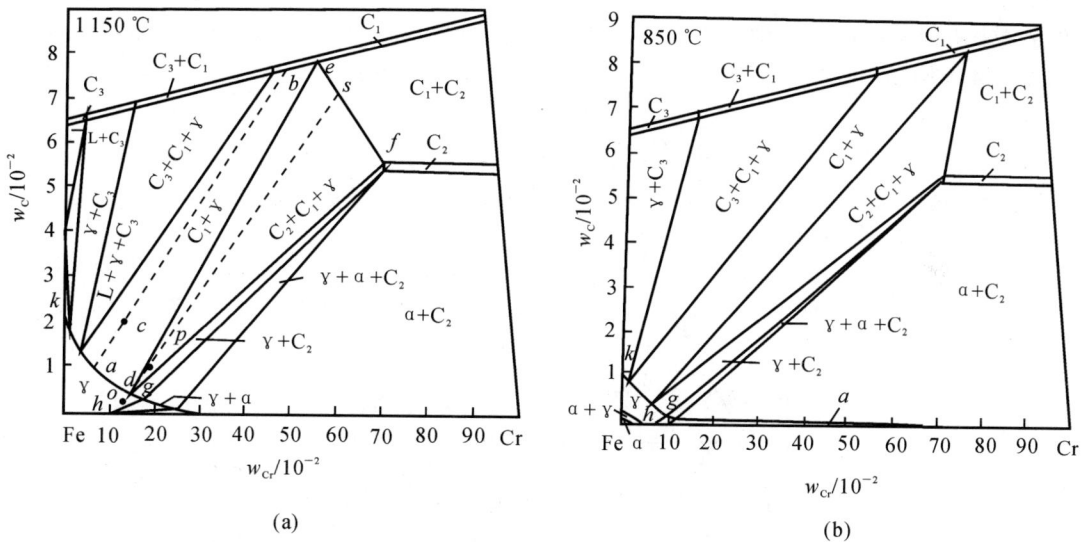

图 4-115 Fe-Cr-C 系富 Fe 角等温截面图
(a) 1 150 ℃ 下的等温截面图; (b) 850 ℃ 下的等温截面图

【例题 4.9.6】 分析 Cr12 模具钢(w_{Cr} 为 0.13,w_C 为 0.20)在 1 150 ℃ 时各平衡相的质量分数。

解 待分析的 Cr12 模具钢成分点 C 在 1 150 ℃ 位于 γ+C_1 两相区内,说明此温度下碳化物未全部溶解;其 C_1 相在 1 150 ℃ 的质量分数(γ 相亦然)可根据近似画出的共轭线 abc 利用杠杆定律求出,即

$$w_{C_1} = \frac{ac}{ab} \times 100\%$$

【例题 4.9.7】 分析 w_{Cr} 为 0.18 和 w_C 为 0.01 的不锈钢在 1 150 ℃ 下的各相质量分数。

解 待分析的不锈钢成分点 p 在 1 150 ℃ 位于 $\gamma + C_1 + C_2$ 三相区内。三相平衡成分点为 d, e, f。可利用重心法则计算 3 个相的质量分数为

$$w_\gamma = \frac{ps}{ds} \times 100\%$$

$$w_{C_2} = \frac{sf}{ef}(1 - w_\gamma) \times 100\%$$

$$w_{C_1} = \frac{es}{ef}(1 - w_\gamma) \times 100\%$$

4.9.5.2 Al-Cu-Mg 系相图

Al-Cu-Mg 系是航空工业中广泛应用的硬铝合金(LY 系列)的基础。图 4-116 是 Al-Cu-Mg 三元系富 Al 角的液相面投影图。7 块液相投影面表示有 7 个初晶相 α_{Al},$CuAl_2$(θ),Mg_2Al_3(β),$Mg_{17}Al_{12}$(γ),Al_2CuMg(S),$(Al,Cu)_{40}Mg_{32}$(T) 及 $Al_7Cu_3Mg_6$(Q)。E_1 是 Al-Cu 系 $L \rightarrow \alpha_{Al} + \theta$ 共晶转变点的投影,所以 E_1E_T 线是三元系的两相共晶线。E_2, E_3 分别是 Al-Mg 系中共晶反应 $L \rightarrow \alpha_{Al} + \beta$ 和 $L \rightarrow \beta + \gamma$ 转变点的投影,因此 E_2E_U 和 E_3F 也是三元系的两相共晶转变线。根据液相单变量线的走向和液相面随温度变化的趋势,可判定其他液相单变量线所代表的三相区中发生的三相平衡转变,即 $P_2E_T : L \rightarrow \alpha_{Al} + S$;$P_2E_U : L \rightarrow \alpha_{Al} + T$;$PE_T : L \rightarrow S + \theta$;$P_1P_2 : L + S \rightarrow T$。

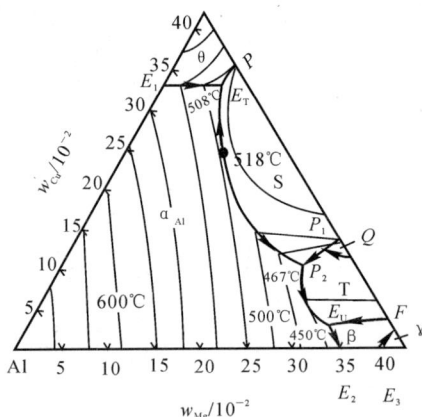

图 4-116 Al-Cu-Mg 三元相图富 Al 角的液相面投影图

E_T, E_U, P_1, P_2 是四相平衡的液相点,根据液相单变量线在交汇时的走向,可判定所对应的四相平衡转变类型如下:

E_T：三相共晶转变(508 ℃) $L \rightleftharpoons \alpha_{Al} + \theta + S$

E_U：三相共晶转变(450 ℃) $L \rightleftharpoons \alpha_{Al} + \beta + T$

P_1：三相包共晶转变(475 ℃) $L + Q \rightleftharpoons S + T$

P_2：三相包共晶转变(467 ℃) $L + S \rightleftharpoons \alpha_{Al} + T$

根据 Al-Cu-Mg 三元系富 Al 角溶解度曲面的投影(见图 4-117),在合金凝固后的冷却过程中,α_{Al} 的溶解度要发生变化。图中 $\alpha_0, \alpha_1, \alpha_2, \alpha_3, \alpha_4$ 分别表示不同温度下 Cu 和 Mg 在 α_{Al}

中的最大溶解度,其连线 $\alpha_0\alpha_1$,$\alpha_1\alpha_2$,$\alpha_2\alpha_3$,$\alpha_3\alpha_4$ 就是溶解度曲面与固相面的交线。根据图 4-117,随温度下降 α_{Al} 的最大溶解度沿共析线变化,发生共析转变,析出次生相,这是 Al - Cu -Mg 系合金热处理强化的重要依据之一。

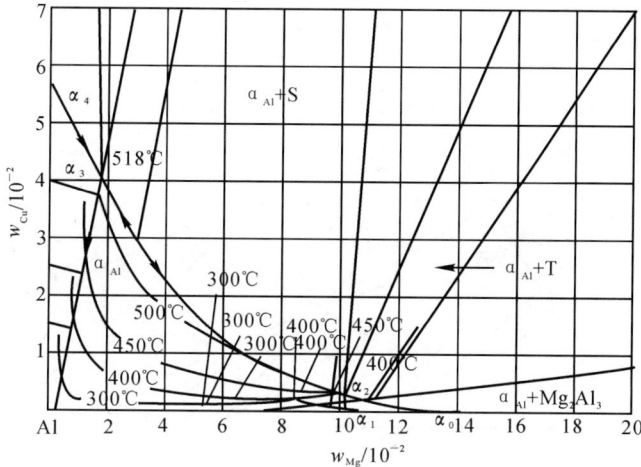

图 4-117 Al-Cu-Mg 三元相图富 Al 角的溶解度(质量分数)曲面投影图

4.9.5.3 CaO - SiO$_2$ - Al$_2$O$_3$ 系相图

图 4-118 和图 4-119 分别给出了 CaO - SiO$_2$ - Al$_2$O$_3$ 相图的液相面投影图和室温等温截面图。在水泥、玻璃、陶瓷、耐火材料及炼铁等工业领域中,许多产品的主要成分都是这个三元系的组元。例如质量分数 $w_{Al_2O_3}$,w_{CaO},w_{SiO_2} 分别为 0.15,0.23,0.62 的附近是碱性炉渣的成分,其液相温度最低可至 1 170 ℃。

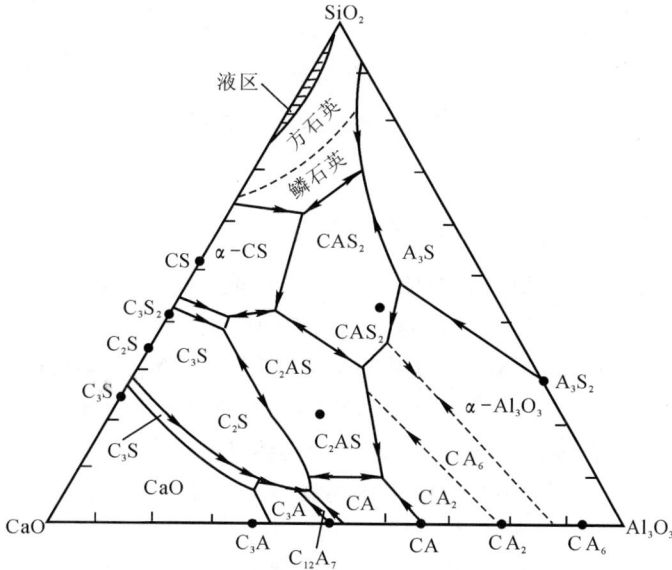

图 4-118 SiO$_2$ - CaO - Al$_2$O$_3$ 系三元相图的液相面投影图

(C,A,S 分别代表 CaO,Al$_2$O$_3$,SiO$_2$,下标表示该化合物中该组元
分子数,如 C$_2$AS 表示 2CaO · Al$_2$O$_3$ · SiO$_2$)

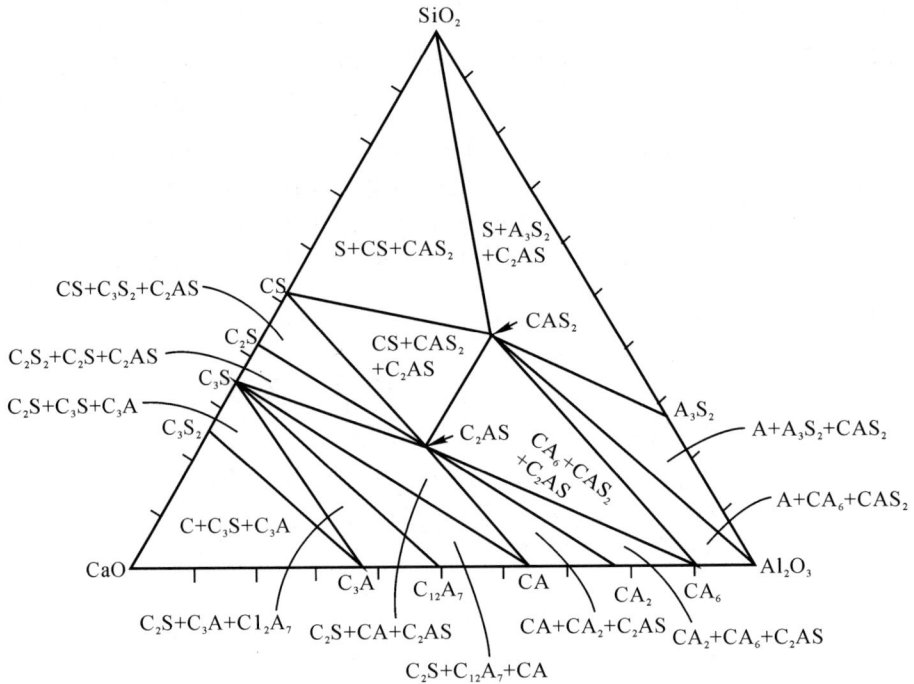

图 4 - 119　SiO_2 - CaO - Al_2O_3 系三元相图的室温等温截面

三元系中共有 12 种化合物,其中 7 种是稳定化合物,即 CS(硅灰石),C_2S(正硅酸钙),$C_{12}A_7$,A_2S_2(莫来石),CAS_2(钙长石),CA,C_2AS(钙铝黄长石);5 种是不稳定化合物,即 C_3S_2(硅钙石),C_3S_2(硅酸三钙),C_3A,CA_6,C_2A。它包括 3 个纯组元,共有 15 个初晶相。相图中有 15 个四相平衡转变,根据液相面投影图上四相平衡点处液相单变量线的走向,不难判断四相平衡转变的类型。除液相外,三元系中各相相互固溶度几乎为零,结晶完成后除多晶型转变外无其他形式的固态相变。三元相图的室温等温截面图由 15 个共轭三角形组成,共轭三角形的顶点就是化合物的成分点。因此,用重心法则可方便地计算室温下三元系中任一组成的各平衡相的相对量。

4.9.6　高熵合金

高熵合金(High Entropy Alloys,HEA),是由 5 种或 5 种以上等量或大约等量金属形成的合金。由于高熵合金可能具有许多理想的性能,故在材料科学及工程上受到广泛关注。一般合金中主要金属成分只有 1 ～ 2 种,如以铁为基体,再加上一些微量元素来提升其性能,所得到的就是以铁为基的合金。在传统概念中,合金中加入的金属种类越多,合金材质就越容易脆化。但高熵合金不同,它有多种金属元素加入也不会脆化,是一种新型材料。

高熵合金的熵值较高,合金中含有的主要元素多(5 ～ 13 种),所以该合金体系数量大于传统合金的数量。

研究发现,有些高熵合金的比强度比传统合金高很多,而且抗断裂能力、抗拉强度、抗腐蚀及氧化特性都比传统合金更好。

下面介绍高熵合金的强化机理。首先是固溶强化:当引入溶质原子时,会形成与位错相互作用的局部应力场,从而阻碍位错的运动并导致材料屈服应力增加;在 HEA 中不存在基体元素,所有的原子都被认为是溶质原子,故引起高固溶强化。其次是析出强化:由于 HEA 的高熵显著降低了系统的自由能,从而降低了其在合金凝固过程中的有序和偏析倾向,使得固溶体更容易形成并且比金属间化合物或其他有序相更稳定,在冷却过程中常常可以产生纳米晶沉淀。纳米晶分散体将在铸态下提供有效的析出强化。

高熵合金被视为原子级复合材料,如果使用更多的轻元素,则整体密度将会降低;若使用更多的抗氧化元素,如 Al,Cr,Si,则可提高其高温下的抗氧化性;若添加具有强结合力并与其他元素具有不同原子尺寸(Co、Cr、Cu、Fe、Ni)且能促进 bcc 结构形成的元素,其强度将会增加。

4.10　非平衡定态相图

前边所讨论的相图,对于不含气相的凝固体系,压力在通常范围的变化对平衡的影响极小,故一般可以认为是常量。二元系相图是研究在热力学平衡条件下,相与温度、成分之间关系的有力工具;单元系相图表示在热力学平衡条件下,相与温度和压力之间的对应关系。如果某个热力学稳定相由于动力学原因或其他原因受阻而不能形成时,就会出现亚稳平衡。在亚稳平衡体系中所有出现的物相组成的体系,其吉布斯自由能仍然趋向于最小化。$Fe-Fe_3C$ 相图就是亚稳平衡的一个例子,而 $Fe-C$ 的稳定平衡体系相图中则应含有铁与最稳定石墨相之间的平衡。稳定平衡体系相图与亚稳平衡体系相图都属于平衡热力学的范畴。

随着科学技术的发展,不少实验事实需要非平衡热力学及非平衡定态相图的理论支持和解释。

4.10.1　非平衡非耗散热力学

1970 年出现的激活低气压气相生长金刚石的(非自发过程)新技术对一些经典或传统热力学观念形成挑战。在经典平衡热力学中,低压下石墨是固体碳的稳定相,而金刚石是亚稳相,特别是在激活低压条件下,金刚石生长和石墨腐蚀会同时发生,这似乎是"违反热力学第二定律"的。事实表明,经典热力学对同时包含自发反应和非自发反应的体系是不适用的。

从热力学基本定律的现代表达式($d_iS \geqslant 0$,d_iS 是体系的熵产生)能直接预测同时发生的反应有反应耦合($d_iS_1 < 0$,$d_iS_2 > 0$ 和 $d_iS_1 + d_iS_2 \geqslant 0$;$d_iS_1$ 和 d_iS_2 是反应的熵产生)的可能,但长期以来无法得到定量证明。1990 年,在激活低气压气相生长金刚石的热力学研究中,中国学者王季陶等人发现该体系就是反应耦合的定量化例证,相应地开创了一个非平衡零耗散热力学($d_iS_1 < 0$,$d_iS_2 > 0$ 和 $d_iS_1 + d_iS_2 = 0$)的全新热力学分支领域。现代热力学被划分为 4 个分支领域,如图 4-120 所示。图中,作为现代热力学的一个重要特征则是任何体系的正熵产生原理:$d_iS \geqslant 0$,式中等号对应于体系只有可逆或零耗散过程,不等号对应于体系中存在不可逆和耗散过程,它适用于任何孤立、封闭和开放体系。因此,$d_iS \geqslant 0$ 是热力学第二定律的一种更普通的表达式。

与传统热力学中的分支领域相比较,现代热力学中出现了一个非平衡零耗散热力学的全新分支领域。

经典热力学主要是针对孤立体系和一些绝热封闭体系展开讨论的,而现代热力学可以直接用于任何符合宏观统计规律的热力学体系,包括孤立体系、封闭体系和开放体系。许多高新技术和工艺都是在外界提供能量的开放体系中实现的,因此,现代热力学的发展也必将推动现代科学和技术的进一步发展。

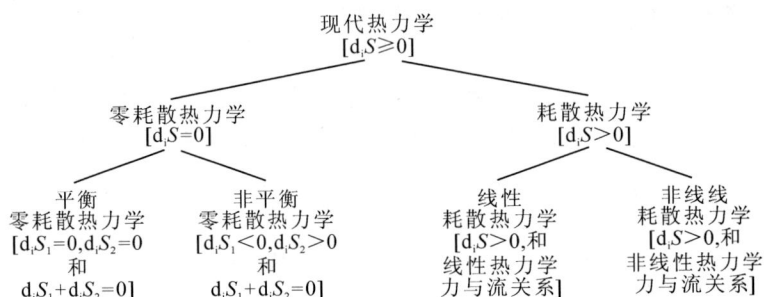

图 4-120 现代热力学中的四个分支领域

4.10.2　非平衡定态相图及其应用

一般来说,由于非平衡体系中不断发生变化而不存在固定的相态关系,但对于多相的非平衡定态体系来说,整个体系中各种相的状态不再随时间而变化。因此,相与温度、压力及组分(浓度)之间必然存在着某种固定的状态关系,这种固定的状态图就是非平衡定态体系相图,简称为非平衡定态相图。它与平衡相图的差别在于:平衡相图对应于平衡体系,而非平衡定态相图对应于非平衡定态体系。平衡体系与非平衡定态体系的本质区别在于:平衡体系中没有宏观过程或反应发生,而在非平衡定态体系中有宏观过程或反应稳定地进行着。因此,平衡体系可以看作非平衡定态体系中的一个特例,即宏观过程或反应的速度为零。

根据非平衡热力学耦合理论模型可以计算出非平衡定态相图,它与实验测定的结果符合良好。图 4-121 就是计算出的 C-H 体系的非平衡定态相图。

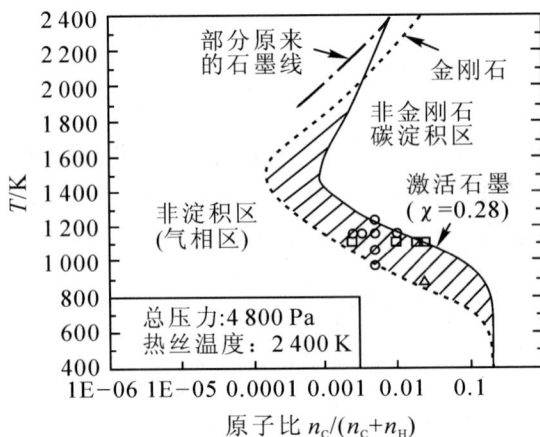

图 4-121　C-H 体系的一个 $T-X$ 非平衡定态相图
(斜线区是金刚石的生长相区,圆点、方点和三角点都是金刚石生长的实验点)

C-H 二元体系的完整相图应该是三维的 $T-p-X$（温度-压力-组分）相图，如图 4-122 所示。图中画出三个压力（0.01 kPa，1 kPa 与 100 kPa）的等压截面 $T-X$ 图，每一个 $T-X$ 相图都有一个金刚石稳定相区（即金刚石生长区）。在图中，金刚石生长区用斜线表示。要生长金刚石就应在金刚石生长区进行，这样就为设计与优化激活石墨低压金刚石气相生长工艺提供了理论指导。

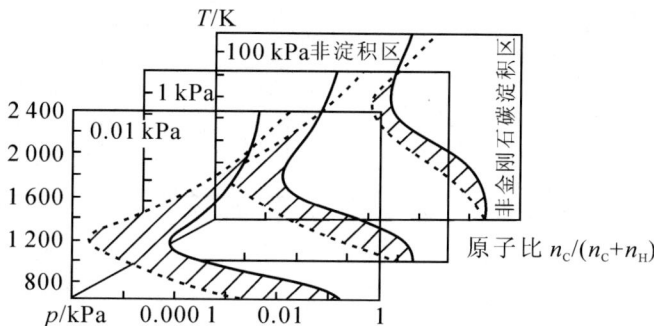

图 4-122 C-H 体系的 $T-p-X$ 非平衡定态相图

对于三元体系，由于独立组分有两个，再加上温度、压力，故三元体系的 $T-p-X$ 相图应该有四维。通常是先画出一个二维的三角组分图，再在第三维空间标出温度或者压力，这样的立体图在使用中很不方便，可以采用一定温度范围和一定压力范围的投影图来表示，也可以用固定温度、固定压力下的截面图来表示。

习 题

1. 在 Al-Mg 合金中，x_{Mg} 为 0.15，计算该合金中镁的 w_{Mg} 为多少。

2. 根据图 4-123 所示的二元共晶相图，试完成：

(1) 分析合金 Ⅰ，Ⅱ 的结晶过程，并画出冷却曲线。

(2) 说明室温下合金 Ⅰ，Ⅱ 的相和组织是什么？并计算出相和组织组成物的相对量。

(3) 如果希望得到共晶组织加上相对量为 5% 的 $\beta_{初}$ 合金，求该合金的成分。

(4) 合金 Ⅰ，Ⅱ 在快冷不平衡状态下结晶，组织有何不同？

3. 分析图 4-124 所示 Ti-W 合金相图中，合金 Ⅰ（$w_W = 0.40$）和 Ⅱ（$w_W = 0.93$）在平衡冷却和快冷时组织的变化。

4. 含 w_{Cu} 为 0.056 5 的 Al-Cu 合金（见图 4-125）圆棒，置于水平钢模中加热熔化，然后采用一端顺序结晶方式冷却，试求合金圆棒内组织组成物的分布、各组成物所占的百分数及沿圆棒长度上 Cu 浓度的分布曲线（假设液相内溶质完全混合，固相内无扩散，界面平直移动，液相线与固相线呈直线）。

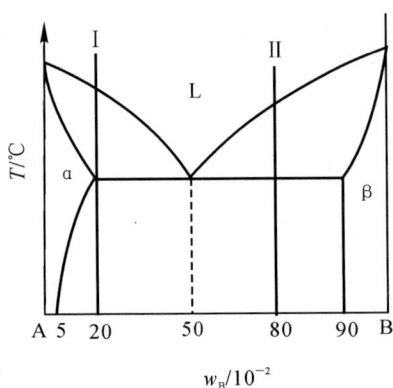

图 4-123　二元共晶相图

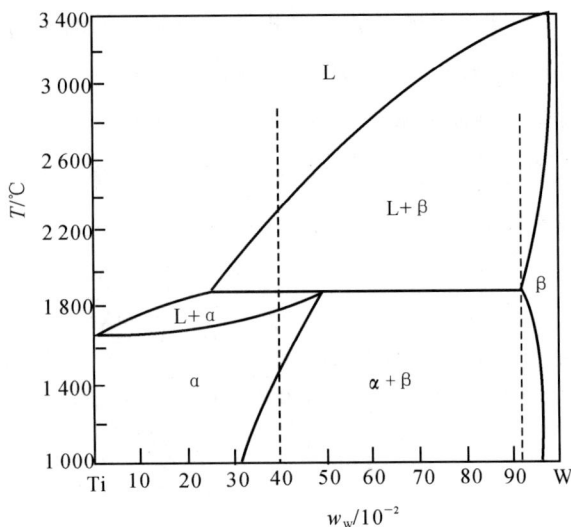

图 4-124　Ti-W 相图

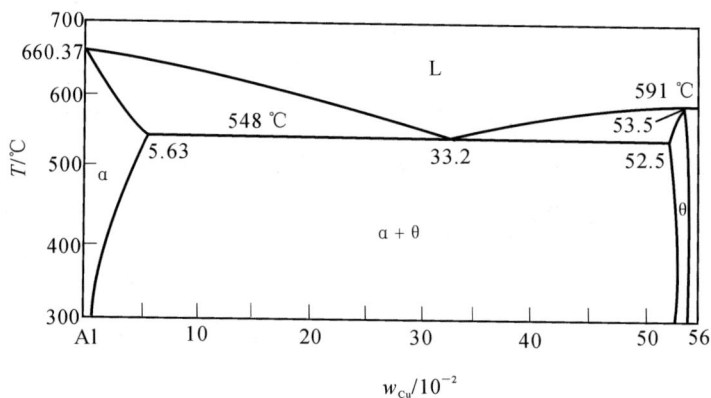

图 4-125　Al-Cu 相图

5. 参看图 4-48 所示的 Cu-Zn 相图,指出图中有多少三相平衡,写出它们的反应式,并分析含 w_{Zn} 为 0.40 的铜锌合金平衡结晶过程中的冷却曲线、主要转变反应式及室温相组成物与组织组成物。

6. 根据下列数据绘制 Au-V 二元相图。已知金和钒的熔点分别为 1 064 ℃ 和 1 920 ℃。金与钒可形成中间相 β(AuV₃),钒在金中的固溶体为 α,其室温下的溶解度为 $w_V=0.19$,金在钒中的固溶体为 γ,其室温下的溶解度为 $w_{Au}=0.25$。合金系中有两个包晶转变,即

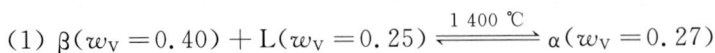

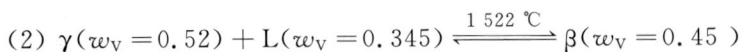

(1) $\beta(w_V=0.40)+L(w_V=0.25) \xrightleftharpoons{1\,400\,℃} \alpha(w_V=0.27)$

(2) $\gamma(w_V=0.52)+L(w_V=0.345) \xrightleftharpoons{1\,522\,℃} \beta(w_V=0.45)$

7. 计算含 w_C 为 0.04 的铁碳合金按亚稳态冷却到室温后组织中的珠光体、二次渗碳体和莱氏体的相对量,并计算组成物珠光体中渗碳体和铁素体及莱氏体中二次渗碳体、共晶渗碳体与共析渗碳体的相对量。

8. 根据显微组织分析,一灰口铁内含有 12% 的石墨和 88% 的铁素体,试求其 w_C。

9. 汽车挡泥板应选用高碳钢还是低碳钢来制造？

10. 当温度为 800 ℃时,试求：

(1) 含 $w_C = 0.002$ 的钢内存在哪些相。

(2) 写出这些相的成分。

(3) 各相所占的相对量是多少。

11. 根据 $Fe-Fe_3C$ 相图,试完成：

(1) 比较 $w_C = 0.004$ 的合金在铸态和平衡状态下结晶过程和室温组织有何不同。

(2) 比较 $w_C = 0.019$ 合金在慢冷和铸态下结晶过程和室温组织有何不同。

(3) 说明不同成分区铁碳合金的工艺性(铸造性、冷热变形性)。

12. 图 4-126 为 $Pb-Sn-Zn$ 三元相图液相面投影图。

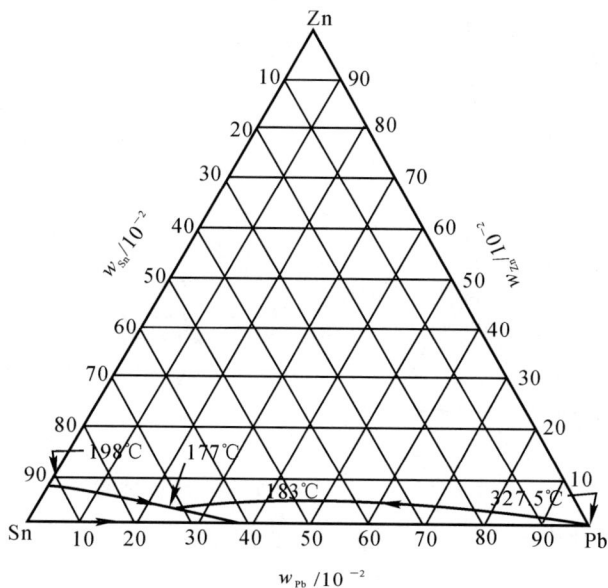

图 4-126　$Pb-Sn-Zn$ 相图液相面投影图

(1) 在图上标出合金 $X(w_{Pb} = 0.75, w_{Sn} = 0.15, w_{Zn} = 0.10)$ 的位置,合金 $Y(w_{Pb} = 0.50, w_{Sn} = 0.30, w_{Zn} = 0.20)$ 的位置及合金 $Z(w_{Pb} = 0.10, w_{Sn} = 0.10, w_{Zn} = 0.80)$ 的位置。

(2) 若将 2 kg X,4 kg Y 及 6 kg Z 混溶成合金 W,指出 W 的成分点位置。

(3) 若有 3 kg 合金 X,问需要配多少何种成分的合金才能混合成 6 kg 合金 Y？

13. 若合金 R 由 α, β, γ 三相组成,合金 R 及三相中的组元 A 的含量依次为 $A_R, A_\alpha, A_\beta, A_\gamma$,组元 B 的含量依次为 $B_R, B_\alpha, B_\beta, B_\gamma$,组元 C 的含量依次为 $C_R, C_\alpha, C_\beta, C_\gamma$。试利用代数方法求合金 R 中的三相的质量分数。

14. 试分析图 4-99 中所示 ①②③④⑤ 区内合金的结晶过程、冷却曲线及组织变化示意图,并在图上标出各相成分变化路线。

15. 试分析图 4-105 中 Ⅰ,Ⅱ,Ⅲ,Ⅳ 和 Ⅴ 区内合金的结晶过程、冷却曲线及组织组成物。

16. 请在图 4-116 中指出合金 $X(w_{Cu} = 0.15, w_{Mg} = 0.05)$ 及合金 $Y(w_{Cu} = w_{Mg} = 0.20)$ 的

成分点、初生相及开始凝固温度,并根据液相单变量线的走向判断所有四相平衡转变的类型。

17. $w_{Cr}=0.18$,$w_C=0.01$ 的不锈钢,其成分点在 1 150 ℃ 截面图(见图 4-115)中 p 点处,合金在 1 150 ℃ 时各平衡相质量分数应如何计算?

18. 利用图 4-114 分析 2Cr13 不锈钢($w_{Cr}=0.13$,$w_C=0.000\ 2$)、4Cr13 不锈钢($w_{Cr}=0.13$,$w_C=0.000\ 4$)和 Cr12 型模具钢($w_{Cr}=0.13$,$w_C=0.02$)的凝固过程及组织组成物,并说明它们的组织特点。

19. 根据图 4-127 分析陶瓷($w_{SiO_2}=0.57$,$w_{CaO}=0.38$,$w_{Al_2O_3}=0.05$)的凝固顺序及室温下各相的质量分数。

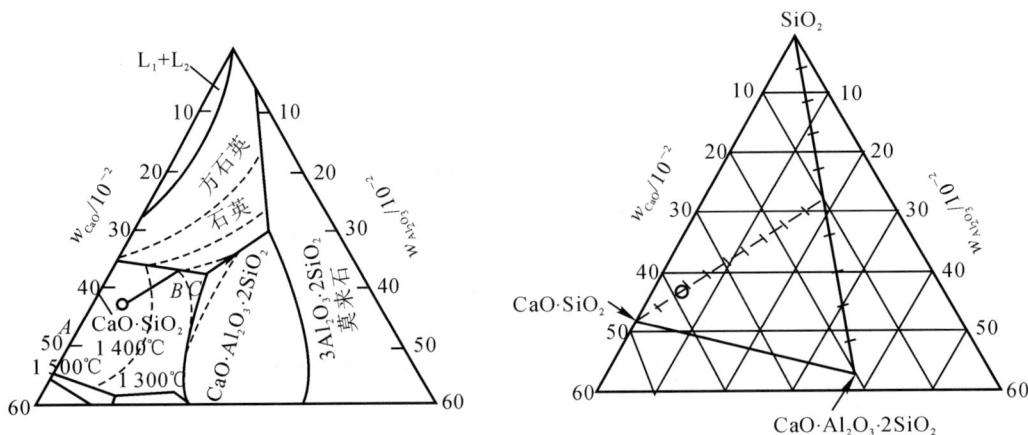

图 4-127　$SiO_2-CaO-Al_2O_3$ 系的室温等温截面

20. 试说明三元相图垂直截面的两相区内杠杆定律不适用的原因。

复习思考题

指出下列各题错误之处,并更正。

1. 固溶体晶粒内存在枝晶偏析,主轴与枝间成分不同,所以整个晶粒不是一个相。

2. 尽管固溶体合金的结晶速度很快,但是在凝固的某一个瞬间,A,B 组元在液相与固相内的化学位都是相等的。

3. 固溶体合金无论在平衡或非平衡结晶过程中,液-固界面上液相成分沿着液相平均成分线变化,固相成分沿着固相平均成分线变化。

4. 在共晶线上利用杠杆定律可以计算出共晶体的相对量。而共晶线属于三相区,所以杠杆定律不仅适用于两相区,也适用于三相区。

5. 固溶体合金棒顺序结晶过程中,液-固界面推进速度越快,则棒中宏观偏析越严重。

6. 将固溶体合金棒反复多次"熔化-凝固"并采用定向快速凝固的方法,可以有效地提纯金属。

7. 从产生成分过冷的条件 $G/R < \dfrac{mc_0}{D}\dfrac{1-k_0}{k_0}$ 可见,合金中溶质浓度越高,成分过冷区域

越小,越易形成胞状组织。

8. 厚薄不均匀的 Ni - Cu 合金铸件,结晶后薄处易形成树状组织,而厚处易形成胞状组织。

9. 在不平衡结晶条件下,靠近共晶线端点内侧的合金比外侧的合金易于形成离异共晶组织。

10. 具有包晶转变的合金,室温的相组成物为 α＋β,其中 β 相均是包晶转变产物。

11. 用循环水冷却金属模,有利于获得柱状晶区,以提高铸件的致密性。

12. 铁素体与奥氏体的根本区别在于溶碳量不同,前者少而后者多。

13. 727 ℃ 是铁素体与奥氏体的同素异构转变温度。

14. 在 $Fe - Fe_3C$ 系合金中,只有过共析钢的平衡结晶组织中才有二次渗碳体存在。

15. 根据相律判别图 4-128 中的相图错误之处,并说明原因。

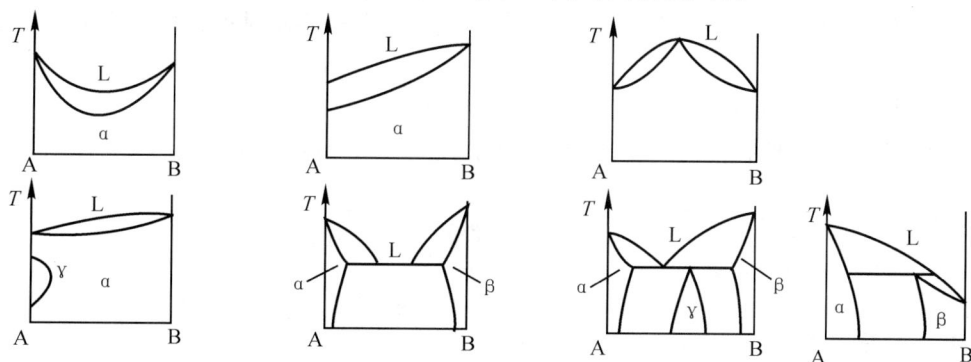

图 4-128　不同类型的错误相图

16. 凡是碳钢的平衡结晶过程都具有共析转变,而没有共晶转变;相反,对于铸铁则只有共晶转变而没有共析转变。

17. 无论何种成分的碳钢,随着含碳质量分数的增加,组织中铁素体相对量减少,而珠光体相对量增加。

18. 含 $w_C = 0.043$ 的共晶白口铸铁的显微组织中,白色的基体为 Fe_3C,其中包括 Fe_3C_I,Fe_3C_{II},Fe_3C_{III},$Fe_3C_{共析}$,$Fe_3C_{共晶}$。

19. 图 4-58 所示为含 $w_C = 0.0077$ 的珠光体组织,图中显示渗碳体片密集程度不同,凡是片层密集处则 w_C 偏多,而稀疏处则 w_C 偏少。

20. 只有单析溶解度曲面或双析溶解度曲面投影内的三元合金,才有一个次生相或两个次生相析出。

21. 在三元相图中,液相面投影图十分重要,根据它就可以判断该合金系凝固过程中所有的相平衡关系。

第5章 材料中的扩散

由于热运动而导致原子(或分子)在介质中迁移的现象称为扩散。扩散是在固体中质量传输的唯一途径。它与材料中的许多现象有关,如相变、时效析出、均匀化、固态烧结、金属的表面处理等。因此,扩散是影响材料的微观组织和性能的重要过程因素。扩散研究主要解决两大类问题:

(1) 扩散速率及其宏观规律;

(2) 扩散微观机理,即扩散过程中原子(或离子、分子)的具体迁移方式。

5.1 扩散定律及其应用

5.1.1 扩散定律

考察一个最简单的单向扩散实验。将两根碳浓度分别为 c_1 和 $c_2(c_1 < c_2)$ 的碳钢长棒对焊起来,形成一个扩散偶。将其加热至 930 ℃ 保温并随时检查碳原子浓度分布情况,结果如图5-1所示。随时间延长,扩散偶界面两侧的碳原子浓度差及浓度梯度不断减小,碳原子浓度分布逐渐趋于均匀。这说明在扩散偶中存在碳原子由浓度高的一侧向浓度低的一侧迁移的扩散流。

1855 年,菲克(A. Fick)首先总结提出了在各向同性介质中扩散过程的定量关系 —— 扩散定律(也称菲克定律)。

5.1.1.1 菲克第一定律

菲克第一定律指出,在单位时间内通过垂直扩散方向的单位截面积的扩散物质量(通称扩散通量)与该截面处的浓度梯度成正比。为简便起见,仅考虑单向扩散问题。设扩散沿 x 轴方向进行,上述定律可写成以下数学形式,即

$$J = -D \frac{\partial c}{\partial x} \qquad (5-1)$$

式(5-1)也称第一扩散方程。式中比例系数 D 称为扩散系数(SI单位为 m^2/s),负号表示扩散方向与浓度梯度 $\partial c/\partial x$ 方向相反,其中 c 为质量浓度或物质的量浓度(单位可采用 g/m^3 或 mol/m^3),因而扩散通量 J 相对应的单位是 $g/(m^2 \cdot s)$ 或 $mol/(m^2 \cdot s)$。

菲克第一定律的可直接用于处理稳态扩散问题。此时浓度分布不随时间变化,处理过程中可用全微分 dc/dx 代替式(5-1)中的偏微分 $\partial c/\partial x$。

5.1.1.2 菲克第二定律

菲克第一定律也适用于非稳态扩散过程,但式(5-1)没有给出扩散物质浓度与时间的关

系。难以将其用来全面描述浓度随时间不断变化的非稳态扩散过程。求解这类问题需在菲克第一定律的基础上,利用质量平衡原理做进一步分析。

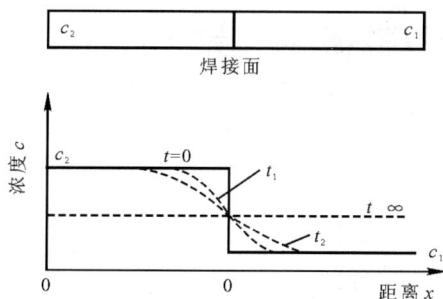

图 5-1　扩散偶中浓度随距离变化示意图($t_1 < t_2$)　　图 5-2　单向扩散体的微元体模型

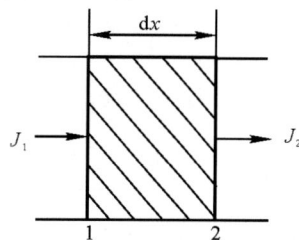

对如图 5-1 所示的非稳态扩散偶,沿垂直于扩散方向(x 轴)由相距为 dx 的两个垂直于 x 轴的平面取出一个微元体,该微元体垂直于 x 轴的两表面面积均为 A,如图 5-2 所示。设 J_1 和 J_2 分别表示流入和流出该微元体的扩散通量,则流入和流出该微元体的扩散物质的流量分别为 $J_1 A$ 和 $J_2 A$;根据质量平衡原理,微元体中扩散物质的积存速率 R 必为流入与流出该微元体的扩散物质流量之差,即

$$R = J_1 A - J_2 A = J_1 A - \left[J_1 A + \frac{\partial(JA)}{\partial x} dx \right] = -\frac{\partial(JA)}{\partial x} dx$$

如果所研究的体系中既没有产生扩散物质的源,也没有消耗扩散物质的阱,那么 R 与微元体中扩散物质浓度 c 的关系为

$$R = \frac{\partial(cA\,dx)}{\partial t} = \frac{\partial c}{\partial t} A\,dx$$

从上两式中消去 R 得

$$\frac{\partial c}{\partial t} = -\frac{\partial J}{\partial x} \tag{5-2}$$

式(5-2)称单向扩散的连续性方程。将菲克第一定律代入式(5-2)即得到菲克第二定律的数学表达式,即

$$\frac{\partial c}{\partial t} = \frac{\partial}{\partial x}\left(D \frac{\partial c}{\partial x} \right) \tag{5-3}$$

式(5-3)也称第二扩散方程。扩散系数 D 一般与浓度 c 有关。但如果浓度变化范围不大,则为了便于求解,可近似取 D 为一个与 c 无关的常数,这时式(5-3)可写成

$$\frac{\partial c}{\partial t} = D \frac{\partial^2 c}{\partial x^2} \tag{5-4}$$

5.1.2　科肯道尔(Kirkendall)效应

以上扩散实验分析中,只考虑了碳原子的扩散。而事实上铁原子同时也会发生扩散,只是与在奥氏体晶体的间隙中扩散的碳原子相比,铁原子的扩散是微不足道的。因此,可将铁原子点阵看成固定不动的。如果将以可置换方式互溶的纯铜和纯镍对焊成扩散偶,并在焊接面上事先嵌入惰性标记(如钨丝、氧化物颗粒或焊接气孔等),将扩散偶加热并长时间保温,则铜和镍原子会越过界面向对方扩散,如图 5-3(a)所示。由于两种原子的尺寸相近,扩散以置换互

溶方式进行。发生扩散后的化学成分分布曲线的形式与图 5-1 中的相似。此外,实验中还可观察到事先嵌入的惰性标记向扩散偶的镍一侧移动了一段距离,如图 5-3(b) 所示。这一现象必然是由扩散过程中界面的铜一侧伸长,镍一侧缩短所致。如果两种原子的扩散速度相同,则两种原子尺寸上的差异不可能产生与实验观察值可比较的体积变化。因此可能的解释只能是镍原子比铜原子具有更快的扩散速度(即扩散系数更大),使扩散偶的镍一侧向铜一侧发生了物质净输送。上述重要现象是科肯道尔于 1947 年首先发现的,故称科肯道尔效应。科肯道尔效应后来被证明广泛存在于置换型扩散偶中。

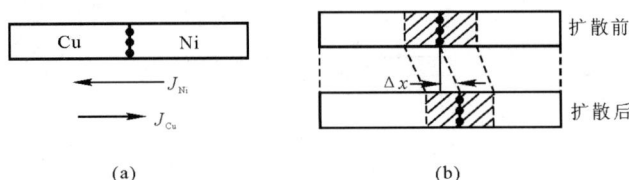

图 5-3 科肯道尔效应

(a) 铜和镍组成的扩散偶; (b) 扩散偶中不同原子的扩散情况

达肯首先分析了科肯道尔效应,其分析基于以下假设:

(1) 组元间的扩散互不干涉;

(2) 扩散过程中空位浓度保持不变;

(3) 扩散驱动力为浓度梯度。

假定将图 5-3(a) 所示的扩散偶一端固定于静止坐标系中,同时在试件外有一个固定在静止参考系中的观测者 A 和另一个固定在标记面上的观测者 B。如果两组元扩散系数不同,扩散过程中标记面发生运动,此时观测者 B 只能观察到由浓度梯度引起的扩散流,而观测者 A 则可同时观察到由浓度梯度引起的扩散流和由点阵整体运动产生的物质流。点阵整体运动速度就是标记面运动速度 v。这样,对于静止参考系,两组元的扩散通量可表示为浓度梯度引起的扩散通量与点阵整体运动引起的扩散通量之和,即

$$J_i^* = c_i v - D_i \frac{\partial c_i}{\partial x}, \quad i = 1, 2 \tag{5-5}$$

由于假定了扩散偶各点空位平衡浓度始终保持不变,即 $c_1 + c_2 = c$(空位浓度一般不会大于 10^{-3} 数量级,$c \approx 1$),故必然有 $J_1^* = -J_2^*$,整理式(5-5)可得

$$v = (D_1 - D_2) \frac{\partial \varphi_1}{\partial x} = (D_2 - D_1) \frac{\partial \varphi_2}{\partial x} \tag{5-6}$$

$\varphi_i = c_i / c$ 为组元 i 的体积分数。显然,$\frac{\partial \varphi_1}{\partial x} = -\frac{\partial \varphi_2}{\partial x}$。将式(5-6)代入式(5-5),得

$$J_i^* = -(\varphi_2 D_1 + \varphi_1 D_2) \frac{\partial c_i}{\partial x} = \widetilde{D} \frac{\partial c_i}{\partial x}, \quad i = 1, 2 \tag{5-7}$$

式中,$\widetilde{D}$ 称互扩散系数,D_i 称组元 i 的偏扩散系数或本征扩散系数。式(5-7)表明,在二元置换扩散体系中,菲克定律中的扩散系数应采用扩散系数 $\widetilde{D}$,因为它是相对于静止参考系(观测者)的扩散系数。一般 $\widetilde{D} \neq D_i$,只有以下两种情况例外。

(1) 自扩散   纯物质晶体中的扩散称自扩散。由于不存在浓度梯度,自扩散产生于晶体中原子的无规则随机运动。自扩散系数一般采用材料表面涂覆放射性同位素的方法(原子示踪法)测定。由于稳定元素与其同位素的化学性质没有差别,故扩散系数相同。即 $D =$

D^*（D^* 为放射性同位素的扩散系数）。令 φ 和 φ^* 分别为稳定元素及其放射性同位素的体积分数，根据式（5－7），则有

$$\widetilde{D} = \varphi D^* + \varphi^* D = D$$

（2）稀固溶体　当 $\varphi_1 \to 1$ 时，$\varphi_2 \to 0$（反之亦然）。根据式（5－7），则有

$$\widetilde{D} = D_2$$

5.1.3　扩散定律的应用

应用菲克第一定律解决稳态扩散问题相当于求解一阶微分方程，在确定边界条件后求解很容易。应用菲克第二定律解决非稳态扩散问题时，由于需要求解以时间与空间坐标为自变量的偏微分方程，其求解方法取决于边界和初始条件，一般比较复杂。本节以两个很重要的解作为例子：一是限定源（瞬间平面源）扩散，二是恒定源（恒定平面源）扩散。

【例题 5.1.1】　限定源扩散。

解　测定物质的自扩散系数的放射性同位素示踪法和某些半导体扩散掺杂工艺等都属于此类问题。以利用放射性同位素示踪法测定金的自扩散系数为例说明这一类扩散问题。扩散处理前先将一薄层金的放射性同位素 Au^{198} 涂覆于普通金 Au^{197} 样品上。经过一段时间的扩散处理，Au^{198} 进入 Au^{197} 样品内。在扩散过程中，样品表面不再补充 Au^{198}。分析中以 Au^{197} 样品有 Au^{198} 涂层的表面为原点。已知扩散处理前 Au^{197} 表面（$x=0$）有一无限薄层的 Au^{198}，在扩散过程中没有外界物质流入。若令 c 为 Au^{198} 的浓度，则这个一维扩散问题的边界条件：当 $t>0$ 时，$x=0$，$J=0$，$\dfrac{\partial c}{\partial x}=0$；$x \to \infty$，$c \to 0$。初始条件：当 $t=0$ 时，$x=0$，$c \to \infty$；$x \to \infty$，$c=0$。应用微分方法可以直接证明，在满足上述条件下，下式就是式（5－4）的特解，即

$$c = \frac{M}{\sqrt{\pi D t}} \exp\left(-\frac{x^2}{4 D t}\right) \tag{5－8}$$

式中　M——样品表面单位面积上的 Au^{198} 涂覆量（即具有单位面积涂覆表面的样品中 Au^{198} 的总量），且有

$$M = \int_0^\infty c \, \mathrm{d}x$$

如扩散处理时间为 τ，处理后对试件扩散层逐层进行放射性强度 I 的测定，因为 $I(x) \propto c$，所以有

$$I(x) = K \frac{M}{\sqrt{\pi D \tau}} \exp\left(-\frac{x^2}{4 D \tau}\right) \tag{5－9}$$

式中　K——常数。

$\ln I(x)$ 与 x^2 的关系为一条斜率为 $1/4D\tau$ 的直线，由此求得示踪原子的扩散系数 D 值。因为同一元素的同位素的化学性质相同，扩散系数相等，放射性同位素示踪原子的扩散系数就等于被测元素的自扩散系数。自扩散系数是考察材料耐热性的重要参考指标。

【例题 5.1.2】　恒定源扩散。

解　在扩散过程中，扩散物质在工件表面的浓度始终保持恒定值 c_s。这类问题称恒定源扩散。金属的氧化和化学热处理、玻璃的化学增强处理及某些半导体扩散掺杂工艺等都属于此类问题。对于一维恒定源扩散问题，为求式（5－4）的通解，引入中间变量 $z = \dfrac{x}{2\sqrt{D t}}$，则

$$\frac{\partial c}{\partial t} = \frac{\partial c}{\partial z}\frac{\partial z}{\partial t} = -\frac{z}{2t}\frac{\partial c}{\partial z}$$

$$\frac{\partial^2 c}{\partial x^2} = \frac{\partial}{\partial x}\left(\frac{\partial c}{\partial z}\frac{\partial z}{\partial x}\right) = \frac{\partial^2 c}{\partial z^2}\frac{\partial z^2}{\partial x^2} = \frac{1}{4Dt}\frac{\partial^2 c}{\partial z^2}$$

将上两式代入式(5-4)，消去 t，可将式(5-4)变成一个常微分方程，即

$$\frac{d^2 c}{dz^2} + 2z\frac{dc}{dz} = 0$$

再引入中间变量 $u = dc/dz$ 将上式降阶，则有

$$\frac{du}{dz} + 2zu = 0$$

对上式分离变量积分可得 $u = A_1\exp(-z^2)$，代入 $u = dc/dz$ 再积分可得式(5-4)的通解：

$$c = A_1\int_0^\beta e^{-z^2}dz + A_2 = A_1\times\frac{\sqrt{\pi}}{2}\text{erf}\beta + A_2 \tag{5-10}$$

式中，$\text{erf}\beta = \frac{2}{\sqrt{\pi}}\int_0^\beta e^{-z^2}dz$ 称高斯误差函数，显然 $\text{erf}(\infty) = 1$。恒定源扩散的边界条件为 $c\mid_{x=0} = c_s$；如果扩散前工件内部扩散物质的浓度为 c_0，则初始条件为 $c\mid_{t=0} = c_0$。据此得

$$A_1 = \frac{2(c_s - c_0)}{\sqrt{\pi}}, \qquad A_2 = c_0$$

由此得到扩散第二定律的特解如下：

$$c(x,t) = c_0 + (c_s - c_0)\left(1 - \text{erf}\frac{x}{2\sqrt{Dt}}\right) \tag{5-11}$$

式中，$\beta = \frac{x}{2\sqrt{Dt}}$，则对应的 $\text{erf}\beta$ 值可由表 5-1 查出。

表 5-1　误差函数 erfβ 表 (0 ≤ β ≤ 2.7)

β	0	1	2	3	4	5	6	7	8	9
0.0	0.000 0	0.011 3	0.022 6	0.033 8	0.045 1	0.056 4	0.067 6	0.078 9	0.090 1	0.101 3
0.1	0.112 5	0.123 6	0.134 8	0.143 9	0.156 9	0.168 0	0.179 0	0.190 0	0.200 9	0.211 8
0.2	0.222 7	0.233 5	0.244 3	0.255 0	0.265 7	0.276 3	0.286 9	0.297 4	0.307 9	0.318 3
0.3	0.328 6	0.338 9	0.349 1	0.359 3	0.368 4	0.379 4	0.389 3	0.399 2	0.409 0	0.418 7
0.4	0.428 4	0.438 0	0.447 5	0.456 9	0.466 2	0.475 5	0.484 7	0.493 7	0.502 7	0.511 7
0.5	0.520 4	0.529 2	0.537 9	0.546 5	0.554 9	0.563 3	0.571 6	0.579 8	0.587 9	0.597 9
0.6	0.603 9	0.611 7	0.619 4	0.627 0	0.634 6	0.642 0	0.649 2	0.656 6	0.663 8	0.670 8
0.7	0.677 8	0.684 7	0.691 4	0.698 1	0.704 7	0.711 2	0.717 5	0.723 8	0.730 0	0.736 1
0.8	0.742 1	0.748 0	0.735 8	0.759 5	0.765 1	0.770 7	0.776 1	0.786 4	0.786 7	0.791 8
0.9	0.796 9	0.801 9	0.806 8	0.811 6	0.816 3	0.820 9	0.825 4	0.824 9	0.834 2	0.838 5
1.0	0.842 7	0.846 8	0.850 8	0.854 8	0.858 6	0.862 4	0.866 1	0.869 8	0.837 3	0.816 8
1.1	0.880 2	0.883 5	0.886 8	0.890 0	0.893 1	0.896 1	0.899 1	0.902 0	0.904 8	0.907 6
1.2	0.910 3	0.913 0	0.915 5	0.918 1	0.920 5	0.922 9	0.925 2	0.927 5	0.929 7	0.931 9
1.3	0.934 0	0.936 1	0.938 1	0.940 0	0.941 9	0.943 8	0.945 6	0.947 3	0.949 0	0.950 7
1.4	0.952 3	0.953 9	0.955 4	0.956 9	0.958 3	0.959 7	0.961 1	0.962 4	0.963 7	0.949
1.5	0.966 1	0.967 3	0.968 7	0.969 5	0.970 6	0.971 6	0.972 6	0.973 6	0.974 5	0.975 5
β	1.55	1.6	1.65	1.7	1.75	1.8	1.9	2.0	2.2	2.7
$\text{erf}\beta$	0.971 6	0.976 3	0.980 4	0.983 8	0.986 7	0.989 1	0.992 8	0.995 3	0.998 1	0.999 9

图 5-4 所示是以低碳钢棒(w_C 为 c_1)的渗碳过程为例,说明恒定源扩散过程中浓度分布随时间的变化趋势。渗碳过程中低碳钢棒只有一端暴露于碳势为 c_s($\leqslant c_2$)的渗碳介质中,渗碳温度恒定且处于奥氏体相区。通常以渗碳表面到给定碳浓度 c^* 处的距离作为渗碳层深度 δ。根据式(5-11)有

$$\mathrm{erf}\frac{\delta}{2\sqrt{Dt}}=\frac{c_s-c^*}{c_s-c_0}=常数$$

即

$$\delta=\alpha\sqrt{Dt} \tag{5-12}$$

这里 α 是与 c_s 和 c^* 有关的常数。渗碳层深度与 $\sqrt{Dt}$ 成正比是制定渗碳工艺的理论依据。

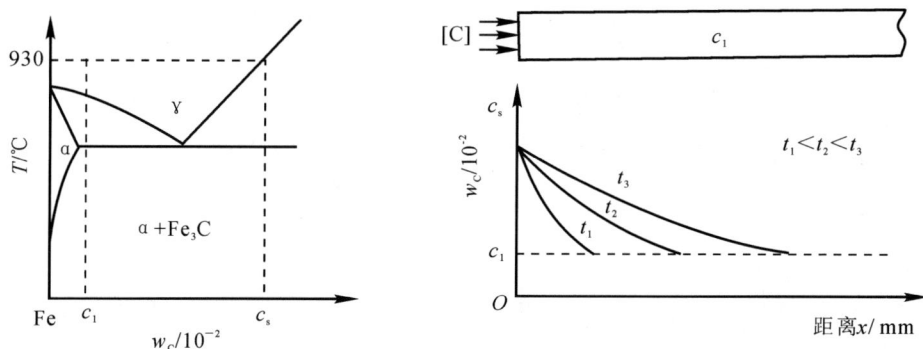

图 5-4　Fe-Fe$_3$C 相图左下角及渗碳层中的碳浓度(质量分数)分布

【例题 5.1.3】　一个装有氢气的薄壁压力容器,容器内表面的氢浓度为 c_H,它取决于容器内氢气的压力。假设扩散系数 D_H 不受浓度影响,试求通过器壁渗漏的通量。

解　容器壁中存在浓度梯度为

$$\frac{\partial c}{\partial x}=\frac{0-c_H}{l}=-\frac{c_H}{l} \qquad (l \text{ 为容器壁厚度})$$

通过容器壁的通量为

$$J=-D\frac{\mathrm{d}c}{\mathrm{d}x}=\frac{D_H c_H}{l}$$

【例题 5.1.4】　若将纯铁棒置于 $w_C=0.013$ 碳势的渗碳气氛中加热至 920 ℃,经 10 h 保温后,求渗碳层中碳浓度分布的规律。已知 C 在 γ-Fe 中的扩散系数 $D=1.5\times10^{-7}$ cm^2/s。

解　由式(5-11)可知,离铁棒表面距离为 x 处碳的浓度为

$$c=c_0+(c_s-c_0)\left[1-\mathrm{erf}\left(\frac{x}{2\sqrt{Dt}}\right)\right]=c_s\left[1-\mathrm{erf}\left(\frac{x}{2\sqrt{Dt}}\right)\right]=$$

$$0.013\times\left[1-\mathrm{erf}\left(\frac{x}{2\times\sqrt{1.5\times10^{-7}\times36\,000}}\right)\right]=$$

$$0.013\times[1-\mathrm{erf}(6.8x)]$$

5.2 扩散的微观机理

5.2.1 扩散机制

图 5-5 所示为晶体扩散的几种原子模型,其中间隙机制和空位机制是最重要的两种扩散机制。参与扩散的可以是电中性的原子,也可以是离子。

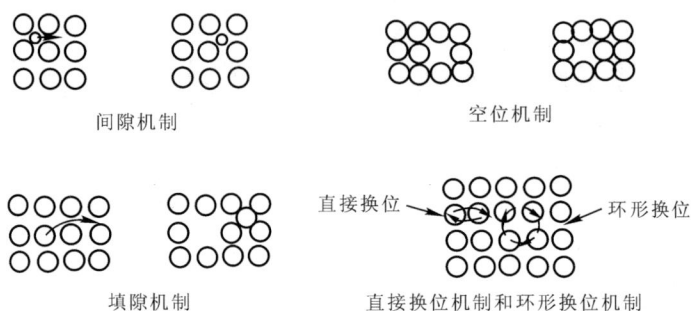

图 5-5 扩散的几种原子模型

5.2.1.1 间隙机制

当晶体中存在小的间隙原子时,这些间隙原子一般通过晶格间隙之间的跃迁实现扩散。

5.2.1.2 空位机制

根据统计热力学,绝对零度以上处于热平衡状态的晶体中总存在一定数量的空位。在自扩散或置换原子参与的扩散(置换扩散)过程中,扩散原子离开自己的点阵位置去填充空位,而原先的点阵位置形成了新的空位。随着这一过程不断进行,就形成了扩散原子与空位的逆向流动。显然,正是空位流造成了科肯道尔效应。

5.2.1.3 其他扩散机制

(1)填隙机制。本应处于点阵位置的原子有时会出现在间隙位置。它们会将邻近点阵原子挤到间隙中,并取而代之。形成这种间隙原子所需能量较高,一般情况下这类缺陷浓度十分低,因此对扩散贡献不大,但辐照可大大增加此类缺陷。

(2)直接换位机制和环形换位机制。此类机制需要有两个或更多的原子协同跳动,所需能量也较高(特别是直接换位机制);而且以此类机制换位的结果必然是通过界面流入和流出的原子数目相等,不可能产生科肯道尔效应。

5.2.2 原子热运动与晶体中的扩散

固体中的原子并非静止不动,而是一直处于连续不断的运动状态中。这种运动称原子的热运动。宏观扩散流是由大量原子迁移产生的,而原子迁移则是其热运动的统计结果。无论固体中原子以何种方式迁移[见图 5-6(a)中间隙原子由位置 1 迁移至位置 2]都必须推开某些邻近的原子引起瞬时畸变。这种应变构成了扩散的阻力,使得原子必须越过一定的能垒 $\Delta G_m = G_2 - G_1$ [见图 5-6(b)]。只有自由能高于 G_2 的原子才可能发生迁移。为了考察扩散与晶体中原子热运动的关系,我们可先分析相邻两晶面的物质迁移。如图 5-7 所示,假设:

① 在给定条件下发生扩散的溶质原子跳到其相邻位置的频率(简称跃迁频率)为 Γ;② 任何一次溶质原子跳动使其从一个晶面 I 跃迁至相邻晶面的概率为 p;③ 晶面 I 和 II 上的扩散原子的面密度分别为 n_1 和 n_2,则在时间间隔 δt 内单位面积上由晶面 I 跃迁至晶面 II 及由晶面 II 跃迁至晶面 I 上的溶质原子数依次为

$$N_{I \to II} = n_1 p \Gamma \delta t, \quad N_{II \to I} = n_2 p \Gamma \delta t$$

如果 $n_1 > n_2$,则单位面积的晶面 II 所得溶质原子净值为

$$N_{I \to II} - N_{I \to II} = (n_1 - n_2) p \Gamma \delta t = J \delta t$$

即

$$J = (n_1 - n_2) p \Gamma \tag{5-13}$$

式中　J—— 扩散通量。

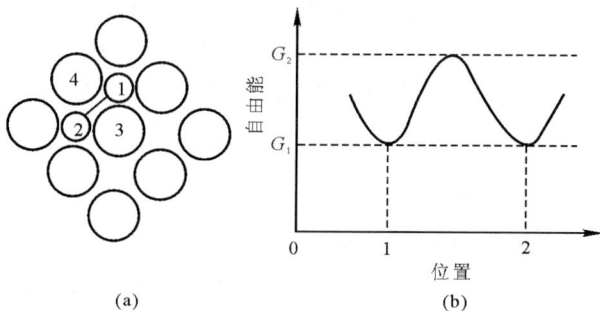

图 5-6　原子迁移需跃过的能垒

(a) fcc 晶体中的(100)晶面;　(b)原子的自由能与其位置的关系

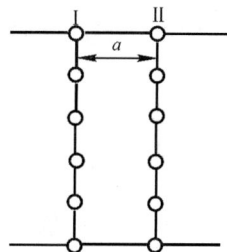

图 5-7　相邻晶面间的物质迁移

如果相邻两晶面的面间距为 a,则晶面的溶质物质的量浓度 c 与溶质原子面密度 n 的关系为

$$c = n/a \tag{5-14}$$

而晶面 II 的物质的量浓度 c_2 与晶面 I 的物质的量浓度 c_1 的关系为

$$c_2 = c_1 + \frac{\partial c}{\partial x} a \tag{5-15}$$

这里 x 轴与晶面垂直。将式(5-14)代入式(5-15)后整理得

$$n_2 - n_1 = \frac{\partial c}{\partial x} a^2 \tag{5-16}$$

代入式(5-13)并考虑到对于同一扩散过程菲克第一定律也同时成立,有

$$J = (n_1 - n_2) p \Gamma = -a^2 p \Gamma \frac{\partial c}{\partial x} = -D \frac{\partial c}{\partial x} \tag{5-17}$$

由此可得

$$D = a^2 p \Gamma \tag{5-18}$$

如果原子向每一个方向跃迁的概率相等,则对于三维体扩散过程,$p = 1/6$。以上分析表明,扩散过程与发生扩散的溶质原子跃迁特性有关。对一个原子的净迁移及其跃迁特性之间的关系进行统计分析可对扩散问题有进一步了解。在分析中须做如下基本假设:① 只允许原子做距离为 a 的跃迁;② 原子在每个方向上跃迁概率相等,即每次跃迁与前一次跃迁无关。满足这两条假设的问题称无规则行走问题。经过 n 次跃迁,该原子离开初始位置的距离为 R_n。利用统计分析方法可求得 R_n 的平均值

$$\overline{R}_n = \sqrt{n}\ \alpha \tag{5-19}$$

原子迁移的平均距离与迁移次数的二次方根成正比,反映了无规则随机运动的统计特征。用式(5-19)分析图 5-4 所示的渗碳问题。碳原子处在奥氏体的八面体间隙位置。令 a 为奥氏体(200)晶面间距,则 $\alpha = \sqrt{2}\,a$,碳原子在 x 方向上跳动概率为 1/3,根据式(5-18)和式(5-19)得

$$\alpha^2 = \frac{6D}{\Gamma} = \frac{\overline{R}_n^2}{n} \tag{5-20}$$

式中 $\overline{R}_n$—— 碳原子的平均扩散距离;

跃迁次数除以跃迁频率为扩散时间 t,即 $t = n/\Gamma$,代入式(5-19)得

$$\overline{R}_n = 2.45\sqrt{Dt}$$

这与式(5-12)的结果是一致的。然而值得注意的是,事实上扩散原子在每一方向上的跃迁并不是完全随机的。例如,当扩散以空位机制进行时,扩散原子跳入空位后下一次跃迁跳回原来位置的概率最大,然而这种跃迁对宏观扩散流没有贡献。考虑每次跃迁与前次跃迁的相关性,式(5-18)需引入一个相关系数 f 进行修正,即

$$D = \frac{1}{6} f \Gamma a^2 \tag{5-21}$$

相关系数 f 值主要取决于晶体结构与扩散机制,其计算比较复杂。如果扩散以空位扩散机制进行,则对于金刚石结构,$f = 0.5$;对于 bcc 结构,$f = 0.72$;对于 fcc 和 hcp 结构,$f = 0.78$。式(5-21)中的 a 值主要取决于晶体的点阵类型和点阵常数,因此变化不大,约为 10^{-10} m 数量级。扩散系数的差异主要取决跃迁频率 Γ。

设原子的振动频率为 ν,扩散原子邻近位置为 z,邻近位置可接纳扩散原子的概率为 P,则 Γ 应与 ν, z, P 及具有跃迁条件的摩尔分数 $\exp(-\Delta G_m/kT)$ 成正比,即

$$\Gamma = \nu z P \exp\left(-\frac{\Delta G_m}{kT}\right) \tag{5-22}$$

根据热力学,$\Delta G_m = \Delta H_m - T\Delta S_m$,其中 ΔH_m 为激活焓,ΔS_m 为激活熵。因为间隙固溶体的溶解度很小,对于晶体中间隙扩散,间隙原子相邻的间隙位置基本上是空的,所以 $P \approx 1$,扩散系数可表示为

$$D = \frac{1}{6} f a^2 \nu z \exp\frac{\Delta S_m}{k} \exp\left(-\frac{\Delta H_m}{kT}\right) = D_0 \exp\left(-\frac{\Delta H_m}{kT}\right) \tag{5-23}$$

式中 D_0—— 扩散常数。

金属晶体或非金属的单质晶体中的置换扩散主要以空位机制进行。设空位浓度为 c_v,根据统计热力学,有

$$c_v = \exp\left(-\frac{\Delta G_f}{kT}\right) = \exp\frac{\Delta H_f}{kT} \exp\left(-\frac{\Delta S_f}{k}\right) \tag{5-24}$$

式中,$\Delta G_f, \Delta S_f, \Delta H_f$ 分别为空位形成自由能,空位形成熵和空位形成焓。显然,$P = c_v$。此时扩散系数可表示为

$$D = \frac{1}{6} f a^2 \nu z \exp\frac{\Delta S_f + \Delta S_m}{k} \exp\frac{\Delta H_f + \Delta H_m}{kT} = D_0 \exp\frac{\Delta H_f + \Delta H_m}{kT} \tag{5-25}$$

可见置换扩散的激活能包括原子跃迁激活能和空位形成能两部分,与间隙扩散相比,置换扩散一般具有更高的扩散激活能和更低的扩散系数。

5.2.3　晶态化合物中的扩散

根据统计热力学,处于热平衡状态的晶体内部总存在一定数量的点缺陷,这类点缺陷也称本征缺陷。以本征缺陷为媒介发生的扩散称本征扩散。为了保持电中性,晶态化合物中的点缺陷一般是成对的复合点缺陷,例如由一对正、负离子空位构成的肖特基(Schottky)缺陷,由一个离子空位和一个同类间隙离子构成的弗兰克尔(Frankel)缺陷。令某种复合缺陷的浓度为 c_f,根据热力学,则有

$$c_f = \frac{n}{N} = \exp\left(\frac{\Delta G_f}{2kT}\right) = \exp\left(\frac{\Delta S_f}{2k}\right)\exp\left(-\frac{\Delta H_f}{2kT}\right) \quad (5-26)$$

式中　　　　　　　N—— 晶体中离子对数;

　　　　　　　　　n—— 复合点缺陷对数;

$\Delta G_f, \Delta S_f, \Delta H_f$—— 形成一对复合点缺陷对所需的自由能、熵和焓。

如果扩散以空位机制进行,则本征扩散系数可表示为

$$D = \frac{1}{6}fa^2\nu z\exp\left(\frac{\Delta S_f + 2\Delta S_m}{2k}\right)\exp\left(\frac{\Delta H_f + 2\Delta H_m}{2kT}\right) =$$

$$D_0\exp\left(\frac{\Delta H_f + 2\Delta H_m}{2kT}\right) \quad (5-27)$$

晶态化合物中只有在晶体很纯且温度很高的情况下才会发生本征扩散。在多数情况下观察到的是受非本征缺陷(非平衡缺陷)控制的非本征扩散。产生非本征缺陷的方式有引入杂质形成各种类型的固溶体、改变晶体的化学配比形成非化学计量化合物或辐照等(金属冷变形及淬火形成的非平衡空位也属于非本征缺陷)。非本征扩散系数可表示为

$$D = \frac{1}{6}fa^2\nu z c_v^{imp}\exp\left(\frac{\Delta S_m}{k}\right)\exp\left(-\frac{\Delta H_m}{kT}\right) =$$

$$D_0\exp\left(-\frac{\Delta H_m}{kT}\right) \quad (5-28)$$

式中　　　c_v^{imp}—— 杂质引入的非本征空位浓度。

显然非本征扩散具有较低的扩散激活能,如图 5-8 中的实例所示。任何导致非本征缺陷浓度增大的因素都会使图 5-8 中所示的本征扩散与非本征扩散的转折点向高温方向移动。在许多情况下非本征缺陷浓度要大大高

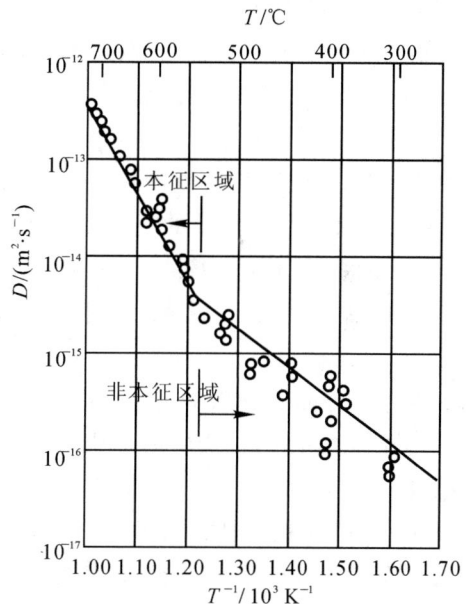

图 5-8　NaCl 晶体中 Na$^+$ 的扩散系数与温度的关系

于本征缺陷,然而晶态化合物中的点缺陷形态比单质晶体(如金属)复杂得多。引入的空位可以是电中性的,也可以是带单电荷或双电荷的。生成空位的缺陷平衡反应具体过程常常相当复杂,因此影响非本征空位浓度非本征缺陷浓度的因素很多,常使晶态化合物中的扩散机理分析变得比较困难。

此外,离子固体中的离子是载流子,外加电场引起的电传导相当于离子的定向扩散。此时

扩散系数与其电导率成正比。对此类材料可通过测定材料的电导率获得扩散系数值。

5.2.4　非晶态固体中的扩散

在非晶态固体中原子排列没有晶体紧密,跃迁频率高,因此与同一物质的晶体相比,非晶态固体中原子具有更大的迁移率,扩散系数较高,扩散激活能较低。

非晶态固体的扩散能力与原子排列紧密程度有关。例如通过玻璃化转变区域时采用急冷的方法,所获得的玻璃与经过完全退火的同种玻璃相比,前者比体积较大,内部的网络结构更加开放。因此,玻璃中网络变体离子(如钠钙玻璃中的 Na^+)的扩散系数大大高于退火的玻璃。如果玻璃中如网络变体离子数量增加,也可使网络变体离子的扩散系数下降。这一结果被认为与玻璃网络结构断裂、离子间平均距离减小有关。

在聚合物中,小分子、原子或离子可在大分子链间发生扩散。与晶态聚合物相比,玻璃非晶态聚合物中更容易发生扩散。某些聚合物还具有选择性扩散的特性。这一特性已获得了应用,如海水淡化等。

5.2.5　界面扩散

以上主要阐述了通过均匀介质的扩散,即体扩散。在许多情况下,通过界面(晶界、相界面表面)的扩散具有重要作用。

在晶界区域原子堆积密度较低,原子的迁移率高,扩散系数小。在晶体表面,原子沿表面的迁移受周围点阵原子的作用较小,因此具有更大的可动性。在许多情况下,表面扩散的激活能只有体扩散的一半,晶界扩散的激活能介于其间,并且 $D_L < D_B < D_S$(D_L,D_B,D_S 分别表示体扩散、晶界扩散和表面扩散的扩散系数)。图 5-9 以纯银为例说明这一现象。

上述结论对晶态化合物中的离子扩散也基本适用。值得注意的是,杂质或溶质的影响常常不容忽视。例如在 1 000 ~ 1 300 ℃ 范围内,MgO 双晶和多晶体扩散数据显示,在观察到晶界加速扩散现象的同时,都有证据表明晶界上有溶质(通常是 Ca 或 Si)的析出或偏析,在没有检测到晶界杂质时,则没有晶界加速扩散现象发生。

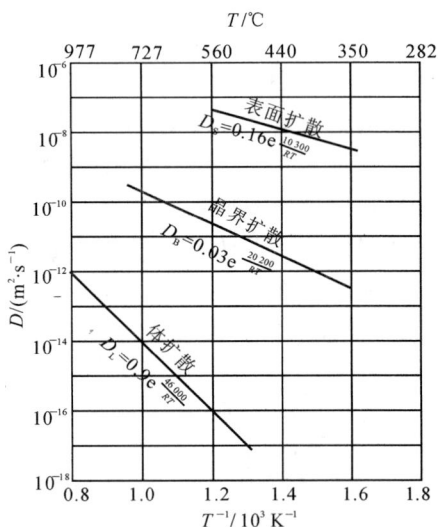

图 5-9　银的体扩散、晶界扩散和表面扩散系数

5.3　扩散的热力学理论

5.3.1　扩散驱动力

根据菲克定律,扩散驱动力是浓度梯度,扩散总是向浓度低的方向进行。但有许多现象违

背上述结论。如过饱和固溶体的调幅分解过程中,会出现由浓度低处向浓度高处扩散的现象,即出现了所谓"上坡扩散"。根据热力学理论,在本质上扩散的真正驱动力不是浓度梯度而是化学位梯度,因而需对其进行热力学分析。

设 A,B 两组元组成的单相固溶体,两组元的原子数分别为 n_A 和 n_B,因恒温恒压条件下,扩散原子总是自发地向使体系自由能 G 降低的方向转移,相应体系自由能变化为

$$dG = \left(\frac{\partial G}{\partial n_A}\right)_{T,p} dn_A + \left(\frac{\partial G}{\partial n_B}\right)_{T,p} dn_B = \mu_A dn_A + \mu_B dn_B \qquad (5-29)$$

式中　　　G——固溶体的摩尔自由能;

μ_A,μ_B——组元 A,B 的化学位。

对于多组元体系,若 n_i 是组元 i 的原子数,则组元 i 的化学位 $\mu_i = (\partial G/\partial n_j)_{T,p,n_j}$,$n_j$ 为除组元 $j(j \neq i)$ 的原子数。化学位是一个势函数,在热力学中的作用与势能在重力场中的作用相同。势能函数对距离的导数即为力函数。若一系统中由于化学成分不同或其他原因,出现了化学位随距离 x 的变化,此时原子会在 x 方向上受到一个化学驱动力 F 的作用,则有

$$F = -\frac{\partial \mu_i}{\partial x} \qquad (5-30)$$

式中,负号表明化学驱动力总是与化学位下降的方向一致,表示扩散总是朝化学位减小的方向进行。

5.3.2　扩散系数

扩散原子在化学驱动力的驱动下运动时,同时会遇到基体原子的阻力,因而其运动速率有一定限度,组元 i 原子的平均运动速率 v_i 与驱动力 F 之间存在以下关系,即

$$v_i = B_i F = -B_i \frac{\partial \mu_i}{\partial x} \qquad (5-31)$$

式中　B_i——组元 i 原子迁移率,即单位驱动力作用下组元 i 原子的运动速率,它表示组元 i 原子在化学驱动力作用下的迁移能力大小。

组元 i 的扩散通量 J_i 与其浓度及宏观平均运动速率 v_i 之间存在以下关系,即

$$J_i = c_i v_i = -B_i c_i \frac{\partial \mu_i}{\partial x} = -D \frac{\partial c_i}{\partial x} \qquad (5-32)$$

式(5-32)右端已经考虑到对于同一扩散过程菲克第一定律也应成立。因此有

$$D_i = B_i c_i \frac{\partial \mu_i}{\partial c_i} \qquad (5-33)$$

根据溶液热力学,有

$$\mu_i = \mu_i^0 + kT\ln\alpha_i = \mu_i^0 + kT\ln\gamma_i c_i \qquad (5-34)$$

式中,α_i 和 γ_i 分别为组元 i 在固溶体中的活度和活度系数。当体系的摩尔体积为常数时,将式(5-34)代入式(5-33)得

$$D_i = kTB_i\left(1 + \frac{\partial\ln\gamma_i}{\partial\ln c_i}\right) \qquad (5-35)$$

对于理想固溶体或稀固溶体,$\gamma_i = 1$,则有

$$D_i = D_{i自} = kTB_i \qquad\qquad (5-36)$$

5.3.3 上坡扩散

式$(5-35)$中的$\left(1+\dfrac{\partial \ln\gamma_i}{\partial \ln c_i}\right)$通常被称为扩散系数的热力学因子,它决定了扩散的性质。当扩散系数的热力学因子小于$0(D_i < 0)$时,扩散沿着与浓度梯度相同的方向进行。这种扩散称作上坡扩散。固溶体发生某些溶质偏聚和调幅分解时,$\partial^2 G/\partial c_i^2 < 0$,符合发生上坡扩散的条件。图$5-10$中给出了一个第三组元引起上坡扩散的例子。由 $Fe-C$ 钢棒$(w_C = 0.004\ 41$,图中的右端)与 $Fe-C-Si$ 合金$(w_C = 0.004\ 78, w_{Si} = 0.038$,图中的左端)组成的扩散偶中原本并不存在碳的浓度梯度。根据菲克第一定律,不应出现碳的扩散流,但经1 050 ℃下保温 13 d 后的碳浓度分布曲线显示扩散偶中发生了碳原子的上坡扩散。这是由于硅的存在提高了碳原子的化学位,扩散能力强的碳重新分布后,使化学位达到了局部平衡。

除了化学驱动力外,其他类型的力,如温度梯度、应力场、电场等也可引起上坡扩散。

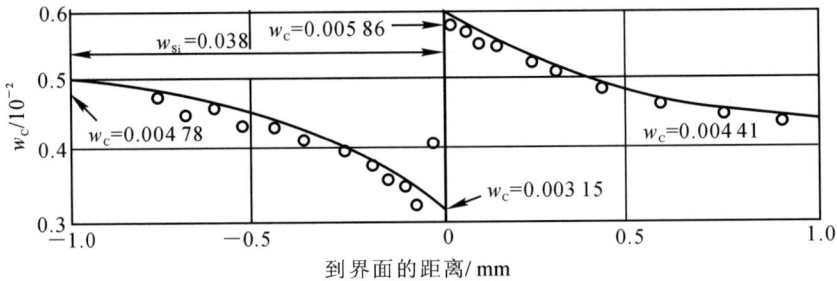

图 5-10　$Fe-C/Fe-C-Si$ 扩散偶中的碳浓度分布

5.4　反应扩散

通过扩散使固溶体内的溶质组元超过固溶极限而不断形成新相的扩散过程称反应扩散,或称相变扩散。材料中的许多相变过程均与反应扩散有关。反应扩散析出的新相与原来的基体相之间存在明显的宏观界面。反应扩散的实际例子很多,如钢的氧化、渗氮等。

一般渗碳时钢处在 γ 相区。由于 $\gamma-Fe$ 的碳溶解度相当高,渗碳过程中的碳势一般不会超过碳在 $\gamma-Fe$ 中的溶解度,因而不会因反应扩散而形成新相。如果纯铁在低于 912 ℃ 的温度下进行渗碳,由于碳在 $\alpha-Fe$ 中的溶解度很小,渗碳时会出现典型的反应扩散现象。这一现象可根据 $Fe-Fe_3C$ 相图进行分析。为便于分析,本节考虑纯铁在 800 ℃ 下的单向渗碳问题,如图 $5-11$ 所示。渗碳开始前,纯铁棒组织为 $\alpha-Fe$。渗碳过程中随表面碳浓度达到图 $5-11(a)$ 中所示的 c_1,表层铁碳合金的晶体结构发生变化(相变),由铁素体转变为奥氏体,即发生了反应扩散。在此温度下两相的平衡成分可以根据 $Fe-Fe_3C$ 相图确定。此后,表层区域便一直保持为奥氏体相,端面上奥氏体的碳浓度在达到碳势所对应的浓度 $c_s(\leqslant c_3)$ 以后将保持不变,而在铁素体与奥氏体交界处,铁素体成分始终保持为 c_1,奥氏体成分始终保持为 c_2。这样,在扩散进行了一段时间后,沿铁棒轴向的碳浓度分布由端面开始的 c_s 沿 x 方向逐渐下降,至浓度达到 c_2 时突然下降至 c_1,随后又继续逐渐下降至零,如图 5-11(b) 所示。在 $c_3 \sim c_2$ 成分范围内,在渗碳温度下为单相奥氏体相区,在 $c_1 \sim 0$ 成分范围内为单相铁素体相区(包括 α 铁区域),两个单相区由相界分开,两个单相区在界面上达到此温度下各自平衡的碳浓度,在界面处发生了反应扩散。随渗碳时间的增加,碳原子不断向棒内扩散,并通过两个单相区界面向铁素体相区迁移,反应扩散的结果使 α 相不断转变为 γ 相,界面便不断向右移动,奥氏体区域厚度不断增加。在这种情况下,求扩散第二定律在渗碳过程中的解应分别考虑在 γ 及 α 两个相区的边界条件与初始条件,分别求解。实际上,参考式(5-11)在 γ 相区部分,碳势为 c_s,可将 c_2 看作合金原始成分,在 γ 相区碳浓度分布应为

$$c_\gamma = c_2 + (c_s - c_2)\left[1 - \mathrm{erf}\left(\frac{x}{2\sqrt{D_\gamma t}}\right)\right] \tag{5-37}$$

式中　D_γ——碳在 γ 相中的扩散系数。

再将 γ 与 α 的分界面看作渗碳端面,则对于 α 相区,碳势为 c_1,原始成分为零,在 α 相区的碳浓度分布应为

$$c_\alpha = c_1\left[1 - \mathrm{erf}\left(\frac{x'}{2\sqrt{D_\alpha t}}\right)\right] \tag{5-38}$$

式中　D_α——碳在 α 相中的扩散系数;

　　　x'——以相区界面为原点后的距离。

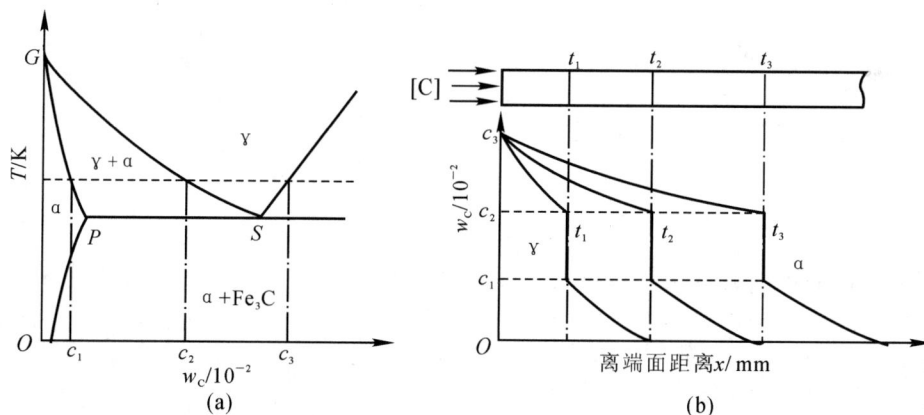

图 5-11　两相区渗碳参考图
(a) Fe-Fe₃C 相图左下角;　(b) 反应扩散时的浓度分布

实际上,碳浓度在 α 相区中很低,含碳层厚度也很薄,与 γ 相区中碳浓度及相区厚度相比可以忽略。因此,这种情况下的渗碳层厚度仅考虑 γ 相区即可,用式(5-37)进行分析便可满足实际需要。

尽管铁棒扩散层中的铁碳合金在 800 ℃ 下处于两相区,但在上述实例中,扩散层中铁素

体区和奥氏体区之间存在明显的宏观界面,始终没有出现两相组织混合区。这是二元系发生反应扩散时的必然现象,其原因可说明如下:对于处于两相区某一温度下的二元合金,其两个平衡相成分是确定的。虽然二者成分不同,但化学位相等,即在两相组织混合区化学位梯度为0。如果扩散层中出现了两相区,根据式(5-32),此时两相区内必有扩散驱动力 $F=0$。因此在两相区内不可能有宏观的扩散流,即通过此区域的扩散通量 $J=0$,反应扩散在此中断。这显然与实际情况不符。因此,二元合金的扩散层不可能出现两相混合组织。同理,在三元系中三相区温度渗层中不可能出现三相混合区,但可以有两相混合区域。

【例题 5.4.1】 如果低碳钢渗碳在 $\alpha+\gamma$ 两相区温度下进行,试问将会出现什么现象?

解 随着表面渗入的碳量增加,表层的 γ 相数量不断增加,α 相数量不断减少。但渗入的碳在钢的表面浓度达到 $\alpha-Fe$ 的最大溶解度时,钢表面完全转变为 γ 相,形成 γ 相单相区。随着渗碳过程的进行,γ 相层不断增厚,但两相区内始终没有碳的宏观扩散流出现,其碳浓度保持原始值 c_0 不变,如图 5-11 所示。渗碳层厚度就等于 γ 相层厚度,渗碳层中的碳浓度分布规律可由式(5-37)描述。如果渗碳时间足够长,则随 γ 相层增厚,最终可完全取代两相区。

5.5 一些影响扩散的重要因素

5.5.1 温度

无论扩散以何种机理进行,扩散系数与温度 T 的关系都可用 Arrhenius 公式表示,即

$$D = D_0 \exp\left(-\frac{Q}{RT}\right) \tag{5-39}$$

式中　Q —— 扩散激活能;

　　　R —— 摩尔气体常数。

温度升高,原子热运动加剧,扩散系数很快提高,如图 5-12 所示。扩散激活能取决于扩散机理。

5.5.2 晶体的类型与结构

在金属中扩散原子可通过热运动进入相邻的任何一个空位或间隙。但在晶态化合物中,扩散离子要进入具有相同电荷的平衡位置需要移动更长的距离,同时还要受到相邻离子电荷的作用。因此与金属相比,晶态化合物的扩散系数低而扩散激活能高,如图 5-12 所示。

晶体中的扩散是扩散原子或离子在点阵阵点或间隙之间的迁移,因此同一物质的扩散系数与其晶体结构有关。一般非密

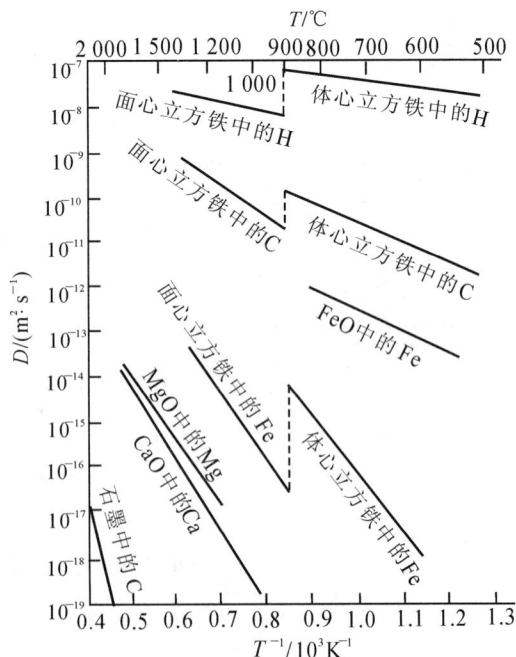

图 5-12 几种金属与陶瓷材料中的
扩散系数与温度的关系

堆结构的晶体比密堆结构的晶体具有更高的扩散系数。如 Fe 在 912 ℃ 发生 $\gamma - Fe \Longleftrightarrow \alpha - Fe$ 的同素异构转变，$\gamma - Fe$ 与 $\alpha - Fe$ 的自扩散系数可相差 1 100 倍（见图 5 - 12）。

由于晶体中阵点的间隙位置的排列因晶体位向不同而异，因此晶体中的扩散也会随之变化。如立方系 3 个 (100) 方向的扩散系数相等，而具有密排六方结构的锌 ($c/a = 1.89$) 在 $340 \sim 410$ ℃ 范围内，垂直于基面方向的自扩散系数可比平行于基面方向的自扩散系数大 2 000 倍左右。

5.5.3　晶体缺陷

晶体中的点、线、面缺陷都会影响扩散。关于点缺陷和晶界的影响已经有过介绍。位错对扩散的影响在某些方面与晶界相似，可近似地将位错看成加速扩散的"管道"。其影响在扩散物质浓度较低时更加突出。冷变形可使金属中的位错密度增加，从而起加速扩散的作用。值得注意的是，位错和空位都可促进置换扩散，但间隙溶质原子落入位错中心或空位中会减小局部畸变，降低体系自由能。间隙原子要脱离这些晶体缺陷发生扩散所需的能量就增加了，因此这些晶体缺陷会对间隙扩散起阻碍作用。

5.5.4　化学成分

一般说来，扩散系数是组元浓度的函数。碳在 $\gamma - Fe$ 中的扩散系数与碳浓度的关系示于图 5 - 13。金属的自扩散激活能随金属熔点提高而增大；通常若向组元 A 内加入组元 B 可使其熔点下降，则系统的互扩散系数增大；对于晶态化合物，加入杂质或改变化学配比使之成为非化学计量化合物都可引入非本征缺陷而促进非本征扩散。

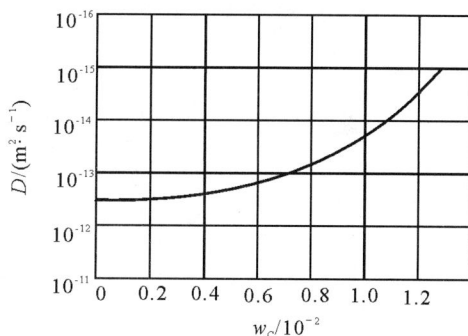

图 5 - 13　碳在 $\gamma - Fe$ 中的扩散系数与碳浓度（质量分数）的关系

此处，第三组元的存在也会产生很大的影响。如钢中加入少量强碳化物形成元素（W，Mo 等）可使碳在 $\gamma - Fe$ 中的扩散系数大大下降。第三组元还可改变系统中各组元的化学位，从而影响扩散，图 5 - 10 即为一个实例。

【例题 5.5.1】　$w_C = 0.001$ 的低碳钢，置于 $w_C = 0.012$ 的渗碳气氛中，在 920 ℃ 下进行渗碳，如要求离表面 0.2 cm 处的 $w_C = 0.004\ 5$，问需多少渗碳时间？（已知 C 在 $\gamma - Fe$ 中扩散的激活能 $Q = 133\ 984$ J/mol，$D_0 = 0.23$ cm²/s）

解　由已知条件可知，C 在 $\gamma - Fe$ 中的扩散系数

$$D_C = D_0 \exp(- Q/RT) =$$

$$0.23 \exp\left(\frac{-133\ 984}{8.314 \times 1\ 193}\right) = 3.12 \times 10^{-7} \text{ cm}^2/\text{s}$$

$$c_s = 0.012,\ c_0 = 0.001\ 4,\ c_x = 0.004\ 5,\ x = 0.2 \text{ cm}$$

代入公式，有

$$\frac{c_s - c_x}{c_s - c_0} = \text{erf}\left(\frac{x}{2\sqrt{Dt}}\right)$$

即

$$\frac{c_s - c_x}{c_s - c_0} = \frac{0.012 - 0.004\ 5}{0.012 - 0.001} = 0.68$$

$$\operatorname{erf}\left(\frac{x}{2\sqrt{Dt}}\right) = \operatorname{erf}\left(\frac{0.2}{2\sqrt{3.12\times10^{-7}t}}\right) = \operatorname{erf}\left(\frac{179}{\sqrt{t}}\right)$$

所以
$$\operatorname{erf}\left(\frac{179}{\sqrt{t}}\right) = 0.68$$

由误差函数表可查得

$$\frac{179}{\sqrt{t}} = 0.71$$

$$t = 63\,581\ \text{s} \approx 17.7\ \text{h}$$

【例题 5.5.2】 已知 Al - Cu 合金($w_{Cu} = 0.04$)中的析出反应受扩散所控制,铜在铝中的扩散激活能 $Q = 136\times10^3$ J/mol。如果为了达到最高硬度,在 150 ℃ 进行时效需要 10 h,问在 100 ℃ 时效需要多长时间? 已知 $R = 8.31$ J/(mol·K)。

解 由 $D = D_0 e^{-Q/RT}$ 可知,铜在 150 ℃,100 ℃ 时的扩散系数之比为

$$\frac{D_{150}}{D_{100}} = e^{-\frac{Q}{R}\left(\frac{1}{423}-\frac{1}{373}\right)} = e^{-\frac{136\div10^3}{8.31}\left(\frac{1}{423}-\frac{1}{373}\right)} = 178$$

而扩散距离
$$\delta = A\sqrt{Dt}$$

故
$$\sqrt{D_{150}t_{150}} = \sqrt{D_{100}t_{100}}$$

所以
$$t_{100} = \frac{D_{150}}{D_{100}}t_{150} = 1\,780\ \text{h}$$

习　　题

1. 试设计一种方法用于测量气体原子在固体中的扩散系数。

2. 设有一条直径为 3 cm 的厚壁管道,被厚度为 0.001 cm 的铁膜隔开,通过输入氮气以保持在膜片一边氮气浓度为 1 000 mol/m³,膜片另一边氮气浓度为 100 mol/m³。若氮在铁中 700 ℃ 的扩散系数为 4×10^{-7} cm²/s,试计算通过铁膜片的氮原子总数。

3. 已知 Zn^{2+} 和 Cr^{3+} 在尖晶石 $ZnCr_2O_4$ 中的自扩散系数与温度的关系分别为

$$D_{Zn/ZnCr_2O_4} = 6\times10^{-3}\exp\left(-\frac{357\,732}{kT}\right)\qquad (\text{m}^2/\text{s})$$

$$D_{Cr/ZnCr_2O_4} = 8.5\times10^{-3}\exp\left(\frac{338\,904}{kT}\right)\qquad (\text{m}^2/\text{s})$$

试求 1 403 K 时 Zn^{2+} 和 Cr^{2+} 在 $ZnCr_2O_4$ 中的扩散系数。如将薄铂细条涂在两种氧化物 ZnO 和 Cr_2O_3 的分界线上,然后让这些压制的样品经受扩散退火。标记细条十分狭窄,不影响离子在不同氧化物之间的扩散。根据所得数据判断铂条将向哪一方向移动。

4. 用限定源方法向单晶硅中扩散硼,若 $t = 0$ 时硅片表面硼总量为 5×10^{10} mol/m³,在 1 473 K 时硼的扩散系数为 4×10^{-9} m²/s,在硅片表层深度为 8 μm 处,若要求硼浓度为 3×10^{10} mol/m³,问需进行多少小时的扩散?

5. 假定合金铸件中的枝晶偏析溶质分布近似可用正弦函数描述(见图5-14),则根据扩散第二定律,试利用变量分离法证明,溶质分布在扩散退火过程中的变化规律为

$$c = \bar{c} + c_m^0 \sin\frac{2\pi x}{l_0}\exp\left(\frac{-4\pi^2 Dt^2}{l_0}\right)$$

式中　$\bar{c}$ —— 溶质的平均浓度；

　　　c_m^0 —— 溶质浓度原始起伏幅度。

试分析：

(1) 在均匀化扩散退火过程中,浓度起伏幅度 c_m 随时间的衰减规律。

(2) 如果定义 $c_m = 0.01\,c_m^0$ 为达到均匀化的判据,给出达到均匀化所需时间并分析相关的主要影响因素及其作用。

(3) 如果采用变质处理细化晶粒以减小枝晶间距 l_0,对扩散退火过程会有什么影响？

(4) 如果在退火前进行变形处理,对均匀化过程会产生什么影响？

(5) 如果溶质浓度分布不按正弦曲线分布,会有什么影响？

6. 三元系发生反应扩散时,扩散层内能否出现两相共存区和三相共存区？ 为什么？

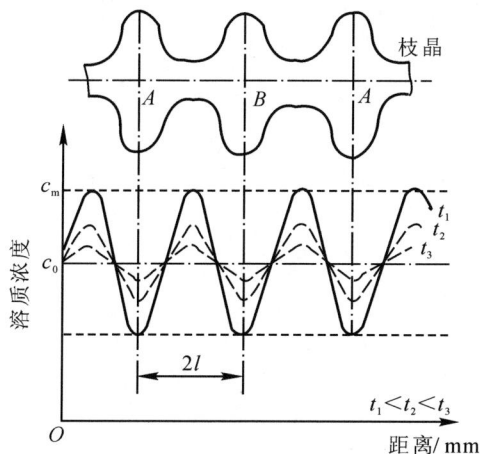

图 5-14　铸锭枝晶偏析及均匀化退火时的溶质浓度分布变化

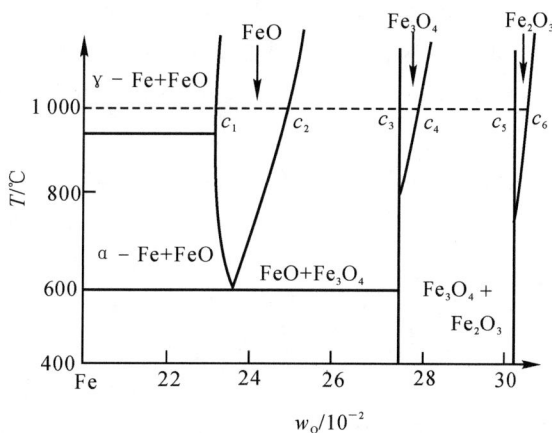

图 5-15　Fe-O 相图的左下角部分

7. 试利用 Fe-O 相图(见图 5-15)分析纯铁在 1 000 ℃ 氧化时氧化层内的组织与氧浓度分布规律,并画出示意图。

8. 为什么钢铁零件的渗碳要在 γ 相区中进行？ 若不在 γ 相区渗碳会有什么结果？

9. 钢铁零件的渗氮温度一般选择在接近但略低于 Fe-N 系的共析温度(590 ℃),为什么？

10. 对掺有少量 Cd^{2+} 的 NaCl 晶体,在高温下与肖特基缺陷有关的 Na^+ 空位数大大高于与 Cd^{2+} 有关的空位数,所以本征扩散占优势；低温下由于存在 Cd^{2+} 离子而造成的空位可使 Na^+ 离子的扩散加速。试分析若降低 Cd^{2+} 浓度,会使图 5-8 所示转折点温度向何方移动。

复习思考题

指出下列概念中的错误。

1. 固体中原子扩散的真正驱动力是浓度梯度。

2. 扩散第一定律适用于非稳态扩散,扩散第二定律适用于稳态扩散。

3. 扩散通量 J 是指扩散物质的流量。

4. 只要扩散通量为零,则扩散系数也为零。

5. 无论是间隙式扩散还是置换式扩散,扩散定律公式中的 D 均为溶质原子的扩散系数。

6. 物质的扩散方向总是与浓度梯度方向相反。

7. 每个原子每次的跳动力方向是随机的,因此在任何情况下,扩散通量总是为零。

8. 扩散激活能是指原子迁移时跳动越过的能垒。

9. 间隙固溶体中的任何原子迁移时,采用间隙机制的扩散激活能较小。

10. 以空位机制进行的扩散中,原子跳动一次相当于空位反向跳动一次,并未形成新的空位,因此扩散激活能中不应包含空位形成能。

11. 温度越高,扩散激活能越小,扩散常数越大,则扩散速率越大。

12. 体心立方晶体比面心立方晶体的配位数要小,故由 $D=\frac{1}{6}fvzPa^2$ 关系式可见,α-Fe 中原子扩散系数要小于 γ-Fe 中的 Fe 原子扩散系数。

13. 间隙固溶体中,溶质浓度越高,则溶质所占据的间隙越多,供扩散用的空余间隙越少,即 z 越小,导致扩散系数下降。

14. 晶界上原子排列混乱,不存在空位,所以空位机制扩散的原子在晶界处无法扩散。

15. 纯物质中不存在浓度梯度,因此扩散不会发生。

16. 如果固体中不存在宏观扩散流,说明其原子没有发生迁移。

17. 间隙固溶体中,溶质浓度越高,自扩散系数越大。

18. 合金钢由奥氏体相区冷却形成铁素体和碳化物的过程中发生了上坡扩散。

19. 纯铁棒由一端在 α 相区温度渗碳后缓冷至室温,棒中不存在两相区组织。

20. 影响扩散常数 D_0 的主要因素是温度及扩散激活能。

第6章 塑性变形

许多机械零件在工作中要承受外力或负载的作用,例如铝合金制成的飞机机翼、用陶瓷制成的发动机热端部件、用聚合物基复合材料制成的飞机蒙皮等。这些零件在工作中的任何变形都不能超过允许量,更不应发生断裂。这就要求材料具有一定的塑性和强度。

本章主要讨论金属材料在外力作用下的变形方式及塑性变形的机制,并介绍陶瓷和高分子材料的变形特点。

6.1　金属的应力-应变曲线

6.1.1　工程应力-应变曲线

图 6-1 所示是延性金属拉伸试验的应力-应变曲线。可见,当应力低于 σ_e 时,应力与应变成正比,$\sigma = E\varepsilon$,其中 E 称为弹性模量,表示材料的刚性。此时,应力去除后,变形完全消失,这种变形称为弹性变形。在弹性变形中,原子离开了其平衡位置,但并没有达到新的平衡位置,因此外力去除后,原子就回到其原始位置并使变形消失。σ_e 称为弹性极限。

当应力超过 σ_e 时,材料发生塑性变形,应力去除,变形只能部分恢复,而保留一部分永久变形。在塑性变形过程中,原子离开其原始位置,产生永久位移并达到新的平衡位置。开始发生塑性变形的最小应力称为屈服极限 σ_s。对于无明显屈服的材料,规定以产生 0.2% 残余变形的应力作为屈服极限,以 $\sigma_{0.2}$ 表示。

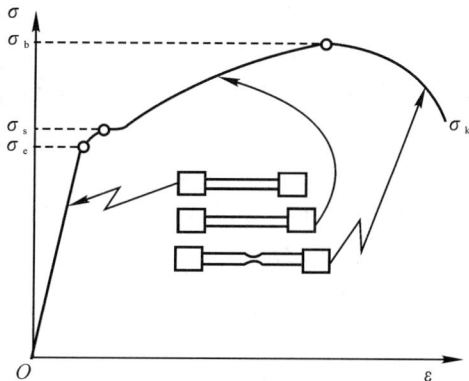

图 6-1　低碳钢的应力-应变曲线

在外力超过 $\sigma_s(\sigma_{0.2})$ 后,试样发生明显而均匀的塑性变形,欲使试样的应变增大,必须提高外加应力。这种随塑性变形的增大,塑性变形抗力不断增加的现象称为加工硬化或应变硬化。在应力达到 σ_b 后,试样的均匀变形结束,σ_b 称为材料的抗拉强度,它是材料极限承载能力的标志。

当应力达到 σ_b 时,试样开始发生不均匀塑性变形,并形成颈缩,因试样截面积急剧减小而导致的载荷降低超过强化作用,故应力开始下降,最后达到 σ_k 时,试样断裂。σ_k 称为材料的条件断裂强度。

断裂后试样的残余总变形量 $\Delta l = (l_k - l_0)$ 相对于原始长度 l_0 的百分比称为延伸率,即

$$\delta = \frac{l_k - l_0}{l_0} \times 100\% \qquad (6-1)$$

试样的原始横截面积 F_0 与断裂时的横截面积 F_k 之差相对于 F_0 的百分比,称为断面收缩率,即

$$\psi = \frac{F_0 - F_k}{F_0} \times 100\% \qquad (6-2)$$

δ 和 ψ 均为材料的塑性指标,表征金属发生塑性变形的能力。

6.1.2 真应力-真应变曲线

实际上,在拉伸过程中,试样的尺寸不断变化,试样所受的真实应力应是瞬时载荷 P 与瞬时截面积 F 之比,即

$$S = \frac{P}{F} \qquad (6-3)$$

同样,真应变 e 应是瞬时伸长量与瞬时长度之比,即

$$de = \frac{dl}{l} \qquad (6-4)$$

总应变为

$$e = \int de = \int_{l_0}^{l} \frac{dl}{l} = \ln \frac{l}{l_0} = \ln(1+\delta) \quad (6-5)$$

图 6-2 所示为真应力-真应变曲线,它与工程应力-应变曲线的区别是:试样产生颈缩后,尽管外加载荷已下降,但真应力仍在升高,一直到 S_k,试样断裂。S_k 是材料的断裂强度。

一般把均匀塑性变形阶段的真应力-真应变曲线称为流变曲线,它们之间的关系如下:

$$S = ke^n \qquad (6-6)$$

式中　　k——常数。

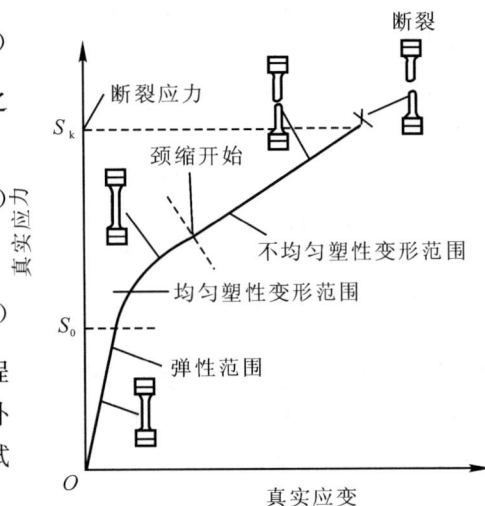

图 6-2　真应力-真应变曲线

n——形变强化指数。它表征金属在均匀变形阶段的形变强化能力。n 值越大,变形时的强化效果越显著。密排六方金属的 n 值较小,而体心立方金属的 n 值较大,面心立方金属的 n 值更大。

6.2　单晶体的塑性变形

材料通常是多晶体。多晶体的变形与其中各个晶粒的变形行为密切相关。因此,研究单晶体的塑性变形,能使我们掌握晶体变形的基本过程及实质,有助于进一步理解多晶体的变形。常温下塑性变形的主要方式有滑移和孪生两种,其中滑移是最基本的方式。

6.2.1 滑移

6.2.1.1 滑移现象

将一个表面抛光的单晶体进行一定的塑性变形后,在光学显微镜下观察,发现抛光表面有许多平行的线条,称为滑移带,如图 6-3 所示。进一步用电子显微镜观察,发现每条滑移带由许多聚集在一起的相互平行的滑移线组成,这些滑移线实际上是晶体表面产生的小台阶,如图6-4所示。这些滑移线之间的距离为几十纳米,而沿每一滑移线的滑移量(即台阶高度)可达几百纳米。

对变形后的晶体进行 X 射线分析,发现晶体结构类型并未改变,滑移线两侧的晶体取向也未改变,表明滑移是晶体的一部分相对另一部分沿着晶面发生的平移滑动,滑移后在晶体表面留下滑移台阶。而且,晶体的滑移是不均匀的,滑移集中在某些晶面上,而相邻两条滑移线之间的晶体并未滑移。

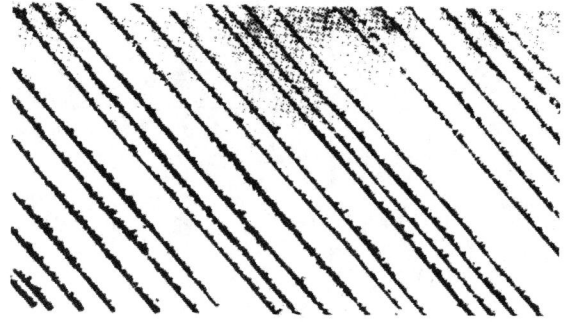

图 6-3 铜单晶变形后出现的滑移带

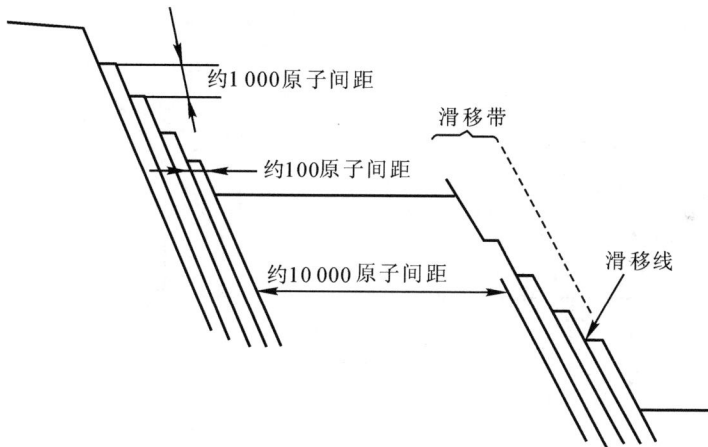

图 6-4 滑移带和滑移线的结构示意图

6.2.1.2 滑移系

在塑性变形中,单晶体表面的滑移线并不是任意排列的,它们彼此之间或者相互平行,或者互成一定角度,表明滑移是沿着特定的晶面和晶向进行的,这些特定的晶面和晶向分别称为滑移面和滑移方向。一个滑移面和其上的一个滑移方向组成一个滑移系。每一个滑移系表示晶体进行滑移时可能采取的一个空间方向。在其他条件相同时,滑移系越多,滑移过程可能采取的空间取向越多,塑性越好。滑移系主要与晶体结构有关,几种常见金属晶体结构的滑移面和滑移方向如表 6-1 所示。

由表 6-1 可得出结论如下：

（1）滑移面总是晶体的密排面，而滑移方向也总是密排方向。这是因为密排面之间的距离最大，面与面之间的结合力较小，滑移的阻力小，故易滑动。而沿密排方向原子密度大，原子从原始位置达到新的平衡位置所需要移动的距离小，阻力也小。

（2）每一种晶格类型的金属都具有特定的滑移系，例如面心立方金属的滑移系共有 12 个，为 {111}⟨110⟩。密排六方金属有 3 个滑移系，为 (0001)⟨11$\bar{2}$0⟩。体心立方金属不具有突出的最密排面，可能的滑移系有 48 个，为 {110}⟨111⟩，{112}⟨111⟩ 及 {123}⟨111⟩，如图 6-5 所示。

表 6-1   常见金属的滑移系

金　　属	晶体结构	滑移面	滑移方向	滑移系数目
Cu,Al,Ni,Ag,Au	面心立方	{111}	⟨1$\bar{1}$0⟩	12
α-Fe,W,Mo	体心立方	{110}	⟨111⟩	12
α-Fe,W		{112}		12
α-Fe,K		{113}		24
Cd,Zn,Mg,α-Ti,Be	密排六方	{0001}	⟨$\bar{1}$2$\bar{1}$0⟩	3
α-Ti,Mg,Zr		{10$\bar{1}$0}		3
α-Ti,Mg		{10$\bar{1}$1}		6

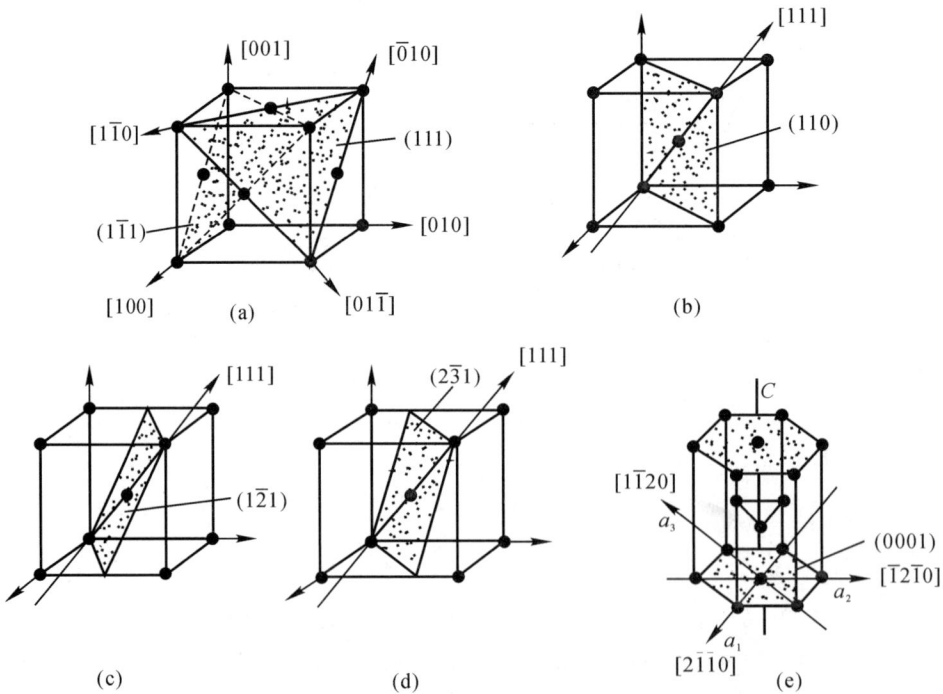

图 6-5   三种晶体结构的滑移系
(a) 面心立方金属；　(b)~(d) 体心立方金属；　(e) 密排六方金属

一般来说，滑移系的多少在一定程度上决定了金属塑性的好坏，如面心立方和体心立方金属的塑性要好于密排六方金属。然而,在其他条件相同时,金属塑性的好坏不只取决于滑移系的多少,还与滑移面原子密排程度及滑移方向的数目等因素有关。例如 α-Fe 有 48 个滑移系,但滑移方向(2 个)较面心立方(3 个)少,且滑移面的密排程度也较低,所以,它的塑性要比铝、铜等面心立方金属差。

【例题 6.2.1】 $[00\bar{1}]$ 和 $[11\bar{2}]$ 均位于 fcc 铝的 (111) 平面上。因此 $(111)[01\bar{1}]$ 与 $(111)[11\bar{2}]$ 的滑移是可能的。

(1) 画出 (111) 平面并指出单位滑移矢量 $[01\bar{1}]$ 和 $[11\bar{2}]$。

(2) 比较具有此二滑移矢量的位错线的能量。

解 (1) 如图 6-6 所示。

(2)
$$\boldsymbol{b}_{11\bar{2}} = \frac{a}{2}[11\bar{2}]$$

$$\boldsymbol{b}_{01\bar{1}} = \frac{a}{2}[01\bar{1}]$$

由于 $W \propto Gb^2$,且二滑移矢量位于相同的滑移平面,因此 G 相同。

$$\frac{W_{01\bar{1}}}{W_{11\bar{2}}} = \left(\frac{b_{01\bar{1}}}{b_{11\bar{2}}}\right)^2 = \left(\frac{9/\sqrt{2}}{\sqrt{6}\,a/2}\right)^2 = \frac{1}{3}$$

故
$$W_{01\bar{1}} = \frac{1}{3}W_{11\bar{2}}$$

可知,滑移较易在 $(111)[01\bar{1}]$ 滑移系发生。

6.2.1.3 临界分切应力

滑移是在切应力作用下发生的。当晶体受力时,晶体中的某个滑移系是否发生滑动,决定于沿此滑移系的分切应力的大小,当分切应力达到某一临界值时,滑移才能发生。

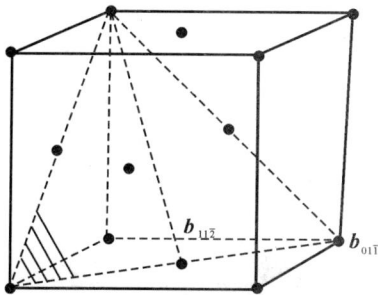

图 6-6 面心立方晶体的 (111) 面及 $[01\bar{1}]$,$[11\bar{2}]$ 方向

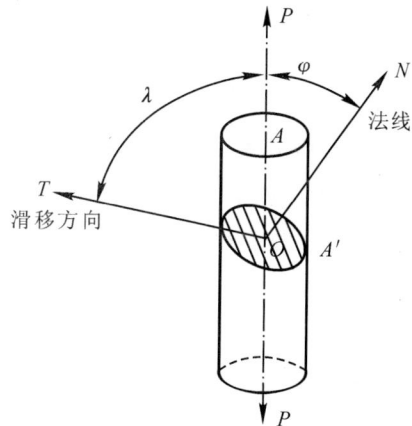

图 6-7 临界分切应力计算

设有一截面积为 A 的圆柱形单晶体,受到轴向拉力 P 的作用,如图 6-7 所示。拉伸轴与滑移面法向 ON 及滑移方向 OT 的夹角分别为 φ 和 λ,则 P 在滑移方向的分力为 $P\cos\lambda$,而滑移面的面积为 $A/\cos\varphi$,则 P 在滑移方向的分切应力为

$$\tau = \frac{P\cos\lambda}{A/\cos\varphi} = \frac{P}{A}\cos\varphi\cos\lambda = \sigma_0\cos\varphi\cos\lambda$$

此式表明,当外力 P 一定时,作用于滑移系上的分切应力与晶体受力的位向有关。当 $\sigma_0 = \sigma_s$ 时,晶体开始滑移,此时滑移方向上的分切应力称为临界分切应力发,即

$$\tau_k = \sigma_s\cos\varphi\cos\lambda$$

令

$$m = \cos\varphi\cos\lambda$$

则

$$\tau_k = \sigma_s m \quad \text{或} \quad \sigma_s = \frac{\tau_k}{m} \tag{6-7}$$

式中,m 称为取向因子,或称施密特(Schmid)因子。m 越大,则分切应力越大,越有利于滑移。当滑移面法线、滑移方向与外力轴三者共处一个平面,即 $\varphi = 45°$ 时,$m = \cos\varphi\cos(90° - \varphi) = \frac{1}{2}$,$\sin^2\varphi = 0.5$,为最大,此取向最有利于滑移,称为软取向,此时 σ_s 最小;当外力与滑移面平行($\varphi = 90°$)或垂直($\varphi = 0°$)时,$\sigma_s \to \infty$,晶体无法滑移,这种取向称为硬取向。取向因子 m 对屈服应力 σ_s 的影响在只有一组滑移面的密排六方晶体中尤为明显,如图 6-8 所示。

临界分切应力 τ_k 的大小主要取决于金属的本性,与外力无关。当条件一定时,各种晶体的临界分切应力各有其定值,但它是一个组织敏感参数,金属的纯度、变形速度和温度、金属的加工和热处理状态都对它有很大影响。

【例题 6.2.2】 已知纯铜的临界分切应力为 1 MPa,问:

(1) 要使 $(\bar{1}11)$ 面上产生 $[101]$ 方向的滑移,应在 $[001]$ 方向上施加多大的力?

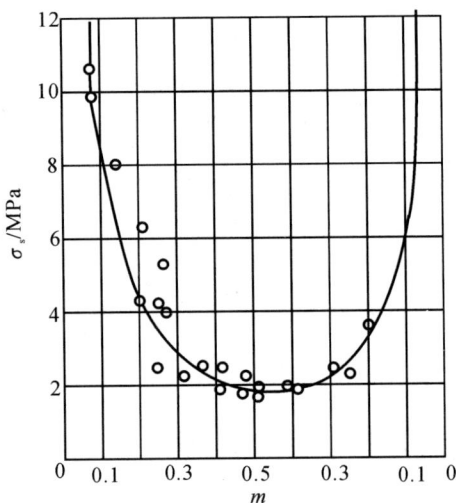

图 6-8 镁晶体的屈服应力与晶体取向的关系

(2) 要使 $(\bar{1}11)$ 面上产生 $[110]$ 方向的滑移呢?

解 (1) 对立方晶系,两晶向 $[h_1 k_1 l_1]$ 和 $[h_2 k_2 l_2]$ 夹角的余弦值为

$$\cos\varphi = \frac{h_1 h_2 + k_1 k_2 + l_1 l_2}{\sqrt{h_1^2 + k_1^2 + l_1^2}\sqrt{h_2^2 + k_2^2 + l_2^2}}$$

故滑移面 $(\bar{1}11)$ 的法线方向 $[\bar{1}11]$ 和拉力轴 $[001]$ 夹角的余弦值为

$$\cos\varphi = \frac{\bar{1}\times 0 + 1\times 0 + 1\times 1}{\sqrt{1^2 + 1^2 + 1^2}\sqrt{0^2 + 0^2 + 1^2}} = \frac{1}{\sqrt{3}}$$

同理,滑移方向 $[101]$ 和拉力轴 $[001]$ 夹角的余弦值为

$$\cos\lambda = \frac{1}{\sqrt{2}}$$

故

$$\sigma_s = \frac{\tau_c}{\cos\varphi\cos\lambda} = \frac{1\ \text{MPa}}{1/\sqrt{2}\times 1/\sqrt{3}} = 2.45\ \text{MPa}$$

（2）由于滑移方向[110]和[001]方向点积为零，知两晶向垂直，$\cos\lambda = 0$，$\sigma \to \infty$，即作用力方向为[001]时，在[110]方向不会产生滑移。

6.2.1.4　滑移时晶体的转动

随着滑移的进行，晶体取向发生改变（即晶面转动），对于只有一组滑移面的六方金属尤为明显。现以图6-9所示的情况为例进行分析。当晶体受拉伸滑移时，如果不受夹头的限制，在滑移过程中，为使滑移面和滑移方向保持不变，拉伸轴线要逐渐发生偏移[见图6-9(b)]。但实际上由于夹头的限制，拉伸轴线的方向不能改变，这样必须使晶面作相应的转动，造成了晶体位向的改变[见图6-9(c)]。位向改变的结果使滑移面和滑移方向逐渐趋于平行于拉伸轴线（$\varphi' > \varphi$）。同理，压缩时，晶面转动的结果是使滑移面逐渐趋于与压力轴线垂直，如图6-10所示。

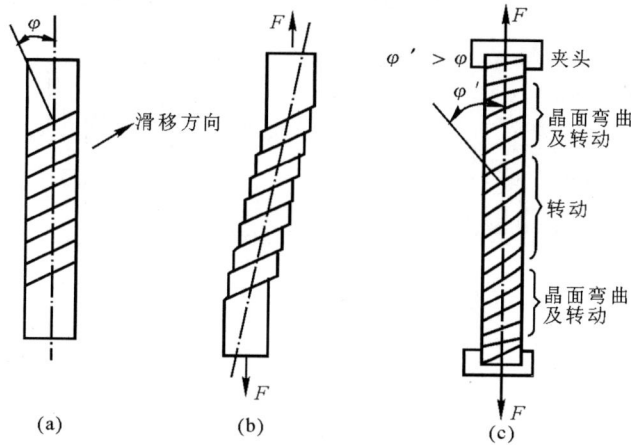

图 6-9　晶体在拉伸时的转动

(a) 原试样；　(b) 自由滑移变形；　(c) 受夹具限制时的变形

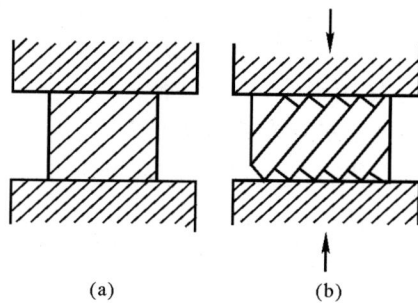

图 6-10　晶体在压缩时的晶面转动

(a) 压缩前；　(b) 压缩后

滑移过程中，滑移面和滑移方向的转动必然导致取向因子的改变。如果某一滑移系原来处于软取向，在拉伸时，随着晶体取向的改变，滑移面的法向与外力轴的夹角越来越远离45°，使滑移变得越来越困难，这种现象称为几何硬化。相反，经滑移和转动后，滑移面的法线与外力轴的夹角越来越接近45°，使滑移越来越容易进行，这种现象称为几何软化。

6.2.1.5 多滑移和交滑移

在具有多组滑移系的晶体中,当只有一组滑移系处于最有利的取向(m 最大)时,分切应力最大,便进行单系滑移,即单滑移。若有几组滑移系相对于外力轴的取向相同,分切应力同时达到临界值,或者由于滑移时晶体的转动,使另一组滑移系的分切应力也达到临界值,则滑移就在两组或多组滑移系上同时或交替进行,称为多滑移。发生多滑移时会出现几组交叉的滑移带,如图 6-11 所示。

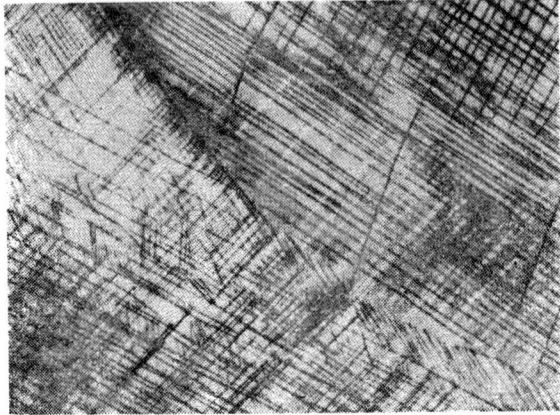

图 6-11　铝中的滑移带

例如,面心立方金属的滑移系为{111}⟨110⟩,4 个{111}面构成一个八面体,当拉力轴为 [001] 时,由图 6-12 可以看出:① 对所有{111}平面,φ 角是相同的,为 54.7°;② λ 角对 $[\bar{1}01][101][011]$ 和 $[0\bar{1}1]$ 也是相同的,为 45°;③ 锥体底面上的两个⟨110⟩方向与 [001] 垂直。因此,八面体上有 4×2=8 个滑移系,它们具有相同的取向因子,当 $\tau=\tau_c$ 时可以同时开动。但由于这些滑移系由不同位向的滑移面和滑移方向构成,滑移时会有交互作用,产生交割和反应(见第 1 章),使滑移变得困难,即产生较强的加工硬化。

在晶体中,也会出现两个或多个滑移面沿着某个共同的滑移方向同时或交替滑移,如图 6-13 所示,这种滑移称为交滑移。发生交滑移时会出现曲折或波纹状的滑移带(见图 6-14)。

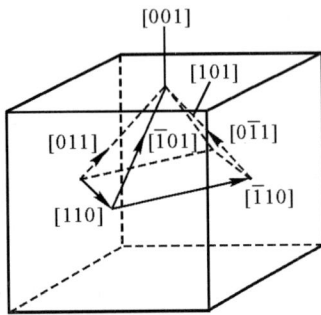

图 6-12　面心立方晶体的多系滑移力轴为 [001] 方向

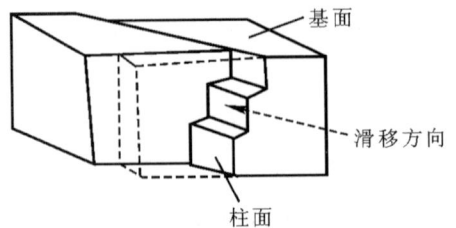

图 6-13　交叉滑移示意图

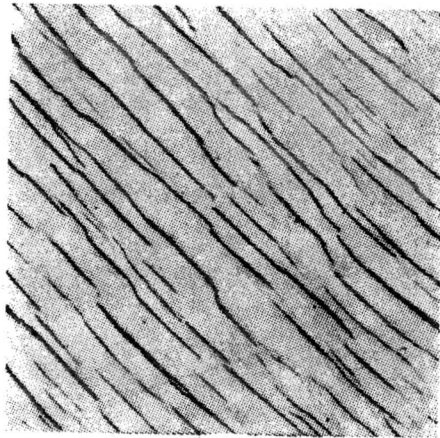

图 6 – 14　　波纹状滑移带　×250

最容易发生交滑移的是体心立方金属,因其可以在 $\{110\}\{112\}\{123\}$ 晶面上滑移,滑移方向总是 $[111]$。交滑移发生的难易程度与晶体的层错能有关,层错能高的材料易发生交滑移。交滑移必须是纯螺型位错,因其滑移面不受限制。交滑移对晶体的塑性变形有重要影响。

【例题 6.2.3】 一个交滑移系包含一个滑移方向和包含这个滑移方向的两个晶面,如 bcc 的 $(101)[\bar{1}11](110)$,写出 bcc 晶体的其他 3 个同类型的交滑移系。

解 bcc 晶体中另外 3 个同类型的交滑移系为

$$(0\bar{1}1)[111](1\bar{1}0)$$

$$(\bar{1}01)[1\bar{1}1](\bar{1}\bar{1}0)$$

$$(011)[\bar{1}\bar{1}1](\bar{1}10)$$

【例题 6.2.4】 若单晶体铜的表面恰好为 $\{100\}$ 晶面,假设晶体可以在各个滑移系上进行滑移。试讨论晶体表面上可能见到的滑移线形貌(滑移线的方位和它们之间的夹角)。

解 铜晶体为面心立方点阵,其滑移系为 $\{111\}\langle110\rangle$。若铜单晶体的表面为 $\{100\}$ 晶面,当塑性变形时,晶体表面出现的滑移线应是 $\{111\}$ 与 $\{100\}$ 的交线 $\langle110\rangle$,即在晶体表面上见到的滑移线相互平行,或者互相成 90° 夹角。

6.2.1.6　滑移的位错机制

晶体滑移时,滑移面上的原子究竟是怎样运动的呢? 最初设想晶体中的原子是理想规则排列,并且在切应力的作用下作整体相对滑移,即刚性滑移,如图 6-15 所示。可是按此模型测算出的临界分切应力比实测值高了 3 个数量级。显然,这种模型不符合实际情况。

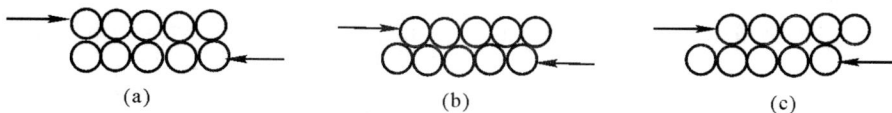

(a)　　　　　　　　　　　(b)　　　　　　　　　　　(c)

图 6 – 15　　在切应力作用下原子层刚性滑移示意图

实际上晶体的滑移是通过位错运动来实现的,如图 6-16 所示。从图中可看出,晶体在滑移时,并不是滑移面上的全部原子同时移动,而是只有位错线中心附近的少数原子移动很小的距离(小于一个原子间距),因此所需的应力要比晶体作整体刚性滑移小得多。当一个位错移到晶体表面时,便会在表面上留下一个原子间距的滑移台阶,其大小等于柏氏矢量的模。如果大量的位错滑过晶体,就会在晶体表面形成显微镜下观察到的滑移痕迹,这就是滑移线的实质。因此,可将位错线看作是晶体中已滑移区域和未滑移区域的分界,如图 6-17 所示。

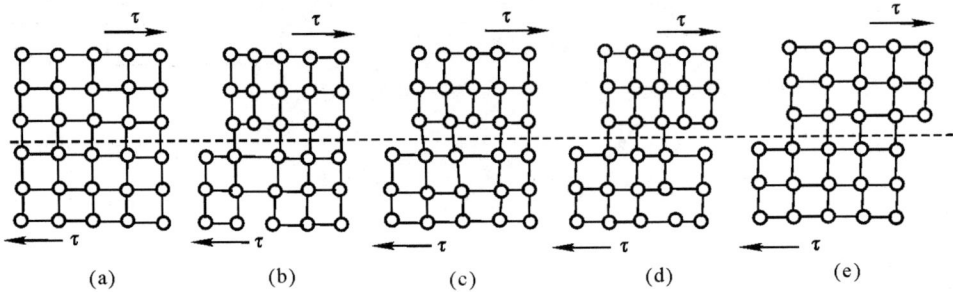

图 6-16　晶体通过刃型位错移动造成滑移的示意图

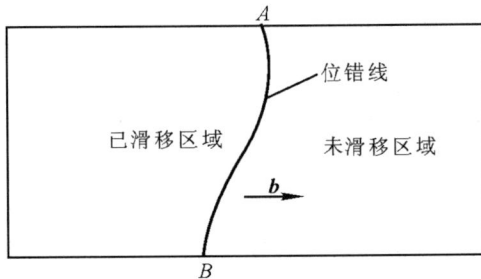

图 6-17　滑移面上的位错线

螺型位错的运动也同样能导致晶体的滑移。

刃型位错和螺型位错运动导致的晶体滑移的示意图如图 1-49 及图 1-50 所示。不难看出同一晶体,受到同一方向的切应力 τ,最后得到了同一滑移效果,但位错运动的过程并不一样。刃型位错运动的方向与其位错线垂直,即与 $\boldsymbol{b}$ 一致,因此,刃型位错的滑移面是由位错线与柏氏矢量所决定的平面,其滑移方向为 $\boldsymbol{b}$ 的方向;螺型位错运动的方向也垂直于位错线,但同时垂直于 $\boldsymbol{b}$,即其运动方向与晶体滑移方向相互垂直。

【例题 6.2.5】　假定某面心立方晶体可以开动的滑移系为 $(11\bar{1})[011]$,试回答下列问题:

(1) 给出引起滑移的单位位错的柏氏矢量,并说明之。

(2) 如果滑移是由纯刃型位错引起的,试指出位错线的方向。如果是由纯螺型位错引起的又怎样?

(3) 指出上述两种情况下,滑移时位错线运动的方向。

(4) 假定在该滑移系上作用一大小为 $7 \times 10^6 \, \text{N/m}^2$ 的切应力,试计算单位刃型位错及单位螺型位错线受力的大小和方向(设晶格常数为 $a = 0.2 \, \text{nm}$)。

解　滑移系示意图如图 6 - 18 所示。

（1）单位位错的柏氏矢量为 $\boldsymbol{b}=\dfrac{a}{2}[011]$。因为面心立

方晶体中，在 $[011]$ 方向上原子间最短距离即 $\dfrac{a}{2}[011]$。

（2）如果滑移由纯刃型位错引起，则位错线方向与 $\boldsymbol{b}$ 垂直，且应位于滑移面上，故为 $[2\bar{1}1]$。如果滑移由纯螺型位错引起，则位错线方向与 $\boldsymbol{b}$ 平行，为 $[011]$。

（3）若为刃型位错，则滑移时位错线的运动方向与位错线垂直，即与 $\boldsymbol{b}$ 一致，为 $[011]$。

若为螺型位错，则滑移时位错线的运动方向与位错线和 $\boldsymbol{b}$ 垂直，为 $[2\bar{1}1]$。

图 6 - 18　面心立方晶体中的
$(11\bar{1})[011]$ 滑移系

（4）
$$\boldsymbol{b}=\frac{a}{2}[011]$$

$$b=|\boldsymbol{b}|=\frac{\sqrt{2}}{2}\times0.2\times10^{-9}\ \mathrm{m}=1.414\times10^{-10}\ \mathrm{m}$$

单位位错线上的作用力大小为

$$f=\tau b=7\times10^{6}\times1.414\times10^{-10}\ \mathrm{m}=9.899\times10^{-4}\ \mathrm{N/m}$$

对螺型位错，f 的方向垂直于位错线，为 $[2\bar{1}1]$，并指向未滑移区。

对刃型位错，f 的方向也垂直于位错线，为 $[011]$，并指向未滑移区。

6.2.2　孪生

孪生是金属塑性变形的另一种较常见方式。在孪生过程中形成变形孪晶。

6.2.2.1　孪生变形现象

所谓孪生变形，就是在切应力作用下，晶体的一部分沿一定晶面（孪晶面）和一定的晶向（孪生方向）相对于另一部分作均匀的切变所产生的变形。每层晶面的移动距离与该面距孪晶面的距离成正比，即相邻晶面的相对位移量相等。孪生后，均匀切变区的取向发生改变，与未切变区构成镜面对称，形成孪晶。

现以面心立方金属为例，说明孪生变形的具体过程，如图 6-19 所示。图 6-19(a) 中 (111) 面表示的是面心立方的孪晶面，它与 $(\bar{1}10)$ 的交截线为 $[11\bar{2}]$，此方向即为孪晶方向。为了便于观察，以 $(\bar{1}10)$ 晶面平行于纸面，则 (111) 面垂直于纸面，如图 6-19(b) 所示。晶体发生变形后，变形区域作均匀切变，每层 (111) 面都相对于其相邻晶面沿 $[11\bar{2}]$ 方向位移了 $\dfrac{1}{3}d_{11\bar{2}}$，这样，第三层晶面 GH 相对于基面 AB（即孪晶面）正好移动了一个原子间距。这表明孪生时每层晶面的位错是借一个不全位错的移动造成的，本例中 $\boldsymbol{b}=\dfrac{a}{6}[11\bar{2}]$。

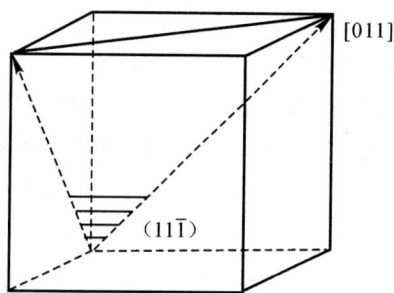

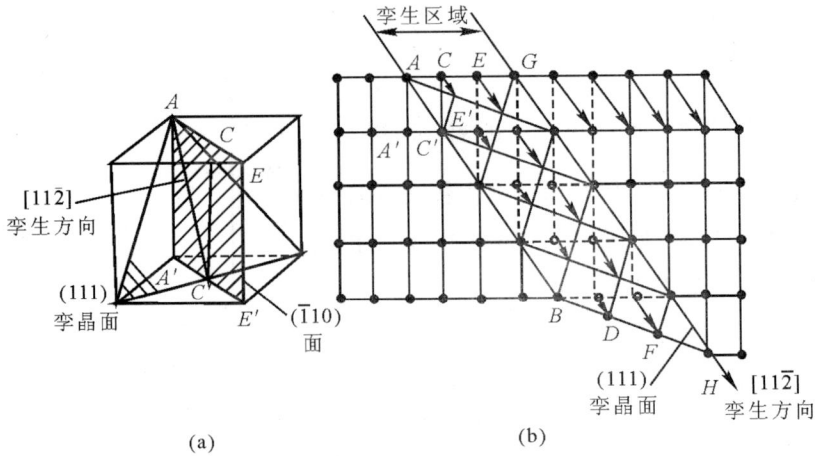

图 6-19　面心立方晶体的孪生变形过程示意图

（a）孪晶面与孪生方向；　（b）孪生变形时的晶面移动情况

可见各层晶面的位移量与其距孪晶面的距离成正比,变形部分与未变形部分以孪晶面为准,构成镜面对称,形成孪晶。孪晶在显微镜下呈带状或透镜状。图6-20所示是锌中的变形孪晶,自图(a)到图(d)变形增加,透镜状组织不断扩大。

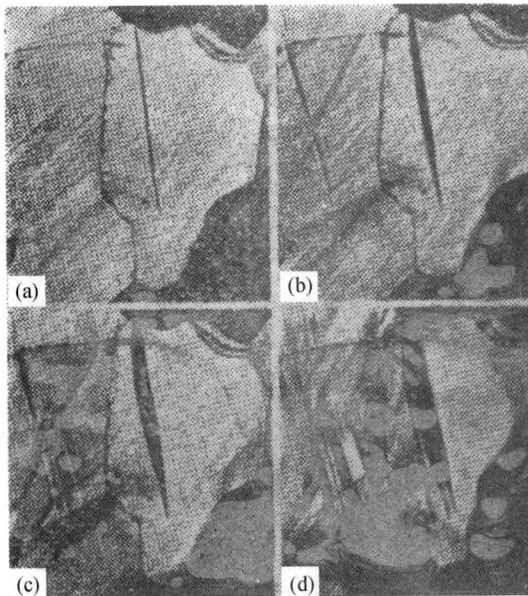

图 6-20　锌中的变形孪晶

6.2.2.2　孪生变形特点

晶体的孪晶面和孪生方向与其晶体结构类型有关,如体心立方晶体为{112}⟨111⟩,面心立方晶体为{111}⟨112⟩,密排六方晶体为{10$\bar{1}$2}⟨$\bar{1}$011⟩。与滑移相比,孪生变形的特点如下：

(1) 孪生使一部分晶体发生了均匀的切变,而滑移是不均匀的,只集中在一些滑移面上进行。

（2）孪生后晶体变形部分与未变形部分成镜面对称关系，位向发生变化，而滑移后晶体各部分的位向并未改变（见图6-21）。

（3）孪生比滑移的临界分切应力高得多，因此孪生常萌发于滑移受阻引起的局部应力集中区。一些密排六方金属如镁、锌等常以孪生方式变形。体心立方金属如 α-Fe 在冲击载荷作用下或在低温下也会借助孪生变形。面心立方金属一般不发生孪生，但在极低温度下或受高速冲击载荷时，也不能排除这种变形方式，如铜在4.2 K拉伸时以孪生方式变形。

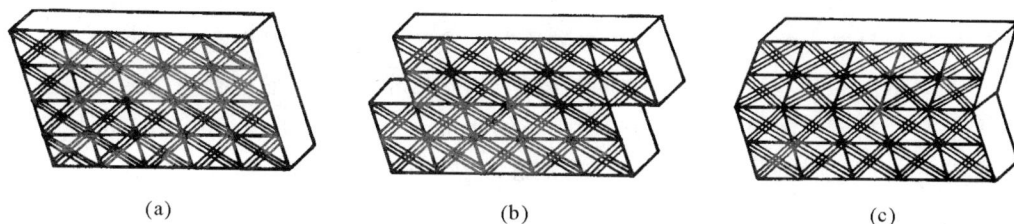

图6-21 孪生与滑移时晶体取向示意图
（a）未变形； （b）滑移； （c）孪生

孪生变形的应力-应变曲线也与滑移有明显不同。图6-22所示是铜单晶在4.2 K测得的拉伸曲线。可见，开始的光滑曲线与滑移相对应，在应力升高到一定程度后，曲线突然下降，并出现锯齿状变化，这是孪生变形造成的。所以孪晶形核时局部应力很高，但形核后长大却容易得多，造成应力反复上升和下降，且孪晶长大速度很快，与冲击波的速度相当。图中拉伸曲线后段又呈光滑曲线，表明变形又转为以滑移方式进行。这是孪生改变了晶体位向，使某些滑移系处于有利位向，滑移能够重新开始。

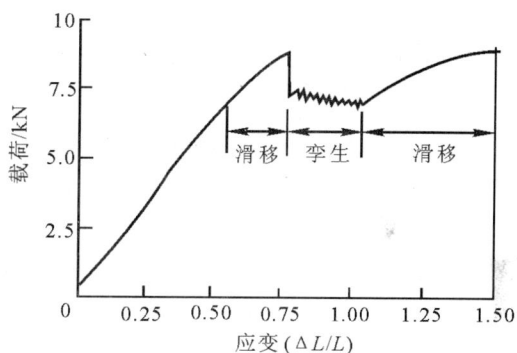

图6-22 铜单晶在4.2 K的拉伸曲线

（4）孪生对塑性变形的贡献比滑移小得多，特别是密排六方金属更是如此。但孪生能够改变晶体位向，使滑移系转动到有利的位置。因此，当滑移困难时，可通过孪生调整取向而使晶体继续变形。

（5）因为孪生变形时，局部切变可达较大数量，所以在变形试样的抛光表面上可以看到浮凸，经重新抛光后，虽然表面浮凸可以去掉，但因已变形区与未变形区的晶体位向不同，所以在偏光下或侵蚀后仍能看到孪晶，而滑移变形后的试样经抛光后滑移带消失。

【例题 6.2.6】 证明面心立方金属产生孪生变形时，孪晶面沿孪生方向的切应变为0.707。

解 如图6-19所示，面心立方金属的孪晶面为{111}，孪生方向为$\{11\bar{2}\}$，孪生时切动距

离为$|\boldsymbol{b}|\left(\boldsymbol{b}=\dfrac{a}{6}[11\bar{2}]\right)$,故孪生时孪晶面沿孪生方向的切应变$S$为

$$S=\frac{\dfrac{a}{6}[11\bar{2}]}{d(111)}=\frac{\dfrac{\sqrt{6}\,a}{6}}{\dfrac{\sqrt{3}}{3}a}=\frac{\sqrt{2}}{2}=0.707$$

6.3　多晶体的塑性变形

实际使用的材料大多数是多晶体。多晶体塑性变形的基本方式也是滑移和孪生,但多晶体由许多取向不同的晶粒组成,晶粒之间还有晶界,使多晶体的变形过程更为复杂。首先,多晶体的变形受到晶界的阻碍和位向不同的晶粒的影响。其次,任何一个晶粒的塑性变形都受到相邻晶粒的约束,须协同变形以保持材料的连续性。

6.3.1　晶粒取向的影响

在多晶体中,由于各个晶粒位向不同,在给定外力作用下,不能同时变形。处于有利取向的晶粒,其分切应力较早达到临界分切应力,首先发生滑移;处于硬取向的晶粒,还未开始滑移。在位向有利的晶粒内开始塑性变形,意味着其滑移面上的位错已开动,并源源不断地沿着滑移面发射位错。但是周围晶粒的位向不同,滑移系取向不同,因此,运动着的位错不能越过晶界,在晶界处造成塞积。这种塞积造成很高的应力集中,会使相邻晶粒中某些滑移系的分切应力达到临界值而开动(见图6-23)。相邻晶粒的滑移会使应力集中松弛,使原晶粒中的位错源重新开始,并使位错移出这个晶粒。这样变形便从一个晶粒传向另一个晶粒,并波及整个试样。

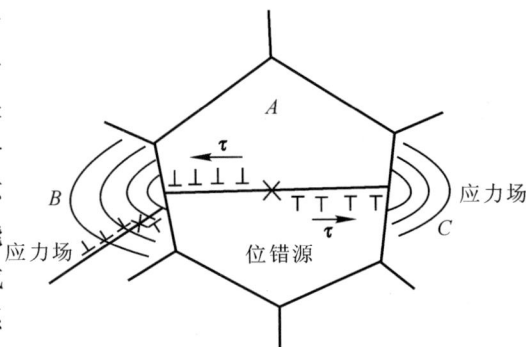

图6-23　多晶体滑移示意图

同时,多晶体的每个晶粒都处于其他晶粒的包围之中,其变形必须与周围的晶粒相互协调配合,否则就不能保持材料的连续性,会造成空隙而导致材料破坏。这样就使多晶体的塑性变形较单晶体困难,其屈服应力也高于单晶体。

在多晶体中,为使诸晶粒间的变形能得到很好的协调,不仅要求邻近晶粒的晶界附近区域有几个滑移系动作,就是已变形的晶粒自身,除了变形的主滑移系外,在晶界附近也要有几个滑移系同时开始,其示意图如图6-23所示。为了满足协调变形,每个晶粒至少需要5个独立的滑移系。这是因为,任何变形都可以用6个应变分量来表示:ε_{xx},ε_{yy},ε_{zz},ε_{zx},ε_{xy},ε_{yz}。由于塑性变形时晶体的体积不变,故$\varepsilon_{xx}+\varepsilon_{yy}+\varepsilon_{zz}=0$,只有5个独立的应变分量。这就要求5个独立的滑移系同时起动,以保证晶粒间塑性变形的协调和晶体的连续。

面心立方和体心立方材料的滑移系比较多,能够满足这一要求,因而具有较好的塑性。而密排六方金属滑移系少,晶粒间的应变协调性很差。所以,当密排六方单晶体处于软取向时,

伸长率可达 $100\% \sim 200\%$，但其多晶体的塑性变形却较差。有时也借助孪生，使孪生和滑移结合起来，产生连续变形，但塑性仍很差，而强度则较单晶体显著提高，如图 6-24 所示。

6.3.2　晶界的影响

实践证明，多晶体的强度随晶粒细化而提高，这种用细化晶粒来提高材料强度的方法称为细晶强化。图 6-25 所示是双晶粒试样拉伸变形前后的形状。可见，变形后，晶界处呈竹节状，说明晶界附近滑移受阻，变形量较小。这是因为晶界上的原子排列不大规则，杂质和缺陷多，能量较高，阻碍位错的通过，即晶界对塑性变形起阻碍作用。晶界越多，即晶粒越细，材料的强度越高，这就是细晶强化的本质。

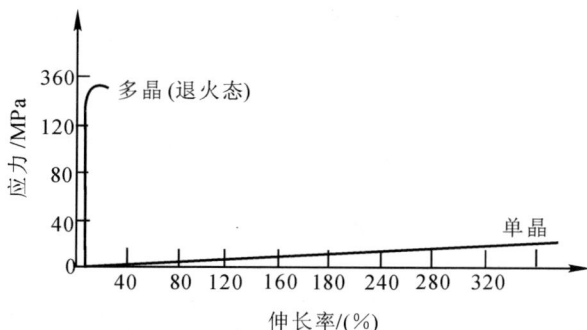

图 6-24　锌的单晶体与多晶体的应力-伸长率曲线

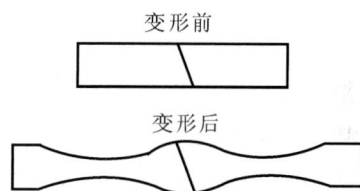

图 6-25　经拉伸后晶界处呈竹节状

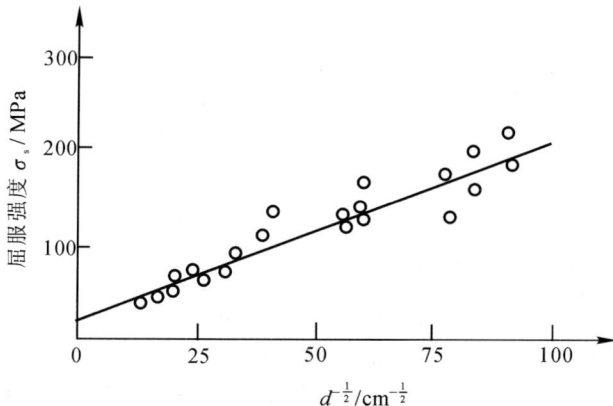

图 6-26　低碳钢的屈服强度与晶粒大小的关系

图 6-26 所示为低碳钢屈服强度与晶粒直径的关系曲线。可以看出，钢的屈服强度与晶粒直径二次方根的倒数呈线性关系。其他金属材料的实验结果也证实了这种关系。即

$$\sigma_s = \sigma_0 + kd^{-\frac{1}{2}} \qquad (6-8)$$

式　σ_0——常数，大体相当于单晶体的屈服强度；

　　d——多晶体的平均直径；

　　k——表征晶界对强度影响程度的常数，与晶界结构有关。

式(6-8)称为霍尔-配奇(Hall-Petch)公式。进一步的实验表明，材料的屈服强度与其亚

晶尺寸间的关系也满足式(6-8)，可用图6-27来表示。

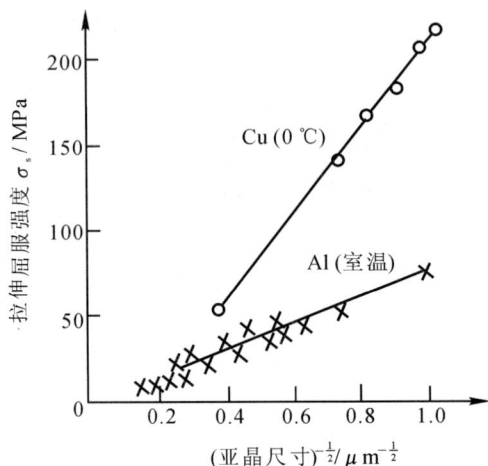

图6-27　铜和铝的屈服强度与其亚晶尺寸的关系

　　细晶强化在提高材料强度的同时，也能改善材料的塑性和韧性，这是其他强化方法所不具备的。因为晶粒越细，在一定体积内的晶粒数目越多，则在同样变形量下，变形分散在更多的晶粒内进行，变形较均匀，且每个晶粒中塞积的位错少，因应力集中引起的开裂机会较少，有可能在断裂之前承受较大的变形量，即表现出较高的塑性。细晶粒金属中，裂纹不易萌生（应力集中小），也不易传播（晶界曲折多），因而在断裂过程中吸收了更多的能量，表现出较高的韧性。因此，细晶强化是实际生产中欲获得良好强、韧性配合的重要强化方法。

6.4　合金的塑性变形

　　提高材料强度的另一种方法是合金化，工业上一般使用固溶体合金和多相合金。合金塑性变形的基本方式仍是滑移和孪生，但由于组织、结构的变化，其塑性变形各有特点。

6.4.1　固溶体的塑性变形

6.4.1.1　固溶强化

　　当合金由单相固溶体构成时，随溶质原子含量的增加，其塑性变形抗力大大提高，表现为强度、硬度的不断增加，塑性、韧性的不断下降，如图6-28所示。这种现象称为固溶强化。比较纯金属与不同浓度固溶体的真应力-真应变曲线（见图6-29）还可以看出，溶质原子的加入，不仅提高了σ_s和整个应力-应变曲线的水平，而且还提高了材料

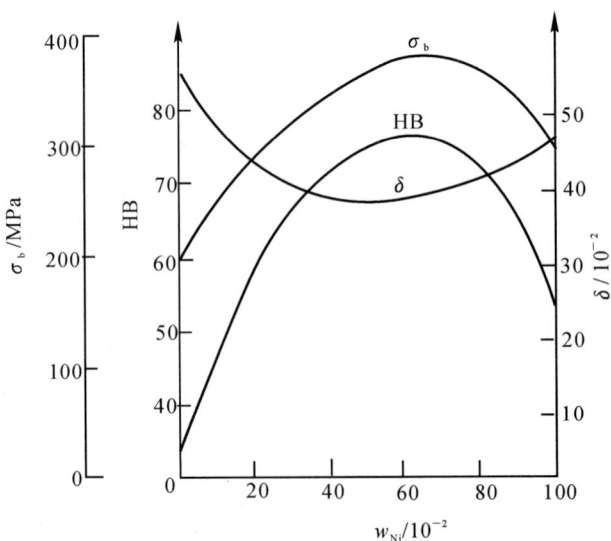

图6-28　Cu-Ni固溶体的机械性能与成分的关系

的加工硬化速率。

影响固溶强化效果的因素很多(见图6-30和图6-31),一般规律如下:

(1)溶质原子不同,引起的强化效果不同;溶质原子浓度越高,强化作用越大,但不保持线性关系,低浓度时强化效应更为显著。

(2)溶质原子与基体金属的原子尺寸相差越大,强化作用也越大。

(3)形成间隙固溶体的溶质元素比形成置换固溶体的溶质元素的强化作用大。

(4)溶质原子与基体金属的价电子数相差越大,则固溶强化作用越强。由图6-31可知,σ_s随合金中电子浓度的增大而提高。

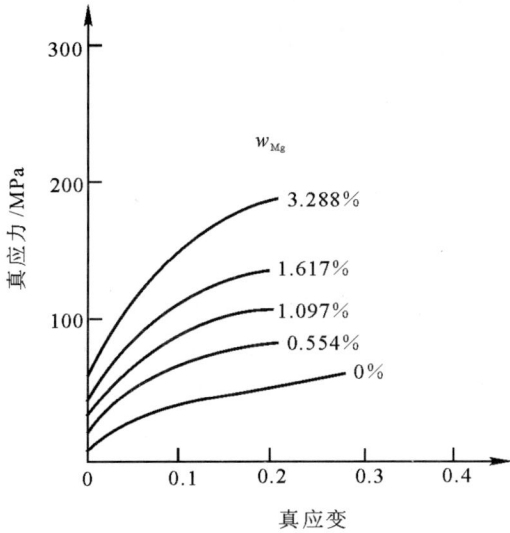

图 6-29　铝中溶有镁后的应力-应变曲线　　　图 6-30　溶质对铜单晶临界分切应力的影响

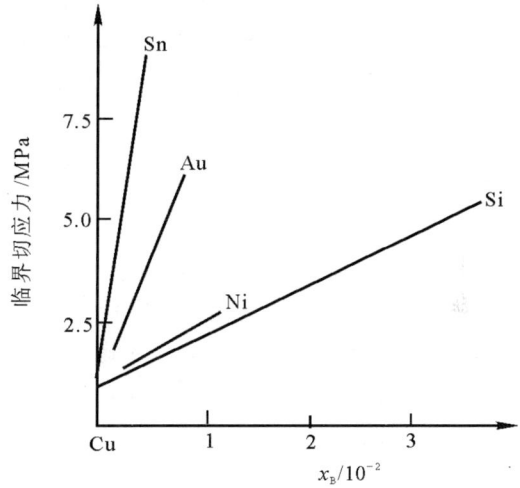

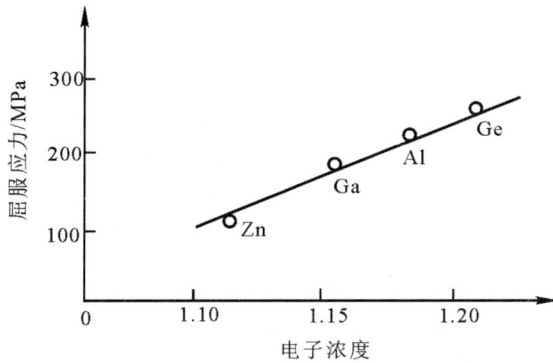

图 6-31　电子浓度对铜固溶体屈服应力的影响

固溶强化的实质是溶质原子与位错的弹性交互作用、电交互作用和化学交互作用。其中最主要的是溶质原子与位错的弹性交互作用阻碍了位错的运动。以正刃型位错为例,由于溶质原子的溶入造成了晶体的点阵畸变,并以溶质原子为中心产生应力场。该应力场与位错应力场发生弹性交互作用。置换固溶体中比溶剂原子大的溶质原子往往扩散到位错线下方受拉应力的部位；而比溶剂原子小的溶质原子则扩散到位错线上方受压应力的部位；间隙固溶体中的溶质原子总是扩散到位错线的下方，如图 6-32 所示。也就是说，溶质原子与位错弹性交互作用的结果，使溶质原子趋于聚集在位错的周围，以减小畸变，降低体系的能量，使体系更加稳定，此即称为柯氏（Cotrell）气团。显然，柯氏气团对位错有"钉扎"作用，为使位错挣脱气团的钉扎而运动或拖着气团运动，必须施加更大的外力。因此，固溶体合金的塑性变形抗力要高于纯金属。

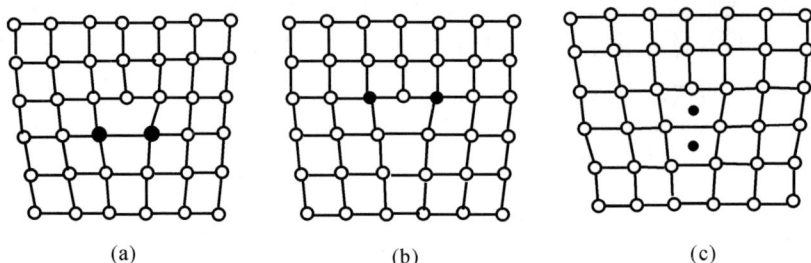

图 6-32　溶质原子在位错附近的分布

（a）溶质原子大于溶剂原子的置换固溶体；　（b）溶质原子小于溶剂原子的置换固溶体；　（c）间隙固溶体

6.4.1.2　屈服和应变时效

图 6-33 所示是低碳钢的典型应力-应变曲线，具有明显的屈服点。当试样在上屈服点时出现明显塑性变形，同时应力突然下降到一个较低的应力值，即下屈服点。试样在下屈服点发生连续变形，而应力并不升高或出现微小波动，即出现屈服平台。曲线的后半部分与延性材料的拉伸曲线相同。

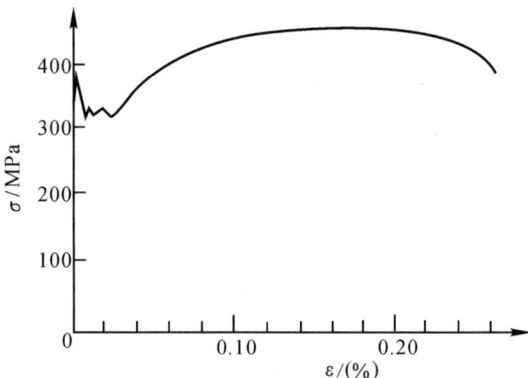

图 6-33　低碳钢（w_C 为 0.002）退火态的工程应力-应变曲线

在屈服延伸阶段，试样的应变是不均匀的。应力到达上屈服点时，在试样的应力集中处首先开始塑性变形，能在试样表面观察到与纵轴成约 45°交角的应变痕迹，称为吕德斯（Lüders）带。与此同时，应力降到下屈服点，吕德斯带沿试样长度方向扩展开来，此即屈服延伸阶段。如果试样上形成几个吕德斯带，在屈服延伸阶段就会有应力波动，当屈服扩展到整个试样标距范围时，屈服延伸阶段即告结束，如图 6-34 所示。

如果在试验之前对试样进行少量的预塑性变形，则屈服点可暂不出现。例如，将低碳钢试样拉伸到超过屈服点产生少量塑性变形后去除载荷，然后立即重新加载进行拉伸，则拉伸曲线如图 6-35 中 b 曲线所示，不出现屈服点。如果将经预塑性变形的试样放置一段较长的时间或经 200 ℃ 左右短时加热后再拉伸,则屈服点又重新出现,且屈服应力提高(见图 6 - 35 中 c 曲线),此现象称为应变时效。

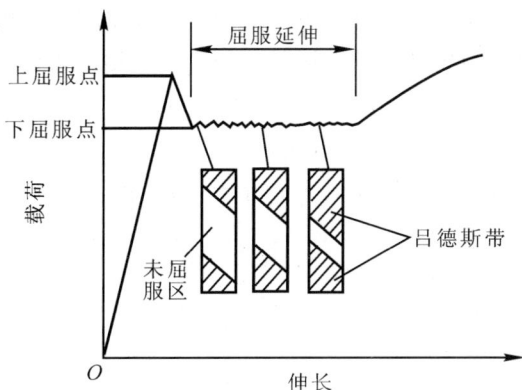

图 6 - 34 低碳钢的屈服现象

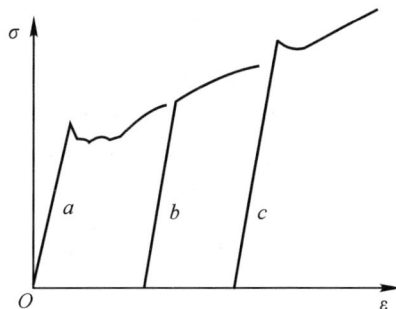

图 6 - 35 低碳钢的拉伸试验

a— 上、下屈服点现象; b— 去载后立即再行加载;

c— 去载后放置一段时间或在 200 ℃ 加热后再加载

　　屈服点的出现通常与金属中溶有微量的杂质(或溶质)原子有关。由于溶质原子与位错的弹性交互作用,溶质原子总是趋于聚集在位错线受拉应力的部位以降低体系的畸变能,形成的溶质原子气团对位错具有"钉扎"作用,致使 σ_s 升高。而位错一旦挣脱气团的钉扎,便可在较小的应力下继续运动,这时拉伸曲线上又会出现下屈服点。已经屈服的试样,卸载后立即重新加载拉伸时,由于位错已脱出气团的钉扎,故不出现屈服点。但若卸载后,放置较长时间或稍经加热后,再进行拉伸时,由于溶质原子已通过热扩散又重新聚集到位错线周围形成气团,故屈服现象又重出现。

　　屈服点的出现还与位错的增殖有关。晶体塑性变形后,会引起大量的位错增殖,如 F - R 源和双交滑移等。位错大量增殖后,在维持一定的应变速率时,流变应力 σ 就要降低,造成下屈服点。

　　屈服现象会给工业生产带来一些问题。如深冲用低碳薄钢板进行冲压成型时,会因屈服延伸区的不均匀变形(吕德斯带)而使工件表面粗糙不平,如图 6 - 36 所示。为解决这一问题,可利用应变时效原理,将薄板在冲压之前进行一道微量冷轧工序,或向钢中加入少量 Ti 或 Al,C,N 等间隙原子形成化合物,以消除屈服点,随后再进行冷压成形,便可以保证工件表面平滑光洁。

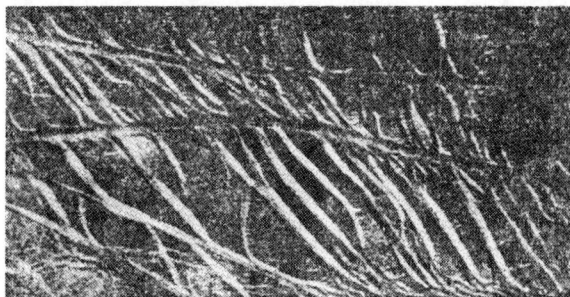

图 6 - 36 低碳钢薄板表面的吕德斯带

6.4.2 多相合金的塑性变形

单相合金虽然可借固溶强化来提高强度,但强化程度毕竟有限,尚不能满足要求,须进一步以第二相或更多的相来强化,故目前使用的金属材料大多是两相或多相合金。本小节以两相合金为例,讨论其塑性变形特点。

第二相可通过相变热处理(沉淀强化、时效强化)或粉末冶金方法(弥散强化)获得。根据第二相粒子的尺寸大小将合金分成两大类:如果第二相的尺寸与基体晶粒尺寸属同一数量级,称为聚合型;如果第二相很细小,且弥散分布于基体晶粒内,称为弥散型合金。这两类合金的塑性变形和强化规律各有特点。

6.4.2.1 聚合型两相合金的塑性变形

如果两相都具有较好的塑性,合金的变形阻力决定于两相的体积分数,可以按照等应变理论和等应力理论来计算合金的平均流变应力或平均应变。前者假定塑性变形过程中两相应变相等,则合金产生一定应变的流变应力为

$$\bar{\sigma} = \varphi_1\sigma_1 + \varphi_2\sigma_2 \qquad\qquad (6-9)$$

式中　φ_1, φ_2—— 两个相的体积分数;

　　　　σ_1, σ_2—— 两个相的流变应力。

后者假定两相应力相等,计算平均应变。可见,并非所有的第二相都能产生强化作用,只有当第二相较强(如两相黄铜中的 β 相)时,合金才能强化。

如果第二相为硬脆相,合金的性能除与两相的相对含量有关外,在很大程度上还取决于脆性相的形状和分布。

(1) 如果硬脆的第二相呈连续网状分布在塑性相的晶界上,塑性相晶粒被脆性相包围分割,使其变形能力无法发挥,经少量变形后,即沿晶界脆断。脆性相越多,网状越连续,合金的塑性越差,甚至强度也随之降低。例如过共析钢中的二次渗碳体若呈网状分布于 α 晶界上,则钢的脆性增加,强度、塑性下降。可通过热加工和热处理的相互配合来改善二次渗碳体的分布形态。

(2) 如果硬脆的第二相呈层片状分布在基体相上,如钢中的珠光体组织,由于变形主要集中在基体相中,且位错的移动被限制在很短的距离内,增加了继续变形的阻力,使其强度提高。珠光体越细,片层间距越小,其强度越高,变形更加均匀,塑性也较好,类似于细晶强化。

(3) 如果硬脆相呈较粗颗粒状分布于基体上,如共析钢及过共析钢中经球化退火后的球状渗碳体,因基体连续,Fe_3C 对基体变形的阻碍作用大大减弱,故强度降低,塑性、韧性得到改善。

6.4.2.2 弥散型两相合金的塑性变形

当第二相以细小弥散的微粒均匀分布于基体相中时,将产生显著的强化作用。根据第二相微粒是否变形将强化方式分为两类。

(1) 不可变形微粒的强化作用　　不可变形微粒对位错运动的阻碍作用如图 6-37 所示。当移动着的位错与不可变形微粒相遇时,将受到粒子的阻挡而弯曲;随着外应力的增大,位错线受阻部分的弯曲加剧,以至围绕着粒子的位错线在左右两边相遇,于是正、负位错彼此抵消,形成包围着粒子的位错环留下,而位错线的其余部分则越过粒子继续移动。

显然,位错绕过时,既要克服第二相粒子的阻碍作用,又要克服位错环对位错源的反向应

力,且每个位错经过微粒时都要留下一个位错环。因此,继续变形时必须增大外应力,从而使流变应力迅速提高。

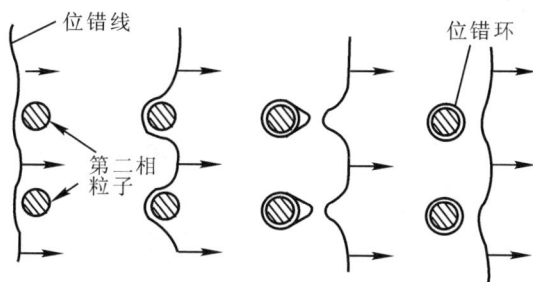

图 6-37 位错绕过第二相粒子的示意图

位错绕过间距为 λ 的第二相微粒所需要的切应力为

$$\tau = \frac{Gb}{\lambda} \qquad (6-10)$$

式中　G —— 切变弹性模量;

　　　b —— 柏氏矢量的大小。

可见这种强化作用与第二相粒子的间距成反比,λ 越小,强化效果越显著。因此,减小粒子尺寸,或提高粒子的体积分数,都可使合金的强度提高。电镜观察也证实了这种机制的存在(见图6-38)。

(2)可变形微粒的强化作用　当第二相为可变形微粒时,位错将切过粒子使其与基体一起变形,如图6-39所示。此现象也由电镜观察证实(见图6-40)。在这种情况下,强化作用取决于粒子本身的性质及其与基体的联系,主要有以下作用。

1)由于粒子的结构往往与基体不同,故当位错切过粒子时,必然造成其滑移面上原子错排,要求错排能。

2)如果粒子是有序相,则位错切过粒子时,将在滑移面上产生反相畴界,需反相畴界能。

3)每个位错切过粒子时,使其生成宽为 b 的台阶,需表面能。

4)粒子周围的弹性应力场与位错产生交互作用,阻碍位错运动。

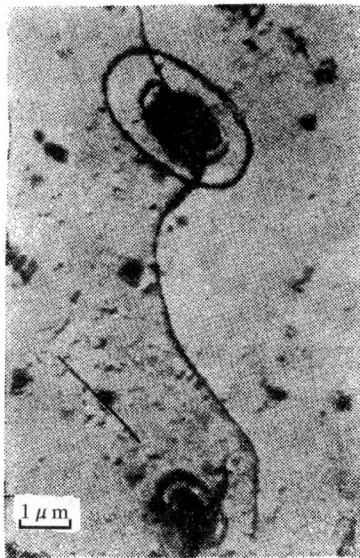

图 6-38 α 黄铜中围绕着 Al_2O_3 粒子的位错环(透射电镜像)

5)粒子的弹性模量与基体不同,引起位错能量和线张力变化。

上述强化因素的综合作用,使合金强度得到提高。此外,粒子的尺寸和体积分数对强度也有影响。增加体积分数或增大粒子尺寸都有利于提高强度。

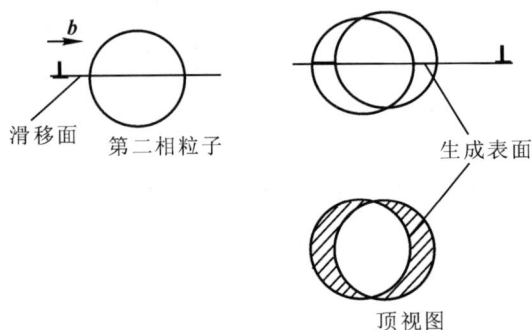

图 6 - 39 位错切过粒子示意图

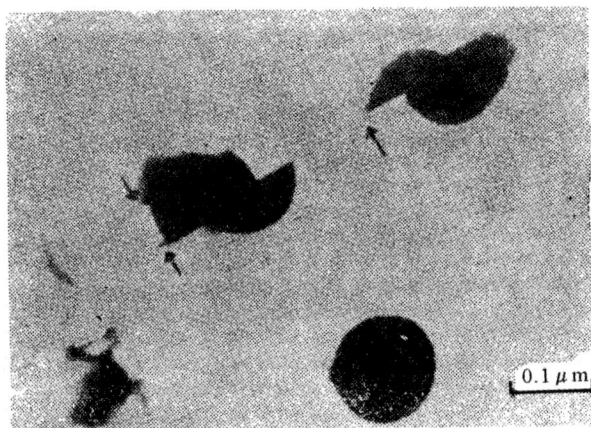

图 6 - 40 在 Ni - Cr - Al 合金中位错切过
Ni$_3$Al 粒子(透射电镜像)

【例题 6.4.1】 假设 40 号钢中的渗碳体全部呈半径为 10 μm 的球形粒子均匀地分布在 α - Fe 基体上。试计算这种钢的切变强度。已知铁的切变模量 $G_{Fe} = 7.9 \times 10^{10}$ Pa,α - Fe 点阵常数 $a = 0.28$ nm;计算时忽略 Fe 与 Fe$_3$C 的密度差异。

解 第二相硬粒子引起的弥散强化效果决定于第二相的分散度,即 $\tau = \dfrac{Gb}{\lambda}$。

对于 40 号钢($w_C = 0.004$),若忽略基体相 α 中的碳含量,则 Fe$_3$C 相所占的体积分数 φ_{Fe_3C} 为

$$\varphi_{FeC} = \frac{0.004}{0.066\ 9} = 0.06$$

设单位体积内 Fe$_3$C 的颗粒数为 N_V,则

$$\varphi_{FeC} = \frac{4}{3}\pi r^3 N_V$$

$$N_V = \frac{\varphi_{Fe_3C}}{\dfrac{4}{3}\pi r^3} = \frac{0.06}{\dfrac{4}{3}\pi \times (10 \times 10^{-6}\ \text{m})^3} \approx 1.43 \times 10^{13}/\text{m}^3$$

$$\lambda = \sqrt[3]{\frac{1}{N_V}} = (1.43 \times 10^{13})^{-1/3} = 4.12 \times 10^{-5} \text{ m} = 41.2 \ \mu\text{m}$$

因为
$$a = 0.28 \text{ nm}$$

$$b = \frac{\sqrt{3}}{2}a = \frac{\sqrt{3}}{2} \times 0.28 = 0.25 \text{ nm}$$

所以
$$\tau = \frac{Gb}{\lambda} = \frac{7.9 \times 10^{10} \times 2.5 \times 10^{-10}}{4.12 \times 10^{-5}} = 4.8 \times 10^{5} \text{ Pa}$$

6.5　冷变形金属的组织与性能

金属经冷塑性变形后,除了外形和尺寸发生改变外,其显微组织与各种性能也发生了变化。

6.5.1　显微组织的变化

经塑性变形后,各晶粒中除了出现大量的滑移带、孪生带(如果发生孪生变形)之外,晶粒形状也发生了变化(见图6-41)。随变形量的增加,晶粒沿变形方向被拉长为扁平晶粒。变形量越大,晶粒伸长的程度也越显著。变形量很大时,各晶粒已不能分辨而成为一片如纤维状的条纹,称为纤维组织[见图6-41(e)]。

在塑性变形过程中,位错在应力作用下不断增殖和运动。随变形度增大,位错密度迅速增加,且在金属中分布不均匀,在纤维状组织内部形成许多位错胞,胞壁上有大量位错,胞内位错密度较低,又称为变形亚结构或变形亚晶[见图6-41(d)]。位错胞也随变形量增大,沿变形方向伸长,且数量增多,尺寸减少[见图6-41(f)]。

当金属中组织不均匀,如有枝晶偏析或夹杂物时,塑性变形会使这些区域伸长,这样在热加工或随后的热处理过程中会出现带状组织。

6.5.2　变形织构

在多晶材料的塑性变形中,随变形度的增加,多晶体中原先任意取向的各个晶粒发生转动,从而使取向趋于一致,形成择优取向,又称为变形织构。显然,变形量越大,择优取向程度越大,表现出的织构越强。

织构类型与金属的晶体结构和变形方式有关,最主要的有两种变形织构:

(1)丝织构　在拉拔时形成,其特征是各晶粒同一指数的晶向与拉拔方向平行或接近平行,用与线轴平行的晶向⟨uvw⟩来表示,如图6-42所示。

(2)板织构　在轧制时形成,其特征是各晶粒的某一同指数晶面平行于轧制平面,而某一同指数晶向平行于轧制方向,用{hkl}⟨uvw⟩表示,如图6-43所示。

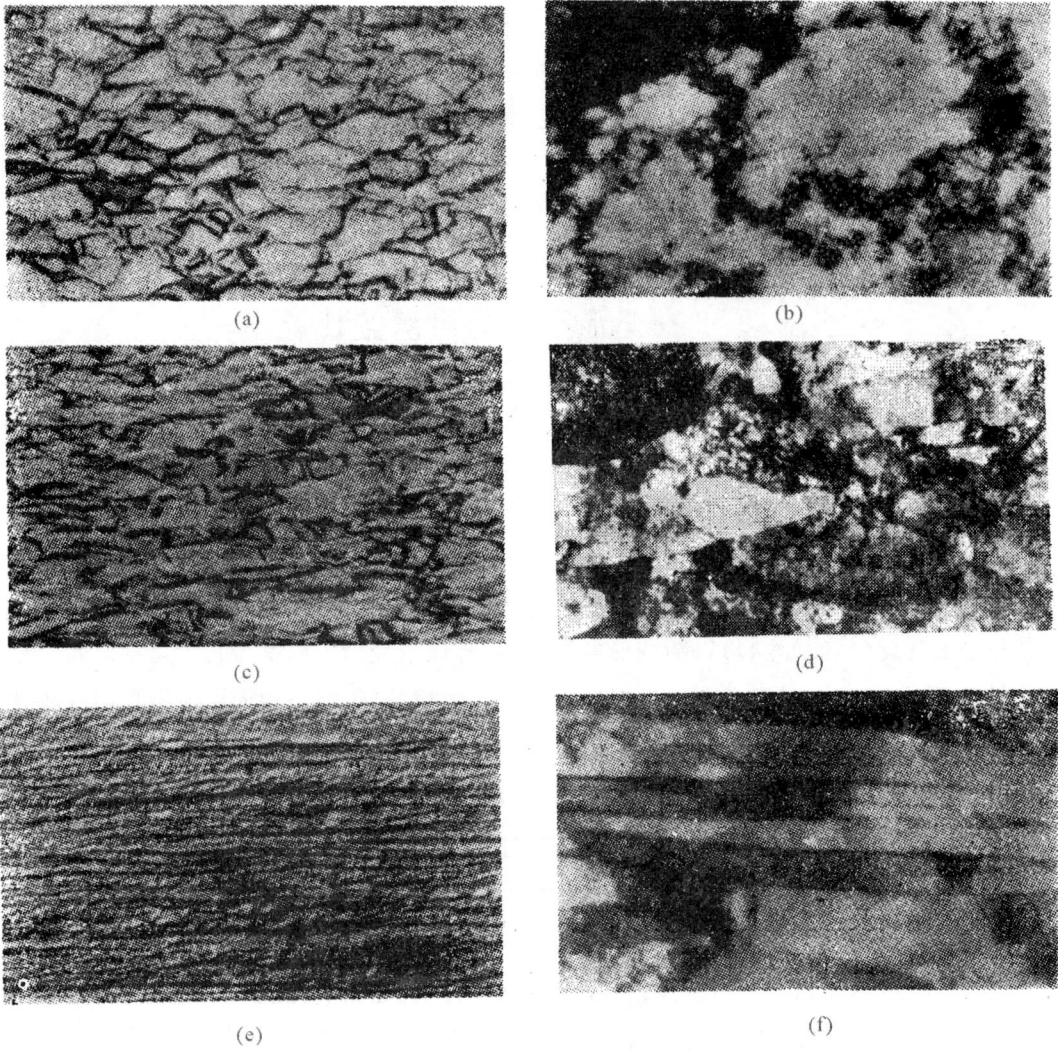

图 6-41 铜材经不同程度冷轧后的光学显微组织及薄膜透射电镜像

(a) 30％压缩率 ×300；(b) 30％压缩率 ×30 000；
(c) 50％压缩率 ×300；(d) 50％压缩率 ×30 000；
(e) 99％压缩率 ×300；(f) 99％压缩率 ×30 000

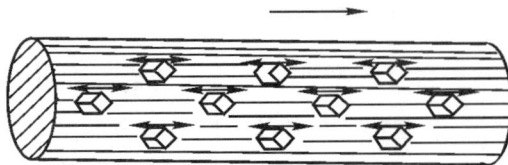

图 6-42 丝织构示意图

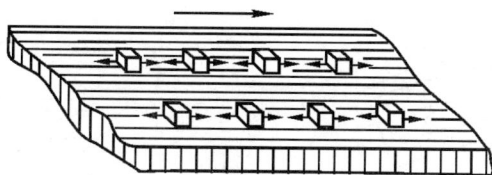

图 6-43 板织构示意图

表 6-2 列出了几种常见金属及合金的变形织构。

表 6-2 几种金属及合金的变形织构

晶 体 结 构	金属或合金	丝 织 构	板 织 构
面心立方	Cu,Ni,Ag,Al Cu-Ni,Cu-Zn	$\langle 111 \rangle + \langle 100 \rangle$	$\{110\}$ $\langle 112 \rangle$
体心立方	α-Fe,Mo,W 铁素体钢	$\langle 110 \rangle$	$\{001\}$ $\langle 110 \rangle$ $\{110\}$ $\langle 100 \rangle$ $\{111\}$ $\langle 110 \rangle$
密排六方	Mg,Zn	$\langle 1010 \rangle$	$\{0001\}$ $\langle 1120 \rangle$

由于织构造成了各向异性,对材料的性能和加工工艺有很大影响,即使在退火后也仍然存在织构。一般来说,不希望金属板材存在织构,当用有织构的轧制板材来深冲成形零件时,将会因板材各方向变形能不同,使深冲出来的工件边缘不齐,壁厚不均,这种现象称为"制耳",如图6-44所示。但在某些特殊场合下,织构也有好处,如变压器用硅钢片沿$\langle 100 \rangle$方向最易磁化,当采用具有这种织构的硅钢片制作电机时,可以减小铁损,提高效率。

6.5.3 残留应力和点阵畸变

金属塑性变形时,外力所做的功除了转化为热量之外,还有约 10% 的变形功被保留于金属内部,称为储存能,表现为变形金属的残留应力(弹性应变)和点阵畸变(点阵缺陷)。

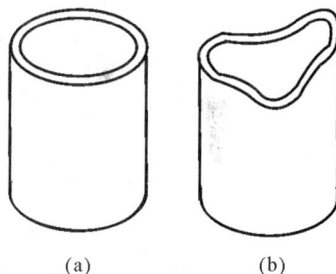

图 6-44 因变形织构所造成的"制耳"
(a)无织构; (b)有织构

6.5.3.1 残留应力

残留应力(内应力)是由于物体变形不均匀而产生的,根据变形不均匀区域的大小可分为以下两种:

(1)宏观内应力 它是由塑性变形时,工件各部分之间的变形不均匀而产生的。如弯曲一金属棒,其上部受压应力,下部受拉应力(见图6-45);金属拉丝后,因外缘部分变形较心部少,结果使外缘受拉应力,心受压应力(见图6-46)。当残留应力为拉应力时,会降低材料强度。反之,如果表面残留压应力,可显著提高其疲劳强度。因此,往往用滚压强化或喷丸强化来使表层形成压应力,提高其疲劳抗力。

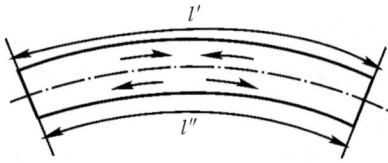

图 6-45　金属棒弯曲变形后的残留应力

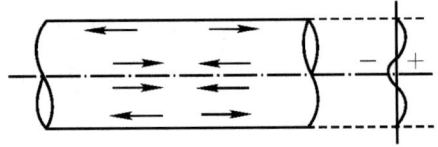

图 6-46　金属拉丝后的残留应力

（2）微观内应力　它是塑性变形时晶粒或亚晶粒间或内部的变形不均匀造成的。此应力可达很大数值，甚至造成显微裂纹并导致工件的破坏。

6.5.3.2　点阵畸变

金属和合金经塑性变形后，位错、空位等晶体缺陷大大增加，使点阵中的一部分原子偏离其平衡位置，造成了点阵畸变。变形金属中储存能的绝大部分（80%～90%）消耗于点阵畸变中，这部分能量使金属处于热力学不稳定状态，具有向稳定状态转变的趋向，这就是随后要讨论的"回复和再结晶"的驱动力。

6.5.4　塑性变形对性能的影响

6.5.4.1　应变硬化（加工硬化）

在塑性变形中，随着金属内部组织结构的变化，金属的机械性能也发生了明显变化，即随着变形量的增加，金属的强度、硬度上升，塑性、韧性下降（见图 6-47），这种现象称为加工硬化或应变硬化。

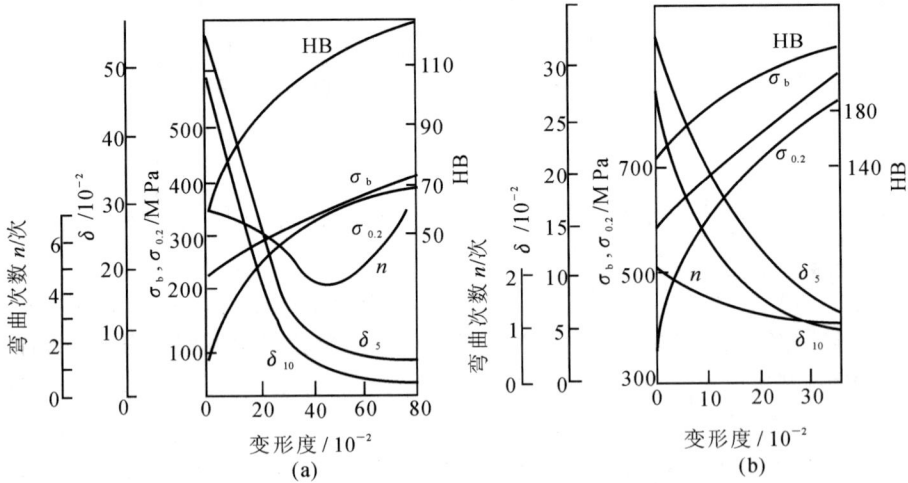

图 6-47　两种常见金属材料的力学性能-变形度曲线

（a）工业纯铜；　（b）45 号钢

加工硬化是金属材料的一项重要特性，可被用作强化金属的一种方法，对一些不能用热处理强化（固态下无相变）的材料尤为重要。如某些不锈钢可用冷轧来提高其强度。

金属件的冷冲成型也利用了材料的加工硬化特性，使塑性变形能够均匀地分布于整个工件，不致集中在某些局部区域而引起破裂。如冷拔钢丝也是利用拉出的细丝强度显著增加且不再变形来实现的。否则,钢丝在出模后便被拉断。

　　加工硬化还可以提高零件或构件在使用中的安全性,零件在使用过程中往往会在局部出现应力集中和过载,但由于加工硬化特性,局部过载所产生的变形会自行停止,提高了零件的安全性。

　　然而,加工硬化使金属件在冷加工过程中变形抗力不断增加,增加了动力及设备消耗。而且,随着冷变形量的增加,材料的屈服强度往往较其抗拉强度提高得更快,导致两者之间的差值减小,这就要求在成型加工时须严格控制载荷。经深度冷加工的零件因塑性、韧性降低,若直接使用将比较危险,需要进行中间退火处理。

　　图 6-48 是金属单晶体典型的加工硬化曲线,该曲线可分为 3 个阶段。

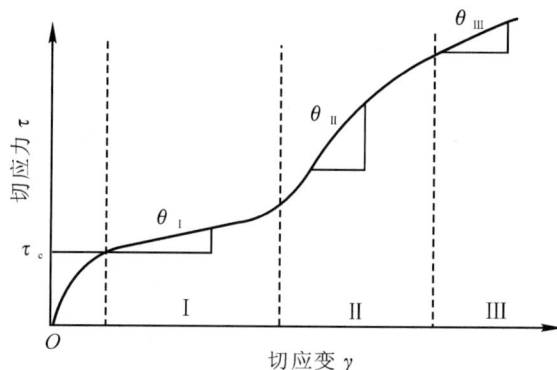

图 6-48　单晶体的切应力-切应变曲线(显示塑性变形的 3 个阶段)

　　第 I 阶段:当 $\tau \geqslant \tau_c$ 时,开始进入塑性变形的初始阶段,此阶段接近于直线,其斜率 θ_I 很小,即加工硬化速率($\theta = \dfrac{\mathrm{d}\tau}{\mathrm{d}\gamma}$ 或 $\theta = \dfrac{\mathrm{d}\sigma}{\mathrm{d}\varepsilon}$)很小,通常称为易滑移阶段。

　　第 II 阶段:应力急剧增加,此段亦呈直线,但 θ_{II} 远高于 θ_I,几乎为一恒定的最大值,称为线性硬化阶段。

　　第 III 阶段:加工硬化速率随应变的增加而不断下降,硬化曲线呈抛物线状,称为抛物线硬化阶段。

　　上述的三阶段加工硬化与其在塑性变形不同过程中位错的运动及交互作用有关。在第 I 阶段,应力较低,只有一组取向最有利的滑移系开动,因此位错很少受到其他位错的干扰,可移动相当长的距离并可能到达晶体表面,位错源能源源不断地产生新位错,因此,晶体可以产生较大的应变,并且加工硬化率也很低。在第 II 阶段发生了多滑移,位错之间发生相互作用,产生大量的位错缠结或位错塞积,阻止位错进一步运动。这些都使应力急剧上升,加工硬化率提高。进入第 III 阶段,在足够高的应力下,螺位错可以通过交滑移而绕过障碍,异号位错还可以相互抵消,降低位错密度,使加工硬化速率呈下降趋势。

　　金属的流变应力与位错密度 ρ 的关系为

$$\sigma_b = \alpha G b \sqrt{\rho} \qquad\qquad (6-11)$$

式中　　α —— 常数,在 $0.1 \sim 1.0$ 之间;

　　　　G —— 切变模量;

　　　　b —— 柏氏矢量的模。

实际上各晶体的加工硬化曲线因其晶体结构类型、晶体位向、杂质含量及试验温度的不同而有所变化。图6-49给出了三种常见晶格类型金属单晶体的硬化曲线。可见,面心立方晶体显示出典型的三阶段加工硬化特征。密排六方晶体的初始阶段与面心立方金属相近,但第 Ⅰ 阶段很长,远远超过了其他结构的晶体,以至第 Ⅱ 阶段还未充分发展时试样就已经断裂了。这是因为,密排六方金属滑移系较少,位错相互交割形成障碍的机会也较少。高纯度体心立方金属的室温加工硬化曲线与面心立方的相似,但如果含有微量杂质,将产生屈服现象并使曲线有所变化。

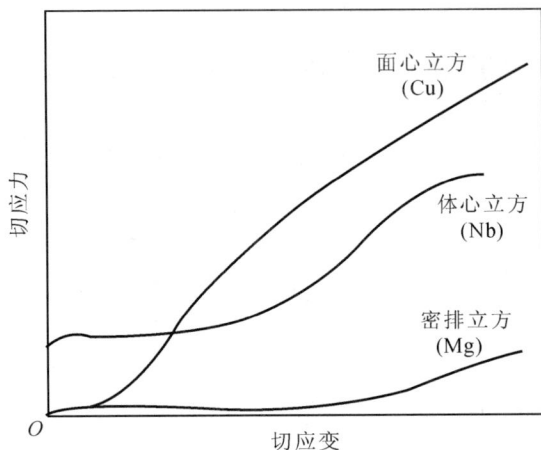

图 6-49　三种典型晶体结构单晶体的应力-应变曲线

前面所述为单晶体的加工硬化曲线,对于多晶体来说,因其变形中晶界的阻碍作用和晶粒之间的协调配合要求,各晶粒不可能以单一滑移系动作而必然有多组滑移系同时作用,所以多晶体的加工硬化曲线不会出现前述单晶体硬化曲线的第 Ⅰ 阶段,而且其加工硬化曲线通常更陡,加工硬化速率更高(见图 6-50),且晶粒越细,硬化效果越明显。

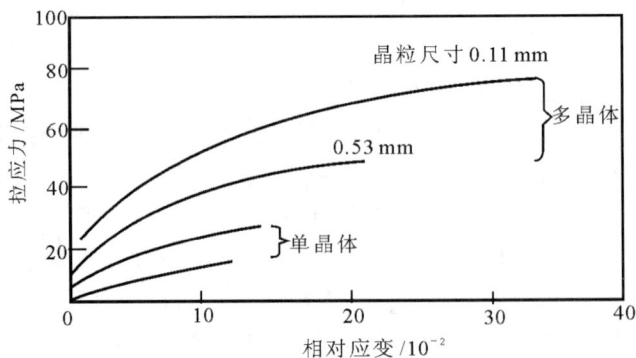

图 6-50　铝单晶体和多晶体的应力-应变曲线

6.5.4.2　其他物理、化学性能的变化

变形后的金属,除了力学性能外,其他凡属结构敏感的物理、化学性能也都发生了较明显的变化。例如,磁导率、电导率和电阻温度系数等下降,而矫顽力及电阻率则增加。另一些结

构不敏感的性能也有一定的变化。例如,密度、热导率等有一定的下降。由于塑性变形增加了结构缺陷,自由能升高,加速了金属中的扩散过程,增加了其化学活性,加快了腐蚀速度。

6.6　聚合物的变形

聚合物材料具有已知材料中可变范围最宽的变形性质,包括从液体、软橡胶到刚性固体。而且,与金属材料相比,聚合物的变形强烈地依赖于温度和时间,表现为黏弹性,即介于弹性材料和黏性流体之间。

聚合物的变形行为与其结构特点有关。聚合物由大分子链构成,这种大分子链一般都具有柔性(但柔性链易引起黏性流动,可采用适当交联保证弹性),除了整个分子的相对运动外,还可实现分子不同链段之间的相对运动。这种分子的运动依赖于温度和时间,具有明显的松弛特性,引起了聚合物变形的一系列特点。

6.6.1　热塑性聚合物的变形

6.6.1.1　热塑性聚合物的应力-应变曲线

图 6-51 给出了一条聚合物的典型应力-应变曲线。σ_L,σ_y,σ_b 分别称为比例极限、屈服强度和断裂强度。当 $\sigma < \sigma_L$ 时,应力与应变呈线性关系,主要是由键长和键角的变化引起的普弹变形。当 $\sigma > \sigma_L$ 时,链段发生可恢复的运动,产生可恢复的变形,同时应力-应变曲线偏离线性关系。当 $\sigma > \sigma_y$ 时,聚合物屈服,同时出现应变软化,即应力随应变的增加而减小,随后出现应力平台,即应力不变而应变持续增加,最后出现应变强化导致材料断裂。屈服后产生的是塑性变形,即外力去除后,留有永久变形。

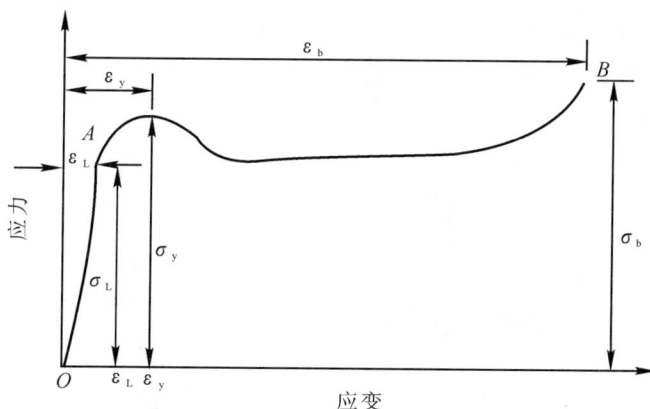

图 6-51　典型的应力-应变曲线

由于聚合物具有黏弹性,其应力-应变行为受温度、应变速率的影响很大。图 6-52 给出了有机玻璃在室温附近几十摄氏度温度范围内的一组应力-应变曲线。可见,随温度的上升,有机玻璃的模量、屈服强度和断裂强度下降,延性增加。在 4 ℃,有机玻璃是典型的刚而脆的材料,而在 66 ℃,已变成典型的刚而韧的材料。一般来说,材料在玻璃化转变温度 T_g 以下只发生弹性变形,而在 T_g 以上产生黏性流动。

应变速率对应力-应变行为的影响是增加应变速率,相当于降低温度。

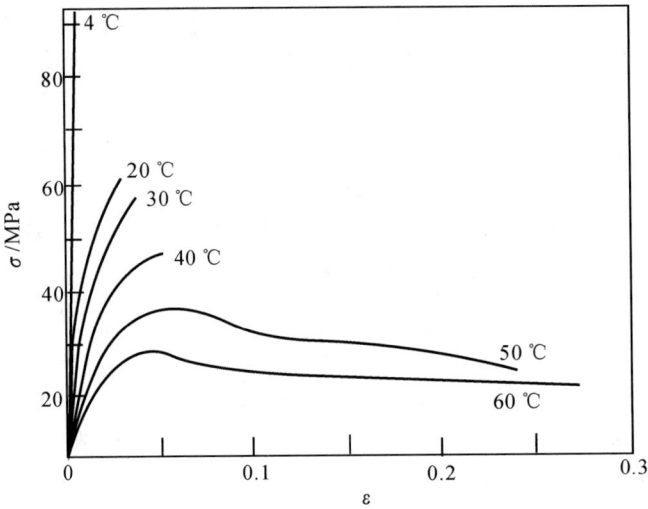

图 6-52　温度对有机玻璃拉伸应力-应变行为的影响

6.6.1.2　屈服与冷拉

由图 6-51、图 6-52 可知:其一,聚合物的模量和强度比金属材料低得多,屈服应变和断裂伸长比金属高得多;其二,屈服后出现应变软化;其三,其屈服应力强烈地依赖温度和应变速率。

有些聚合物在屈服后能产生很大的塑性变形,其本质与金属也有很大不同。图 6-53 所示是玻璃态高聚物在 $T_b \sim T_g$ 之间和部分结晶高聚物在 $T_g \sim T_m$ 之间的典型拉伸应力-应变曲线及试样形状的变化过程。可见,在拉伸初始阶段,试样工作段被均匀拉伸;到达屈服点时,工作段局部区域出现缩颈;继续拉伸时,缩颈区和未缩颈区的截面都基本保持不变,但缩颈不断沿试样扩展,直到整个工作段均匀变细后,才再度被均匀拉伸至断裂。如果试样在拉断前卸载,或试样因被拉断而自动卸载,则拉伸中产生的大变形除少量可恢复外,大部分变形将保留下来,这样一个拉伸过程称为冷拉。

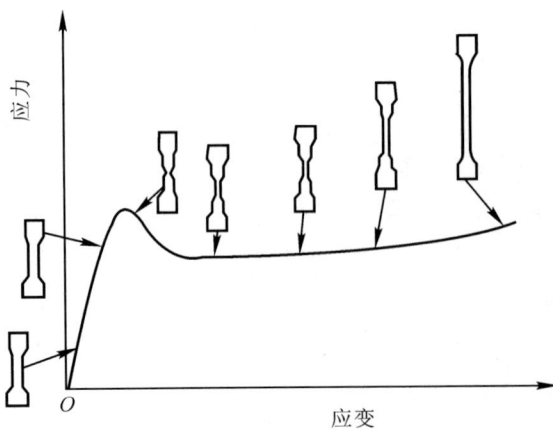

图 6-53　冷拉过程的应力-应变曲线和
试样形状变形示意图

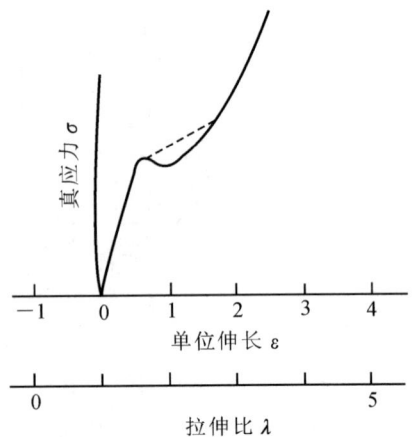

图 6-54　高聚物冷拉过程的
真应力-真应变曲线

玻璃态聚合物冷拉后残留的变形,表面上看是不可恢复的塑性变形,但只要把试样加热到

T_g 以上，形变基本上全能恢复，这说明冷拉中产生的形变属于高弹性范畴，这种在外力作用下被迫产生的高弹性称为强迫高弹性。强迫高弹性产生的原因是，在外力作用下，原来被冻结的链段得以克服摩擦阻力而运动，使分子链发生高度取向而产生大变形。

部分结晶高聚物冷拉后残留的变形大部分必须在温度升高到 T_m 以上才能恢复。这是因为结晶聚合物的冷拉过程伴随着晶片的取向、结晶的破坏和再结晶等。取向导致的硬化使缩颈能沿试样扩展而不断裂。取向的晶片在 T_m 以下是热力学稳定的。

聚合物冷拉成颈过程的真应力-真应变曲线见图 6-54。聚合物的冷拉变形目前已成为制备高模量和高强度纤维的重要工艺。

6.6.1.3 剪切带与银纹

聚合物的屈服塑性变形是以剪切滑移的方式进行的。滑移变形可局限于某一局部区域，形成剪切带，如图 6-55 所示。剪切带是具有高剪切应变的薄层，双折射度很高，说明剪切带内的分子链高度取向。剪切带通常发生于材料的缺陷或裂缝处，或应力集中引起的高应力区。而在结晶相中，除了滑移以外，剪切屈服还可通过孪生和马氏体转变的方式进行。

图 6-55 聚对苯二甲酸乙二酯试样中的剪切带

某些聚合物在玻璃态拉伸时，会出现肉眼可见的微细凹槽，类似于微小的裂纹，如图 6-56 所示。它可发生光的反射和散射，通常起源于试样表面并和拉伸轴垂直。这些微细凹槽因能反射光线而看上去银光闪闪，故称为银纹。

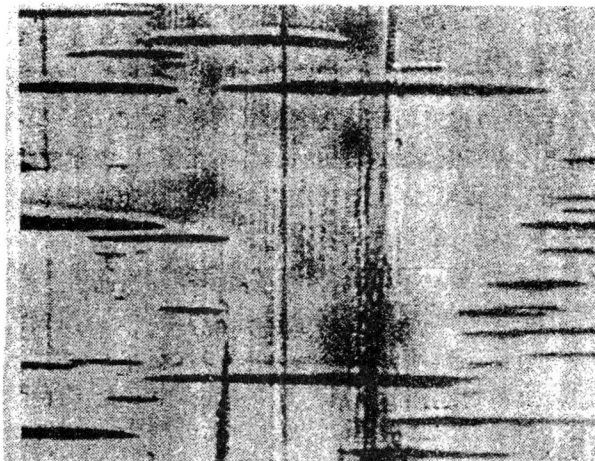

图 6-56 高聚物玻璃表面的有序银纹

银纹不同于裂纹，裂纹的两个张开面之间完全是空的，而银纹面之间是由高度取向的纤维束和空穴组成的,仍具有一定强度。银纹的形成是由材料在张应力作用下的局部屈服和冷拉造成的。

6.6.2　热固性聚合物的变形

热固性聚合物是刚硬的三维网络结构,分子不易运动,在拉伸时表现出与脆性金属或陶瓷一样的变形特性。但是,在压应力下它们仍能发生大量的塑性变形。

图6-57所示为环氧树脂在室温下单向拉伸和压缩时的应力-应变曲线。环氧树脂的玻璃化转变温度为100℃,这种交联作用很强的聚合物在室温下为刚硬的玻璃态,在拉伸时好像典型的脆性材料,而压缩时则易剪切屈服,并有大量的变形,而且屈服之后出现应变软化。环氧树脂剪切屈服的过程是均匀的,试样均匀变形而无任何局部变形的现象。

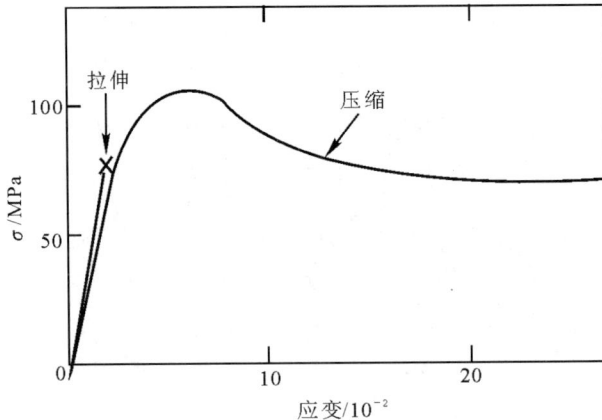

图6-57　环氧树脂在室温下拉伸和压缩时的应力-应变曲线

6.7　陶瓷材料的塑性变形

陶瓷材料具有强度高、重量轻、耐高温、耐磨损、耐腐蚀等一系列优点,作为结构材料,特别是高温结构材料极具潜力;但由于陶瓷材料的塑性、韧性差,在一定程度上限制了它的应用。本节将讨论陶瓷材料的变形特点。

6.7.1　陶瓷晶体的塑性变形

陶瓷晶体一般由共价键和离子键结合,在室温静拉伸时,除少数几个具有简单晶体结构的晶体(如KCl,MgO)外,一般陶瓷晶体结构复杂,在室温下没有塑性,如图6-58所示,即弹性变形阶段结束后,立即发生脆性断裂,这与金属材料具有本质差异。与金属材料相比,陶瓷晶体具有如下特点:

(1)陶瓷晶体的弹性模量比金属大得多,常高出几倍。这是由其原子键合特点决定的。共价键晶体的键具有方向性,使晶体具有较高的抗晶格畸变和阻碍位错运动的能力,因此共价键陶瓷具有比金属高得多的硬度和弹性模量。离子键晶体的键方向性不明显,但滑移不仅要受到密排面和密排方向的限制,而且要受到静电作用力的限制,因此实际可移动滑移系较少,弹性模量也较高。

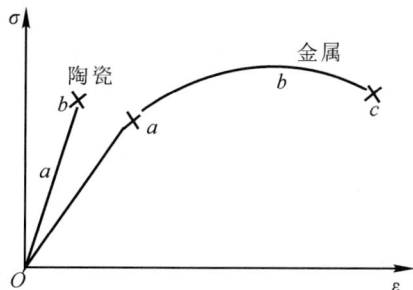

图 6 - 58 金属材料与陶瓷材料的应力-应变曲线

(2) 陶瓷晶体的弹性模量,不仅与结合键有关,而且还与其相的种类、分布及气孔率有关,而金属材料的弹性模量是一个组织不敏感参数。

(3) 陶瓷的压缩强度高于抗拉强度约一个数量级(见图 6 - 59),而金属的抗拉强度和压缩强度一般相等。这是由于陶瓷中总是存在微裂纹,拉伸时裂纹一达到临界尺寸就失稳扩展立即断裂,而压缩时裂纹或者闭合或者呈稳态缓慢扩展,使压缩强度提高。

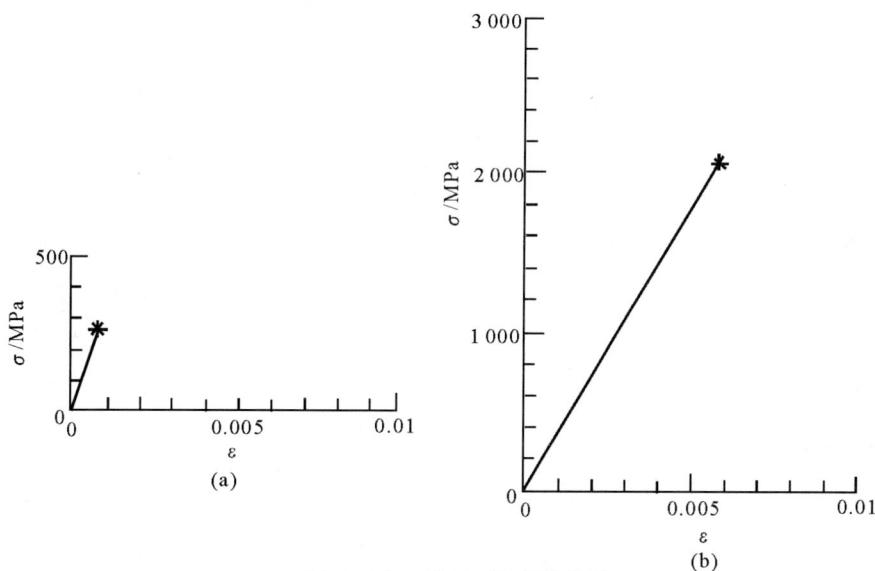

图 6 - 59 Al_2O_3 的断裂强度

(a) 拉伸断裂应力 280 MPa; (b) 压缩断裂应力 2 100 MPa

(4) 陶瓷的理论强度和实际断裂强度相差 1 ~ 3 个数量级。引起陶瓷实际抗拉强度较低的原因是陶瓷中因工艺缺陷导致的微裂纹,在裂纹尖端引起很高的应力集中,裂纹尖端的最大应力可达到理论断裂强度或理论屈服强度(因陶瓷晶体中可动位错少,位错运动又困难,所以一旦达到屈服强度就断裂了),因而使陶瓷晶体的抗拉强度远低于理论屈服强度。

(5) 和金属材料相比,陶瓷晶体在高温下具有良好的抗蠕变性能,而且在高温下也具有一定的塑性,如图 6 - 60 所示。

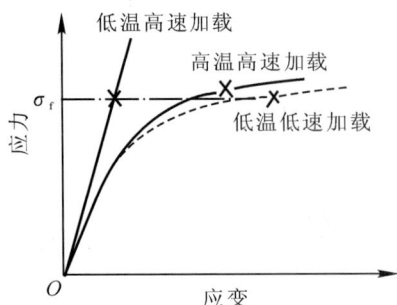

图 6-60　陶瓷材料的应力-应变曲线

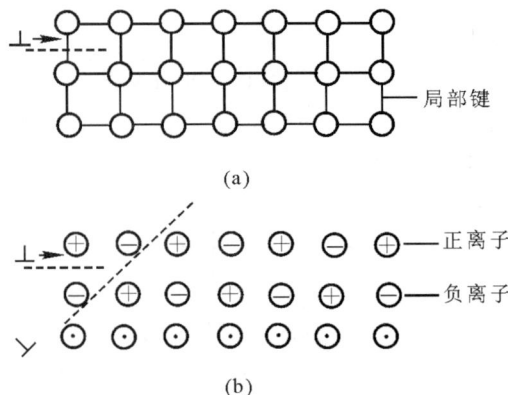

图 6-61　结合键对位错运动的影响
(a) 共价键；(b) 离子键

【例题 6.7.1】　试述陶瓷晶体塑性变形的特点。

解　作为一类材料，陶瓷是比较脆的。晶态陶瓷缺乏塑性是由其离子键和共价键造成的。在共价键合的陶瓷中，原子之间的键合是特定的，并具有方向性，如图 6-61(a) 所示。当位错以水平方向运动时，必须破坏这种特殊的原子键合，而共价键的结合力是很强的，位错运动有很高的点阵阻力（即派-纳力）。因此，以共价键键合的陶瓷，不论是单晶体还是多晶体，都是脆的。

只要是离子键键合的陶瓷，它的变形就不一样。具有离子键的单晶体，如氧化铁和氧化钠，在室温受压应力作用时可以进行相当多的塑性变形，但是具有离子键的多晶陶瓷则是脆的，并在晶界形成裂纹。这是因为，可以进行变形的离子晶体，如图 6-61(b) 所示，当位错运动一个原子间距时，同号离子间的巨大压力使位错难以运动；但位错如果沿 45° 方向运动，则在滑移过程中相邻晶面始终由库仑力保持相吸，因而具有相当好的塑性。但是多晶陶瓷变形时，相邻晶粒必须协调地改变形状，由于滑移系统较少而难以实现，结果在晶界产生开裂，最终导致脆性断裂。

6.7.2　非晶体陶瓷的变形

玻璃的变形与晶体陶瓷不同，表现为各向同性的黏滞性流动。分子链等原子团在应力作用下相互运动引起变形，这些原子团之间的引力即为变形阻力。流阻力与玻璃的黏度 η 有关。黏度 η 的大小又与温度有关，即

$$\eta = \eta_0 \exp\left(\frac{+Q_\eta}{RT}\right) \tag{6-12}$$

式中　Q_η——黏滞变形的激活能；

　　　η_0——常数。

需要注意的是，Q_η 前为正号，所以，随温度的升高，η 总是减小的。温度和成分对玻璃黏度的影响如图 6-62 所示。可见，利用改变玻璃组分（如加入 Na_2O 等变质剂）的方法会打破网络结构，使原子团易于运动，降低玻璃的黏度。

【例题 6.7.2】 试估算二氧化硅和钙-钠玻璃黏滞流动的激活能。

解 由图 6-62 可确定两种玻璃曲线的斜率。

对 SiO_2 取两点：

$$\eta = 10^{10}, \quad T = 1\ 667\ K$$
$$\eta = 10^{13}, \quad T = 1\ 429\ K$$

因

$$\lg\eta = \lg\eta_0 + Q_\eta/kT$$

将上述两组数据代入上式，并消去 η_0，可得 $Q_\eta = 251\ 040\ J/mol$。

同样，对钙-钠玻璃，也取两点：

$$\eta = 10^2, \quad T = 1\ 724\ K$$
$$\eta = 10^6, \quad T = 1\ 053\ K$$

重复以上计算，可得出

$$Q_\eta = 87\ 864\ J/mol$$

由上题可知，加入 Na_2O 后，玻璃的黏性流动激活能减少了 $1/3$，而黏性流动系数则呈指数关系急剧下降。

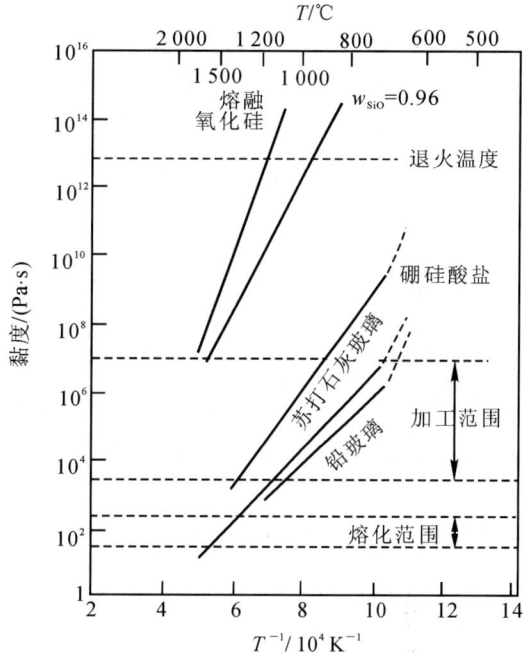

图 6-62 温度与成分对玻璃黏度的影响

在玻璃生产中也利用产生表面残余压应力的办法使玻璃韧化，韧化的方法是将玻璃加热到退火温度，然后快速冷却，玻璃表面收缩变硬而内部仍很热，流动性很好，将玻璃变形，使表面的拉应力松弛，当玻璃心部冷却和收缩时，表层已刚硬，在表面产生残余压应力。一般的玻璃多因表面微裂纹引起破裂，而韧化玻璃使表面微裂纹不易在附加压应力下萌生和扩展，因而不易破裂。

习 题

1. 拉伸一铜单晶体试样，若其表面平行于 (111) 面，假设晶体可以在各个滑移系上滑移，画出表面出现的滑移线痕迹，求出滑移线间的角度。

2. 铜单晶体拉伸时，若力轴为 [001] 方向，临界分切应力为 0.64 MPa，问需要多大的拉伸应力才能使晶体开始塑性变形？

3. 锌单晶体试样的截面积 $A = 78.5\ mm^2$，经拉伸试验测得有关数据如表 6-3 所示。

表 6-3 拉伸试验数据

屈服载荷 /N	620	252	184	148	174	273	525
$\varphi/(°)$	83	72.5	62	48.5	30.5	17.6	5
$\lambda/(°)$	25.5	26	38	46	63	74.8	82.5
τ_k							
$\cos\lambda\cos\varphi$							

试回答下列问题：

(1) 根据表 6-3 中每一种拉伸条件的数据求出临界分切应力并填入表中，分析有无规律。

(2) 求各屈服载荷下的取向因子，作出取向因子和屈服应力的关系曲线，说明取向因子对屈服应力的影响。

4. 证明体心立方金属产生孪生变形时，孪晶面沿孪生方向的切应变为 0.707。

5. 简要分析加工硬化、细晶强化、固溶强化及弥散强化在本质上有何异同。

6. 低碳钢的屈服点 σ_s 与晶粒直径 d 的关系如表 6-4 中的数据所示，说明 d 与 σ_s 间是否符合霍尔-配奇公式。试用最小二乘法求出霍尔-配奇公式中的常数。

表 6-4 低碳钢的屈服点 σ_s 与晶粒直径的关系

$d/\mu m$	400	50	10	5	2
$\sigma_s/(kN \cdot m^{-2})$	86	121	180	242	345

7. 确定下列情况下的工程应变 ε_e 和真应变 ε_T，说明何者更能反映真实的变形特性。

(1) 由 $1L$ 伸长到 $1.1L$；　　　(2) 由 $1h$ 压缩至 $0.9h$；

(3) 由 $1L$ 伸长至 $2L$；　　　(4) 由 $1h$ 压缩至 $\frac{1}{2}h$。

8. 为什么高聚物在冷拉过程中细颈截面积保持基本不变？将已冷拉的非晶态高聚物加热到玻璃化转变温度之上，冷拉中产生的形变能否回复？

复习思考题

1. 什么是滑移、滑移线、滑移带和滑移系？作图表示 $\alpha - Fe, Al, Mg$ 中的最重要滑移系。哪种晶体的塑性最好，为什么？

2. 什么是临界分切应力？影响临界分切应力的主要因素是什么？单晶体的屈服强度与外力轴方向有关吗？为什么？

3. 试区别单滑移、多滑移和交滑移。三者滑移线的形貌各有何特征？如何解释？

4. 位错线和滑移线相同吗？为什么？

5. 在显微镜下如何区分滑移线和变形孪晶？

6. 孪生与滑移的主要异同点是什么？为什么在一般条件下进行塑性变形时锌中容易出现孪晶，而纯铁中容易出现滑移带？

7. 多晶体塑性变形与单晶体有何不同？

8. 试用位错理论解释低碳钢的屈服，举例说明吕德斯带对工业生产的影响及防止其产生的办法。

9. 纤维组织及织构是怎样形成的？它们有何不同？对金属的性能有什么影响？

10. 一个经过冷加工的零件，其屈服强度为 130 MPa，零件表面的残余拉应力为 50 MPa，试求可对零件施加的最大拉伸应力（不允许出现永久变形）。如果零件表面存在 50 MPa 的残余压应力，情况又如何？

11. 银纹与裂纹有什么区别？

12. 与金属材料相比，陶瓷材料的变形有何特点？其原因何在？

第 7 章 回复与再结晶

金属经过冷塑性变形,其组织和性能都发生了一系列变化,而且变形时所消耗的机械功,除了大部分转变为热能消失外,还有一小部分以各种类型的缺陷储存于变形金属内,使其自由能升高,处于热力学亚稳状态。如果升高温度使原子获得足够的活动性,冷变形金属会自发向低能稳定态转变,并发生一系列组织和性能改变。根据显微组织和性能的不同,可将这种转变过程分为回复、再结晶和晶粒长大 3 个阶段。

7.1 冷变形金属在加热时的变化

7.1.1 显微组织的变化

将经过较大冷变形量的金属用比较缓慢的速度加热,并利用高温显微镜观察组织,发现组织随加热温度的变化可分为 3 个阶段,如图 7-1 所示。第一阶段由 $0\ ℃ \rightarrow T_1$ 温度,称为回复阶段。此时,显微组织几乎看不出任何变化,晶粒仍保持冷变形后的纤维状组织。第二阶段由 $T_1 \rightarrow T_2$ 温度,称为再结晶阶段。在此阶段内,变形晶粒通过形核和长大过程,完全转变成新的无畸变的等轴晶粒。第三阶段由 $T_2 \rightarrow T_3$ 温度,称为再结晶后的晶粒长大阶段,简称为晶粒长大。在此阶段内,再结晶后的等轴晶粒边界继续移动,晶粒粗化,直至达到相对稳定的形状和尺寸。

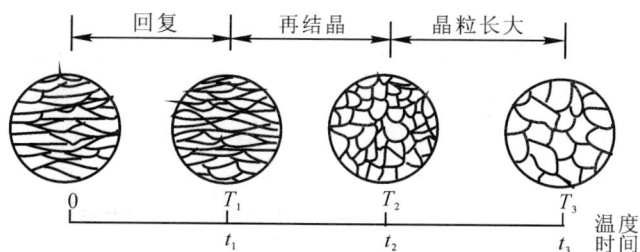

图 7-1 冷变形金属组织随加热温度
及时间的变化示意图

若将冷变形金属迅速加热至高于 $0.5T_m$ 的温度保温,随保温时间 t 的延长,同样可发现组织存在上述 3 个阶段的变化。

显然,冷变形金属在加热过程中伴随着组织的变化,必然发生性能上的改变。

7.1.2 性能的变化

图 7-2 描述了冷变形金属在加热退火过程中力学性能和其他性能的变化。

7.1.2.1 力学性能的变化

在回复阶段,强度、硬度、塑性等力学性能变化不大。但在再结晶阶段,随加热温度升高,强度、硬度显著下降,塑性急剧升高。当晶粒长大时,强度、硬度继续下降,塑性在晶粒粗化不十分严重时,仍有继续升高趋势,晶粒粗化严重时,塑性也下降。

7.1.2.2 物理性能的变化

密度在回复阶段变化不大,在再结晶阶段急剧升高,这主要是位错密度的显著降低所致。电阻在回复阶段已明显下降,这主要是点缺陷浓度大幅度降低所致。

7.1.2.3 内应力的变化

在回复阶段,变形金属的内应力可部分消除;在再结晶阶段,内应力全部消除。

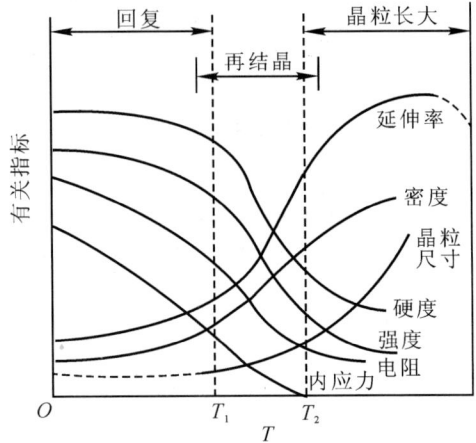

图 7-2 回复、再结晶及晶粒长大阶段中性能的变化示意图

7.2 回　复

7.2.1 回复过程中微观结构的变化机制

回复是指冷变形金属加热时,尚未发生光学显微组织变化前(即再结晶前)的微观结构及性能的变化过程。该过程的驱动力是弹性畸变能的降低。根据回复阶段加热温度及内部结构变化特征、机制的不同,可将回复分为以下三种。

7.2.1.1 低温回复

冷变形金属在较低温度($0.1T_m \sim 0.3T_m$)(T_m 为金属的熔点)加热时所产生的回复称为低温回复。因温度较低,原子活动能力有限,主要局限于点缺陷的运动。通过空位迁移至晶界、位错或与间隙原子结合而消失,空位浓度显著下降。

7.2.1.2 中温回复

冷变形金属在中温($0.3T_m \sim 0.5T_m$)加热时所产生的回复称为中温回复。中温回复过程因温度稍高,原子活动能力增强,除点缺陷外,位错也被激活。其主要机制是位错滑移导致位错重新组合,以及异号位错互相抵消,使位错密度有所下降。

7.2.1.3 高温回复

冷变形金属在较高温度($\geqslant 0.5T_m$)加热时产生的回复称为高温回复。因温度较高,位错可以被充分激活,使同号刃型位错沿垂直于滑移面的方向排成小角度亚晶界,如图 7-3 所示。

这一过程称为多边化。

发生多边化的驱动力来自应变能的下降。当同号刃型位错塞积于同一滑移面上时,其应变场是相加的。位错间相互排斥,使之发生攀移,在不同滑移面上竖直排列,如图7-4所示,使相邻同号位错产生的应变部分抵消,降低了总的应变能。

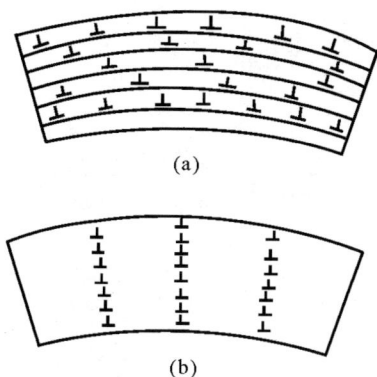

图 7-3　多边化前、后刃型位错的排列情况
(a) 多边化前；　(b) 多边化后

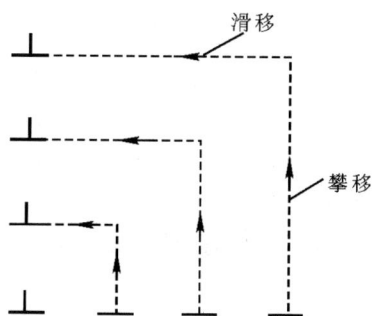

图 7-4　刃型位错的攀移
和滑移示意图

在电子显微镜下观察多边化过程,发现随多边化的进行,形变位错胞内位错密度不断下降,胞壁处的位错变长并凝集使胞壁减薄,逐渐形成位错网络,构成亚晶界,如图7-5所示。

据上述回复机制,可对回复导致的性能变化作如下解释:电阻率下降显著是由于空位的减少和位错应变能的降低,内应力的降低主要是由于晶体弹性应变能的基本消除,硬度和强度下降不多是由于位错密度下降不大的缘故。

7.2.2　回复动力学

回复动力学是研究冷变形金属在回复过程中性能恢复的速率,为生产中控制回复过程提供依据。图7-6所示是冷变形锌单晶在不同温度下等温退火后的性能变化曲线。该曲线有以下特点:① 没有孕育期；② 开始变化速率快,随后变慢；③ 长时间保温后,性能十分缓慢地趋于平衡值。可见,回复是一种弛豫过程,可表示为

$$\frac{\mathrm{d}x}{\mathrm{d}t} = -cx \tag{7-1}$$

式中　t —— 恒温下的加热时间；

x —— 冷变形导致的性能增量经加热后的残留分数；

c —— 与材料和温度有关的比例常数。

c 值与温度的关系具有典型的热激活过程特点,即

$$c = c_0 \exp(-Q/RT) \tag{7-2}$$

式中　Q —— 激活能；

R —— 气体常数；

c_0 —— 比例常数；

T —— 绝对温度。

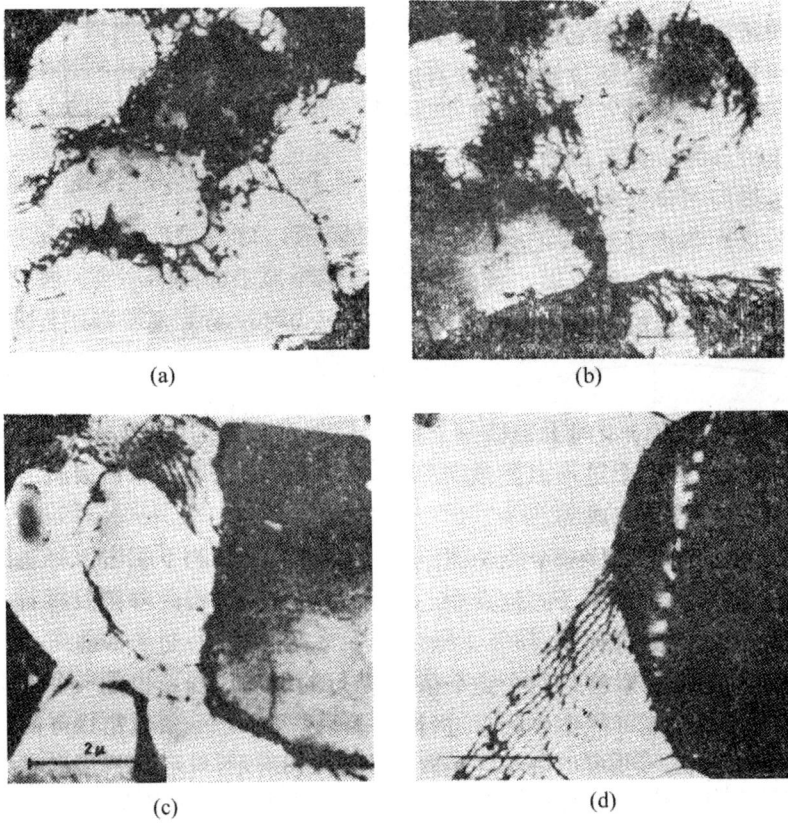

图 7-5　在室温经 5% 塑性变形的多晶体纯铝,于 200 ℃ 回复退火
不同时间后的透射电子显微组织

(a) 回复退火前的冷变形状态;　(b) 经 0.1 h 回复退火后;
(c) 经 50 h 回复退火后;　(d) 经 300 h 回复退火后

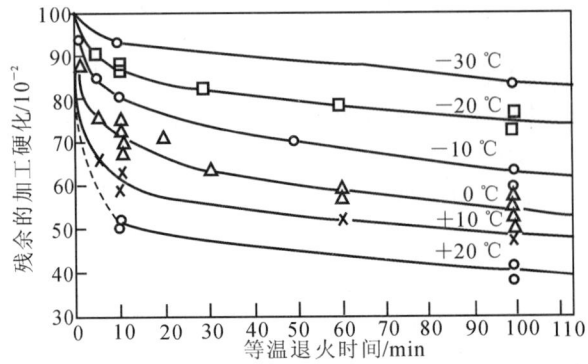

图 7-6　在 -50 ℃ 进行约 8% 剪切变形的锌单晶,在不同温度等温退火后的性能变化曲线

将式(7-2)代入式(7-1)中并积分,以 x_0 表示开始时性能增量的残留分数,则

$$\ln\frac{x_0}{x} = c_0 t \exp(-Q/RT) \tag{7-3}$$

这说明与其他热激活过程一样,回复的速度随温度升高而增大,图7-6所示的不同温度等温退火曲线也表明了这一点。

如果采用两个不同温度将同一冷变形金属的性能回复到同样程度,则由式(7-3)得

$$\frac{t_1}{t_2} = \exp\left[-\frac{Q}{R}\left(\frac{1}{T_2}-\frac{1}{T_1}\right)\right] \tag{7-4}$$

【例题 7.2.1】　已知锌单晶的回复激活能 Q 为 8.37×10^4 J/mol。它在 0 ℃ 回复到残留 75% 的加工硬化需要 5 min,问在 27 ℃ 回复到同样程度需要多长时间?

解　根据式(7-4)及 $T_1=273$ K,$t_1=5$ min,$T_2=300$ K,则

$$t_2 = 5\mathrm{e}^{-\frac{8.37\times10^4}{8.31}\left(\frac{1}{273}-\frac{1}{300}\right)} = 0.18 \text{ min}$$

即该金属在 27 ℃ 回复到同样程度只需 0.18 min。

7.2.3　去应力退火

冷变形金属经回复后使内应力得到很大程度的消除,同时又能保持冷变形的硬化效果,因此,回复退火又称为去应力退火。在实际生产中,经常利用冷变形的工件进行去应力退火降低其内应力,如冷冲件、冷拉钢丝、弹簧及锻件等。因此,一些铸件、焊接件及切削件也须进行去应力退火。工件中内应力的降低,可避免工件的变形或开裂,并提高其耐蚀性。

7.3　再　结　晶

再结晶是指经冷变形的金属在足够高的温度下加热时,通过新晶粒的形核及长大,以无畸变的等轴晶粒取代变形晶粒的过程。和回复不同,再结晶是一个显微组织彻底改组、变形储存能充分释放、性能显著变化的过程。

图 7-7 是再结晶过程新晶核的形核与长大示意图。可见,随保温时间的延长,新的等轴晶粒逐渐增多并长大,直到完全代替了变形晶粒。再结晶完成后组织形态及晶粒大小直接关系到金属性能。因此,有必要对再结晶的基本规律及影响因素进行探讨。

7.3.1　再结晶的形核及长大

实验表明,根据金属及其变形度不同,再结晶的核心一般通过两种方式形成,即晶界凸出形核和亚晶形核。

7.3.1.1　晶界凸出形核

对于冷变形度较小的金属,再结晶核心一般采用凸出形核方式形成,其示意图如图7-8所示。因总变形量较小,变形在各个晶粒中分布不均匀。设 A,B 为相邻晶粒,其中 B 晶粒中的位错密度较 A 晶粒中高,即 B 晶粒的畸变能较高。发生再结晶时,A,B 间原来平直的晶界,会通过晶界迁移向 B 晶粒内凸出,在其前沿扫过的区域内留下无应变的晶体,成为再结晶晶核。

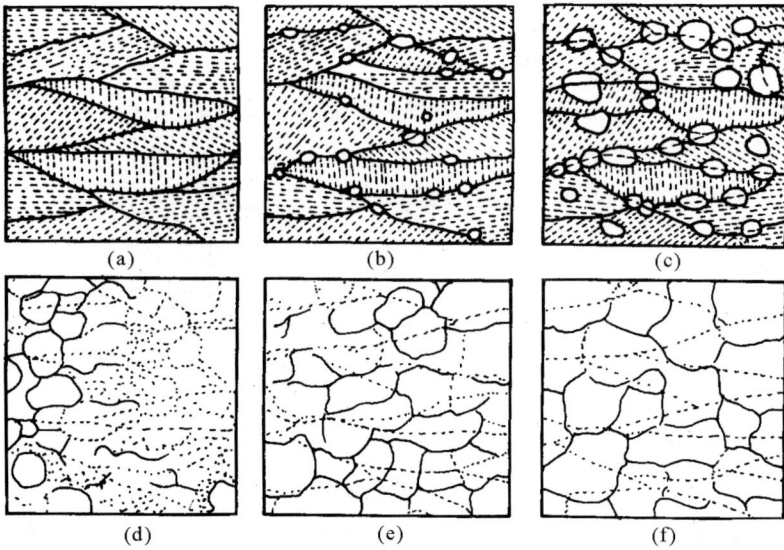

图 7 - 7　再结晶形核与长大过程示意图

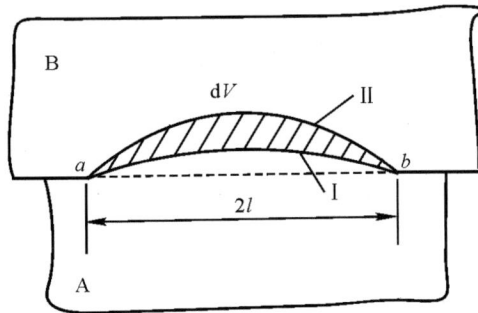

图 7 - 8　凸出形核机制示意图

设凸出形核核心为球冠状，球冠半径为 l，界面能为 σ，以 ΔA 表示增加的晶界面积，ΔE 表示单位体积的 A，B 相邻晶粒储存能差，若界面由 Ⅰ 推进到 Ⅱ，则能量条件为

$$\Delta E \mathrm{d}V > \sigma \Delta A$$

即

$$\Delta E > \sigma \frac{\Delta A}{\mathrm{d}V}$$

又因为

$$\frac{\Delta A}{\mathrm{d}V} = \frac{2\sin\alpha}{l}$$

故

$$\Delta E > \sigma \frac{2\sin\alpha}{l}$$

当凸出核心为半球状，即 $\alpha = \dfrac{\pi}{2}$ 时，$\sin\alpha = 1$。因凸出引起的表面能的增值最大，此后，晶核进一步凸出时，$\sin\alpha$ 减小，晶界可以自发向前生长。因此，凸出形核所需的能量条件为

$$\Delta E > \frac{2\sigma}{l} \tag{7-5}$$

变形金属在再结晶前会发生多边化而生成亚晶,因此再结晶的凸出形核还可用图7-9来
说明。其晶界两边的晶粒因变形度不同——B 晶粒中的位错密度大于 A 晶粒中的位错密度,因此多边化后 B 晶粒中形成的亚晶较 A 晶粒中形成的亚晶细小。因此,在晶界处 A 晶粒的某些亚晶会通过晶界迁移而凸入 B 晶粒内,借消耗 B 晶粒中的亚晶而生长,体系自由能下降,从而形成再结晶核心。

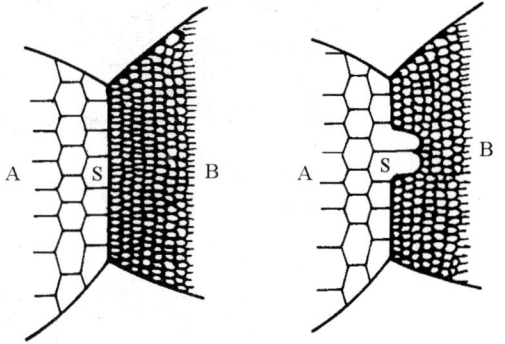

图 7-9　凸出形核时亚晶界长入
相邻晶粒示意图

7.3.1.2　亚晶形核机制

对于冷变形度较大的金属,再结晶核心往往采用亚晶形核机制形成。

当金属变形度较大时,在再结晶前的高温回复阶段,由位错组成的胞状亚结构将发生多边化而形成回复亚晶。因金属变形量大,每个晶粒变形程度相差不大,晶界两侧晶粒内畸变能相近,再结晶核心不可能以晶界凸出形核方式形成,而直接借助晶粒内某些无应变的亚晶成核。

亚晶形核方式通常有两种,如图 7-10 所示。其一,亚晶合并形核。某些取向差较小的相邻亚晶边界上的位错网络解离、拆散并转移到其他亚晶界上,导致亚晶界的消失或亚晶之间的合并。在合并过程形成的新亚晶界不断吸纳位错而成为大角度晶界,形成再结晶晶核。因合并过程中需有位错的滑移和攀移,所以要求金属有较高的层错能。其二,亚晶直接长大成核。某些取向差较大的亚晶界具有较高的移动性,可以直接吞食相邻亚晶粒。这种形核在层错能低的金属中易发生,实质上是某些亚晶直接长大、亚晶界发生迁移并逐渐变为大角度晶界。

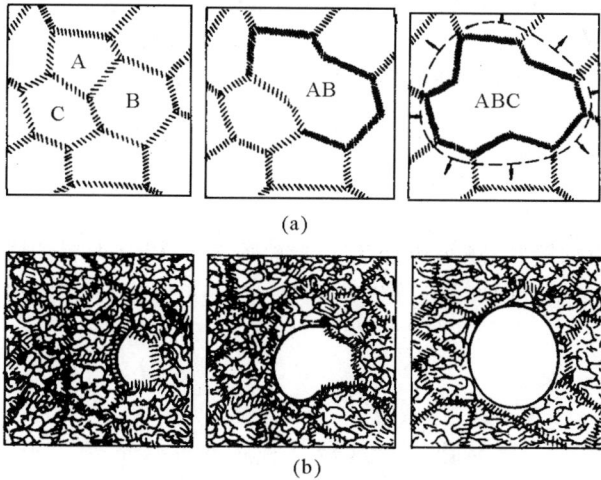

图 7-10　再结晶亚晶形核机制示意图
(a)亚晶合并形核;　(b)亚晶直接长大形核

7.3.1.3　再结晶晶核的长大

以凸出方式形成的再结晶核心,一旦超过临界半径,便会自发向高畸变能的晶粒中生长;以亚晶机制形成的再结晶核心,一旦形成大角度晶界,由于它具有较亚晶界大得多的迁移率,

所以可迅速移动,扫除遇到的位错,留下无应变的晶体。

晶界迁移的驱动力主要是相邻晶粒间的畸变能差,晶界移动的方向背向其曲率中心,直到无畸变的等轴晶粒逐渐消耗掉变形晶粒并相互接触,再结晶过程结束。

7.3.2　再结晶动力学

图 7 - 11 所示是经 98% 冷轧的纯铜在不同温度下的等温再结晶动力学曲线。由图可知,等温下的再结晶速度开始很小,随再结晶体积分数 φ_V 的增加而增大,并在 0.50 处达到最大,然后又逐渐减小,具有典型的形核-长大过程的动力学特征。

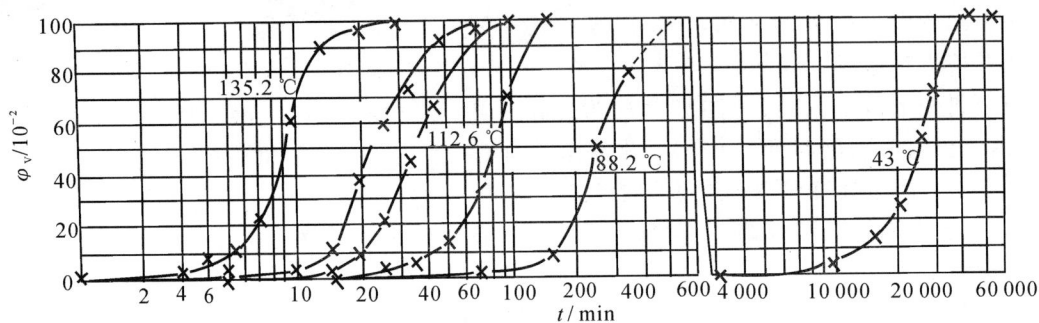

图 7 - 11　经 98% 冷轧的纯铜(w_{Cu} 为 0.999 99)在不同温度下的等温再结晶动力学曲线

金属的等温再结晶曲线可描述为

$$\varphi_V = 1 - e^{-Bt^k} \tag{7-6}$$

式中　　　φ_V —— 在 t 时间已经再结晶的体积分数;

　　　　　B 和 k —— 常数。

再结晶也是一种热激活过程,再结晶速度 $v_{再}$ 与温度 T 之间存在关系如下:

$$v_{再} = A e^{-Q_R/RT} \tag{7-7}$$

式中　　Q_R —— 再结晶激活能;

　　　　R —— 气体常数;

　　　　T —— 绝对温度;

　　　　A —— 比例常数。

由于 $v_{再} \propto \dfrac{1}{t}$,故

$$\frac{1}{t} = A' e^{-Q_R/RT} \tag{7-8}$$

在两个不同温度 T_1,T_2 等温退火,产生同样程度的再结晶所需的时间分别为 t_1,t_2,则

$$\frac{t_1}{t_2} = e^{-\frac{Q_R}{R}\left(\frac{1}{T_2} - \frac{1}{T_1}\right)} \tag{7-9}$$

如果已知金属的再结晶激活能及此金属在某恒定温度完成再结晶所需的时间,就可计算出此金属在另一温度等温退火时完成再结晶所需的时间。

7.3.3　再结晶温度

虽然再结晶是一个形核-长大过程并使组织形态发生了彻底改变,其转变动力学也有固态相变特点,但再结晶前后各晶粒的点阵结构类型和成分都未变化,所以再结晶不是相变。因此,再结晶温度不像结晶或其他相变那样有确定的转变温度,而是随条件不同,可以在一个较宽的温度范围内变化。

冷变形金属开始进行再结晶的最低温度,称为再结晶温度。它可以用金相法、硬度法和 X 射线衍射法测定。

金相法:将在显微镜中观察到的第一个新晶粒或晶界凸出形核而出现锯齿状边缘的退火温度,定为再结晶温度。

硬度法:将硬度-退火温度曲线上硬度开始显著降低或软化 50% 的温度,定为再结晶温度。

为了便于比较和使用,通常在生产实际中使用的再结晶温度,是指经过较大冷变形(变形量 > 70%)的金属,在 1 h 内能够完成再结晶(或再结晶体积分数大于 0.95)的最低温度。

大量实验表明,对许多工业纯金属而言,在较大冷变形量条件下,若完成再结晶时间为 $0.5 \sim 1\,h$,则再结晶开始温度 T_k 与熔点 T_m(绝对温度)之间存在经验公式,即

$$T_k = (0.35 \sim 0.45) T_m \tag{7-10}$$

一些工业纯金属的再结晶温度见表 7-1。

表 7-1　某些工业纯金属的再结晶温度

金　属	再结晶温度 ℃	熔点 ℃	T_k/T_m	金　属	再结晶温度 ℃	熔点 ℃	T_k/T_m
Sn	< 15	232		Cu	200	1 083	0.35
Pb	< 15	327		Fe	450	1 538	0.40
Zn	15	419	0.42	Ni	600	1 455	0.51
Al	150	660	0.45	Mo	900	2 625	0.41
Mg	150	650	0.46	W	1 200	3 410	0.40
Ag	200	960	0.39				

7.3.4　影响再结晶的因素

再结晶是一个形核和长大的过程,因此,凡是影响形核和长大的因素都会影响再结晶。

7.3.4.1　退火温度

由图 7-11、图 7-12 和式(7-7)、式(7-8)均可看出,加热温度越高,再结晶速度越快,产生一定体积分数再结晶所需的时间也越短。

7.3.4.2　变形程度

金属的变形程度越大,其储存的变形能也越高,再结晶的驱动力越大。因此,不但开始再结晶温度越低(见图 7-13),同时等温退火时的再结晶速度也越快(见图 7-14)。但在变形量增大到一定程度后,再结晶开始温度便趋于稳定。因此,实际再结晶开始温度便以较大冷变形

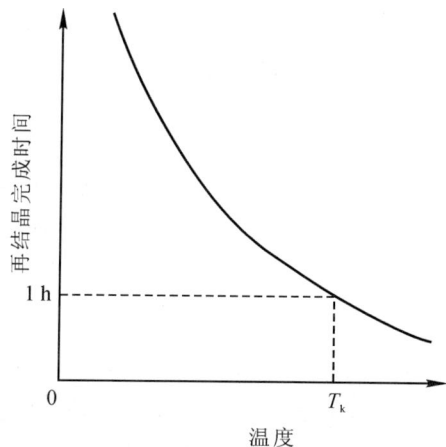

图 7-12　温度对再结晶的影响

量作为条件之一。

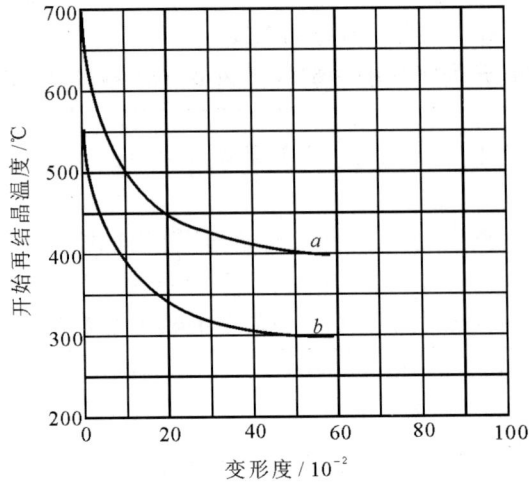

图 7-13　铁和铝的开始再结晶温度与预先冷变形程度的关系

a— 电解铁；　b— 铝($w_{Al} = 0.99$)

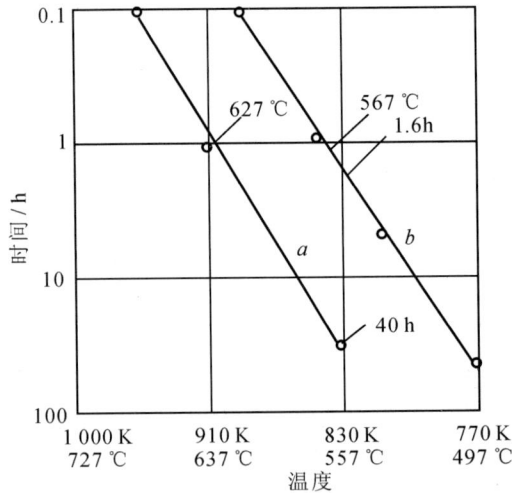

图 7-14　两种不同的冷变形程度对纯锆的等温再结晶

的影响(纵坐标为完成再结晶所需的时间)

a— 面积缩减 13%；　b— 面积缩减 51%

7.3.4.3　原始晶粒尺寸

在其他条件相同的情况下,金属的原始晶粒尺寸越小,则变形抗力越大,冷变形后储存的畸变能越高,再结晶驱动力越大,再结晶温度越低。此外,金属的原始晶粒越细小,晶界越多,变形后能提供的再结晶形核点越多,越有利于再结晶。

7.3.4.4　微量溶质原子

微量溶质原子以固溶状态存在于金属中,会产生一定的固溶强化作用。仅从这个方面讲,微量溶质原子可增加变形储存能,有利于再结晶。但从另一方面看,溶质原子往往偏聚在位错及晶界处,对位错及晶界的运动起阻碍作用,故不利于再结晶。实验表明,微量溶质原子的存在,会阻碍金属的再结晶,从而提高其再结晶温度,如表 7-2 所示。

表 7-2 微量溶质元素对光谱纯铜(w_{Cu} 为 0.999 99)50% 再结晶的温度的影响

材　　料	50% 再结晶的温度 / ℃	材　　料	50% 再结晶的温度 / ℃
光谱纯铜	140	光谱纯铜中加入锡(w_{Sn} 为 0.000 1)	315
光谱纯铜中加入银(w_{Ag} 为 0.000 1)	205	光谱纯铜中加入锑(w_{Sb} 为 0.000 1)	320
光谱纯铜中加入镉(w_{Cd} 为 0.000 1)	305	光谱纯铜中加入碲(w_{Te} 为 0.000 1)	370

7.3.4.5 分散相粒子

分散相粒子的存在既可能促进基体金属的再结晶,也可能阻碍其再结晶,如表 7-3 所示。

表 7-3 分散相粒子的存在对基体金属再结晶的影响

合　　金	粒子间距 λ	粒子直径 d_i	对再结晶的影响
$Cu + B_4C$	5 μm	2 μm	促进
$Cu + Al_2O_3$	2.5 μm	30 nm	阻碍
$Cu + Co + SiO_2$	0.5 ~ 1.0 μm	80 nm	阻碍
$Cu + Co + SiO_2$	0.5 ~ 1.0 μm	150 nm	阻碍
$Al + Al_3Fe$	4 ~ 10 μm	0.6 ~ 2.2 μm	促进
$Al + CuAl_2$	> 1 μm	0.3 μm	促进
$Al + CuAl_2$	< 1 μm	0.3 μm	阻碍
$Ag + MgO$	50 nm	5 nm	阻碍

由表 7-3 可知,分散相粒子的存在是促进基体再结晶,还是阻碍其再结晶,主要取决于基体上分散相粒子的大小和分布。

在分散相粒子间距和直径都比较大的情况下变形时,位错只能绕过或塞积在粒子周围,提高了变形抗力,使变形畸变能增大,同时,也增加了亚结构的不稳定性,使形核点增多,从而促进再结晶。相反,当金属中存在间距和直径都很小的分散相粒子时,虽然实际上促使加工硬化率的进一步提高,使位错密度增大了,但对于加热时位错重新排列形成亚结构并随后发展成大角晶界的过程(也就是再结晶的形核过程),以及大角度晶界的迁移(再结晶晶核长大)均起钉扎作用,从而阻碍了再结晶。

7.3.5 再结晶晶粒大小的控制

再结晶通过形核和长大将冷变形后的变形晶粒彻底改组成了新的等轴晶粒,其机械性能也发生了显著变化。再结晶后金属的机械性能主要取决于再结晶后的晶粒大小。因此,合理控制再结晶晶粒尺寸是生产实际中必须注意的问题。一般情况下,总希望得到细晶粒的组织,因为其综合性能较好。

再结晶晶粒的平均直径 d 可表示为

$$d = k\left(\frac{G}{\dot{N}}\right)^{1/4} \tag{7-11}$$

式中　　k —— 常数;

G —— 长大速率;

$\dot{N}$ —— 形核速率。

显然,要细化再结晶晶粒,必须减小 $G/\dot{N}$,即在高的再结晶形核速率和低的长大速率条件下,易获得细的再结晶晶粒。可见,影响再结晶的因素也是影响再结晶晶粒大小的因素。

7.3.5.1　预先变形程度

图 7-15 表示金属的冷变形度对再结晶后晶粒大小的影响。可见,当变形度很小时不发生再结晶,故晶粒度不改变。当变形度为 $2\% \sim 8\%$ 时,再结晶后的晶粒特别粗大,此时的变形度即所谓临界变形度。当变形度大于临界变形度时,则随变形度的增加,晶粒逐渐细化。这是由于变形度增加,储存能增大,$\dot{N}$ 和 G 都同时增加,但 $\dot{N}$ 的增大速率大于 G 的增大速率,使 $G/\dot{N}$ 逐渐减小的缘故(见图 7-16)。

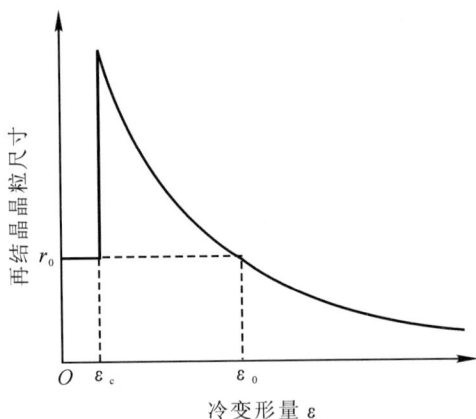

图 7-15　冷变形量与再结晶晶粒尺寸的关系

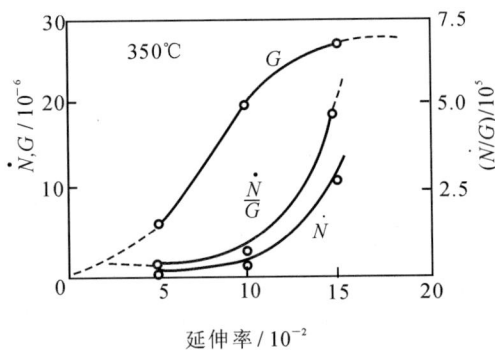

图 7-16　铝在 350 ℃ 再结晶时,$\dot{N},G$ 和 $\dot{N}/G$ 与变形度的关系

在临界变形度时,由于变形小且不均匀,$\dot{N}$ 很小,再结晶后晶粒粗化,对金属的机械性能不利。因此,在制定变形加工工艺时,应注意避免在临界变形度范围内加工,以免性能恶化。但有时也会对临界变形度加以利用。例如,利用临界变形度反复进行多次变形和再结晶退火,可使晶粒一次比一次粗大,最后甚至有可能获得单晶体。

7.3.5.2　原始晶粒尺寸

如图 7-17 所示,当变形度一定时,原始晶粒越细,再结晶后的晶粒也越细。这是因为原始晶粒细,变形储存能高,形核驱动力大,且形核点增多,最终使 $G/\dot{N}$ 减小。

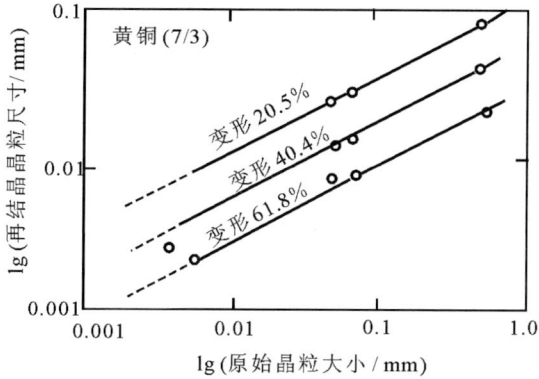

图 7 - 17　黄铜的再结晶晶粒大小与变形度及原始晶粒大小的关系

7.3.5.3　微量溶质原子和杂质

微量溶质原子和杂质,一般都能起细化晶粒的作用。原因是其存在一方面增加了储存能,使驱动力增大,另一方面阻碍晶界移动,使 $G/\dot{N}$ 减小,从而使晶粒细化。

7.3.5.4　退火温度

提高退火温度,不仅使再结晶后的晶粒粗大,而且还影响临界变形度的大小,如图7-18所示。退火温度越高,临界变形度越小,再结晶后的晶粒也越大。

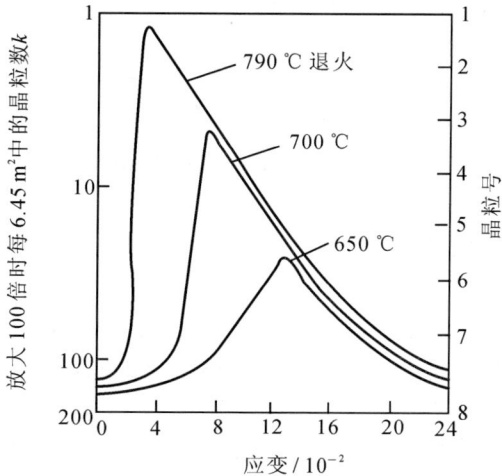

图 7 - 18　低碳钢(w_C 为 0.000 6)应变及退火温度对再结晶后晶粒大小的影响

另外,冷变形温度和退火保温时间也对再结晶晶粒大小有一定影响。

【例题 7.3.1】　已知 $w_{Zn} = 0.30$ 的黄铜在 400 ℃ 的恒温下完成再结晶需要 1 h,而在 390 ℃ 完成再结晶需要 2 h,试计算在 420 ℃ 恒温下完成再结晶需要多少时间?

解　再结晶速率为

$$v_{再} = A e^{-Q/RT}$$

设 t 为完成再结晶所需要的时间,则

$$v_{再} \, t = 1$$

$$A e^{-Q/RT_1} t_1 = A e^{-Q/RT_2} t_2 = A e^{-Q/RT_3} t_3$$

$$-\frac{Q}{R}(\frac{1}{T_1} - \frac{1}{T_2}) = \ln\frac{t_2}{t_1}$$

$$-\frac{Q}{R}(\frac{1}{T_1} - \frac{1}{T_3}) = \ln\frac{t_3}{t_1}$$

$$\frac{\dfrac{1}{T_1} - \dfrac{1}{T_2}}{\dfrac{1}{T_1} - \dfrac{1}{T_3}} = \frac{\ln\dfrac{t_2}{t_1}}{\ln\dfrac{t_3}{t_1}}$$

将 $T_1 = 673$ K，$t_1 = 1$ h，$T_2 = 663$ K，$t_2 = 2$ h，$T_3 = 693$ K 代入上式，解得

$$t_3 \approx 0.26 \text{ h}$$

即 420 ℃ 恒温下完成再结晶约需 0.26 h。

【例题 7.3.2】 有人将工业纯铝在室温下进行大变形量轧制，使其成为薄片试样，所测得的室温强度表明试样呈冷加工状态，然后将试样加热到 100 ℃，保温 12 d，再冷却后测得的室温强度明显降低。试验者查得工业纯铝的 $T_{再} = 150$ ℃，所以他排除了发生再结晶的可能性。请解释上述现象，并说明如何证明你的设想。

解 经大变形量轧制的铝薄片加热 100 ℃，保温 12 d，再冷却后，其室温强度明显下降，原因可能是其已发生了再结晶。试验者查得的 $T_{再} = 150$ ℃，是指在 1 h 内完成再结晶的温度。而金属在大量冷变形后，即使在低于 $T_{再}$ 的退火温度，只要保温足够的时间，同样可以完成再结晶。

有两种方法可以证明上述设想。

(1) 观察薄片试样的全相组织，便可确认是否已完成再结晶。

(2) 利用退火温度(T_1, T_2)与完成同样体积分数的再结晶所需要的时间(t_1, t_2)之间的关系，可以计算出发生再结晶的温度 T_2，将 T_2 与 100 ℃ 比较即可。

7.4 再结晶后的晶粒长大

再结晶完成后，继续升温或延长保温时间，都会使晶粒继续长大。晶粒长大也是自发过程，只要动力学条件允许，都会发生晶粒长大。与再结晶不同，晶粒长大的驱动力来自晶粒长大后总的界面能的下降。

根据再结晶后晶粒长大的特征，可将其分为两类：一是大多数晶粒长大速率相差不多，几乎是均匀长大，称为正常长大；另一种是少数晶粒突发性的、不均匀的长大，称为异常长大，也称为二次再结晶。

7.4.1 晶粒的正常长大

7.4.1.1 晶粒的长大方式

再结晶完成后，新的等轴晶粒比较细小，且相互接触，变形引起的储存能已基本上完成释放，但在更高的加热温度或更长的保温时间条件下，仍然可以继续长大。这种长大是以大角度晶界迁移、晶粒相互吞食方式进行的。

图 7-19 是铝的再结晶晶粒长大过程照片。图中数字 1,2 分别表示晶界迁移前后所在位置。可见，晶粒长大是通过大晶粒吞食小晶粒，晶界向曲率中心移动的方式进行的。这与再结

晶过程中新晶粒的形核长大中晶界的移动方向正好相反。产生这种区别的原因是晶粒长大的驱动力不同于再结晶时的驱动力。

7.4.1.2　晶粒长大的驱动力

晶粒长大的驱动力来源于晶界迁移后体系总的自由能的降低,即总的界面能的降低。

这可借助图 7-20 所示的圆柱状界面面积元张力模型来分析。设圆柱状界面曲率半径为 r,界面张力为 σ,在厚度为 l 的界面面积元上将受到大小为 σl 的一对作用力。这对作用力在水平方向的分量为 $2\sigma l \times \sin\dfrac{\mathrm{d}\theta}{2}$,方向指向曲率中心。由于这一水平分力力图使弯曲界面伸长,为保持界面弯曲,则必须使界面凹侧存在大于凸侧的压应力,以抗衡界面张力。设界面两侧的压应力差为 Δp,则平衡条件为

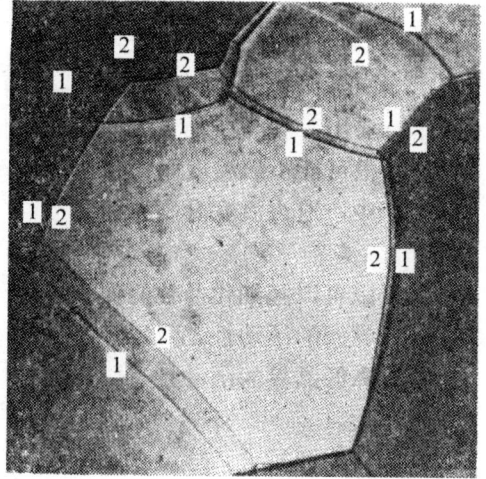

图 7-19　铝晶粒长大的晶界迁移
1— 迁移前晶界位置；　2— 迁移后晶界位置

$$2\sigma l \sin\left(\frac{\mathrm{d}\theta}{2}\right) = \Delta p l r\, \mathrm{d}\theta$$

当 $\mathrm{d}\theta$ 很小时,$\sin\dfrac{\mathrm{d}\theta}{2} \approx \dfrac{\mathrm{d}\theta}{2}$,整理上式为

$$\Delta p = \frac{\sigma}{r} \tag{7-12}$$

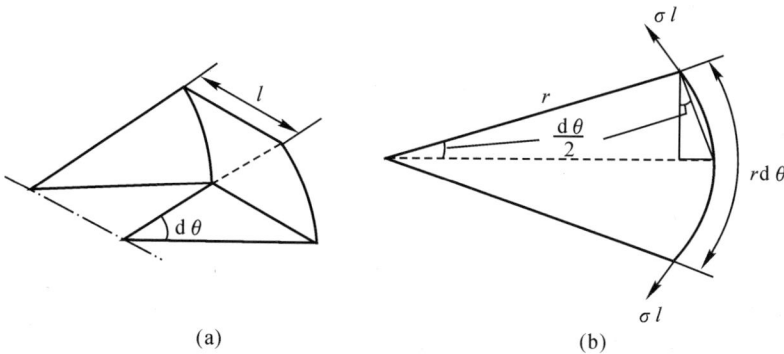

图 7-20　分析晶界迁移驱动力的界面张力模型
(a) 柱状界面元；　(b) 界面张力分析

晶界界面形状一般并非柱面,对于非柱面的一般界面,其中任一段的曲率半径,可用通过其法线的两个相互垂直平面上的两个主曲率半径 r_1 和 r_2 表示。于是,对于一般的曲面界面,有

$$\Delta p = \sigma\left(\frac{1}{r_1} + \frac{1}{r_2}\right) \tag{7-13}$$

当界面为球面时,$r_1 = r_2 = r$,则

$$\Delta p = \frac{2\sigma}{r} \tag{7-14}$$

可见,当 σ 一定时,界面曲率越大(即 r 越小),则 Δp 越大。相对于界面而言,凹侧(曲率中心所在一侧)原子将受到比凸侧原子更大的压应力。因此,如果动力学条件具备(即原子具有足够的活动性),这种压应力将使原子由界面凹侧向界面凸侧的跳动概率大于原子向相反方向的跳动概率,促使原子向界面凸侧晶粒扩散,界面向凹侧方向,即晶面曲率中心所在方向移动,直到晶界变成平直($\Delta p = 0$)。其结果是晶界凸侧晶粒不断长大,而凹侧晶粒不断缩小。

7.4.1.3 晶粒的稳定形状

晶粒长大是因为晶界弯曲造成界面两侧存在压力差 Δp,若晶粒长大到一定程度后,晶界全部变成平直状,$\Delta p = 0$,晶界迁移停止。因此,再结晶后的晶粒长大有一定限度,不会无限粗化。另外,根据界面张力平衡规律,若二维方向上任意相邻三晶粒处于平衡,如图7-21(a)所示,则三晶粒交汇处界面的张力 T_1,T_2,T_3 应分别与其对应的界面夹角 $\theta_1,\theta_2,\theta_3$ 之间满足如下关系:

$$\frac{T_1}{\sin\theta_1} = \frac{T_2}{\sin\theta_2} = \frac{T_3}{\sin\theta_3} \tag{7-15}$$

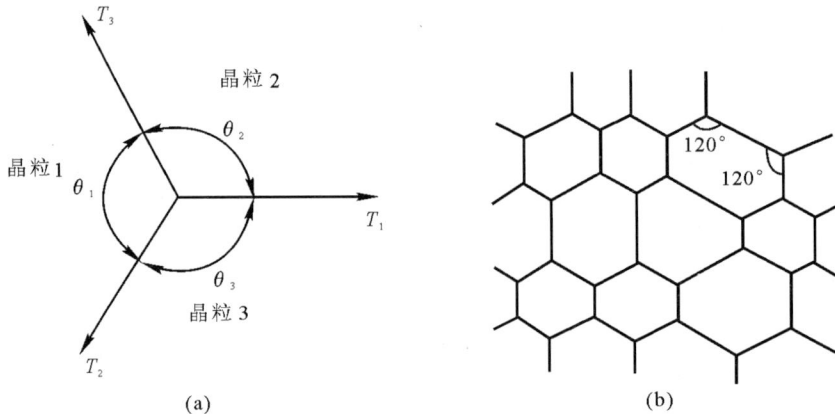

图 7-21 晶粒的稳定形状

(a) 三晶粒交汇处的表面张力 T_1,T_2,T_3 与界面角 $\theta_1,\theta_2,\theta_3$;

(b) 二维晶粒的稳定形状

因 $T_1 = T_2 = T_3$,故 $\theta_1 = \theta_2 = \theta_3 = 120°$。图7-21(b)所示各晶界夹角均为 $120°$ 的六边形二维晶粒符合上述两个条件。此时,三晶界交点的任何移动都会增加晶界的总长度,从而增加总的晶界能。因此,这种晶粒比较稳定,在继续加热时,每个晶粒都不易长大或缩小。三维空间多晶体晶粒的稳定形状是图 7-22 所示的十四面体。

如果二维晶粒不是六边形,为了使晶粒的各顶角成 $120°$:边数小于 6 的晶粒,即尺寸一般较小的晶粒,其晶界向外弯曲;而边数大于 6 的晶粒,即尺寸通常较大的晶粒,其晶界必然向内弯曲(见图7-23)。由于高温下弯曲的晶界会向其曲率中心移动,边数小于 6 亦即尺寸较小的晶粒,具有缩小而最终消失的倾向,而边数大于 6 亦即尺寸较大的晶粒则具有长大的倾向。图7-24 以三条边晶粒的消失过程为例,示意地说明了该过程。由此不难理解,为什么再结晶完成后的晶粒长大过程是以大晶粒吞食小晶粒、晶界向曲率中心移动的方式进行的。

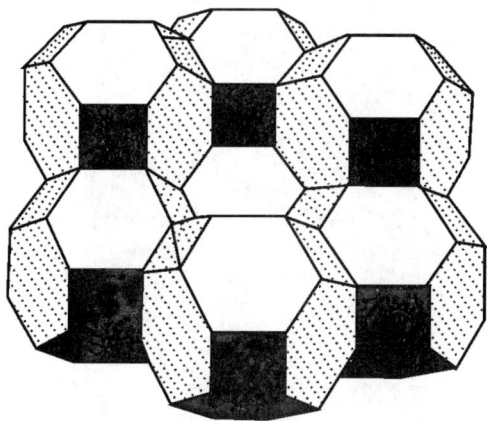

图 7-22　晶粒的平衡形状 —— 十四面体

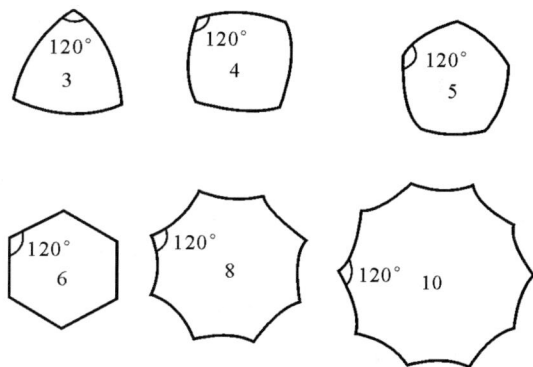

图 7-23　二维晶粒的顶角均等于 120° 的多边形晶粒

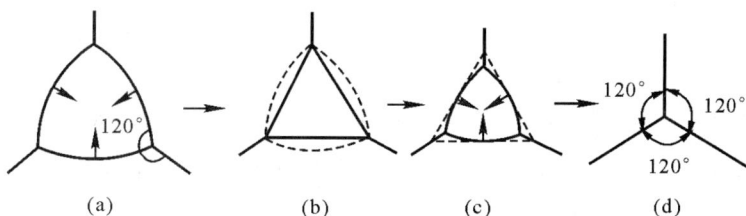

图 7-24　晶粒缩小过程示意图

7.4.1.4　影响晶粒正常长大的因素

晶粒长大是通过晶界的迁移来进行的。因此,凡是影响晶界移动的因素,都会影响晶粒长大。通常为了使晶粒不致粗化,总希望降低晶界的可动性或晶界的迁移率,因而必须适当控制某些因素。

(1) 温度　退火温度是影响晶粒长大的最主要因素之一。因晶界的迁移与原子的扩散有关,扩散系数 D 越大,晶界越易迁移,即晶粒越易粗化。由 $D = D_0 \exp\left(-\dfrac{Q}{kT}\right)$ 可知,温度能强烈地影响原子的扩散能力,从而影响晶界迁移和晶粒长大过程。

(2) 分散相微粒　实验表明,当晶界迁移遇到分散相微粒时,往往受阻,从而降低晶粒长大速率。图 7-25 所示的 Fe-Si 合金在 800 ℃ 加热时的晶粒长大情况就是一个例子。由于合金组织中分布细小的 MnS 颗粒(体积分数为 0.01,直径约 0.1 μm),晶粒长大时,晶界受其钉扎(见图 7-26),长大到一定尺寸就停止了。

若分散相粒子为球状,半径为 r,体积分数为 φ,晶界表面张力为 σ,则晶界与粒子交截时,单位面积晶界上各粒子对晶界移动所施加的总约束力为

$$F_{\max} = \frac{3}{2} \frac{\varphi\sigma}{r} \qquad\qquad (7-16)$$

证明从略。

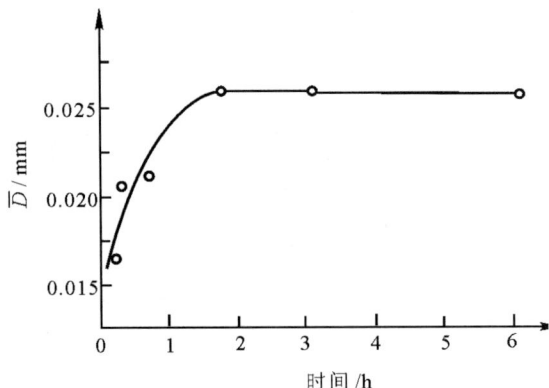

图 7-25 w_{Si} 为 0.03 的 Fe-Si 合金
在 800 ℃ 时的晶粒长大

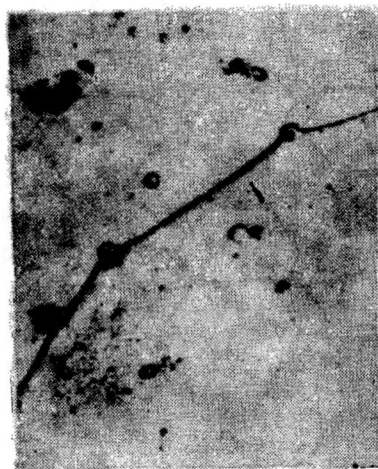

图 7-26 Fe-Si 合金(w_{Si} 为 0.03)中的
MnS 粒子限制了晶粒长大

这说明分散相微粒的数量越多,越细小,对晶界运动的阻碍作用越大。如果晶界移动的驱动力完全来自晶界能,此驱动力应为 $\dfrac{2\sigma}{r_{晶粒}}$。当晶界能所提供的晶界移动的驱动力正好与分散相粒子对晶界移动所施加的总约束力相等时,正常晶粒长大停止,此时的晶粒平均尺寸称为极限平均晶粒尺寸 $\bar{R}_{m}$。

由于

$$\frac{3}{2}\frac{\varphi\sigma}{r}=\frac{2\sigma}{\bar{R}m}$$

故

$$\bar{R}_{m}=\frac{4r}{3\varphi} \tag{7-17}$$

式(7-17)表明晶粒的极限平均直径决定于分散相粒子的尺寸及其所占的体积分数。当分散相粒子的体积分数一定时,粒子尺寸越小,极限平均晶粒尺寸也越小。对照图 7-25 可知,由式(7-17)计算的结果与实验符合较好。

利用分散相微粒阻碍高温下晶粒的长大,已广泛应用于许多金属材料和非金属材料中。例如,在钢中加入少量的 Al,Ti,V,Nb 等元素,可以形成适当数量及尺寸的 AlN,TiN,VC,NbC 等分散相粒子,有效阻碍高温下钢的晶粒长大,使钢在焊接或热处理后仍具有较细小的晶粒,保证良好的机械性能。在陶瓷烧结中也常利用分散相微粒防止晶粒粗化。

(3)微量溶质或杂质 金属中固溶的微量溶质或杂质的存在能阻碍晶界的移动。这是因为晶界能量较高,对某些溶质或杂质原子有吸附作用。这些偏聚在晶界的溶质或杂质原子形成了一种气团,能"钉扎"或"拖曳"位错,使位错运动受阻。图 7-27 显示微量 Sn 的存在对 300 ℃ 时纯 Pb 晶界移动的作用。随微量 Sn 含量的增加,Pb 晶界移动速度明显下降。

值得注意的是,微量 Sn 对纯 Pb 某些特殊位向差晶界的移动速率的影响远小于对一般位向差晶界的影响。或者说,当有微量 Sn 存在时,某些特殊晶界的移动速率要比一般晶界快得多。这是因为具有特殊位向差的晶界其原子排列的重合性高,与一般位向差晶界相比,它较不利于杂质原子的吸附,因而微量溶质或杂质原子对其晶界活动性的影响较小。

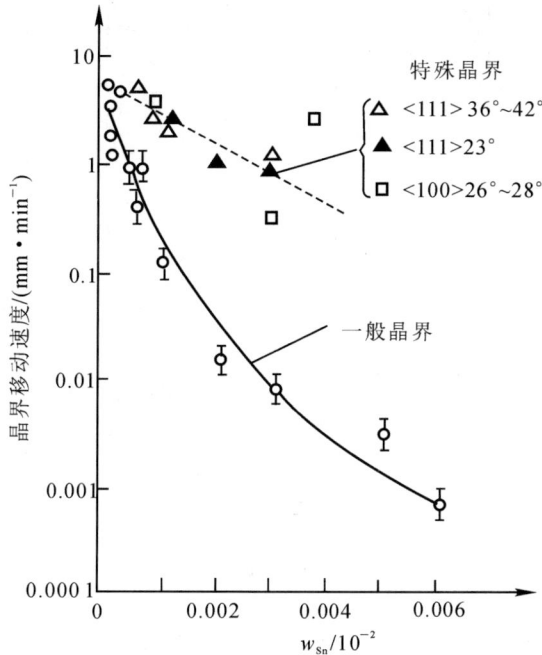

图 7-27　300 ℃ 时微量 Sn 对高纯 Pb 晶界移动速度的影响

（4）晶粒间位向差　　一般情况下,晶界能越高则晶界越不稳定,其迁移速率也越大。而晶界能与相邻晶粒间的位向差有关。一般小角度晶界或具有孪晶结构的晶界,因其晶界能比普通大角度晶界的晶界能低,可表现出很小的迁移率。对有些金属如纯 Pb,晶粒间位向差对迁移速率的影响还与温度有关,如图 7-28 所示。在较高温度（如 300 ℃）时,随晶粒间位向差增大,晶界移动速度增大,至位向差较大时,趋于恒定。当温度较低（如 200℃）时,大角度晶界范围内只有某些特殊位向的晶界移动速度较大,其他大角度晶界的移动速度都较小,这与纯 Pb 中微量杂质的存在有关。而较高温度时,杂质不能在晶界偏聚,不能体现特殊位向不利于杂质吸附的特点。

（5）表面热蚀沟　　金属在高温下长时间加热时,晶界与金属表面相交处为了达到表面张力间的平衡,将会通过表面扩散产生图 7-29 所示的热蚀沟。如果晶界自热蚀沟处移开,就会增加晶界面积而增加晶界能。因此,热蚀沟的存在对晶界运动增加了一个约束力。显然,金属板越薄,其晶界与表面相交区域所占的晶界总面积的比例越大,热蚀沟对晶界迁移的约束作用越突出。

当热蚀沟对晶界的约束力等于晶界能提供的晶界移动的驱动力时,晶界就被钉扎在热蚀沟处,使薄板中的晶粒尺寸达到极限而不再长大。如果以 R_m 表示晶粒的极限半径,可以说明,R_m 与板厚 a、晶界能 γ_b、表面能 γ_s 之间的关系为

$$R_m = a \frac{\gamma_s}{\gamma_b} \tag{7-18}$$

对一定的金属而言,γ_s,γ_b 均为常数,因此薄板中的极限晶粒尺寸与板厚度成正比。

对于厚板,因表面所占比例较小,可以忽略热蚀沟对晶界长大的影响。

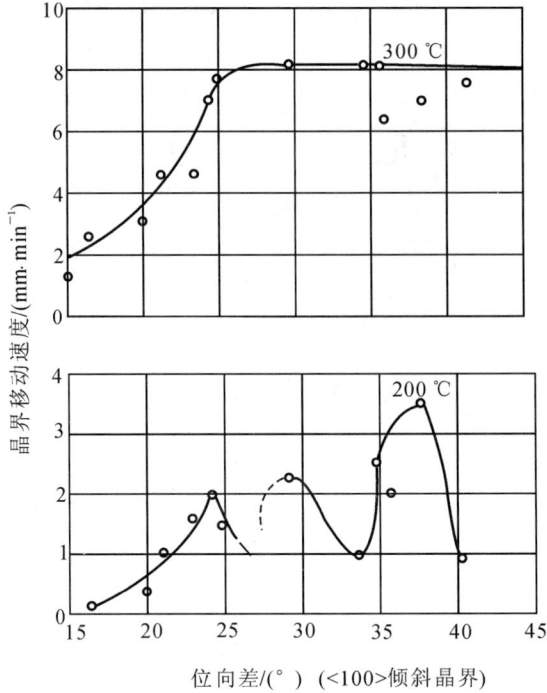

图 7-28   200 ℃ 和 300 ℃ 时,区域提纯的铅的双晶体中的倾斜晶界的移动速度
与晶体间的位向差的关系

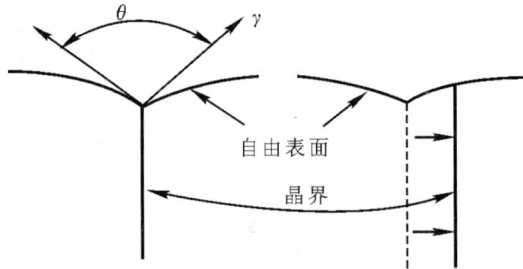

图 7-29   金属板表面热蚀沟及热蚀沟处晶界的迁移

【**例题 7.4.1**】   在 Fe-Si 钢(w_{Si} 为 0.03)中测得 MnS 粒子的直径为 4×10^{-4} mm,1 mm^2 内的粒子数为 2×10^5 个,试计算 MnS 对这种钢正常热处理时奥氏体晶粒长大的影响(计算奥氏体晶粒的大小)。

解   单位体积内 MnS 粒子的个数为

$$N_V = \frac{N_A}{d}$$

$$N_A = 2 \times 10^5 / mm^2$$

故 MnS 粒子的体积分数为

$$\varphi_{MnS} = \frac{4}{3}\pi r^3 N_V = \frac{1}{6}\pi d^2 N_A = \frac{1}{6} \times 3.14 \times (4 \times 10^{-4})^2 \times 2 \times 10^5 = 1.676 \times 10^{-2}$$

故这种钢热处理时,由于 MnS 粒子的阻碍,奥氏体晶粒长大的极限尺寸为

$$\overline{R}_m = \frac{4r}{3\varphi} = \frac{4 \times 2 \times 10^{-4}}{3 \times 1.676 \times 10^{-2}} = 1.592 \times 10^{-2} \text{ mm}$$

7.4.2 晶粒的异常长大

再结晶完成后,正常的晶粒长大应是均匀的、连续的。但在某些情况下,晶粒长大只是少数晶粒突发性地、迅速地粗化,使晶粒之间的尺寸差别显著增大,如图 7-30 所示。这种不正常的晶粒长大称为晶粒的异常长大。这种晶粒的不均匀长大,就好像在再结晶后均匀、细小的等轴晶粒中又重新发生了再结晶,因此又称为二次再结晶。与此相对应,将前面讨论过的真正的再结晶称为一次再结晶。

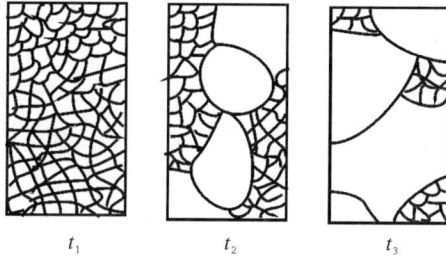

图 7-30 晶粒的异常长大过程
(时间 $t_1 < t_2 < t_3$)

图 7-31 所示是 Fe-Si 合金(w_{Si} 为 0.03)进行二次再结晶前后的显微组织,结合图 7-30 可以看出,二次再结晶仍是使体系中总界面能降低的自发过程,与一次再结晶所不同的是,绝大多数晶粒长的大速率很慢,而个别晶粒的长大速率很快,以至在晶粒长大过程中,晶粒大小差别越来越显著。从前述晶粒的正常长大规律可知,晶粒尺寸差别越大,越有利于大晶粒吞食小晶粒。因此,随着个别晶粒因初始长大速率较快而与周围小晶粒尺寸的差别增大,其长大速率会越来越快,最终形成晶粒大小极不均匀的组织或仅由粗大晶粒组成的组织。

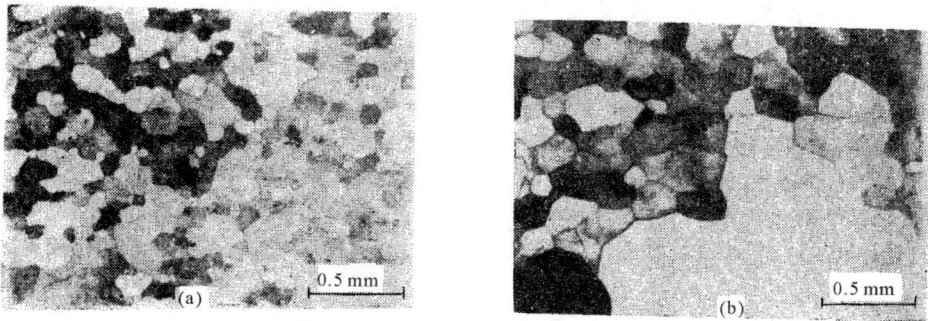

图 7-31 Fe-Si 合金(w_{Si} 为 0.03)在 1 100 ℃ 退火的组织
(a) 异常长大前(5 min); (b) 异常长大后(20 min)

二次再结晶中少数晶粒可以迅速长大的主要原因在于组织中存在使大多数晶粒边界比较稳定或被钉扎而只有少数晶粒边界易迁移的因素,主要有以下几种情况:

（1）再结晶完成后组织中存在细小、弥散的第二相粒子，由于这些粒子对晶界的钉扎作用，在一定退火温度下，晶粒长大到一定尺寸便难以继续长大，如图 7-26 所示的 MnS 对晶界的钉扎作用。但是，如果第二相粒子在个别晶粒边上分布较少，或由于温度较高使局部区域的第二相粒子溶解，个别晶界在长大过程中不受第二相粒子的钉扎或钉扎约束力很小，则这些晶界的可动性高于其他大部分晶界，此处的晶粒能迅速长大。如图 7-32 给出的 Fe-Si 合金 w_{Si} 为 0.03 的晶粒长大就是一个例子。高纯 Fe-Si 合金（$w_{Si} = 0.03$，不含第二相颗粒）在退火温度升高时，只发生正常晶粒长大（曲线 1）；当含有 MnS 颗粒的合金在加热时，有的晶粒迅速粗化（曲线 2），有的晶粒仍保持细小（曲线 3）。从曲线 2 可以看出，二次再结晶晶粒是在约 930 ℃ 突然长大的，这是由于此温度下 MnS 颗粒溶解，晶界迁移的障碍消失，从而发生迅速迁移的结果。在高于 930 ℃ 的温度加热时，晶粒尺寸反而有所下降是因为二次再结晶晶粒的数量增多，先长大的尺寸虽大，后长大的尺寸却较小，平均尺寸反而下降。曲线 3 是在二次再结晶

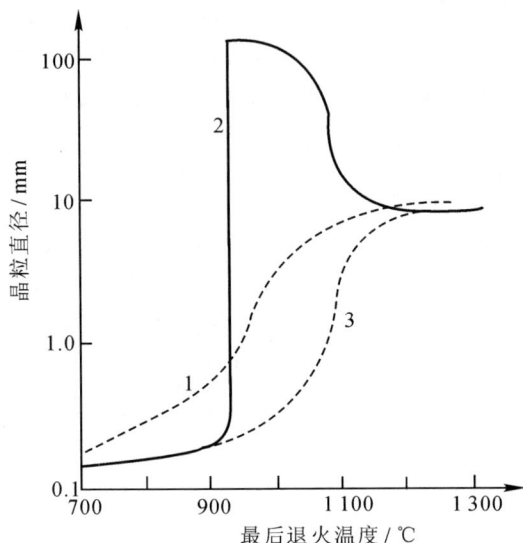

图 7-32　Fe-Si 合金（w_{Si} 为 0.03）冷轧 50% 后退火 1 h，晶粒大小与温度的关系

保持细小的晶粒的长大特性，可以看到它和高纯材料中的晶粒正常长大相似，由于 MnS 颗粒的拖曳作用，它的长大发生在较高的温度。

（2）一次再结晶后若形成再结晶织构（见 7.4.3 小节），则组织中大部分晶粒位向差相近，均为小角度晶界，迁移率较小，比较稳定，仅有少数大角度晶界有较高的迁移率，此处晶粒能迅速长大。

（3）若金属为薄板，则在一定的加热条件下，会出现热蚀沟，它能钉扎晶界。若大部分晶界被热蚀沟钉扎，仅有少数晶粒边界可迁移，便易发生二次再结晶。

（4）一次再结晶后，组织由于某些原因产生了局部区域不均匀现象，而存在个别尺寸很大的初始晶粒，其晶界迁移率高于其他晶界，就会迅速长大。

可见二次再结晶并不是真的发生了形核长大，其规律与晶粒的正常长大完全相同，只是由于一次再结晶组织可能存在上述情况，给二次再结晶提供了条件。二次再结晶的"晶核"可能是：① 一次再结晶后组织中一些比周围晶粒显著大的晶粒；② 在具有织构的组织中某些具有非择优取向的晶粒；③ 晶界处第二相粒子或夹杂物发生溶解的晶粒；④ 被热蚀沟钉扎的薄板中表面能低的晶粒。

在有些情况下，如更高温度加热或在薄板中，还有可能在二次再结晶的基础上发生三次再结晶，其规律及机制与二次再结晶相同。

二次再结晶会形成非常粗大的晶粒及很不均匀的组织，不仅会降低材料的强度和塑性、韧性，还会降低再次冷加工工件的表面质量。因此，在制定冷变形材料的再结晶退火工艺时，应注意避免发生二次再结晶。但是，对于某些磁性材料如硅钢片，却可利用二次再结晶获得粗大

晶粒,以改善其磁性性能。

7.4.3　再结晶退火及其组织控制

7.4.3.1　再结晶退火

再结晶可消除冷变形金属的加工硬化效果及内应力,因此,再结晶退火被广泛用于金属冷变形加工的中间工序。所谓再结晶退火工艺,一般是指将冷变形后的金属加热到再结晶温度以上($T_{再} = T_k + 100 \sim 200℃$),保温一定时间后,缓慢冷却至室温的过程。其目的是软化冷变形金属(中间退火),或冷变形后细化晶粒,改善显微组织(最终退火)。特别是那些不能用固态相变来进行热处理的材料,可采用形变-再结晶工艺提高材料的力学性能。

7.4.3.2　再结晶组织

再结晶退火过程中,回复、再结晶及晶粒长大往往交错、重叠进行,退火后的组织也是这些过程综合作用的结果,有时还会产生退火孪晶和再结晶织构。

(1)再结晶图　不同的冷变形度及退火温度下所得到的再结晶组织晶粒大小不同。通常将退火温度、冷变形度对再结晶晶粒大小的影响用三维图形表示,称为再结晶图。它可以作为制定生产工艺规范参数的参考依据。不同金属的再结晶图不同,图7-33所示是工业纯铝的再结晶图。

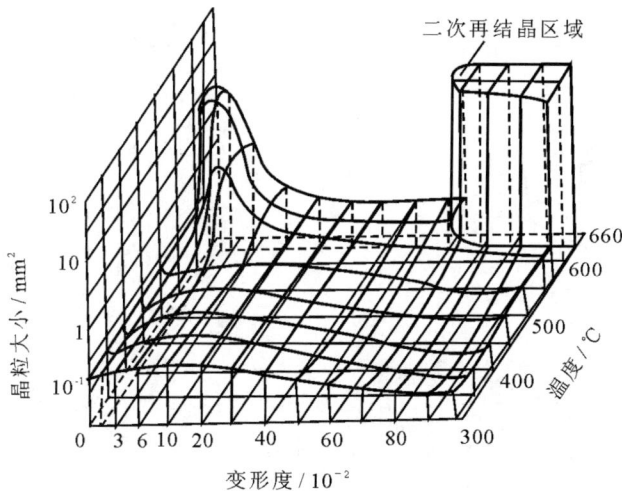

图 7-33　工业纯铝的再结晶图

在图7-33中,存在两个粗晶区:一是临界变形度区域;另一个是二次再结晶区域。后者对应的变形度较大,退火温度也较高。这是因为强烈冷变形导致退火中形成强烈的再结晶织构,阻碍了晶粒的正常长大,仅有少数具有大角度晶界的晶粒优先生长,从而产生二次再结晶。显然,对于一般结构材料,制定变形及退火工艺时应避开这两个区域。

另外,其他工艺因素(如退火保温时间)对再结晶晶粒大小也有显著影响,再结晶图无法反映。

（2）退火孪晶　一些不易产生形变孪晶的面心立方金属，如 Cu、Ni、α 黄铜、γ 不锈钢等，经再结晶退火后，会出现孪晶，称为退火孪晶，图 7-34 所示为冷变形 α 黄铜中的退火孪晶。

图 7-35 中的 A，B，C 代表三种典型的退火孪晶形态。其中 B 是贯穿晶粒的完整退火孪晶，C 为一端终止晶内的不完整退火孪晶，A 是晶界交角处的退火孪晶。孪晶两侧互相平行的晶面是共格孪晶界面，由 {111} 面组成；孪晶终止于晶粒内的界面，为非共格孪晶界。

退火孪晶是在再结晶过程中因晶界迁移出现层错形成的。面心立方金属晶界迁移时，{111} 面的正常堆垛顺序为 ABCABCA…，但如果晶界处 {111} 面某层原子面错排，则会造成层错，出现孪晶界。如果孪晶界面能远小于一般大角度晶界能，该层错就稳定下来成为孪晶核心并随大角度晶界的移动而长大。在长大过程中，如果 {111} 原子面再次错排，恢复原来的堆垛次序，则又形成一个孪晶界，两孪晶界间出现一个孪晶，如图 7-36 所示。

图 7-34　冷变形 α 黄铜退火时形成的退火孪晶组织

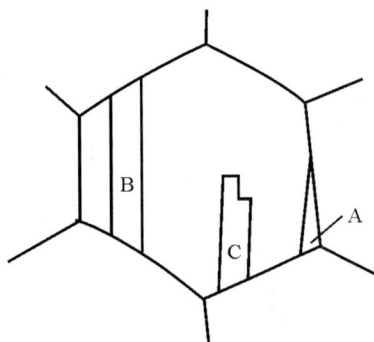

图 7-35　某些面心立方结构的金属和合金经再结晶退火后形成的退火孪晶(示意图)

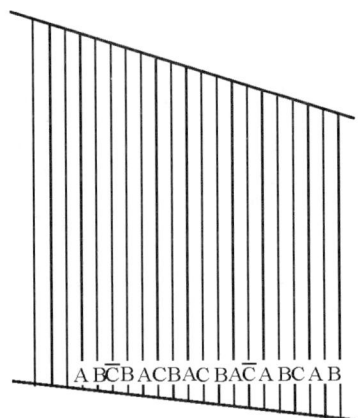

ABCBACBACBACABCAB

图 7-36　面心立方结构的金属形成退火孪晶时(111)面的堆垛次序

一般来讲，面心立方金属的孪晶界面能低于一般的大角度晶界能的程度越大，越易形成退火孪晶。

（3）再结晶织构　冷变形金属在再结晶过程中形成具有择优取向的晶粒，称为再结晶织构。再结晶织构与原变形织构可能一致，也可能不一致，但与变形织构有一定的取向关系。关于再结晶织构的形成，主要有择优形核和择优生长两种理论。

择优形核理论认为，再结晶织构是由于形成的再结晶核心大多数都保持着原变形织构的择优取向，并经长大形成与原变形织构相一致的再结晶织构。显然，这种理论仅限于解释与变形织构一致的再结晶织构的形成。

择优成长理论认为，即使金属中存在强烈的变形织构，但再结晶形核的取向也与变形织构无关。而核心生长时,晶界迁移速率却与晶界两侧(晶核与变形基体间)的位向差有关。因为存在变形织构时,大多数变形晶粒取向相近,仅有某些取向有利的再结晶晶核能够通过消耗变形基体而迅速长大,其他取向晶粒的生长则被抑制,最终形成再结晶织构。这种再结晶织构与原变形织构既可能一致,也可能呈一定取向关系。

再结晶织构使材料出现各向异性,退火后继续变形时各方向变形不均匀,杯形深冲件还出现"制耳"。可通过调整冷变形量、合金成分和组织、退火后的变形工艺等避免或消除强烈的织构。在用作磁性材料等用途时可利用织构。

7.5 金属的热变形

金属加工变形往往在高温条件下进行,如锻压、热轧、挤压等。其中一部分直接以热加工态使用,如一些锻件;另一部分则为中间产品,如各种型材。不论是半成品还是最终产品,它们的组织和性能都会不同程度地受到热加工过程的影响。

金属在再结晶温度以上的加工变形称为热变形。更严格地说,热变形是指金属在应变硬化速率等于其软化速率温度以上的变形。因此,冷、热变形不能以温度高、低来区分,而应根据其再结晶温度(若忽略应变速率的影响)来判定。如低熔点金属铅、锡等再结晶温度低于室温,室温下的变形也是热变形;而高熔点金属如钨,再结晶温度为 1 200 ℃,在 1 000 ℃ 的变形也是冷变形。

热变形实质上是变形中加工硬化与动态软化同时进行的过程,形变硬化为动态软化所抵消,因而不显示硬化作用。在热变形过程中动态软化包括动态回复和动态再结晶两种方式。热变形停止后,高温下还会发生静态回复和静态再结晶。

与冷加工相比,热变形具有许多优点,但也有一定的局限性。如热变形中不发生强化作用,塑性变形量可以达到很大,适用于大零件的成型及将大金属锭变形至很小尺寸。热变形还可以改善铸锭组织,消除气孔、偏析、粗大晶粒等。但热加工中由于金属与氧生成氧化物,导致表面质量较差。而且金属在热变形后的冷却中产生收缩,使加工零件难以达到精确尺寸。

7.5.1 动态回复与动态再结晶

7.5.1.1 动态回复

在塑性变形过程中发生的回复称为动态回复。图 7-37 所示是具有动态回复过程的热变形应力-应变曲线。它与冷变形时的应力-应变曲线显著不同。开始应力随应变增加而增大,但增大速率逐渐减小,最后达到一个近乎恒定的值。这表明在形变初始阶段,加工硬化大于动态回复引起的软化;随着变形的进行,加工硬化率逐渐减小,直至与软化达到平衡时,变形在近乎恒定的流变应力下继续进行,此阶段称为稳定阶段。

当变形温度一定时,应变速率 $\dot{\varepsilon}$ 越大,达到稳定的应力和应变也越大;当 $\dot{\varepsilon}$ 一定时,变形温度越高,则达到稳定态的应力和应变越小。

热变形开始阶段,由于加工硬化效果强,位错密度增加;在稳定阶段,由于加工硬化和软化达到平衡,位错增殖和消失平衡,位错密度基本恒定。动态回复引起的软化过程是通过刃型位错的攀移、螺位错的交滑移,使异号位错对消、位错密度降低的结果。动态回复中也会发生多边化,形成亚晶,如图 7-38 所示。亚晶在稳定阶段保持等轴状态和恒定尺寸。亚晶的尺寸受变形速率与变形温度的影响,变形速率越小,变形温度越高,生成的亚晶尺寸也越大。

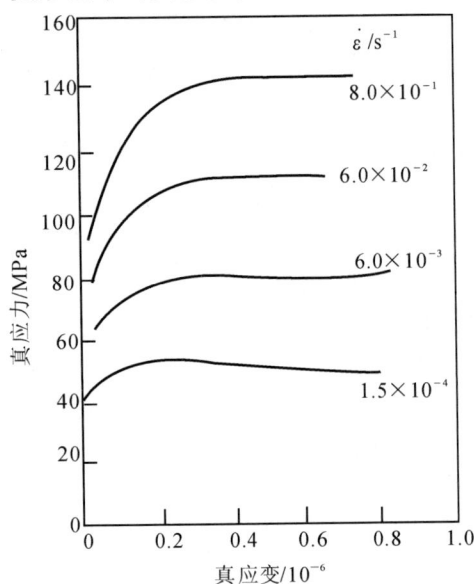

图 7-37　动态回复阶段的真应力-真应变曲线(工业纯铁,700℃)

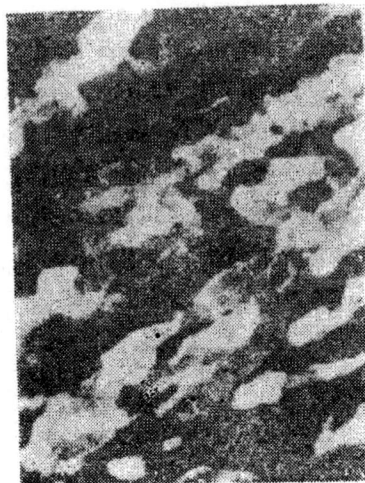

图 7-38　铝在 400 ℃ 挤压形成的动态回复亚晶

在动态回复过程中,变形晶粒不发生再结晶,故仍呈纤维状,热变形后迅速冷却,可保留伸长晶粒和等轴亚晶的组织。在高温较长时间停留,则可发生静态再结晶。

动态回复组织比再结晶组织的强度高,将动态回复组织保留已成功地应用于提高建筑用铝镁合金挤压型材的强度方面。

在层错能较高的金属如铝及铝合金、纯铁、铁素体钢等热加工时,易发生动态回复,因为这些金属中易发生位错的交滑移及攀移。

7.5.1.2　动态再结晶

在塑性变形过程中发生的再结晶称为动态再结晶。层错能较低的材料,如铜及铜合金、镍合金、奥氏体钢等,不发生位错的交滑移。此时,动态再结晶成为动态软化的主要方式,其热变形应力-应变曲线如图 7-39 所示。

由图 7-39 中可知,在较高的应变速率或较低的变形温度下,应力-应变曲线上有一个峰值,可分为 3 个阶段:初始阶段为加工硬化阶段,在应变量达到某一值后,开始发生动态再结晶,硬化率下降;在应力达到最大值后,动态再结晶引起的软化超过加工硬化,曲线下降;随真应变的继续增加,动态再结晶引起的软化与加工硬化趋于平衡,流变应力趋于恒定。

在较低的应变速率或较高的变形温度条件下,由于位错密度增加速率较小,动态再结晶后,必须有进一步的加工硬化,才能再一次积累位错密度发生再结晶。因此,此时动态再结晶与加工硬化交替进行,应力-应变曲线呈波浪状。

和再结晶过程类似,动态再结晶也是通过形成新的大角度晶界及随后移动的方式进行的。由于动态再结晶的晶核形成及晶粒长大期间仍受变形作用,使之具有反复形核、有限生长的特点。动态再结晶得到等轴晶粒组织,晶粒较为细小。晶粒大小决定于应变速率和变形温度。提高变形温度,降低应变速率,可得到较大的等轴晶粒。晶粒内部由于继续承受变形,有较高的位错密度和位错缠结存在。这种组织比静态再结晶组织有更高的强度和硬度。

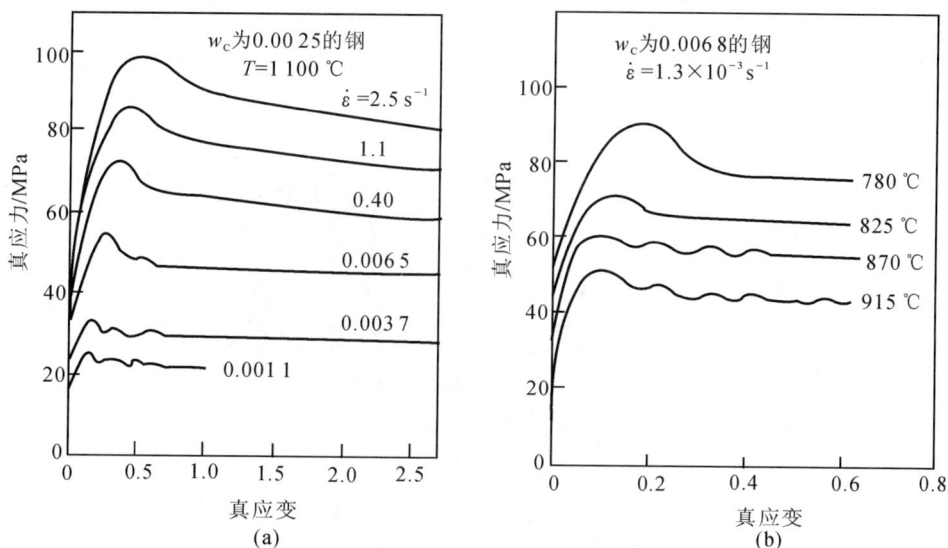

图 7-39　动态再结晶阶段的应力-应变曲线

（a）应变速率的影响；　（b）变形温度的影响

7.5.2　热变形引起组织、性能的变化

金属材料经过热变形后，将引起组织、性能的变化。

7.5.2.1　改善铸造状态的组织缺陷

铸造态材料的某些缺陷（如气孔、疏松等）在热变形中焊合，部分消除偏析，将粗大的铸态柱状晶和树枝晶改造成细小、均匀的等轴晶粒，改善夹杂物或脆性相的形态与分布。其结果使材料的致密性和机械性能，特别是塑性、韧性，比铸态有显著提高。

7.5.2.2　热变形形成流线（纤维组织）

在热变形中，某些枝晶偏析、夹杂物、第二相等将随组织变形而伸长，沿变形方向分布，晶粒发生再结晶，形成新的等轴晶粒，而夹杂物等仍沿变形方向呈纤维状分布，称为流线，如图 7-40 所示。

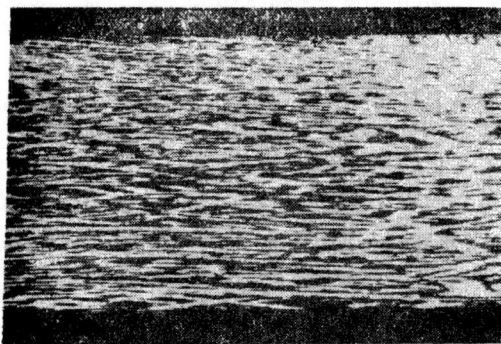

图 7-40　低碳钢热加工后的流线

形成流线使金属机械性能出现各向异性，沿流线方向和垂直于流线方向性能不同，沿流线方向具有较高的机械性能，特别是塑性和韧性。因此，为了保证零件具有较高的机械性能，热加工时应控制工艺使流线与零件工作时受到的最大拉应力的方向一致，而与外加的剪切应力和冲击方向相垂直。图7-41所示的热锻吊钩具有不同的流线分布，正确的流线分布会使零件具有较好的使用性能。

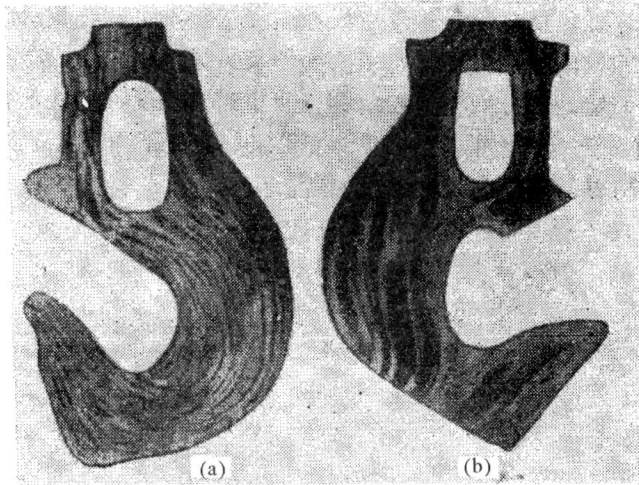

图 7 - 41　吊钩中的流线分布

(a) 正确；　(b) 不正确

7.5.2.3　形成带状组织

热变形后亚共析钢中的铁素体和珠光体呈条带状分布，如图7-42所示，称为带状组织。其形成有两种可能：一种是在两相区温度范围变形，铁素体沿奥氏体晶界析出后变形伸长，再结晶后奥氏体与铁素体变成等轴晶粒，但其分布仍呈条带状；另一种是热变形中枝晶偏析或夹杂物被拉长，当奥氏体冷却时，偏析区域（如富磷贫碳区域）首先析出铁素体且呈条带状分布，随后铁素体两侧的奥氏体区再转变成珠光体，最终呈条带状的铁素体加珠光体的混合物。带状组织也使材料产生各向异性，其影响与流线类似。

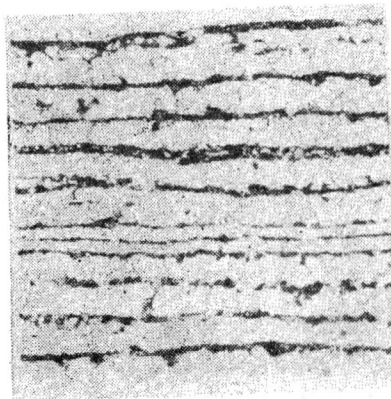

图 7 - 42　热轧低碳钢板的带状组织　×100

为防止和消除带状组织可采取以下措施:一是不在两相区变形;二是减少夹杂元素含量;三是采用高温扩散退火,消除元素偏析。对已出现带状组织的材料,可在单相区加热进行正火处理予以消除或改善。

7.5.2.4　热变形后的组织控制

热变形材料的机械性能,在相当程度上决定于材料的晶粒大小,细小晶粒的材料具有高的强韧性,因此要求热变形工艺最终获得细小的晶粒。在热变形中应控制其终止温度、最终变形量和热变形后的冷却速度。采用低的变形终止温度、大的最终变形量和快的冷却速度,可得到细小晶粒,加入微量合金元素,阻碍热变形后的静态再结晶和晶粒长大,也是细化晶粒的有效措施。

7.5.3　超塑性

某些材料在特定条件下进行拉伸时,能获得特别大的延伸率,可达 $200\% \sim 2\,000\%$,这种性能称为超塑性。

材料在一般条件下是没有超塑性的,要使其产生超塑性,必须具备以下条件:

(1)材料为具有细小($\leqslant 10\ \mu\mathrm{m}$)的等轴晶粒的两相组织,且这种组织在超塑性变形过程中保持稳定而不显著增大。

(2)超塑变形应在一定温度范围内进行,一般为 $0.5T_{\mathrm{m}} \sim 0.65T_{\mathrm{m}}$ 。

(3)超塑变形时的应变速率应较小,为 $10^{-2} \sim 10^{-4}\ \mathrm{s}^{-1}$ 。

材料拉伸曲线上均匀流变应力 σ_{T} 对应变速率 $\dot{\varepsilon}$ 很敏感,如图 7-43(a) 所示,且满足

$$\sigma_{\mathrm{T}} = c\dot{\varepsilon}^{m} \tag{7-19}$$

式中　　c —— 由材料决定的常数;

　　　　m —— 应变速率敏感常数,m 数值越大,σ_{T} 对 $\dot{\varepsilon}$ 越敏感。

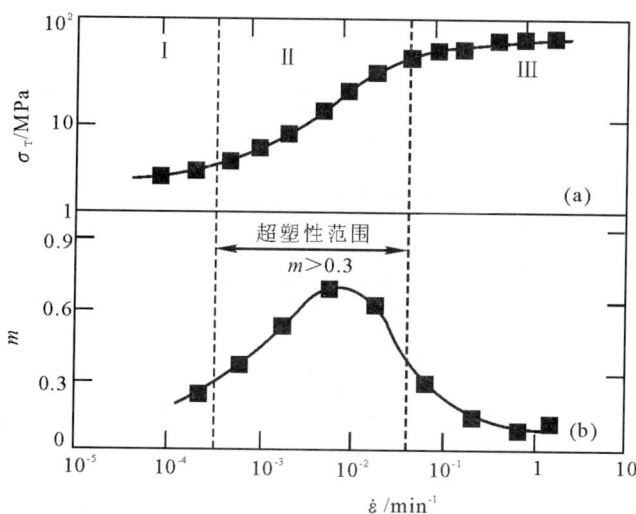

图 7-43　Mg-Al 共晶合金在 350 ℃ 变形时流变应力 σ 和应变速率敏感指数 m 随应变速率 $\dot{\varepsilon}$ 的变化(晶粒尺寸为 10.6 $\mu\mathrm{m}$)

图 7-43(b)给出了 m 随应变速率的变化。m 在 $\dot{\varepsilon}$ 适中时最大,在 $\dot{\varepsilon}$ 较高或较低时都较小。

m 值反映了材料拉伸时抵抗颈缩,即抵抗不均匀塑性变形的能力。m 值越大,材料的延伸率越大。因此,为了获得超塑性,要求材料的 m 值一般不小于 0.5。

温度和晶粒尺寸对超塑材料 $\lg\sigma$-$\lg\dot{\varepsilon}$ 及 m-$\lg\dot{\varepsilon}$ 曲线的影响如图 7-44 所示。可见,适当提高变形温度或减小晶粒尺寸有以下变化:

(1) 所有应变速率下的流变应力均降低,应变速率低时更为显著;

(2) 显示超塑性的应变速率范围向更大的应变速率方向移动;

(3) m 的最大值增大,并向更大的应变速率移动。

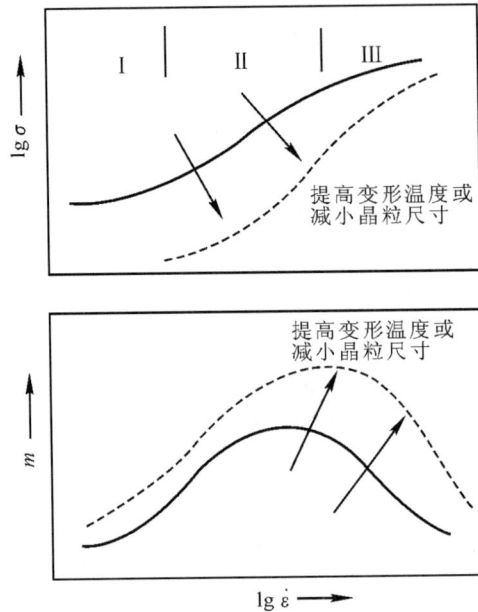

图 7-44　变形温度和晶粒尺寸对超塑性材料的 $\lg\sigma$-$\lg\dot{\varepsilon}$ 和 m-$\lg\dot{\varepsilon}$ 曲线的影响

显然,这些对获得超塑性有利。

实验表明,超塑性变形后材料具有如下的组织特征:

(1) 变形后晶粒虽有些长大,但仍为等轴晶,晶粒未变形拉长。

(2) 事先经过抛光的表面在超塑变形后不会出现滑移线,没有亚结构的形成和位错密度的增加。

(3) 原来两相呈带状分布的合金,在塑性变形后可变为均匀分布,带状消失。

(4) 具有再结晶织构的合金在超塑变形后织构消失,各晶粒位向趋于混乱。

上述组织变化特征与超塑变形的机制密切相关。如图 7-45 所示,假设有 4 个六边形晶粒在 σ 的作用下变形,通过晶界滑动、转动和原子的定向扩散(体扩散和晶界扩散),晶粒形状由初始状态[见图 7-45(a)]经过中间状态[见图 7-45(b)(c)]变为最终状态[见图 7-45(d)],最终和初始状态的晶粒形状相同,但位置发生了变化。因此,超塑变形时,试样的宏观变化依靠晶粒的换位,而这种换位又是通过晶界的滑动与扩散来完成的。由此不难理解为什么超塑性变形需要细小的两相等轴晶粒、较高的变形温度和一定的变形速率。

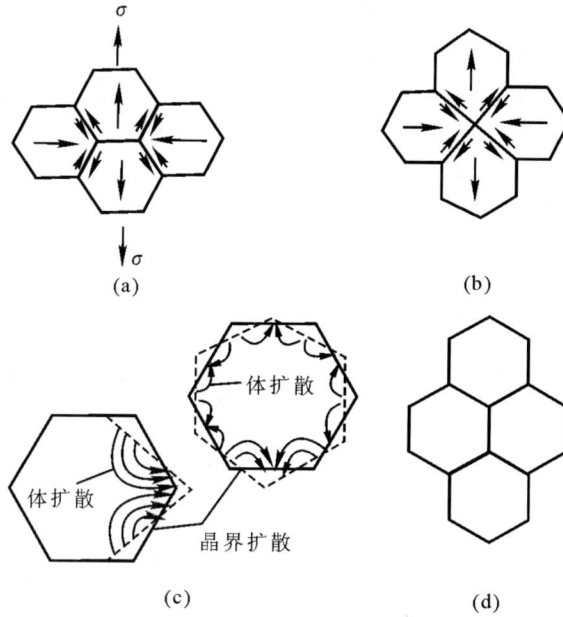

图 7 - 45　超塑性变形机制示意图

一些超塑性合金材料及其性能参数如表 7 - 4 所示。

表 7 - 4　一些超塑性合金材料及其性能参数

材　　料		超塑变形温度 /℃	延伸率 δ/(%)	m
锌基	Zn - 22Al	250	1 500 ~ 2 000	0.7
锡基	Sn - 38Pb	20	700	0.6
铝基	Al - 33Cu - 7Mg	420 ~ 480	> 600	0.72
	Al - 25.2Cu - 5.2Si	500	1 310	0.43
	Al - 11.7Si	450 ~ 550	480	0.28
	Al - 6Cu - 0.5Zn	420 ~ 450	约 2 000	0.5
	Al - 6Mg - 0.4Zr	400 ~ 520	890	0.6
铜基	Cu - 9.8Al	700	700	0.7
	Cu - 19.5Al - 4Fe	800	800	0.5
	Cu - 9Al - 4Fe	800	—	0.49
钛基	Ti - 6Al - 4V	800 ~ 1 000	1 000	0.85
	Ti - 5Al - 2.5Sn	900 ~ 1 100	450	0.72
镍基	Ni - 39Cr - 10Fe - 2Ti	810 ~ 980	1 000	0.5
镁基	Mg - 6Zn - 0.5Zr	270 ~ 310	1 000	0.6
铁基	Fe - 0.91C	716	133	0.42
	Fe - 1.2C - 1.6Cr	700	445	0.35
	Fe - 0.18C - 1.5Mn - 0.11V	900	320	0.55
	Fe - 0.16C - 1.5Mn - 1.98P - 0.13V	900	367	0.855
	Fe - 4Ni	900	820	0.58
	Fe - 4Ni - 3Mo - 1.6Ti	960	615	0.67

利用合金的超塑性,可以采用精密模锻或类似于热塑料或热玻璃的加工工艺(如吹制),来成形形状复杂的零件。在形变时没有弹性变形,成品不出现回弹,尺寸精度高,表面质量好,因此,超塑成形对强度高而塑性差的材料,如钛合金、金属间化合物等尤为重要。但要实现超塑成形需要严格控制组织和成形条件,这不仅会使成本增高,还会带来模具及成形材料氧化等问题。

【例题 7.5.1】 用以下三种方法,即①由厚钢板切出圆饼,②由粗钢棒切下圆饼,③由钢棒热镦成饼再加工成齿轮,哪种方法较为理想?为什么?

解 第三种方法较为理想。

上述三种方法都经过了热加工过程。金属材料经热加工后,由于夹杂物、偏析、晶界等沿流变方向分布,导致经浸蚀的宏观磨面上出现流线或热纤维组织。经热轧后,钢板的流线平行于板面;经挤压而成的粗钢棒中流线平行于棒轴线;经热镦成饼后,其流线呈放射状。它们加工成齿轮后的流线分布示意图如图 7-46 所示。钢材中流线的存在,会使其机械性能呈现出各向异性,顺流线方向较垂直于流线方向具有较高的机械性能。因此,要尽可能使流线与零件工作时所承受的最大拉应力方向一致,而与外加切应力或冲击力的方向垂直。由齿轮的受力情况和流线分布分析,在第三种情况下,金属的流线分布最有利于抵抗工作中所遭受的外力,所以比较理想。

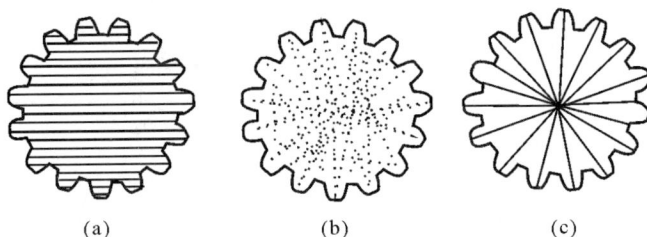

(a)   (b)   (c)

图 7-46   钢材经不同热加工后的流线分布

【例题 7.5.2】 用一冷拉钢丝绳吊装一大型工件入炉,并随工件一起加热到 1 000 ℃,加热完毕,当吊出工件时钢丝绳发生断裂。试分析其原因。

解 冷拉钢丝绳的加工过程是冷加工过程。由于加工硬化,钢丝的强度、硬度升高,故承载能力提高。当其被加热时,若温度超过了它的再结晶温度,会使钢丝绳产生再结晶,造成强度和硬度降低,一旦外载超过其承载能力,就会发生断裂。

7.6 3D 打 印

传统的材料成型方法,一是机械加工,包括车、铣、刨、磨等;二是加热工,包括锻、铸、焊等。在生产实践中,有许多构件用传统成型技术是难以实现的,而 3D 打印是全新的制造技术。美国第一台 3D 打印产品出现在 1988 年,之后 3D 打印技术快速发展。3D 打印在世界上受到广泛关注,3D 打印的需求和市场正在迅速增长。

什么是 3D 打印? 3D 打印即快速成型技术,它是一种以数字模型文件为基础,运用粉末状金属或塑料等可黏合材料,通过打印的方式来构造物体的技术。3D 打印通常是采用数字技术打印机来实现的。常在模具制造、工业设计等领域被用于制造模型,之后用于一些产品的直接制造。3D 打印在工业设计、工程和施工、航空航天、医疗等领域都有广泛应用。

3D 打印技术是指通过连续的物理层叠加,逐层增加材料来生成三维实体或产品的技术。其技术内涵包括相关的打印工艺、技术、设备类别和应用。

3D 打印综合了数字建模技术、机电控制技术、信息技术、材料科学与化学等诸多方面的前沿技术知识,具有很高的科技含量。

3D 打印具有超越传统技术的一系列新特征,如解决了传统技术难以解决的技术难题,加快新产品研发的技术迭代时间,支撑结构优化设计及整体结构设计,等等。

目前常用的 3D 打印高分子材料有尼龙、聚酰胺、聚脂、聚乙烯,聚丙烯和 ABS[丙烯腈(A)、丁二烯(B)、苯乙烯(S) 三种单体的三元共聚物] 等。随着 3D 打印技术的发展,传统材料的性能被大幅提升,其强大的快速熔融沉积和低温黏结特性将被广范用到 3D 打印制造领域。

金属 3D 打印技术是采用金属粉末或金属丝作为原料,通过计算机的控制逐层堆积成型,主要分为粉末烧结法和金属喷射法两类。其打印成型过程包括金属粉末(金属丝)的熔化与凝固、凝固金属的收缩、固态相变、塑性变形、加工硬化、变形后材料的回复与再结晶等物理现象。现在,3D 金属打印机已实现了低成本、快速打印金属物体,这将为制造业带来一场革命。

习　　题

1. 已知锌单晶体的回复激活能为 8.37×10^4 J/mol,将冷变形的锌单晶体在 $-50\ ℃$ 进行回复处理,如去除加工硬化效应的 25% 需要 17 d,问若在 5 min 内达到同样效果,需将温度提高多少摄氏度?

2. 说明金属在冷变形、回复、再结晶及晶粒长大各阶段的显微组织、机械性能特点与主要区别。

3. 说明金属在冷变形、回复、再结晶及晶粒长大各阶段晶体缺陷的行为与表现,并说明各阶段促使这些晶体缺陷运动的驱动力是什么?

4. 固态下无相变的金属及合金,如不重溶,能否改变其晶粒大小? 用什么方法可以改变?

5. 去应力退火过程与动态回复过程相比,位错运动的主要区别是什么? 从显微组织特征如何区分动、静态回复和动、静态再结晶?

6. 为细化某纯铝件晶粒,将其冷变形5% 后于 650 ℃ 退火 1 h,组织反而粗化;增大冷变形量至 80% 再于 650 ℃ 退火 1 h,仍然得到粗大晶粒。试分析其原因,指出上述工艺的不合理处,并制定一种合理的晶粒细化工艺。

7. 某低碳钢零件要求各向同性,但在热加工后形成比较明显的带状组织。请提出至少三种具体方法来减轻或消除在热加工中形成带状组织的因素。

8. 今有纯 Ti,Al,Pb 三种铸锭,试判断它们在室温(20 ℃)轧制的难易顺序,及是否都可以连续轧制下去。如果不能,应采取什么措施才能使之轧制成薄板?

已知 Ti 的熔点为 1 672 ℃,在 883 ℃ 以下为密排六方结构,在 883 ℃ 以上为面心立方结构;Al 的熔点为 660 ℃,面心立方结构;Pb 的熔点为 328 ℃,面心立方结构。

9. 冷拉铜导线在用作架空导线(要求一定的强度)和电灯花导线(要求较软)时,应分别采用什么样的最终热处理工艺才合适？

10. 纯铝在 553 ℃ 和 627 ℃ 等温退火至完成再结晶分别需要 40 h 和 1 h，试求此材料的再结晶激活能。

11. 将经过大量塑性变形（如 70% 以上的变形度）的纯金属长棒的一端浸入冰水中，另一端加热至接近熔点的高温（例如 $0.9T_m$），过程持续进行 1 h，然后试样完全冷却。试作沿棒长度的硬度分布曲线示意图，并作简要说明。

12. 什么叫超塑性？其产生的原因是什么？

复习思考题

说明下列概念错误的原因。

1. 采用适当的再结晶退火，可以细化金属铸件的晶粒。

2. 动态再结晶仅发生于热变形状态，因此室温下变形的金属不会发生动态再结晶。

3. 多边化使分散分布的位错集中在一起形成位错墙，位错应力场的叠加，使点阵畸变增大。

4. 凡是经过冷变形后再结晶退火的金属，晶粒都可得到细化。

5. 某铝合金的再结晶温度为 320 ℃，说明此合金在 320 ℃ 以下只能发生回复，在 320 ℃ 以上一定发生再结晶。

6. 20 号钢的熔点比纯铁的低，故其再结晶温度也比纯铁的低。

7. 回复、再结晶及晶粒长大 3 个过程均是形核及核长大过程，其驱动力均为储存能。

8. 层错能低的金属容易形成再结晶织构，而层错能高的金属容易形成退火孪晶。

9. 金属的变形量越大，越容易出现晶界凸出形核机制的再结晶方式。

10. 晶粒正常长大是大晶粒吞食小晶粒，反常长大是小晶粒吞食大晶粒。

11. 合金中的第二相粒子一般可阻碍再结晶，但促进晶粒长大。

12. 再结晶织构是再结晶过程中被保留下来的变形织构。

13. 当冷变形量较大、变形较均匀时，再结晶后晶粒易发生正常长大，反之易发生反常长大。

14. 再结晶是一个形核-长大过程，所以也是一个相变过程。

第8章 固态相变

━━━━━━━━━━━━━━━━━━━━━━━━

固态物质在温度、压力、电场、磁场改变时,会从一种组织结构转成另一种组织结构,这就是固态相变。材料科学研究中的固态相变主要是指因温度改变而产生的相变。固态相变主要包括下列三种基本变化:①晶体结构的变化;②化学成分的变化;③有序程度的变化。一种相变可同时包括一种、两种或三种变化。例如,纯金属同素异构转变仅仅发生了晶体结构的变化;调幅分解仅发生了化学成分的变化;共析转变和脱溶转变则既有结构变化,又有化学成分变化。

相变种类很多,习惯上将在材料科学中遇到的相变分为扩散型相变和无扩散型相变两大类。扩散型相变是通过热激活原子运动而产生的,要求温度足够高,原子活动能力足够强。纯金属的同素异构转变、固溶体的多形性转变、脱溶转变、调幅分解和有序化转变均属于此类。无扩散型相变的特点是:相变中原子不发生扩散,原子作有规则的近程迁移,以使点阵改组;相变中参加转变的原子运动是协调一致的,相邻原子的相互位置不变,因此也被称为"协同性"转变。在低温下原子不能扩散时易发生这类转变,如一些合金的马氏体相变,某些低温进行的同素异构转变[如 β - Co(hcp) 与 α - Co(fcc),β -(Zr(bcc) 与 α - Zr(hcp)]等。

也有些相变难以归类,如钢中的贝氏体转变是由过冷奥氏体分解成 α - Fe 和 Fe_3C 两相混合物,其中 α - Fe 从奥氏体以无扩散切变方式形成,但在相中有碳析出,有扩散过程。

8.1 固态相变的特点

固态相变的驱动力是新相和母相的自由能差,大多数相变都分为形核和核长大两个基本阶段(除调幅分解),并遵循液态物质结晶过程的一般规律。但是,由于新相和母相都是晶体,所以又有以下不同于凝固过程的特点。

8.1.1 相界面

固态相变中,新、旧两相之间总是要形成界面的。根据界面结构可分为共格界面、半共格界面(部分共格界面)和非共格界面,如图 8-1 所示。

相界面的形成需要界面能,界面能等于界面区单位面积的能量减去无界面的母相完整晶体该区单位面积的能量。界面能可分为应变能(畸变能)和化学能(或称为表面能)两部分。应变能是原子作弹性位移时所需的能量,而化学能主要与化学键的数量和强度有关,与化学成分有关。

8.1.1.1 共格界面

两相点阵结构相同、点阵常数相等,或是晶体结构和点阵常数虽有差异,但两相存在一组特定的结晶学平面可使原子间产生完全匹配。这样的结构可使界面上的原子同时位于两相晶格的节点上,并为两相共有。共格界面的典型例子如 Ni – Cr – Al 合金中析出 Ni_3Al 相,另外 α – Co(fcc)冷却以切变机制转变为 β – Co(hcp)时,具有$\{111\}_\alpha$ // $\{0001\}_\beta$ 和$[1\bar{1}0]_\alpha$ // $[11\bar{2}0]_\beta$,界面上完全共格,如图 8 – 1(a)所示。

在完全共格界面条件下,应变能和表面能都接近于零。事实上,共格界面十分少见,两相在界面上的原子总会有失配,失配可借助界面上原子的横向应变得到调整,使两相仍维持共格关系,如图 8 – 1(b)所示。界面上原子失配大小用错配度 δ 表示,$\delta = \dfrac{a_\beta - a_\alpha}{a_\beta}$,其中 a_β 和 a_α 分别表示新旧两相沿平行于界面晶向上的原子间距。δ 愈大,造成的界面上弹性应变能愈大。

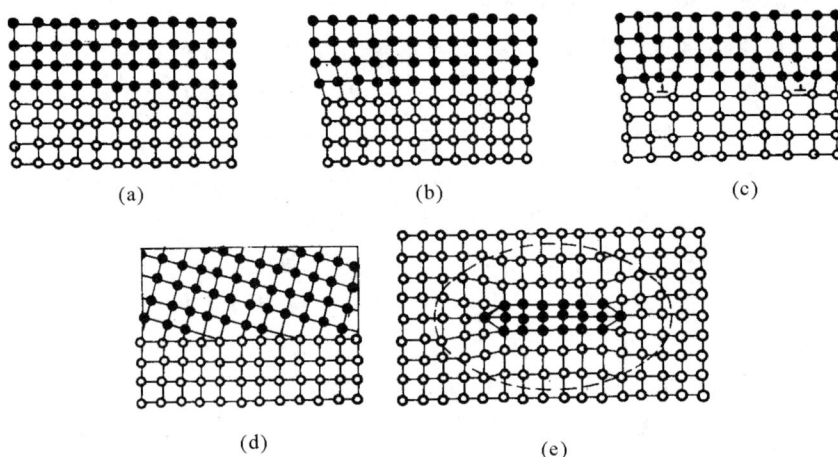

图 8 – 1 不同错配度值的界面上原子排布示意图
(a) 完全共格; (b) 弹性应变共格; (c) 半共格; (d) 非共格;
(e) 新相周围的应变,由新相界面法线方向上点阵间距不同所造成

8.1.1.2 半共格界面

当 δ 大到不能借助于弹性应变保持界面上的共格关系时,某些界面区域的失配可借助于形成位错来调整。例如当 $\delta = 0.05$ 时,约间隔 20 个原子出现 1 个位错,使界面弹性应变能降低到最小。 这样就使得界面上的原子部分共格,此即半共格界面或部分共格界面,如图 8 – 1(c) 所示。

8.1.1.3 非共格界面

在错配度 δ 很大的情况下,界面上的失配既不能由弹性应变调整,也不能用形成位错调整,界面就是非共格的,如图 8 – 1(d)所示。此时的界面能很大,但失配的应变能为零。新相粒子在母相基体上将完全是杂乱取向的,弹性应变仅由新旧两相的比体积差造成。

三种界面错配度 δ 和界面能的大致范围见表 8 – 1。

表 8 – 1 界面结构与界面能及 δ 的关系

界面结构	共格界面	半共格界面	非共格界面
δ	$\delta < 0.05$	$0.05 < \delta < 0.25$	$\delta > 0.25$
界面能 /(J·m^{-2})	0.1	0.5	1.0

由表 8-1 可知,界面上原子排列不规则会导致界面能升高。界面能的大小除与界面结构有关外,还与界面成分变化有关,因为新、旧相化学成分的改变会引起化学能增加,导致界面能提高。

8.1.2 位向关系

固态相变中,新相晶面常与低指数、原子密度大且彼此匹配较佳的母相晶面互相平行,借以减小新相与母相之间的界面能。例如钢中发生奥氏体 γ(fcc)向正方马氏体 α'(bcc)转变时,存在 $\{111\}_\gamma // \{110\}_\alpha$,$\langle 110 \rangle_\gamma // \langle 111 \rangle_\alpha$,这些都是密排面和密排方向,其晶体学关系称作 K-S 关系。

显然,当两相界面为共格和半共格时,新相和母相之间必然有一定的位向关系。非共格界面两相之间没有确定的位向关系。

8.1.3 惯习面

固态相变时新相往往在母相的一定晶面族上形成,这种晶面称为惯习面,其经常以母相的晶面指数表示。例如在亚共析钢中,先共析铁素体从粗大的奥氏体组织中析出时,除沿奥氏体晶界析出外,还沿奥氏体的 $\{111\}$ 晶面析出,呈魏氏体组织。$\{111\}_\gamma$ 便是先共析铁素体的惯习面。

8.1.4 应变能

新相与母相建立界面时,由于相界面原子排列的差异引起弹性应变能。这种弹性应变能以共格界面最大,半共格界面次之,非共格界面为零。但非共格界面的表面能最大。更为重要的是,由于新相和母相的比体积往往不同,新相形成时的体积变化会受到周围母相的约束,也会引起弹性应变能。这种由比体积引起的应变能的大小还与新相几何形状有关。图 8-2 表示出在非共格界面情况下,由新、旧两相比体积差引起的应变能(相对值)与新相几何形状的关系。可见,圆盘形新相引起的比体积差应变能最小($c/a \ll 1$),针状次之($c/a \gg 1$),而球状最大($c/a = 1$)。

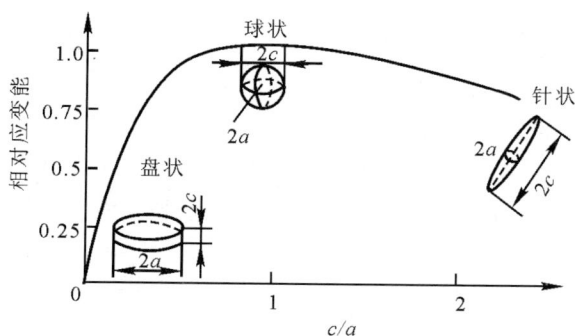

图 8-2 新相粒子的几何形状对应变能相对值的影响

a— 椭圆形球体的赤道半径; $2c$— 两极之间的距离

综上所述,固态相变时的应变能和表面能成为相变的阻力。共格和半共格新相晶核形成时的相变阻力主要是应变能,而非共格新相晶核形成时的相变阻力主要是表面能。与液态物质结晶时的阻力相比较,固态相变阻力较大,因此要在较大的过冷度下提供足够的相变驱动力才能使相变形核。

8.2 固态相变的形核

大多数固态相变都需经历形核和生长两个阶段。在无扩散型相变中为非热激活形核,称为非热形核或变温形核,即通过快冷使过冷度突然增大时,使那些已存在于母相中的晶胚成为晶核。扩散型相变的形核与凝固类似,符合经典的形核方式,即其晶核的形成是靠热激活使晶胚达到临界形核尺寸。还有极个别的无核转变,例如调幅分解。固态相变的形核可分为均匀形核和非均匀形核两类。

8.2.1 均匀形核

与凝固时相比较,固态相变形核增加了一项应变能,即

$$\Delta G = nG_v + \eta n^{2/3}\sigma + nE_s \tag{8-1}$$

式中　ΔG —— 系统自由能的总变化值;

$\quad\quad n$ —— 晶核中的原子数;

$\quad\quad \Delta G_v$ —— 晶核中每个原子相变前(α)后(β)的自由能差 $\Delta G_v = (G_v^\beta - G_v^\alpha)$(为负值);

$\quad\quad \sigma$ —— 单位相界面积的表面能;

$\quad\quad \eta$ —— 形状因子;

$\quad\quad \eta n^{2/3}$ —— 晶核的表面积;

$\quad\quad E_s$ —— 晶核中每个原子引起的应变能。

式(8-1)中表面能一项是相变阻力,为正值,其大小除与新旧相成分、结构上的差异有关外,还取决于界面本身的性质(例如共格、半共格、非共格界面的能量依次增大)。应变能一项由新、旧相比体积差引起,也是相变阻力,为正值。式中仅 $n\Delta G_v$ 一项为相变驱动力。当 $|n\Delta G_v| > \eta n^{2/3}\sigma + nE_s$ 时(ΔG 为负值),才有可能形核。由式(8-1)可导出临界晶核的形核功 ΔG^* 为

$$\Delta G^* = \frac{4}{27}\frac{\eta^3\sigma^3}{(\Delta G_v + E_s)^2} \tag{8-2}$$

可见,增大应变能和表面能都会增大形核功,形核会更加困难。具有低表面能和高应变能的共格晶核,为了降低应变能,倾向于呈盘状和片状;而具有高表面能和低应变能的非共格晶核,为了降低表面能,则可能呈球状或等轴状。若形核时因体积胀大而引起应变能显著增加,其晶核则趋向于呈片状或针状。

与凝固相似,固态相变的均匀形核率 I 为

$$I = N\nu\, e^{-Q/kT}\, e^{-\Delta G^*/kT} \tag{8-3}$$

式中　I —— 形核率;

$\quad\quad N$ —— 单位体积母相中的原子数;

$\quad\quad \nu$ —— 原子振动频率;

$\quad\quad Q$ —— 原子扩散激活能。

固相中原子扩散激活能较大,应变能 E_s 又抵消了一部分相变驱动力,因此在过冷度相同

的条件下,固态相变中的形核率比凝固时小得多,亦即固态相变的均匀形核更难实现。

8.2.2　非均匀形核

正因为均匀形核难以实现,固态相变中以非均匀形核为主,这同时也因为固态晶体结构中存在大量晶体缺陷可供形核。非均匀形核就是指在母相中的晶界、位错、空位等晶体缺陷处的形核,晶体缺陷造成的能量升高可使晶核形成能降低,因而非均匀形核比均匀形核要容易得多。

8.2.2.1　晶界形核

晶界形核要考虑是由几个晶粒形成的晶界、晶界处所能提供形核的原子数、晶界能、表面能和应变能等。某种位置在恒温转变时可一直优先成核,在它们很快被用尽后,转至其他位置形核,形核率将随之下降,有些情况下会停止形核。

大角度晶界是优先形核的位置,其原因如下:

（1）大角度晶界表面能较高,可减小形核功;

（2）新相在晶界形核,其界面可能只需部分重建,因而形核阻力较小;

（3）晶界的成分偏析有利于新相的生成。

新相可能在两晶构成的界面、三晶构成的界棱和四晶构成的界角处形核,如图 8-3 所示。如果在界面上形核,且新相具有非共格界面,则其晶核呈双球冠状[见图 8-3(a)],以减少其表面能（球冠状表面积最小）,且界面张力也趋于平衡。如果晶核与母相可共格时,则优先以共格方式形核。由于大角度晶界两侧晶粒无对称关系,故在界面上晶核不可能同时与两侧晶粒都共格,这时共格界面的一侧将保持平面状以降低应变能,而非共格界面的另一侧呈球冠状以减少表面能[见图 8-3(b)]。

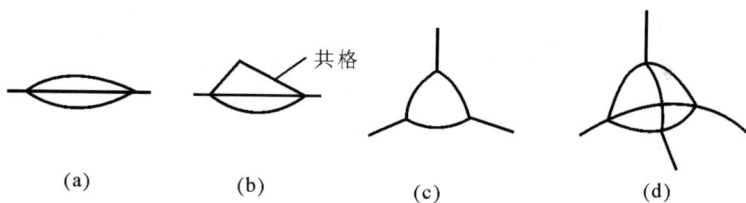

图 8-3　晶界形核的几种情况

(a)(b) 界面上形核;　(c) 界棱处形核;　(d) 界角处形核

8.2.2.2　位错形核

新相在位错处优先形核有三种形式。第一种是新相在位错线上形核,新相形成处位错消失,释放的弹性应变能量使形核功降低而促进形核。位错的能量与柏氏矢量 b 有关, b 的模愈大,促进形核的作用也愈大。图 8-4 为系统自由能变化 ΔG 与晶核半径 r 的关系图。曲线 A 表示 ΔG_v 较小的情况,可见 r 在某一尺寸范围内有形核能垒;曲线 B 是 ΔG_v 较大的情况,可知无形核能垒,若无扩散限制,形核可自发进行。第二种形式是位错不消失,而是依附在新相界面上,成为半共格界面上的位错部分,补

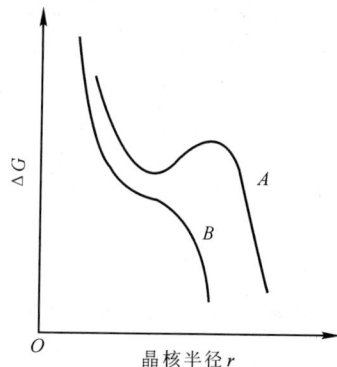

图 8-4　在位错上形核的自由能变化

$A—\Delta G_v$ 较小;　$B—\Delta G_v$ 较大

偿了失配,因而降低了能量,使生成晶核时所消耗能量减少而促进形核。第三种形式为当新相与母相成分不同时,由于溶质原子在位错线上偏聚(形成气团),有利于新相沉淀析出,也对形核起促进作用。

据估算,当相变驱动力甚小,而新、旧相之间的表面能约为 2×10^{-5} J/cm² 时,均匀形核率仅为 10^{-70}/(cm³·s),但如果晶体中位错密度为 10^8/cm,则由于位错的促进作用,其形核率可高达 10^8/(cm³·s)。可见,当晶体中存在较高位错密度时,固态相变难以均匀形核方式进行。

8.2.2.3 空位及空位集团

空位一方面促进溶质原子的扩散,另一方面可利用其本身的能量提供形核驱动力。此外空位群又可凝聚成位错促进形核。例如过饱和固溶体脱溶分解时,晶界附近出现的无析出带,即在晶界邻近有一条不发生析出的地带,这是由于靠近晶界过饱和空位扩散到晶界上消失,因而在该地带难以形核和析出。

8.3　固态相变的晶核长大

大部分固态相变的晶核长大是依靠扩散进行的,但也有全部或部分地通过切变方式来完成。对扩散型相变,新相的长大又分为界面控制和扩散控制两种过程,前者是通过相界面附近原子的短程迁移进行,如多形性转变、再结晶时的晶粒长大和有序-无序转变;而后者依靠原子的长程扩散来完成,如脱溶相的长大等。

8.3.1　生长机制

如果新相晶核与母相之间存在着一定的晶体学位向关系,则生长时此位向关系仍保持不变,以便降低表面能。新相的生长机制也与晶核的界面结构有密切关系,具有共格、半共格或非共格界面的晶核,其长大方式也各不相同,不过完全共格情况很少,大都是非共格和半共格界面。

8.3.1.1 非共格界面的迁移

一般非共格界面的迁移方式有两种(见图8-5)。一种方式是母相原子通过热激活越过界面不断地短程迁入新相,界面随之向母相中迁移,新相长大。因为这种界面是点阵畸变的薄层,界面处原子排列不规则,所以长大过程在界面的任何位置都可以接受原子和输出原子,即界面上各点都可以连续地生长。另一种方式是非共格界面呈台阶状结构,台阶的高度为一个原子的尺度。母相原子从台阶端部向新相台阶端部上转移,由于台阶平面是原子密排面,原子加入到台阶端部后能牢固结合。新相台阶不断侧向移动,而界面则向法线方向迁移。这种迁移实际上是靠原子的短程扩散完成的。

8.3.1.2 半共格界面的迁移

半共格界面上存在着界面位错。柏氏矢量与界面平行的刃型位错必须靠攀移才能随界面移动,而攀移是较难实现的,因而位错会牵制界面移动,对晶核生长有一定阻碍作用。但若界面呈阶梯状,界面位错只需侧向滑移就能引起界面向上的移动。柏氏矢量与界面成一定角度的界面位错在界面上是可以滑动的,因此不会牵制新相生长。

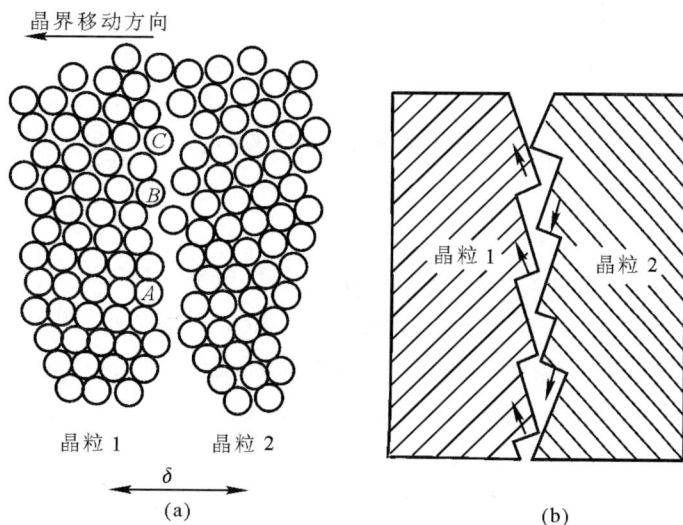

图 8-5　非共格晶面的可能结构

（a）原子不规则排列的过渡薄层；　（b）台阶式非共格界面

8.3.2　生长速率

8.3.2.1　受相界面控制的生长速率

界面控制的晶核生长仅涉及原子的短程输送,生长过程中新、旧两相成分相同。新相长大速度 u 为

$$u = \delta \nu_0 e^{-Q/kT} (1 - e^{-\Delta G_v/kT}) \qquad (8-4)$$

式中　δ —— 原子跳动一次的距离；

　　　ν_0 —— 原子振动频率；

　　　Q —— 原子越过界面的激活能；

　　　ΔG_v —— 相变驱动力（新、旧两相原子自由能差）。

从式（8-4）中可知,界面控制的新相长大速度与原子越过界面的激活能 Q 和相变驱动力 ΔG_v 关系密切,随温度变化,在两者的共同影响下会出现图 8-6 中所示两头小中间大的现象。当过冷度较小时,ΔG_v 对生长速率起主导作用；而当过冷度较大时,由于 D 值减小,扩散困难,动力学因素占主导地位。对于共格界面,Q 值等于晶界扩散激活能；而对于半共格界面,可认为 Q 值大致等于原子在母相中的激活能。因此,原子越过非共格界面的激活能远小于越过共格界面的激活能,非共格新相生长速率 u 远大于共格新相的生长速率。

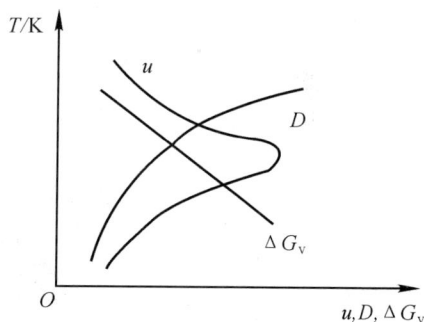

图 8-6　生长速度与温度的关系

8.3.2.2　扩散控制的长大速率

当新、旧两相成分不同时,新相的生长需要溶质原子的远程扩散,其晶核的生长速率受扩散控制。不难求得新相的长大速率 u,即

$$u = \frac{\mathrm{d}x}{\mathrm{d}t} = \frac{D}{|c_\beta - c_\alpha|} \frac{\partial c_\beta}{\partial x} \qquad (8-5)$$

式中　　x —— 界面的位置;

　　　　D —— 原子扩散系数;

　　c_α , c_β —— 界面处新相与母相的浓度。

这表明新相长大速率与扩散系数和界面附近母相浓度梯度成正比,而与两相在界面上的浓度之差成反比。

8.3.2.3　相变速率(相变动力学)

从上述讨论中可知,固态相变的形核率和晶核长大速率都是转变温度的函数,而固态相变的速率则又是形核率和长大速率的函数,因此固态相变的速率必然是温度的函数。

对于扩散型相变,若形核率和长大速率都随时间而变化,则在一定过冷度下的等温转变动力学可用 Avrami 方程来表示,即

$$\varphi_f = 1 - \exp(-bt^n) \qquad (8-6)$$

式中　　φ_f —— 转变量(体积分数);

　　　　t —— 时间;

　　b,n —— 常数。

若形核率随时间增加,则取 $n > 4$;若形核率随时间而减少,则取 $3 \leqslant n < 4$。具体的表达式取决于形核率的关系式。

固态相变转变速率和凝固与再结晶的规律一样。所测定的不同温度下的恒温转变量 φ_f 与时间 t 的转变量-时间曲线表明,在不同温度下转变开始前都有一段孕育期,相变开始后的转变速率呈先慢后快,最后又减慢的规律。若作成 TTT 曲线,即温度-时间-转变量的 C 型曲线(见图 8-7),可清楚地看出,高温转变和低温转变孕育期都很长,而中温范围转变孕育期最短,转变速度最快,当温度很低时扩散型相变可能被抑制,而转化为无扩散型相变。

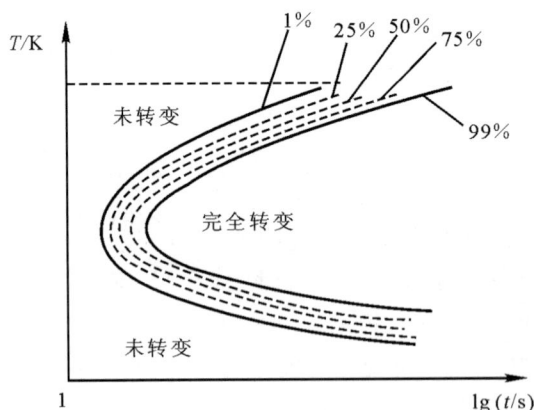

图 8-7　相变的综合动力学 TTT 曲线

【例题 8.3.1】　简述固态相变与液-固相变在形核、长大规律方面有何特点,这些特点对所形成的组织会产生什么影响。

解　以表 8-2 的形式给出答案。

表 8-2 两类相变的特点及对组织的影响

对比内容		相变类型	
		固态相变	液-固相变
形核	形核阻力	因比体积差引起的畸变能及新相出现而增加的表面能	形成新相而增加的表面能
	核的形状	片状、针状	球状
	核的位置	大部分在缺陷处或晶界上非均匀形核。可能出现亚稳相形成共格、半共格界面,出现取向关系;尚有无核转变	在各种晶体表面非均匀形核
长大		新相生长受扩散或界面控制,以团状或球状方式长大;若能获得大的过冷度,将导致无扩散相变	新相生长受温度和扩散速率的控制,以枝晶方式长大
组织特点		组织细小,并可有多种形态,如魏氏组织、马氏体组织、沿晶析出等	产生枝晶偏析及疏松、气孔、夹杂等冶金缺陷

8.4 扩散型相变示例

扩散型相变种类很多,其中有脱溶转变、先共析转变、共析转变、块状转变、有序转变和调幅分解等,这里只介绍脱溶转变和调幅分解。

8.4.1 脱溶转变

从过饱和固溶体中析出一个成分不同的新相或形成溶质原子富集的亚稳区过渡相的过程称为脱溶或沉淀。分析脱溶转变对固态相变具有普遍意义,因为很多固态相变都可归入脱溶或与脱溶相似的转变。

8.4.1.1 Al-Cu 合金的脱溶过程

凡是有固溶度变化的相图,从单相区进入两相区时都会发生脱溶沉淀。现以 w_{Cu} 为 0.045 的 Al-Cu 合金为例说明脱溶转变。从图 8-8 可知,该合金室温组织由 α 固溶体和 θ 相($CuAl_2$)构成,加热到 550 ℃ 保温,使 θ 溶入 α,得单相 α 固溶体,如果淬火快冷,便得到过饱和 α 固溶体,然后再加热到 130 ℃ 保温进行时效处理,随时间的延长,将发生下列脱溶过程(脱溶序列):

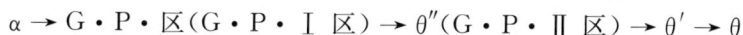

$$\alpha \rightarrow G \cdot P \cdot 区(G \cdot P \cdot Ⅰ 区) \rightarrow \theta''(G \cdot P \cdot Ⅱ 区) \rightarrow \theta' \rightarrow \theta$$

在时效合金系中,Al-Cu 系是出现过渡相数量最多的,可形成三种不同的亚稳定 G·P·区,θ'' 和 θ'。

G·P·区(也称 G·P·Ⅰ 区)在电子显微镜下观察呈圆盘状,直径约为 8 nm,厚度为 0.3~0.6 nm,w_{Cu} 为 0.90,是溶质原子富集区,它在母相的 {100} 晶面上形成,点阵与基体 α 相相同(面心立方)并与 α 相完全共格。G·P·区较均匀地分布在 α 基体上,密度为 $10^{17}~10^{18}$ 个 /cm^3。

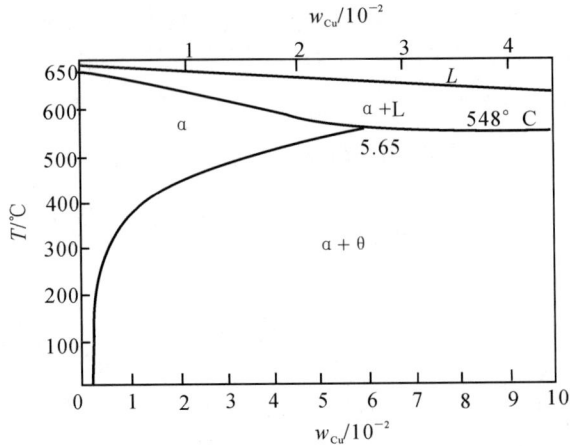

图 8-8 Al-Cu 相图一角

随时效时间延长，形成 θ'' 过渡相（又称 G·P·II 区），在电子显微镜下呈直径为 30 nm、厚度为 2 nm 的圆片状。θ'' 相也是在母相 α 的 {100} 晶面上形成的，具有正方点阵，点阵常数为 $a=b=0.404$ nm，$c=0.768$ nm（c 为与脱溶物片相垂直的方向）。θ'' 与母相保持共格关系，取向为 $\{100\}_{\theta''}$ // $\{100\}_{\alpha}$。成分接近于 $CuAl_2$ 的 θ'' 相已真正脱溶，与基体保持共格关系，使其周围基体产生弹性应变，导致合金时效强化。θ'' 可能由 G·P·区转化而成，也可靠母相生核和 G·P·区溶解而长大。

尺寸高达 100 nm 以上的 θ' 相在光学显微镜下便可观察到，也呈圆片状，但结构为正方点阵，$a=b=0.404$ nm，$c=0.58$ nm。θ' 大多沿基体的 {100} 晶面析出，成分与 $CuAl_2$ 近似，取向关系与 θ'' 相同，但它与母相之间呈半共格关系，其间存在位错，减小了应变能，与 θ'' 相比强化作用减小，使合金硬度有所下降。

最后形成的平衡相 θ 也具有正方点阵，$a=b=0.606$ nm，$c=0.487$ nm。θ 相的分布大多是不均匀的，往往在原晶界和相界上形核长大，然后既向 α 基体生长，也向 θ' 中生长。θ 相与基体相呈非共格关系，对合金强化作用显著减小，图 8-9 所示为 Al-Cu 合金时效硬化曲线。

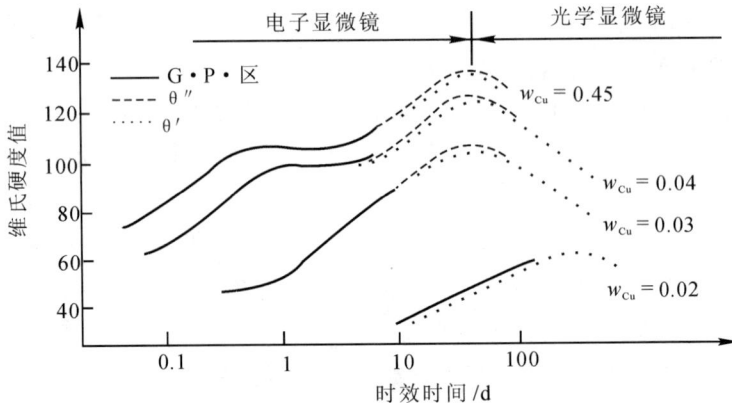

图 8-9 Al-Cu 合金的时效硬化曲线（130 ℃）

上面介绍的 Al-Cu 合金时效过程中的脱溶析出序列在许多时效型合金中都存在,只不过在合金系列或时效温度不同时,G·P·区和过渡相并不一定都会出现。

8.4.1.2　脱溶类型

脱溶过程按母相成分变化的特点,分为连续脱溶和不连续脱溶两类,而连续脱溶又可细分作均匀脱溶和局部脱溶。

(1)连续脱溶　如果脱溶是在母相中各处同时发生的,且随新相的形成母相成分发生连续变化,但其晶粒外形及位向均不改变,则称之为连续脱溶。脱溶相与母相之间通常存在特殊的晶体学取向关系,即两相的低指数、原子密排的晶面和晶向平行。当析出相的结构和点阵常数与母相接近时,两相能保持共格关系,析出相呈圆盘形、小球状或立方状;当析出相与基体的结构相差很大时,它们之间不存在共格关系,此时脱溶相一般呈等轴状,取向是任意的。

除了均匀脱溶外,连续脱溶还可能只呈现在某一局部区域,脱溶物优先在晶界、滑移带、非共格孪晶界和位错等处形成。局部脱溶通常发生在过冷度和过饱和度较小的情况下,而过冷度和过饱和度较大时则倾向于均匀脱溶。

(2)不连续脱溶　与连续脱溶相反,当脱溶一旦形成时,其周围一定范围内的固溶体立即由过饱和状态变成饱和状态,并与母相原始成分形成明显分界面,如图 8-10 所示。从过饱和固溶体 α 中析出 α′ 相和 β 相(α′ 的溶质浓度小于 α 的溶质浓度),在晶界形核后,以层片相间分布并向晶内生长。通过相界面不但发生成分突变,且取向也发生改变,这就是不连续脱溶。根据脱溶形式,不连续脱溶又称为胞状脱溶,它不像连续脱溶依靠原子的长程扩散,而是沿着胞与基体之间的非共格界面作快速的短程扩散,所以一旦形核其生长速率便很高。不连续脱溶通常发生在高度过饱和的固溶体中(过饱和度较低的固溶体倾向于连续脱溶)。

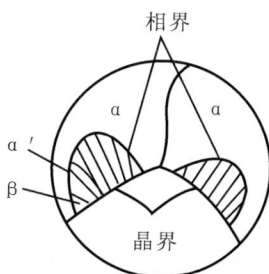

图 8-10　不连续脱溶的胞状组织

8.4.1.3　脱溶动力学

(1)G·P·区的形成　G·P·区是通过溶质原子扩散形成的偏聚区。淬火后获得的过饱和空位提供了原子扩散的条件,使 G·P·区能够在低时效温度下很快形成,但随着时间的延长,空位浓度呈指数关系衰减。因此,G·P·区域长大较为缓慢。

(2)颗粒粗化　开始析出的是高密度的非常细小的脱溶相,其总的界面能很高,组织处于不稳定状态,因此有自发粗化成具有较小总界面能、低密度分布的较大颗粒的倾向。

任何一个脱溶过程,由于脱溶相形核时间和长大速度不同,其颗粒大小不均匀,此时母相的浓度也是不均匀的。大颗粒周围的浓度低,而小颗粒周围的浓度高。假设在母相 α 中析出两种大小不同($r_1 > r_2$)的 β 颗粒,则在 α 基体内从小颗粒到大颗粒出现了一个由高到低的溶质浓度梯度,小颗粒周围的溶质原子有向大颗粒周围扩散的趋势,如图 8-11(a) 所示。在发生扩散后,小颗粒周围的溶质浓度便降低到 $c'(r_2)$,大颗粒周围的溶质浓度便升高到 $c'(r_1)$,如图 8-11(b) 所示,即原来的界面浓度平衡关系被破坏。为恢复颗粒与基体间界面浓度平衡关系,小颗粒就要溶解以提高其周围溶质浓度,而大颗粒则应长大,以降低其周围溶质浓度,如图 8-11(c) 所示。如此反复,大颗粒便发生粗化。这种颗粒粗化是由扩散控制的长程传输过程,是小颗粒不断溶解而大颗粒不断长大的过程,也是共格破坏、颗粒球化的过程。因此,在驱动力相同的情况下,凡是影响扩散的因素,都会对脱溶动力学产生作用,对析出相的颗粒大小产生影响。

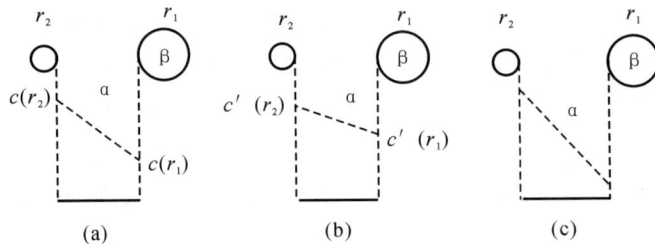

图 8-11 颗粒粗化示意图

8.4.2 调幅分解

调幅分解(也称为增幅分解)是指过饱和固溶体在一定温度下分解成结构相同、成分不同的两个相的过程。下面主要分析其形成的热力学条件和相变特点。

8.4.2.1 调幅分解的热力学条件

图 8-12(a) 为具有溶解度变化的 A-B 合金相图。成分为 x_0 的合金在 T_1 温度固溶处理后快冷至 T_2 温度时,处于过饱和状态的亚稳相 α 将分解为成分为 x_1 的 α_1 和成分为 x_2 的 α_2 两相。在 T_2 温度下固溶体的自由能-成分曲线如图 8-12(b) 所示。曲线上的拐点($d^2G/dx^2=0$)与相图中虚线上的 P,Q 两点相对应,虚线为不同温度下拐点的轨迹,称为拐点线。合金成分处于拐点线之内($d^2G/dx^2<0$)的固溶体,当存在任何微量的成分起伏时都将分解为富 A 和富 B 的两相,都会引起体积自由能的下降。例如成分为 x_0 的合金,在 T_2 温度时的自由能为 G_0,分解为两相后的自由能为 G_1,显然 $G_1<G_0$,即分解后体系自由能下降,$d^2G/dx^2<0$,也就是相变驱动力 $\Delta G_v<0$。成分在拐点线之外($d^2G/dx^2>0$)的固溶体,例如图中的 x_0',当出现微量的成分起伏时,将导致体系自由能升高,只有通过形核长大才会发生脱溶分解。

应当指出,即使固溶体的成分位于拐点以内,也不一定发生调幅分解,还要看梯度能和应变能两项阻力的大小。梯度能是由于微区之间的浓度梯度影响了原子间的化学键,使化学位升高而增加的能量。应变能是指固溶体内成分波动,点阵常数变化,而为了保证微区之间的共格结合所产生的应变能。这两项能量的增殖都是调幅分解的阻力。可见,调幅分解能否发生,要由两个因素决定:一是起始成分必须在两个化学拐点之间;二是每个原子应具有足够的相变驱动力 ΔG_v,以克服所增加的阻力。

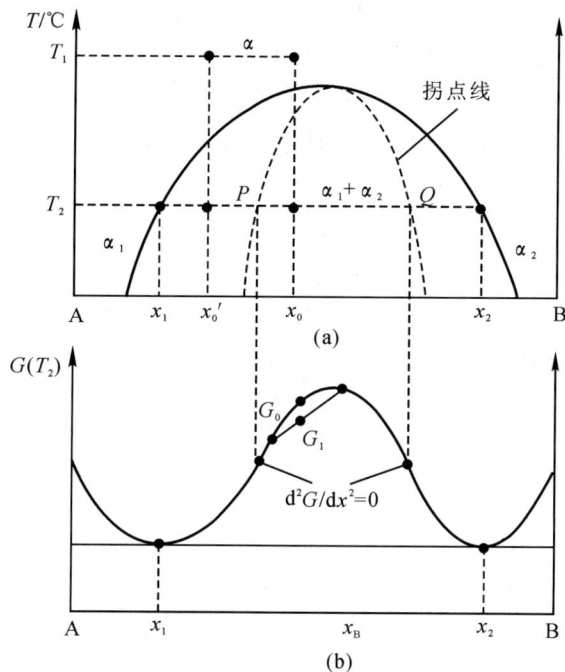

图 8 - 12　调幅分解的驱动力分析

(a) 相图；　(b) 在 T_2 时的自由能-成分曲线

8.4.2.2　调幅分解的特点

(1) 调幅分解过程的成分变化是通过上坡扩散来实现的。如图 8 - 13(a) 所示，首先是出现微区的成分起伏，随后通过溶质原子从低浓度区向高浓度区扩散，使成分起伏不断增幅(富 A 的继续富 A，富 B 的继续富 B)，直至分解为成分为 x_1 的 α_1 和成分为 x_2 的 α_2 的两相平衡相为止，因此又称为增幅分解。

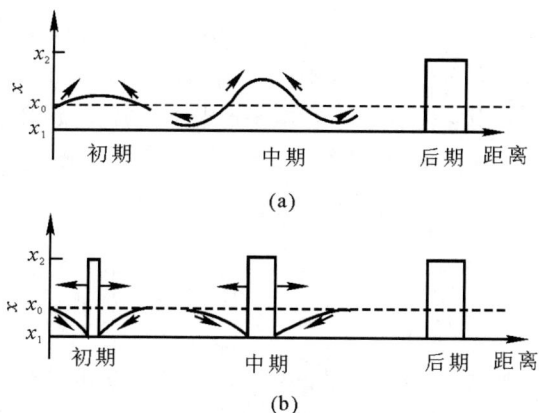

图 8 - 13　两种方式转变时的成分变化

(a) 调幅分解；　(b) 形核分解

2) 调幅分解不经历形核阶段,因此不会出现另一种晶体结构,也不存在明显的相界面。若忽略畸变能,单从化学自由能考虑,调幅分解不需要形核功,也就不需要克服热力学能垒,所以分解速度很快。而通常的形核长大过程,其晶核的长大是通过图 8-13(b) 所示的正常扩散(下坡扩散)进行的,且晶胚一旦产生就具有最大的浓度,新相与基体之间始终存在明显的界面。

现已发现许多合金系都会发生调幅分解,如 Au-Pt,Al-Ag,Cu-Ti,Fe-Ni-Al,SiO_2-BaO,SiO_2-$Na_2B_8O_{12}$ 等。

调幅分解后形成共格型的溶质原子贫、富区,对合金的强度和磁性有一定的影响。例如 Al-Ni-Co 型永磁合金应用调幅分解可获得高的硬磁特性。

【例题 8.4.1】 $x_{Cu}=0.046$ 的 Al-Cu 合金,在 550 ℃ 固溶处理后,α 相中 $x_{Cu}=0.02$,然后重新加热到 100 ℃,保温一段时间后,析出的 θ 相遍布整个合金体积,设 θ 粒子的平均间距为 5 nm,试问:

(1) 1 cm^3 合金中大约有多少个 θ 粒子?

(2) 假设析出 θ 后 α 相中的 $x_{Cu}=0$,则每个 θ 粒子中含有多少铜原子(θ 相为 fcc 结构,原子半径为 0.143 nm)?

解 (1) 假设每一个 θ 粒子的体积为 $(5 \text{ nm})^3$,则 1 cm^3 合金粒子数 N_V 为

$$N_V = \frac{1}{(5 \times 10^{-7})^3} \approx 8 \times 10^{18} \text{ 个 /cm}^3$$

(2) 因为 θ 相为 fcc 结构,每个单位晶胞中有 4 个原子,晶格常数为

$$a = 4\gamma/\sqrt{2} = 4 \times 0.143/\sqrt{2} = 0.404 \text{ nm}$$

因为 α 中 $x_{Cu}=0.02$,则 1 cm^3 体积中铜原子数 n_V 为

$$n_V = (0.02 \times 4)/(4.04 \times 10^{-8})^3 = 1.2 \times 10^{21} \text{ 个 /cm}^3$$

每个 θ 粒子中铜原子数 n_θ 为

$$n_\theta = 1.2 \times 10^{21}/(8 \times 10^{18}) \approx 15 \text{ 个}$$

【例题 8.4.2】 脱溶分解与调幅分解在形成析出相时最主要的区别是什么?

解 两者在形成析出相时最主要的区别在于形核驱动力和新相的成分变化。脱溶分解时,形成新相要有较大的浓度起伏,新相与母相的成分相比较有突变,因而产生界面能,这也就需要较大的形核驱动力以克服界面能,亦即需要较大的过冷度。而对调幅分解,没有形核过程,没有成分的突变,任意小的浓度起伏都能形成新相而长大。

8.5 无扩散型相变

前述为扩散型相变,还有些相变是无扩散的,相变以切变方式进行,孪生变形就是一种典型的切变过程。以切变进行相变过程中,参与转变的所有原子运动是协同一致的,相邻原子的相对位置不变,故称为协同型相变,而靠扩散的相变称为非协同型相变。协同型转变是依靠均匀的切变进行的,因此它使晶体发生外形变化。如事先制备一抛光平面,则在切变相变后,抛光面上会出现浮突效应。

纯粹协同型相变的特征如下：

（1）存在着均匀应变而产生的形状改变；

（2）母相与新相之间有一定的晶体学位向关系；

（3）母相与新相的成分相同；

（4）界面移动极快，可接近声速。

8.5.1 马氏体相变

马氏体相变最早是在中、低碳钢中发现的，是将钢加热至奥氏体区淬火快冷得到的。马氏体相变发生在很大的过冷情况下，相变速率极高，原子间的相邻关系保持不变，故称为切变型无扩散型相变，即协同型相变。但后来发现在一些纯金属（Zr，Li，Co）、有色金属（如 Ni - Ti，Cu - Zn - Al，Cu - Al - Ni 等）及陶瓷（ZrO_2）中也有马氏体相变。现已把材料中这种特殊相变过程统称为马氏体相变。

8.5.1.1 马氏体相变的晶体学

马氏体相变与形变孪生有相似之处。当一片马氏体与基体的自由表面交截时，表面会产生浮凸，如图 8 - 14 所示，这是马氏体相变的一个重要特征。若在任意截取的抛光表面划一直线标记，则这一直线在相变时的变形可能有三种情况，如图 8 - 15 所示。图 8 - 15（a）是经常能观察到的变形情况，而图 8 - 15（b）（c）是未能观察到的变形。由直线标记观察结果可知，在相界面处划痕改变方向，但仍然保持连续，而不发生弯曲。由此可以肯定，母相中任一直线在相变后仍为直线，平面仍保持为平面，这种性质反映了相变产生的形变是均匀的。产生一个具有不变平面的均匀形变的应变为不变平面应变，这种类型的应变中，任一点的位移与该点距离此不变平面（惯习面）的距离成正比，孪生变

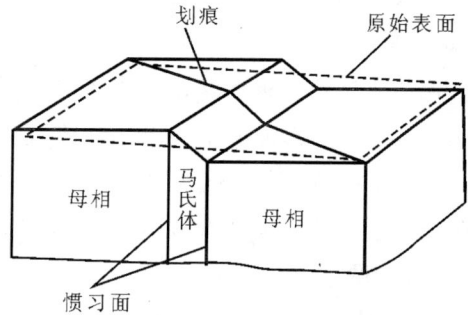

图 8 - 14 马氏体相变引起的表面浮凸

形的简单切变就是不变平面应变的简单例子。而马氏体相变涉及更为复杂的不变平面应变，如图 8 - 16 所示。它的位移与不变平面成一定角度，可把它分解成为一个简单切变叠加上一个垂直于不变平面的单向拉伸或压缩。

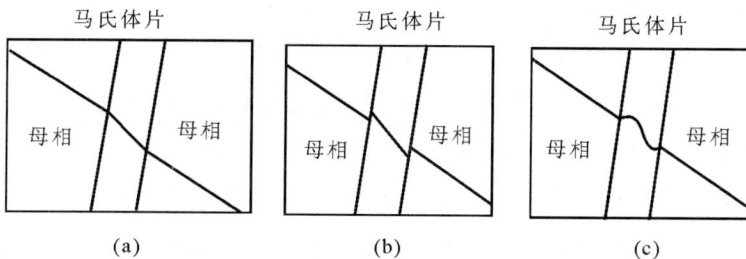

图 8 - 15 划痕标记可能的变形方式

（a）观察结果； （b）界面处失去共格； （c）标记线扭曲

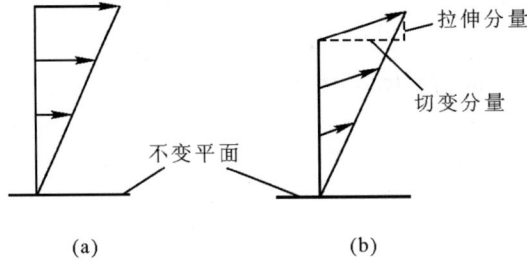

图 8-16 孪生与马氏体相变不变平面应变
(a) 孪生简单切变； (b) 马氏体不变平面应变

马氏体相变中新、旧相之间有一定的位向关系。例如,碳钢的奥氏体状态是面心立方结构,马氏体状态是体心四方结构,w_C 为 0.000 3 的碳钢中马氏体与奥氏体有 K-S 取向关系,即

$$\{111\}_\gamma \,/\!/\, \{110\}_M, \quad \langle 110 \rangle_\gamma \,/\!/\, \langle 111 \rangle_M$$

w_C 为 0.014 的碳钢,其马氏体与奥氏体的位向关系为西山关系,即

$$\{111\}_\gamma \,/\!/\, \{110\}_M, \quad \langle 211 \rangle_\gamma \,/\!/\, \langle 011 \rangle_M$$

马氏体相变的另一晶体学特点是马氏体的亚结构。 低碳钢为板条状马氏体,如图 8-17(a) 所示,条的横截面接近于椭圆形,条宽为 $0.02 \sim 2.25\ \mu m$,多数为 $0.1 \sim 0.2\ \mu m$。条状马氏体成排地分布在原奥氏体晶粒中,同排的马氏体条接近平行,组成一个马氏体领域,一个奥氏体晶粒可形成多个马氏体领域,领域间呈不同位向。板条的亚结构为高密度的位错[见图 8-17(b)],故又称为位错马氏体。高碳马氏体呈透镜片状[见图 8-17(c)]。片之间呈不同位向,大小不一,大片有可能横跨原先奥氏体晶粒,小片是后形成的,被限制在大片之间,片状马氏体内的亚结构为细小的孪晶,其宽度为 $1.5 \sim 20\ nm$,如图 8-17(d) 所示。片状马氏体又称孪晶马氏体。在有些有色金属中条状马氏体也由孪晶亚结构构成。

图 8-18 为 $ZrO_2 - Y_2O_3$ 系相图。ZrO_2 有多晶型转变,即单斜 $m - ZrO_2 \underset{}{\overset{1\ 170\ ℃}{\rightleftharpoons}}$ 四方 $t - ZrO_2 \underset{}{\overset{2\ 730\ ℃}{\rightleftharpoons}}$ 立方 $C - ZrO_2 \underset{}{\overset{2\ 680\ ℃}{\rightleftharpoons}}$ 熔体。内部和外部压力都影响多晶型转变。据计算,$t - ZrO_2 \rightarrow m - ZrO_2$ 晶型转变伴有 3.25% 的体积变化,即加热时收缩,冷却时膨胀。在制备氧化锆陶瓷时,多晶型转变会导致制品开裂。为防止这种缺陷,可加入 Y_2O_3 或 CaO 作为稳定剂,使其中的部分 ZrO_2 保留高温四方相,不转变为单斜相,这种 ZrO_2 陶瓷被称为部分稳定氧化锆(Partially Stabilized Zirconia,PSZ),这样陶瓷的韧性就会得到改善。

ZrO_2 基陶瓷中 $t \rightarrow m$ 转变是马氏体相变,四方相到单斜相是通过无扩散剪切变形实现的,这种马氏体相变具有前述马氏体相变的一般特征,其晶体学位向关系为 $(100)_m \,/\!/\, (110)_t$,$[010]_m \,/\!/\, [001]_t$。新相惯习面,对于透镜片状马氏体为 $(671)_m$ 或是 $(761)_m$,板条状马氏体为 $(100)_m$。值得注意的是,含 0.02 mol Y_2O_3 的 ZrO_2 陶瓷中,单斜相快速形核并快速纵向长大。侧边发生慢速的条状生长,这种慢速生长是扩散过程,侧向生长区为高 Y_2O_3 浓度区。

(a)

(b)

(b)

(d)

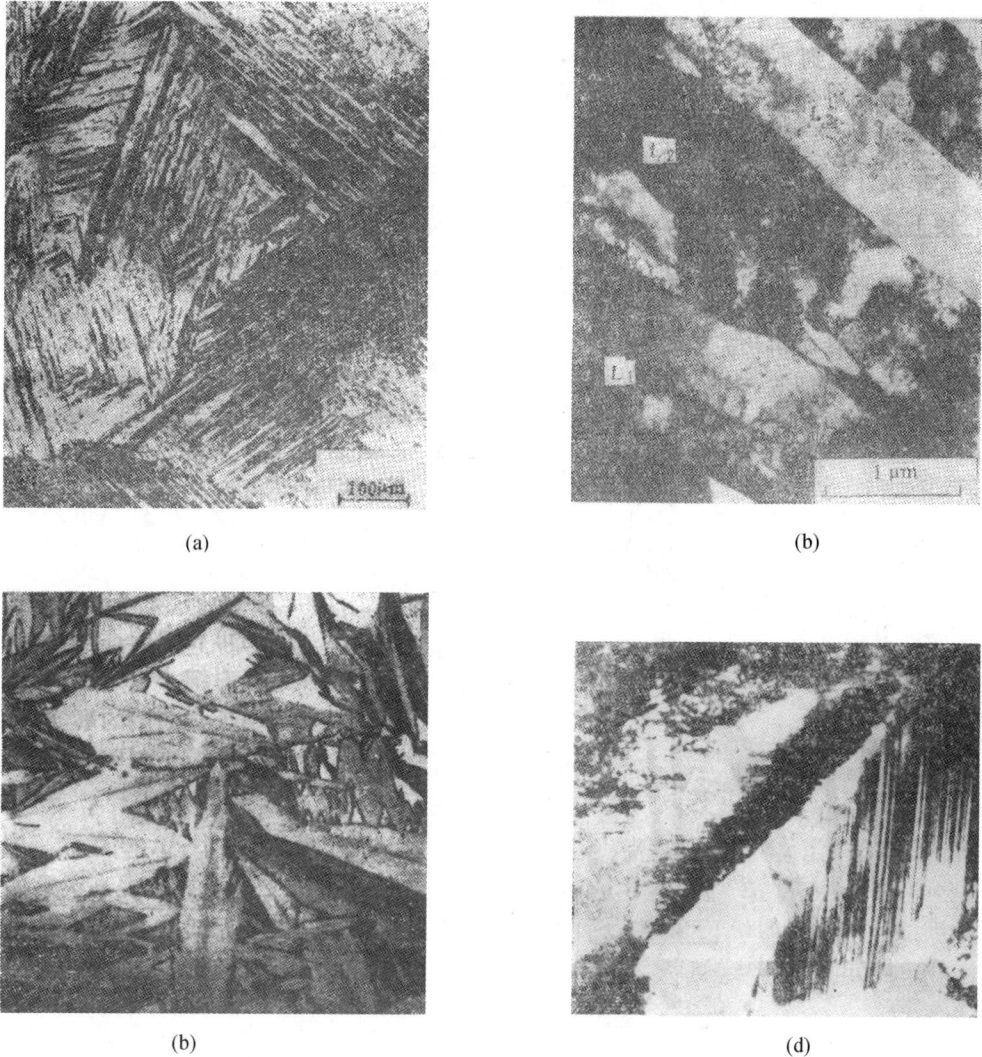

图 8-17 钢中马氏体的形态和亚结构

(a) 低碳合金钢(w_C 为 0.000 3,w_{Mn} 为 0.02)中的板条状马氏体 ×100;

(b) 条状马氏体的位错亚结构[材料同(a)],薄膜透射电子显微照片 ×26 000;

(c) Fe-Ni 合金(w_{Ni} 为 0.31,w_C 为 0.002 3)中的片状马氏体和残余奥氏体 ×500;

(d) 片状马氏体的孪晶亚结构[材料同(c)],薄膜透射电子显微照片 ×60 000

8.5.1.2 马氏体相变的晶体学表象理论

马氏体相变机制仍有争议,1924 年 Bain 首先提出奥氏体与马氏体点阵的对应关系。他认为在两个奥氏体单胞中可勾画出一体心正方点阵,如图 8-19 所示,但是这样勾画出的结构晶轴比 c/a 等于 $\sqrt{2}$,为了达到钢中马氏体结构的 c/a 小于 $\sqrt{2}$,只要奥氏体点阵沿$(x_3)_M$ 适当收缩 (18%),沿$(x_1)_M$,$(x_2)_M$ 适当膨胀(12%),即可变成马氏体的点阵。但是碳原子的存在将阻止 c 轴方向缩短,c/a 与碳质量分数有关。人们把这种点阵变形称为贝茵(Bain) 畸变。但若按这种机制形成马氏体时,它与奥氏体的位向关系与实验结果不符合,此外这种应变也不是不变平面应变,不可能有不变的惯习面。

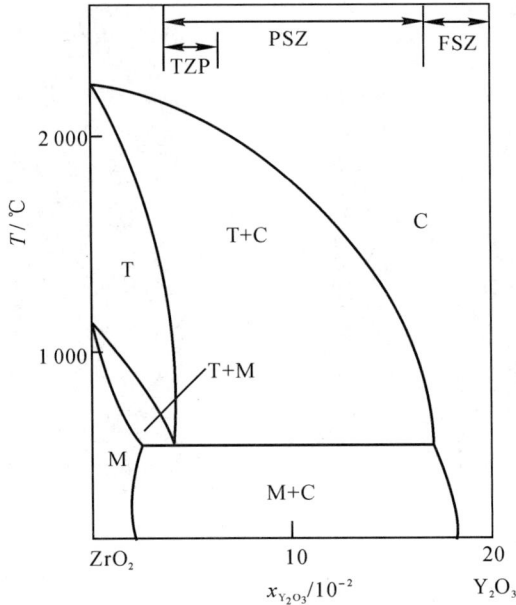

TZP— 四方相氧化锆；　PSZ— 部分稳定氧化锆；　FSZ— 全稳定氧化锆

图 8-18　ZrO_2-Y_2O_3 系相图

1953 年瑞德(T. A. Read) 以及 1954 年鲍尔斯(J. S. Bowles) 等人分别提出了马氏体相变的机制,这种理论避开了原子运动的细节,而是以惯习面必须是不变平面的实验结果描述初始与终了晶体学状态。这种理论把马氏体相变分成三个步骤:

(1) 通过贝茵形变产生新的晶体结构;

(2) 进行点阵不变的切变,使惯习面的应变为零;

(3) 马氏体作刚性转动,使惯习面回到原来的位置,成为不变平面。

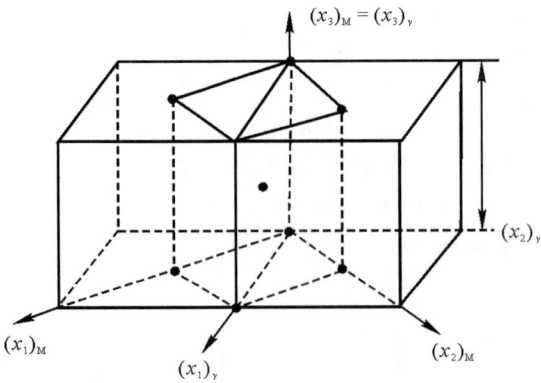

图 8-19　贝茵机制示意图

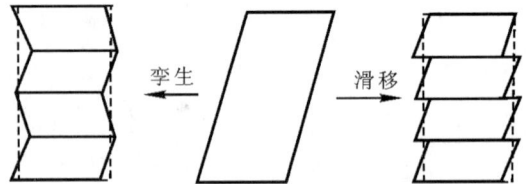

图 8-20　点阵不变的切变

上述理论中点阵不变的切变可通过马氏体内的孪生或滑移两种方式实现(见图 8-20)。这样一来在马氏体中可产生孪晶和位错等亚结构,解释了电子显微照片中的亚结构的存在。马氏体相变时要发生孪生和滑移,得到的亚结构分别为孪晶和位错,前者对应于片状马氏体,后者对应于板条状马氏体。因此,从原子尺度上讲,马氏体和奥氏体不可能具有完全共格的界面,而只能是半共格界面,在界面上存在有位错列。

8.5.1.3 马氏体相变的形核及动力学

库尔久莫夫(Курдюмов)认为马氏体相变仍是一个形核和核长大的过程,但在相变中是原子协同切变完成的,所以相变速率极高。形核可以是热涨落形成的均匀成核或非均匀成核、变温成核、缺陷重排或相互作用成核,但尚不能形成完整的成核理论。一定成分的合金冷到一定温度才开始马氏体相变,该温度称为马氏体开始相变温度,以 M_s 点表示。冷却速度对 M_s 点影响甚微。完成马氏体相变的温度称为马氏体相变终了温度,以 M_f 点表示。根据马氏体相变动力学的特点,可将马氏体相变的材料分为两大类。

第一类材料淬火时冷至 M_s 以下某个温度便立即发生马氏体相变,但随时间延长马氏体数量不再增加,冷却温度越低,马氏体数量越多,如图 8-21(a)所示。我们把以这种特点生成的马氏体称为变温马氏体或非热马氏体,其形成不需要热激活。材料从高温冷到 M_s 以下后,原始相中马氏体晶坯便发挥作用,成为马氏体晶核而长大。当相变温度高时只有较大尺寸的晶胚成为晶核,所以形成马氏体数量少,而在相变温度较低时,更小尺寸的晶胚亦能作为马氏体晶核,所以马氏体相变数量增加,有效晶核数仅与温度有关。

第二类材料在等温条件下进行马氏体相变。这类材料的 TTT 曲线具有 C 型曲线的特点。如图 8-21(b)所示,以这种特点形成的马氏体称为等温马氏体。等温马氏体的相变速率比变温马氏体低,但相变过程中马氏体片的界面移动速度与变温马氏体一样快。等温马氏体量的增加依靠新晶核形成和长大,有效晶核数随温度和时间改变。相变速率按慢—快—慢的规律进行,如图 8-21(b)所示。相变后期速率变慢是由于原始相体积减小,同时原始相被马氏体分割成小块,新生成马氏体片尺度减小之故。

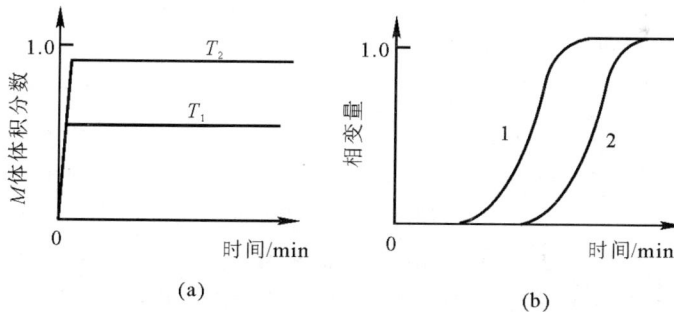

图 8-21 两类不同合金的马氏体相变动力学曲线
(a) 变温马氏体(T_1——在 M_s 以下较高温度, T_2——在 M_s 以下较低温度;)
(b) 等温马氏体(1——在转变最快的温度, 2——在较高或较低温度)

在一些马氏体相变中,一片马氏体的相变可以以相变应力诱发另一片马氏体的形核,形成连锁反应,形成一系列"之"字形马氏体片,称为爆发型马氏体。

8.5.2 多晶型转变

从结构特点上看,多晶型转变中代表性的相变分为两类,第一类称为位移型相变(displacive transformaiton),第二类称为重构型相变(reconstructive transformation)。两类相变都不伴随原子长程扩散,但前者在相变时沿特定的晶向和晶面原子整体产生有规律的相对位移,原子作这种有限的相对位移时,原有化学键不断裂,配位数不改变,只是键角转动,键长伸缩,新相与母相间存在明显的晶体学位向关系,如图 8-22(b)(c)所示,相变激活能较小。与马氏体相变不同的是,位移型相变只产生少量相对位移和少量晶格畸变,而马氏体相变以晶格畸变为主,原子间的相对位移较前者大;重构型相变时必须有部分化学键断裂,或称为多面体之间的重构,部分原子的配位数也随之改变,相变前后结构差别较大,如图 8-22(d)所示,图中相当于把原结构拆成许多小单元,重新组合形成新的结构,新相与母相间没有明显的位向关系。重构型相变激活能大,转变较难发生,常常使高温相有残留到低温的倾向。

图 8-23 所示是 $BaTiO_3$ 由低温到高温的相变,在 $-80\ ℃$ 附近由三方晶系转变为斜方晶系;$5\ ℃$ 以上又由斜方晶系转变为四方晶系;居里温度为 $120\ ℃$,高于 $120\ ℃$ 又由四方晶系转变为立方晶系;此后一直升温到 $1\ 460\ ℃$ 再转变为六方晶系。像这样从低温到高温或高温到低温依次发生晶体结构不同的相变称为逐级相变。前三种转变都属于位移型相变,由三方 → 斜方 → 四方晶系转变时,都有体积膨胀,而由四方 → 立方转变时有少量收缩。但相对介电常数随温度升高却不断增加。需要指出的是,三方晶系沿原立方系的[111]、斜方晶在[110]及四方晶在[001]方向上产生自发极化。而立方晶中,Ba^{2+} 位于立方晶格中心,O^{2-} 位于晶棱中心,Ti^{4+} 位于顶点。Ti 离子电荷多,尺寸小,因此在极化方向引起微小位移。因为原子在特定方向上微小位移产生的相变会引起晶体对称性的变化,所以也被称为结构相变。正因为这几个晶体结构都出现自发极化特征,所以 $BaTiO_3$ 具有高的介电常数。

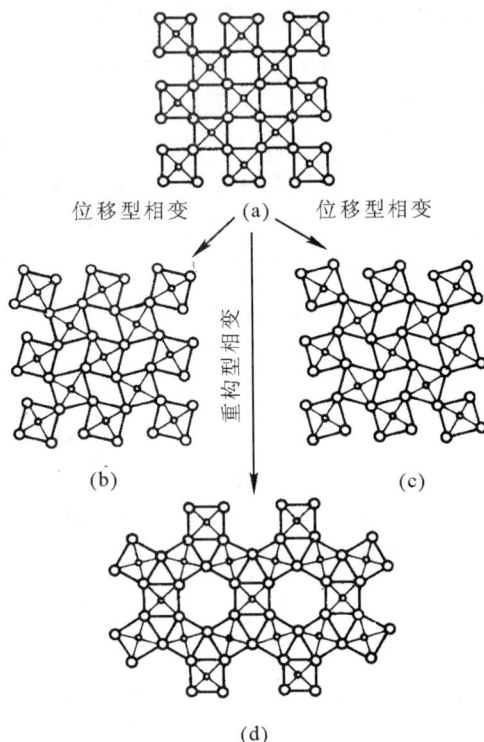

位移型相变 (a) 位移型相变

重构型相变

(b) (c)

(d)

图 8-22 位移型相变与重构型相变的二维示意图

一般来说位移型相变具有以下规律:高温稳定型的结构开放,即体积较大、密度较低、热容较高、对称性高,如图 8-22(a)所示;而低温稳定型则与此相反,如图 8-22(b)(c)所示。因此从低温稳定型向高温稳定型相变时,通常都有体积膨胀。此规律对有些晶体不适用,例如 ZrO_2 由低温稳定的单斜系过渡到高温稳定的四方晶时体积明显收缩。

$BaTiO_3$ 在 $1\ 460\ ℃$ 由立方晶转变为六方晶是重构型相变,但当降温速度较快时,这种六方结构往往不能转变为立方结构,甚至在 $130\ ℃$ 以下也不能转变为具有铁电性能的各种结构,所以 $BaTiO_3$ 烧结切忌超过 $1\ 460\ ℃$。在石英晶体的各种高温稳定之间,也会出现这种重构相变,如 β-石英 $\xleftrightarrow{867\ ℃}$ γ-鳞石英 $\xleftrightarrow{1\ 470℃}$ β-方石英。在上述重构型相变中,虽然结构单元都是硅氧四面体,但四面体与四面体之间的组合却有很大差别。β-石英 → γ-鳞石英 →

β-方石英,配位间隙越来越大,结构也越来越开放。

位移型相变激活能小,相变速率快,而重构型相变需要较高的激活能,相变需要一个相对较长的时间。位移型相变以协同型切变方式进行,不存在原子扩散,但严格地讲重构型相变原子虽不作长程扩散,但仍是一个扩散型相变。

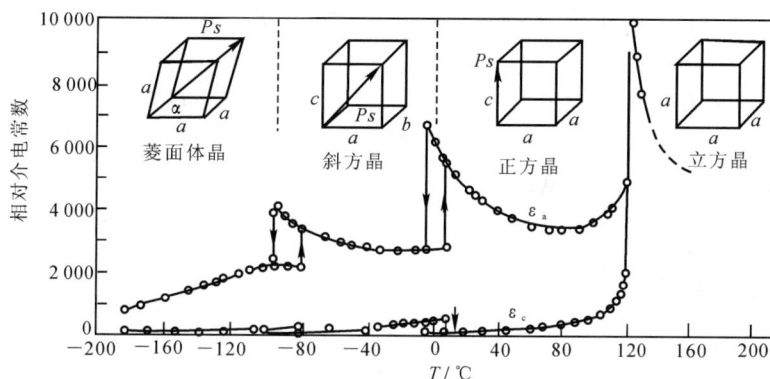

图 8-23　BaTiO₃ 的相对介电常数与温度及晶体结构的关系

8.6　贝氏体型相变

贝氏体组织最先是对钢中过冷奥氏体在中温范围转变形成的亚稳产物的称谓。其显微组织形貌与形成温度有关,在较高温度形成的呈羽毛状,称为上贝氏体,如图8-24(a)所示,图为20Mn₂TiB 碳氮共渗后直接淬火的电镜组织;温度低时则呈针状,称为下贝氏体,如图8-24(b)所示,图为 T10 钢 300 ℃ 等温淬水光学金相组织。随后发现,在一些有色合金中也发生贝氏体转变,形成类似的贝氏体组织。因此,研究贝氏体相变具有较普遍的意义。

上贝氏体（碳化物＋铁素体）　马氏体和残余奥氏体
(a)

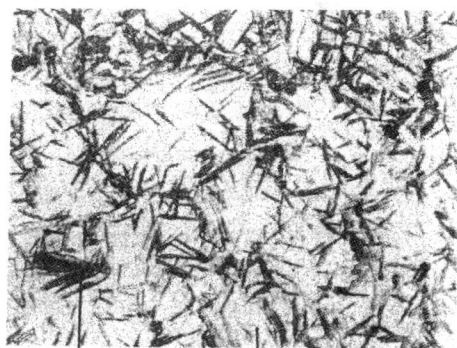

下贝氏体　马氏体和残余奥氏体
(b)

图 8-24　贝氏体的金相组织
(a)上贝氏体　×10 000；　(b)下贝氏体　×340

8.6.1　贝氏体相变的基本特征

对钢中贝氏体相变的研究发现,其相变特征为:

（1）相变发生在过冷奥氏体的中温转变区域，转变前有一段孕育期，孕育期长短与转变温度及钢种有关。贝氏体转变不能进行到底，未转变的奥氏体在随后冷却时形成马氏体或保留下来成为残余奥氏体。

（2）贝氏体相变也是一个形核-长大过程。转变过程中可以有碳原子在奥氏体中的扩散、铁的自扩散及晶格切变。在不同转变温度起主导作用的因素不同，故形成不同类型的贝氏体。

（3）钢中贝氏体是铁素体＋碳化物的两相组织，转变温度和化学成分不同，贝氏体的形貌也不同。

（4）贝氏体中铁素体与母相奥氏体之间有一定的晶体学位向关系，铁素体与碳化物之间也存在取向关系。

8.6.2 贝氏体转变机制

因为贝氏体相变发生在一个较宽的温度范围，不同温度下原子的热运动差别较大，所以贝氏体相变机制至今仍是一个有争议的问题。可以认为，贝氏体型相变是介于扩散型与非扩散型之间的相变。在这种相变过程中，基体以类似无扩散相变的方式进行，但部分组元如钢中奥氏体内的碳发生扩散，从新相的基体脱溶并析出，或扩散到奥氏体中，或从基体的母相中以形核-长大方式析出第二相。由于局部扩散，相变可以在恒温下发生。在较高温度（上贝氏体区）转变时，领先相是铁素体，碳原子有一定的扩散能力，它由铁素体脱溶通过铁素体-奥氏体相界面向奥氏体中扩散，结果碳化物便在铁素体板条之间析出而成为上贝氏体。在温度较低区域（下贝氏体区），碳原子的扩散系数更小，它在奥氏体中的扩散相当困难，而在铁素体中的短程扩散尚可进行，结果使铁素体中碳的过饱和程度更大，并使碳原子在铁素体的某些一定的晶面上偏聚，进而沉淀出碳化物而成为下贝氏体。

习　　题

1. 试用经典形核理论计算在固态相变中，由 n 个原子构成立方体晶核时，新相的形状系数 η。

2. 在规则熔体 α 中析出 β 的总驱动力 ΔG 可近似表达为

$$\Delta G = RT\left[x_0\ln\frac{x_0}{x_e} + (1-x_0)\ln\frac{1-x_0}{1-x_e}\right] - 2\Omega(x_0 - x_e)^2$$

式中　　x_0——α 相中溶质的摩尔分数；

x_e—— 析出后 α 相中溶质的摩尔分数。

（1）设 $T=600\,\text{K}, x_0=0.1, x_e=0.02, \Omega=0$，使用这一表达式估计 $\alpha \rightarrow \alpha' + \beta$ 时的总驱动力；

（2）假如合金经过热处理后有间距为 50 nm 的 β 相析出，计算每立方的 α/β 总界面的面积（设析出物为立方体）；

（3）假如 $\sigma_{\alpha/\beta} = 200 \times 10^{-3}\,\text{J/m}^2$，问 1 m³ 合金的总界面能为多少？每摩尔合金总界面能为多少（$V_m = 10^{-5}\,\text{m}^3/\text{mol}$）？

（4）若界面能同（3），问合金还剩多少相变驱动力？

3. 固态相变时,假设新相晶胚为球形,且单个原子的体积自由能变化 $\Delta G_v = 200\Delta T/T_c (\text{J/cm}^3)$,临界转变温度 $T_c = 1\,000$ K,应变能 $E_s = 4$ J/cm^3,共格界面能 $\gamma_{共格} = 0.04$ J/m^2,非共格界面能 $\gamma_{非共格} = 400$ erg/cm^2,计算:

(1) $\Delta T = 50$ ℃ 时,临界形核功 $\Delta G^*_{共格}/\Delta G^*_{非共格}$ 之比;

(2) 若 $\Delta G^*_{共格} = \Delta G^*_{非共格}$ 时,求 ΔT。

4. 溶质原子偏聚在位错线附近时,将使材料在拉伸时出现屈服现象。溶质原子在位错线周围偏聚的浓度分布可用 $c = c_0 \exp(-E/kT)$ 表示。式中,E 为溶质原子和位错线的交互作用能,c_0 为基体中溶质的平均浓度。试计算下列条件下发生溶质偏聚的临界温度。

(1) 铁中的碳,$c_0 = w_C = 0.000\,1$,$E = -0.5$ eV;

(2) 铜中的锌,$c_0 = w_{Zn} = 0.000\,1$,$E = -0.12$ eV。

5. 在固态相变过程中,假设新相形核率 $\dot{N}$ 和长大速率 G 为常数,则经过 t 时间后所形成的新相的体积分数可用 Johnson-Mehl 方程得到,即

$$\varphi = 1 - \exp(-\frac{\pi}{3}\dot{N}G^3 t^4)$$

已知形核率 $\dot{N} = 1\,000/(\text{cm}^3 \cdot \text{s})$,$G = 3 \times 10^5$ cm/s,试计算:

(1) 发生相变速率最快的时间;

(2) 相变过程中的最大相变速度;

(3) 获得 50% 转变量所需要的时间。

6. 若固态相变中新相以球状颗粒从母相中析出,设单位体积自由能的变化为 10^8 J·m^{-3},比表面能为 1 J·m^{-2},应变能忽略不计。讨论表面能为体积自由能的 1% 时的新相颗粒直径。

复习思考题

1. 什么叫固态相变? 与液-固相变相比,固态相变存在哪些基本特点?

2. 分析固态相变的阻力。

3. 分析位错促进相变成核的主要原因。

4. 固态相变的非均匀成核与液-固转变非均匀成核有何不同? 怎样促使非均匀成核?

5. 分析扩散型(非协同型)转变与非扩散型(协同转变)转变的主要特征。

6. 连续脱溶和不连续脱溶有何区别? 试述不连续脱溶的主要特征。

7. 试述 Al-Cu 合金的脱溶系列及可能出现的脱溶相的基本特征。为什么脱溶过程会出现过渡相? 时效的实质是什么?

8. 指出调幅分解的特征,它与脱溶有何不同?

9. 位移型相变与重构型相变有何不同? 位移型相变与马氏体相变有何不同?

10. 试说明脱溶相聚集长大过程中,为什么总是以小球溶解、大球增大方式长大。

第9章 复合效应与界面

9.1 材料复合、增强体及复合效应

9.1.1 复合材料概念、分类及特点

航空、航天、海洋等领域的发展,对材料提出了许多新要求,单一材料满足这种高要求的综合指标是非常困难的,有时是不可能的。但是把两种或两种以上材料复合在一起,使之性能互补,互相协调,就能满足各种需求,这就是复合材料。国际标准化组织将复合材料定义为由两种或两种以上物理、化学性质完全不同的物质复合起来而得到的一种具有优越性能的固体材料。

复合材料的发展是与增强材料发展紧密相关的。早在几千年前,人类便用麻、草和泥土砌墙,成为早期原始的复合材料。20 世纪 50 年代,玻璃纤维增强塑料(俗称玻璃钢)成为第一代现代复合材料的代表。20 世纪 60 年代发展了碳纤维、SiC 纤维、碳纤维增强树脂便是这一时期的代表。现在处于研制第三代复合材料时期,主要深入研究金属基、陶瓷基、C/C 复合材料、混杂复合材料和功能复合材料。当前,纳米复合材料发展很快,世界各国新材料发展的战略都把纳米复合材料放到重要位置,研究方向主要为纳米聚合物基复合材料、纳米碳管功能复合材料、纳米钨铜复合材料。

复合材料通常由基体、增强体以及基体与增强体之间形成的界面组成,存在多种分类方法,最主要的有以下三种分类方法:

(1)按复合效果分为结构复合材料和功能复合材料两大类。前者主要在工程结构中作为受载构件,后者则具有独特的物理特性,用作功能器件。

(2)按基体类型分为树脂基或聚合物基复合材料(Resin Matrix Composite,RMC)、金属基复合材料(Metal Matrix Composite,MMC)、陶瓷基复合材料(Ceramic Matrix Composite,CMC)等。

(3)按增强体的形态与排布方式分为颗粒增强复合材料、连续纤维增强复合材料、短纤维或晶须增强复合材料、单向纤维复合材料、二向织物层复合材料、三向及多向编织复合材料、混杂复合材料等。

复合材料的显著特征是材料性能的可设计性、各向异性及材料和结构的一次成型性。工程中根据特定构件性能要求选择基体、纤维及其含量,选择复合工艺及纤维排列方式,为优化设计提供了便利的条件。各向异性既是缺点也是优点,在产品上我们就是要利用其需要增强

方向的刚度和强度。材料和结构件一次成型,避免了烦琐的冷加工和热加工过程。作为结构复合材料,其与传统材料相比较有以下优越性:具有高的比强度和比模量,疲劳性能好,减振性好,高温性能好等。

9.1.2　增强体的性能

增强体的种类繁多,表 9-1 列出了主要增强体的一些性能参数。从表中可知,增强体的特点是强度高、模量高。增强体直径较小,含有缺陷的概率小,因此保持了高强度、高模量的特性,用于航空、航天结构的复合材料的增强体密度一般都低。

表 9-1　增强体的性能参数

生产厂家	商品名及牌号	直径 μm	密度 $g \cdot cm^{-3}$	抗拉强度 MPa	弹性模量 GPa
	E 玻璃纤维	9~15	2.6	3 232	72
日本东丽	T-300 碳纤维	7	1.76	3 500	230
日本东丽	T-1000 碳纤维	5	1.82	7 060	294
日本东丽	M60J 碳纤维	5	1.94	3 820	588
3M 公司	Nextel 480 Al_2O_3 纤维	10~12	3.05	2 275	224
日本碳(株)	Nicalon SiC 纤维	10~15	2.55	2 450~2 940	167~176
美 AVCO	SCS-6SiC 纤维	140	3	>4 000	400
法 SNPE	B_4C 涂复钨芯硼纤维	140	2.5	3 700	400
美	Kevlar49 芳纶纤维	12	1.44	1 760	62
苏联	APMOC 芳纶纤维		1.43	5 000	150
	W 丝	13	19.4	4 020	407
	钢丝	13	7.74	4 120	193
	β-SiC 晶须	0.1~1	3.85	约 70 000	>6 000
美杜邦公司	α-Al_2O_3 晶须	20	3.95		379

9.1.3　复合效应

复合材料具有特殊的复合效应,使得复合材料不但基本保持了原有组分的性能,还增添了原有组分没有的性能。

复合效应分为线性效应、非线性效应、界面效应、尺寸效应及各向异性效应。下面分别进行讨论。

线性效应可细分为平均效应、平行效应、相补效应、相抵效应。

非线性效应可细分为乘积效应、系统效应、诱导效应、共振效应。

以下举例对其中的重要效应简单作一说明。

平均效应又可称为加和效应(mean properties),在复合材料的混合定则(rule of mixture)中,通常用来计算增强材料和基体复合后对某一性质产生的效果,即

$$p_c = \sum_{i=1}^{N} (p_i)^n \varphi_i \qquad (9-1)$$

式中　　p —— 某一性质，例如强度、模量、泊松比、热导率、电导率等；

　　　　p_c —— 复合材料的某一性质；

　　　　p_i —— 原始 i 材料的某一性质；

　　　　φ_i —— N 种原始材料中第 i 种材料的体积分数；

　　　　n —— 由实验确定，其范围为 $-1 \leqslant n \leqslant 1$。

相补效应（协同效应）和相抵效应（不协同效应）往往是共存的，如图 9-1 所示。图中给出了 A，B 两种材料的组合结果。显然，我们要通过原材料的选择、设计和工艺尽可能得到相补的情况 I，尽量避免情况 IV，减少相抵的情况 II 和 III（有时是无法避免的）。例如铌酸铅（$PbNb_2O_6$）大体是最好的水声换能器单一材料，其优值也不过是 $2\,000 \times 10^{-15}$ m^2/N。然而把钛酸铅（PZT）压电陶瓷（其优值仅为

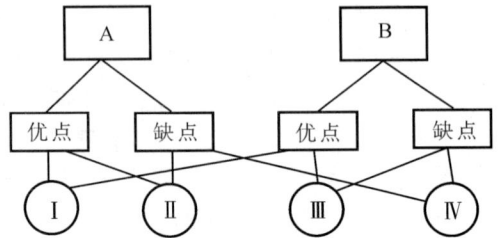

图 9-1　A，B 两种材料优缺点组合图

$2\,000 \times 10^{-15}$ m^2/N）与高分子聚合物复合起来，其优值可高达 $200\,000 \times 10^{-15}$ m^2/N，是 PZT 陶瓷的 100 倍以上，这个数值是任何单一材料都难以达到的，充分体现了相补效应。

混杂复合材料（hybrid composite）是最能体现相补和相抵效应的。混杂复合材料是由两种（或两种以上）纤维增强同一基体（或两种相容的基体）混杂复合而成的材料，也可以看作两种或两种以上单一复合材料混杂复合而成的材料。它可以是两种纤维增强同一基体，也可以是颗粒和纤维增强同一基体，长纤维和短纤维增强基体，等等。

混杂复合材料会产生混杂效应，它是与单一复合材料相比较而言的。广义地说，混杂效应是指混杂复合材料的某些性能偏离按混合定则计算结果的现象，向增加方向（性能改善）偏离的情况称为正混杂效应（相补效应、协同效应），向减少方向（性能下降）偏离的情况称为负混杂效应（相抵效应、不协同效应）。由于有多种性能，在混杂效应中，不可能全部是正混杂效应，也不可能全部是负混杂效应，最现实的是某些性能出现正混杂效应，另一些性能出现负混杂效应。只要设计的复合材料中我们关心的性能得到改善，而负混杂效应相应的性能能够容忍时，这种混杂复合材料仍然是成功的。

混杂复合材料在改善材料韧性和抗疲劳性能方面取得了相当成功的效果，例如 ARALL 混杂复合材料是芳纶增强铝和树脂的按层混杂复合材料，其强度比铝合金 2403-T3 高，疲劳性能更好。

在非线性效应中，乘积效应（product properties）又称为传递特性和交叉耦合效应。其用途最引人注目。例如对材料作 X 输入时输出为 Y，即一种转换功能材料 Y/X（如磁场/压力的换能材料）；而 Y 又作为另一种材料的第二次输入，产生输出 Z，即为另一种换能材料 Z/Y（如电阻/磁场转换材料）。两种材料复合得出一新的机能材料，即 $Y/X \cdot Z/Y = Z/X$（即电阻/压力转换材料）。乘积效应为开发新型功能材料指出了方向，因为这种效应不仅仅比单一材料具有更强的性能，甚至还可利用它创造出任何单一材料都不具有的新的功能效应。例如把钴铁氧体（$CoFe_2O_4$）的微粉和钛酸钡（$BaTiO_3$）铁电微粉复合，利用钴铁氧体在磁场中的磁致伸缩产生应力，应力传递到钛酸钡微粉上，通过钛酸钡的压电效应把应力转变成电势，从而完成磁和电的变换。这种复合材料的磁电效应是目前最好的单晶材料的 100 倍。

表 9-2 列出了几种复合材料的传递特性。传递过程不仅适用于上述的二重过程，还适用

于三重和三重以上的过程。

表 9-2 复合材料传递特性实例

Y/X (状态 1)	Z/Y (状态 2)	传递特性 (Z/X)
磁场/压力	电阻变化/磁场	压力电阻效应
电场/压力	发光/电场(电光亮度)	压力光亮度
应变/磁场	电场/应变	磁电效应
应变/磁场	电阻变化/应变	磁电阻效应
应变/磁场	复折射/应变	磁感应折射
应变/电场	磁场/应变	电磁效应
磁场/光	应变/磁场	应变/光
电场/光	应变/电场	应变/光
电场/光	光/电场	波长变换
同位素	导电性/光	放射线诱起电导

系统效应的机理尚不清楚,但已有事实证明其存在,例如彩色胶片由红、黄、蓝三种感光层复合而成,其结果却是五彩缤纷的画面,又如复合涂层会使材料表面硬度大幅度提高,远远超过按混合定则的估算值,表明了其中应有构成系统的物理效应。

诱导效应也是从实验中发现的,如增强体的晶形会通过界面诱导基体结构改变而形成界面层相。

至于共振效应,两个相邻物体在一定条件会发生共振是众所周知的。

非线性效应中除乘积效应已被少量用于功能复合材料外,其他三种效应尚未能进行深入研究开发,但这些效应已可能在不知不觉中对复合材料发生了一定作用。因此有待于深入研究。

复合材料的界面效应可归纳为 6 种:

(1) 阻断效应 起到阻止裂纹扩展、中断材料破坏、减缓应力集中等作用。

(2) 不连续效应 在界面上引起的物理性质的不连续性和界面摩擦出现的现象,如电阻、介电特性、磁性、耐热性、尺寸稳定性等。

(3) 散射和吸收效应 光波、声波、热弹性波、冲击波等在界面产生的散射和吸收,如透光性、隔热性、隔声性、耐冲击性等。

(4) 感应效应 在界面产生的感应效应,特别是应变、内部应力和由此而引起的现象,如弹性、热膨胀性、抗冲击性和耐热性的改变等。感应(或诱导)可以是一种物质(通常是增强物)的表现结构使另一种(通常是聚合物基体)与之接触的物质的结构由于诱导作用而改变。

(5) 界面结晶效应 基体结晶时,易在界面上形核,界面形核诱发了基体结晶。

(6) 界面化学效应 基体与增强材料间的化学反应,官能团、原子分子之间的作用。

界面效应既和界面结合状态、形态,以及物理、化学等特性密切相关,也和界面两侧材料的浸润性、相容性、扩散性等密切相关。这些问题仍在研究探索中。正是界面效应导致复合材料各组分间呈现出协同作用。

从复合材料结构单元和尺度上讲,把增强颗粒尺度为 $1\sim50\ \mu m$ 的称为颗粒增强复合材料,把 $0.01\sim1\ \mu m$ 尺度增强的称为分散强化(弥散强化)复合材料,而把亚微米至纳米级尺度增强的称为精细复合材料,其强化原理各不相同。

功能材料有时要在微米至纳米级上进行复合。首先因为在电、磁、声、光等领域,功能材料的使用频率越来越高。电磁波和弹性波在媒质中传播时的波长非常小,仅为 500～5 000 nm。如果复合单元本身及其间隔大于激励波长 λ,那么波在材料中传播时将产生严重的散射或反常谐振,显著影响波的传播。在这种情况下,复合材料的优点难以发挥。只有当尺度远小于激励波长 λ 时,才能发挥复合结构所提供的优越性能。也就是说,材料的复合尺度应该在 5～500 nm,实际上就是微米复合材料或纳米复合材料,二者都可统称为精细复合材料。

精细复合材料的出现与低维材料的发展息息相关。当材料的尺度进入亚微米时,块状材料热力学统计平均规律开始失效,热力学尺寸效应就显露出来了。当材料的尺度进一步下降到纳米尺度时,量子尺寸效应变得突出起来。热力学尺寸效应和量子尺寸效应都使材料性能发生剧烈的变化。当然,低维材料在精细复合结构中的界面效应和耦合效应究竟还能出现什么现象,将来能得到什么应用都是十分令人期待的。

复合材料中第二相尺寸小于某一临界值时,就会发生与大尺寸第二相不同的行为。光学特性的计算结果表明,透光性陶瓷光的透过率随第二相尺寸而发生变化,在同样的体积分数下,随第二相尺寸的减小,光的透过率和传播距离都增加。当第二相尺寸与光的波长相比充分小时,即使第二相的体积分数达 50%,也能制出透光性好的光学材料。

用于增强的纤维强度离散性多为韦布尔(Weibull)分布形式。其中纤维强度两参数的 Weibull 分布为

$$F(\sigma) = 1 - \exp(-\alpha L \sigma^{\beta}) \tag{9-2}$$

式中　　$F(\sigma)$ —— 长度为 L 的纤维在应力不超过 σ 时的破坏概率;

　　　　α —— 尺度参数;

　　　　β —— 形状参数,α 和 β 均可由实验测出。

纤维平均强度为

$$\bar{\sigma} = (\alpha L)^{-\frac{1}{\beta}} \Gamma(1 + \frac{1}{\beta}) \tag{9-3}$$

式中　　$\bar{\sigma}$ —— 纤维平均强度;

　　　　Γ —— 伽玛函数。

从以上公式可知,纤维破坏概率和纤维平均强度都与纤维的长度 L 有关。用纤维增强的复合材料的性能不仅与纤维的长度有关,与纤维的长径比 $\frac{L}{d}$ 也有关,还与复合材料板的厚度有关。这些都是复合材料尺寸效应的体现。

关于复合材料的各向异性效应是非常容易理解的,显然纤维方向的强度比与其垂直的横向强度要高。在力学性能、物理性能和化学性能方面,复合材料均能体现出各向异性,它可以从零维到三维按设计改变所需要的各向异性。

【例题 9.1.1】　有一钢丝(直径为 1 mm)包覆着一层铜(总直径为 2 mm),请问此复合材料的热膨胀系数为多少?已知钢的弹性模量 $E_{st} = 205$ GPa,铜的弹性模量 $E_{Cu} = 110$ GPa;它们的热膨胀系数分别为 $\alpha_{st} = 1.1 \times 10^{-6}$ ℃$^{-1}$,$\alpha_{Cu} = 17 \times 10^{-6}$ ℃$^{-1}$。

解　在无荷重的情况下,此复合材料中 $(\Delta l/L)_{st} = (\Delta l/l)_{Cu}$,且受力 $F_{Cu} = -F_{st}$。若 $\Delta T = 1$ ℃,则有

$$A_{st} = \pi(\frac{d}{2})^2 = (\pi/4)(0.001 \text{ m})^2 = 0.8 \times 10^{-6} \text{ m}^2$$

$$A_{Cu} = \pi(\frac{d}{2})^2 = (\pi/4)(0.002 \text{ m})^2 - 0.8 \times 10^{-6} \text{ m}^2 = 2.4 \times 10^{-6} \text{ m}^2$$

$$(\Delta l/L)_{st} = (\Delta l/L)_{Cu}$$

$$[\alpha \Delta t + (F/A)/E]_{st} = [\alpha \Delta t + (F/A)/E]_{Cu}$$

$$(1.1 \times 10^{-6}) \times 1 + \frac{F_{st}/(0.8 \times 10^{-6} \text{ m}^2)}{205 \times 10^9 \text{ N/m}^2} = (17 \times 10^{-6}) \times 1 + \frac{-F_{st}/(2.4 \times 10^{-6} \text{ m}^2)}{110 \times 10^9 \text{ N/m}}$$

$$F_{st} \approx 0.61 \text{ N} \quad (在加热时受拉力)$$

$$F_{Cu} \approx -0.61 \text{ N} \quad (在加热时受压力)$$

当 $\Delta T = 1 \text{ ℃}$ 时

$$(\Delta l/L)_{Cu} = (17 \times 10^{-6}/℃ \times 1 \text{ ℃}) + \frac{-0.61 \text{ N}/(2.4 \times 10^{-6} \text{ m}^2)}{110 \times 10^9 \text{ N/m}^2} = 15 \times 10^{-6}/℃$$

即复合材料的热膨胀系数为

$$\overline{\alpha} = 15 \times 10^{-6}/℃$$

注：该热膨胀系数不会因钢的种类不同而有大的变化。

【例题 9.1.2】　参考例题 9.1.1 中的复合材料。已知钢的屈服强度为 280 MPa，铜的屈服强度为 140 MPa。

(1) 如果该复合材料受到拉力，请问何种金属先行屈服？

(2) 在不发生塑性变形的情况下，该复合材料能承受的最大拉伸负荷为多少？

(3) 该复合材料的弹性模量为多少？

解　由上题知

$$A_{st} = 0.8 \times 10^{-6} \text{ m}^2, \quad A_{Cu} = 2.4 \times 10^{-6} \text{ m}^2$$

$$E_{st} = 205 \text{ GPa}, \quad E_{Cu} = 110 \text{ GPa}$$

两种金属的弹性应变 ε 必定相当，即

$$(\sigma/E)_{st} = \varepsilon_{st} = \varepsilon_{Cu} = (\sigma/E)_{Cu}$$

$$\sigma_{st} = \sigma_{Cu}(205\ 000 \text{ MPa})/(110\ 000 \text{ MPa}) = 1.86 \sigma_{Cu}$$

(1) 由于应力之比为 1.86，故当钢受应力为 140 MPa 时，铜受应力也为 140 MPa，因此，铜将先行屈服。

(2) 最大拉伸力为

$$F_{总} = F_{Cu} + F_{st} =$$

$$(140 \times 10^6 \text{ N/m}^2) \times (2.4 \times 10^{-6} \text{ m}^2) +$$

$$(260 \times 10^6 \text{ N/m}^2)(0.8 \times 10^{-6} \text{ m}^2) = 540 \text{ N}$$

(3) $\overline{E} = (\varphi E)_{st} + (\varphi E)_{Cu} =$

$$0.25 \times 205\ 000 \text{ MPa} + 0.75 \times 110\ 000 \text{ MPa} = 130\ 000 \text{ MPa}$$

9.2　复合材料增强原理

复合材料是在复合思想指导下进行创新、改进和发展的，使历史上通过盲目多次试验研制材料的老路得到了改进。对复合材料进行设计、使用、性能预测都要用到增强原理。本节着重

介绍这些较成熟的原理。

9.2.1 复合思想

9.2.1.1 仿生思想

生物体中有许多结构合理、性能优良的天然复合材料，如木材、竹子、骨骼、贝壳、牙齿等。木材由木纤维和木质素复合而成，沿径向分布着一层层韧性的年轮，把强度好而韧性差的纤维增强体分割成小区，从而有助于弯曲变形，可抵抗大风而不易折断。骨骼内层是骨松质，外层是骨密质，骨密质也是由骨纤维与骨质素复合而成的。这些生物结构给我们以极大的启示，应当研究、仿效和借鉴。

9.2.1.2 绿色材料思想

复合材料制造时就要考虑材料本身是否会造成环境污染，能否回收再生。复合加工过程也要考虑到是否会造成环境污染。

9.2.1.3 充分利用协同效应思想

前已述及，协同效应（synergetic effect）或正混杂效应（positive hybrid effect）用一句简单的话可概括为两种或多种因子组合作用效果大于两种或多种因子单独作用效果之和。从具有协同效应的复合材料来看，它应当是宏观复合、细观复合、微观复合、纳米复合和原子、分子级的多层次协同融合。复合材料的设计应遵循这一思想。

9.2.1.4 智能材料思想

材料应对环境变化、自身变化及外界激励能做出自适应的或智能的反应，进一步顺应环境，能够有自诊断、自修复或自增强能力。为此，光纤、形状记忆合金、功能陶瓷和电流变体等在复合材料中得到了应用。

除上述指导思想外，复合材料还应吸收功能梯度概念、混杂概念及纳米级复合概念等。

9.2.2 复合材料增强原理

复合材料中各结构单元所起的作用是不同的，基体主要用于固定和黏附增强体，并将所受的载荷通过界面传递到增强体上，当然其自身也承受少量载荷。基体还能起到类似隔膜的作用，将增强体分隔开来。当有的增强体发生损伤或断裂时，裂纹不至从一个增强体传播到另一个增强体。在复合材料的加工和使用中，基体还能保护增强体免受环境的化学作用和物理损伤等。从增强体在结构复合材料中主要用来承担载荷的角度看，通常要求增强体具有高强度和高模量。增强体的体积分数、与基体的结合性能对复合材料的性能有着很大的影响。增强体、基体和界面的共同作用可以改变复合材料的韧性、抗疲劳性能、抗蠕变性能、抗冲击性能及其他性能。界面能起到协调基体和增强体变形的作用，通过界面可将基体的应力传递到增强体上。基体和增强体通过界面发生结合，但结合力的大小应适当，既不能过大，也不能过小。结合力过大会使复合材料韧性下降，结合力过小起不到传递应力的作用，容易在界面处开裂。

对于先进陶瓷基复合材料来说，基体已有足够的强度，增强体与基体强度相比不像金属基和树脂基复合材料那样差别大，但陶瓷基体固有的缺点是太脆，因此陶瓷基复合材料的主要功能是增韧补强。而金属基和树脂基复合材料的主要功能是增强补韧。按照增强体的种类和形态可以把结构复合材料分为三类，即弥散增强型、粒子增强型和纤维增强型。下面分别进行讨论。

9.2.2.1　弥散增强型

弥散增强主要是针对金属基体,外加入颗粒尺寸小,而不是脱溶沉淀出的第二相。加入的都是硬质颗粒,如 Al_2O_3,TiC,SiC 等。这些弥散于金属或合金中的颗粒,可以有效地阻止位错的运动,起到显著强化的作用。因此,其强化机理与脱溶沉淀类似,基体仍是承受载荷的主体。正因为这些外加质点不是相变脱溶产生的,随着温度的升高仍可保持原有的尺寸,所以其增强效果在高温仍能保持较长的时间,使复合材料的抗蠕变性能、持久性能明显优于基体合金。为了使弥散增强效果最佳,要求加入的质点坚硬、稳定并不与基体产生化学反应,其尺寸、形状和体积分数及与基体的结合都应加以考虑。

据第 6 章所述位错绕过机制,若质点间距为 D_p,复合材料产生塑性变形时,剪应力应为复合材料的屈服强度,即

$$\tau_y = G_m b / D_p \tag{9-4}$$

式中　G_m —— 基体剪切模量;

　　　b —— 柏氏矢量的模。

基体的理论断裂强度约为 $G_m/30$,基体的理论屈服强度约为 $G_m/100$,它们分别为位错运动所需要剪应力的上限和下限。代入式(9-4)后,可得到增强作用质点距离 D_p 的上、下限分别约为 0.3 μm 和 0.01 μm。

如果质点直径为 d_p,体积分数为 φ_p,质点呈弥散均匀分布,根据体视金相学,则有如下关系:

$$D_p = \left(\frac{2}{3} d_p{}^2 / \varphi_p\right)^{\frac{1}{2}} (1 - \varphi_p) \tag{9-5}$$

代入式(9-4)可得复合材料的屈服强度 τ_y 为

$$\tau_y = G_m b / \left[\left(\frac{2}{3} d_p / \varphi_p\right)^{\frac{1}{2}} (1 - \varphi_p)\right] \tag{9-6}$$

可见,质点尺寸越小,体积分数越高,强化效果愈好。但过高的 φ_p 在工艺上难以实现,还要以牺牲材料的韧性为代价,所以一般 $\varphi_p = 0.01 \sim 0.15$,$d_p = 0.1 \sim 0.01$ μm。

弥散强化合金的代表是 SPA 型,例如 $Al + Al_2O_3$,由于球磨铝粉表面就有氧化物,厚度为 10 nm,所以粉末可直接经真空退火、脱脂、冷压、烧结和热挤压制成材料。强化相为氧化物,因此也称为氧化物弥散强化(ODS)合金。以后又发展了 TDNi、TDNiCr 弥散强化合金,实际就是 Ni 或 NiCr 基体上加入球形、$d_p = 20 \sim 35$ nm 的氧化钍。20 世纪 70 年代,开始在基体中加入 Y_2O_3。近年来,美国制成了 Al_2O_3 弥散强化的 Cu 合金复合材料,它是先将 Cu-Al 合金用气体雾化成粉末,使其内部氧化产生 Al_2O_3,再挤压成制品。得到的含 Al_2O_3 质量分数为 0.002 ~ 0.011 的材料,其室温电导率为纯 Cu 的 85% ~ 92%。这种合金的特点是高温长时间加热也不产生再结晶和晶粒长大,高温下保持着一定的硬度、强度和抗蠕变性。

9.2.2.2　粒子增强型

在金属基体中加入粒子进行增强与弥散强化的最大不同点是粒子增强型的尺寸,粒子的尺寸为 1 ~ 50 μm。其他参数:粒子间距为 1 ~ 25 μm,体积分数为 0.05 ~ 0.5。这种复合材料的粒子也可承担一部分载荷,基体仍承担主要载荷,通过粒子约束基体变形达到强化的目的。原则上加入的粒子仍然为坚硬的,几何形状也可以是任意的,但一般基本以几何对称形状居多。

在树脂基体中加入的粒子(也称填料)种类很多,尺寸与金属基复合材料类似,但共同特点是粒子具有亲水表现。粒子的化学成分、来源、制备方法、晶型、颗粒形状、颗粒度、粒度分布、比表面积、表面结构、杂质含量皆是影响复合材料性能的因素,填料有碳酸盐、炭素和金属粒子等。很多粒子都是极性很强的固体颗粒,极性较强的树脂基体与无机填料粒子有较强的结合力,填料对基体有补强作用。当材料出现裂纹时,填料粒子可在两个裂纹面起到架桥的作用。热固性树脂交联密度高,通常较脆,但极性较强,可以用无机填料补强。无机填料与无极性或弱极性的聚乙烯、聚丙烯等树脂基体的结合力小,粒子加入后反而会使冲击强度大幅度下降,不宜采用。为了增强无机填料与基体之间的结合力,常用偶联剂对填料表面处理,偶联剂对极性基体和无极性基体均适用。偶联剂用量约为复合材料量的 1‰。偶联剂具有两性结构,分子中一部分基团可与无机填料表面的化学基团反应,形成强的化学结合,另一部分可与树脂有很好的相容性或与树脂中的化学基团相互作用,从而起到把两种性质、大小不同的材料牢固结合起来的作用。

粒子增强复合材料的性能与增强体和基体的比例有关,某些性能只取决于各组成物质的相对数量和性能,复合材料的密度可用混合定则足够精确地描述,即

$$\rho_c = \rho_p \varphi_p + \rho_m \varphi_m$$

式中　　ρ_c, ρ_p, ρ_m ——复合材料、粒子和基体的密度;

　　　　φ_p, φ_m ——复合材料中粒子和基体的体积分数。

【例题 9.2.1】　假如在镍中加入质量分数为 0.02 的 ThO_2,每个 ThO_2 颗粒的直径为 100 nm,已知 ThO_2 及 Ni 的密度分别为 9.69 g/cm^3 及 8.9 g/cm^3。试计算 1 cm^3 中有多少颗粒。

解　ThO_2 的体积分数 φ_{ThO_2} 为

$$\varphi_{ThO_2} = \frac{2/9.69}{2/9.69 + 98/8.9} = 0.018\ 4$$

1 个 ThO_2 颗粒的体积为

$$V_{ThO_2} = \frac{4}{3}\pi r^3 = \frac{4}{3}\pi (0.5 \times 10^{-5}\ cm)^3 = 0.52 \times 10^{-15}\ cm^3$$

1 cm^3 ThO_2 颗粒的个数为

$$n_{ThO_2} = \frac{0.018\ 4}{0.52 \times 10^{-15}} = 35.4 \times 10^{12}\ 个$$

【例题 9.2.2】　某电接触器件是银-钨复合材料制成的,其生产过程是首先制成多孔的钨粉末冶金坯料,然后将纯银渗入到孔洞中去。在渗银之前,钨压坯的密度为 14.5 g/cm^3。试计算孔洞的体积分数及渗银之后坯料中银的最终质量分数。已知纯钨及纯银的密度分别为 19.3 g/cm^3 及 10.49 g/cm^3。假定钨压坯很薄并全为开气孔。

解　由　　　　　　$\rho_c = \varphi_w \rho_w + \varphi_孔 \rho_孔$

孔洞密度 $\rho_孔$ 显然为零,于是

$$\varphi_孔 = 1 - \varphi_w = 1 - \frac{14.5}{19.3} = 0.25$$

渗入后银的质量分数为

$$w_{Ag} = \frac{0.25 \times 10.49}{0.25 \times 10.49 + 0.75 \times 19.3} = 0.153$$

对于刚性好的粒子增强复合材料,其弹性模量随粒子的体积分数增加而增加,目前已导出这种复合材料弹性模量的许多计算公式,常用的有上限和下限弹性模量关系表达式,即

上限值

$$E_c = E_m \varphi_m + E_p \varphi_p \qquad (9-7)$$

下限值

$$E_c = \frac{E_m E_p}{E_p \varphi_m + E_m \varphi_p} \qquad (9-8)$$

式中　E_c, E_m, E_p —— 复合材料、基体及粒子的弹性模量;

　　　φ_m, φ_p —— 复合材料中基体及粒子的体积分数。

在许多情况下,试验值在上限和下限公式计算结果之间,但当基体受力较大时,试验值可能超出上、下限。上、下限给的范围是较大的,实际意义较小,在实际使用中给出了许多更复杂的方程式,但无通用性,仅能适用于特定的某些系列粒子增强复合材料。

研究发现,粒子增强复合材料与纤维增强复合材料不同,其体积分数 φ_p 与复合材料弹性模量并非呈线性关系,如图 9-2 所示,在一定范围内粒子 φ_p 增加时,其表观弹性模量增加不大。只有当粒子体积分数增加到一定程度时,其模量才大幅度增加。其原因可能是,φ_p 小时,粒子彼此被基体隔开,对复合材料弹性模量影响较小,当 φ_p 增大到一定程度时,粒子相互连接,这时增加粒子数其影响就大。不过一般粒子增强复合材料很难达到这样的体积分数。

粒子增强复合材料的强度可分两种情况进行讨论,一种适用于基体为晶体结构的复合材料,另一种适用于任意基体材料。

对于基体为晶体结构的复合材料,当大的粒子存在于基体之上时,位错在不能绕过粒子的情况下,滑移到基体—粒子界面上受阻塞积,约束了基体变形,并在粒子与基体界面上产生应力集中,领先位错受力 σ_i 为

$$\sigma_i = n\sigma \qquad (9-9)$$

式中　σ —— 名义应力或平均应力;

　　　n —— 塞积的位错数。

根据位错理论

$$n = \sigma^2 D_p / G_m b \qquad (9-10)$$

设粒子理论破坏的应力为 $G_p/30$,G_p 为粒子剪切弹性模量。当粒子破坏时,位错得以运动,引起变形,此时的应力 σ 记为屈服强度 σ_y,则有

$$\sigma_i = \frac{G_p}{30} = \sigma_y^2 D_p / G_m b \qquad (9-11)$$

由此可得

$$\sigma_y = \sqrt{G_m G_p b / 30 D_p} \qquad (9-12)$$

将式(9-5)代入可得

$$\sigma_y = \sqrt{\frac{\sqrt{3} G_m G_p b V_p^{1/2}}{30\sqrt{2} d_p (1 - \varphi_p)}} \qquad (9-13)$$

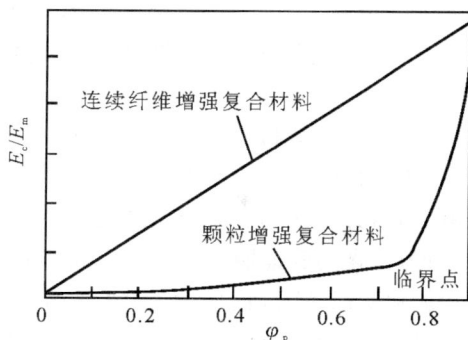

图 9-2　颗粒增强复合材料与连续纤维增强复合材料的弹性模量比较

从式(9-13)可知,粒子直径 d_p 越大,体积分数 φ_p 越高,则复合材料强度越高,粒子对复合材料的增强效果越好。

对于基体是非晶体或晶体的复合材料,其强度计算过程复杂,这里只给出结果。在界面无结合或结合差时,粒子增强复合材料的强度 σ_{cu} 为

$$\sigma_{cu} = 0.83\,p\,\alpha\varphi_p + K\sigma_{mu}(1-\varphi_p) \tag{9-14}$$

式中　p —— 粒子通过界面受基体的正压力;

　　　α —— 基体与粒子间的摩擦因数;

　　　σ_{mu} —— 基体抗拉强度;

　　　K —— 由于界面无结合加入粒子时基体强度降低因数为 $0.7\sim1.0$,$K = a + bd_p^{-\frac{1}{2}}$,$a$,$b$ 为常数。

实际上界面未结合的不能称之为复合材料,但在制作材料加入粒子后,由于基体与粒子热膨胀系数的不同或是其他原因,在界面上总能形成对粒子的正压力 p;又由于粒子与基体的表面粗糙度不同,基体受力变形时,受到粒子与基体间摩擦力的限制,也能使基体得到强化,不过作用不明显。从式(9-14)可知,φ_p 一定时,复合材料的强度随粒子直径的增大而降低(通过 K)。在基体和粒子界面未结合时,可通过提高二者之间的摩擦因数 α 及正压力 p 来提高强度。

当基体与粒子界面有黏结时,其复合材料强度 σ_{cu} 可表示为

$$\sigma_{cu} = (\sigma_a + 0.83\tau_m)\varphi_p + \sigma_a S(1-\varphi_p) \tag{9-15}$$

式中　σ_a —— 界面黏结强度在外力方向所允许的最大应力;

　　　τ_m —— 界面剪切强度(可假设等于基体剪切强度 τ_{mu});

　　　S —— 材料破坏时基体内平均应力与 σ_a 的比值,应力集中因数。

式(9-15)右边第一部分为粒子能够承载部分,第二部分为基体承载部分。该式说明粒子也能分担部分载荷,这与弥散强化截然不同。该式还说明,界面黏结强度对复合材料性能影响明显,因为已有实验证明了一种复合材料在界面无黏结时粒子承受的应力为 8.8 MPa,而在结合时却能承受 72 MPa 的应力,大大地分担了基体承载。

对炭素材料和陶瓷材料用粒子增强时,已经得出了不同粒子尺寸增韧、增强效果及多层次尺寸复合的协同效应。不同相之间的几何形态、尺寸效应以及增强粒子的最优分布与配比设计对复合材料性的能影响很大。凡是要经过烧结配料时均应特别注重这一问题。加入的粒子直径不能过小,过小从力学观点看不易产生效果,但过大时由于复合中产生的残余应力会出现自发微裂纹,其最大的临界尺寸为 100 μm。对高性能陶瓷材料,一般增强颗粒选在 $0.1\sim100$ μm 粒径范围内为好。烧结后粉料粒子会长大,一般不易预测烧结后粒径的大小。根据经验总结规律,烧结后粒径为原始粒子直径的 $2\sim6$ 倍。图 9-3 为圆形粒子大小配合图。图中黑色球为加入的粒子,白色球为基体粉料。可见在烧结配粒中,为了得到致密和性能优良的最终产品,增强粒子直径与基体粒径应适当搭配并均匀分布。例如,在 SiC 增强 Si_3N_4 材料中,计算出 Si_3N_4 粒径为 0.5 μm,β-SiC 粒径为 0.07 μm,烧结后 SiC 粒径为 $0.14\sim0.21$ μm,Si_3N_4 粒径为 $1\sim3$ μm,且 SiC 体积分数最优的配合比为 19%,表 9-3 列出了试验结果。由表可知,若按最佳粒径体积分数配比,弯曲强度由无增强粒子的 853 MPa 提高到最佳体积分数为 20% 的 1 055 MPa,提高了 24%。但是若用非最佳粒径配比时,强度反而下降,如 SiC 为 3.7 μm,Si_3N_4 为 7 μm 时,弯曲强度降低到 700 MPa 以下。

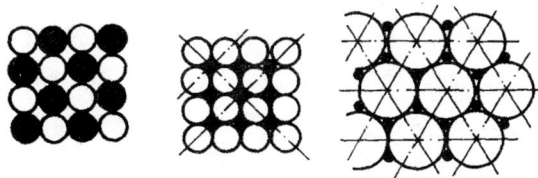

图 9-3 粒径配比分布模型图

●—加入的粒子； ○—基体粉料

表 9-3 不同体积分数纳米粒子 SiC(0.07 μm) 增强 Si₃N₄(0.5 μm) 的性能

SiC 体积分数 1	弯曲强度 MPa	$\dfrac{K_{IC}}{MPa \cdot m^{1/2}}$	维氏硬度 GPa
0	853	7.4	16.7
0.05	887	8.0	17.3
0.10	940	8.5	18.0
0.20	1 055	7.6	21.0

9.2.2.3 纤维增强型

（1）连续纤维增强原理 混合定则可很好地描述和预测复合材料的某些性能。若纤维在基体中呈单向均匀的排列，则沿纤维方向复合材料的性能可表示为

$$P_c = P_f \varphi_f + P_m \varphi_m \tag{9-16}$$

式中 P —— 某一性质，例如强度、弹性模量、泊松比、密度、热导率、电导率、应力、磁导率、比热容等。

P_c —— 复合材料的某一性质；

P_f —— 增强材料的某一性质；

φ_f —— 增强材料的体积分数；

φ_m —— 基体体积分数，存在 $\varphi_f + \varphi_m = 1$ 的关系。

应该注意到密度和比热容用式(9-16)计算时并无方向性。

【例题 9.2.3】 在玻璃纤维增强尼龙复合材料中，E 玻璃纤维的体积分数为 0.3。E 玻璃和尼龙的弹性模量分别为 72.4 GPa 和 2.76 GPa，求纤维承载占复合材料承载的比例。

解 若界面结合良好，则复合材料受力后的应变应与基体和纤维应变相等，即

$$\varepsilon_c = \frac{\sigma_c}{E_c} = \varepsilon_m = \frac{\sigma_m}{E_m} = \varepsilon_f = \frac{\sigma_f}{E_f}$$

于是

$$\frac{\sigma_f}{\sigma_m} = \frac{E_f}{E_m} = \varepsilon_f = \frac{72.4 \ GPa}{2.76 \ GPa} = 26.25$$

纤维承载所占比例为

$$\varphi = \frac{\sigma_f}{\sigma_f + \sigma_m} = \frac{1}{1 + \dfrac{\sigma_m}{\sigma_f}} = \frac{1}{1 + \dfrac{1}{26.25}} = 0.96$$

说明几乎所有载荷都由纤维承受。

这些公式都能精确地描述各性能。对于结构材料主要考虑其力学性能，以下重点讨论这一问题。

复合材料制造中,难免造成纤维的部分损伤,与基体结合也有缺陷,排列方向性也可能不够理想。考虑这些因素,工程中为了更准确地计算纤维方向的弹性模量,其计算式可改为

$$E_c = k(E_f \varphi_f + E_m \varphi_m) \qquad (9-17)$$

式中,k 是一个常数,k 在 $0.9 \sim 1.0$ 范围内。若复合材料制作理想,则 k 取为 1,否则取其他值。在外力大到使基体发生塑性变形以后,复合材料的应力-应变曲线将不是很好的直线关系,基体对复合材料的刚度可忽略不计,此时复合材料的模量可表示为

$$E_c = kE_f \varphi_f \qquad (9-18)$$

如果外载荷垂直于单向连续纤维复合材料的纤维方向,纤维与基体对复合材料线性伸长的作用相互无关,每一组元的应变加权和等于复合材料的总应变,于是可导出垂直于纤维方向弹性模量的计算式为

$$\frac{1}{E_c} = \frac{\varphi_f}{E_f} + \frac{\varphi_m}{E_m} \qquad (9-19)$$

对于混杂复合材料,若 E_{f1} 和 E_{f2} 分别表示第一种纤维和第二种纤维的弹性模量,则单向排列纤维的混杂复合材料模量可表示为

$$E_c = E_{f1} \varphi_{f1} + E_{f2} \varphi_{f2} + E_m \varphi_m \qquad (9-20)$$

式中,φ_{f1},φ_{f2},φ_m 分别表示第一种纤维、第二种纤维和基体的体积分数,$\varphi_{f1} + \varphi_{f2} + \varphi_m = 1$。

式(9-17) ~ 式(9-20)适于拉伸和压缩载荷的计算,但在拉伸下更为精确。

单向连续纤维复合材料的强度已不能由混合定则准确地预测,但仍是可以利用的。一般在纤维方向的强度可写为

$$\sigma_{cu} = \sigma_{fu} \varphi_f + \sigma_m^* \varphi_m = \sigma_{fu} \varphi_f + \sigma_m^* (1 - \varphi_f) \qquad (9-21)$$

式中 σ_{fu} —— 纤维抗拉强度;

        σ_m^* —— 纤维断裂时基体的应力;

        σ_{cu} —— 复合材料纤维方向的抗拉强度。

计算中考虑到一般纤维的断裂应变要小于基体断裂应变,纤维又是复合材料的主要承载者,因此先于基体断裂。纤维断裂应变可用 σ_{fu}/E_f 计算出来,然后据基体的应力-应变曲线找到相当于 σ_{fu}/E_f 的应力 σ_m^*。为了简化问题,也可用基体屈服强度 σ_{my} 近似代替 σ_m^*,由于基体不是载荷的承担者,作这样的近似处理不会引起很大的误差。值得注意的是,式(9-21)仅适用于拉伸载荷。

由式(9-17)和式(9-21)可知,第一项是纤维对复合材料模量和强度的贡献,第二项是基体对复合材料模量和强度的贡献。以玻璃纤维增强环氧树脂基体为例,E_f/E_m 比值大于 20,σ_{fu}/σ_{mu} 比值约大于 25,即使加入的玻璃纤维体积分数为 10%,其复合材料的模量和强度也为基体模量和强度的几倍,明显起到了增强效果,这就是增强的原因。这里还未考虑到复合材料受力时,由于纤维和基体界面结合,纤维的变形受到基体的限制,反过来纤维也限制基体的变形,致使纤维和基体都因此得到强化。这种强化作用,或者说复合效应对复合材料强度也有贡献。

从式(9-21)还可看出,复合材料的强度由两部分线性组成,即纤维为一部分,基体为另一部分。据此可以作出图 9-4。图中 φ_{fmin} 表示纤维最小体积分数,它所代表的意义为:当 $\varphi_f <$

φ_{fmin} 时,复合材料的强度由基体决定;当 $\varphi_f >$ φ_{fmin} 时,复合材料的强度由纤维控制。制作复合材料的目的是要增强基体,亦即要求 σ_{cu} $\geqslant \sigma_{mu}$,也即 $\sigma_{fu}\varphi_f + \sigma_m^*(1-\varphi_f) \geqslant \sigma_{mu}$。由此可得(当上式取等号时的 φ_f 记为 φ_{fcr},即临界纤维体积分数)

$$\varphi_{fcr} = \frac{\sigma_{mu} - \sigma_m^*}{\sigma_{fu} - \sigma_m^*} \qquad (9-22)$$

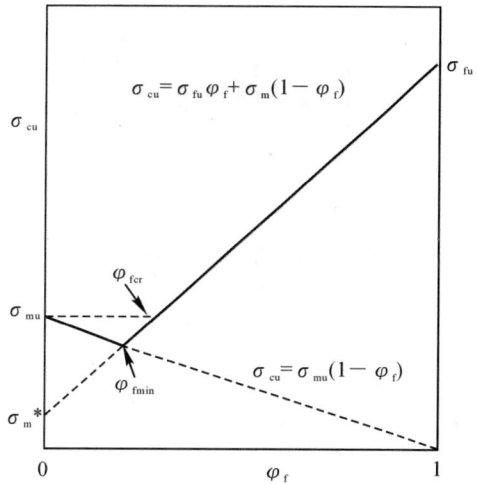

图 9-4　单向纤维复合材料的拉伸强度与 φ_f 之间的关系

将 φ_{fcr} 也标在图上,它的意义是基体真正得到增强时所应加入纤维的最小体积分数。φ_{fcr} 在工程上是有用的,在设计复合材料时由它可粗略地计算出应加入纤维的体积分数,在这一点上 φ_{fmin} 就没有多大价值了。由式(9-22)可知,φ_{fcr} 与纤维和基体强度有关:两者差别大时,φ_{fcr} 就小;而两者差别小时,φ_{fcr} 就大。换言之,需要使用较多的纤维才能达到增强目的。

应该指出,单向复合材料在纤维方向的抗拉强度大大高于抗压强度,但拉伸和压缩模量却近似相等;垂直于纤维方向的拉伸强度甚至低于基体强度,但压缩强度却高于基体强度,拉伸和压缩模量都高于基体模量。

(2) 短纤维和晶须增强复合材料　与连续纤维复合材料相比较,短纤维和晶须增强复合材料的增强效果都不如前者。但考虑到生产成本及材料的各向异性,短纤维和晶须复合材料还是具有一定的优越性的,因为短纤维和晶须增强复合材料的成本低,各向异性要比连续纤维复合材料小。

现研究一根埋入基体中的伸直短纤维或晶须,如图9-5所示。从细观上看,若复合材料受到平行于这根纤维的力,由于一般 $E_f > E_m$,基体变形量将会大于纤维变形量,如图9-5(b)所示。但基体和纤维是紧密结合的,纤维将限制基体的变形,于是在基体和纤维界面部分产生了剪应力,并通过剪应力将复合材料承受的载荷合理地分配到纤维和基体两种组分上。纤维会受到比基体更大的拉应力,这就是短纤维和晶须能起到增强作用的原因。

在受力复合材料中的伸直纤维上取 dz 长的微元体作分析,如图9-6所示。根据力的平衡法则可得

$$(\pi r_f^2)\sigma_f + 2\pi r_f dz\tau = \pi r_f^2(\sigma_f + d\sigma_f)$$

或

$$\frac{d\sigma_f}{dz} = \frac{2\tau}{r_f} \qquad (9-23)$$

式中　σ_f —— 纤维轴向应力;

$\quad\quad \tau$ —— 基体-纤维界面剪应力;

$\quad\quad r_f$ —— 纤维半径,$2r_f = d_f$。

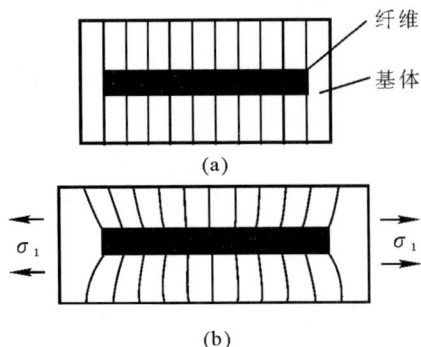

图 9-5　一根纤维埋入基体受力前后的变形示意图

(a) 受力前；　(b) 受力后

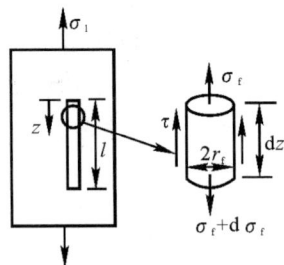

图 9-6　平行于外载荷伸直
短纤维微元的平衡

设剪应力沿界面均匀分布,并等于基体剪切屈服强度 τ_y,纤维末端不传递应力,据对称条件,$z=\dfrac{L}{2}$ 处,即纤维长度中点处剪应力为零。则积分式(9-23)可得

$$\sigma_f = \frac{2\tau_y z}{r_f} \tag{9-24}$$

随 z 的增加,σ_f 增加,最大纤维应力 σ_f 在 $z=\dfrac{L}{2}$ 处,于是有

$$\sigma_{f\,max} = \frac{\tau_y L}{r_f} \tag{9-25}$$

短纤维的长度 L 增加,$\sigma_{f\,max}$ 增加,当 $\sigma_{f\,max}=\sigma_{fu}$ 时,纤维断裂,此时的纤维长度称为临界长度 L_c。即

$$\sigma_{fu} = \frac{\tau_y L_c}{r_f}, \qquad L_c = \frac{\sigma_{fu} r_f}{\tau_y} = \frac{\sigma_{fu} d_f}{2\tau_y} \tag{9-26}$$

不同纤维长度的纤维应力沿纤维长度分布,如图 9-7 所示。当 $L < L_c$ 时,无论对复合材料施加多大应力,纤维应力都不会达到纤维的断裂强度,纤维不可能断裂,这样就不能充分发挥纤维和晶须的增强作用。当 $L > L_c$ 时,一般情况下基体断裂应变 ε_{mu} 大于纤维断裂应变,纤维先于基体断裂,纤维能充分发挥增强作用。在工程中,更愿意使用临界长径比 L_c/d_f 这一概念,即

$$\frac{L_c}{d_f} = \frac{\sigma_{fu}}{2\tau_y} \tag{9-27}$$

从式(9-27)可知,只有大于临界长径比的纤维才能达到理想的增强效果。

上述导出 L_c 的过程做了许多假设,过于近似,但与科学的推导结果相比误差是可以接受的。实际情况是纤维末端也传递了少量载荷,剪应力沿纤维长度分布不均匀,纤维末端剪应力最大,因此末端易与基体脱黏。纤维应力沿纤维长度也不是线性变化的。

纤维应力分布不均匀,因此纤维应力可取其平均值 $\bar{\sigma}_f$,在计算复合材料所受应力时,采用以下关系式:

$$\sigma_{cu} = \bar{\sigma}_f \varphi_f + \sigma_m \varphi_m \tag{9-28}$$

当 $L > L_c$ 时,复合材料强度计算中,因纤维中部区域已达到纤维强度 σ_{fu},纤维平均应力按图 9-7 所示应为

$$\bar{\sigma}_f = \left(1 - \frac{L_c}{2L}\right)\sigma_{fu} \qquad (9-29)$$

复合材料强度可表示为

$$\sigma_{cu} = \left(1 - \frac{L_c}{2L}\right)\sigma_{fu}\varphi_f + \sigma_m^*(1 - \varphi_f) \qquad (9-30)$$

式中 σ_m^* —— 纤维断裂时基体的应力;

   L_c —— 纤维临界长度;

   L —— 纤维长度。

式(9-30)仅适于短纤维和晶须呈单向随机排列受拉时的情况,也是很不精确的,但用它可说明上面的一些问题。例如可大致确定出纤维和晶须的临界体积分数 φ_{fcr},其导出过程与连续纤维复合材料类似,即

$$\varphi_{fcr} = \frac{\sigma_{mu} - \sigma_m^*}{\bar{\sigma}_f - \sigma_m^*} \qquad (9-31)$$

与式(9-22)比较,由于 $\bar{\sigma}_f < \sigma_{fu}$,因此短纤维和晶须增强复合材料的临界体积分数高于连续纤维复合材料的临界体积分数,说明连续纤维增强的能力大于短纤维和晶须的增强作用。

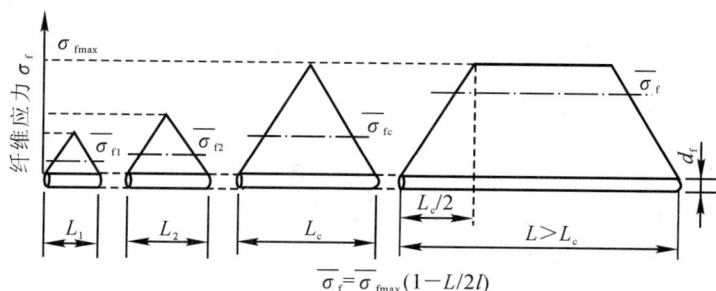

图 9-7   不同纤维长度下纤维应力沿纤维长度的分布

【例题 9.2.4】   短纤维复合材料各参数:$\varphi_f = 0.4$,$d_f = 25\ \mu m$,$\sigma_{fu} = 2\ 500$ MPa,$\sigma_{mu} = 275$ MPa,纤维和基体的界面结合剪切强度为 200 MPa。设纤维两端纤维应力呈线性变化,试近似估算纤维长度为 1 mm 时的随机定向排列短纤维复合材料的强度。

解   由于纤维断裂应变和基体应力-应变曲线未给出,难以求出 σ_m^*,用 σ_{mu} 近似代替 σ_m^*;可用 200 MPa 近似代替 τ_y。先求 L_c:

$$L_c = \frac{d_f\sigma_{fu}}{2\tau_y} \approx \frac{25 \times 10^{-6}\ m \times 2\ 500\ MPa}{2 \times 200\ MPa} = 156.25 \times 10^{-6}\ m$$

$$\sigma_{cu} = \left(1 - \frac{L_c}{2L}\right)\sigma_{fu}\varphi_f + \sigma_m^*(1 - \varphi_f) =$$

$$\left(1 - \frac{156.25 \times 10^{-6}\ m}{2 \times 1.0 \times 10^{-3}\ m}\right) \times 2\ 500\ MPa \times 0.4 + 275\ MPa \times 0.6 = 1\ 087\ MPa$$

随机定向排列短纤维复合强度大约为 1 087 MPa

应当指出,连续纤维增强的复合材料受力较大时,由于纤维主要承担载荷,纤维断裂应变

小于基体断裂应变时,纤维先于基体发生断裂,按照短纤维上述承载分析,纤维将断裂为 L_c 或 $2L_c$ 长的短纤维。此时复合材料仍能承载,不过承载能力变为短纤维承载时的大小。

至于短纤维复合材料弹性模量的计算公式,目前大多数采用经验公式,这些公式的适用范围都有一定局限性,此处不赘述。

9.3　复合材料的界面

复合材料的界面是特有的,而且是极其重要的组成部分,它是通过物理和化学作用把两种或两种以上异质、异形和异性的材料复合起来所形成的。一般把基体和增强物之间化学成分有显著变化的构成彼此结合的、能传递载荷作用的区域称为界面。界面是有层次的,例如金属纤维增强体内部还有晶界,这是更细层次的界面问题,我们讨论的复合材料界面不属于这种问题,而是仅涉及基体和增强体之间的界面。界面不是简单的几何面,而是一个过渡区域。一般说这个区域是从增强体内部性质不同的那一点开始到基体内部与基体性质相一致的某点停止。该区域的材料结构与性能应该不同于组分材料的任意一个,可简称该区域为界面相(interphase)或界面层(interlayer)。界面和界面相是有区别的,但习惯上把界面相的问题统称为界面问题。界面厚度很小,它可以是几纳米到几百纳米。

界面区域由于增强体细小,所占面积比例很大,如碳纤维增强的复合材料 $100~cm^3$ 体积中界面面积约为 $89~m^2$。因此,界面的性质、结构和完整性对复合材料性能影响很大。制造复合材料的工艺、界面结构和复合材料宏观表现出的性质是不可分割的,相互之间影响很大。

9.3.1　复合材料界面结合类型

要形成复合材料,必须在界面上建立一定的结合力。界面结合力大致可分为物理结合力和化学结合力。物理结合力一般指范德华力,包括偶极定向力、诱导偶极定向和色散力,也可将氢键作用力归入物理结合力范畴,该结合力大大高于前三种结合力;化学结合力是在界面上产生共价键和金属键。实际中又根据界面形成中的物理和化学形式进行分类。陶瓷基和金属基复合材料分类情况类似,树脂基复合材料与前者有一定差别,所以下面分两种情况叙述。

9.3.1.1　金属基和陶瓷基复合材料界面结合类型

(1) 机械结合　依靠粗糙表面机械结合和依靠基体复合中的收缩应力包紧增强体的摩擦结合。机械结合仅在应力平行于纤维时才能承载,而应力垂直于界面时承载能力很小。实践中应避免这种结合方式。例如 Al_2O_3/Ni 之类的复合材料,当复合不充分时发生此类结合。

(2) 溶解和浸润结合　基体能润湿增强体,相互之间发生扩散和溶解形成结合,其作用力是短程的,只有几个原子间距。例如 C/Ni 即属于此类。当增强体表面存在氧化物时,需要有一种机械力(例如超声波)破坏氧化膜才能产生润湿。当增强材料表面能很小,不能被润湿时,可以借助涂层予以改善。

(3) 反应结合　特征是通过基体与增强体的反应生成化合物。例如硼纤维增强钛合金在界面上生成 TiB_2。实际上界面反应层不仅仅是一种单纯化合物,而是复杂的,有时会产生交换反应结合,即发生两个或多个反应。一般情况下随反应程度增加,其结合强度亦随之增加,但到一定程度后反而会有所减弱,这是因为反应物大多是一种脆性物质,界面上形成的残余应力可使其发生破裂。有时在生成化合物的同时还会通过扩散发生元素交换。

（4）氧化结合　　增强体表面吸附空气带来的氧化作用或是氧化物纤维与基体的结合。例如硼纤维增强铝合金时，硼纤维吸附的氧与之形成 BO_2，这层氧化物与铝接触又还原 BO_2 生成 Al_2O_3，形成氧化结合。又如 Al_2O_3 增强 Ni 时，由于氧化作用生成 $NiO \cdot Al_2O_3$ 层，削弱了纤维强度，应尽量避免之。

（5）混合结合　　这种结合是上述几种结合方式的组合，其存在较普遍，是最重要的一种结合方式。

9.3.1.2　树脂基复合材料的界面结合类型

（1）化学键合　　基体表面上的官能团与增强物表面上的官能团发生化学反应，形成共价键结合的界面区。这一结合方式在增强材料表面处理后和偶联剂的使用后存在较普遍。例如用有机硅烷偶联剂强化增强体与树脂基体的界面结合可用图 9-8 示意。图中 R 指可以与作为基体的有机树脂反应的或可以相互溶解的有机基团。

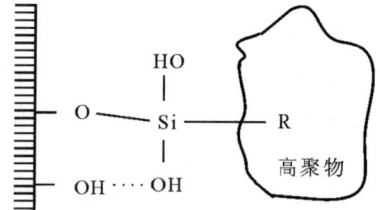

图 9-8　无机基质-Si-R-有机高聚物基体

（2）浸润-浸吸附结合　　增强材料被基体浸润，即物理吸附所产生的界面结合。这种结合有时会超过基体的内聚力。

（3）扩散结合　　界面扩散作用使原有平衡的状态破坏，形成界面模糊区。例如玻璃纤维增强树脂基体，采用的偶联剂一端与玻璃纤维基质表面以化学键结合（或同时有配位键、氢键），另一端可溶解扩散于界面区域的树脂中，与树脂大分子链发生纠缠或形成互穿高聚物网络（IPN）形成键合，如图 9-9 所示。

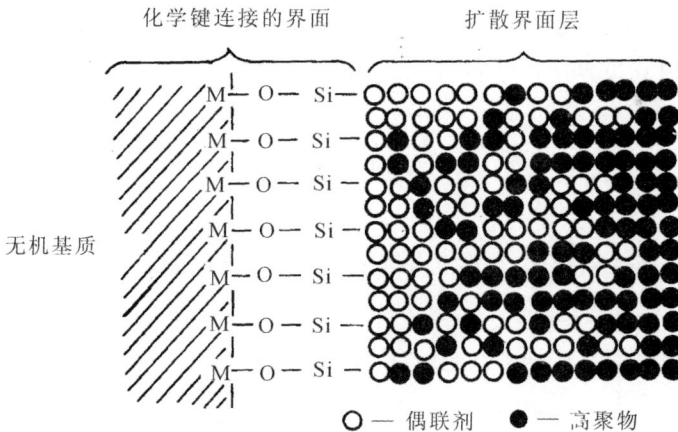

○ — 偶联剂　● — 高聚物

图 9-9　界面扩散层模型

（4）机械结合　　类似于前述金属基复合材料。

（5）静电结合　　两相物质对电子的亲和力相差较大时（如金属与聚合物），在界面区容易产生接触电势并形成双电层，静电吸引力是产生界面结合力的直接原因之一。氢键可看作一种静电作用。

实际界面结合方式不是单一的，往往是以上几种结合的组合，因此还应有混合结合。界面形成和作用机理复杂，至今还远未认识清楚，还不能理解和解释界面现象。因此，上述结合类型还应经过考验才能完全确定。

9.3.2 界面改善及其对性能的影响

复合材料界面担当着把载荷由基体通过界面传递至增强体的任务,因此要求界面应有足够的强度,复合中的困难也通常是界面难以形成一定强度的结合。另外,复合材料断裂中,纤维的断裂、基体的变形与开裂、裂纹扩展中遇到增强体时的偏转曲折路径、纤维与基体界面脱黏和纤维从基体中克服摩擦力的拔出都要消耗能量,构成材料的韧性行为,其中以纤维拔出对韧性的贡献最大。因此,界面结合强度不是越高越好。虽然提高界面结合强度能有效传递载荷,进一步提高复合材料的层间剪切强度(ILSS),改善耐环境的性能,但纤维难以与基体脱黏和从基体中拔出,会导致韧性降低。

金属基和陶瓷基复合材料界面要考虑其在使用中的物理不稳定性和化学不稳定性。

物理不稳定性表现在高温下增强体与基体存在化学位梯度,纤维有可能向基体不断溶解和扩散,造成界面不稳定、纤维损伤,复合材料强度降低。例如钨丝增强镍基合金,由于复合成形的温度低,钨丝并没有溶入合金而降低强度,但在 1 100 ℃ 左右 50 h 后,钨丝直径仅为原来的 60%,说明钨已溶入镍合金中损失了强度。若部分固溶体系、质量分数 w_{Ni} 为 0.38 的 Ni 基体与质量分数 w_W 为 0.3 的钨丝处于热力学平衡条件,界面化学位梯度接近于零,则可防止 W 在 Ni 中大量溶解。当钨铼合金丝增强铌合金时,钨也会溶入铌中,但由于形成很强的钨铌合金对钨丝损失起了补偿作用,结果使强度保持恒定或有所提高,然而这种情况是极少见的。

化学不稳定性主要指复合材料制造和使用中界面通过扩散产生基体与增强体的化学反应,生成不希望得到的脆性化合物。当这种化合物的厚度达到一定值时,复合材料的强度会大幅度降低,因此预测化合物反应厚度十分重要。假设反应是由通过反应层的扩散过程所控制的,界面反应物的面积及边界条件不变,则反应层厚度 X 为

$$X = k\sqrt{t} \tag{9-32}$$

式中　t —— 反应时间,s;

　　k —— 反应速度常数,$mm \cdot s^{-\frac{1}{2}}$。

因为扩散距离与 $\sqrt{Dt}$ 成正比(D 为扩散系数),因此 k 与温度具有强烈的依赖性,即

$$k = A\exp(-Q/RT) \tag{9-33}$$

式中　A —— 常数;

　　R —— 气体常数;

　　T —— 绝对温度;

　　Q —— 表观激活能(为扩散激活能的 0.5 倍)。

反应层很脆,易于开裂。若将纤维看作具有深度为 X 的缺口纤维,纤维在基体中的轴向强度记为 σ'_{fu},纤维的断裂韧性为 K_{IC},则有

$$K_{IC} = \sigma'_{fu}(\pi X)^2 \tag{9-34}$$

从式(9-34)可知,纤维在基体中的强度随反应区厚度增加而下降。若利用 K_{IC} 与临界应变能释放率 G_{IC} 的关系,即 $K_{IC} = (G_{IC}E)^{\frac{1}{2}}$,$E$ 为纤维轴向模量,则有

$$X = \frac{G_{IC}E}{\pi(\sigma'_{fu})^2} \tag{9-35}$$

若纤维在复合材料设计中要求的强度为 σ'_{fu0}，由于式中其他值约为常数，则对应的反应层厚称为临界厚度，记为 X_c。超过该 X_c 值，纤维强度将会受到损害，达不到设计要求的强度值。X_c 在金属基复合材料的典型值为 $0.5 \sim 1\ \mu m$。

从改善复合材料界面角度讲，应着重考虑 4 个方面的问题：降低界面残余应力，基体改性，改善纤维表面，选择合理的复合工艺和使用条件。

界面残余应力大多数是复合制作过程中留下的。复合材料制作工艺都要加热和冷却，由于基体和纤维的热导率、弹性模量及热膨胀系数不同引起了这种残余应力。此外，增强体诱导基体结晶、基体相变、偏析也会引起残余内应力。例如结晶性树脂作为基体时，纤维表面有明显的成核效应，并形成横晶或柱状晶，如图 9-10 所示。柱状晶能与纤维形成良好的结合，界面具有较高的热稳定性和较高的弹性

图 9-10　石墨纤维／聚醚醚酮纤维表面的横晶和远离表面的球晶

模量，但在远离纤维表面的基体中又形成球晶，界面区在一定过冷度结晶进程中因内应力会使基体中出现裂纹。

残余内应力与界面层的性质关系很大，具有纤维模量级的界面层比具有基体模量级的界面层影响更大，界面层模量增大带来不利的影响。

残余应力会引发裂纹的产生，导致复合材料强度下降。对于树脂基复合材料，还会引起界面易受氧和水的环境作用，造成材料过早破坏。残余应力通常是不可避免的，只能设法减小。在加热和冷却后，热膨胀系数较大的组分受张应力，而另一组分则受到压应力。陶瓷基和脆性基体复合材料断裂往往起始于基体中的固有裂纹，应使纤维热膨胀系数稍大于基体的纤维热膨胀系数为宜（例如 SiC/Si_3N_4），使基体受压应力，利于得到较好的性能。此外，在选择纤维热膨胀系数稍大于基体热膨胀系数的同时，若采用混杂纤维和在基体中添加能吸收能量的物质，可使性能得到进一步改善。减小残余内应力的方法很多，例如对纤维表面梯度涂层、使弹性模量具有渐变特征、降低制造中的温度等。

通过基体改性和改进复合条件能有效地改变界面结合状态和断裂破坏的特征。例如采用双乙炔端基硫（ESF）与聚砜（PSF）进行混改性，在复合中形成半互穿网络结构，就可提高碳纤维复合材料界面黏结强度，使断裂破坏出现在基体中。在 SiC 纤维强化玻璃陶瓷中，通常在晶化处理时会在界面产生裂纹，若在基体中添加一定量的 Nb，会在界面形成数微米厚的 NbC，获得最佳的界面，达到陶瓷高韧化的目的。在铝合金基体中加入能与 C 生成更稳定碳化物的合金元素，如 Zr，Nb，Mo，Cr，Ti 和 V 等，它们除改进对碳纤维的浸润性外，对纤维影响很小，并减少了 Al_4C_3 有害化合物的生成。Ti 在碳纤维上形成 TiC，800 ℃ 浸铝后，复合材料强度达 760 MPa，相当可观。

纤维表面处理和涂层可改善纤维表面的性能，增加基体的浸润性，防止界面不良的反应，改善界面结合。例如在碳纤维增强铝基复合材料中，由于纤维表面能很低，一般不能被铝浸润，但用化学气相沉积（CVD）法在纤维表面上形成 TiB_2 并含有氯化物，则铝对其浸润能力不仅大大改善，而且遏制了碳-铝界面的不良反应。又如芳纶纤维与树脂基体结合得再好，由于

纤维呈皮芯结构,纤维易轴向劈裂,也将导致复合材料层间剪切强度和抗压强度不高。用活性气体等离子体进行芳纶表面处理或接枝聚合,对芳纶纤维表面改性,既可扩散到纤维内发生交联,又可调节界面特性,改善复合材料的剪切强度和破坏模式。

由于表面处理和涂层方式很多,此处不作一一介绍。但须指出,纤维涂层应选择反应速度常数 k 小的体系、化学位与增强体相近的元素,由于亲和力大,涂层很易润湿增强体,化学位差小,推动界面反应的动力小。

【例题 9.3.1】 涂有碳化硅涂层的硼纤维增强铝合金是一种耐高温的轻质航空航天用复合材料,纤维和基体的主要性能参数如表 9-4 所示。当纤维体积分数为 0.40 时,试计算复合材料的密度、纵向和横向模量及纵向强度、热膨胀系数。

解 运用混合定则可进行以下运算。

密度为

$$\rho_c = \rho_B \varphi_B + \rho_{Al} \varphi_{Al} = 2.36 \text{ g/cm}^3 \times 0.4 + 2.70 \text{ g/cm}^3 \times 0.6 = 2.56 \text{ g/cm}^3$$

纵向弹性模量为

$$E_{CL} = E_B \varphi_B + E_{Al} \varphi_{Al} = 379 \text{ GPa} \times 0.4 + 69 \text{ GPa} \times 0.6 = 193 \text{ GPa}$$

横向弹性模量的计算如下:

$$\frac{1}{E_{CL}} = \frac{\varphi_B}{E_B} + \frac{\varphi_{Al}}{E_{Al}} = \frac{0.4}{379} + \frac{0.6}{69} = 0.009\,75$$

$$E_{CT} = 102.6 \text{ GPa}$$

纵向抗拉强度为

$$\sigma_{cu} = \sigma_{fu}\varphi_f + \sigma_m^*\varphi_m \approx \sigma_{fu}\varphi_f + \sigma_{mu}\varphi_m = 2\,759 \text{ MPa} \times 0.4 + 345 \text{ MPa} \times 0.6 = 1\,301 \text{ MPa}$$

纵向热膨胀系数为

$$\alpha_c = \alpha_f \varphi_f + \alpha_m \varphi_m = (8.3 \times 0.4 + 23.4 \times 0.6) \times 10^{-6}/℃ = 17.36 \times 10^{-6}/℃$$

表 9-4 硼纤维及铝合金的某些性能参数

材料	密度 g·cm^{-3}	弹性模量 GPa	抗拉强度 MPa	热膨胀系数 10^{-6}/℃
硼纤维	2.36	379	2 759	8.30
铝合金	2.70	69	345	23.4

【例题 9.3.2】 某仓库存放有 Al_2O_3 短纤维和 β-SiC 晶须,厂里决定生产铝基复合材料,作为一个工程师要如何解决这个问题?已知 β-SiC 晶须直径为 0.5 μm,长度为 70 μm,密度为 3.85 g/cm^3,抗拉强度为 70 000 MPa,弹性模量大于 6 000 GPa;Al_2O_3 短纤维长为 4 mm,直径为 10 μm,密度为 3.05 g/cm^3,抗拉强度为 2 275 MPa,弹性模量为 224 GPa。基体为 2024-O 铝合金,屈服强度为 76 MPa,抗拉强度为 186 MPa。

提示:从铝对纤维浸润性,以及满足 $L > L_c$、强度、模量、临界体积分数、界面稳定性方面综合考虑。

解 液态铝对 β-SiC 的浸润性高于 Al_2O_3,从浸润性角度应选前者。计算临界长度,则有

$$L_c = \frac{d_1 \sigma_{fu}}{2\tau_y}$$

对 β - SiC,则有

$$L_c = \frac{0.5 \times 10^{-6} \times 70\ 000}{2 \times 38}\ m = 460.5 \times 10^{-6}\ m = 460.5\ \mu m > L$$

对 Al₂O₃,则有

$$L_c = \frac{10 \times 10^{-6} \times 2\ 275}{2 \times 38}\ m = 299.3 \times 10^{-6}\ m = 299.3\ \mu m < L$$

σ_m^* 未知,可近似用屈服强度代替,设纤维应力呈线性关系,则有

$$\varphi_{fcr} = \frac{\sigma_{mu} - \sigma_m^*}{\sigma_f - \sigma_m^*}$$

对 β - SiC,由于 L_c 大于 L,则有

$$\bar{\sigma_f} = \frac{\tau_y L}{d_f} = \frac{\sigma_y L}{2d_f} = \frac{76 \times 70 \times 10^{-6}}{2 \times 0.5 \times 10^{-6}} = 5\ 320\ MPa$$

$$\varphi_{fcrSiC} = \frac{186 - 76}{5\ 320 - 76} = 0.021$$

对 Al₂O₃,由于 L 大于 L_c,则有

$$\sigma_f = (1 - \frac{L_c}{2L})\sigma_{fu} = (1 - 299.3 \times 10^{-6}/2 \times 4\ 000 \times 10^{-6}) \times 2\ 275\ MPa = 2\ 190\ MPa$$

$$\varphi_{fcrAl_2O_3} = \frac{186 - 76}{2\ 190 - 76} = 0.052$$

以 φ_f 为 0.1 计,两者均大于临界体积分数,并设置成为定向短纤维复合材料,预计其强度为

$$\sigma_{Lu} = \bar{\sigma_f}\varphi_f + \sigma^* \varphi_m$$

σ^* 未知,可近似用屈服强度代替,于是

$$\sigma_{LuSiC} = 5\ 320\ MPa \times 0.1 + 186\ MPa \times 0.9 = 700\ MPa$$

$$\sigma_{LuAl_2O_3} = 2\ 190\ MPa \times 0.1 + 186\ MPa \times 0.9 = 386\ MPa$$

由上面的计算结果可知,从浸润性、临界体积分数、预计复合材料强度来讲,选 β - SiC 晶须为好。加入量应大于 0.021(体积分数)。此外还应考虑纤维价格、制造工艺等。请读者进一步计算复合材料的模量。

9.4　复合材料的研发及应用

现代高科技的发展离不开复合材料,复合材料对现代科学技术的发展有着十分重要的作用。复合研究的深度和应用广度及其生产发展的速度和规模,已成为衡量一个国家科学技术先进水平的重要标志之一。复合材料的研发始于 20 世纪 50 年代,为满足航空、航天等高端技术所用材料的需要,先后研究和生产了以高性能纤维(如碳纤维、硼纤维、碳化硅纤维等)为增强材料的复合材料。按基体材料不同,这类复合材料分为树脂基、金属基和陶瓷基复合材料,其使用温度分别达 250～350 ℃,350～1 200 ℃和 1 200 ℃以上。

复合材料中以纤维增强材料应用最广、用量最大。其特点是密度小、比强度和比模量大,如碳纤维与环氧树脂复合的材料,其比强度和比模量均比钢和铝合金大数倍,且具有优良的化学稳定性,以及减摩耐磨、自润滑、耐热、耐疲劳、耐蠕变、电绝缘等性能;石墨纤维与树脂复合

可得到热膨胀系数几乎等于零的材料。纤维增强材料的另一个特点是各向异性。以碳纤维和碳化硅纤维增强的铝基复合材料,在 500 ℃时仍能保持足够的强度和模量。碳化硅纤维与钛复合,不但耐热性提高,且耐磨损;碳化硅纤维与陶瓷复合,使用温度可达 1 500 ℃,比超合金涡轮叶片的使用温度(1 100 ℃)高得多;碳纤维增强碳、石墨纤维增强碳或石墨纤维增强石墨,构成耐烧蚀材料,已用于航天器、火箭、导弹和原子能反应堆中。

近些年来,我国在复合材料的研发及应用上已有很大发展。西北工业大学张立同院士是我国陶瓷基复合材料的开创者和领路人。她的团队成功突破了碳化硅陶瓷基复合材料制造工艺与设备的一系列核心技术,使我国高温陶瓷基复合材料的研究与应用水平进入国际前列,在航空发动机的导向叶片、整流罩、转子叶片、尾喷口叶片,以及刹车、飞行器防热等领域都有广泛的应用。更重要的是,这种陶瓷基复合材料将会用在我国未来第 6 代战机上。西北工业大学李贺军院士及其团队,经过 30 多年的攻关,突破了碳/碳复合材料制备的多项"长胺子"技术,研制出了高性能、长寿命、低成本的碳/碳复合材料,多项性能指标达到国际一流水平,填补了国内空白,支撑了多型跨代高技术装备的定型与研制。在 C919 飞机中采用了碳纤维增强树脂基复合材料。这种材料比铝更轻,比钢更硬,密度是铁的 1/4,强度是铁的 10 倍。除此以外,复合材料还广泛用于生物医学、环保节能、电子信息及新型化工等领域。

习 题

1. 试列出短纤维复合材料强度达到连续纤维复合材料强度的 95% 时,计算 L_c/L 的表达式。

2. 证明短纤维复合材料的纤维平均应力为 $\bar{\sigma}_f = (1 - \dfrac{L_c}{2L})\sigma_{fu}$。式中 L_c 为纤维的临界长度,L 为纤维长度,$L > L_c$;σ_{fu} 为纤维断裂强度。设纤维呈伸长状态。

3. 若制造以环氧树脂为基体,体积分数为 0.30 的连续铝纤维电缆,试预测电缆的电导率。已知 Al 的电导率为 3.8×10^7 s/m,环氧树脂的电导率为 10^{-11} s/m。

4. 硬质合金切削刀具材料的质量分数为 $w_{WC} = 0.75, w_{TiC} = 0.15, w_{TaC} = 0.05, w_{Co} = 0.05$。试计算该复合材料的密度。已知 WC,TiC,TaC 和 Co 的密度分别为 15.77 g/cm³,4.94 g/cm³,14.5 g/cm³,8.9 g/cm³。

5. Ni 与质量分数为 0.01 的 Th 形成合金,并制成粉末,然后挤压成所需形状。在烧结成最终产品时,Th 被完全氧化。试计算这种 Th - Ni 材料会产生多少体积分数的 ThO₂。已知 ThO₂ 的密度为 9.86 g/cm³,Ni 的密度为 8.9 g/cm³。

6. Kevlar 纤维 / 环氧树脂复合材料中,纤维体积分数为 0.3,环氧树脂密度为 1.25 g/cm³,弹性模量为 31 GPa,Kevlar 纤维的密度为 1.44 g/cm³,弹性模量为 124 GPa,计算该复合材料的密度和平行于纤维方向及垂直于纤维方向的模量。

7. 一玻璃纤维加强聚氯乙烯棒,其中硼矽玻璃纤维含量为 $w = 0.25$,且此纤维皆按纵向排列。请问该玻璃纤维所承受的荷重比例为多少?

复习思考题

1. 增强体、基体和界面在复合材料中各起什么作用？

2. 比较弥散增强、粒子（颗粒）增强和纤维增强的作用和机理。

3. 简述复合材料中的尺寸效应。

4. 比较连续纤维和短纤维增强复合材料的临界体积分数，说明临界体积分数的意义。

5. 说明 $L < L_c$ 的短纤维复合材料，为什么无论施加多大载荷，复合材料中的纤维都不会断裂。

6. 对复合有何要求？是否任意两种材料复合后都能制成复合材料？

7. 若单向连续纤维排列不均匀，但都是方向性很好的平行排列，是否会对弹性模量有影响，请予说明。

8. 单向连续复合材料受纵向应力而纤维断裂时，纤维会断裂成什么样的长度？分析为什么会出现这种断裂。

9. 改进界面结合应从哪些方面考虑？

附　录

附录 A　常见物理常数

量的名称	符号	SI 单位		备　注
		名称	符号	
重力加速度	g	米每二次方秒	m/s^2	标准自由落体加速度 $g_n=9.806\ 65\ m/s^2$（准确值）
阿伏伽德罗常数	L, N_A	每摩［尔］	mol^{-1}	$L=(6.022\ 136\ 7\pm0.000\ 003\ 6)\times10^{23}\ mol^{-1}$
摩尔体积	V_m	立方米每摩［尔］	m^3/mol	在 273.15 K 和 101.325 kPa 时,理想气体的摩尔体积为 $V_{m,0}=(0.022\ 414\ 10\pm0.000\ 000\ 19)\ m^3/mol$
摩尔气体常数	R	焦［耳］每摩［尔］开［尔文］	$J/(mol\cdot K)$	$R=(8.314\ 510\pm0.000\ 070)\ J/(mol\cdot K)$
玻耳兹曼常数	k	焦［耳］每开［尔文］	J/K	$k=(1.380\ 658\pm0.000\ 012)\times10^{-23}\ J/K$
原子质量常量	m_u	千克	kg	$m_u=(1.660\ 540\ 2\pm0.000\ 001\ 0)\times10^{-27}\ kg=1\ u$（u 为原子质量单位）
普朗克常量	h	焦［耳］秒	$J\cdot s$	$h=(6.626\ 075\ 5\pm0.000\ 004\ 0)\times10^{-34}\ J\cdot s$
真空介电常数（真空电容率）	ε_0	法［拉］每米	F/m	准确值 $=8.854\ 188\times10^{-12}\ F/m$
真空磁导率	μ_0	亨［利］每米	H/m	$\mu_0=4\pi\times10^{-7}\ H/m$（准确值）$=1.256\ 637\times10^{-6}\ H/m$
元电荷	e	库［仑］	C	一个电子的电荷等于 e $e=(1.602\ 177\ 33\pm0.000\ 000\ 49)\times10^{-19}\ C$
法拉第常数	F	库［仑］每摩［尔］	C/mol	$F=(9.648\ 530\ 9\pm0.000\ 002\ 9)\times10^4\ C/mol$
电磁波在真空中的速度	c, c_0	米每秒	m/s	$c=299\ 792\ 458\ m/s$ 如果用 c 代表介质中的相速度,则用 c_0 代表真空中的相速度

附录 B 有关元素资料表 *

元素	符号	原子序数	相对原子质量 Ar	轨 域			熔点 ℃	密度（固体）g·cm⁻³	晶体结构（20℃）	原子近似半径† nm	价数（最通常的）	离子近似半径‡ nm
					1s							
氢	H	1	1.007 8		1		−259.14	—	—	0.046	1+	较小
氦	He	2	4.003		2		−272.2	—	—	0.176	lnert	—
				2s	2p							
锂	Li	3	6.94	He+	1		180.7	0.534	bcc	0.151 9	1+	0.068
铍	Be	4	9.01	He+	2		1 290	1.85	bcp	0.114	2+	0.035～
硼	B	5	10.81	He+	2	1	2 300	2.3	—	0.046	3+	0.025
碳	C	6	12.011	He+	2	2	>3 500	2.25	hex	0.077	—	—
氮	N	7	14.007	He+	2	3	−210	—	—	0.071	3−	—
氧	O	8	15.999	He+	2	4	−218.4	—	—	0.060	2−	0.140
氟	F	9	19.00	He+	2	5	−220	—	—	0.06	1−	0.133
氖	Ne	10	20.18	He+	2	6	−248.7	—	fcc	0.160	lnert	—
				3s	3p							
钠	Na	11	22.99	Ne+	1		97.8	0.97	bcc	0.185 7	1+	0.097
镁	Mg	12	24.81	Ne+	2		650	1.74	hcp	0.161	2+	0.066
铝	Al	13	26.98	Ne+	2	1	660.4	2.699	fcc	0.143 15	3+	0.051
硅	Si	14	28.09	Ne+	2	2	1 410	2.33		0.117 6	4+	0.042
磷	P	15	30.97	Ne+	2	3	44	1.8	—	0.11	5+	0.035
硫	S	16	32.06	Ne+	2	4	112.8	2.07	—	0.106	2−	0.184
氯	Cl	17	35.45	Ne+	2	5	−101	—	—	0.101	1−	0.181
氩	Ar	18	39.95	Ne+	2	6	−189.2	—	fcc	0.192	lnert	—
				3d	4s	4p						
钾	K	19	39.1	Ar+		1	63	0.86	bcc	0.231	1+	0.133
钙	Ca	20	40.08	Ar+		2	839	1.55	fcc	0.197 6	2+	0.099
钛	Ti	22	47.90	Ar+	2	2	1 668	4.51	hcp	0.146	4+	0.068

续　表

元素	符号	原子序数	相对原子质量 Ar	轨　　域			熔点 ℃	密度(固体) g·cm^{-3}	晶体结构 (20℃)	原子近似半径† nm	价数 (最通常的)	离子近似半径‡ nm
				3d	4s	4p						
铬	Cr	24	52.00	Ar+ 5	1		1 875	7.19	bcc	0.124 9	3+	0.063
锰	Mn	25	54.94	Ar+ 5	2		1 244	7.47	—	0.112	2+	0.080
铁	Fe	26	55.85	Ar+ 6	2		1 538	7.87	bcc	0.124 1	2+	0.074
									fcc	0.126 9	3+	0.064
钴	Co	27	58.93	Ar+ 7	2		1 495	8.83	hcp	0.125	2+	0.072
镍	Ni	28	58.71	Ar+ 8	2		1 453	8.90	fcc	0.124 6	2+	0.069
铜	Cu	29	63.54	Ar+ 10	1		1 084	8.93	fcc	0.127 8	1+	0.096
锌	Zn	30	65.38	Ar+ 10	2		420	7.13	hcp	0.139	2+	0.074
锗	Ge	32	72.59	Ar+ 10	2	2	937	5.32	⊙	0.122 4	4+	
砷	As	33	74.92	Ar+ 10	2	3	816	5.78	—	0.125	3+	
氪	Kr	36	83.80	Ar+ 10	2	6	−157	—	fcc	0.201	Inert	
				4d	5s	5p						
银	Ag	47	107.87	Kr+ 10	1		961.9	10.5	fcc	0.144 4	1+	0.126
锡	Sn	50	118.69	Kr+ 10	2	2	232	7.17	bct	0.150 9	4+	0.071
锑	Sb	51	121.75	Kr+ 10	2	3	630.7	6.7	—	0.145 2	5+	
碘	I	53	126.9	Kr+ 10	2	5	114	4.93	ortho	0.135	1−	0.220
氙	Xe	54	131.3	Kr+ 10	2	6	112	2.7	fcc	0.221	Inert	
				4f	5d	6s						
铯	Cs	55	132.9	Xe+		1	28.6	1.9	bcc	0.265	1+	0.167
钨	W	74	183.9	Xe+ 14	4	2	3 410	19.25	bcc	0.136 7	4+	0.070
金	Au	79	197.0	Xe+ 14	10	1	1 064.4	19.3	fcc	0.144 1	1+	0.137
汞	Hg	80	200.6	Xe+ 14	10	2	−38.86	—		0.155	2+	0.110
铅	Pb	82	207.2	Hg+6p^2			327.4	11.38	fcc	0.175 0	2+	0.120
铀	U	92	238.0	Rn+ 5f^3 6d 7s^2			1 133	19.05	—	0.138	4+	0.097

* 本表数据引自不同资料,包括美国金属学会(ASM)出版社的《金属手册》(*Metals Handbook*)。

⊙ 钻石立方体。

† 元素固体中,最接近的两原子间距离的一半。对于非立方体结构指的是平均原子间距,例如,在 hcp 中,原子稍微偏向椭圆球体。

‡ 对于 CN＝6 的半径;此外,$0.97R_{CN=8} \approx R_{CN=6} \approx 1.1R_{CN=4}$,阿伦斯(Ahrens)模型。

附录 C　有关工程材料的性质(20 ℃)*

材　　料	密度 g·cm^{-3}	传热系数 λ W·(mm^2·K)$^{-1}$	线胀系数 α_l K^{-1}	电阻率 ρ Ω·m	平均弹性模量 $\bar{E}$ MPa
金属					
铝(99.9＋)	2.7	0.22	22.5×10^{-6}	29×10^{-9}	70 000
铝合金	2.7(＋)	0.16	22×10^{-6}	约45×10^{-9}	70 000
黄铜(70Cu－30Zn)	8.5	0.12	20×10^{-6}	62×10^{-9}	110 000
青铜(95Cu－5Sn)	8.8	0.08	18×10^{-6}	约100×10^{-9}	110 000
铸铁(灰)	7.15	—	10×10^{-6}	—	140 000(±)
铸铁(白)	7.7	—	9×10^{-6}	660×10^{-9}	205 000
铜(99.9＋)	8.9	0.40	17×10^{-6}	17×10^{-9}	110 000
铁(99.9＋)	7.88	0.072	11.7×10^{-6}	98×10^{-9}	205 000
铅(99＋)	11.34	0.033	29×10^{-6}	206×10^{-9}	14 000
镁(99＋)	1.74	0.16	25×10^{-6}	45×10^{-9}	45 000
蒙乃尔合金 (70Ni－30Cu)	8.8	0.025	15×10^{-6}	482×10^{-9}	180 000
银(史特灵银)	10.4	0.41	18×10^{-6}	18×10^{-9}	75 000
钢(1020)	7.86	0.050	11.7×10^{-6}	169×10^{-9}	205 000
钢(1040)	7.85	0.048	11.3×10^{-6}	171×10^{-9}	205 000
钢(1080)	7.84	0.046	10.8×10^{-6}	180×10^{-9}	205 000
钢(18Cr－8Ni 不锈钢)	7.93	0.015	9×10^{-6}	700×10^{-9}	205 000
陶瓷					
氧化铝	3.8	0.029	9×10^{-6}	＞10^{12}	350 000
砖					
建筑	2.3(±)	0.000 6	9×10^{-6}	—	—
耐火黏土	2.1	0.000 8	4.5×10^{-6}	1.4×10^{-6}	—
石墨	1.5	—	5×10^{-6}	—	—
铺路	2.5	—	4×10^{-6}	—	—
矽土	1.75	0.000 8	—	1.2×10^{-6}	—
混凝土	2.4(±)	0.001 0	13×10^{-6}		14 000
玻璃					
平板	2.5	0.000 75	9×10^{-6}	10^{12}	70 000

续 表

材 料	密度 $\dfrac{}{g \cdot cm^{-3}}$	传热系数 λ $\dfrac{}{W \cdot (mm^2 \cdot K)^{-1}}$	线胀系数 α_l $\dfrac{}{K^{-1}}$	电阻率 ρ $\dfrac{}{\Omega \cdot m}$	平均弹性模量 $\overline{E}$ $\dfrac{}{MPa}$
硼硅酸盐	2.4	0.001 0	2.7×10^{-6}	$>10^{15}$	70 000
矽土	2.2	0.001 2	0.5×10^{-6}	10^{18}	70 000
Vycor	2.2	0.001 2	0.6×10^{-6}	—	—
木材	0.05	0.000 25	—	—	—
石墨(整体)	1.9	—	5×10^{-6}	10^{-5}	7 000
氧化镁	3.6	—	9×10^{-6}	$10^{3}(1\,100℃)$	205 000
石英(二氧化矽)	2.65	0.012	—	10^{12}	310 000
碳化矽	3.17	0.012	4.5×10^{-6}	$0.025(1\,100℃)$	—
碳化钛	4.5	0.030	7×10^{-6}	50×10^{-8}	350 000
聚合体					
蜜胺甲醛	1.5	0.000 30	27×10^{-6}	10^{11}	9 000
酚甲醛	1.3	0.000 16	72×10^{-6}	10^{10}	3 500
尿素甲醛	1.5	0.000 30	27×10^{-6}	10^{10}	10 300
橡胶(人造的)	1.5	0.000 12	—	—	4～75
橡胶(硫化物)	1.2	0.000 12	81×10^{-6}	10^{12}	3 500
聚乙烯(低密度)	0.92	0.000 34	180×10^{-6}	$10^{13} \sim 10^{16}$	100～350
聚乙烯(高密度)	0.96	0.000 52	120×10^{-6}	$10^{12} \sim 10^{16}$	350～1 250
聚苯乙烯	1.05	0.000 08	63×10^{-6}	10^{16}	2 800
聚偏二氯乙烯	1.7	0.000 12	190×10^{-6}	10^{11}	350
聚四氟乙烯	2.2	0.000 20	100×10^{-6}	10^{14}	350～700
聚甲基丙烯酸甲酯	1.2	0.000 20	90×10^{-6}	10^{14}	3 500
尼龙	1.15	0.000 25	100×10^{-6}	10^{12}	2 800

* 本表中数据从不同的来源得到。

附录 D　法定计量单位

附表 1　国际单位制(SI)的基本单位

量 的 名 称	单 位 名 称	单 位 符 号
长度	米	m
质量	千克(公斤)	kg
时间	秒	s
电流	安[培]	A
热力学温度	开[尔文]	K
物质的量	摩[尔]	mol
发光强度	坎[德拉]	cd

附表 2　包括 SI 辅助单位在内的具有专门名称的 SI 导出单位

量 的 名 称	SI 导 出 单 位		
	名 称	符 号	用 SI 基本单位和 SI 导出单位表示
[平面]角	弧度	rad	$1\ rad = 1\ m/m = 1$
立体角	球面度	sr	$1\ sr = 1\ m^2/m^2 = 1$
频率	赫[兹]	Hz	$1\ Hz = 1\ s^{-1}$
力	牛[顿]	N	$1\ N = 1\ kg \cdot m/s^2$
压力,压强,应力	帕[斯卡]	Pa	$1\ Pa = 1\ N/m^2$
能[量],功,热量	焦[耳]	J	$1\ J = 1\ N \cdot m$
功率,辐[射能]通量	瓦[特]	W	$1\ W = 1\ J/s$
电荷[量]	库[仑]	C	$1\ C = 1\ A \cdot s$
电压,电动势,电位,(电势)	伏[特]	V	$1\ V = 1\ W/A$
电容	法[拉]	F	$1\ F = 1\ C/V$
电阻	欧[姆]	Ω	$1\ \Omega = 1\ V/A$
电导	西[门子]	S	$1\ S = 1\ \Omega^{-1}$
磁通[量]	韦[伯]	Wb	$1\ Wb = 1\ V \cdot s$
磁通[量]密度,磁感应强度	特[斯拉]	T	$1\ T = 1\ Wb/m^2$
电感	亨[利]	H	$1\ H = 1\ Wb/A$
摄氏温度	摄氏度①	℃	$1\ ℃ = 1\ K$
光通量	流[明]	lm	$1\ lm = 1\ cd \cdot sr$
[光照度]	勒[克斯]	lx	$1\ lx = 1\ lm/m^2$

①摄氏度是用来表示摄氏温度值时单位开尔文的专门名称(参阅 GB 3102.4 中 4 - 1.a 和 4 - 2.a)

附表3 可与国际单位制单位并用的我国法定计量单位

量 的 名 称	单 位 名 称	单 位 符 号	与 SI 单位的关系
时间	分	min	1 min＝60 s
	［小］时	h	1 h＝60 min＝3 600s
	日（天）	d	1 d＝24 h＝86 400 s
［平面角］	度	°	$1°＝(\pi/180)$ rad
	［角］分	′	$1′＝(1/60)°＝(\pi/10\ 800)$ rad
	［角］秒	″	$1″＝(1/60)′＝(\pi/648\ 000)$ rad
体积	升	l，L	$1\ l＝1\ dm^3＝10^{-3}\ m^3$
质量	吨	t	$1\ t＝10^3\ kg$
	原子质量单位	u	$1\ u≈1.660\ 540×10^{-27}\ kg$
旋转速度	转每分	r/min	$1\ r/min＝(1/60)s^{-1}$
长度	海里	n mile	1 n mile＝1 852 m （只用于航行）
速度	节	kn	1 kn＝1 n mile/h＝(1 852/3 600)m/s （只用于航行）
能	电子伏	eV	$1\ eV≈1.602\ 177×10^{-19}\ J$
级差	分贝	dB	
线密度	特［克斯］	tex	$1\ tex＝10^{-6}\ kg/m$
面积	公顷	hm^2	$1\ hm^2＝10^4\ m^2$

注：

1. 平面角单位度、分、秒的符号，在组合单位中应采用(°)，(′)，(″)的形式。

    例如，不用°/s 而用(°)/s。

2. 升的两个符号属同等地位，可任意选用。

3. 公顷的国际通用符号为 ha。

附表 4　SI 词头

因　数	词　头　名　称		符　号
	英　文	中　文	
10^{30}	quetta	昆［它］	Q
10^{27}	ronna	容［那］	R
10^{24}	yotta	尧［它］	Y
10^{21}	zetta	泽［它］	Z
10^{18}	exa	艾［可萨］	E
10^{15}	peta	拍［它］	P
10^{12}	tera	太［拉］	T
10^{9}	giga	吉［咖］	G
10^{6}	mega	兆	M
10^{3}	kilo	千	k
10^{2}	hecto	百	h
10^{1}	deca	十	da
10^{-1}	deci	分	d
10^{-2}	centi	厘	c
10^{-3}	milli	毫	m
10^{-6}	micro	微	μ
10^{-9}	nano	纳［诺］	n
10^{-12}	pico	皮［可］	p
10^{-15}	femto	飞［母托］	f
10^{-18}	atto	阿［托］	a
10^{-21}	zepto	仄［普托］	z
10^{-24}	yocto	幺［科托］	y
10^{-27}	ronto	柔［托］	r
10^{-30}	quecto	亏［科托］	q

参 考 文 献

[1] 潘金生,仝健民,田民波. 材料科学基础[M]. 北京:清华大学出版社,1998.

[2] 胡德林. 金属学及热处理[M]. 西安:西北工业大学出版社,1995.

[3] 石德珂,沈莲. 材料科学基础[M]. 西安:西安交通大学出版社,1995.

[4] 谢希文,路若英. 金属学原理[M]. 北京:航空工业出版社,1989.

[5] CAHN R W, HAASEN P. Physical Metallurgy[M]. Amsterdam:North-Holland Physics Publishing, 1983.

[6] VAN LACK L H. 基础材料科学与工程[M]. 蔡希杰,徐祖光,译. 台北:晓园出版公司,1992.

[7] 郑明新. 工程材料[M]. 北京:清华大学出版社,1991.

[8] HUME-ROTHERY W,RAYNOR G V. The Sturucture of Metals and Alloys[M]. London:Institute of Metals,1962.

[9] 曹明盛. 物理冶金基础[M]. 北京:冶金工业出版社 1985.

[10] HAASEN P. Physical Metallurgy[M]. Cambridge:Cambridge University Press, 1978.

[11] CHALMERS B. Principles of Solidification[M]. New York:John Wiley & Sons, Inc. , 1964.

[12] 胡赓祥,钱苗根. 金属学[M]. 上海:上海科学技术出版社,1980.

[13] 胡德林. 金属学原理[M]. 西安:西北工业大学出版社,1995.

[14] 李见. 金属学原理[M]. 沈阳:东北工学院出版社,1987.

[15] 胡德林. 三元相图及其应用[M]. 西安:西北工业大学出版社,1992.

[16] 刘国勋. 金属学原理[M]. 北京:冶金工业出版社,1979.

[17] 阿斯克兰. 材料科学与工程[M]. 刘海宽,译. 北京:宇航出版社,1988.

[18] 周亚栋. 无机材料物理化学[M]. 武汉:武汉工业大学出版社,1992.

[19] 周玉. 陶瓷材料学[M]. 哈尔滨:哈尔滨工程大学出版社,1995.

[20] 诸培南,翁臻培,王天颐. 无机非金属材料显微结构图册[M]. 武汉:武汉工业大学出版社,1994.

[21] 黄继华. 金属及合金中的扩散[M]. 北京:冶金工业出版社,1996.

[22] 费豪文. 物理冶金学基础[M]. 卢光熙,赵子伟,译. 上海:上海科学技术出版社,1996.

[23] 肖纪美. 合金相与相变[M]. 北京:冶金工业出版社,1987.

[24] 卢光熙,侯增寿. 金属学教程[M]. 上海:上海科学技术出版社,1984.

[25] 蓝立文. 高分子物理[M]. 西安:西北工业大学出版社,1993.

[26] 郑修麟. 材料力学性能[M]. 西安:西北工业大学出版社,1999.

[27] 于春田. 金属基复合材料[M]. 北京:冶金工业出版社,1995.

［28］ 贾成厂,李汶霞,郭志猛,等．陶瓷基复合材料导论［M］．北京:冶金工业出版社,1998.

［29］ 金宗哲,包亦望．脆性材料力学性能评价与设计［M］．北京:中国铁道出版社,1996.

［30］ 乔生儒．复合材料细观力学性能［M］．西安:西北工业大学出版社,1997.

［31］ 李恒德,肖纪美．材料表面与界面［M］．北京:清华大学出版社,1990.

［32］ 赫尔．复合材料导论［M］．张双寅,郑维平,蔡良武,译．北京:中国建筑工业出版社,1989.

［33］ 赵玉庭,姚希曾．复合材料科学与工程之一:复合材料基体与界面［M］．上海:华东化工学院出版社,1991.

［34］ 克莱因,威瑟斯．金属基复合材料讨论［M］．余永宁,房志刚,译．北京:冶金工业出版社,1996.

［35］ 宋焕成,张佐光．混杂纤维复合材料［M］．北京:冶金工业出版社,1996.

［36］ 吴代华．复合材料及其结构的力学进展:第 4 册［M］．武汉:武汉工业大学出版社,1994.

［37］ KELLY A. Strong Solids［M］. 2nd ed. London:Clarendon Press,1973.

［38］ DERK H. An Introduction of Composite Materials［M］. London:Cambridge University Press, 1981.

［39］ 高技术新材料编写组．高技术新材料要览［M］．北京:中国科学技术出版社,1993.

［40］ 张国定,赵昌正．金属基复合材料［M］．上海:上海交通大学出版社,1996.

［41］ 周如松．金属物理［M］．北京:高等教育出版社,1992.

［42］ 汪复兴．金属物理［M］．北京:机械工业出版社,1980.

［43］ 张宝昌．有色金属及其热处理［M］．西安:西北工业大学出版社,1993.

［44］ 冯端．金属物理［M］．北京:科学出版社,1998.

［45］ 李标荣．电子陶瓷工艺原理［M］．武汉:华中理工大学出版社,1986.

［46］ 杨紫霞,戴中兴．金属学研究生入学试题选编［M］．武汉:华中理工大学出版社,1988.

［47］ LEI T C, LIN G Y, GE Q L,et al. Morphologies of Monoclinic Phase in ZrO_2（2 mol％ Y_2O_3) Revealed by TEM in Situ Continuous Observations［J］. Journal of Materials Science, 1997,32(4):1105－1111.

［48］ 刘智恩．材料科学基础常见题型解析及模拟题［M］．西安:西北工业大学出版社,2001.

［49］ 范群成,田民波.材料科学基础学习辅导［M］.北京:机械工业出版社,2005.